M.H.
PRASSE

TECHNIK UND KULTUR

in 10 Bänden und einem Registerband

Band I	Technik und Philosophie
Band II	Technik und Religion
Band III	Technik und Wissenschaft
Band IV	Technik und Medizin
Band V	Technik und Bildung
Band VI	Technik und Natur
Band VII	Technik und Kunst
Band VIII	Technik und Wirtschaft
Band IX	Technik und Staat
Band X	Technik und Gesellschaft

im Auftrage der Georg-Agricola-Gesellschaft
herausgegeben von
Armin Hermann (Vorsitzender des Wissenschaftlichen Beirats)
und
Wilhelm Dettmering (Vorsitzender der Gesellschaft)

Gesamtredaktion: Charlotte Schönbeck

TECHNIK UND BILDUNG

Herausgegeben von
Laetitia Boehm und Charlotte Schönbeck

VDI VERLAG

CIP-Titelaufnahme der Deutschen Bibliothek

Technik und Kultur / im Auftr. d. Georg-Agricola-Ges.
Hrsg. von Wilhelm Dettmering u. Armin Hermann.
– Düsseldorf : VDI-Verl.
NE: Dettmering, Wilhelm [Hrsg.]

Bd. 5. Technik und Bildung. – 1989
Technik und Bildung / im Auftr. d. Georg-Agricola-Ges.
Hrsg. von Laetitia Boehm u. Charlotte Schönbeck.
– Düsseldorf : VDI-Verl., 1989
(Technik und Kultur ; Bd. 5)
ISBN 978-3-642-95791-8 **ISBN 978-3-642-95790-1** (eBook)
DOI 10.1007/978-3-642-95790-1
NE: Boehm, Laetitia [Hrsg.]

Bildredaktion: Susanne Manecke-Albrecht
Fotoarbeiten: Werner Kissel u. a.

Softcover reprint of the hardcover 1st edition 1989

Zum Gesamtwerk „Technik und Kultur"

Wir dürften die Vertreibung aus dem Paradies nicht als einen Verlust beklagen: im „Ausschlagen des Paradieses", so meinten Georg Agricola und Paracelsus, eröffne sich dem Menschen vielmehr ein „neues, seligeres Paradies", das er sich selbst auf der Erde schaffen könne durch seine „Kunst". Mit „Kunst" war alles vom Menschen künstlich Hergestellte gemeint, wie die „Windkunst" (oder Windmühle), die „Wasserkunst" und die „Stangenkunst", also auch das, was wir heute mit „Technik" bezeichnen.

Die Gestaltung der Natur galt im 16. und 17. Jahrhundert als ein dem Menschen von Gott erteilter Auftrag: Wir müssen versuchen, schrieb René Descartes 1637, die „Kraft und die Wirkung des Feuers und des Windes" und überhaupt aller uns umgebenden Körper zu verstehen; dann würde es möglich, alle diese Naturkräfte für unsere Zwecke zu benutzen: „So könnten wir Menschen uns zu Herren und Besitzern der Natur machen."

Diese Visionen schienen sich am Ende des 19. Jahrhunderts tatsächlich zu erfüllen. Bezwungen wurden die großen Geißeln der Menschheit, die Cholera, die Pest und die anderen Seuchen, die einst in wenigen Tagen Hunderttausende hingerafft hatten. Die Ernteerträge stiegen, und nur noch die ganz Alten erinnerten sich an die schrecklichen Hungersnöte, die zum Alltage des Menschen gehört hatten wie Sonne und Regen. Mit dem Beginn des neuen Jahrhunderts wurde auch ein Anfang gemacht mit der Befreiung des Menschen von der Fron in den Fabriken. Ohne daß die Arbeiter hätten angestrengter schaffen müssen und ohne Verminderung der Produktion gelang es, die Arbeitszeit herabzusetzen.

Die religiöse Motivierung des technischen Schaffens war im 19. Jahrhundert verlorengegangen; die allgemeine Säkularisierung hatte auch die Arbeitswelt erfaßt. Was blieb, war der Glaube an den ununterbrochenen, durch Wissenschaft und Technik herbeigeführten wirtschaftlichen und gesellschaftlichen Fortschritt. „Man glaubte an diesen Fortschritt schon mehr als an die Bibel", hat Stefan Zweig in seinen Lebenserinnerungen geschrieben, „und sein Evangelium schien unumstößlich bewiesen durch die täglich neuen Wunder der Wissenschaft und der Technik."

Ein gutes Beispiel für diese Fortschrittsgläubigkeit gibt uns Werner von Siemens. Bei der Versammlung der Deutschen Naturforscher und Ärzte 1886 in Berlin sprach Siemens vor 2700 Tagungsteilnehmern von der ihnen allen gemeinsamen Überzeugung, „daß unsere Forschungs- und Erfindungstätigkeit“ die Lebensnot der Menschen und ihr Siechtum mindern, „ihren Lebensgenuß erhöhen, sie besser, glücklicher und mit ihrem Geschick zufriedener machen wird“.

Es war eine Illusion zu glauben, daß die Macht, die uns die Technik verleiht, die Menschheit notwendigerweise, das heißt von selbst und ohne unser Zutun, auf eine „höhere Stufe des Daseins“ erheben werde. Vielmehr müssen wir alle unsere Anstrengungen darauf konzentrieren, daß die uns durch die Technik zugewachsene Machtfülle nicht mißbraucht wird, sondern daß sie tatsächlich die gesamte Menschheit – und nicht nur privilegierte Teile – auf die apostrophierte „höhere Stufe des Daseins“ erhebt. Hier liegt die größte politische Aufgabe, die uns am Ende des 20. Jahrhunderts gestellt ist.

Wie sollen wir es halten mit der Technik? Bei fast jedem gesellschaftspolitischen Problem – und so auch hier – gibt es ein breites Spektrum von Meinungen. Das eine Extrem ist die blinde Technikgläubigkeit, wie sie vor allem im fin de siècle geherrscht hatte, und wie sie vereinzelt auch heute noch vorkommen mag. Das andere Extrem ist die unreflektierte Technikfeindlichkeit.

Schon Georg Agricola hat sich mit der Meinung auseinandersetzen müssen, daß der Mensch ganz die Finger lassen solle von der Technik.

In seinem Werk „De re metallica“ (1556) nimmt Agricola gleich auf den ersten Seiten Stellung zur Kritik, die sich gegen die Verwendung der Metalle und überhaupt jede technischen Betätigung wendet: „Wenn die Metalle aus dem Gebrauch der Menschen verschwinden, so wird damit jede Möglichkeit genommen, sowohl die Gesundheit zu schützen und zu erhalten als auch ein unserer Kultur entsprechendes Leben zu führen. Denn wenn die Metalle nicht wären, so würden die Menschen das abscheulichste und elendeste Leben unter wilden Tieren führen; sie würden zu den Eicheln und dem Waldobst zurückkehren, würden Kräuter und Wurzeln herausziehen und essen, würden mit den Nägeln Höhlen graben, in denen sie nachts lägen, würden tagsüber in den Wäldern und Feldern nach der Sitte der wilden Tiere umherschweifen.“

Mit Agricola sind wir der Meinung, daß ein menschenwürdiges Leben ohne Technik eine Illusion ist. Der Mensch kann der Technik so wenig entfliehen, wie er der Politik entfliehen kann.

Bleiben wir bei diesem Vergleich: In den zwanziger und dreißiger Jahren wollten viele Menschen in Deutschland mit Politik nichts zu tun haben. Die Konsequenz war, daß die Entscheidungen von anderen und in durchaus unerwünschter Weise getroffen wurden. Diesen Fehler dürfen wir heute mit der Technik nicht wiederholen: Wir müssen uns mit ihr entschlossen auseinandersetzen und mit entscheiden, welche Technik und wieviel wir haben wollen und worauf wir uns besser nicht einlassen.

Zur funktionierenden Demokratie gehört das Engagement und die politische Bildung der Bürger. Genauso gehört zur modernen Welt ein Verständnis für die Rolle der Technik.

Genau darum geht es:
Einen verständigeren Gebrauch zu machen von der Technik.

Wir wissen alle noch viel zu wenig von der Bedeutung der Technik für unsere Gesellschaft und unser Denken. Tatsächlich spielte bei der Entwicklung der Menschheitskultur die Technik von Anfang an eine entscheidende Rolle, weshalb auch der französische Philosoph und Nobelpreisträger Henri Bergson den Begriff des „homo faber“ geprägt hat. Für Bergson begründet die Fähigkeit, sich mächtige Werkzeuge für die Gestaltung der Welt schaffen zu können, das eigentliche Wesen des Menschen.

Da nun überall die Auseinandersetzung um die Technik voll entbrannt ist – und neben klugen Vorschlägen auch viele törichte und gefährliche zu hören sind –, fühlt sich die Georg-Agricola-Gesellschaft aufgerufen, den ihr gemäßen Beitrag zu dieser Diskussion zu leisten. Zu Beginn der Neuzeit hat sich Georg Agricola, unser Namenspatron, Gedanken über den sinnvollen Gebrauch der Technik gemacht. Mehr als vierhundert Jahre später, zu „Ende der Neuzeit“, wie manche sagen, stellt sich die Georg-Agricola-Gesellschaft die Aufgabe, eine Bestandsaufnahme vorzulegen, welche Rolle die Technik bisher in der Entwicklung der Menschheit gespielt hat.

Dabei soll es zwar auch um die auf der Hand liegende wirtschaftliche Bedeutung der Technik gehen und natürlich um die Spannung von Natur und Technik, aber ebenfalls um die weniger bekannten Aspekte. Dazu gehört etwa die zu Beginn dieses Vorwortes angesprochene ursprüngliche religiöse Motivierung des technischen Schaffens oder auch die Rolle, die der Technik in den verschiedenen Ideologien zugewiesen wird. Weitere Beispiele sind die Veränderung der „Bedingungen des Menschseins“, etwa durch die modernen Kommunikationsmittel, und die Veränderungen der Gesellschaftsstruktur. Dazu gehört etwa das Entstehen des „vierten Standes“ durch die industrielle Revolution und der sozusagen umgekehrte Prozeß, der sich heute vor unseren Augen vollzieht: das Verschwinden des Unterschiedes zwischen dem Arbeiter und dem Angestellten.

Wie läßt sich ein derart komplexes Thema sinnvoll gliedern? Ein Vorbild haben wir in den 1868 ausgearbeiteten „Weltgeschichtlichen Betrachtungen“ von Jacob Burckhardt gefunden. Dem Basler Historiker ging es seinerzeit um die Entwicklung von Staat, Religion und Kultur. Nach einer kurzen Betrachtung über Staat, Religion und Kultur behandelt Burckhardt nacheinander die „sechs Bedingtheiten“, das heißt den Einfluß des Staates auf die Kultur und umgekehrt der Kultur auf den Staat und so fort.

Dieses anspruchsvolle Programm hat Burckhardt vermöge seiner umfassenden Bildung bewältigen können. Einen Nachfolger aber wird er wohl kaum finden, der aufarbeitet, wie sich das Verhältnis von Staat und Kultur von der Mitte des 19. Jahrhunderts bis heute gestaltet hat. Inzwischen sind viele neue Staatsformen entstanden (und einige zum Glück wieder verschwunden). Auf dem Gebiete der Kultur hat es tiefgreifende Aufspaltungen gegeben, wobei man nur an das Schlagwort von den „zwei Kulturen“ zu denken braucht. Mit einer pauschalen Behandlung der „Kultur“ ist es heute also nicht mehr getan.

Selbst der Unterbereich „Wissenschaft“ ist, was zum Beispiel die „Bedingtheit durch den Staat“ betrifft, in ganz unterschiedliche Sektoren zu gliedern. Hatte der Staat dereinst, im Deutschland der Dichter und Denker, Philosophie, klassische Philologie und die Altertumswissenschaften bevorzugt gefördert, so stand um 1850 die Chemie in der Sonne der staatlichen Gunst und um 1950 die Physik. Ganz offensichtlich könnte heute kein einzelner Historiker mehr das Burckhardtsche Programm bewältigen.

Einen Teil dieser großen Aufgabe hat sich nun die Georg-Agricola-Gesellschaft vorgenommen, und zwar den Teil, der sich auf die Technik bezieht. Untersucht werden zehn „gegenseitige Bedingtheiten“: (I) Technik und Philosophie, (II) Technik und Religion, (III) Technik und Wissenschaft, (IV) Technik und Medizin, (V) Technik und Bildung, (VI) Technik und Natur, (VII) Technik und Kunst, (VIII) Technik und Wirtschaft, (IX) Technik und Staat, (X) Technik und Gesellschaft.

Diese zehn Themenbände und ein Registerband bilden das Gesamtwerk. Jeder Band ist einzeln für sich verständlich; seinen besonderen Wert freilich erhält er erst durch die Vernetzung mit den übrigen Themen.

Ehe wir nun die Bände nacheinander vorstellen, noch eine abschließende Bemerkung zum Gesamttitel. Das Gesamtwerk haben wir „Technik und Kultur“ genannt, weil es zwar nicht ausschließlich, aber doch in der Hauptsache darum geht, die engen Beziehungen und vielfältigen Verschränkungen zu zeigen, in denen die Technik zu allen Bereichen der menschlichen Kultur steht. Wer sich auf diese Weise mit der Technik beschäftigt, dem wird wohl deutlich, daß bei allem Mißbrauch, die vielen von uns die Technik suspekt gemacht hat, diese einen integrierenden Teil unserer Kultur darstellt.

Das Generalthema des vorliegenden Werkes ist die Beziehung zwischen Technik und Kultur. Damit ist bereits stillschweigend eine bestimmte Grenze gezogen: Es kommen hier nur diejenigen Aspekte der Technik zur Sprache, die in einem Zusammenhang mit der Kultur stehen. So sind spezielle ingenieurwissenschaftliche Fragen und im engeren Sinn technikhistorische Gesichtspunkte ebenso ausgeschlossen wie ins Einzelne gehende psychologische oder soziologische Fragestellungen.

Das vordringliche Anliegen dieser Reihe – zu einem tieferen und umfassenderen Verständnis des Phänomens Technik in Gesellschaft und Kultur beizutragen – läßt sich nur verwirklichen, wenn sich die Leitgedanken des Gesamtwerkes auch in der inneren Architektur der einzelnen Bände widerspiegeln: die wechselseitigen Beziehungen und engen Verschränkungen zwischen der Technik und anderen Kulturbereichen sollen in ihrer Entwicklung nachgezeichnet und in ihren systematischen Zusammenhängen bis zur Darstellung der gegenwärtigen Situation herangeführt werden. – Um eine Auswahl aus der Vielfalt der wechselseitigen Einflüsse zu gewinnen, wird in allen Bänden immer wieder folgenden Fragen nachgegangen:

Welche technischen Ideen, Erfindungen und Verfahren haben zu einer grundsätzlichen Änderung in der Denkweise und den Methoden anderer Kulturbereiche geführt? – Man denke dabei nur an die revolutionierende Wirkung des Buchdrucks auf das Bildungswesen, an die Fortschritte der Medizin durch die Erfindung des Mikroskops und die tiefgreifenden Einflüsse von Radio und Fernsehen auf das Verhalten der Menschen.

Welche theoretischen Vorstellungen, Strukturbedingungen oder drängenden Lebensprobleme gaben den Anstoß für technisches Forschen, Erfinden und Konstruieren? – Hierher gehört die Vielfalt technischer Lösungen für bestimmte wirtschaftliche oder politische Aufgaben.

Die verschiedenen Themenkreise und ihre Aufeinanderfolge in den einzelnen Bänden sind so ausgewählt, daß charakteristische Wesenszüge und übergreifende Strukturen der Technik sichtbar werden.

Die gegenwärtige Diskussion über die Technik ist zwar oft emotional und irrational bestimmt, aber sie beruht nicht nur auf Eindrücken und Gefühlen. Sobald dabei Argumente ins Feld geführt werden, interpretiert man Tatsachen und appelliert an die vernünftige Einsicht. In dieser Situation ist die Philosophie gefordert. Sie ist nämlich zuständig, wenn es darum geht, Begriffe zu klären und grundsätzliche theoretische Zusammenhänge der Technik aufzuzeigen. Am Anfang des Gesamtwerkes steht daher der Band

TECHNIK UND PHILOSOPHIE (Band I)

Dieser Eingangsband beginnt mit der Erörterung des Technikbegriffes. Es folgen Ausführungen zur Bewertung der Technik in der Geschichte der Philosophie, Untersuchungen zum technischen Problemlösen und zur instrumentellen Verfahrensweise sowie Darlegungen zum geschichtlichen Wertwandel, Überlegungen zu den drängenden Fragen der Verantwortung für den technischen Fortschritt und zur möglichen Abschätzung der Technikfolgen. Die Diskussion über die Ambivalenz der Technik, über ihre weltweit kulturgeschichtlichen Auswirkungen, über ihre erhofften und realisierten Leistungen und auch ihre Gefahren schließen diesen Band ab.

Die moderne Technik in der Form, wie wir sie heute kennen, ist nicht denkbar ohne zwei Elemente, durch die die europäische Tradition entscheidend geprägt wurde: das Christentum und die Entstehung der modernen Naturwissenschaften in der Renaissance. So werden in dem Band

TECHNIK UND RELIGION (Band II)

in einem weitgespannten historischen Zusammenhang die wechselseitigen Beziehungen zwischen technischem Wandel und religiösen Vorstellungen untersucht. Um für die Beiträge dieses Bandes eine gemeinsame Ausgangsbasis zu finden, werden in dem Eingangsartikel die Begriffe Religion, Theologie und Kirche gegeneinander abgegrenzt.

Die folgenden Kapitel des Religionsbandes behandeln den allgemeinen Zusammenhang zwischen der technischen Entwicklung und den großen außerchristlichen Religionen und den christlichen Kirchen bis hin zur Gegenwart. Überlegungen zu esoterischen Strömungen der

Gegenwart und mögliche Modelle einer Religiosität in einer zukünftigen technischen Weltzivilisation beschließen den Band.

Moderne Technik konnte erst entstehen, nachdem das theoretische Denken, die mathematische Methode und das gezielte Experiment in die Naturwissenschaften Einzug gehalten hatten. Die Anwendung naturwissenschaftlicher Methoden und Ausnutzung der Naturgesetze sind die Grundvoraussetzungen technischen Schaffens. In welcher Weise sich die Beziehungen zwischen Technik und Naturwissenschaften in verschiedenen Epochen darstellen, ist ein Hauptthema des Bandes

TECHNIK UND WISSENSCHAFT (Band III)

Der Wissenschaftsbegriff, dessen Erörterung den Ausgangspunkt der Untersuchungen bildet, wird hier so weit gefaßt, daß er nicht nur Naturwissenschaften und Technikwissenschaften einbezieht, sondern auch die Geisteswissenschaften mit angesprochen sind. Die folgenden Beiträge sind daher zunächst den wechselseitigen Einflüssen von Technik und Geisteswissenschaften gewidmet, Untersuchungen zum Verhältnis von Technik und Rechtswissenschaften bzw. Wirtschaftswissenschaften schließen sich an. Die Entstehung der spezifischen Technikwissenschaften und ihre Verknüpfung mit praktischer technischer Tätigkeit sind Themen in den abschließenden Darstellungen des Bandes.

Innerhalb der Wissenschaft nimmt die Medizin einen so wichtigen Platz ein, daß ihr ein eigener Band gewidmet wird:

TECHNIK UND MEDIZIN (Band IV)

Aus der immer weiter anwachsenden Vielfalt der technischen Hilfsmittel für die Arbeit des Arztes wurden vor allem diejenigen behandelt, die zu einer grundlegenden Wandlung der medizinischen wissenschaftlichen Auffassungen und Methoden führten.

Die Möglichkeiten des technischen Handelns und der Spielraum realisierbarer Erfindungen hängen ab vom Stand des Wissens und Könnens. Das jeweils erreichte Niveau einer Epoche wird durch die weitgefächerten Bildungseinrichtungen an die nachfolgende Generation weitergegeben. Es ist charakteristisch für das Kulturverständnis jeder Zeit, welche Techniken von ihr tradiert werden und welche technischen Vorstellungen auf Akzeptanz stoßen.

In dem Band

TECHNIK UND BILDUNG (Band V)

stehen die Beziehungen zwischen technischer Entwicklung und unterschiedlichen Bildungsvorstellungen und Bildungsinstitutionen im Mittelpunkt. Neben der technischen Ausbildung und den Bildungswerten der schöpferischen Tätigkeit von Ingenieuren und Technikern wird dabei insbesondere die Herausforderung der traditionellen Bildungsideale durch moderne Medien und Technologien behandelt.

Die realisierte Technik ist immer Umgestaltung der physischen Welt, Beherrschung und Nutzbarmachung der Natur für die Zwecke des Menschen. Ideen und Pläne des Ingenieurs lassen sich nur in konkreten und materiellen Gebilden verwirklichen, die in letzter Konsequenz – oft unter komplizierten Umformungen, Umwandlungen und Umwegen – aus der unberührten Natur hervorgehen. Technik beruht immer auf dem Zusammenhang – dem Gegensatz oder dem Einvernehmen – mit Vorgängen der Natur. Diesem Themenkreis gelten die Beiträge des Bandes

TECHNIK UND NATUR (Band VI)

Die Themen reichen von Untersuchungen zur Bionik und Biotechnik bis hin zu den drängenden Umweltproblemen, die heute durch technische Entwicklungen entstehen.

Technisches Entwerfen und Tun ist seit Beginn der Menschheitsgeschichte eng verknüpft mit handwerklichem und künstlerischem Schaffen. Diese Verknüpfungen stehen im Mittelpunkt des folgenden Bandes

TECHNIK UND KUNST (Band VII)

Die wechselseitigen Beziehungen zwischen Technik und Kunst haben sich im Laufe der Geschichte vielfach gewandelt; sie reichen von einer krassen Gegenüberstellung bis zur Identifikation und einem gemeinsamen Ausdruck für kreatives Tun. Ein Beispiel für diese letzte Sichtweise finden wir bei den Künstleringenieuren der Renaissance. In diesem Band wird ferner untersucht, in welcher Weise technische Hilfsmittel die künstlerische Arbeit unterstützen und die Ausdrucksmittel vervollkommnen oder durch ihre Unzulänglichkeit die Realisierung künstlerischer Ideen hemmen oder unmöglich machen. Die künstlerische Darstellung ist ein besonders sensibler Ausdruck für das

Zeitempfinden – auch in bezug auf die Technik. Die Kunst ist ein untrügliches Indiz für die positiven Erwartungen, aber auch für die Ängste gegenüber der Technik. Deshalb ist ein umfangreiches Kapitel dieses Bandes der Darstellung der Technik in Kunstwerken gewidmet. Hier wird nicht nur aufgezeigt, wie sich die Technik als Thema der Malerei, der Graphik oder Plastik widerspiegelt, sondern es wird auch die Darstellung der Technik in Literatur, Musik und Theater einbezogen. Ausblicke auf die vieldiskutierten Grenzgebiete zwischen Technik und Kunst, wie Computergraphik oder Videokunst, runden das Bild ab.

Die moderne Technik befreit den Menschen von einem großen Teil der körperlichen und sogar der geistigen Arbeit. Die technischen Geräte und Maschinen und die angewandten Verfahrensweisen wirken aber unvermeidbar wieder auf den Menschen zurück. Neben die genannten Merkmale der Technik – ihre enge Verknüpfung mit den Wissenschaften und die Auseinandersetzung mit der Natur – tritt die im umfassendsten Sinn verstandene soziale Dimension als drittes Charakteristikum.

Die Einwirkungen der Technik auf das Leben des Menschen und ihr Einfluß auf die unterschiedlichen Strukturen der Gesellschaft sind außerordentlich vielschichtig und weitreichend. Diesen umfassenden Themenkreis behandeln die letzten drei Bände des Gesamtwerkes.

Die enge Verbindung zwischen wirtschaftlicher Entwicklung und der Entstehung neuer Techniken und Industrien, aber auch die Suche nach neuen technischen Lösungen für wirtschaftliche Probleme bilden die zentralen Fragen des Bandes

TECHNIK UND WIRTSCHAFT (Band VIII)

Technische Entscheidungen sind oft von politischen Gegebenheiten abhängig, und politische Probleme haben ihren Ursprung in der Anwendung neuer Techniken. In wie vielfältiger Weise das staatliche System auf die technische Entwicklung eines Landes einwirkt und wie sehr die wirtschaftliche und militärische Leistungsfähigkeit eines Staatsbildes von seinem technischen Stand abhängig ist, behandelt der Band

TECHNIK UND STAAT (Band IX)

Alle Verflechtungen zwischen der Technik und anderen Kulturbereichen, die bisher aufgezeigt worden sind, haben eine soziale Dimension. Diese steht im Mittelpunkt des abschließenden Bandes

TECHNIK UND GESELLSCHAFT (Band X)

Hier kommen die wesentlichen Gesichtspunkte der vorangegangenen Bände unter allgemeinen, gesellschaftlichen Aspekten noch einmal zur Sprache. Die zusammenfassenden Betrachtungen über das Verhältnis von Technik und Mensch bilden den natürlichen Abschluß des Gesamtwerkes.

Ganz gleich, wie man das Thema „Technik und Kultur“ strukturiert, es gibt immer enorme Überschneidungen. Das gilt auch für das vorliegende Werk. So wird zum Beispiel die Frage nach der Verantwortung für die Folgen der Technik vor allem aus philosophischer Sicht thematisiert, aber auch unter medizinischen, pädagogischen, politischen und ökologischen Gesichtspunkten behandelt. Und die Veränderungen durch neue Medien und Computertechnik sind nicht nur für das Bildungswesen, sondern auch für die wirtschaftliche Entwicklung des Arbeitsmarktes und die Einflüsse auf das Leben der Familie ein wichtiger Gesichtspunkt. Querverweise machen bei wichtigen Themen auf den sachlichen Zusammenhang zwischen verschiedenen Beiträgen und Bänden aufmerksam; sie bilden die Klammer, die für eine Zusammenschau einer Thematik unerläßlich ist.

Das Gesamtwerk „Technik und Kultur“ erstrebt in erster Linie eine Bestandsaufnahme der Forschung. Dabei wurden von den Autoren die wesentlichen Veröffentlichungen auf den verschiedenen Gebieten herangezogen. In vielen Beiträgen werden aktuelle Forschungsprobleme dargestellt, und es wird auf neue Fragestellungen und zukünftige Aufgaben hingewiesen. Um dieses Programm durchzuführen, arbeiten etwa zweihundert Wissenschaftler für „Technik und Kultur“. Im Registerband XI sind alle Querverweise, Literaturübersichten, ein ausführliches Personen- und Sachwortregister und Bildnachweise zusammengestellt.

Die von der Georg-Agricola-Gesellschaft verpflichteten Autoren sind nach ihrer Sachkompetenz ausgesucht und haben zu komplexeren Problemen nicht immer eine einhellige Meinung. Differenzierte und naturgemäß auch heterogene Darstellungen machen dies deutlich. Das ist aber kein Mangel, sondern geradezu unerläßlich, wenn der Leser zu einer eigenen, fundierten Beurteilung der Technik kommen will. Und diese ist notwendig, wenn die von der Technik aufgeworfenen drängenden Probleme unserer Zeit gelöst werden sollen.

Düsseldorf, im Juli 1989 Georg-Agricola-Gesellschaft

Benutzerhinweise

Querverweise: Da es sich bei den Beziehungen zwischen Technik und Kultur um ein sehr komplexes Phänomen handelt, wird eine Thematik gelegentlich mehrfach unter verschiedenen Aspekten behandelt. Um dieses Beziehungsgeflecht aufzubereiten, wurden Querverweise eingeführt. Für Analogstellen in Beiträgen, die bereits fertiggestellt sind, wird dabei zunächst auf die Nummer des Bandes, danach auf das Kapitel und die Nummer des Beitrages verwiesen. Beispielsweise bezieht sich der Querverweis [V-3.1] auf den 1. Beitrag im 3. Kapitel des Bandes V. Sind dagegen die Manuskripte eines Beitrages, auf den verwiesen wird, noch nicht abgeschlossen, wird nur auf den entsprechenden Band bzw. das Kapitel in einem Band aufmerksam gemacht. Eine Übersicht aller vollständigen Querverweise aus den zehn Inhaltsbänden ist im Registerband enthalten.

Literaturnachweise: Belegstellen für die in einem Beitrag auftretenden Zitate sind im Anschluß an jeden Beitrag zusammengestellt.

Literaturanhang: Auf Überblicksartikel und weiterführende Literatur zur Thematik eines Beitrages wird im Literaturanhang am Ende jeden Bandes hingewiesen. Zusätzlich zu den in den Literaturnachweisen aufgeführten Angaben werden hier zu einzelnen Gesichtspunkten der Beiträge Hinweise und Vergleichsliteratur zu finden sein.

Registerband: Dieser Band wird für alle Bände die Inhaltverzeichnisse, die Literaturanhänge und die Zusammenstellung aller vollständigen Querverweise enthalten. Zur Orientierung im Gesamtwerk dienen ein ausführliches Personenregister, ein Sachwortverzeichnis und der Bildquellennachweis.

Inhalt

Einleitung

Charlotte Schönbeck

In den letzten Jahrzehnten haben sich in Verbindung mit technischen Entwicklungen in immer schnellerer Folge tiefgreifende und oft irreversible Veränderungen unseres Lebens vollzogen, die uns in ihrem vollen Außmaß erst verhältnismäßig spät bewußt geworden sind. Daher wirkte der Bericht des Club of Rome von 1972 „über die Grenzen des Wachstums" nicht nur als Signal sondern auch als Schock. Die Reaktionen darauf hatten viele, oft emotional gefärbte und extreme Facetten. Und über die Versuche, die gegenwärtige Situation zu durchdenken und Wege für die Zukunft zu suchen, gibt es inzwischen eine große Zahl von Veröffentlichungen. Aber die fachliche wie auch die politische Debatte beschäftigte sich nur mit den drohenden Katastrophen: weltweite Rüstung, Kernenergie, Ökologie und Wachstum auf der einen Seite und Sicherheitsvorkehrungen, Resourcenknappheit, weltwirtschaftliche Auswirkungen und Folgen für den Arbeitsmarkt andererseits. Der Blick für die Gesamtheit der Veränderungen im Leben des Einzelnen und der Gesellschaft wurde durch die aktuellen Probleme meist noch verstellt. Eine Kernfrage wurde dabei nicht gestellt: Sind wir durch unsere heutige Erziehung und Bildung in der Lage, der Herausforderung der Technik zu begegnen und die weitere Entwicklung sinnvoll zu steuern? Sind wir durch Erziehung und Bildung für diese Auseinandersetzung mit moderner Technik vorbereitet?

Dem raschen und sich noch weiter beschleunigenden Wandel in Umwelt und Lebensweise kann der Mensch nur begegnen, wenn er in einem lebenslangen Bildungsprozeß auf ständige Veränderung eingestellt ist. Daher ist es notwendig, daß Bildung und Verständnis der technischen Entwicklungen miteinander Schritt halten. Nur dann ist eine Orientierung in einer von Technik geprägten Welt und deren Steuerung durch den Menschen möglich.

In der Bundesrepublik hat man in mehreren Bildungsreformen in den fünfziger und sechziger Jahren das traditionelle Bildungssystem für alle Bevölkerungsschichten geöffnet, die Bildungswege durchlässig gemacht und für eine Chancengleichheit des Lernens gesorgt. Aber diese Modernisierung des Bildungswesens hat nicht zu einer inhaltlichen Öffnung gegenüber den veränderten Lebensweisen einer Industriegesellschaft geführt: eine inhaltliche Auseinandersetzung zwischen Bildung und Technik hat es nicht gegeben. Auch heute kommt diese nur zögernd und gegen große Widerstände in Gang. Die Aufnahme von Technik vollzieht sich im Bildungswesen nur an isolierten und politisch wirksamen Stellen, wie zum Beispiel bei der Einführung von Computern in allen Stufen des Bildungswesens. Aber diese kurzgreifenden bildungspolitischen Maßnahmen dürfen nicht darüber hinwegtäuschen, daß ein einengendes Verständnis zwischen Bildung und Technik bisher nicht gefunden ist.

Die Öffnung der Bildungswesen „für alle" hat sich nicht nur in der Bundesrepublik vollzogen, sondern hat parallel weltweit stattgefunden. In einer Reihe wichtiger Erklärungen werden daher auch die überall gemeinsamen Bildungsprobleme angesprochen. So forderte 1972 bereits Edgar Faure in der Denkschrift der UNESCO „learning to be", und das Memorandum des Club of Rome von 1979 betont „no limits to learning" als wichtige Richtlinie. Neben diesen Fragen und dem Problem des Bildungsgefälles zwischen den Industrienationen und Entwicklungsländern wurde schon von dem amerikanischen Präsidenten Johnson auf einer Weltkonferenz mit dem Thema „Die Weltbildungskrise" die eigentliche Kernfrage berührt: Wie läßt sich technisch-wissenschaftliche Entwicklung mit humaner Bildung verbinden?

Für eine Lösung zeigen sich auch in anderen Ländern nur vorsichtige Ansätze. Um für weitere Planungen eine möglichst fundierte und objektive Ausgangslage zu schaffen, sollte eine „nach vorn denkende Rückbesinnung" auf die historische Entwicklung erfolgen, die zu der heutigen Situation zwischen Technik und Bildung geführt hat. Der vorliegende Band will hierzu einen Beitrag leisten und die wechselseitigen Beziehungen zwischen Technik und Bildung durch verschiedene Epochen bis hin zur Gegenwart verfolgen. Die Aufgabe ist allerdings außerordentlich umfangreich und komplex. In dem hier vorgegebenen äußeren Rahmen wird es daher nicht möglich sein, mit den angesprochenen Themen eine gewisse Vollständigkeit zu erreichen. Einschränkungen und Abgrenzungen sind notwendig, bei denen wir uns von den folgenden Überlegungen haben leiten lassen.

Da es zunächst einmal darum geht, die gegenwärtige Situation in der Bundesrepublik in vertiefter und kritischer Weise zu verstehen, werden die historischen Entwicklungen im deutschsprachigen Raum nachgezeichnet und Ausblicke auf die Situation in England, Frankreich und den USA gegeben. Eine vergleichende Betrachtung mit anderen Ländern und anderen Kulturkreisen ist wegen der weltweiten Bedeutung des Technik-Bildung-Problems unbedingt notwendig, muß aber späteren Untersuchungen vorbehalten bleiben. Neben dieser „räumlichen" Abgrenzung ergibt sich eine zeitliche Betonung der letzten zweihundert Jahre aus der Geschichte der Technik. Mit Beginn des 19. Jahrhunderts setzt eine rasche Industrialisierung Deutschlands ein, die von vielen wirtschaftlichen, politischen, sozialen und kulturellen Erschütterungen begleitet wird. Die Erfindungen der Dampfmaschine und zahlreicher Arbeitsmaschinen sowie die neuen Rohstoffe Mineralkohle und Eisen fördern den Übergang vom Agrarstaat zur Industriegesellschaft. Die industrielle Revolution war in zweifacher Hinsicht auch eine umfassende Bildungsaufgabe: Zum Einen mußte der Bildungsstand der einfachen Bevölkerung gehoben werden, um die geistigen und materiellen Bedürfnisse zu steigern und das Verständnis des Arbeiters für das neue Maschinenwesen zu fördern, andererseits mußten für die aufblühenden Industriezweige neue Berufsgruppen ausgebildet werden. Die Initiative des Staates, der Wissenschaften und des privaten Unternehmertums waren zur Bewältigung dieser Bildungsaufgabe aufgerufen. Die Beziehungen zwischen technischer Entwicklung und Bildung nahmen seit Beginn der Industrialisierung so vielfältige Nuancen an, daß sich ein großer Teil der Beiträge des Bandes mit Problemen dieser Zeit befassen und zu Gegenwartsfragen hinführen muß. [IX; X]

Welche innere Spanne im Verhältnis zur Technik in diesem Zeitraum durchschritten worden ist, illustrieren treffend zeitgenössische Aussagen: Am Anfang des vorigen Jahrhunderts fürchtet Goethe: „Was mich aber drückt, ist doch eine Handelssorge, leider nicht für den Augenblick, nein, für alle Zukunft. Das überhandnehmende Maschinenwesen quält und ängstigt mich, es wälzt sich heran wie ein Gewitter, langsam, langsam; aber es hat seine Richtung genommen, es wird kommen und treffen". In einem Werbeslogan einer Computerfirma heißt es heute lapidar: „Technik – Schiene der Zukunft".

Da es in diesem Band darum geht, die Beziehungen zwischen Technik und Bildung in verschiedenen historischen Epochen aufzuzeigen, darf man weder eine Bildungsgeschichte, die Würdigung wichtiger Pädagogen, Philosophen und Erziehungswissenschaftler oder die Entwicklung der betrieblichen Ausbildung erwarten noch eine geschlossene Darstellung der Geschichte der Naturwissenschaften und der Technik. Wichtige Gesichtspunkte und Entwicklungsschritte aus diesen Bereichen kommen nur insoweit zum Tragen, wie sie einen charakteristischen Beitrag zum Verständnis und den Wandel im Verhältnis zwischen Technik und Bildung geleistet haben.

Jede historische Epoche hat „ihre" Bildung mit zentralen Bildungsvorstellungen und kennzeichnenden Bildungsidealen. In allen kulturellen Bereichen einer Zeit findet man Spuren und Zeichen dieser zeitgemäßen Bildungstendenzen. Sie prägen auch die Ausrichtung der Bildungseinrichtungen und Organisationen, die jede Epoche sich geschaffen hat. Da deren Geschichte meist gut dokumentiert ist, lassen sich hier ganz konkrete Aussagen über das Verhältnis von Bildung und Technik zusammentragen. Das wird in einer Gruppe von Beiträgen dieses Bandes geschehen. Es ist aber klar, daß dabei nur exemplarisch Aussagen für Bildung und Technik in einer bestimmten Zeit gemacht werden könne.

Nach Beziehungen zwischen Technik und Bildung zu fragen ist eine – vor allem in Deutschland – noch ungewohnte Aufgabe. Das ist verständlich, da sich seit Beginn der Kulturkritik hier die Meinung immer wieder verfestigt hat, daß Bildung und Technik krasse Gegensätze seien, zwischen denen sich keine Brücken schlagen lassen. Unterschwellig hemmt dieser Standpunkt auch heute noch eine unvoreingenommene Diskussion von Bildungsfragen für eine zukünftige Industriegesellschaft.

Es ist ein wesentliches Anliegen dieses Bandes, vielfältige, wechselseitige Einflüsse von Technik und Bildung aufzuzeigen, die deutlich machen, daß es sich nicht um gegensätzliche Bereiche handelt. Einige systematische Gesichtspunkte zum Verhältnis Technik – Bildung werden in den Beiträgen immer wieder direkt ausgesprochen oder schwingen in den Darstellungen mit. Da sie die Gliederung des Bandes bestimmt haben, sollen sie hier im Zusammenhang vorangestellt werden:

Bildung *für* die Technik hat es bereits seit dem Gebrauch erster Handwerkszeuge, also vom Beginn der Menschheitsgeschichte an, gegeben. In Form von Nachahmung, handwerklicher Tradition oder beruflicher Ausbildung befähigte sie den Techniker der Antike ebenso wie den Handwerker, den Fabrikarbeiter, Ingenieur und Technikwissenschaftler sowohl für das Funktionieren der Technik wie für ihre Entwicklung und Weitergabe zu sorgen. Noch bis zur Jahrhundertwende war Bildung für die Technik oder technische Ausbildung nur auf das Erlernen spezieller Fähigkeiten und spezieller Berufe fixiert. Werte, die für eine ganzheitliche, allgemeine Menschenbildung notwendig sind, wurden ihr daher meist abgesprochen. Bildung für die Technik hatte im Bildungskanon – vor allem in Deutschland – keinen Platz.

In den letzten Jahrzehnten hat sich die Situation geändert, denn gerade in der Ausbildung zur modernen Technik zeigen sich allgemeine Bildungsaspekte, die in traditionellen Berufs- und Studienwegen noch nicht so deutlich wurden.

In dem Maß, in dem sich Technik und Industrie in den letzten Jahren ausweiteten, wuchs die Zahl spezieller Kenntnisse und technischer Fähigkeiten, entstanden neue Fachgebiete und Anwendungsbereiche, die entsprechenden Berufe differenzierten sich, und es wurden neue Berufsrichtungen geschaffen. Aber dieser Tendenz zur Spezialisierung wirkten innerhalb der Technik selbst Entwicklungen entgegen, die über ein enges Fachdenken hinauswiesen. Die raschen Veränderungen der Arbeitsbedingungen erforderten eine größere Flexibilität als früher: Der Einzelne mußte sich bei Umstellungen am eigenen Arbeitsplatz schneller anpassen oder sich reibungsloser auf eine neue Arbeit einstellen können. Außerdem hatte man entdeckt, daß eine zu schmale und frühe Spezialisierung auch die Beweglichkeit im technischen Denken und Handeln hemmte. Aus diesen Gründen legt man heute bei der Ausbildung von Ingenieuren, Technikern und Facharbeitern sehr großen Wert auf eine breite Grundlagenausbildung: wichtige Kenntnisse und Fähigkeiten, die in vielen Gebieten gebraucht werden, behandelt man auch in der Ausbildung im Zusammenhang; dabei kann es sich um Probleme der Meßtechnik, der Steuer- und Regeltechnik, des Konstruierens oder um den Umgang mit Rechenanlagen handeln. In einzelnen Fachrichtungen sieht man mehr darauf, in vorliegenden Einzelproblemen die theoretischen und praktischen Grundlagen zu erkennen und die anstehenden Aufgaben von ihnen aus zu lösen. Durch das ergänzende Nebeneinander von speziellen Fachkenntnissen und Einsicht in allgemeine Grundzusammenhänge läßt sich eine stärkere Wendigkeit und Beweglichkeit junger Fachkräfte erreichen.

Auf das Hinausfragen über das eigene Fach kommt es noch mehr an, wenn von der Industrie oder der Forschung Großprojekte durchgeführt werden: ohne eine interdisziplinäre Zusammenarbeit sind diese Aufgaben nicht zu lösen. Heute dehnt sich die gemeinsame Arbeit auf viele naturwissenschaftliche Bereiche aber auch auf den sozialen und wirtschaftlichen Sektor aus. Es entstehen neue „Grenzgebiete" zur Technik wie die medizinische Technik, die Gentechnik oder die Biotechnik. [IV; VI; VIII]

In der Bildung für die Technik sind noch zwei weitere Aspekte deutlich geworden, die über ein Spezialistentum hinaus zur Persönlichkeitsbildung maßgeblich beitragen: Durch die raschen Veränderungen des Arbeitsmarktes und der Lebensbedingungen in unserer Gesellschaft genügt eine begrenzte Ausbildungszeit nicht für ein ganzes Berufsleben. Durch eine ständige Fortbildung müssen die Kenntnisse ergänzt und vertieft werden. Die Bildung für die Technik muß die Tätigkeit des Ingenieurs und des Technikers immer begleiten.

Nachdem in den letzten Jahren die weitreichenden positiven und negativen Folgen der technischen Entwicklung immer deutlicher geworden sind, findet eine weitere Forderung an die Bildung für die Technik Gehör an Hochschulen, Fachschulen und in Betrieben: Das gewissenhafte Abschätzen möglicher Auswirkungen der eigenen technischen Tätigkeit und der verantwortungsvolle Gebrauch der Technik sollen fester Bestandteil der Ausbildung werden.

Bildung *für* die Technik ist *ein* Brückenschlag zwischen den vermeintlich gegensätzlichen Bereichen Technik und Bildung. Während diese technische Ausbildung Aufgabe der technischen Bildungseinrichtungen in allen Stufen und Fachorganen ist, findet man einen zweiten Beziehungsbogen nicht nur in allgemeinbildenden Schulen, sondern in allen Bereichen unserer Kultur: Technik *in* der Bildung oder – anders ausgedrückt – Technik als Thema der Bildung. Hier geht es also nicht um die Fixierung auf einen bestimmten Beruf hin, sondern um das Darstellen, Beurteilen und Bewerten von Technik innerhalb der verschiedenen kulturellen Blickrichtungen. Technik *in* der Bildung spielt erst mit wachsender Industrialisierung eine immer stärkere Rolle und soll heute eine Orientierung in der von Technik geprägten Welt möglich machen. Das Thema „Technik" ist weder aus dem Geschichtsunterricht, den Fächern Deutsch oder Gemeinschaftskunde noch aus anderen Schulthemen wegzudenken. Das gleiche gilt für Hochschulstudien in breitem Rahmen, die Malerei, die Musik oder die politische Meinungsbildung. In dem vorliegenden Band werden fast alle Beiträge Technik *in* der Bildung verdeutlichen. [VII; IX]

Ein dritter Verbindungsweg zwischen Technik und Bildung scheint auf den ersten Blick hin sehr viel konkreter und einfacher zu sein als die beiden vorangehenden: *für* die Bildung liefert die Technik Geräte und Verfahren als Hilfsmittel, um die notwendigen Arbeiten im Unterricht, in der Vorlesung oder in einer Diskussion zu erleichtern, zu ergänzen oder zu verdeutlichen. Aber es gibt technische Erfindungen und Vorgänge, die nicht nur Hilfsmittel in der Bildungsarbeit bleiben, sondern zu einschneidenden Änderungen im ganzen Bildungswesen führen. Das gilt für den Buchdruck ebenso wie für die Einführung neuer Medien in den letzten Jahrzehnten.

Die drei „Brückenschläge": Bildung *für* die Technik, Technik *in* der Bildung und Technik *für* die Bildung sind in allen Epochen wechselseitige und vielfältige Beziehungen gewesen. Zusammen mit den „räumlichen" und „zeitlichen" Einschränkungen bestimmen sie die Konzeption des vorliegenden Bandes: Der Begriff Bildung ist sehr umfassend und schwer zu umreißen. Die Bildungsvorstellungen, von denen die Beiträge in „Technik und Bildung" ausgehen, werden wir daher als gemeinsamen Ausgangspunkt an den Anfang stellen. – Entsprechende Begriffsbeschreibungen stehen am Beginn jeden Bandes in dem Gesamtwerk „Technik und Kultur" –. In der vorliegenden Aufsatzsammlung geht es darum, die gegenwärtige Bildungssituation in Deutschland aus historischer Sicht zu verstehen. Im Eingangskapitel „Was ist Bildung?" zeichnet daher Günther Dohmen die historischen Wurzeln des deutschen Bildungsbegriffes nach, die auch heute noch bei Bewertungen und Entscheidungen mitschwingen. Überlegungen, wieweit der deutsche Bildungsbegriff die Technik mit umfaßt und wie sich die beiden – oft als Gegensätze betrachteten – Bereiche von ihrer Begriffsbestimmung her zueinander verhalten, stehen im Mittelpunkt des zweiten Kapitels „Bildung und Technik" von Günther Dohmen.

Der „Bildung für die technische Welt" sind die Aufsätze des dritten Kapitels gewidmet. Aus der Geschichte der verschiedenen Bildungseinrichtungen, Institutionen und Organisationen werden wichtige Beziehungen zwischen Technik und Bildung in verschiedenen Epochen aufgezeigt. Da sich in Europa die ersten Anfänge eines Bildungssystems in größerem Rahmen erst im 17. Jahrhundert zeigen, kann man bei der Beschreibung der wechselseitigen Beziehungen zwischen Technik und Bildung in der davor liegenden Zeit nicht auf Aussagen und Quellen über Schulen und ähnliches zurückgreifen. Man muß einen anderen Weg gehen. Der erste Beitrag „Technische Bildung von den Anfängen bis zur frühen Neuzeit" von Laetitia Boehm unterscheidet sich daher in seiner Anlage von den nachfolgenden Teilen des Kapitels: einerseits umspannt er einen sehr viel größeren Zeitraum als die übrigen Aufsätze, andererseits müssen die Hinweise auf technische Ausbildung, die Stellung der Technik im Bildungswesen und die handwerkliche Tradition aus verstreuten, vielfältigen Äußerungen und Quellen über Wissenschaft, Religion, Kunst und andere Kulturbereichen gesammelt und zu einer die Epoche charakterisierenden Einschätzung von Technik und Bildung zusammengefügt werden. [II; III]

Welche Aussagen zu dem Verhältnis von Technik und Bildung aus der Geschichte der verschiedenen Schulformen und Hochschulen vom 17. Jahrhundert bis zur Gegenwart möglich sind, zeigen die folgenden Beiträge von Helmuth Albrecht („Die Anfänge eines technischen Bildungssystems"), Wolf Ekkehard Traebert („Technik und allgemeinbildende Schulen"), Gustav Grüner („Entwicklung der technischen Fachschulen") und Karl-Heinz Manegold („Geschichte der Technischen Hochschulen"). Als roter Faden zieht sich durch diese historischen Überblicke das Bemühen um Anerkennung der technischen und naturwissenschaftlichen Bildung neben der traditionellen humanistischen Bildung, der Kampf um das Abitur und das Promotionsrecht und der schwierige Weg zur sozialen Anerkennung der Ingenieure und Techniker in der Gesellschaft. Die Thematik des Beitrages von Gustav Grüner läßt es zu, daß nicht nur die Entwicklung der technischen Fachschulen nach dem zweiten Weltkrieg in der Bundesrepublik beschrieben werden kann, sondern der ganze deutschsprachige Raum erfaßt wird und Vergleiche mit England und Frankreich aufgenommen werden können. Der Schwerpunkt des Abschnittes von Wolf Ekkehard Traebert dagegen liegt für die Zeit nach 1945 auf der Entwicklung der Gymnasien in der Bundesrepublik. Um den vorgegebenen äußeren Rahmen des Beitrages einhalten zu können, mußten einige wichtige Gesichtspunkte zurückgestellt werden: der eingehende Vergleich mit der Entwicklung in anderen europäischen Ländern, die sich häufig von jener in von Deutschland unterschied, und die Betrachtungen der Bildungseinrichtungen in der DDR. Unter dem Einfluß der marxistisch-leninistischen Ideologie des Staatssystems führte die DDR nicht nur eine berufspraktische Ausbildung in den Schulen und einen speziellen polytechnischen Unterricht ein, sondern der technische Fortschritt und die Produktion der Betriebe bekamen ein ganz anderes Gewicht in der Bildungspolitik des Landes als in der Bundesrepublik. In einer späteren Untersuchung muß die wechselseitige Beziehung zwischen Technik und Bildung in der DDR im Rückblick auf die vergangenen vierzig Jahre ausführlich und kritisch dargestellt werden. Hinweise auf dieses Thema sind – unter anderen Gesichtspunkten – zum Beispiel im Band „Technik und Staat" angesprochen. [IX; X]

Die Gruppe dieser vier Beiträge könnte noch durch Hinweise auf die Rolle der Technik in Privatschulen und privaten Hochschulen abgerundet werden, in denen technische und handwerkliche Tätigkeit oft zum Erziehungsprogramm gehört.

In den ersten Jahrzehnten der Industrialisierung waren öffentliche Schulen selten in der Lage, den schnellen Veränderungen in ihrer Arbeit zu folgen und Nachwuchskräfte für neu entstandene Berufszweige unverzüglich auszubilden. Durch private Initiativen und Fachvereine wurde hier Abhilfe geschaffen. In zwei Aufsätzen skizzieren Claus Priesner („Polytechnische Vereine und technische Bildung") und Wolfgang König („Technische Vereine als Bildungseinrichtungen") den Beitrag einiger Vereine zu technischen Ausbildungsfragen.

In dem letzteren Beitrag steht dabei die Arbeit des VDI im Vordergrund. In der Zeit des Nationalsozialismus wird die Arbeit des VDI und der anderen technischen Vereine zwar fortgesetzt, aber die berufspolitische und pädagogische Ausrichtung – die hier in diesem Band von Interesse ist – tritt hinter Fragen zur Rüstungstechnik und zur Wirtschaftspolitik zurück. Nach dem zweiten Weltkrieg werden in der DDR die technischen Vereine aufgelöst und durch die „Kammer der Technik" ersetzt, der VDI und die anderen technischen Vereine können nur noch in der Bundesrepublik tätig sein. Da es in dem vorliegenden Abschnitt vor allem um den Anteil der Vereine zur sozialen und wissenschaftlichen Anerkennung der Techniker und Ingenieure geht, schließt Wolfgang König seine Betrachtung mit dem Zeitpunkt ab, als diese Ziele im Großen und Ganzen erreicht sind. [IX]

Die Bildung für die Technik mußte nicht nur durch Vereine, sondern auch durch die Betriebe und Werkstätten selbst übernommen werden, um den Anforderungen der raschen Entstehung der Industriegesellschaft gerecht zu werden. Karlwilhelm Stratmann beschreibt („Technische Bildung und Ausbildung in Betrieben") im abschließenden Beitrag dieses Kapitels die langsame und beschwerliche Entstehung eines Ausbildungswesens in Industriebetrieben aus dem traditionellen Handwerker- und Zunftwesen.

Durch die Einsicht, daß Fortbildung und Umschulung bei den Änderungen der Arbeitsbedingungen immer notwendiger werden, wird in den letzten Jahren verstärkt eine Bildung zur Technik von vielen Einrichtungen der Erwachsenenbildung gefördert. In Akademien, Volkshochschulen, Fernuniversitäten und anderen privaten Kursen nimmt die Nachfrage nach Förderung einer „lebens-langen" Bildung so stark zu, daß sich hier ein ganz neuer, wichtiger Bereich des Bildungswesens entwickeln wird. Die moderne Erwachsenenbildung gilt auch Bereichen, die weit über eine berufliche Weiterbildung hinausgehen: Vorträge, Kurse und Diskussionsforen dienen der Information und der Meinungsbildung über aktuelle – auch technische – Themen für weite Bevölkerungskreise. Aber nicht nur für technische Gegenwartsfragen, sondern auch für die historische Entwicklung der Technik wächst in den letzten Jahren das Interesse: technische Museen und Spezialsammlungen entstehen und bereiten durch pädagogische Konzepte und zahlreiche Aktivitäten die Entwicklung der Technik im Rahmen der Sozialgeschichte und Wirtschaftsgeschichte so auf, daß sie für Interessenten aller Altersgruppen einen Weg zum besseren Verständnis der Technik eröffnen. Die Geschichte der technischen Museen, angefangen von den Raritätenkabinetten und privaten Sammlungen bis hin zur Gründung des Deutschen Museums und den neuen Museen, wird unter dem Thema dieses Bandes einer späteren Untersuchung vorbehalten bleiben. Da sich die Vorstellung der historischen Entwicklung der Technik als Teil der Sozialgeschichte noch in den Anfängen befindet, wäre ein Überblick über das Verhältnis von Technik und Bildung im Wandel der Museumsgeschichte jetzt noch nicht abgerundet. Das gilt in gleicher Weise für die Behandlung der Denkmalspflege und der Industriearchäologie.

Im Kapitel „Technische Medien und Bildung" steht ein weiterer Aspekt der wechselseitigen Beziehungen zwischen Technik und Bildung im Mittelpunkt: Technische Erfindungen und Verfahren finden nicht nur als Hilfsmittel Eingang in Unterricht, Betrieb, Forschung und alle anderen Bildungsbereiche, von ihnen können auch grundlegende Wandlungen in den Bildungsvorstellungen und in der Struktur des ganzen Bildungswesens ausgehen. Eine derartige „stille" Revolution war bereits die Entwicklung der Schrift, die als erste Kulturtechnik die Kommunikation zwischen Menschen auch über eine zeitliche und räumliche Distanz möglich machte. – Und die Erfindung des Buchdrucks veränderte im 15. Jahrhundert nicht nur das Bildungswesen sondern wirkte nachhaltig auf das soziale und kulturelle Leben ein: Die klösterlichen und weltlichen Schreibstuben lösten sich auf, neue Berufe entstanden im Zusammenhang mit der Drucktechnik. Eine schnelle und billige Verbreitung zeitgenössischer und klassischer Werke wurde jetzt möglich, aktuelle Ereignisse verbreiteten sich rasch durch Flugblätter oder Broschüren. Der intensive geistige Austausch zwischen allen Lesekundigen sorgte für eine vorher nie gekannte Breitenwirkung neuer Ideen. Ohne den Buchdruck hätten weder die Gedanken der Renaissance noch die des Humanismus und der Reformation einen so umfassenden Einfluß haben können. Während gerade diese Zusammmenhänge im Band „Technik und Religion" angesprochen werden, liegt das Hauptmerkmal der beiden ersten Beiträge dieses Kapitels von Rolf Stümpel („Buchdruck und technisches Schrifttum") und Hans-Martin Kirchner („Zeitschriftenwesen und technische Bildung") auf der Entwicklung technischer Literatur und ihrer Auswirkung. Die Frage, ob die neuen technischen Medien wie Hörfunk, Film und Fernsehen zu einem ähnlichen Umbruch führen werden wie der Buchdruck oder ob die Entwicklung des Computers eine solche Folge haben wird, ist Thema der Beiträge von Walter Först („Hörfunk und Fernsehen – Ihr Verhältnis zur technischen Bildung") und von Klaus Haefner („Computer – Herausforderung der traditionellen Bildung"). Dieser letzte Aufsatz wurde hier aufgenommen, weil Klaus Haefner darin – wie in anderen umfangreichen Veröffentlichungen zu diesem Thema – eine der wenigen heute in Deutschland diskutierten Ansätze entwikkelt, die vielleicht eine Antwort auf die eingangs angeschnittene Kernfrage geben könnten: Bereiten Bildung und Erziehung heute den Menschen ausreichend auf die Auseinandersetzung mit einer technisierten Welt vor? Wie muß sich die traditionelle Bildung wandeln, um wirklich das geistige Rüstzeug für den überlegten Umgang mit der Technik liefern zu können? [II]

Die Überlegungen von Klaus Haefner sind hier als *eine* Möglichkeit für die Verbindung von traditioneller Bildung und Verständnis der Technik vorgestellt. Andere Konzepte – wie die Einführung einer „informationstechnischen Grundbildung", einer „verbindlichen Arbeitslehre" oder einer „umfassenden polytechnischen Bildung" – sind bisher nur in ersten Ansätzen vorhanden.

Wie wichtig ein besseres Verständnis für Technik in weiten Bevölkerungskreisen ist, wurde bereits im Zusammenhang mit der Erwachsenenbildung und der Museumspädagogik erwähnt. In dem folgenden Kapitel „Popularisierung der Technik durch Massenmedien" gehen Jens Krüger und Stephan Ruß-Mohl darauf ein. Da es ihnen vor allem darum geht, auf die Verantwortung hinzuweisen, die in einer eingehenden, fundierten und verständlichen Information über Technik in der Gegenwart liegt, geben sie einen Überblick über die Technikberichterstattung in Zeitschriften und den modernen Medien Hörfunk und Fernsehen. Dabei wird die Rolle, die das Medium „Buch" als Mittel der Popularisierung für technische Zusammenhänge in Geschichte und Gegenwart spielt, nur angedeutet.

Die Auseinandersetzung mit moderner Technologie, mit neuen Medien und mit deren Einwirken auf alle Lebensbereiche ist auch eine Herausforderung an die Erziehungswissenschaft, die sie bisher nur sehr zögernd annimmt. In dem abschließenden Beitrag des Bandes „Technik im Blickpunkt der Erziehungswissenschaft" weist Hermann Röhrs darauf hin, daß es eine der vordringlichsten Bildungsaufgaben für die Erziehungswissenschaft ist, die Technik pädagogisch zu durchdringen und die Verantwortung im Umgang mit der Technik zu einem festen Bildungsziel in den Ausbildungsgängen der Hochschulen und anderer Bildungseinrichtungen zu machen.

Die wichtigsten Bildungsaufgaben für die kommenden Jahre, die gelöst werden müssen, um zwischen den beiden Bereichen Technik und Bildung nicht nur einzelne Brücken zu schlagen, sondern die Technik in die Bildung zu integrieren, sind in den verschiedenen vorangehenden Aufsätzen angeklungen. Sie werden in dem Beitrag von Hermann Röhrs noch einmal aus der Sicht der Erziehungswissenschaft im Zusammenhang herausgearbeitet. Der Beitrag bildet daher – obwohl er vom Thema her in den Band „Technik und Wissenschaft" des Gesamtwerkes gehört – den natürlichen Abschluß dieses Bandes.

Betrachtet man die Beiträge des Bandes im Zusammenhang, dann zeichnet sich auf die eingangs gestellte Kernfrage folgende Antwort ab: Für das gesamte Bildungswesen sind grundlegende „innere" Reformen notwendig, um für die Auseinandersetzung mit der von Technik geprägten Welt das richtige Rüstzeug zu liefern. In der Herausforderung durch technische Entwicklungen, vor allem durch den Computer und neue Medien, wird sich die traditionelle Bildung neuen Wegen öffnen müssen.

Die dringendsten Bildungsaufgaben für die Zukunft werden eine lebenslange Fortbildung, eine enge interdisziplinäre Zusammenarbeit und ein durchdachter und angemessener Techniktransfer mit anderen Ländern und Kulturen sein. Das wichtigste „innere" Anliegen dagegen muß es sein, die Verantwortung im Umgang mit der Technik zu einem zentralen Thema der Bildung zu machen.

WAS IST BILDUNG?

Was ist Bildung?

Günther Dohmen

Eine 1986 veröffentlichte Repräsentativumfrage, die das Allensbacher Institut für Demoskopie im Auftrag des Bundesministeriums für Bildung und Wissenschaft durchgeführt hatte [1], macht deutlich, daß mehr als drei Viertel der Bevölkerung der Bundesrepublik Deutschland „Bildung" gleichsetzen mit intellektuellen Fähigkeiten und einem breiten Wissen. Dabei wird aber das bildungswichtige Wissen von den meisten Bundesbürgern vorwiegend auf klassische Inhalte bezogen. Wissen und Interesse auf dem Gebiet der Technik gelten dagegen „allgemein nicht als signifikant für Bildung" [2].

Als die wichtigsten weiteren Merkmale der Bildung erscheinen den Bundesbürgern häufige Lektüre (54%), sprachliche Ausdrucksfähigkeit (53%), gute Manieren (45%), Interesse für Politik (41%) und Geschichtskenntnisse (39%). Das tägliche Sehen von Fernsehsendungen ist dagegen für die Mehrheit der Bundesbürger kein Zeichen von Bildung [3].

Es scheint also bei der Mehrheit der Bundesbürger ein Verständnis von Bildung vorzuherrschen, das der bayerische Kultusminister Hans Maier am 5.6.1986 bei einem Bonner Kolloquium zum Thema „Allgemeinbildung und Computerzeitalter" so kennzeichnete: „Nach dem Bildungsverständnis des 19. Jahrhunderts war es eine Schande, wenn man beim Zitieren aus der alten und neueren Literatur passen mußte, aber durchaus nur ein Kavaliersdelikt, wenn nicht geradezu ein Zeichen echter Bildung, wenn man sich als mathematischer oder naturwissenschaftlicher Ignorant auswies" [4].

Wie ist es zu diesem Bildungsverständnis gekommen? Und was sind die Begründungen dafür? Ist das nur das spezifische Bildungsverständnis des 19. Jahrhunderts oder so etwas wie der überzeitlich-allgemeingültige Bildungsbegriff an sich?

Um diese Frage fundiert beantworten zu können, muß man untersuchen: Welche Bedeutungsausformungen des Begriffs „Bildung" gibt es? Läßt sich durch alle historischen Bedeutungswandlungen eine gleichbleibende Grundbedeutung des Begriffs feststellen? Dann kann man sehen, ob sich diese allgemeine Grundstruktur der „Bildung" besser auf die moderne Technik beziehen läßt als der zitierte Bildungsbegriff des 19. Jahrhunderts.

Zum Titelblatt:
Valentin Boltz „Turm der Grammatik" in einem Holzschnitt von 1548: Die Grammatik schließt die Tür „den kleinen Kindern uf und fürt sy dann in den Thurn hinauf" zu allen notwendigen Fertigkeiten der Rede und der Schrift.
Die einzelnen Stufen werden dabei durch allegorische Figuren symbolisiert.

Eine fundierte wissenschaftliche Untersuchung des historischen Bedeutungswandels und der Grundbedeutung des Bildungsbegriffs muß sich, wenn sie sich nicht in ideengeschichtliche Spekulationen verlieren will, auf genaue wortgeschichtliche Untersuchungen stützen. Der Begriff „Bildung“ ist ein spezifisch deutscher Begriff. Er hat in anderen germanischen und in den romanischen Sprachen kein Äquivalent mit seiner umfassenden Bedeutung, die über andere Begriffe wie „Erziehung“ und „Ausbildung“ weit hinausgeht[5]. Was bedeutet das deutsche Wort „Bildung“? Wie ist es entstanden und wie hat es sich geschichtlich entwickelt?

Der Bildungsbegriff der deutschen Mystik in neuplatonischer Tradition

Der Begriff „Bildung“ scheint im Mittelalter als Ableitung des althochdeutschen Wortes „bildunge“ entstanden zu sein. Seine früheste Bedeutung ist sowohl „Bild“, „Abbild“ oder „Ebenbild“ – als Lehnsübersetzung des lateinischen „imago“[6] – als auch „Nachbildung“ und „Nachahmung“ – vom lateinischen „imitatio“ herkommend. Von größter und weitreichender Bedeutung wird dann „Bildung“ in der Bedeutung „Gestalt“ (forma) und vor allem als „Gestaltung“ (formatio). Und dies ist von Anfang an in einem doppelten Sinn gemeint: als „bilden“ und als „sich bilden“. Wir finden bereits hier das „Bilden“, das „Gestaltgeben“ durch äußere Einwirkungen, und die Entwicklung aus sich heraus, das „Sich-bilden“ nach Vorbildern und Beispielen.

Als ein zentraler Begriff taucht das Wort „bildunge“ wohl zum ersten Mal im Zusammenhang der spätmittelalterlichen Mystik um 1300 auf[7]. Meister Eckhart gebraucht den Begriff (um 1315) zum Beispiel zur Bezeichnung des Rückbezugs der Seele zum Ebenbild Gottes (imago Dei), das von der Schöpfung her spirituell im Innern des Menschen angelegt ist. Die mystische Versenkung in das verborgene Gottesbild im tiefsten Grund der eigenen Seele soll dieses Gottesbild imaginativ wiederbeleben, und dies soll dann zur Wiedervereinigung der Seele mit der ewigen Einheit, dem reinen göttlichen Ursprung allen Seins führen. Die Seele muß sich dazu von allem Irdischen, Materiellen, Nichtgöttlichen lösen („ent-bilden“), um dieser Bildung als „Bildwerdung“ der eigenen Gottesebenbildlichkeit näher zu kommen[8].

Diese auch bei anderen deutschen Mystikern – wie bei Heinrich Seuse und Johannes Tauler und später bei Jakob Böhme – gebräuchliche Begriffsbedeutung versteht sich aus der großen Wirksamkeit der neu-

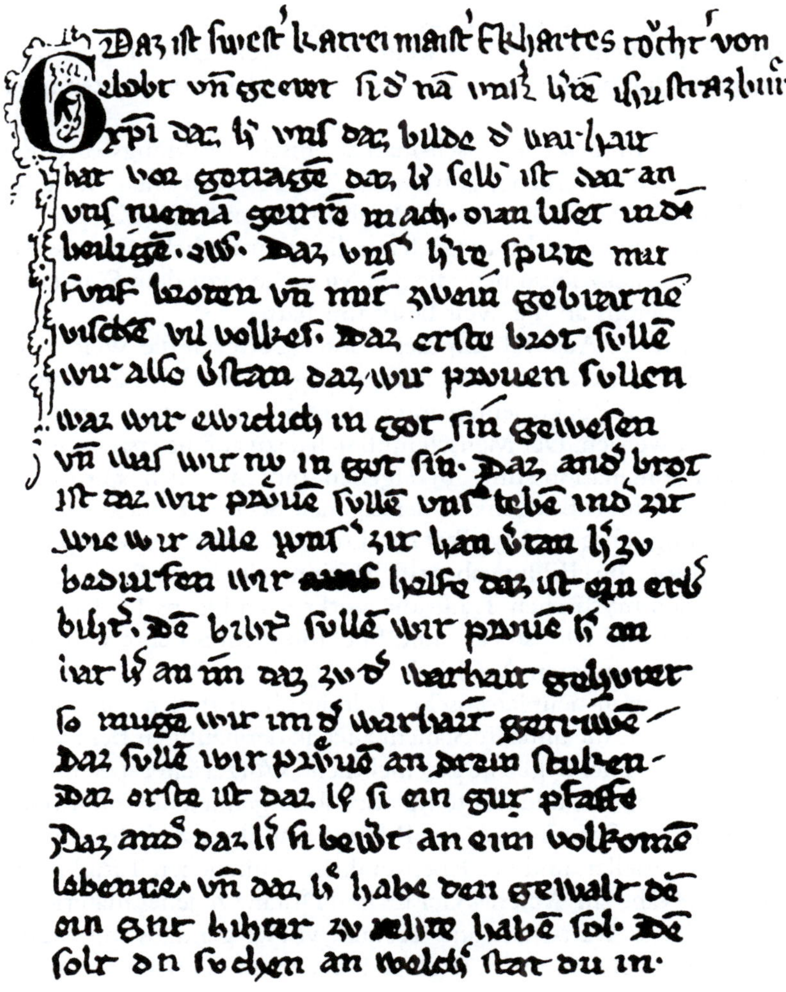

Mehr als 200 deutsche und lateinische Handschriften von Meister Eckhart (um 1260–1328) machen uns auch heute noch seinen starken Einfluß auf das geistige Leben des späten Mittelalters deutlich. Durch die Verarbeitung der unterschiedlichsten Denkstile seiner Zeit gelangt er zu einer mystischen inneren Schau Gottes und wird durch seine deutschen Predigten zu einem der hervorragendsten Schöpfer der deutschen Sprache. Auch das Wort „Bildung" finden wir bei ihm.

platonisch beeinflußten Konzeptionen des griechischen Mystikers Dionysius Areopagites (um 600); dessen Werke über die himmlische und irdische Hierarchie, d. h. über die hierarchisch gestufte Seinsordnung, waren durch die Übersetzungstätigkeit des Johannes Skotus Eriugena (um 810–877) dem Abendland vermittelt worden. Vor allem seit dem 12. Jahrhundert erfolgte in der europäischen Scholastik eine neue intensive Rezeption der Schriften des Areopagites und des Johannes Skotus. Nach diesen Vorstellungen konstituiert sich die Hierarchie des Seienden aus der reinen Geistigkeit Gottes, der Weitergabe der von Gott ausgehenden Erleuchtung über die Engelschöre zu den Menschen, in einem sich immer weiter von seinem Ursprung vermindernden Ausfluß bis hin zur bloßen Materie als der entferntesten Emanationsstufe.

Es ist der Kern dieser mystisch-neuplatonischen Bildungslehre, daß sich der geistige, innerliche, gottnächste Teil des Menschen, der göttliche Grund der Seele, aus den Verflechtungen mit dem Körper und der Welt zu lösen versucht, um sich auf die ursprüngliche Gottebenbildlichkeit zurückzubesinnen, die den Menschen vor dem Sündenfall des Sich-Verlierens an die Welt bestimmt hatte.

Der Prozeß der Ausstrahlung des Geistes Gottes in die Welt – und damit der fortschreitenden Materialisierung – soll gleichsam durchschaut und durch Rückorientierung zum reineren geistigen Ursprung kompensiert werden. Der Mensch muß sich dazu auf die erste, geistige, gottnächste Emanationsstufe im eigenen Innern – den spirituellen Grund der Gottebenbildlichkeit der eigenen Seele – zurückbeziehen.

Die Bildungslehre der Mystiker hat ihren Ort also in der Metaphysik und Theologie. Ihr Bildungsbegriff gewinnt eine feste Stelle in der nachfolgenden mystischen Tradition, wirkt nach bis ins 18. Jahrhundert – Lavater und Klopstock – und findet in Fichtes Lehre vom Bild einen letzten besonderen Ausdruck.

Dieser mystisch-neuplatonische Bildungsbegriff scheint immer noch so etwas wie die unterste Schicht auch in der heutigen Begriffsbedeutung zu sein. Hier liegt eine geschichtliche Wurzel jener spezifischen Geist-, Innerlichkeits- und Kontemplationsbezogenheit der traditionellen deutschen Auffassung von der Bildung und ihrer Abkehr von der Welt des Materiellen und der lebenspraktisch-nützlichen Tätigkeiten.

Auf diese Nähe zur Welt des Geistes und Distanz zu jener materiellen Welt, mit der es Wirtschaft und Technik vorwiegend zu tun haben, wird zum Beispiel heute noch angespielt in der zugespitzten Meinung: „Bildung ist das, was man braucht, um auf das Geld und die materiellen Güter verzichten zu können, die man mit ihr nicht gewinnen kann."

Von dieser mystisch-spirituellen Grundbedeutung her wird auch das eigenartige Spannungsverhältnis des deutschen Bildungsbegriffs – in seiner Entstehungszeit und vielfach auch heute noch – zu äußerem Wissen, geschäftiger Gelehrsamkeit und paukerhaftem Schulbetrieb besser veständlich. Denn zu dieser ältesten deutschen Auffassung von der „Bildung" gehört gerade die Abkehr von allen Wichtigkeiten und Nichtigkeiten dieser Welt – einschließlich der Eitelkeit schulischen Wissens und irdischer Gelehrsamkeit – und die meditative Hinwendung zu einer höheren, reineren, gottnäheren, geistigen Welt.

Dies wird heute noch deutlich, wenn ein einfacher Mensch ohne akademische Zeugnisse, der sich persönlich ernsthaft mit den Fragen nach dem Sinn seines Lebens auseinandersetzt, eher als „gebildet" erscheinen kann als ein eitler Gelehrter mit allen schulischen Titeln und Examina.

Der biblisch-christliche Bildungsbegriff

Der Bildungsbegriff der deutschen Mystik ist zwar ein eminent religiöser Begriff, aber er beruht weitgehend auf einer neuplatonischen Auslegung bzw. Umdeutung der Stellen in der Bibel, in denen davon die Rede ist, daß Gott den Menschen nach seinem Bild geschaffen hat [9], der Paulinischen Lehre von der Erneuerung dieses Bildes [10] und den Stellen über Christus als Bild Gottes [11]. Diese Bildungsvorstellungen stehen der spätantiken Philosophie näher als dem biblischen Christentum.

Erste Ansätze zu einer spezifisch biblisch-christlichen Bedeutung des deutschen Wortes „Bildung" finden wir bei Martin Luther (1483–1546). Bei ihm stehen im Mittelpunkt der religiösen Bildung das Wort Gottes in der Bibel und Christus als das wahre Bild Gottes.

Nach Luthers Meinung braucht sich der Mensch nicht auf den unsicheren Weg der mystischen Versenkung in den im innersten Grund der eigenen Seele zu erahnenden reinen Geist Gottes einzulassen. Gott hat sich ihm nämlich bildhaft „fürgebildet" in Christus und in seinem biblischen Testament. Der Mensch muß sich daher die Worte und Bilder des Evangeliums im Glauben tief in Herz und Seele „ein-bilden", um dann selbst – allerdings immer nur unvollkommen – nach dem Vor-bild Christi gebildet zu werden [12].

Wichtig ist dabei aber auch bei Luther, daß es sich nicht um ein äußeres Nachahmen oder um eine pädagogische Formung durch menschliches Lehren und Erziehen handelt, sondern um die Bildwerdung der im Glauben innerlich wirksam werdenden Kraft der göttlichen Offenbarung. Diese führt dann auch – als Folge eines inneren Bildwerdungsprozesses – zu einem entsprechenden äußeren Verhalten des Menschen. Wo sich Luther allerdings ganz auf eine Gnadenwirkung von außen bezieht, spricht er nicht von „bilden". Wegen Luthers starker Betonung der Gnade spielt der Begriff der „Bildung" in seinen Schriften keine zentrale Rolle.

Auch von dieser lutherischen biblisch-christlichen Bedeutung schwingt noch etwas in unserem heutigen Begriffsverständnis mit, nämlich die Vorstellung vom inneren Einbilden eines Vor-bildes, Ge-

Aus Sorge um den Zustand des bestehenden Schulwesens wendet sich Martin Luther in mehreren Schriften an die weltlichen Fürsten in Deutschland. 1524 schreibt er „An die Ratsherrn aller Städte Deutschen Landes" und fordert die Erhaltung und Neugründung protestantischer Lateinschulen. Das war eine Wende für das deutsche Bildungswesen: Als Folge der Reformation löste sich das Schulwesen aus dem Einfluß der Kirche, und die öffentliche Erziehung wurde Sache der weltlichen Obrigkeit.

gen-bildes oder Leit-bildes als Grundlage für die eigene Bildwerdung. Allerdings haben später dann säkularisierte Leitbilder die Ausrichtung auf dic Bibel abgelöst.

In jedem Fall entsteht Bildung nicht durch äußere Gegebenheiten; sie entspringt im Inneren, im Geist des Menschen, in dem sich durch den Glauben etwas Höheres, Vorbildhaftes „eingebildet" hat.

Für das Verständnis von „christlicher Bildung" ist es aber wichtig zu sehen, daß dies dem Wortsinn nach gerade nicht eine heuchlerische Anpassung an äußere Verhaltensnormen bedeutet, sondern die Freilegung innerer Möglichkeiten des Christseins durch die gläubige Ausrichtung auf das Vorbild Christi.

Der naturgläubig-organologische Bildungsbegriff

Die organologische Bildungslehre, die sich im Zusammenhang mit dem neuen Natur- und Selbstgefühl des Menschen in der Renaissance durchgesetzt hat, finden wir in ihrer Grundstruktur bereits bei einem Zeitgenossen Luthers, dem Arzt und Naturforscher Theophrastus Paracelsus (1493–1541).

Paracelsus bezeichnet als Bildung einen Prozeß der Bildwerdung des Menschen aus einer keimhaften inneren Anlage. Bildung ist ein natürlicher Entwicklungsprozeß, bei dem eine eingeborene innere Formgerichtetheit sich alles Äußere angleicht.

Für Paracelsus sind die Imagination und der Wille des Menschen – nicht der Glaube, wie für Luther – die Kräfte, die diese gestalthafte Ausprägung eines immanenten Bildes vorantreiben können [13].

Dieser organologische Bildungsbegriff hat dadurch wesentlich die charakteristischen Züge der deutschen Vorstellungen mitbestimmt, daß sich nun der Glaube an die Natur – im Menschen und außerhalb des Menschen – durchsetzt. Diese Auffassung ist noch folgenreicher und historisch wirksamer als die Meister Eckharts, und sie bestimmt trotz der starken Opposition, die der Pietismus solchen Vorstellungen gegenüber geltend macht, das Bildungsdenken von der Renaissance über Rousseau, die deutsche Klassik und Romantik bis zur Gegenwart. Auch hier beruht der Begriff der Bildung auf dem Glauben an etwas Höheres, Besseres im Menschen, nämlich seine – durch die Gesellschaft verbogene und wieder zu befreiende – „Natur".

Dieser naturgläubig-organologische Bildungsbegriff wurde wichtig für die Bildungsvorstellungen der Aufklärung. Und es ist von dieser Zeit an für viele Bildungstheoretiker und -praktiker die entscheidende Aufgabe, das, was die Natur dem Menschen an Anlagen und Möglichkeiten mitgegeben hat, so vollkommen und harmonisch wie möglich zu entwickeln und auszubilden.

Das organologische Bildungsverständnis hat die Bedeutung des Wortes „Bildung" bis heute entscheidend geprägt. Die möglichst allgemeine Aus-bildung natürlicher innerer Anlagen des Menschen und

Der große Naturforscher, Arzt und Philosoph Philippus Aureolus Theophrastus Bombastus von Hohenheim (1493–1541), genannt Paracelsus, wirkte vor allem durch seinen unermüdlichen Wissensdrang, eine scharfe Beobachtungsgabe, kompromißloses Wahrheitsstreben, durch tiefe Religiosität und durch strenge medizinische Ethik als Anreger für die Medizin und Chemie der folgenden Jahrhunderte. Seine Gedanken zur Bildung, die er als ein Prozeß der Bildwerdung des Menschen aus einer keimhaften inneren Anlage interpretierte, wirken noch heute in unserem Bildungsverständnis nach.

das Suchen nach einer möglichst „natürlichen“ Bildung sind seitdem ein wesentlicher Grundzug des Begriffs der Bildung. Hier liegt auch eine geschichtliche Wurzel für zwei wichtige Merkmale der Bildung: Bis heute gilt die Selbstverwirklichung des Menschen bzw. der Natur des Menschen – und nicht die Anpassung an Staat, Gesellschaft, Wirtschaft, Technik usw. – als das entscheidende Maß der Bildung. Und immer wieder erscheinen natürlich-ganzheitliche Lebenserfahrungen und -begegnungen für die Bildung wichtiger als die künstliche, von dem natürlichen Lebensvollzug abgelöste schulisch-unterrichtsmäßige Wissensvermittlung.

Man hat diesem primär auf die allgemeine zweckfreie Ausbildung der natürlichen Anlagen des individuellen Menschen ausgerichteten Bildungsbegriff immer wieder vorgeworfen, er beziehe sich auf eine isolierte Individualität, die es angesichts der engen sozialen Einbindung der Menschen in überindividuelle Zusammenhänge gar nicht gäbe. Dabei wird aber übersehen, daß die Bildung des Menschen in diesem organologischen Zusammenhang gerade nicht als freischwebender individueller Prozeß, sondern als Teil eines allgemeineren, Natur und Geschichte umfassenden Bildungs- und Entwicklungsprozesses des Lebens aus inneren Keimkräften gesehen wird. Dieser organologisch verstandene Bildungsbegriff bettet den individuellen Menschen ein in das natürliche Leben. Er richtet ihn nicht aus auf die künstlichen Systeme von Staat, Wirtschaft, Technik, Gesellschaft und ihre Anforderungen, sondern auf die zusammenstimmende Einheit und Ganzheit der „Natur“.

Auf diesen geistesgeschichtlichen Zusammenhang weist auch die heute noch mit unserem Verständnis des „Gebildeten“ verbundene Vorstellung von einer in sich ruhenden, souveränen Persönlichkeit hin. In diesem Sinne hat Helmut Schelsky Bildung als „Vervollkommnung der Person von innen heraus“ zur „Existenzweise einer inneren Freiheit“ verstanden [14]. Bildung ist also nichts künstlich von außen Aufgesetztes, sondern etwas von innen her „natürlich“ Entwickeltes, was dem Gebildeten eine geistige Selbständigkeit und innere Unabhängigkeit gibt. Das entscheidende Maß der „Bildung“ sind danach nicht die Anforderungen von Berufswelt, Wirtschaft und Technik, sondern die natürlichen Anlagen des Menschen.

Der vernunftgläubig-aufklärerische Bildungsbegriff

Die Herauslösung des Bildungsbegriffes aus theologischen, mystischen und metaphysischen Zusammenhängen erfolgt in der Mitte des 18. Jahrhunderts durch die Pädagogik der Aufklärung. „Bildung" wird das Schlüsselwort in der Lehre von der Erziehung und vom Unterricht.

Auch die Auffassung der Aufklärungspädagogen von der richtigen „Bildung" des Menschen bezieht sich auf die Natur. Zugleich aber erhält sie eine spezifische Ausprägung durch die Ausrichtung auf die Einsichten der menschlichen Vernunft. [V-3.2]

So ist etwa für Moses Mendelssohn (1729–1786) das Leben Entwicklung aus einem Keim, in dem ein Bild, eine Vorstellung der künftigen Gestalt lebt. Aber die Bildung des Menschen ist für ihn mehr als nur eine Entfaltung dieser keimhaften Anlagen ins Leiblich-Sinnliche. Sie wird nämlich bestimmt von einem Streben nach Vollkommenheit, das begründet ist in der Vernunft [15].

Da sich die Aufklärungspädagogen auf die Vernunft als eine die natürliche Entwicklung lenkende Instanz verlassen, verliert für sie auch die Ausrichtung auf eine geschichtlich überlieferte Vorbildwelt ihre Bedeutung. So wendet sich Christian Gotthilf Salzmann (1744–1811) dagegen, daß der junge Mensch in die Antike, d.h. „in die Vorwelt entrückt wird" [16] und – statt „im Laufen, Springen, Ringen, Schwimmen und in nützlichen Arbeiten geübt" zu werden – „sich auf seiner Studierstube bildete" [17]. [V-3.2]

Die Bildung soll sich primär auf tätiges Leben und vernünftiges Lernen in der gegenwärtigen Natur und Gesellschaft beziehen. Dieses natürliche, lebensnahe Lernen muß aber ergänzt werden durch die vernünftige Aufklärung über Natur und Zusammenhang der Dinge in der Welt und über die Vorteile, die man aus dieser Kenntnis ziehen kann. In dieser Beziehung erscheinen Bezüge zu literarisch, d.h. aus zweiter Hand überlieferten Mustern und Vorbildern, wie die Bibel oder die Antike, nur störend [18].

Auch Ernst Christian Trapp (1745–1818) ist wie Salzmann davon überzeugt, daß Gott in jeden Menschen und in die ihn umgebende Natur alle Kräfte gelegt hat, die zu seiner angemessenen Bildung notwendig sind; denn mit Hilfe seiner Vernunfteinsicht kann der Mensch „alles auf eine klare Ursache-Folge-Beziehung natürlicher Art zurückführen" [19].

Die Erkenntnis und Aufklärung über diese natürlichen Gesetzmäßigkeiten der Welt machen es dem Menschen möglich, in die Kette von Ursachen und Wirkungen einzugreifen.

Karikatur zur Aufklärung. Das „Untier" der Aufklärung zertritt die traditionellen Mächte und Werte mit seinen Füßen. Während die Kirche die Augen verschließt und das französische Königtum zerschmettert am Boden liegt, versuchen Gott und das Kaiserreich das Ungetüm zu vertreiben.

Er kann also bestimmte berechenbare Funktionen aus dem Ganzen der Natur herausgreifen, und er kann sich durch ihre technische Nachkonstruktion die Kräfte der Natur nutzbar machen. Hier entsteht ein auf die Entwicklung der modernen Naturwissenschaft und Technik bezogener Bildungsbegriff. Und dieser aufklärerische Bildungsbegriff hat zugleich eine spezifisch pädagogische Ausrichtung. Auf dieser Grundlage wird die Vorstellung von einer „Bildung" als Förderung der menschlichen Fähigkeiten zur Entwicklung einer vernünftigen Technik möglich.

Der aufgeklärte Erzieher kann aus der vernünftigen Einsicht in die natürlichen Entwicklungsgesetze des Menschen und der Welt die höheren Kräfte des Menschen planmäßig ausbilden, um das Werk der Natur zu vervollkommnen. Der pädagogische Optimismus dieser Bildungskonzeption beruht dabei vor allem auf dem Glauben an die Fähigkeit der Vernunft, die Gesetze und Notwendigkeiten des Ganzen zu erkennen und darüber aufzuklären.

In der Praxis der Aufklärungspädagogik hat diese Vernunftgläubigkeit vor allem zu zwei Konsequenzen geführt: Das Aufklären der Menschen über die Zusammenhänge der Welt und über die Notwendigkeit und Vorteilhaftigkeit, sich in sie einzuordnen, konnte einerseits weitgehend durch die schulische Vermittlung entsprechender Vernunfteinsichten, d. h. durch Belehrung und Unterricht, erfolgen. Die daraus resultierende Verbreitung der Schulen und des Schulunterrichts brachte andererseits in der Praxis oft einen dem emanzipatorischen Ansatz der Aufklärung entgegenwirkenden Anpassungsdruck an die vermeintlichen Gesetzmäßigkeiten eines natürlich-vernünftigen Lebens mit sich.

Der aufklärerische Versuch, die Bildung auf vernünftige Einsichten in übergreifende gesellschaftliche Notwendigkeiten zu beziehen, hat in der Praxis zum Leitbild des „brauchbaren Bürgers" geführt. Und dagegen ist dann eine starke antiaufklärerische Bewegung entstanden, die im Namen der „Bildung" wieder mehr die zweckfreie Ausbildung der natürlichen Anlagen und Entwicklungsmöglichkeiten des Menschen – unabhängig von allen beruflich-gesellschaftlichen Zwecken und Notwendigkeiten – auf ihre Fahnen geschrieben hat: Hier wird die reine Menschenbildung gegen die aufklärerische Erziehung zu gesellschaftlicher Brauchbarkeit und Nützlichkeit verteidigt.

Auch von den Einflüssen der Aufklärung auf den Bildungsbegriff finden sich noch deutliche Spuren im heutigen Begriffsverständnis und Begriffsgebrauch:

1. Es erfolgte – durch das Hinwirken der Ausbildung innerer Anlagen auf die vernünftige Einsicht in natürliche und gesellschaftliche Zusammenhänge und auf das über den Einzelnen hinausweisende Wohl des Ganzen – eine wichtige Ergänzung zu einseitig individualistischen und organologischen Bildungsauffassungen.

2. Ein spezifisch pädagogischer Bildungsbegriff ist seit der Aufklärung gebräuchlich geworden.

3. Dieser pädagogische Bildungsbegriff hat seit seiner Entstehung zwei verschiedene Bedeutungsakzente: Es gibt seitdem einen transitiven Bildungsbegriff, in dem sich ein bis heute weitgehend uneingelöster Anspruch der Pädagogen manifestiert, andere Menschen „bilden" zu können. Dabei reicht der Gebrauch dieses Bildungsbegriffs von den gängigen Bezeichnungen „Bildungswesen", „Bildungsanstalt" usw. bis hin zu so überzogenen Begriffen wie „Lehrerbildner" und „Erwachsenenbildner", die den Erzieher in die Nähe des bildenden Künstlers rücken, der eine tote Materie nach seinen inneren Vorstellungen formt.

Gegen diese überzogenen pädagogischen Machbarkeitsvorstellungen zur „Bildung" des Menschen haben sich dann immer wieder in der Geschichte Gegenbewegungen formiert; das erstreckt sich bis hin zur „antiautoritären Erziehung" und zur „Antipädagogik" unserer Tage.

Zum anderen aber hat sich aus diesem Wechselspiel auch ein grenzbewußter Gebrauch des pädagogischen Bildungsbegriffs entwickelt, der das Spannungsverhältnis zwischen einem primär von innen nach außen verlaufenden Prozeß der Bildwerdung einerseits und gezielten pädagogisch-schulischen Beeinflussungsversuchen von außen andererseits weder polemisch noch harmonisierend aufzulösen versucht.

Besonders wichtig ist aber, daß hier zum ersten Mal die „Bildung" auch auf die Erkenntnis der Gesetze der Natur bezogen wird. Die Vermittlung der für eine vernünftige technische Nutzung der Naturkräfte förderlichen menschlichen Einsichten und Fähigkeiten wird jetzt als Aufgabe im Horizont dessen, was als „Bildung" bezeichnet wird, akzeptabel.

Der neuhumanistische Bildungsbegriff

Mit der Philosophie des deutschen Idealismus und dem Neuhumanismus, aber auch mit der Klassik und Romantik in der deutschen Dichtung erweitert sich der Bildungsbegriff immer mehr und gewinnt eine zentrale Stellung in der Kulturdiskussion des 18. und 19. Jahrhunderts. Gesichtspunkte, die von der Aufklärung wenig beachtet wurden, bilden den Ansatzpunkt für diese Entwicklung: die Entfaltung der Individualität des Menschen, die wichtige Mittlerrolle der Sprache für die Bildung der Persönlichkeit und die enge Beziehung zwischen Geschichte und Bildung.

Die Ausweitung des Bildungsbegriffs wird bereits deutlich in den Vorstellungen Herders, der von einer „Bildung der Völker" spricht. Und Goethe betont im Wilhelm Meister: „Alles, was uns begegnet, läßt Spuren zurück, alles trägt unmerklich zu unserer Bildung bei".

In Deutschland entsteht dadurch eine weitreichende Bildungsbewegung mit starken pädagogischen Auswirkungen auf die Entwicklung der Universitäten und Gymnasien.

Der bekannteste Vertreter des humanistisch-neuhumanistischen Denkens in Deutschland ist Wilhelm von Humboldt (1767–1835). Sein Bildungsverständnis bezieht sich zum Teil auf den organologischen Bildungsbegriff. Er weist aber vor allem in zwei Richtungen darüber hinaus: erstens durch die Ausrichtung auf das Vorbild der Antike, die einen für alle verbindlichen Begriff der Humanität verkör-

Wilhelm von Humboldt (1767–1835) reformierte das deutsche Bildungswesen grundlegend. Ausgehend von der Kritik an der Pädagogik der Aufklärung vollzog der Freund Goethes und Schillers eine radikale Wende zum idealistisch orientierten Neuhumanismus. Seine Vorstellung von Bildung und Sprache prägten die Entwicklung des Gymnasiums zur elitären Gelehrtenschule und der Universität zu einer Stätte der zweckfreien Lehre und Forschung und bestimmen wesentliche Züge unseres Bildungssystems noch heute.

pert, und zweitens durch die neue Bedeutung dieser allgemeinen Menschenbildung als gesellschaftlicher Wertmaßstab, besonders gegenüber Geburtsadel und Besitz[20]. Voraussetzung dieser humanistischen Bildung ist es auch bei Wilhelm von Humboldt, daß dem Menschen nichts Fremdes von außen aufgepfropft wird, sondern daß der vermittelte Geist der Antike als große, vorbildhafte Verkörperung der reinsten Menschlichkeit, an der jedes menschliche Individuum teilhat, erfahren wird. Dem modernen Menschen soll durch die Erfahrung der edlen Einfalt und in sich ruhenden natürlichen Größe und Totalität des antiken Menschentums gleichsam ein Spiegel seiner idealen menschlichen Möglichkeiten vorgehalten werden. Dies soll ihm helfen, sich seiner besten humanen Anlagen bewußt zu werden und auch in sich selbst, soweit wie möglich, den reinsten Begriff der Menschheit zu verkörpern. Auch hier ist der Begriff der Bildung auf eine immanente Idealität bezogen, die – durch entsprechende Begegnung – zur „Bildwerdung" angeregt wird.

Humboldt erwartet aber, daß die so zunächst zweckfrei, vor allem am Geist der Antike zur natürlich-ganzheitlichen Humanität Gebildeten dann auch einen maßgebenden humanisierenden Einfluß in Gesellschaft, Kultur und Staat haben würden. Damit wird der Nützlichkeitskomponente der Aufklärung, die mehr auf den für seine schicht- und berufsspezifischen Aufgaben im Staat brauchbaren Bürger bezogen war, ein allgemeines, für alle Menschen gültiges Maß der Bildung als zweckfreie harmonische Ausbildung vorbildlicher menschlicher Anlagen entgegengesetzt. Humboldt sieht daher den „wahren Zweck des Menschen in der höchsten und proportionierlichen Bildung seiner Kräfte zu einem Ganzen"[21]. Dies war insofern ein gesellschaftlich revolutionärer Grundgedanke, als er im Prinzip für alle Menschen, unabhängig von Geburt, Stand, Vermögen, Schicht, Beruf usw., das Grundrecht beansprucht, ihre natürlichen Anlagen frei und ohne Einschränkung auszubilden und sich zu natürlich-ganzheitlichen Personen – und nicht nur zu angepaßten, lediglich für bestimmte Funktionen in der Gesellschaft brauchbaren Bürgern – zu entwickeln. In der Praxis hat aber Wilhelm von Humboldt selbst diesen gesellschaftlich revolutionären Ansatz dadurch entschärft, daß er die Bildung einseitig an das nur für Wenige mögliche Absolvieren eines altsprachlichen Schulunterrichts gebunden hat.

Dieser neuhumanistische Bildungsbegriff ist die historische Wurzel jener eingangs zitierten Vorstellung vieler Bundesbürger, die „Bildung" vor allem mit „klassischen Inhalten" verknüpfen. Er ist es auch, der die Ziele und Grundlagen des humanistischen Gymnasiums prägte.

Im 19. Jahrhundert erfolgt im Bildungsdenken in Deutschland eine spekulative Wende, die durch Johann Gottlieb Fichte (1762–1814) eingeleitet wird und in der Philosophie Georg Friedrich Hegels (1770–1831) ihren Höhepunkt erreicht. Kennzeichnend für dieses Jahrhundert sind nach Hegels Tod keine neuen großen Bildungskonzeptionen oder weitere Ausformungen des Bildungsbegriffs, sondern die Bedeutung der Bildung für die höhere Schule.

Der kulturpädagogische Bildungsbegriff

In der Begriffsgeschichte der Bildung scheint sich schließlich doch eine grenzbewußte Auffassung von den Möglichkeiten der pädagogischen Machbarkeit der Bildung von Menschen durchgesetzt zu haben. Schule und Unterricht können nach dieser Auffassung immer nur indirekt, durch die Vermittlung von Einsichten, durch Kontaktstiftung zu Vorbildern, großen Kunstwerken und Kulturschöpfungen Bildungsprozesse anregen und fördern, die primär durch innere Anlagen und Entwicklungsmöglichkeiten bestimmt werden.

Hatte der neuhumanistische Bildungsbegriff ganz auf eine die besseren menschlichen Entwicklungsmöglichkeiten weckende Bildungswirkung der verstehenden Aneignung von Sprache und Kultur der Antike gesetzt, so hat der kulturpädagogische Bildungsbegriff des frühen 20. Jahrhunderts diese Einseitigkeit dadurch zu überwinden versucht, daß er ganz allgemein auf die Bildungswirkung großer Kulturzeugnisse der Menschheit setzte.

Eduard Spranger (1882–1963) hat in diesem Sinne Bildung als „Kultur der Individualität, Emporführung zur Persönlichkeit“ durch Teilhabe an den „Bildungsgütern“ der lebendigen Kulturgemeinschaft definiert[22], wobei für ihn eine „Erweiterung des Gesichtskreises“[23] wichtig ist, die den „geistigen Volksbesitz in Wissen und Technik, Sitte und Staat, Kunst und Religiosität“[24] umfaßt: „Es gibt nur einen entschiedenen Gegensatz zum gebildeten Menschen: Das ist ... der bloße Spezialist, der ... sich ewig im Kreise seiner engen Routine dreht“[25].

Ein wesentliches Kennzeichen des kulturpädagogischen Bildungsbegriffs ist für Spranger das idealistische Streben, „die Welt und die Menschen im Sinne ihrer letzten Wertmöglichkeiten über ihre vorgefundene Erscheinung hinaus zu erhöhen“[26].

Diese Bildung soll sich aus dem lebensvollen, werterschließenden Verstehen der großen Bildungsgüter in „Wissenschaft und Kunst,

Staatsleben und Gemeinschaft, Arbeitsleben und Religion" ergeben [27], die „dem Streben, das verborgene Ich in dieser Form sichtbar zu machen" [28], die nötigen Gegenbilder bieten.

Man kann zwar nach Spranger nur verstehen, „was man irgendwie schon dunkel in sich trägt" [29], aber es kommt darauf an, sich dabei auf die Quellen zu beziehen, „die die Menschheit höher bilden" [30]. Nur an diesen wertvollen Kulturgütern kann sich der Mensch seiner eigenen höheren Anlagen, seiner besseren menschlichen Werdemöglichkeiten bewußt werden.

Spranger hat den Begriff der Kulturgüter bzw. Bildungsgüter relativ weit gefaßt, indem er ihn auch in den Bereichen Politik, Wirtschaft und Technik zu erschließen versuchte. Mit der Ausweitung des Kulturbegriffs in der zweiten Hälfte des 20. Jahrhunderts hat sich dann auch das kulturpädagogische Bildungsverständnis weiter geöffnet für alle Bereiche, in denen der Mensch den inner- und außermenschlichen Naturgegebenheiten eine für ihn nützliche und sinnvolle Ordnung abgewonnen hat, wie zum Beispiel die Rechtspflege, die Wirtschaftsordnung, die Politik, die Berufsarbeit und die Technik.

Die Technik wird nun als eine hervorragende Schöpfung des menschlichen Geistes ausdrücklich wieder in den Horizont der „Bildung" aufgenommen. Dem kam entgegen, daß die Beziehung auf eine antik-christlich-abendländische Wertordnung im 20. Jahrhundert mehr und mehr aufgebrochen wurde durch die Offenheit eines toleranten Wertpluralismus.

Auch für die moderne, relativ offene kulturpädagogische Ausrichtung des Bildungsbegriffs bleibt es aber kennzeichnend, daß die Bildung nicht direkt vom Lehrer bzw. Erzieher gemacht werden kann und soll, sondern daß immer nur bestimmte, die Bildung anregende Kontakte mit entsprechenden „Bildungsgütern" vermittelt werden können. Es steht nicht in der Macht des Pädagogen, ob und wieweit sich aus diesen Berührungen mit wertvollen Kulturzeugnissen jeweils tatsächlich bildende Wirkungen auf die verschiedenen Individuen ergeben.

Diese kulturpädagogische Bedeutungsschicht ist heute noch grundlegend für einen verbreiteten pädagogisch-schulpädagogischen Gebrauch des deutschen Bildungsbegriffs, der Bildung durch die klärend-anregende Begegnung mit großen Kulturzeugnissen der Menschheit – zu denen nun auch die Technik gehört – zu ermöglichen und zu fördern versucht.

Dabei kommt es weniger auf das Lernen von Daten und Fakten über bestimmte Kulturgüter an als vielmehr auf deren anregende Wirkung für die geistige Entwicklung und für die persönliche Selbstverständigung des Menschen. Die vielzitierte saloppe Meinung, „Bildung ist das, was übrig bleibt, wenn man alles vergessen hat" bezieht sich auf diese indirekte Bildungswirkung.

Das Grundprofil des Bildungsbegriffs

Die spezifischen Bedeutungen, die im Laufe einer langen begriffsgeschichtlichen Entwicklung den deutschen Begriff der „Bildung" bestimmt haben, zeigen unverkennbare zeitbedingte Eigenheiten und Verschiedenheiten. Sie lassen aber doch auch ein gemeinsames Grundprofil dessen, was der Begriff der „Bildung" im allgemeinen bezeichnet, erkennen:

„Bildung" ist stets primär Bild-werdung von etwas im Inneren des Menschen unsichtbar, spirituell Angelegten. Die immanente Quelle dieser Bildung kann dabei ganz verschieden gefaßt werden

- als der göttliche Geist, wie er in der spirituellen Idee des Guten oder der Imago Dei in der menschlichen Seele angelegt ist,
- als die im Glauben verinnerlichte biblische Botschaft, die zu einer inneren Kraft werden kann, die sich auch nach außen abbildet,
- als die natürliche innere Keimkraft bzw. Entelechie alles Lebendigen,
- als menschliche Vernunft, die die natürlichen Gesetze der Weltordnung erhellt,
- als Idee einer natürlich-edlen ganzheitlichen Humanität, wie sie sich (angeregt durch die Vor-bildungen der Antike oder anderer großer Kulturgüter der Menschheit) im Menschen entwickelt.

Bei all diesen verschiedenen Ausprägungen ist Bildung stets ein primär von innen nach außen verlaufender Prozeß.

„Bildung" vollzieht sich jeweils vor allem in einer die eigenen Anlagen und Möglichkeiten aufhellenden und in ihrer Entwicklung beeinflussenden Begegnung mit entsprechenden Gegenbildern, Vorbildern, Einsichten, Spiegelbildern, und sie kann durch die dabei gewonnenen Zielperspektiven und Wertausrichtungen beeinflußt werden. Eine relativ offene Anlage „bildet" sich gleichsam durch die klärende Auseinandersetzung mit ihr entsprechenden vorbildhaften Geist- und Wertmanifestationen bewußter aus. Dabei können die Bezugsobjekte dieser Bildungsprozesse entweder Naturerscheinungen oder Schöpfungen des menschlichen Geistes sein. Bildung ist ein wesentlich durch Aufnahme, Verarbeitung, Integration von Erfahrenem und Erlebtem bestimmter Entwicklungsprozeß.

„Bildung" bezieht sich auf ein höheres, ideales Streben im Innern des Menschen, auf eine immanente religiöse bzw. moralisch-ethische Potenz, auf ein spirituelles Sein-Sollendes, das zur „Bild-werdung" drängt. Dieser Bildwerdungs- bzw. Bildungsprozeß bedarf der Anregung und Förderung durch Vorbildungen bzw. Vernunfteinsichten, die selbst etwas Höheres, Göttliches, Sein-Sollendes spiegeln und dieses damit für den Menschen bewußt faßbar machen.

„Bildung" ist nicht direkt pädagogisch machbar bzw. manipulierbar. Ein Bildungsprozeß kann von außen nur durch entsprechende Kontaktstiftungen angeregt und gefördert werden. Ob es dabei zur Bildwerdung bestimmter Anlagen kommt, hängt weitgehend davon ab, ob ein fruchtbarer Entsprechungsbezug zwischen Anlage und Gegenbild zustande kommt, ob gleichsam der befruchtende Funke des inneren Verstehens und Wiedererkennens überspringt. Dies aber setzt voraus, daß die entsprechenden inneren Anlagen und Möglichkeiten gegeben sind. Ob sie dann durch eine spezifische Begegnung tatsächlich angesprochen, geweckt und in ihrer Entwicklung gefördert werden, das ist nicht pädagogisch zwingend manipulierbar. Was nicht im Innern des Menschen angelegt ist, kann sich nicht „bilden", und ob eine vorhandene Anlage sich bildet, das entscheidet sich im Innern des Betroffenen selbst. Insofern ist der Begriff der Bildung auch ein Gegenbegriff gegen den Begriff der „Entfremdung"[31].

„Bildung" ist nicht durch festgelegte Anlagen von vornherein schicksalhaft bestimmt. Der Mensch kann in einem relativ weiten Feld offener Entwicklungsmöglichkeiten bis zu einem gewissen Grad selbst bestimmen, auf welche Bezugsbilder, Lebenswelten, Kulturformen, Weltanschauungen er sich jeweils ausrichtet. Damit kann er zugleich darüber mitentscheiden, welche seiner (durch entsprechende Begegnungen besonders angesprochenen) Anlagen in welchem Maße die Chance haben ausgebildet zu werden. Insofern bezeichnet der Begriff der Bildung eine besondere Art der selbstbestimmten Identitätsfindung und humanen Vervollkommnung des Menschen.

Vereinfachend zusammengefaßt kann man wohl sagen: Sinn und Ziel der „Bildung" ist die Entwicklung der im besten Sinne „humanen" Anlagen und Möglichkeiten des Menschen. Der Weg zu dieser menschlichen Selbstverwirklichung und Vervollkommnung führt über eine entsprechende Selbstverständigung. Diese wird durch erhellende, den Menschen zu seinen besseren Möglichkeiten befreiende Begegnungen mit hervorragenden Natur- und Kulturzeugnissen gefördert.

Wenn wir ein solches „Grundprofil der Bildung" herausarbeiten, dürfen wir allerdings nicht vergessen, daß es sich dabei um ein idealtypisches hermeneutisches Konstrukt handelt. In der Realität wird „Bildung" immer durch jeweils verschiedene historische, gesellschaftliche und politische Zusammenhänge und ökonomisch und soziale Standortbedingtheiten der Menschen bestimmt.

Literaturnachweise

1 Bundesministerium für Bildung und Wissenschaft (Hrsg.) – Herdegen, Gerhard (Projektleiter): Bildung heute. Bedeutung und Anerkennung in der Gesellschaft. Repräsentativuntersuchung des Instituts für Demoskopie Allensbach. (Schriftenreihe: Studien zu Bildung und Wissenschaft, 29). Bonn 1986
2 Vgl. 1 (Zusammenfassendes Vorwort von Bundesministerin Dorothee Wilms), S. 3
3 Vgl. 1, S. 8
4 Deutscher Bildungsdienst (d-b-d): Informationen über Bildung in Schule, Hochschule, Wirtschaft und Gesellschaft Nr. 24, 28. Jg. v. 18.6.1986, S. 5
5 Vgl. dazu die Bedeutungen des französichen „éducation", „culture" und „civilisation" und ebenso die Bedeutungen des englischen Begriffs „education".
6 *Constantin*, Emmy: Die Begriffe „Bildung" und „bilden" in der deutschen Philosophie von Eckehart zu Herder, Blumenbach und Pestalozzi. Diss. phil. Heidelberg 1944, S. 8
7 *Schilling*, Hans: Bildung als Gottesbildlichkeit. Eine motivgeschichtliche Studie zum Bildungsbegriff. Freiburg 1961, S. 19–40
8 *Dohmen*, Günther: Bildung und Schule. Die Entstehung des deutschen Bildungsbegriffs und die Entwicklung seines Verhältnisses zur Schule. Bd. I. Weinheim 1964, S. 33–58
9 Genesis 1, 26 und 27
10 Kolosser 2, 9f.
11 2. Korinther 4,4; Kolosser 1,15; Hebräer 1,3
12 Vgl. 8, S. 59–61
13 Vgl. 8, S. 68–78
14 *Schelsky*, Helmut: Bildung in der wissenschaftlichen Zivilisation. In: Pleines, Jürgen-Eckhardt: Bildungstheorien. Probleme und Positionen. Freiburg 1978, S. 113–129
15 Vgl. 8, Bd. II. Weinheim 1965, S. 117–125

16 *Salzmann*, Christian Gotthilf: Über die Erlösung der Menschen vom Elende durch Jesum. Bd. II. Leipzig 1790, S. 49
17 Vgl. 16, Bd. I. Leipzig 1789, S. 136 und Bd. II. Leipzig 1790, S. 82
18 Vgl. 16, Bd. II. Leipzig 1790, S. 16
19 *Trapp*, Ernst Christian: Über das Studium der alten classischen Schriftsteller und ihre Sprachen in pädagogischer Hinsicht. In: Campe, Johann Heinrich (Hrsg.): Allgemeine Revision des gesamten Schul- und Erziehungswesens von einer Gesellschaft praktischer Erzieher. Bd. XV. 1787, S. 315
20 *Humboldt*, Wilhelm von: Über öffentliche Staatserziehung (1793) S. 9–12. Über das Studium des Altertums und des Griechischen insbes. (1793). S. 12–27. Theorie der Bildung (1793). In: Flitner, Andreas (Hrsg.): Wilhelm von Humboldt. Schriften zur Anthropologie und Bildungslehre. Düsseldorf 1956, S. 9–32
21 *Humboldt*, Wilhelm von: Gesammelte Werke, Ausgabe der preussischen Akademie der Wissenschaften. Berlin 1903ff, Bd. I. S. 107
22 *Spranger*, Eduard: Kultur und Erziehung. Gesammelte pädagogische Aufsätze. Leipzig[4] 1928, S. 163
23 Vgl. 22, S. 198
24 Vgl. 22, S. 188
25 Vgl. 22, S. 199
26 Vgl. 22, S. 265
27 Vgl. 22, S. 289
28 Vgl. 22, S. 277
29 Vgl. 22, S. 287
30 Vgl. 22, S. 289
31 *Nipkow*, Karl-Ernst: Bildung und Entfremdung. Überlegungen zur Rekonstruktion der Bildungstheorie. In: Zeitschrift f. Pädagogik 14. Beiheft 1977, S. 223–227

BILDUNG UND TECHNIK

Bildung und Technik

Günther Dohmen

Es gibt unter Geisteswissenschaftlern ein altes Vorurteil gegen die „ungebildeten Techniker". Danach ist der „typische Techniker" technokratisch auf das Machbare bezogen, ohne nach dem menschlichen Sinn des technischen Fortschritts zu fragen. Techniker sind also im allgemeinen effizienz- und profitorientierte Macher, denen das tiefere Problembewußtsein, das sich aus dem Bezug auf die Humanität als entscheidendes Maß menschlicher Bildung ergibt, fehlt.

Man könnte versucht sein, diese Vorurteile als aussterbende Restbestände aus längst vergangenen Zeiten abzutun. Aber ihnen entspricht eine auch heute noch weitverbreitete Auffassung der Gesamtbevölkerung der Bundesrepublik Deutschland. Nach einer Repräsentativuntersuchung „Bildung heute" des Allensbacher Instituts erklärten nur 17% der Gesamtbevölkerung, daß das Interesse für Technik nach ihrer Meinung zu einem gebildeten Menschen gehört [1]. Die Technik rangiert nach dieser Meinungsbefragung unter verschiedenen bildungswichtigen Interessengebieten erst auf Rang 16 – weit hinter dem Interesse für Fremdsprachen, Politik, Geschichte oder Philosophie [2]. Dabei ist es besonders aufschlußreich, daß diese negative Einschätzung der Technik im Zusammenhang mit „Bildung" umso verbreiteter ist, je höhere Schulabschlüsse die Befragten haben. Von den Hochschulabsolventen schätzen zum Beispiel nur noch 8% das Interesse für Technik als Kennzeichen eines gebildeten Menschen ein [3]. Auch der regelmäßige Besuch von Theater, Konzerten und Museen macht nach der Einschätzung von mehr als drei Viertel der Gesamtbevölkerung der Bundesrepublik ungebildete Menschen nicht gebildet [4].

Was steckt hinter diesen verbreiteten Vorurteilen? „Bildung" ist – wie im vorigen Kapitel begriffsgeschichtlich entwickelt wurde – ein durch Erfahrung und Erkenntnis beeinflußter Prozeß der „Bildwerdung", d.h. der Ausformung menschlicher Anlagen. Dieser Prozeß läuft im allgemeinen über die „Selbstverständigung" [5] des Individuums zu seiner Selbstverwirklichung und Vervollkommnung. [V-1]

Aus dieser Definition kann man ableiten, daß vor allem der Umgang mit den Zeugnissen menschlicher Selbstverständigung und Sinnorien-

Zum Titelblatt: Werbeblatt eines Schreib- und Rechenlehrers aus dem 17. Jahrhundert. Kupferstich von 1644.

tierung den Menschen bildet. Dies aber verweist die Bildung besonders auf Literatur und Geisteswissenschaften – und kaum auf Wirtschaft, Technik und moderne Naturwissenschaften, die sich ja weniger mit dem Menschen als mit der außermenschlichen Sachwelt befassen.

Die Technik ist zwar eine Schöpfung des menschlichen Geistes, eine spezifische Objektivierung menschlicher Möglichkeiten, aber sie ist doch das Ergebnis eines Gestaltungsprozesses, der sich nicht – wie die Bildung – auf den Menschen selbst, sondern auf die Schaffung materieller künstlicher Systeme bezieht. [I-1]

Der Mensch hat zum Schutz gegen zerstörende Naturgewalten, gegen Hunger, Kälte, feindliche Angriffe usw. Häuser, Dämme, befestigte Plätze, Ackerbau und Viehzucht, Handel, Wirtschaftsordnungen, Staaten, d.h. künstliche Kulturgebilde geschaffen. Dazu hat er Werkzeuge, Waffen, Maschinen, d.h. Technik entwickelt, die seine Arbeit und sein Leben erleichtern sollten. Kultur und Technik gehören demnach aufs engste zusammen. Der Beginn menschlicher Kultur wird oft mit dem Auftreten erster Werkzeuge datiert. Es erscheint durchaus angemessen, große technische Erfindungen als segensreiche Kulturtaten anzusehen, die zum Teil auch selbst neue Epochen der kulturellen Entwicklung der Menschheit eingeleitet haben. [I-1; II-2.1]

Das Spezifische der Technik scheint es dabei zu sein, daß die von ihr geschaffenen künstlichen Systeme im doppelten Sinne einen Werkzeugcharakter haben: Die Erzeugnisse der Technik können menschliche Funktionen entweder ersetzen oder erweitern. Eine einfache Rechenmaschine kann zum Beispiel bestimmte rechnerische Intelligenzleistungen des Menschen ersetzen, ein moderner Computer kann sie darüberhinaus entscheidend erweitern. Ein Fließband kann Bewegungen des Menschen ersetzen, ein Flugzeug kann sie in eine ganz neue Dimension erweitern. Je mehr nun aber die Technik die menschlichen Möglichkeiten erweitert, desto problembeladener und spannungsreicher erscheint ihr Verhältnis zur „Bildung" zu werden.

Dafür ist Johann Wolfgang von Goethes (1749–1832) gespanntes Verhältnis zur Technik ein klassisches und von den Technikkritikern bis heute immer wieder zitiertes Beispiel. Goethe begründet seine Skepsis vor allem damit, daß die Verarbeitungs-, Urteils- und Verantwortungsfähigkeit des Menschen durch die technische Erweiterung seines Wahrnehmungs- und Wirkungskreises überfordert wird [6].

Es ist neben der unangemessenen Erweiterung der menschlichen Erfahrungen und Funktionen auch der besondere Charakter technischer Systeme, den Goethe kritisiert: Die moderne Technik, wie sie sich in Zusammenhang mit den exakten Naturwissenschaften entwickelt hat, ist nichts Organisch-Ganzheitliches, das in menschengemäß-hermeneutischer Weise als Ausdruck eines Innern verstanden werden kann, sondern sie ist das mechanische Ergebnis rationaler Konstruktionen aufgrund von mathematisch berechenbaren Funktionen einzelner, künstlich aus einem komplexen Ganzen herauspräparierter Naturkräfte.

Für Goethe und die Technikkritiker in seinem Gefolge bedeutet dies, daß die ganzheitlichen Lebenszusammenhänge der Natur und des Menschen durch die Technik zerstört werden. Die naturwissenschaftlich sezierende Ausbeutung der Natur gefährdet nicht nur die natürlichen Lebensgrundlagen auf der Erde, sondern sie überfordert auch die Vorstellungskraft und die Verantwortungsfähigkeit des Menschen. Was Goethe zu seiner Zeit thematisiert hat, nimmt zum Teil eine Diskussion vorweg, die heute über das Verhältnis von Wissenschaftsorientierung und Lebensweltbezug oder über die menschliche Beherrschbarkeit der Technik und ihrer Folgen geführt wird.

Neben dieser am Beispiel Goethes gezeigten organologisch-anthropozentrischen Bildungsauffassung hat auch die erörterte Beziehung des Bildungsbegriffs in Bezug auf eine höhere geistig-religiöse Idealität des Menschen das Spannungsverhältnis zur Technik genährt: Die Technik steht zweifellos mehr unter den Gesetzen einer berechenbaren Nützlichkeit. In ihr scheint zum Beispiel kein Platz für das Unberechenbare, das Wunderbare, das Opfer, die Liebe, den allen Nützlichkeitskalkulationen übersteigenden Glauben und Idealismus zu sein. Daraus resultiert der Vorwurf, technisches Denken und Verhalten reduziere das umfassendere menschliche Denken, Fühlen und Verhalten auf einen einseitigen Nützlichkeits- und Berechenbarkeitskalkül. [V-1]

Diese beiden Komponenten – das ganzheitlich-organologische und das religiös-idealistisch-gefühlswertbezogene Begriffsverständnis – scheinen der Kern der kulturkritischen Bedenken gegen die moderne Technik zu sein, wie sie sich durch die Geschichte der deutschen Bildungsdiskussion verfolgen lassen. Die moderne Welt von komplexen Großorganisationen wird immer wieder im Namen einer humanen Bildung angeklagt, weil sie – einseitig auf berechenbaren Nutzen und Profit ausgerichtet – nur noch mit Hilfe spezialisierter mathematischer Methoden durchschaubar und mit Hilfe elektronischer Technologien steuerbar zu sein scheint. Damit aber beruht sie – so wird kritisch argumentiert – auf einer vereinfachenden mechanistischen Weltsicht, die das ganzheitliche Verhältnis des Menschen zur Natur zu einem quantifizierend-berechnenden, sezierend-manipulierenden Nutzungsverhältnis verkümmern läßt. [I-1.3]

Da die menschliche Bildung durch den persönlichen Bezug zur Welt wesentlich beeinflußt wird, droht das Leben in und mit dieser einseitigen künstlichen technischen Welt auch die Bildung des Menschen zu einer ganzheitlichen Persönlichkeit zu gefährden. Wo menschliche Gefühle, mitmenschliche Gesprächsfähigkeit, künstlerische Einbildungskraft und ethisch-moralisches Verantwortungsbewußtsein nicht in das bildende Bezugsverhältnis zu seiner Welt einbezogen sind, da wird die Bildung des Menschen zur Menschlichkeit gefährdet. Der Computerexperte Joseph Weizenbaum hat das im Hinblick auf die modernen Technologien unserer Zeit auf die Formel gebracht: „Ein Individuum wird überall enthumanisiert, wo es nicht als ganze Person behandelt wird“ [7].

Die Analyse des Spannungsverhältnisses zwischen Bildung und Technik bei Theodor Litt

Theodor Litt (1880–1962) hat in den 50er Jahren unseres Jahrhunderts dieses Spannungsfeld zwischen ganzheitlicher Menschenbildung auf der einen und einseitiger moderner Naturwissenschaft und Technik auf der anderen Seite zusammenfassend aufgearbeitet [8].

Er analysiert das Verhältnis Bildung-Technik vor dem Hintergrund von zwei grundverschiedenen Verhaltensweisen des Menschen zur Welt: Der sinnlich-ganzheitlichen Welterfahrung, die den ganzen Menschen fordert und bildet, steht die methodisch-strenge Konzentration auf die berechenbaren und technisch nutzbaren Relations- und Funktionsgefüge hinter der sinnlichen Erscheinungswelt gegenüber, die nur den rechnenden Verstand des Menschen fordern und bilden. Beide Sichtweisen haben nach Litt ihre spezifische Berechtigung und Bedeutung als komplementäre Auffassungen, die jeweils etwas anderes, aber gleich Wesentliches erschließen: die subjektiv empfundene, reiche sinnliche Fülle und Ganzheit der Schöpfung und die objektiven abstrakten Strukturen hinter der sinnlich wahrnehmbaren Außenseite der Natur. Zwischen diesen beiden grundverschiedenen Erkenntnisweisen kann man – nach Litt – auf einer höheren philosophischen Ebene vermitteln: Es kommt nur darauf an, sich über beide zu erheben, sie vergleichend zusammenzuhalten, ihre jeweils relative Geltung und Bedeutung zu bestimmen und sich ihrer spezifischen Möglichkeiten und Grenzen kritisch bewußt zu werden.

Theodor Litt (1880–1962) ist der Begründer der dialektisch-reflexiven Erziehungswissenschaft; nach ihr muß dem „verantwortungsbewußten Führen“ und dem „wachsenden Leben“ in der Erziehung genügend Raum gegeben werden. Litts zahlreiche Schriften zur kritischen Auseinandersetzung zwischen humanistischer Bildung und der durch die Technik geprägten Arbeitswelt trugen wesentliche Gedanken zum Bildungswert der Technik bei.

In unserem Zusammenhang interessiert aber besonders das Verhältnis dieser beiden Auffassungen zur „Bildung". Hier sieht Litt eine echte Antinomie zwischen dem klassischen deutschen Bildungsbegriff und der modernen Naturwissenschaft und Technik: „In dem Gedanken der Menschenbildung, wie er auch des Näheren inhaltlich bestimmt werden mag, ist nun einmal die Forderung eingeschlossen, daß nicht *eine* unter den äußeren oder inneren Funktionen des Menschen auf Kosten der übrigen die Herrschaft usurpiere, sondern die Vielfalt dessen, was Wesen und Bestimmung des Menschen ausmacht, nach Möglichkeit gepflegt und zur Entwicklung gebracht werde" [9]. Der Naturwissenschaftler schafft aber eine Umwelt, die zur Verkümmerung dieses vollen Menschseins führt [10]: „Daraus folgte die Statuierung eines unversöhnlichen Gegensatzes zwischen den Forderungen der Menschlichkeit und den Forderungen der nach Anweisung der Sache konstruierten Lebens- und Arbeitsordnung" [11].

Litt neigt angesichts dieser Antinomie dazu, die mit dem klassischen deutschen Bildungsbegriff verbundene Leitvorstellung vom unabdingbaren Maß der Totalität des Menschen und der Menschenbildung aufzugeben, da die Notwendigkeit und Bedeutung des naturwissenschaftlich-technischen Umdenkens der Welt zu einer verfügbaren Sache unbestreitbar erscheint. Er spricht sogar im Hinblick auf die Antinomie zwischen dem deutschen Bildungsbegriff und der modernen Technik von der „Tragödie eines Volkes, das von seinen Klassikern mit einer Bildungslehre beschenkt wurde, die zu der Wirklichkeit seines Arbeitslebens im Verhältnis eines sich ständig verschärfenden Gegensatzes stand" [12]. Die moderne Technik und die durch sie bedingte moderne Arbeitswelt demontieren – nach Litt – die klassische deutsche Bildungsidee auf Schritt und Tritt [13].

Der Mensch verwirklicht aber in der Technik eine seiner höchsten Bestimmungen, nämlich „seine Erhebung über die Natur, die Eigenart und Einzigartigkeit seines Verhältnisses zur Welt" [14], seine Herrscherstellung in der Natur. Es muß daher jeder Versuch, die in diesem Zusammenhang notwendig werdende Unterordnung des Menschen unter bestimmte, seine Totalität gefährdende bzw. verstümmelnde Sachzwänge zu verdammen, zurückgewiesen werden.

Die Selbstdisziplinierung zu einer strengen distanzierten Sachlichkeit, mit der es dem Menschen gelingt, aus der Natur eine ihm gehorchende berechenbare Struktur herauszukonstruieren, ist für Litt ein Wesensauftrag des Menschen. Naturwissenschaft und Technik sind daher zutiefst „menschengemäß" – auch wenn sie nicht „bildungsgemäß" im Sinne des klassischen deutschen Bildungsbegriffs sind.

Der hier von Litt zugespitzt herausgearbeitete Gegensatz zwischen Bildung und Technik beruht aber auf einem einseitigen Verständnis des Begriffs „Bildung“: Litt bezieht sich nämlich primär auf den neuhumanistischen Bildungsbegriff Wilhelm von Humboldts, der vor allem eine zweckfreie harmonische Ausbildung menschlicher Anlagen nach dem antiken Vorbild edler Humanität erstrebt. Wir dürfen uns aber nicht auf diese historisch bedingte Deutung des 19. Jahrhunderts beziehen, sondern wir müssen von der „Grundstruktur der Bildung“ ausgehen. Diese zeigt zwar auch eine unabdingbare Grundorientierung am Menschen und der Ausbildung seiner Anlagen. Sie verlangt aber nicht im engeren Humboldtschen Sinne eine permanente Ausrichtung auf die Ganzheit bzw. Totalität des Menschen, also auf das Prinzip einer allgemeinen, möglichst gleichmäßig harmonisch-schönen Bildung des Menschen. [V-1]

Wenn wir das Verhältnis von Bildung und Technik neu bestimmen wollen, dann müssen wir das Grundprofil der „Bildung“ und das Grundprofil der „Technik“ vergleichend aufeinander beziehen. Dann ergibt sich ein relativ differenziertes, aber auch klärendes Bild.

Die Technik und die „Bildwerdung“ menschlicher Anlagen

Die Fähigkeit des Menschen, mit einer sachorientierten, die eigene Subjektivität disziplinierende Methode an die Natur präzise, begrenzte Fragen zu stellen, die dann zu begrenzten, aber verläßlichen Erkenntnissen über einige nutzbare Funktionsgefüge im Ganzen der Natur führen, – dies ist zweifellos eine im Innern des Menschen angelegte Möglichkeit. Deren Entwicklung, Ausbildung, „Bildwerdung“ läßt sich mit dem Begriff der „Bildung“ in Übereinstimmung bringen. Auch die Förderung dieser Bildung durch das klärende Verhältnis zu einer entsprechenden gegenbildlichen Bezugswelt – eben der Technik – steht im Einklang mit der „Grundstruktur der Bildung“.

Bei der Auseinandersetzung mit unterschiedlichen – zum Beispiel künstlerischen, literarischen oder technischen – Themen geht es formal um den gleichen Vorgang der „Bildwerdung“ innerer Anlagen im Bezug zu entsprechenden Vorbildern oder Gegenwelten. Genau dies ist aber die Grundbedeutung des deutschen Wortes „Bildung“. Denn Bildung erstrebt an sich nicht notwendigerweise eine möglichst gleichmäßige Ausbildung aller Anlagen. Auch die einseitige Ausbildung einzelner Anlagen ist „Bildung“ – wie ergänzungsbedürfig sie dann auch erscheinen mag. Dieser Ansatz, der von der historischen

Wortbedeutung von „Bildung" ausgeht, unterscheidet sich maßgeblich von den Humboldtschen Vorstellungen.

Die Technik und das Ganzheits- und Idealitätskriterium der Bildung

Bildung als personale Identitätsfindung und Höherentwicklung bedeutet immer auch persönliche Auswahl, Entscheidung, Profilierung angesichts relativ breiter, offener Anlagen und Entwicklungsmöglichkeiten des Menschen. Bildung wird niemals eine gleichmäßige Ausbildung aller Anlagen sein können. Sie ist im Grunde auch niemals Bildung des ganzen Menschen. Personale „Bildwerdung" ist ein komplexer Vorgang, bei dem jeweils verschiedene Anlagen des Menschen in unterschiedlichen Mischungs- und Gewichtungsverhältnissen ausgebildet werden. Das Ergebnis der Bildung ist deshalb auch nicht die gleichförmige Verkörperung einer gemeinsamen Idee der Humanität, sondern die persönliche Individualität in ihrer Eigenart. Es kann nicht Ziel der Bildung sein, daß möglichst viele Menschen dem gleichen allgemeinen Ideal des schönen, harmonischen Menschen nach klassischem Vorbild entsprechen. Gebildet ist gerade auch derjenige, der seine Individualität zu einer charakteristischen Persönlichkeit ausgebildet hat.

Allerdings schließen Idee und Begriff der Bildung schon von ihren religiös-neuplatonischen Ursprüngen her stets ein Streben nach Vervollkommnung bzw. Selbstvollendung, den Bezug auf ein ideales Sein-Sollendes ein.

In säkularisierter Form bezieht sich „Bildung" meist auf die immer wieder beschworene Idee der „Humanität", d. h. auf ein mehr oder weniger idealisiertes Bild von Menschlichkeit und Menschenwürde. Der „menschliche" Mensch, als selbständige Person mit eigener Identität und mit eigenem Gewissen, ist das Maß der Bildung, und zu dieser Humanität gehören Geist *und* Körper, Ratio *und* Gefühl, distanzierendes Denken *und* gläubiges Engagement – und zwar in einem Verhältnis, das eben im Ganzen das Bild dessen ausmacht, was wir als „menschlich" bzw. „menschengemäß", als charakteristisch für „Humanität" empfinden.

Es gibt verschiedene Ansätze zur Versöhnung von Technik und Bildung zur Menschlichkeit:

Ein Ansatz dazu kann die sogenannte „Vermenschlichung" der Technik und die „Humanisierung" der Arbeitswelt sein. Das Einbeziehen technischer Gebilde in menschliche Gefühlsbeziehungen kann dazu führen, daß ein Auto nicht nur als distanziert nutzbare Sache, sondern als Teil einer menschlichen Lebenswelt empfunden wird. Wenn ich zu meinem Auto eine persönliche Gefühlsbeziehung habe, es pflege und ihm einen menschlichen Namen gebe, dann wird dieses tote Werkzeug in meine menschliche Welt integriert. Das gleiche gilt auch für den Computer, der zu einer Art Spiel- und Arbeitspartner werden kann. Wenn ich mit meinem Personal-Computer Dialoge führe, dann kann ich auch vergessen, daß ich ein Stück künstlich konstruierter, toter Materie vor mir habe. Der Computer wird dann gefühlsmäßig zu meinem Helfer und Partner, er wird weitgehend in meine menschliche Vorstellungswelt integriert. Auch die durch Rationalisierung, Mechanisierung, elektronische Steuerung und optimale Maschinenauslastung bedingten Sachzwänge der Arbeitswelt können bis zu einem gewissen Grad von menschlichen Bedürfnissen und Vorstellungen her beeinflußt, „humanisiert" werden [15].

Noch wichtiger aber scheint ein anderer Ansatz: Der rollenmäßigen Aufspaltung und Spezialisierung menschlicher Tätigkeiten im Zusammenhang einer fortschreitenden Differenzierung unserer Gesellschafts-, Kultur-, Wissenschafts- und Arbeitssysteme entspricht auch eine Differenzierung und Flexibilisierung der menschlichen Bildung. An Stelle der Ausrichtung auf die Idee einer ganzheitlichen Bildung in vielfältigen Lebenbezügen gibt es heute Ansätze zu einer weiten Offenheit für ganz verschiedene – komplexere und partiellere, persönlichere und kollektivere – Bildungsbezüge. Mehrere relativ einseitige Bildungsprozesse können sich nacheinander und auch gleichzeitig überlappend vollziehen. In diesem Rahmen kann dann auch eine auf die Strukturen der Technik und ihrer Beherrschung ausgerichtete Bildung betrachtet werden: Ihre Betonung von methodischem, rationalen, sachbezogenen, funktionalen und technischem Denken und Handeln ist ein sinnvoller und notwendiger Teil einer umfassenderen Bildung.

Entscheidend aber ist es dabei, daß der Mensch jeweils den *relativen* Stellenwert der verschiedenen ausgebildeten Anlagen und Möglichkeiten zu durchschauen und im Verhältnis zum Ganzen seiner individuellen Anlagen und Möglichkeiten kritisch zu reflektieren vermag. Dies setzt zweifellos einen weiteren Bildungshorizont voraus, der verschiedene Möglichkeiten umgreift. In diesem weiteren Horizont können die jeweils einseitigen Möglichkeiten vergleichend aufeinander bezogen und in ihrem relativen Stellenwert für die eigene Entwicklung und persönliche Identitätsfindung bestimmt werden. Das Wesentliche ist, daß jede partielle Bildung in ihrer Einseitigkeit erkannt, relativiert und durch andere, unter Umständen ebenso einseitige, aber in eine andere Richtung weisende Bildungsprozesse kompensiert werden kann. An die Stelle des Humboldtschen Totalitätsprinzips tritt dabei das Prinzip der pluralistischen Offenheit der Bildung.

Das bedeuet für das „lebenslange Lernen" ganz praktisch, daß der Erwachsene sich nicht auf eine einseitige Tätigkeit spezialisiert, sondern daß er in seiner Berufstätigkeit und in seinen Hobbys nacheinander mehrere verschiedenartige Tätigkeiten erlernt und ausübt.

Bildung und Technik ließen sich demnach vor allem durch zwei Strategien versöhnen: über die kritische Einsicht, daß die Aspekthaftigkeit und Einseitigkeit der modernen Wissenschaft und Technik das objektive Kennzeichen eines einseitigen „kollektiven Grundzugs" des menschlichen Geistes sind [16] – und durch eine kompensatorische, die erkannte Einseitigkeit ergänzende und ausgleichende mehrdimensionale individuelle Bildung.

Bei dem Relativierungsansatz kommt es darauf an, die Erkenntnis zu vermitteln, daß die moderne Wissenschaft immer nur bestimmte Faktoren aus einem komplexeren Lebenszusammenhang herauspräpariert. Um der Exaktheit willen konzentriert sie sich auf einzelne Kausalzusammenhänge und muß andere Faktoren bzw. Variablen ausklammern.

Daraus ergibt sich die Konsequenz: Eine so gewonnene wissenschaftliche Erkenntnis ist niemals die ganze Wahrheit, sondern sie erschließt immer nur bestimmte Aspekte eines ganzheitlichen Lebenszusammenhangs – zum Beispiel nur die mathematisch faßbaren Gesetzmäßigkeiten oder nur die chemischen Reaktionen in einem Lebensprozeß.

Dies können wir deutlich an der Einseitigkeit der modernen naturwissenschaftlichen Medizin erfahren: Meine Kopf- oder Magenschmerzen sind eben in der Regel nicht hinreichend zu erklären und zu therapieren, wenn ich sie nur auf den Blutdruck, auf bestimmte hormonale Prozesse, auf eine Nerven-, Gefäß- oder Schleimhautveränderung oder anderes zurückführe und dann durch die Zufuhr entsprechender Medikamente zu kurieren versuche. Hinter den physischen Krankheitsfaktoren stecken unter Umständen psychische Ursachen, die auch durch noch so viele chemische Substanzen oder physikalische Anwendungen nicht beseitigt werden können.

Diese Einsicht ermöglicht zunächst einmal im kognitiven Bereich eine relativierende Einordnung nicht nur der wissenschaftlichen Erkenntnisse, sondern auch der durch die wissenschaftlichen Denk- und Verfahrensweisen geschaffenen Technik in die gesamte Lebenswelt des Menschen. Wissenschaft und Technik sind zur Bildung notwendig, aber Bildung ist sehr viel mehr. Wenn man die Welt der modernen Naturwissenschaft und Technik für das Ganze oder für die einzig wahre

Bezugsgröße der Bildung des Menschen hielte, dann ergäbe sich daraus im Bildungsverhältnis zwischen Anlagen und Gegenbildern ein zu einseitiger Mensch.

Menschliche „Bildung" zielt auf den „menschlichen" Menschen als Person mit Leib und Seele, Gefühl und Verstand, Trieb und Vernunft, Liebes- und Herrschaftsbedürfnissen, sozialen und religiösen Sehnsüchten usw. Die Welt der Technik ist so wenig die ganze Lebenswelt des Menschen wie die Welt des Glaubens oder die Welt der Kunst.

Das bedeutet für die Einstellung des sich bildenden Menschen zur Technik, zu Computern, Robotern und elektronischen Medien: nicht Ablehnung, Maschinenstürmerei, Technophobie, „zurück zur Natur" sind angebracht, sondern kritische Bestimmung des relativen Stellenwerts der technischen Gegenwelt im Gesamtzusammenhang menschlicher Lebens- und Bildungsbezüge.

Neben diesem mehr kognitiv-erkenntnismäßigen Ansatz ist aber auch immer der zweite mehr kompensatorische Ansatz wichtig. Die Palette der gegenüber der modernen Technik kompensatorischen Lebenswelt- und Bildungsbezüge reicht vom Wandervogel der 20er Jahre bis zum Ökobauern aus der Alternativszene unserer Tage. Und die im engeren Sinne pädagogischen Kompensationsansätze reichen von der traditionellen Erziehung zur Volksverbundenheit, Heimatliebe und Volksliedpflege bis zu den musisch-kreativen Kursen an unseren Volkshochschulen.

Das alles kann unter dem Gesichtspunkt der menschlichen Bildung als einer Bildwerdung vielfältiger innerer Anlagen im dialektischen Verhältnis zu gegenbildlich-vorbildlichen Lebenswelten bzw. Mitmenschen oder sekundären Systemen gesehen und verstanden werden. Und es kann von daher auch jeweils als mehr oder weniger sinnvoll erscheinen. Allerdings müßte dann eben auch ein mehr emotionaler Bildungsansatz wieder entsprechend relativiert und in seinem kompensatorischen Ergänzungsverhältnis zur notwendigen Ausbildung der Rationalität des Menschen an der Gegenwelt der Technik gesehen werden.

Erfahrungen aus der jüngsten deutschen Geschichte müßten uns in dieser Beziehung sehr hellhörig machen: Die jahrelang zu einseitig emotional-irrational ausgerichtete Bildungsarbeit des Nationalsozialismus, die die nüchterne Auseinandersetzung mit den Realitäten und technischen Möglichkeiten und die rationalen Vernunftüberlegungen zugunsten einer Mobilisierung entschlossener Gefühlsbewegungen unterdrückt hatte, müßte uns eigentlich die Gefahren einer einseitig emotionalen Bildung deutlich bewußt gemacht haben.

Eine moderne Bildung braucht den Bezug zur wissenschaftlich-technischen Rationalität, aber sie muß sich auch öffnen für andere Welten und gegensätzliche Bezugsgrößen. Wenn die verschiedenen, einseitigen Bezugspunkte der menschlichen Bildungsprozesse auf das Maß der vieldimensionalen Möglichkeiten des Menschen bezogen und von daher in ihrer Einseitigkeit relativiert und entsprechend ergänzt werden, läßt sich dies alles durchaus mit dem Bildungsbegriff vereinbaren. Die Bildung des Menschen müßte sich dann im Sinne Ballaufs gerade „im Wissen um die Begrenztheit und Korrigierbarkeit" aller Einzeleinsichten [17] und im übergreifenden Bezug auf ein umfassenderes Maß des Menschen und der Menschlichkeit erweisen.

Wenn man den Bildungsbegriff nicht in einer seiner vielen inhaltlichen Ausprägungen, sondern in seiner formalen Grundstruktur zugrunde legt, dann gibt es bei den verschiedenen möglichen Bezugsverhältnissen des sich bildenden Menschen nur eine Grenze: Es muß sich um Gegenbilder, Spiegelbilder von etwas handeln, was im Menschen als Anlage bzw. Möglichkeit schon angelegt ist, was ihm nicht völlig fremd ist und ihn nicht sich selbst entfremdet. Diesem Kriterium kann aber die moderne Technik genügen, solange sie von Menschen gesteuert wird und Bedürfnisse der Menschen befriedigt.

Die „Bildung" und die medienvermittelte Informationsflut

Manche Kritiker sehen heute die menschliche Bildung weniger durch den Einsatz der maschinellen Technik als vielmehr durch die moderne Nachrichtentechnik bedroht: Die technisch-elektronischen Medien der Informationsvermittlung können die Menschen abhängig machen von Informationen, die von mehr oder weniger anonymen Experten nach undurchschaubaren Kriterien ausgewählt, verkürzt und zusammengebraut werden. [V-4.3; V-6]

Die meisten Fernsehsendungen haben heute mehr einen oberflächlichen Werbe- und Unterhaltungswert als einen Wert für die Bildung und Begründung eigener Urteile selbständiger Individuen. Dem entspricht auch die Einschätzung des Bildungswerts des Fernsehens durch die Mehrheit der Bürger der Bundesrepublik Deutschland in der schon zitierten Repräsentativbefragung des Allensbacher Instituts: Dem Fernsehen kommt danach praktisch keine Bedeutung für die „Bildung" des Menschen zu [18].

Neil Postman hat in diesem Zusammenhang auf die Gefährdung des rationalen Denkens, Argumentierens und Diskutierens durch die zerstreuende Bilderflut des Fernsehens hingewiesen. Die Flut der in Bildern vermittelten, aus ihrem Kontext gerissenen Kurzinformationen dient primär der kurzweiligen Unterhaltung, der Zerstreuung und dem Zeitvertreib. Für längere Argumentationsketten und für die notwendige ruhige Nachdenklichkeit im Dienste einer verantwortlichen persönlichen Lebens- und Umweltgestaltung bleibt dabei meist kein Raum mehr. Und dieser Prozeß schreitet nach Postman fort, je mehr das Fernsehen die Schriftkultur verdrängt. Die bisherige, das eigene Denken, die persönliche Informationsverarbeitung und die individuelle Urteilsbildung des Menschen fordernde und fördernde Sprach-, Rede- und Schriftkultur war und ist aber nach Postman die Grundlage unserer auf selbständig mitdenkende Personen angewiesenen freiheitlichen Demokratie [19]. [V-6]

Die Menschen können heute die Fülle der aus den modernen Medien auf sie einströmenden, sie persönlich in der Regel nicht betreffenden Informationen aus aller Welt nicht mehr sinnvoll verarbeiten. Sie geraten in die Gefahr, einfach mitgenommen zu werden von Informationen und Bildern, die keinen Bezug haben zum eigenen Leben, Erfahren und Denken. Und dadurch drohen die geistige Aktivität und die eigene Denk- und Urteilsfähigkeit in den wachsenden Informations- und Bilderfluten unterzugehen.

Wenn Postmans Diagnose zuträfe, hätte dies schwerwiegende Folgen für die menschliche „Bildung“. Denn die Bildung ist angewiesen auf die herausfordernde Begegnung und die konzentrierte Auseinandersetzung mit Lebensgestaltungen, Vorbildern, Spiegelbildern, die für die eigene Identitätsfindung wichtig sind. Es stellt sich die Frage, ob und wieweit die immer mehr zunehmenden medienvermittelten Informationen aus zweiter Hand noch die für die Bildung des Menschen nötigen Bezugsbilder bieten können. Muß nicht die mehr und mehr auf eine flüchtige Bildschirm-Scheinwelt als gegenbildlichen Bezugspunkt verwiesene persönliche Entwicklung der Menschen einen schwerwiegenden Realitäts- und Qualitätsverlust erleiden?

Wenn die Menschen ihre Vorbilder immer weniger in realen, anfaßbaren Personen aus ihrer Lebenswelt und immer mehr in künstlich nach einer angestrebten Image-Wirkung stilisierten Schauspielern auf dem Bildschirm finden, dann wächst die Gefahr, daß sie ihre Selbstverständigung und Selbstverwirklichung auf die manipulierte, nach Wirkung berechnete Scheinwelt flüchtiger Bilder beziehen. Wieweit ist „Bildung“ noch möglich bei einer solchen zunehmenden „Enteignung der Erfahrung“ [20] und dem „allmählichen Verschwinden der Wirklichkeit“ [21]?

Aber so wie die von der Naturwissenschaft geschaffene Welt der Technik in ihrer Struktur als Gegenbild für die Ausbildung einer speziellen rationalen Fähigkeit des Menschen mit dem Bildungsbegriff relativ vereinbar schien, so könnte auch die Bildschirmwelt als herausfordernde Gegenwelt für die Ausbildung einer anderen einseitigen Anlage des Menschen gesehen werden, die wir vielleicht nur noch nicht als solche klar genug erkennen: Schnelligkeit der Auffassung, Flexibilität und Wendigkeit im Verhältnis zu visuellen Reizen, Abhärtung gegenüber Reizüberflutung, aktiv-gestaltend-zupackendes Verhältnis zu Informationen und Reizen. Daraus kann die Fähigkeit entstehen, visuelle Eindrücke schnell zu sortieren und zu ordnen und sie in ihrer relativen Bedeutung oder Belanglosigkeit zu gewichten – die meisten Eindrücke einfach Revue passieren zu lassen, ohne sie bewußt zu apperzipieren, geschweige denn geistig zu verarbeiten. Auf diese Weise kann man das eigene Innere von ihnen freihalten, um sich auf Weniges bewußt Ausgewähltes zu konzentrieren. Dies könnten Elemente solcher einseitigen, aber auch im Menschen angelegten Möglichkeiten sein, die ihm helfen, in der modernen Welt mit ihren Reizen und Zerstreuungen die eigene Identität zu bewahren und zu entwickeln.

Hier würde sich dann die Fähigkeit der Auswahl des der eigenen Identitätsfindung Gemäßen treffen mit dem alten klassischen Bildungsprinzip, wie es schon Goethe zu einer Maxime seiner Lebens- und Bildungsgeschichte gemacht hat: Er wollte nur die ihm gemäßen Eindrücke aufnehmen und einlassen und alles abschütteln, was ihn nur verwirrt, zerstreut oder erdrückt. Das meiste, was das moderne Informationszeitalter an Informationen liefert, ist wohl für die Bildung des Menschen irrelevant. Bildungsrelevant sind nur die wenigen Informationen, die das Individuum bewußt aufnimmt, verarbeitet und in seine persönliche Vorstellungs- und Gedankenwelt integriert.

Es geht – wie allgemein in der Anwendung der Technik als sekundärem Mittelsystem – darum, daß der Mensch als Person jeweils selbst die richtigen Fragen stellt und die Entscheidung über die Zwecke und Ziele behält, denen die technischen Mittel und Medien dienen sollen. Diese Bewahrung der geistigen Unabhängigkeit gegenüber den Zwängen und Versuchungen, die von den selbstgeschaffenen sekundären Systemen ausgehen können, ist vielleicht heute die größte Herausforderung für die Menschenbildung.

Im Zusammenhang eines dialektischen Bildungsbezugs zu Umwelteindrücken heißt dies aber dann: Im Verhältnis zum Informationskonsum muß die spezifische Fähigkeit des Menschen ausgebildet werden, aus einer Fülle relativ oberflächlicher Eindrücke mit kritischem Gespür *die* Gegenbilder, Vorbilder, Lebensbilder auszuwählen, die für die eigene „Bildwerdung", d.h. für die Ausbildung und Höherentwicklung der persönlichen Anlagen fruchtbar werden können, und diese Bilder dann in ihrem relativen Stellenwert für die eigene Bildung zu gewichten.

Wenn sich die moderne Medienpädagogik heute im Umgang mit dem Fernsehen auf das Prinzip der bewußten Auswahl einzelner Sendungen aus dem täglichen Programmangebot bezieht, dann liefert sozusagen der Bildungsbegriff dazu ein theoretisches Fundament und ein wesentliches Entscheidungskriterium. [V-6]

Vielleicht haben wir es nur mit einer neuen pointierten Variante der alten zentralen Bildungsaufgabe zu tun: Der Mensch soll sich nicht einfach zerstreuen, unterhalten, entfremden, von wechselnden Einflüssen hierher und dorthin mitnehmen lassen, sondern sich – gerade in einer wachsenden Informationsflut – zusammenhalten, aktiv die eigene Identität und Idealität herausbilden. Er muß sich auf die Gegenbilder, Menschen, Lebensformen und Lebenswelten konzentrieren, die für die Ausbildung der eigenen Anlagen und Vervollkommnungsmöglichkeiten hilfreich sein können. Das Maß dieser „Bildungsbezüge" ist dabei stets die individuelle Person, ihre Selbstverwirklichung und Vervollkommnung – und nicht etwa die vermittelte Information und Sekundärerfahrung.

Bildung, menschliche Informationsverarbeitung und elektronische Datenverarbeitung

Die moderne elektronische Datenverarbeitung (EDV) stellt uns vor die kritische Frage: Wie verändert sich das Verhältnis von Bildung und Informationsflut, wenn nicht nur die Informationszusammenstellung und Vermittlung, sondern auch die Informationsverarbeitung nicht mehr von der individuellen Person, sondern von der Technik, hier in Gestalt des Computers, übernommen wird?

Das Verhältnis der hier skizzierten Grundstruktur der Bildung zur elektronischen Informationsverarbeitung hängt mit dem Charakter des menschlichen Lernens als einer vergleichend-integrierenden Verarbeitung von Informationen zusammen. Es scheint zum Wesen menschlicher Bildung, der Selbstverwirklichung und Vervollkommnung zu gehören, daß der Mensch im Umgang mit seiner Umwelt bestimmte Eindrücke, Erfahrungen, Informationen aktiv auswählt und intensiver verarbeitet, um sie in den eigenen Vorstellungszusammenhang und Entwicklungsprozeß einzubeziehen und für die Bildwerdung eigener Anlagen fruchtbar machen zu können. Das notwendige Bezugsverhältnis zu Gegenbildern und Spiegelbildern scheint wesentlich ein Verhältnis persönlich selektiver Erschließung und lernender Verarbeitung von Erfahrungen zu sein, welche die eigene Bildung und Lebensmeisterung fördern. Wenn nun aber Computer mehr oder weniger diese Verarbeitung von Objekterfahrungen auf ihre technische Weise übernehmen, wird dann nicht dem persönlichen Lern- oder Bildungsprozeß ein wesentliches Fundament entzogen?

Andererseits aber stehen wir vor dem Problem, daß die wachsende Flut von sekundären Informationen und Daten die Aufnahme- und die Auswählkapazität der Menschen zunehmend überfordert und daß der Mensch in Zukunft wohl nur noch mit Hilfe der EDV überhaupt imstande sein wird, diese Informationsfülle zu bewältigen und den Überblick zu behalten. Es geht also um eine genauere Bestimmung der spezifischen Hilfs- oder Störfunktionen der EDV im Zusammenhang des dialektischen Bildungsverhältnisses zwischen inneren Anlagen und ihrer Ausbildung durch ein persönliches Bezugs- und Verarbeitungsverhältnis zu entsprechenden Bildungsobjekten.

Wenn es richtig ist, daß der Mensch nur ein begrenztes Maß von Informationen und Daten noch persönlich verarbeiten kann, und wenn es zutrifft, daß in einer immer komplexer werdenden Welt die Masse der sekundären Informationen, die zum Verständnis und zur Steuerung dieser Welt nötig sind, die natürlichen Möglichkeiten menschlicher Informationsverarbeitung überfordert, dann stellt sich die Frage: Wieweit kann ein sinnvoller Einsatz moderner EDV dem Menschen helfen, die Informationsfülle so in den Griff zu bekommen, daß die Umwelt, in der er lebt und wirkt, besser überschaut, geordnet und nach der Bedeutung für die eigene Bildung akzentuiert werden kann? Kann Entlastung von allgemeinen Datenverarbeitungsaufgaben vielleicht eine Befreiung für die Konzentration auf die Bildungsaufgabe mit sich bringen?

Dazu wäre es nötig, daß die EDV die Funktion einer – nach transparenten, vom Nutzer selbst bestimmten Kriterien vorsortierenden – Zwischenstufe der Daten-Vor-verarbeitung übernimmt, die der persönlichen Erfahrungsverarbeitung vorarbeitet und den Weg freimacht. Die EDV müßte undurchschaubar gewordenen Informationswildwuchs in eine überschaubare rationale Ordnung bringen und dadurch für den Menschen besser beherrschbar, verarbeitbar und nutzbar machen. Der Computer muß also diese Informationen nach vom Menschen bestimmten Fragen, Gesichtspunkten, Kategorien, Schlüsselbegriffen usw. vorsortieren, zuordnen, gewichten und sie damit als Bezugswelt für die Bildung griffiger machen. Die geistige Verarbeitung der für seine Bildung wesentlichen Informationen aber bleibt die unverzichtbare, nichtdelegierbare Aufgabe des Menschen selbst. Wo dieses Prinzip aufgegeben wird, gibt es wohl keine Versöhnung zwischen Bildung und Computerwelt mehr.

Ein Beispiel soll das deutlich machen. Wenn Politiker heute vor der Frage stehen, wie die Rentenversicherung in Zukunft bei einem immer ungünstiger werdenden Verhältnis von Berufstätigen und Rentnern am besten gesichert werden soll, dann kann der Computer dazu verschiedene wichtige Informationen vorverarbeiten: die Veränderungen der Altersstruktur und ihre Auswirkungen auf die Beiträge und Kosten der Rentenversicherung in den verschiedenen Jahren, die Auswirkungen bestimmter Erhöhungen der Rentenversicherungsbeiträge auf die verschiedenen öffentlichen und privaten Haushalte und auf die Zahlungsfähigkeit der Rentenversicherung, die Kosten einer Umstellung auf eine steuerfinanzierte Grundversorgung mit zusätzlicher privater Rentenversicherung und die Auswirkungen auf eventuelle Steuererhöhungen. Durch die EDV können Entwicklungen und Steuerungsmöglichkeiten in ihren finanziellen Auswirkungen für alle Beteiligten berechnet werden, und das komplexe Zusammenspiel verschiedener Faktoren kann nach unterschiedlichen Modellen durchgespielt und rechnerisch geprüft werden.

Aber die eigentlichen politischen Entscheidungen darüber, ob das bisherige Beitragszahlungsprinzip beibehalten oder ob ein neues Rentenversicherungsprinzip gewählt werden soll, oder wie die soziale Gerechtigkeit und die soziale Angleichung der Rentenhöhen gegenüber den Erfordernissen einer Begrenzung der Staatsverschuldung und der Konkurrenzfähigkeit der Wirtschaft gewichtet werden sollen, – solche Grundsatzentscheidungen müssen die verantwortlichen Politiker selbst treffen. Davon kann und darf sie kein Computer entlasten.

Davon, wieweit es in Zukunft gelingen wird, die EDV in einer dem Menschen und seiner personalen Bildung dienenden Funktion zu nutzen und weiterzuentwickeln, wird es abhängen, wieweit der zunehmende Einsatz der EDV mit dem im Begriff der Bildung liegenden Anspruch vereinbar ist. Um diese Zukunftsaufgabe erfolgreich zu lösen, brauchen wir aber jene umfassende Bildung, die eine breite Vielfalt menschlicher Anlagen, Möglichkeiten, Perspektiven entwickelt und einbringt. Und wir brauchen eine umfassende Förderung der Eigeninitiativen und der Eigentätigkeit auf allen Lebensgebieten: im musischen Bereich, beim kreativen Gestalten, im Sport, beim Basteln und Werken, beim Sammeln und Suchen, beim Lesen und Schreiben, beim Organisieren und Planen, beim Reisen und Entspannen und vor allem auch bei der lebenslangen Weiterbildung selbst.

Im Namen der „Bildung“ wäre also die ganz aktuelle Maxime aufzustellen: Die moderne Elektronik darf – wie allgemein die Technik – nicht zu einem Sachzwangsystem oder zu einem Mythos werden, dem sich der Mensch anpassen und unterwerfen muß. Sie muß als ein einseitig-unvollständiger Teilbereich der modernen Lebenswelt im Gesamtzusammenhang umfassenderer Wechselverhältnisse des Menschen zur Welt verstanden und vor dieser relativierenden Perspektive auch entsprechend aktiv und souverän vom Menschen beherrscht werden.

Bildung für Technik und Menschlichkeit

Durch die Technik ist es dem Menschen möglich geworden, sekundäre Mittelsysteme zu schaffen, aus denen sich eine zweite, künstliche, mehr und mehr die Natur überlagernde Kultur- und Zivilisationswelt entwickelt hat. Diese stellt selbst wieder ganz neue Anforderungen auch an die Bildung des Menschen: Die Menschen müssen durch eine entsprechende Bildung instandgesetzt werden, vernünftig, verantwortungs- und grenzbewußt über die Ziele und den Sinn ihres Lebens in der Welt von Natur, Kultur und Technik zu reflektieren und dann aktiv und zielbewußt zu entscheiden und zu handeln. Dazu ist der im traditionellen deutschen Bildungsbegriff liegende Anspruch auf Ausbildung vielfältiger innerer Anlagen des Individuums zu einer humanen personalen Identität unverzichtbar notwendig.

Aber wir müssen uns zugleich auch über die Grenzen dieses deutschen Bildungsbegriffs und über den relativen Stellenwert der Bildung im Gesamtzusammenhang unseres Lebens in einer modernen Welt klar werden und verständigen. Auch der Begriff der „Bildung“ ist nicht sakrosankt, und die Bildung ist nicht unbedingt der höchste Wert schlechthin.

Vor allem scheint es heute wichtig, die von Max Horkheimer im deutschen Bildungsbegriff gesehene Gefahr einer „Vergötzung des sich selbst genügenden Ichs“[22] zu sehen und die Gefahr eines zu egozentrischen Lebensverständnisses zu erkennen, das die mitmenschliche, natürliche, gesellschaftliche und technische Umwelt nur als Mittel zur eigenen Bildung sieht. Und diese einseitige Selbstbezogenheit gilt es dann durch eine stärkere Offenheit und Verantwortung für die Natur, die Gesellschaft, die Technik, die Mitmenschen zu ergänzen und zu kompensieren.

Wahrscheinlich muß der Begriff der „Bildung" heute um eine neue Bedeutungsschicht bereichert werden, die sich mehr auf den sozialen Dienst für Mitmenschen, die Hingabe an die Gestaltung einer Sache [23], das Engagement für die Erhaltung der Natur und die Verantwortung für eine Humanisierung der Entwicklung von Kultur und Technik und ihrer Auswirkungen auf die Lebenswelt der Menschen bezieht. Das sind neue, bisher offensichtlich vernachläßigte Komponenten einer „Bildung zur Menschlichkeit", – die aber in die hier skizzierte Grundstruktur der Bildung integriert werden können. [I-3.4; V-1]

Literaturnachweise

1 Bundesministerium für Bildung und Wissenschaft (Hrsg.) – Herdegen, Gerhard (Projektleiter): Bildung heute. Bedeutung und Anerkennung in der Gesellschaft. Repräsentativuntersuchung des Instituts für Demoskopie Allensbach. (Schriftenreihe: Studien zur Bildung und Wissenschaft 29). Bonn 1986, S. 11
2 Vgl. 1., S. 9
3 Vgl. 1., S. 11
4 Vgl. 1., S. 11
5 *Fink*, Eugen: Zur Bildungstheorie der technischen Bildung. In: Pleines, Jürgen-Eckhardt: Bildungstheorien. Freiburg 1978, S. 40–57
6 *Goethe*, Johann Wolfgang von: Wilhelm Meisters Wanderjahre. In: Goethe, Johann Wolfgang von: Poetische Werke II. Erzählende Dichtung 2. Teil. Europäischer Buchclub Stuttgart o. J., S. 709–1266
7 *Weizenbaum*, Joseph: Die Macht der Computer und die Ohnmacht der Vernunft (Suhrkamp Taschenbuch 274). Frankfurt 1978, S. 347
8 Vgl. 11., 9. und 10.
9 *Litt*, Theodor: Das Bildungsideal der deutschen Klassik und die moderne Arbeitswelt. Bonn [5]1958, S. 42–43
10 *Litt*, Theodor: Naturwissenschaft und Menschenbildung. Heidelberg 1959, S. 98–99 und S. 159
11 *Litt*, Theodor: Technisches Denken und menschliche Bildung. Heidelberg 1957, S. 61
12 Vgl. 11., S. 23
13 Vgl. 11., S. 24
14 Vgl. 11., S. 61
15 Es gibt inzwischen viele Projekte zur „Humanisierung" der Arbeit.
16 Vgl. 5, S. 54
17 *Ballauf*, Theodor: Der Gedanke einer „allgemeinen Bildung" und sein Wandel bis in die Gegenwart. In: Twellmann, Walter (Hrsg.): Handbuch Schule und Unterricht. Bd. 4.1. Düsseldorf 1981, S. 247

18 Vgl. 1., S. 8–12
19 *Postmann*, Neil: Wir amüsieren uns zu Tode. Frankfurt a. Main 1986
20 *Hentig*, Hartmut *von*: Das allmähliche Verschwinden der Wirklichkeit. Ein Pädagoge ermutigt zum Nachdenken über die neuen Medien. München 1984, S. 86
21 Vgl. 20., S. 1
22 *Horkheimer*, Max: Begriff der Bildung. Immatrikulationsrede Wintersemester 1952/53. In: Pleines, Jürgen-Eckhardt: Bildungstheorien. Freiburg 1978, S. 25
23 Vgl. 17.

Nicolin, Friedhelm: Bildung im Spannungsfeld von Berufsqualifikation und Humanität. Kritische Reflexionen zu einem aktuellen Begriff. Düsseldorf 1974
Schaller, Klaus: Der Gebildete heute. Sachwalter und Mitmensch. (Kamps pädagogische Taschenbücher 12). Bochum o. J.

BILDUNG FÜR DIE TECHNISCHE WELT

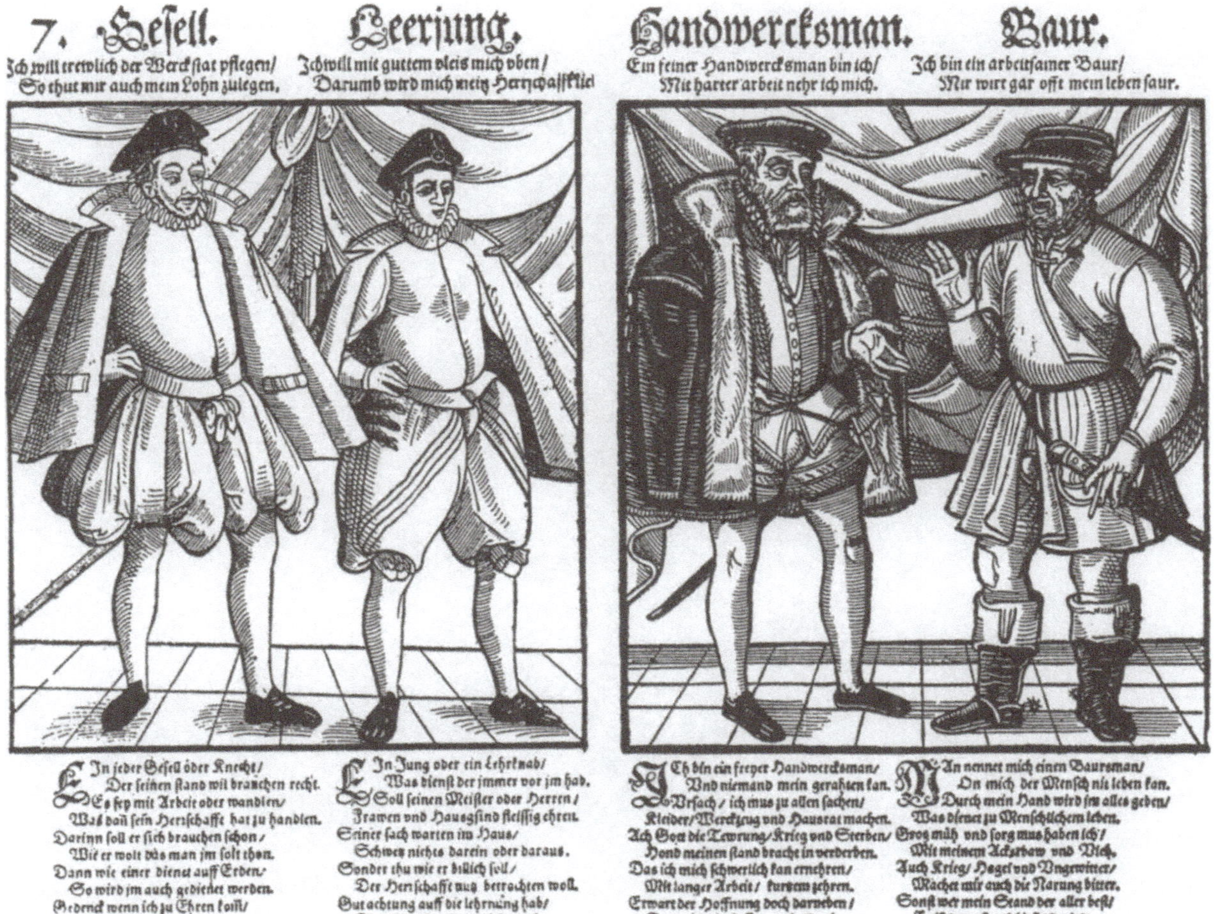

Technische Bildung von den Anfängen bis zur frühen Neuzeit

Laetitia Boehm

Technik – historisches Schicksal des Abendlandes

„Der Aufstieg der modernen Technik aus dem Geiste der abendländischen Völker"[1] ist ein singuläres Phänomen der Weltgeschichte. Die Tatsache, daß die moderne, auf Erkenntnis und Anwendung der Naturgesetze fundierte Technik im Abendland wurzelt und erst von Europa aus, dem flächenmäßig kleinsten Teil unserer Erde, zu anderen Völkern und Kontinenten übermittelt wurde, ist ebenso erstaunlich wie der Sachverhalt, daß ein Grundelement abendländischen Denkens seit den frühesten Verlautbarungen griechischen Geistes, nämlich das Wissen um den Wert der Freiheit als Würde des Menschen, speziell in den Institutionen und Korporationen des mittelalterlichen Europa zur Geltung kam. Dieses Einungswesen in Städten, Zünften und Universitäten wurde der Nährboden für die Entfaltung von Wissenschaft und Technik. „Die moderne Technik ist nicht unvorbereitet im Abendland erfunden und entwickelt worden, sondern es gehörte dazu alles das, was das Wesen der abendländischen Welt überhaupt ausmacht, was es anderswo nirgends gab und aus dem die Kunst der mittel- und westeuropäischen Völker, ihre Gesellschaft, ihr Staat und ganz ebenso auch die moderne Technik hervorgegangen sind. (...) eine Weltkultur (...) von unbestreitbarer Höhe, die das Größte für die ganze Menschheit bedeutet...". Diese lapidare Feststellung von Franz Schnabel schließt den Sachverhalt ein, daß während der von Humanisten und Aufklärern als „finster" und „barbarisch" verurteilten Epoche des Mittelalters nach den Stürmen der Völkerwanderung die natürlichen und politischen Bedingungen sowie die mentalen Voraussetzungen gegeben waren für einen Aufschwung der materiellen Kultur, für einen Reifungsprozeß handwerklicher Aktivität und für eine zivilisationsaufgeschlossene Haltung. Diese öffnete dem Okzident den Weg zu einem Vorsprung gegenüber der für die Wissenschaft des Abendlandes so anregenden arabisch-islamischen Kultur und auch gegenüber dem geschichtsverwandten Byzanz. Um 1444 berichtete der hochgelehrte Humanisten-

Zum Titelblatt:
Holzschnitt aus dem Jahre 1600. Das Tragen von Waffen war damals für den Handwerker ebenso notwendig wie für den Bauern.

Zur Zeitmessung dienten bis um 1300 Sonnenuhren und Wasseruhren. Letztere zeigten schon Ansätze für mechanische Regulierung. Das geht u. a. aus der zeitgenössischen Beschreibung einer Uhr hervor, die Karl d. Gr. vom Perserkönig als Geschenk erhielt: „ein kunstvoll aus Messing gearbeitetes Uhrwerk, in dem der Lauf der 12 Stunden sich nach einer Wasseruhr (clepsidra) bewegte mit silbernen Kügelchen, die ... herunterfielen und ein Becken erklingen ließen". Aus Illustrationen zu religiösen Texten – wie hier zu einem Psalter aus Paris von ca. 1250 – kennen wir manche Modelle von Wasseruhren. Der älteste bekannte Entwurf einer mechanischen Räderuhr stammt aus dem Skizzenbuch des Villard de Honnecourt um 1240.

Mäzen Kardinal Bessarion[2], Gesandter und Emigrant aus dem oströmischen Reich, vom Konzil von Ferrara-Florenz aus an den Basileus voll Bewunderung über die technischen Errungenschaften des Westens in bezug auf die Verarbeitung von Glas und Textilien, die Herstellung von Waffen und Schiffen, die Konstruktion von Wasserrädern. Und er drängte ihn, sich gegen die Türken zu wappnen durch Entsendung junger Männer in den Westen, damit sie diese mechanischen Künste lernen. Seit Erfindung der mechanischen Räderuhr mit Fallgewicht, Zahnradwerken und Hemmungs-Waagen – vielleicht durch Robertus Anglicus in Paris um 1271[3] –, die bald die Kirchtürme, Rathäuser und Stadttore schmückte, begann Europa sogar in eine technische Überlegenheit gegenüber China, dem Ursprungsland des Papiers, einzuschwenken. Vollends evident wurde der technische Fortschritt seit dem frühneuzeitlichen vitalen Zusammenwirken von methodisch neuartig fragenden Naturwissenschaften, praktischer Anwendung mathematischer Erkenntnisse, genialen Erfindungen und städtisch-bürgerlichem Gewerbefleiß. [II-3.2; III-3.2; III-3.3; III-4.2]

So stellt sich die Frage nach den Ursachen und Bedingungen für solch auffallende technische Kreativität der europäischen Völker, bevor dann seit der „ersten Industriellen Revolution" – James Watts Konstruktion der Dampfmaschine 1768/9 – der entscheidende Schritt von Werkzeugherstellung bzw. -gebrauch zur maschinellen Produktion unter Anwendung wissenschaftlicher Erkenntnisse vollzogen wurde. Von diesem Zeitpunkt an nahm der uralte Begriff „Technik" – in dieser deutschen Wortform seit 1822 – seinen uns heute vertrauten Inhalt an: als eine vom Menschen zwar zu seiner Lebensverbesserung geschaffene, aber auch den Menschen bedrängende „künstliche Natur", welche zur natürlichen Natur in Spannung getreten ist; als universelle Machbarkeit der Sachen und als die gemachte Welt, in der wir heute auf Schritt und Tritt mehr Menschenwerk als Natur begegnen. Dennoch, „die Technik ist als eine grundlegende menschliche Aktivität mit allen übrigen Aktivitäten des Menschen aufs engste verknüpft und daher ein integraler, unerläßlicher Bestandteil jeder Kultur – und nicht, wie man oft hört, eine fremde, unhumane Kraft, die irgendeine äußere Macht auf die Menschheit losgelassen hat" [4]. [I-1]

Moderne Periodisierungen der Technikgeschichte betonen die Beschleunigung des Technisierungsprozesses seit dem 18. Jahrhundert. So unterscheidet Alfred Weber[5] drei Perioden: erstens die vom Werkzeug beherrschte Stufe von der Frühzeit bis ca. 1760; zweitens die Etappe des Übergangs zur maschinellen Fabrikation und damit zur Teilmechanisierung des Daseins bis um 1880; drittens den Übergang zur Gesamttechnisierung des Daseins durch Elektrifizierung, Entwicklung von Nachrichtentechnik und Vollautomatisierung. In der jüngsten Periode ist ein gestuftes Fachschulwesen zur Berufsvorbereitung des Ingenieurs selbstverständliche Begleiterscheinung der Expansion technischer Anwendung geworden. Auch der Unterricht an den höheren Schulen kann nicht mehr absehen von der Einbeziehung technischer Fragestellungen und Medien, was noch um die letzte Jahrhundertwende im Spannungsfeld von humanistischer und realistischer Bildungsorientierung umstritten war. [V-34; V-3.3]

Noch in den 80er Jahren des 19. Jahrhunderts beklagte man[6] die Dominanz der herkömmlichen Überlieferungen, die Kontinuität der humanistischen und ständischen Bildungsorientierung seit der Antike, welche die rastlos fortschreitende materielle Kultur nicht wahrnehme; „wer heute nicht Homer, Herodot und Plato, Ovid, Cicero, Tacitus und Horaz gelesen hat, gilt nicht für voll. (...) Dagegen ist es in denjenigen Kreisen, welche vor allem den Anspruch allgemeiner Bildung erheben, nicht gerade beschämend, den Erfinder des Zeitmessers, der Uhr, die wir in unserer Tasche tragen, nach der wir unsere ganze Thätigkeit regeln, nicht zu kennen."

Ein technisches Ausbildungswesen ist also noch relativ jung, es reicht kaum zurück hinter die Anfänge der industriellen Revolution, wenn man die französischen Bemühungen um militärische Ingenieurs- und Fortfikationskunst und deren Einflüsse auf den Realia-Unterricht in den Ritterakademien des deutschsprachigen Raums im 17. Jahrhundert einbezieht. Die Gründungen von Colberts Académie de Sculpture et de Peinture 1662, der Pariser Académie Royale des Sciences 1666 und der Royal Society in London 1662 setzten erste Marksteine für die akademische Etablierung technischer Künste[7]. In Deutschland begann die generelle Propagierung eines technischen Erziehungswesens parallel zur Entfaltung des merkantilistischen Staatsgedankens erst im aufgeklärten Absolutismus, gefolgt von real- und industrie-schulischen sowie kameralwissenschaftlichen Einrichtungen und der Gründung von ökonomisch-patriotischen Gesellschaften, begleitet vom Siegeszug praxisorientierter Wissenschaftspflege in den jungen staatlichen Forschungsakademien. Ideell reichen die Wurzeln technischer Ausbildung zurück in die utopischen Staatsromane des frühen 17. Jahrhunderts, – zu Francis Bacon (1561–1626) oder Tommaso Campanella (1568–1639) und Johann Valentin Andreae (1586–1654), – so daß Albrecht Timm[8] die erste Periode der Geschichte technischer Bildung und Erziehung ansetzt mit der Zeitspanne von Francis Bacon bis zum 18. Jahrhundert. Solche Periodisierung legitimiert sich zwar aus der modernen Vorstellungwelt eines voll institutionalisierten Schulwesens, sie verkürzt aber die Begegnung von Technik und Bildung auf den schmalen Aspekt schulmäßiger Ausbildung und ignoriert damit jene früheren Formen des Lehrens und Lernens mechanischer Künste, die das alte Europa zur Wiege hoher technischer Kultur machten. [III-4.2; V-3.2]

In folgendem geht es weder um die Geschichte der materiellen Kultur noch um das moderne „Zeitalter der Technik", sondern um die Grundlegungen technischer Bildung in der langwährenden Epoche der werkzeugbezogenen, auf Manufaktur beruhenden Technik-Entwicklung. Eine Besinnung auf das Wesen technischer Bildung in der Geschichte, *bevor* ein technisches Schulwesen im modernen Sinne entstand, muß sich loslösen sowohl von unserer Gegenwarts-Vorstellung einer lebensbeherrschenden wissenschaftlich-technischen Produktion als auch von einem allzu engen schulorientierten Bildungsbegriff. In der vormodernen Welt bewegte sich das Verhältnis von „Technik" und „Bildung" in Dimensionen, denen wir uns nur annähern können über eine reflektierte Bildungs-Konzeption, die nicht Alphabetentum, Intellektualismus, angelerntes Viel-Wissen oder auch wissenschaftliches Fachwissen mit Bildung und entsprechend Analphabetentum mit Unbildung gleichsetzt. Ausbildung kann ihrem ganzen Wesen nach immer nur zu relativer Sinnhaftigkeit führen, weder formale noch materiale Ausbildung konstituiert schon Bildung im eigentlichen Sinne. „Bildung ist über alle Vielheit des Einzelkönnens und der Einzelkenntnis hinaus die Erfahrung der gültig maßstäblichen Ganzheit gekannter Welt", sie „setzt ein unbedingt-sinnhaftes Ganzes voraus, das uns offenbar ist" [9]. Zur Bildung formt sich also das Weltverhältnis, die auf Erfahrung beruhende Grundbeziehung des Menschen zu allen lebensbestimmenden Funktionsbereichen seines Seins, wie Erde und Himmel, Gott und Religion, Natur, Landschaft und Land, Familie und Staat, also der Standort im Ganzen seiner jeweiligen Gegenwart. In diesem Sinne kann bzw. konnte jeder, Handwerker wie Wissenschaftler, Bildung besitzen. [V-1; V-2]

Unsere Fragestellung muß sich also rückwenden zu den geistigen und sozialen Bezügen, in denen sich vor der maschinellen Technisierung des Lebens handwerkliches Tun und Denken vollzogen hat. Wir müssen fragen nach der Verankerung technischer Entwicklung im Weltbild, nach ihrer Verflechtung mit der Lebenswirklichkeit, mit der gesellschaftlichen Stellung von Handarbeit und Wissenschaft, nach den Motiven und Formen der Weitergabe technischer Kenntnisse. Die Geschichte technischer Bildung macht einen substanziellen Teilaspekt der Zivilisationsgeschichte des Menschen aus.

Ursprünge der Technik

Unabhängig von weltanschaulichen Positionen ist es heute allgemein anerkannte Auffassung der historischen Anthropologie, daß die Fähigkeit, technisch etwas zu bewerkstelligen, was die Natur so nicht bietet, allein dem Menschen eigentümlich ist und ihn von seinen Anfängen her gegenüber der Tierwelt abhebt. Solche Aussage berührt weder neuzeitliche Evolutionstheorien noch alte philosophische oder auch christlich-theologische metaphysische Weltinterpretationen, welch letztere den gemeinsamen Denkansatz haben, daß Natur und Mensch in urständlicher Vollkommenheit erschaffen wurden: Wenn Adam als Typos der Menschheit nicht im Kindesalter vorgestellt wird, steht solches Weltbild nicht im Gegensatz zu naturwissenschaftlichen Erkenntnissen der Evolution. Wo aus der Vorgeschichte Spuren vom Gebrauch des Feuers, von Steingeräten wie Faustkeilen, Schabmessern, von Tierfallen, dann auch von Flechtwerk usw. greifbar werden, handelt es sich um Spuren des über den Rahmen der belebten Umwelt hinaus aktiv gewordenen Menschen; denn die Voraussetzungen für solche Umweltveränderung – die Urtriebe zu Erkenntniswillen, zielgerichteter Phantasie und zu körperlicher Fertigung, also zum planmäßigen Handeln – finden sich nur bei der Gattung der „Hominiden", die sich damit die Natur zur Gestaltung einer Eigenwelt anpaßten und ergänzten. Ausübung von „Technik" ist also ein Urphänomen des Geistes und der Bildungsfähigkeit des Menschen. „Für die Menschheitsgeschichte ist der Techniker der im homo sapiens steckende homo faber. Die Anthropologie gibt ihm die geschichtliche Priorität" [10]. Und die vom homo faber geschaffene menschliche Eigenwelt trägt gesellschaftliche Züge, ist „Zivilisation" im Unterschied zur Umwelt-Natur. Bedenkt man dazu, daß Evolution nicht einfach umkehrbar ist, so enthüllt sich technischer Fortschritt – aus der Naturbegabung des Menschen zur „Humanisierung", Sich-Anpassung des Daseins – zugleich als besonderer Verantwortungspielraum für die freie Verwaltung und Anwendung technischer Erfindungen im Rahmen der Normen von Vernunft, Sitte, Moral, zum Bedarf, zu Mode und Luxus, zur Macht. [I-1.2; II-2.1]

Das urtümliche Wissen des Menschen darum, daß die Kultur-Begabung ihm gewissermaßen als Bildungsaufgabe zur nützlichen, aber auch ethisch begrenzten Entfaltung aufgegeben ist, wurde eindrucksvoll gestaltet in den alten Mythen. So findet man zum Beispiel in der Idee von einer Urschuld, die sich beim göttlichen Schöpfungswerk wegen der Gehorsamsverweigerung des Gottbeauftragten oder des ersten Menschen auf das nachfolgende Menschengeschlecht übertrug und damit den Gebrauch der gottgeschenkten Gaben und Fähigkeiten in Grenzen verweist. Es sei nur an den von Hesiod in seiner „Theogonie" (um 700 v. Chr.) erzählten und später vielfältig tradierten Mythos vom Titanen Prometheus erinnert [11]. In der Strafe, die Prometheus – halb Gott, halb Mensch – durch den Zorn des Zeus erfährt, weil er den Menschen das von Zeus ihnen entzogene Feuer wiedergebracht hat, und in den Leiden, die dem Gefäß der Pandora entströmen, wird die Belastung des Menschengeschlechtes versinnbildlicht. Prometheus verkörpert aber auch eine Art Handwerker-Gott, der in Spannung zu den adeligen Göttern den Menschen liebend nahesteht, als Fackelträger ihnen mit dem Feuer die Erkenntniskraft, alle Künste (techne) zur Kulturverwaltung gebracht hat. So ließ es Aischylos seinen gefesselten Prometheus in einem eindringlichen Monolog verkünden. Der Kult machte Prometheus auch zum Menschenbildner, der aus Ton die Menschen nach dem Bilde der Götter formte und daher neben dem Schmiedegott Vulkanus-Hephaistos als Schützer der Töpfer und anderer Handwerker Verehrung genoß. Der Mythos sucht also Antwort auf das Rätsel des göttlich gewirkten und dennoch mühsalbelasteten Daseins der Menschen. [I-1.4; II-2.1; II-2.2]

Noch wirksamer für das Weltbild des Abendlandes verweist die jüdisch-christliche Schöpfungslehre auf den – zur freien Disposition anvertrauten und zugleich in den Gehorsam eingebundenen – Kulturauftrag Gottes an den Menschen [12]. In den Erfindersagen des Alten Testamentes über die Kreativität der Nachkommen Kains in handwerklichen und landwirtschaftlichen Tätigkeiten wird die Arbeit als eine zum Wohl des Menschen gottgewollte Kraft dargestellt. Der Wille Gottes, daß der Mensch arbeiten muß, um leben zu können, gehört zur Kernverkündigung, so anläßlich der Berichte über Schöpfung, Sündenfall, Sintflut, Sinai-Gebot und durch die Propheten, wieder aufgenommen im Neuen Testament. Der Ordnungsauftrag Gottes an den Menschen – und zwar an den paradiesischen, noch im Gehorsam verharrenden –, den von Gott aus dem Chaos gestalteten Garten Eden zu bebauen und zu bewahren, kann auch als Auftrag zur „technischen" Fortbildung verstanden werden: eine gewaltige Ermächtigung des Menschen zur freien Gestaltung des irdischen Kosmos. Sie behält aber Auftragscharakter mit Anstrengung und Mühsal, zumal nach dem Sündenfall, seit dem zwar nicht die Arbeit als solche, aber der Acker, das Arbeitsfeld mit Fluch beladen ist. Indes, nicht erst die Ungehorsams-Situation nach der Vertreibung aus dem Paradies macht alles menschliche Tun zum Dienst; der Mensch, dem die Ordnung der Welt unterstellt wurde, bleibt selbst Gott unterstellt. Wenn die zehn Gebote kein sonderliches Arbeitsgebot, hingegen ein Ruhe-Gebot analog zum Ausruhen Gottes beim Schöpfungsakt enthalten – „die erste Sozialmaßnahme der Geschichte" –, so erscheint nach biblischem Verständnis der Sinn des Arbeitens eingebunden in das menschliche Gesamtverhalten gegenüber Gott. Die Schriften der Väterzeit und die mittelalterliche Scholastik haben auf Grund der Bibel unter Einbeziehung der antiken Philosophie eine Arbeitsethik ausgestaltet, welche die Sinnhaftigkeit menschlicher Handarbeit aus der Mitwirkung des Menschen an der Entfaltung des göttlichen Schöpfungswerks ableitet [13]; darin liegt das Göttliche im Menschen, so formulierten es mittelalterliche Theologen. „Durch die Geschicklichkeit seiner Hände zog der Mensch Wege sogar übers Meer, so daß es den Landbewohnern zugänglich wurde. Nur dem Menschen gab der Schöpfer Hände, Werkzeuge des Geistes", so heißt es in dem berühmten „Hymnus auf die Hände" des Theodoret von Cyrus (5. Jahrhundert) [14]. Aber auch dessen Mahnung blieb durch Jahrhunderte bewußt: „Erhebe dich nicht ob deines alles umgreifenden technischen Geistes (technon sophia)." [II-3.2]

Zur Begriffsgeschichte technischer Tätigkeit

In religionsgeschichtlicher Perspektive der alten Welt ist also die Lebensordnung des Menschen geprägt durch die ihm überantworteten Künste und durch deren pflichtgemäße Anwendung in der Arbeit. Zum Verständnis für die historische gesellschaftliche Stellung und das Wesen dessen, was wir heute mit „technischer Bildung" umschreiben, bedarf es zunächst einer begriffsgeschichtlichen Besinnung. Mit dem gemeingermanischen Begriff „Arbeit" [15], lateinisch „labor", verbanden alle alten Kultursprachen körperliche Tätigkeit mit Betonung der Mühe, Plackerei. Im hebräischen Terminus des Alten Testamentes genauso wie im griechischen des Neuen Testamentes steckte auch die Bedeutung von Knecht-Sein, Dienen. Das französische Wort „travaille" ist eine Ableitung von „triballium", Jochbalken. Schon diese Begrifflichkeit vermittelt ein Stück Weltanschauung, gewachsen aus sozialen und wirtschaftlichen Bedingungen, welche die Handarbeit gegenüber höheren Tätigkeiten absonderten. Im hohen Mittelalter, als die Entstehung eines gelehrten Berufsstandes an den Universitäten die Frage aktualisierte, ob der Lehrer – trotz des Grundsatzes, Wissenschaft ist Gabe Gottes und darf daher nicht verkauft werden – Lohn empfangen dürfe gemäß dem Bibelwort „Der Arbeiter ist seiner Nahrung wert", übertrug die scholastische Diskussion den Arbeits-Begriff auch auf geistige Tätigkeit, denn „pro labore", für seine Mühen, könne der Wissenschaftler Geld annehmen [16]. Diese Deutung blieb indes vorerst intellektuell isoliert – generell spricht man erst seit dem 19. Jahrhundert von „wissenschaftlicher Arbeit".

Die bedeutungsverwandten historischen Begriffe „Technik" und „Kunst" [17] weisen in andere semantische Bereiche als „Arbeit". Das Wort Kunst - Entsprechung zu lateinisch ars - bewahrte bis in die Neuzeit herein das Bedeutungsspektrum von Können, Geschicklichkeit, Wissen und Weisheit, ebenso wie sowohl der Handwerker als auch der Gelehrte als „Künstler" galt. Kunst bedeutete darstellende wie herstellende Tätigkeit; sie konnte „Wasserkunst" im Sinne künstlerischer Gartenanlagen wie aber auch das technische Leitungssystem meinen. Bis heute klingt ja der Doppelsinn nach in Wortkombinationen wie „Kochkunst", „Fahrkunst". [I-1.2; VII]

Die Komplexität des Sinnfeldes entsprach der griechisch-römischen Konzeption von „techne" und „ars". Bei den Griechen bedeutete techne mehr als der moderne Terminus „Technik": Inbegriff für menschliche Hervorbringung im Unterschied zum „natürlichen" Werden der Dinge, für formschaffendes Wirken aller Art, namentlich im Gegenständlichen, aber zugleich Kenntnis einbeziehend, der „episteme" verwandt. Die nach Aischylos von Prometheus dem Menschen vermittelten Künste – „von mir, Prometheus, kommt den Menschen alle Kunst" – beinhalteten gleichermaßen körperliche wie geistige Kapazitäten, mit denen der Mensch die Natur beherrscht. Indes setzte die griechische Philosophie den techne-Begriff bereits ab gegenüber dem der episteme und prägte das theoretische Verständnis von Technik/Kunst in zwei Richtungen [18].

Die platonische Ideenlehre, deren System als Wertmaßstab aller Erscheinungsformen das Maß der Übereinstimmung mit den Ideen setzte, erkannte der Mimesis, der Nachahmung, damit den darstellenden Künsten nur geringen Wert zu; denn entweder schaffe der Künstler gewissenhafte Abbilder der sinnlich wahrnehmbaren Wirklichkeit und begnüge sich so mit nutzloser Verdoppelung des ohnehin nur noch schwachen Abglanzes der Ideenwelt, oder er erzeuge unzuverlässige Scheinbilder, die den Wahrheitsgehalt hinter der Erscheinungswelt zurückstellen und somit uns irreleiten. Platon exemplifiziert dies an handwerklichen Tätigkeiten: Gegenstände wie Tisch und Bett werden vom Handwerker hergestellt (nicht erfunden, weil die Ideen dafür a priori existent sind). Aber er schafft im phänomenalen Bereich Neues, während der Maler die Dinge nur nachbildend darstellen kann, also von der Ideenwelt weiter entfernt ist als der Tischler. Auch der unter anderem über Augustinus ans Mittelalter tradierte Neuplatonismus beließ den mimetike techne einen negativen Aspekt wegen der Distanz ihrer Produkte zum Urbild. Hingegen überwand Aristoteles den antithetischen Dualismus zwischen Ideen- und Erscheinungswelt durch seine Unterscheidung von Allgemeinbegriff und Einzelvorstellung, von Form und Materie. In aristotelischer Sicht besteht techne darin, einerseits zu vollenden, was die Natur – natura naturans als quasi autotechnisches Prinzip – nicht zu Ende zu bringen vermag, andererseits das Naturgegebene – natura naturata, die Gestalt – nachzuahmen. Die Kunst springt gewissermaßen für die Natur ein: wer ein Haus baut, so argumentiert Aristoteles, tut das, was die Natur tun würde, wenn sie die Häuser wachsen ließe. So wiederhole sich die Struktur der Natur in der Kunst/Technik, die als Hervorgebrachtes vom theoretischen Wissen abgehoben ist.

Aus dem Erbe antiker Philosophie resultierten also zwei Konzeptionen über Kunst/Technik; einerseits die Vorstellung, daß das Kunstwerk weniger sei als die Natur, weil es höchstens – bis zur Täuschung – nachbildet; und die andere Vorstellung, daß es mehr sei als die Natur, weil es ihr ein geschaffenes Bild gegenüberstellt, dabei die Mängel ausgleichend. Im Mittelalter wurde die aristotelische Auffassung vorherrschend, zusammengefaßt in der Formel „ars imitatur naturam".

Bis in die frühe Neuzeit herein firmierte für handwerkliche Technik der Terminus „mechanica"[19], der isoliert oder in Verbindung mit „techne" bzw. „artes" zwar einen eigenen Bereich von Kenntnissen erfordernden, jedoch praktisch ausgerichteten Disziplinen bezeichnete. Die griechische „mechané" bedeutete ursprünglich List, Mittel, auch Vorrichtung, um große Lasten zu heben oder Wasser zu schöpfen oder Automaten zu bauen, z. B. für Kriegszwecke, für das Theater. Zwar wurde der die Mechanik theoretisch fundierende aristotelische Traktat „Mechanica" dem Abendland erst im späten Mittelalter wieder bekannt[20], doch Spuren der Bewegungslehre waren virulent geblieben. Aristoteles definierte die Mechanik als die Kunst, sozusagen die Natur zu überlisten. Er unterscheidet zwischen „motus naturalis" und „motus violentus"; letztere, die künstlich erzeugte Bewegung ist der Mechanik zuzuordnen, die ihrerseits eine Art von angewandter Mathematik und Physik sei, dem Rang nach jedoch unter den reinen Wissenschaften stehe. Als „Erfinder" galten die Autoritäten Thales, Archimedes und Heron von Alexandrien. Die nach Theorie und Praxis hochentwickelte Maschinenkunde der Alexandriner wurde allerdings in den folgenden Epochen teils wieder verschüttet. Manche Kenntnisse hellenistischer Maschinenkunde tradierte der römische Festungsbaumeister Vitruv (1. Jahrhundert v. Chr.) in seinem Augustus gewidmeten Kompendium „De architectura"; im 10. Buch beschreibt er die mechanischen Hilfsmittel (Maschinen) für das Bauwesen, ohne jedoch „artes mechanicae" als Lehrfächer zu erwähnen[21]. Die von Vitruv postulierte umfassende Ausbildung des Baumeisters basiert vielmehr auf dem Lehrsystem der „artes liberales". Es entsprach der Kulturhaltung der Römer, daß der techne-Begriff und die darunter zusammengefaßten nicht-mechanischen Lehrdisziplinen breit rezipiert wurden. Im Rahmen jenes Bildungsideals, das im homo politicus, im rhetorisch geschulten allseits gebildeten Staatsmann gipfelte, verselbständigte die spätrömische Schulwelt aus den für die griechische Weisheitslehre propädeutischen techne/artes einen Kreis von Fächern: als „enkyklios paideia" oder „orbis doctrinae" boten sie die Grundlagen der eines freien Mannes würdigen Allgemeinbildung. In dieser Weise verstand man seit den Generationen eines Seneca, Cicero und Quintilian die „artes liberales"[22]. Der letzte bedeutende Repräsentant antiker, noch nicht verchristlichter Bildung, Martianus Capella (5. Jahrhundert), überlieferte mit seinem allegorischen Werk über die Vermählung Merkurs mit der Philologie[23] dem Mittelalter einen Kanon von sieben freien Künsten,

Mittelalterliche Schiffswerft: Der Teppich von Bayeux (Ende 11. Jh.) mit Szenen zur englisch-normannischen Geschichte von 1047 bis zum Sieg Wilhelms d. Eroberers bei Hastings 1066 ist ein Kunstwerk der Sticktechnik von 70 Metern Länge. Außer dem Bau der Flotte in der Abbildung gibt die Szenenfolge mit 623 Personen, 762 Tieren, 37 Gebäuden, 41 Schiffen Einblick in die Technik von Kriegs- umd Bauwesen, in die Landwirtschaft und Reiterei jener Zeit.

die für mehr als ein Jahrtausend die Basis alles niederen und höheren Unterrichts ausmachten. Sie deckten nun aber gerade nicht das ab, was wir heute unter technischer Bildung verstehen. Diese manifestierten sich vielmehr seit der Karolingerzeit (8./9. Jahrhundert) in einer anderen, theoretisch als Zyklus zusammengefaßten Reihe von praktischen Disziplinen: den nun wieder so benannten artes mechanicae (mechanike techne). [I-1.1; III-3.2; III-4.2]

Der große Mittler zwischen Antike und Mittelalter, Isidor von Sevilla (6. Jahrhundert), definierte mechanica[24]: „est quaedam peritia vel doctrina, ad quam subtiliter fabricas omnium rerum concurrere dicunt", sie beruhe sowohl auf Erfahrung als auch auf Lehre, sei also handwerkliches wie rationales Prinzip zur Fabrikation von Sachen. Seitdem dominierte die Auffassung: Mechanik ist Fabrikation. Man verstand darunter im besonderen Erfahrung im Kunsthandwerk mit Metall, Holz, Steinen und anderen Stoffen, aber auch Landarbeit. Die hellenistische Theorie der Mechanik blieb vorläufig in Vergessenheit.

Neben die reiche ikonographische Überlieferung der artes liberales treten seit dem 12. Jahrhundert Darstellungen der artes mechanicae, zuerst am Westportal der Kathedrale von Chartres, zu landwirtschaftlichen und textilen Tätigkeiten. Die Abbildung zeigt eine idealisierte Schmied-Figur in realistisch anmutender Werkstatt; sie gehört zum Reliefprogramm am Campanile des Domes von Florenz, das nicht nur Allegorien der Planeten, Tugenden, Sakramente enthält, sondern die freien Künste und die artes mechanicae unter Einschluß der bildenden Künste. Entworfen wurden die Reliefs von Giotto, ausgeführt vermutlich von Andrea Pisano um 1337/40.

Daß man sich in der Schulliteratur seit dem 9. Jahrhundert überhaupt wieder mit den artes mechanicae beschäftigte, verdankte man offenbar irischen Gelehrten, die noch Griechischkenntnisse bewahrten. Der für neuplatonische Allegorese einflußstarke gelehrte Übersetzer Johannes Skotus Eriugena (um 810–nach 877) deutete in einem Kommentar zu Martianus Capella[25] die Hochzeitsgeschenke der Brautleute Philologie und Merkur als artes liberales und artes mechanicae; letztere grenzte er gegen die freien Künste ab: während diese der Seele des Menschen innewohnen und um ihrer selbst willen betrieben werden, beruhen die mechanischen Künste nur auf Nachdenken, – man könnte diese Interpretation als „Erfindung" interpretieren, allerdings mit dem negativen Aspekt der platonischen Mimesis-Verachtung. [III-3.2; III-4.2]

Glossen der gleichen Zeit ventilieren die etymologische Herkunft des mit „mechanica" verwandt empfundenen Wortes „machina" von griechisch moichos = Ehebrecher, Unreiner, lateinisch „adulter". Auch dies trug bei zur Minderwertung der artes mechanicae als artes adulterinae, als unechte, illegitime Künste. Auf dem Hintergrund dieser Bedeutungsentfaltung verdichtete sich der alte griechische Sinngehalt von List in der Vorstellung von wundersamen, unnatürlichen, an Magie grenzenden, daher verbotenen Dingen, die in den „Wunderkammern" der Neuzeit, den Vorläufern der Museen[26], Asyl erhielten. Parallel zu solchem negativen Verständnis von mechanica und machina entfaltete sich die terminologische Ableitung „machinatio" im Sinne von Machenschaften, Kunstgriffen, wie sie auch in die politische Sprachwelt für Ränkespiel, Vorspiegelung falscher Tatsachen eindrang. Andererseits wiederbelebte sich im späten Mittelalter der aristotelische Gedanke von der Überlistung als Sieg der Kunst/Technik über die Natur, was erstmals Galilei ausdrücklich zurückwies, um physikalische Demonstrationen zur empirischen Überprüfung im Dienste des Fortschritts zu rechtfertigen.

Alles in allem: ins mittelalterliche Bildungsdenken traten die artes mechanicae mit mehrschichtigen alten, auch teils mißverstandenen Begriffstraditionen ein. Der Mangel an mathematischen Lehrbüchern trug dazu bei, die mechanischen Künste unter Verlust der theoretischen Dimension ausschließlich als manuelles, materiegebundenes und den leiblichen Bedürfnissen zugeordnetes Schaffen niederer Stände zu verstehen. Als Katalog festigte sich bis zum hohen Mittelalter die Siebenzahl: *lanificium* – Textilgewerbe, *armatura* – Handwerke wie bildende Künste, Waffenherstellung, Baugewerbe, *navigatio* – Handel zu Wasser und zu Lande, auch Erdkunde, *agricultura* – Landwirtschaft, Bergbau, Gartenbau, Haushalt, *venatio* – Jagd und Lebensmittelgewerbe aller Art, *medicina* – Heilkunde, *theatrica* – Ritterspiele und andere Hofkünste. Die deutsche Sprache fand dafür keinen passenden Sammelbegriff, sie nannte sie einfach „Eigen-Künste". Abgesehen von der schon frühmittelalterlichen Tradition kalendarischer Monats-Arbeitsbilder mit Landwirtschaftsszenen[27] sind erst im Spätmittelalter, als die Hand-

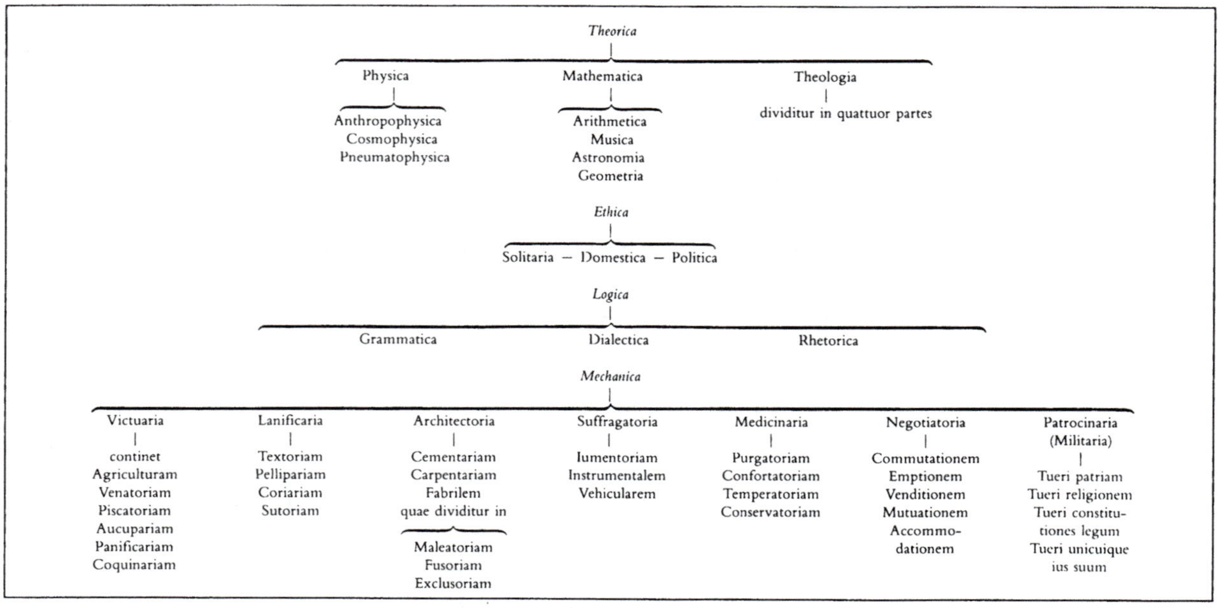

werke eine soziale Expansion und theoretische Aufwertung erlebten, die artes mechanicae häufiger in Bildprogramme von Malerei und Skulptur eingegangen, wie zum Beispiel im Reliefgeschoß am Campanile des Domes von Florenz [28].

In der Lehrbuchliteratur der frühen Neuzeit nahmen die Begriffe Technik/Kunst und Mechanik eigenständige Entwicklungen. Die artes mechanicae, deren Fächer-Spektrum durch Einfluß des arabischen Aristotelismus seit dem 13. Jahrhundert stark ausgeweitet und teils wieder als Anwendungsbereich von Mathematik und Physik verstanden wurde, galten zwar generell noch als Tätigkeiten, die den Menschen nicht gebildet und weise machen können, – „neque hominem vere literatum et doctum reddunt" – wie es der profilierte Gelehrte J. H. Alsted (1588–1638) formuliert [29]. Er behandelt jedoch in seiner „Enzyclopaedia" – die übrigens dieses neugriechische Kunstwort in die Gelehrtensprache einführte – die „Mechanologia" als mathematische Grunddisziplin, deren Fächer als „artes de ratione confisciendi" eine rationale und auch wissenschaftsgeschichtliche („Mechanographia") Dimension aufweisen, wie zum Beispiel „Typographica", Druckkunst, „Automatopoetica", Erfindung von Automaten wie des perpetuum mobile, und so weiter.

Gleichzeitig verbreitete sich der Begriff „Technologia" zur Bezeichnung von Methodenlehre, Verfahrensweise zur Klassifizierung von

In der scholastischen Literatur gewinnen seit dem 12. Jahrhundert enzyklopädische Beschreibungen der Glaubenslehre und der Wissenschaften wachsende Bedeutung. Der Theologe Radulfus Ardens († um 1200) stellt seinem „Speculum universale" eine Klassifizierung der Wissenschaften voran, die in der vatikanischen Handschrift graphisch gestaltet ist als Baum, dessen Verzweigungen die Gliederung der Disziplinen angeben. Die oben schematisierte Tabelle zeigt den Ort der artes liberales im Wissenschaftssystem: das Quadrivium zur Mathematik gehörig, das Trivium unter der Logik = Kunst des Redens und Denkens. Ähnlich wie bei Hugo von St. Viktor erscheint das aristotelische System erweitert um die Mechanik. Radulfs Schema der artes mechanicae weicht von dem Hugos ab durch die Nomenklatur und noch stärkere

Differenzierung. Die Lebensmittelgewerbe (victuaria) bestehen aus: Ackerbau, Jagd, Fischerei, Vogelfang, Bäckerei, Kochkunst; das Woll- bzw. Bekleidungsgewerbe (lanificaria) aus: Weberei, Kürschnerei, Gerberei, Schusterhandwerk; das Bauwesen (architectoria) aus: Steinmetzarbeiten, Zimmerei, Schmiedehandwerk mit wiederum mehreren Sparten; das Transportwesen bzw. die Lasten-Erleichterung (suffragatoria) aus: Arbeit mit Zugtieren, mit Apparaten, mit Fuhrwerken; ebenso sind Heilkunst (medicinaria), Handel (negotiatoria) und Militärwesen (militaria) spezifiziert. Solche Beschreibungen der Wissens- und Handlungsbereiche sind Ausdruck für das methodische Fortschreiten der Wissenschaftstheorie.

Wissenschaften, etwa mit Tabellen: „praecipit de habitudine ac serie disciplinarum". J. H. Zedlers Universal-Lexicon [30] (Mitte 18. Jahrhundert) erklärte Technologia als „Lehre von den Kunst-Wörtern", wobei der „terminus technicus" „eine Sache nach ihrem Wesen, Theilen, und Eigenschafften anzeige". Wenig später erhob der Göttinger Professor Johann Beckmann (1739–1811) [31] Technologie als Teil der Kameralwissenschaften zum Universitätsfach; er nennt sie Handwerkswissenschaft und versteht darunter insonderheit die Lehre von der Gewinnung und Verarbeitung von Roh- und Werkstoffen. So lieferten Begriff und Sache der Technologie im Zeitalter der westeuropäischen Physiokraten einen spezifisch deutschen Beitrag zur Modernisierung der Wirtschaftswissenschaften, eine „zukunftsträchtige Verknüpfung von Mensch, Wirtschaft, Technik und gesellschaftlicher Ordnung" [32]. Damals auch kam es zur begrifflichen Scheidung zwischen schönen und nützlichen Künsten, Kunst als dem Ästhetischen (Künstlerischen) und Technik als dem Künstlichen. Hatte sich zwar schon im Zeitalter der Renaissance die Idee des schöpferischen Künstlers Bahn gebrochen, so wurde doch erst im Zuge der Verselbständigung des Kunstverständnisses im 18. Jahrhundert die Wertung eines Kunstwerks als einer im „Original" individuellen einmaligen Leistung freigesetzt. [III-4.3; VII]

Die scholastische Wertung der mechanischen Künste im Mittelalter: Trennung von Theorie und Praxis

Darstellungen zur Wissenschaftsgeschichte neigen dazu, aus der für das Mittelalter typischen Scheidung zwischen philosophischer Theorie und technischer Praxis die Folgerung zu ziehen: zwar mögen damals Handwerker mit ihren Arbeiten das Antlitz der Welt verändert haben, aber in der Geschichte der Wissenschaftsprinzipien können sie übergangen werden, ohne daß man sie vermißt [33]. Der technische Fortschritt vollzog sich bis mindestens ins 15. Jahrhundert weitgehend im Gefolge von handwerklichen Erfindungen, die nur selten in Zusammenhang mit dem scholastischen Schulbetrieb standen, ja deren Urheber oft nicht bekannt geworden sind. Das soll nicht heißen, daß das Mittelalter keine für den Fortschritt naturwissenschaftlich-technischer Erkenntnisse bedeutsame Literatur hervorgebracht habe. Die Forschung hat gezeigt, daß es auch vor Kopernikus oder Galilei Autoren gegeben hat, die sich auf hohem Niveau zum Beispiel mit Problemen der Mechanik, mit Messungen und Beobachtungen von Bewegungen, Gewichten, Regenbogen und Lichtbrechung, Proportionen, Dynamik und Magnetismus befaßt haben [34], abgesehen von den traditionellen Domänen der Astronomie, Kosmographie und den in natur- und sachkundlichen Enzyklopädien beschriebenen Phänomenen der Erdkunde, Pflanzen- und Tierwelt. Namen wie Robert Grosseteste, Roger Bacon, Albert der Große, Jordan von Sachsen, Gerhard von Brüssel, Johannes Buridan, Nikolaus Oresme sprechen für sich. Jeder setzte einen Meilenstein auf dem Weg vom deduktiven zum induktiven Denken, was sich anfangs noch weniger in empirischer Praxis denn als schulmeisterliches Postulat artikulierte. Ihre Werke bewegen sich noch im Rahmen scholastischen Lehrbetriebs, d. h. der artes liberales; diese entwickelten sich fort durch Disputationen an den Universitäten, deren Entstehung und Blüte im 13./14. Jahrhundert zusammenhing mit der Rezeption des „neuen" bzw. schubweise des ganzen Aristoteles sowie anderer Autoritäten der Antike. Für die beeindruckende Übersetzungsleistung [35] seien nur exemplarisch zwei Namen genannt: Gerhard von Cremona (1114–1187) übertrug alleine wenigstens 70 Werke aus dem Arabischen, unter anderem Ptolemaios, von Aristoteles die Physik, Meteorologie, die zweite Analytik, außerdem Euklids Elemente sowie Schriften von Galen; Wilhelm von Moerbeke (um 1215 – um 1286) verdankt man ähnliche Übersetzungsleistung aus dem Griechischen, wie unter anderem der Werke des Archimedes nebst Kommentaren. Die „intellektuelle Revolution" oder „Renaissance", die durch die ungeheuere Stoffzufuhr ausgelöst wurde und das Zeitalter der philosophisch-theologischen Hochscholastik bestimmte, ist hier nicht Thema; einige Hinweise auf ihre Bedeutung für die schulische Erörterung technischer Probleme und für die Wiederannäherung zwischen Naturwissenschaft und mechanischer Praxis müssen genügen. Mit Rezeption der griechischen Mathematik und Physik erwachte in den Köpfen mancher Theoretiker nicht nur eine wahre Euphorie philosophischer Spekulation, sondern auch der Drang zum Experiment. Signifikantes Beispiel ist Roger Bacon (1214–1294), Schüler von Grosseteste; er versuchte die Konstruktion optischer Instrumente. Dennoch resultierte sein Ruhm weniger aus Erfindungen, vielmehr aus seinen zeitkritischen Ansätzen für eine „sciencia experimentalis", für eine Synthese platonischer Lichtmetaphysik und aristotelischer Optik sowie aus seiner neuartigen Klassifizierung und Gewichtung der Wissenschaften, indem er der Mathematik unter dem Aspekt der Anwendung die Schlüsselstellung zuwies. Roger bewunderte unter anderem Pierre de Maricourt (Petrus Peregrinus), von dem sonst wenig bekannt ist, als „dominus experimentorum" [36]; denn was andere nur mit Mühe, nebelhaft wie Fledermäuse in der Dämmerung erblicken, sehe er wie am hellichten Tag; durch das

Experiment habe er sich – allerdings in der Stille – das Verständnis der natürlichen Gegebenheiten und die Kenntnis von allem, was im Himmel und auf Erden ist, angeeignet. In Maricourts 1269 während einer Belagerung in Süditalien geschriebenen Briefen über den Magnetismus, über die Verbesserung des Kompasses, äußerte er sich über das Verhältnis von handwerklicher Praxis und Naturwissenschaft: Man müsse fähig sein, sich seiner Hände zu bedienen, um mit diesem magnetischen Stein umzugehen; durch unablässiges Bemühen werde man fähig, Fehler zu berichtigen, was man „niemals durch Naturphilosophie und Mathematik allein vermöchte". Naturgemäß lagen im intensiven theoretischen Denken über Naturphänomene, bereichert durch Erfahrungserweiterungen im Zeitalter der Kreuzzüge, Wurzeln für science-fiction-Phantasien. Roger Bacon spekulierte [37] über schnelle Schiffe, die anstelle vieler Ruderer von einem Mann bewegt werden, über Automobile, Flug- und Tauchapparate. Indes, es dauerte noch Jahrhunderte, bis seine Forderung „sola experiencia certificat hic, et non argumentum" wissenschaftliche Realität wurde. Auch noch sein großer Namensvetter Francis Bacon (1561–1626) versuchte, ähnlich wie andere Vertreter der „scientific revolution" der frühen Neuzeit, in Methodenreflexion zur Überwindung des aristotelischen Systems vorzustoßen. Allerdings gelang das mit nachhaltigerer Wirkung durch Begründung der induktiven Methode, die sein Nova-Atlantis-Roman (gedruckt 1619) als szientifisches Denkmodell demonstrierte. Von Ernst Bloch als „erste technisch reflektierte Utopie" bezeichnet, die den Produktionskräften des besseren Lebens entscheidenden Rang einräumte, handelt es sich bei diesem popularistisch intendierten Werk indes weniger um eine soziale Technik-Utopie, eher um eine naturwissenschaftlich beseelte Vision, die „dem Spiel der experimentellen Möglichkeiten weiten Raum offen hält, aber gerade nicht der technisch konkreten Lösung und ihren Auswirkungen" [38]. Wie keiner zuvor hat Bacon kraft seiner theoretischen und sprachlichen Kunst der Macht des Wissens für die menschliche Naturbewältigung Ausdruck verliehen. Solche Beispiele der Naturphilosophie von Bacon bis Bacon sind Zeugnisse für die Suche der Theorie nach der Praxis, für Einbeziehung der instrumentalen Welt in die Reflexion und für positive Einstellung zum Experiment, sie belegen indes noch keine prinzipielle Anwendung der Erkenntnis auf ein Ziel im Sinne moderner Technik. Allenfalls lassen sich Ansätze für einen Instrumenten-Optimismus erkennen, wie Hans Blumenberg es im Hinblick auf Galilei formuliert [39]: der nach-kopernikanische Mensch ist in die perspektivische Unruhe des unendlichen Durchlaufens seiner Möglichkeiten gestürzt, „die durch die Technik eröffneten Möglichkeiten definieren die Richtung der theoretischen Anstrengung; das Instrumentarium bestimmt den Horizont der bedrängenden Probleme." [I-1.2; V-5]

Von solcher Haltung waren die mittelalterlichen Jahrhunderte noch weit entfernt. Das widerspricht nicht dem Sachverhalt, daß das Spiel mit der Mechanik oft mit hochfliegenden Wunschträumen von jeher Urtrieb des Einzelnen war. Experimente mit Flugapparaten reichen von der griechischen Mythologie bis zur modernen Flugtechnik, die sich heute an Orbit-Legenden ergötzt. Angefangen von Daidalos, dem schon Homer bekannten Ahnherrn der athenischen Handwerker, dessen sagenhafter Flucht-Flug mit seinem Sohn Ikaros dank künstlich gefertigter Flügel aus Federn, Fäden und Wachs auch die römische Literatur noch unterhielt, zieht sich die Sehnsucht des Menschen, es den Vögeln gleichzutun, durch die Weltkulturgeschichte. 1988 ließ ein griechischer Athlet, der mit eigener Muskelkaft (Tret-Pedalen) von Kreta nach Santorin (119 km) flog, sich als „neuer Daidalos" feiern [40]. Als erster christlicher Pilot gilt der angelsächsische Mönch Eilmar von Malmesbury (um 1000), dessen rund 600 Yards weiter Flug mit einer Bruchlandung endete, weil er vergessen hatte, den Flügeln den Schwanz hinzuzufügen. Ob Eilmar und ein arabischer Held, der sich vom Dach einer Moschee herab zu Tode gestürzt haben soll, vom legendären erfolgreichen Flugversuch im arabischen Cordoba um 875 gewußt hatten, bleibt Geheimnis. Herzog Karl der Kühne (1433–1477) habe, so die Überlieferung, die Klauen seiner himmelstürmenden Greifenvögel mit feuchten Schwämmen gekühlt nach dem Vorbild Alexanders des Großen, den die Sage mit Greifen zur Sonne aufsteigen ließ. Die Entwürfe von Flügeln und Luftkreiseln durch Leonardo da Vinci [41] beruhten zweifellos auf reiferer Ingenieurs-Erfahrung, aber es blieb bei Experimenten. Das Ringen um Flugmaschinen und Automobile zieht sich durch die Weltgeschichte: es signiert die technische Ur-Sehnsucht des Menschen und die jeweilige Situation technischer Bildung. [I-4.1; II-3.2; III-3.2; III-3.3]

Es erhebt sich die komplexe Frage nach den Ursachen für die Kluft zwischen theoretischer Forschung und praktischen Künsten, nach den Quellen von Impulsen für die dennoch beachtlichen technischen Leistungen im Mittelalter, solange diese noch nicht durch die Curricula der Schulen vermittelt wurden. Antworten darauf sind aus dem wissenschaftlichen Weltbild und aus der Sozialordnung zu erheben. Seit der „Renaissance des 12. Jahrhunderts" fanden die artes mechanicae erhöhte Aufmerksamkeit in den Schulen. Die Wissenschaftsklassifizierungen [42] in der theologisch-didaktischen Kompendienliteratur, vor allem in der neubelebten Gattung der „Einleitungsliteratur" – „De divisione philosophiae" – bemühten sich um Verortung aller bei den Autoritäten genannten Disziplinen im Wissenschafts-Ordo. Jetzt wurde auch die Stellung der mechanischen Künste diskutiert, ähnlich wie einst in der Patristik der Spätantike zum Zweck der Abgrenzung zwischen christlichen und heidnischen Denkformen. Dabei wurde der Wissenschaftscharakter der artes mechanicae aus mehreren Aspekten je nach Schultradition erörtert und teilweise der Siebener-Katalog unter dem Zwang neu bekannt gewordener Systeme spezifiziert. Dominicus Gundissalinus übernahm in der Mitte des 12. Jahrhunderts vom arabischen Gewährsmann al-Fārābī unter anderem eine „sciencia de ingeniis", welche die Methoden des Erdenkens und Erfindens lehrt, „docet modos excogitandi et adinveniendi", ein Grundbegriff der späteren Ingenieurskunst. Insgesamt aber behielten die mechanicae weiterhin den niedrigsten Rang [43]: als „adulterinae", auch als „vulgares" bezeichnet im Unterschied zu solchen Disziplinen, „quae pertinent ad civiles homines et honestos" – so Michael Scotus, – als „illiberales", weil sie Sache des unedlen Volkes seien – so Hugo von St. Viktor (1096–1141). [II-4.3]

Die Geringschätzung der artes mechanicae wurzelte einerseits im scholastischen Weltbild. Denn alles Systemdenken war wissenschaftshierarchisch orientiert, worin antike und christliche Weisheitslehre sich trafen. In der Frühzeit hatte Augustinus (354–430) mit seiner Hermeneutik „De doctrina christiana" [44] der christlichen Bildung programmatisch den Weg gewiesen, indem er das Studium heidnischer artes und ihre jeweilige Wertigkeit aus dem Nutzen für die Bibelexegese legitimierte, wobei er den meisten praktischen Künsten – auch aus neuplatonischer Sicht – nur untergeordnete Bedeutung zubilligte. Die mittelalterliche Scholastik war metaphysisch und eschatologisch ausgerichet, der Ort einer Disziplin bestimmte sich aus ihrem Bezug zum Quell und Ziel der Erkenntnis, zur göttlichen Weisheit. Aus dem christlichen Wissenschaftsbegriff ergab sich denn auch eine gewisse Aufwertung der artes mechanicae durch den Meister der neuplatonisch geprägten Pariser Viktoriner-Schule [45]. Hugo von St. Viktor fundierte die Notwendigkeit aller zeitlichen Aktivitäten aus ihrer heilspädagogischen Funktion beim „opus restaurationis", der Wiederherstellung der gestörten Schöpfungsordnung; auch wenn die Handwerke nicht direkt zur Wahrheitserkenntnis beitragen, so dienen sie als Heilmittel gegen körperliche Gebrechlichkeit. Im Studiensystem (ordo eruditionis) weist er ihnen den obersten Platz an, weil sie der vorausgehenden Logik bzw. des Lichts der Vernunft bedürfen. Das Verdienst Hugos war es, den mechanischen Künsten wieder einen Platz im Wissenschaftsdenken der Schulen angewiesen und sie erstmals beschrieben zu haben; auf ihm fußte Vinzenz von Beauvais (1184/94–1264)[46] mit seiner enzyklopädischen Darstellung dieser Künste. Zwar haben weder Hugo noch Vinzenz damit die Kluft zwischen Theorie und Praxis überwunden – das war auch nicht ihr Anliegen –, aber sie haben durch deren Behandlung in pädagogischen Lehrbüchern ihrer gewachsenen kulturellen Bedeutung Rechnung getragen, ohne sie dem begriffsgeschichtlichen Käfig und dem Schatten der zu den höheren Wissenschaften hinführenden artes liberales zu entrücken. Eine scheinbare Ausnahme machte die ars mechanica Medizin durch den Aufstieg zur Universitäts-Fakultät; doch blieb das praktische Métier der physici, Bader, Wundärzte, Steinschneider vorerst vom akademischen Raum ausgeschlossen. [II-3.2; II-4.5]

Antike Sozialordnung und mittelalterliche Welt: die Macht eines literarischen Topos

Die andere Wurzel der theoretischen Geringschätzung des Handwerks reicht zurück in die antike Wirtschafts- und Sozialordnung, aus der die soziale Qualifizierung des Gegensatzes von artes liberales und mechanicae herrührt, basierend auf der Ständelehre der griechischen Staatsphilosophie. Für unsere heutigen Perspektiven über Arbeit, Recht auf Arbeitsplätze und Freizeit mutet es befremdlich an, daß für antike Denker die Welt der arbeitenden Leute, der Handwerker und Ingenieure sowie deren volkswirtschaftliche Bedeutung kaum Gegenstand der Betrachtung waren, so sehr auch mechanische Kunststücke Eingang in Mythologie und Historiographie gefunden haben, wie zum Beispiel seit dem 3. Jahrhundert v. Chr. die Faszination über die Bautechnik der sieben Weltwunder[47]. Vor allem der Ackerbau gehörte zu den ursprünglich idealisierten Arbeiten; im Mythos Homers brüstete sich Odysseus, in Führung von Sense und Pflug es mit jedermann aufnehmen zu können, und sein Bett hat er eigenhändig gezimmert und verziert. Anders urteilte die Philosophie[48]. Platons Entwurf eines Musterstaates in der „Politeia" konzipierte eine strenge Scheidung der Stände: 1. Bauern, Handwerker, Händler, 2. Krieger und Wächter im weiteren Sinne, 3. Herrscher oder Wächter im eigentlichen Sinne, die zugleich die Weisen sind. Über die Erziehung der oberen Stände erfährt man einiges, über die der unteren nichts. Aristoteles widmet in seiner „Politik", die im späten Mittelalter von Fürstenspiegeln intensiv rezipiert wird, der Erziehung zu staatsbürgerlicher Tüchtigkeit detaillierte

Erörterungen, wobei er im Hinblick auf das Bildungsziel, nämlich reifes Unterscheidungs- und Urteilsvermögen des freien Mannes, die unedlen banausischen Tätigkeiten ablehnt; sie machen Körper und Seele oder den Intellekt der Freien zur Ausübung der Tugenden untauglich. Alle Handwerke sind banausisch, weil sie den Körper in schlechte Verfassung bringen. Jedoch neben sprachlicher und musischer Erziehung räumt Aristoteles dem Zeichnen einen würdigeren Platz ein, weil man es zur Kontrolle der Leistungen der Handwerker benötige. [III-3.2]

Die negative Grundhaltung gegen „unedle" Arbeiten hat sich trotz aller politischen Wandlungen auch in der römischen Literatur fortgesetzt[49]. Darin spiegelt sich die Wirtschaftsordnung der Sklavenhaltung. Abgesehen von landwirtschaftlichen Großbetrieben blieben die Handwerksstätten generell Einzelbetriebe, entwickelten sich nicht zu manufakturellen Fabriken. Die Forschung hat daraus teils überspitzt den Sachverhalt gefolgert, daß die nach-alexandrinische Antike nur geringen Anteil am technischen Fortschritt nahm. Bemerkenswert bleibt jedoch, daß der Kreis der sozial stigmatisierten Arbeitsbereiche sich in der Antike noch nicht auf alle diejenigen Erwerbszweige erstreckte, die dann im Mittelalter unter den artes mechanicae firmieren. Der Geschichtsschreiber Dionysios von Halikarnass (1. Jahrhundert v. Chr.) schildert in seinem Werk über die römischen Antiquitäten, daß Romulus, der sagenhafte Gründer Roms, jedem Bürger zwei Morgen Ackerland zu Eigen gab, aber die Handwerke und den Handel Fremden und Sklaven zuwies. „Und es blieben derartige Beschäftigungen sehr lange verachtet... Nur zwei Lebensweisen ließ Romulus den Freien übrig, den Ackerbau und die Kriegsführung. Denn er sah, daß die Menschen durch diese Lebensweisen Herr werden über ihre Begierden." Auch König Numa Pompilius, der gern als Gesetzgeber dem Kriegshelden Romulus gegenübergestellt wird, wollte gemäß Plutarchs Zeugnis das Volk an den Ackerbau gewöhnen, aber Handel und Gewerbe habe er durch eine Art Zunftzwang geregelt. Wie dem auch sei – Idealisierungen der nationalrömischen Urzeit trugen das ihre zu diesem Bild bei –, die Hochschätzung einer Reihe von praktischen Tätigkeiten wurde durch die römischen Schulautoren betont, nicht zuletzt im Streben nach Autarkisierung gegen den Sog hellenistischer Kultur. Wie ein roter Faden zieht sich durch die Lehrbuch- und Erziehungsliteratur des 2. und 1. Jahrhunderts v. Chr. die Hochpreisung von Landwirtschaft, Kriegskunst, Architektur und Medizin als vornehme, „liberale" Studiendisziplinen neben der für den Politiker nötigen Rhetorik mit Jurisprudenz[50]. Ciceros Schrift „De officiis" wiederholt zwar die traditionelle sozial-qualitative Abwertung der niedrigen Handwerke, jedoch zu den Tätigkeiten, die höhere Begabung voraussetzen und öffentlichen Nutzen bringen, zählt er Medizin, Architektur, und wie es heißt, „von allen Erwerbsarten ist keine des freien Mannes eher würdig als der Ackerbau". Es sei hier nur erinnert an die „Bucolica" und die „Georgia" Vergils, neben der „Aeneis" klassischer Ausdruck römischen Geschichtsstolzes – der Landbau wird geradezu zur Sinndeutung des Lebens. Aus der Landwirtschaft resultierten auch die ältesten Erfindungen, wie der eiserne Pflug, Geräte für Ent- und Bewässerungsanlagen, für Düngung usw.

Wenn im mittelalterlichen Bildungshorizont der Ackerbau in den Kreis der artes adulterinae abrutschte, spiegelt das wohl nur scheinbar die Wirklichkeit der sozialen Lage des schollenpflichtig und hörig gewordenen Bauern, eher den schulischen Schematismus, die artes mechanicae entsprechend der Siebenzahl der liberalen Künste zu definieren. Das hinderte nicht wichtigste technische Innovationen auf diesem Feld. Im übrigen ist es erstaunlich, mit welcher Pauschalisierung und Langzeitwirkung sich das antike Stigma sozialer Abwertung der „banausischen" Handarbeiten in der scholastischen Schriftwelt des Mittelalters verfestigt hat, sogar bis hinein in spätmittelalterliche bürgerliche Literatur. Aussagekräftige Belege bietet die Enzyklopädie über das Familien- und Gesellschaftsleben des Kulmer Stadtschreibers Konrad Bitschin[51] († nach 1464); das vierte Buch, eine Art pädagogisches Handbuch, wiederholt mit hausbackener Betulichkeit die herkömmlichen Ständelehren, daß die disciplinae liberales den Adelssöhnen und Mächtigen zustehen, weil sie zum Herrschen geboren sind, daß die Armen hingegen ihre Kinder in den mechanischen Künsten unterrichten, durch die sie sich ernähren. Denn „melius est enim pauperem ditari quam philosophari", dem Armen stehe es besser an sich zu bereichern, als zu philosophieren. Freilich, die soziale Wirklichkeit der Bildungssituation war längst eine andere geworden. Auch wenn die mittelalterliche Gesellschaft herrschaftsständisch strukturiert blieb – dies fand Niederschlag in der allegorisierenden Stände- und Predigt-Literatur über die Dreistufigkeit der Gesellschaft[52] nach Fürsten, Rittern und Volk, nach Betern, Kriegern und Bauern oder nach Lehrstand, Wehrstand, Nährstand –, so hatte sich die Standesbezogenheit von Bildung doch seit der Antike grundlegend geändert. Nicht mehr die politische Führungsschicht, der Adel, war seit dem frühen Mittelalter Exponent der schriftlichen Kultur, wie es die Generationen eines Seneca oder Cicero im Hinblick auf die „liberalitas" der artes vor Augen hatten, sondern die Kirche[53]. In den kirchlichen Institutionen, besonders den

Maximilians I. Erzählung vom „Weiß Kunig" ist Ausdruck der Kulturpropaganda des Habsburger Hofes; die 251 dazu überlieferten Illustrationen bezeugen die Beliebtheit der damals noch jungen Holzschnittkunst. Das Erziehungsprogramm für den Prinzen (Maximilian) umfaßt neben den artes liberales eine Vielzahl technischer Künste, u. a. Stein- und Zimmerwerk, Bergbau, Harnischmacherei usw. Die Abbildung, signiert von Hans Burgkmair, zeigt, „wie der Jung Weiß Kunig Malen lernet"; auf der Leinwand sieht man naturkundliche und handwerkliche Motive (Kanonenrohr).

Klöstern, waren es Adelige und der Nachwuchs aus anderen sozialen Gruppen, die dort die freien und mechanischen Künste pflegten. Andererseits gehörte eine Reihe der als artes illiberales oder als „inprobus labor" geltenden Fertigkeiten gewohnheitsmäßig zur adeligen Lebensform, wie Jagd, wie die vom Platonismus geschmähten darstellenden Künste (Dichtung und Zeichnen) und Spiel. Inzwischen reifte die städtisch-bürgerliche Welt des Spätmittelalters zur Trägerin der einst kirchlich monopolisierten literaten Bildung und zugleich zur Pionierin handwerklicher Technisierung des Lebens heran. So wenig wie Bitschin sich scheute, die überholten bildungsaristokratischen Formeln für seine bürgerliche Welt zu assimilieren, so wenig empfand es ein Kaiser

Maximilian I. als Prestigeminderung, wenn er aus politischen Ambitionen bürgerliche Handwerke und klerikale Domänen des Schreibens und Lesens in die Ritter-Renaissance integrierte. In seinem autobiographisch stilisierten Epos vom „Weißkunig“ [54] konzipierte er für den Regenten ein umfassendes Ausbildungsprogramm, in dem die banausischen mechanicae keinen geringeren Raum beanspruchten als Adelsexerzitien: Maximilian besaß eine eigene Drechselbank. Die Werkbänke dienten bald für Fürstensöhne als Erziehungsinstrument mit weitreichenden Implikationen; sie wurden zum Modell für die Beherrschung der Welt, für den absoluten Staat, der drechselnde Fürst zur Metapher für den Lenker der Staatsmaschine und ersten Diener des Staates [55]. [II-3.2]

Adlige und bürgerliche Impulse wirkten bald hinter der frühneuzeitlichen Realia-Bewegung, welche die sozial-theoretische Kluft zwischen freien und mechanischen Tätigkeiten überbrückte. Um dieselbe Zeit regte sich in der Ständespiegelliteratur auch Kritik an der Unbildung des Bauernstandes, etwa im Bauernspiegel des Werner Rolevinck († 1502) [56]. In den Utopien des 16. und 17. Jahrhunderts schließlich, zeitkritisch konzipierten Modellen totaler Sozialplanung aus dem Glauben an die Erziehbarkeit des Menschen, die sich vom humanistischen Bildungsideal des Thomas Morus (ca. 1478–1535) weiterbewegten zum perfektionistischen Wissensoptimismus der Tommaso Campanella (1568–1639) oder Francis Bacon, erfährt die Funktion der Handwerke eine grundsätzlich positive Wertung im Blick auf die Interdependenz aller Lebensbereiche. Es wird aber dabei auf die metaphysisch begründete Idee einer hierarchischen Gesellschaftsgliederung unter Leitung der Weisen, d.h. der in allen Zweigen Besten, nicht verzichtet. Campanella demonstriert in seiner „Civitas Solis“ das Zusammenwirken allen Wissens und Könnens durch ein Bildprogramm zur Veranschaulichung von Arbeitsmethoden, naturkundlichen Utensilien und Werkzeugen an den Mauern von Stadt und Tempel. Fortschrittlicher noch im technischen Weltbild erscheint die „Christianopolis“ des schwäbischen Pastors Johann Valentin Andreae (1586–1654) [57], Repräsentant des bürgerlichen Wohlstands- und Bildungstraumes. Genauso überzeugt von der weltverbessernden Wirkung des Wissens wie seine Schriftsteller-Kollegen, übertrifft er deren Entwürfe in der Reichhaltigkeit des für die Ausbildung vorgesehenen Anschauungsmaterials an Sammlungen, Apparaten, optischen Instrumenten, Experimenten. Seine Idealstadt erscheint als große Fabrik mit verschiedensten Manufakturen; der äußere Mauerring ist für die Herstellung von Rohstoffen reserviert. Völlig neuartig sei, so sagt Andreae, die Tatsache, daß „nos artifices prope omnes literatos esse", fast alle Handwerker Gebildete sind, erfahren namentlich in Mathematik und Physik. Hier wurde also die seit Kepler und Galilei aus wissenschaftlichen Ambitionen angebahnte Verbindung von Handwerk und Naturwissenschaft umgebogen zur Zukunftsvision mit dem Zweck technischer Produktion. Das waren freilich nicht so sehr Reflexe des Wunsches nach gesellschaftlich-sozialer Umwälzung, vielmehr der Mächtigkeit wissenschaftlich-literarischer Rezeption; Zeugnisse für die noch durchaus im hierarchischen Weltbild wurzelnde, aber ständeübergreifende, sozial mobilisierende faktische Expansion von Bildung, Erfahrung, Erfindungen, Innovationen auf vielen Gebieten. Die Verankerung des Weltbildes in der Metaphysik wird im Grunde erst seit dem 19. Jahrhundert durch die Dominanz der Technik verdrängt. [III-3.3]

Christliche Arbeitsethik und technischer Fortschritt im Abendland

Die mittelalterliche Universitäts-Scholastik betrieb Naturwissenschaften als Teil der Philosophie, nur selten im Zusammenhang mit Mechanik. Roger Bacon bekannte, daß er für seine Zwecke mehr nützliche Kenntnisse von einfachen Leuten erfahren habe, als durch seine berühmten Lehrer; eine Ausnahme bildete der von ihm hochgeschätzte Pierre de Maricourt. Wo und wie lernte der mittelalterliche Techniker sein Handwerk? Und woher bezogen die Metallarbeiter, Architekten, Waffenschmiede, Instrumentenbauer den Stimulus für ihr Schaffen? [II-3.2; II-4.5; III-3.2]

Wenn die antike Intelligentia gerne vergaß, daß Sokrates Steinmetz-Sohn war, wenn Archimedes gemäß Plutarch sich über den Bau von Maschinen geschämt und darum darüber nichts Schriftliches hinterlassen habe, so gehört es unbestreitbar zu den grundlegenden historischen Tatsachen, daß das Christentum der antiken Soziallehre eine neue Arbeitsethik entgegensetzte, die ihre Wertmaßstäbe nicht aus der realen Sozialordnung bezog.

Manche Historiker sehen einen direkten Zusammenhang zwischen christlicher Glaubenshaltung und der prinzipiellen Offenheit zum technischen Fortschritt in bezug auf Kulturanleihen wie auf kreativen Erfindergeist, was Europa seit dem Mittelalter von anderen Kontinenten, allerdings auch vom byzantinischen Kulturraum unterscheidet. Diese Beobachtung veranlaßte Lynn White zur These, Not ist nicht die Mutter der Erfindung, denn „a necessity becames historically operative only when it is felt to be a necessity" [58].

Von der Relevanz des biblischen Genesis-Berichts für die Einordnung allen Menschenwerks in die Heilsgeschichte war schon die Rede. Das neutestamentliche Christentum gab der Handarbeit darüberhinaus positive Orientierung [59]: die Definition als Gottesdienst überwölbte den puren Bedürfniszweck, die Dimensionen der Barmherzigkeit und der Funktion für die Gemeinschaft versittlichten die körperliche Arbeit, die Verkündigung der Gleichwertigkeit aller Menschen vor Gott bewirkte zudem einen ideellen Einbruch in das soziale System der Sklavenhalterwirtschaft. Die Apostel waren nicht freischaffende Intellektuelle, sondern Handwerker. Selbst der hochgebildete Paulus schämte sich als römischer Bürger nicht seines Zeltmacher-Berufs. Umso auffallender ist die Diskrepanz zwischen mittelalterlichem Byzanz und Abendland in bezug auf maschinelle Innovationen, wofür die Ursachen also nicht im christlichen Evangelium als solchem liegen können, sondern in dessen Interpretation. Im Gegensatz zum oströmischen Reich, dessen technische Rückständigkeit Kardinal Bessarion kurz vor dem Untergang im 15. Jahrhundert beklagte, wurde auf germanisch-romanischem Boden trotz der Verheerungen der Völkerwanderung, die das alte Rom samt seinen grandiosen Zeugen staatsbautechnischer Anlagen wie Aquädukten, Straßen, Theatern, Palast- und Tempelbauten in Trümmern hinterließ, innerhalb weniger Jahrhunderte dank der Entwicklung mechanischer Hilfsmittel eine neue materielle und wirtschaftliche Kultur von lebensumwälzender und auch landschaftsverändernder Wirksamkeit aufgebaut. Man darf durchaus von einer „industriellen Revolution" des Mittelalters sprechen [60]. Maschinelle Errungenschaften haben nicht nur Landwirtschaft, Verkehr, Kriegswesen, Bergbau, Textil- und Schmuck-Gewerbe laufend modernisiert; Erfindungen wie Kompaß, Brille, Uhr, Buchdruck haben die Welt von Beruf, Bildung und Privatleben in kaum zu überschätzender Weise beeinflußt. Nicht allein unreflektierte Erfahrung der Lebenserleichterung, sondern auch neue Denkmuster und Wertvorstellungen prägten die Wechselwirkung von praktischer Technik und geistiger Entwicklung. Man bedenke nur etwa, was die Verlängerung der produktiven Lebensphase des geistig und künstlerisch tätigen Menschen durch Herstellung der Brille bewirkte! Abbildungen seit dem späten 13. Jahrhundert verweisen zunächst in kultur-industrielle klösterliche Bereiche, so auch der Fund (1953) von Brillenteilen im Zisterzienserinnenkloster Wienhausen aus dem 14. Jahrhundert [61]. Man bedenke die tiefgreifende Umwälzung für Tagesablauf, öffentliches und privates Leben durch die Erfindung der mechanischen Uhr [62], durch Einführung gleichlanger Tag- und Nachtstunden von starrer Konstanz, einer von Menschen vereinbarten Zeit anstelle des astronomisch-kosmischen Zyklenrhythmus. Früher Beleg für das Erlebnis dieser Novität ist die „Göttliche Komödie"; vielleicht hatte Dante die 1307 installierte Uhr der Mailänder Kirche San Eustorgio vor Augen, als er die Harmonie und Koordination der Bewegungen des Reigens der Seligen im Paradiso im metaphorischen Vergleich zum Räder-Uhrwerk pries. Von organisierten Gemeinschaften wie Kirchen und Städten rasch ausstrahlend, eroberte die „horologische Revolution" (hora = Stunde, horologium = Zeitmesser) bald die Höfe; die Uhr wird zum Lernobjekt in Erziehungsinstruktionen, zum beliebten Attribut auf Fürstenportraits – zum Beispiel auf dem bekannten Richelieu-Bildnis von Philippe de Champaigne (1602–1674), – und Pünktlichkeit wird zur neuen höfischen Höflichkeit. [II-4.3; II-5.2]

Angesichts des technischen Fortschritts ist nun aber bemerkenswert, daß das Abendland im Unterschied zu Ostrom auch das kirchliche Leben konsequent dem Einsatz mechanischer Hilfsmittel öffnete. Das sei an einigen Beispielen illustriert. Während Byzanz festhielt an der frühchristlichen Verurteilung des Gebrauchs von Musikinstrumenten im Gottesdienst, zog im Abendland seit dem hohen Mittelalter die Orgel – vor der Uhr das komplizierteste Maschinenwerk – in das liturgische Geschehen ein. Eines der frühesten Beispiele ist das der Überlieferung nach im späten 10. Jahrhundert eingeweihte gigantische Orgelwerk mit 400 Pfeifen, betrieben von 27 Blasebälgen, in der Kathedrale von Winchester[63]. Das Handbuch des Mönches Theophilus[64] über klösterliches Kunsthandwerk (um 1100) schildert neben Goldschmiede- und sonstigen Arbeiten minutiös den Bau einer Orgel von der Beschaffung der Holz- und Metall-Materialien bis zur Fertigung. Aussagestarkes Exempel für die Innovationsfreude des Westens ist die Ausbreitung der Gewichts- und Räderuhr nicht nur an Kirchtürmen, sondern auch in den sakralen Räumen, was für östliche Religiosität den Gedanken an die Ewigkeit gestört hätte. Auch die realistische und vielfältige Motivwelt der Buchmalerei blieb solcherart der östlichen Sakralkunst fremd. Die Differenz christlicher Askese verdichtet sich in der Heiligenverehrung, die im Abendland unzählige Schutzpatrone der Handwerker zu den Altären erhob: war der griechische Heiligentyp generell kontemplativ, so weist der westliche voll in die Tugendwelt aktiver Werktätigkeit, wie ja insgesamt der Bilderkult im Abendland von sinnenbetonter Beziehung zum Himmel zeugt[65]. Daß die abendländische Frömmigkeit sich nicht scheute, mechanische Instrumentarien literarisch wie ikonographisch in direkte Beziehung zum Glaubensbereich zu setzen, zeigt zum Beispiel die Szene eines Utrechter

Psalters von ca. 830: König David und ein Heer der Gottlosen stehen sich gegenüber; in jedem Lager wird ein Schwert geschliffen – die Gotteskinder benutzen einen modernen rotierenden Mühlstein, die Übeltäter einen veralteten Wetzstein; technischer Fortschritt ist Gottes Wille, so darf man vielleicht den Künstler interpretieren [66]. Ein eindringliches Bild von der religiösen Funktion technischer Vorrichtungen gibt der Pariser Magister Alanus ab Insulis (zwischen 1125 und 1130 bis 1203). In seiner allegorischen Dichtung „Anticlaudianus" [67] beschreibt er die Reise der personifizierten Prudentia zu Gott in einem von den freien Künsten mit Mühe und Fleiß (labor, studium) gebauten und von den fünf Sinnen als Pferden gezogenen Wagen. Dabei betätigen sich die artes liberales gleichsam als Ingenieurinnen: die Grammatik drechselt die Deichsel, die Logik schmiedet die eiserne Achse, ein Rad fertigt die Arithmetik aus Marmor, ein anderes schmiedet die Musik, indem sie Erz zu Bronze verwandelt. [II-3.2]

Unabhängig von der scholastischen Trennung zwischen Theorie und Praxis integrierte der westliche Christ Handwerkertum und Erfindungen ebenso mühelos wie Studium und Wissenschaft in seine Frömmigkeit. Der lateinischen Religiosität war der Weltschöpfer als aedificator, Baumeister, ja als mechanicus eine vertraute Figur, wobei der Demiurg, Füger des Kosmos, aus der platonischen Tradition und der biblische Gottvater miteinander verschmolzen [68]. Exemplarisch sei nochmals Alanus zitiert; er bezeichnet Gott als „tamquam mundi elegans architectus, tanquam aureae fabricae faber aureus, ... artificiosus artifex, ... operarius opifex". Bonaventura (1217–1274), der heilige „doctor seraphicus", sah in der ewigen Zeugung und der Menschwerdung des Gottessohnes, der den Vater aufs vollkommenste erkennt und liebt, ein theologisches Leitbild für die „productio artificialium", für technisches Schöpfertum des Menschen; höchstes Ziel der mechanischen Künste sei es, daß der Mensch ähnlich wie Deus artifex ein Werk hervorbrächte, das ihm ähnlich wäre [69]. Man hatte keine Hemmungen, Gott als Werkmeister, der alles nach Maß, Zahl und Gewicht geordnet hat, mit den Utensilien Zirkel, Waage und Kompaß bildlich darzustellen, oder – schon im 14. Jahrhundert vor Heraufziehen der „Scientific Revolution", die in die mechanistische Philosophie einmündete – das Verhältnis zwischen Schöpfer und Schöpfung mit dem zwischen Uhrmacher und Uhr zu vergleichen; Konsequenzen für eine deterministische Weltinterpretation zogen daraus allerdings erst die Generationen nach René Descartes (1596–1650). Neben organologischen Metaphern für die funktionale Ordnung der Gesellschaft (Bienenstaat, Organismus) verbreiteten sich im Spätmittelalter zunehmend Maschinenvergleiche, vorgebildet in der antiken machina mundi-Idee und in der beliebten Schachbrett-Allegorie [70]. Um 1490 konzipierte der Braunschweiger Amtsvogt Hermann Bote seine konservativ-religiös orientierte didaktische Ständelehre am Organisationsmodell der Mühle, deren 10 Räder die Lebens- und Berufsstände vom Papst und Kaiser bis hinab zu Dieben, Dirnen, Betrügern symbolisieren [71].

Solche Vergleiche unter Rückgriff auf technische Apparaturen kämen „heutzutage etwa einem Dokumentarfilm über den Allmächtigen gleich, in dem Gott mit der Programmierung eines Computers beschäftigt wäre" [72]. Der unbekümmerte Umgang mit technischen Metaphern im ungebrochenen religiösen Lebens- und Weltverständnis des Mittelalters ist ein typisches Kriterium abendländischer Kulturoffenheit. So fragt man sich: wo lagen die Wurzeln für die protechnische Einstellung des christlichen Europa? [II-3.2; II-4.5]

Grundlagen der Offenheit für Kultur und Technik schuf schon die lateinische Väterzeit. Sie überwand relativ rasch den Rigorismus Tertullians (um 160–nach 220), der gegen die heidnischen Kulturgüter, unter anderem gegen die Nutzung der artes für Luxus und Frauenputz wetterte: „Gott hat an nichts Wohlgefallen, was er nicht selber hervorgebracht hat. Konnte er nicht auch purpurrote oder stahlblaue Schafe erschaffen? Wenn er es vermochte, er hat es eben nicht gewollt, was aber Gott nicht machen wollte, das darf man auch nicht machen" [73]. Diese dualistische Entgegensetzung von Natur und Kunst, die zur Verteufelung der Technik tendierte – in Vorahnung einer „Dämonie der Technik"? – fand im Westen kaum Nachfolge. Hier begründete das Christentum in Abkehr vom heidnischen Animismus ein neues Verhältnis zur Natur, das die Voraussetzung für deren rationalen Gebrauch bildete. Die Zivilisationsaufgeschlossenheit fand auch Ausdruck in der Bibel-Exegese [74]. Die Differenz östlicher und westlicher Haltung wird zum Beispiel deutlich in der Auslegung des Maria-Martha-Gleichnisses: während die griechische Tradition Christi Antwort als Höherwertung des kontemplativen Lebens über das aktive deutete, verstanden Ambrosius und Augustinus die Parabel nicht im Hinblick auf eine Werthierarchie innerhalb irdischer Existenz, sondern als zwei Stufen des vollkommenen Lebens; „quod agebat Martha, ibi sumus, quod agebat Maria, hoc speramus", d. h. die aktiv tätige Martha symbolisierte die notwendige Lebenshaltung in Raum und Zeit, Maria hingegen, die sich passiv und zuhörend zu Füßen des Herrn setzte, die Hoffnung auf die Ewigkeit. Augustinus warnte auch vor einer Mißdeutung des Herrenwortes von den Vögeln des Himmels, die nicht säen und ernten, etwa zur Rechtfertigung von Arbeitsscheu und Trägheit. In einer

Schrift über die Arbeit der Mönche [75] (um 400) wandte er sich aktuell gegen die damals in Nordafrika grassierende Auffassung eines asozialen Mönchtums, das für Askese ohne Arbeitsleistung öffentlichen Unterhalt beanspruchte; er erkannte darin eine Gefahr für Kirche und Staat. Seine Neubewertung der Handarbeit setzte nicht mehr allein das Bedürfnis zum Maßstab; bei rechter Einstellung kann auch die Mühsal zur befriedigenden Tätigkeit, ja zum Trost werden. Ausschließlich körperliche Arbeit erscheint ihm allerdings ebenso schädlich wie einseitige geistige Anstrengung. [II-3.2]

Kirchliches Schulwesen und Pflege technischer Bildung

Für die Geschichte Europas in nahezu allen zivilisatorischen Bereichen war es von fundamentaler Bedeutung, daß das altchristliche Mönchtum im Abendland den Weg vom Eremitentum zum Coenobitentum, zur vita communis, und aus der Isolation der Wüste in die zivilisierte Umwelt hinein beschritten hat. Im lateinischen Westen nahm das Mönchtum von Anfang an aktiv an den Kulturaufgaben in Kirche und Staat teil; anders als im oströmischen Reich, wo eine gebildete Laienschicht weiterexistierte, wuchs neben dem Weltklerus, der kirchenrechtlich zur Verkündigung und somit zu einem gewissen Maß an Ausbildung verpflichtet war, auch das zunächst laikale Mönchtum zum Traditionsträger besonderer Art. Es entwickelte Formen regularer Spiritualität, die im Klosterwesen die soziale Polarität der Antike zwischen „niederer" Arbeit und „edler" Muße überwanden. [II-3.2]

Richtungweisend für die Eingliederung des Mönchtums in den Prozeß der geistigen und materiellen Kulturpflege wirkte Benedikt von Nursia [76] (ca. 480–547). Unter dem Leitmotiv „Müßiggang ist der Feind der Seele" schrieb er seine Regula, getragen von römisch-praktischem Sinn für Ordnung und Maß. Durch die Verbindung von geistlicher Meditation und Handarbeit bestimmte sie den monastischen Lebensrhythmus für die folgenden Jahrhunderte; über das Claustrum hinausstrahlend prägte sie zum Gutteil auch das allgemeine Menschenideal. Das Kloster sollte so angelegt sein, „daß alles, was man braucht, Wasser, Mühle, Garten und auch die verschiedenen Werkstätten sich innerhalb der Klostermauern befinden", damit die Mönche nicht umherschweifen müssen. Die Anwesenheit von „artes diversae" und „artifices" wurde für die Autarkie der Kommunität vorausgesetzt; lediglich schwere Feldarbeit war nur zur Not vorgesehen, wie die Regel überhaupt den Geist einer humanen Arbeitswelt atmet, in der die

Tätigkeiten nach individuellem Vermögen ohne Murren und Traurigkeit verrichtet werden sollen. Ergänzend gab der gelehrte Cassiodor (um 485–580)[77], Staatsmann im Ostgotenreich Theoderichs, in den „Institutiones" für seine Klostergründung Vivarium (um 555) den Mönchen Anweisungen für das Studium christlicher Autoren sowie für das Handschriften-Kopieren. Die Buchherstellung von der Pergament- und Schreibstoff-Zubereitung über das Schreiben und Illuminieren bis zum Binden, die handwerkliche und geistige Pflege der Überlieferung wurde künftig eine Hauptdomäne der Benediktinerklöster. In der nachantiken Welt, welche die Sklaverei überwand, erwuchsen die Monasterien zu Werkstatteinheiten von Schulen der artes liberales, Skriptorien sowie Lehrstätten nahezu aller Handwerkskünste, wie es Theophilus in seinem Werk „De diversis artibus" beschreibt. Die dort geschilderten Methoden und Werkzeuge für manuelles Metalltreiben blieben bis ins 18. Jahrhundert unverändert. Der in der Stiftsbibliothek von St. Gallen überlieferte Klosterplan[78] von ca. 820 für eine zweistöckige Abtei mit rund 100 Personen sah außer Skriptorium, Bibliothek und Schule mehrere Werkstätten für Sattler, Schildmacher, Gerber, Drechsler, Walker, Grob- und Goldschmiede, Holzmechaniker und andere Zweige neben landwirtschaftlichen Einrichtungen wie Mühle, Stallungen und Gärten vor; nach Perfektion der Ausführung wohl als Idealplan entworfen, vermittelt er ein plastisches Bild von Selbstverständnis und Bedarf des klösterlichen Kulturbetriebs. Mönche wurden im Mittelalter die ersten Pioniere technischer Domestizierung von Naturkräften – des Tieres, des bewegten Wassers, des Windes – als elementare Energiequellen. Ohne solche gezielte Fortentwicklung mechanischer Erleichterung der Körperarbeit hätten weder die Urbarmachung und Kolonisation Mitteleuropas noch die Meisterwerke auf architektonischem und künstlerischem Gebiet geleistet werden können. Im Zeichen des „monastischen Frühlings" seit dem 12. Jahrhundert trat vor allem der Zisterzienserorden mit seinem Institut von Laienbrüdern (fratres conversi) in vielfältigen industriellen Zweigen von Landwirtschaft und Gewerben führend hervor[79]. Die Zisterzienser förderten Mühlenwesen und Wasserbau, Viehzucht, Bauhandwerk, Bergbau, Eisentechnik, Salinenwesen, Tuchgewerbe und Gerberei, Glashüttenwesen, Brauerei, auch Wahrnehmung von Speditionsdiensten. Beispielsweise waren im 13./14. Jahrhundert an der Lüneburger Saline mit ihren 54 Siedehäusern, 216 Siedepfannen und rund 500 Beschäftigten an die 14 Klöster beteiligt, vermutlich auch am Ausbau der Wasserstraße von Lübeck über die Trave und den Möllner See zur Elbe mit mehreren Schleusen. Es gibt viele ähnliche Beispiele. In

Frankreich hat der Orden das Monopol im Verhüttungswesen bis zur Revolution gewahrt. Zisterzienser und Prämonstratenser trugen die technischen Verfahren in den europäischen Osten. Auch andere Orden beteiligten sich am technischen Fortschritt, so die Humiliaten namentlich in der Tuchherstellung und die Kartäuser im Eisenhüttenwesen. Ein wesentlicher Teil der Kirchenbaukunst, die vom weltlichen Adel wie von kirchlichen Instanzen als Bauherren und Mäzenen gefördert wurde, beruhte auf den in Klöstern angesammelten Erfahrungen, welche die Höchstleistungen des gotischen Kathedralbaues ermöglichten. Die unter Abt Hugo (1024–1109) vom Baumeister Ganzo, früherem Abt von Baume-les-Messieurs, begonnene und bis 1120 unter Regie des Lütticher Mönches Hezelo aufgeführte dritte Abteikirche von Cluny [80] war mit ihren Maßen von mehr als 187 Meter Länge damals die größte Kirche des Abendlandes, selbst die Krönungskathedrale in Reims übertreffend. Als Pfeilerbasilika mit offenen Strebebögen und mit Gewölben sowie mit ihrem anspruchsvollen Skulpturenprogramm an Apsis und Portal galt sie als aufregende Novität, als Zeugnis technischer Vollendung, aus dem sich Abt Suger (ca. 1080–1151) für den Neubau seiner Königs-Abtei St. Denis Anregungen holte [81]. Seinem autobiographischen Rechenschaftsbericht verdankt man die Rekonstruktion der Glasfenster nach den Zerstörungen der Revolution. Die damaligen heftigen Kontroversen zwischen Cluniazensern und Zisterziensern um die Form klösterlicher Spiritualität berührten prinzipiell auch Stil und Technik von Kirchenbau und -ausstattung: ein Paradebeispiel für die Korrelation von Lebensform, Bildung und Kunst/Technik. [II-3.2]

Die monastische Kunst-Technik stand in Wechselbeziehung mit den Bischofskirchen und Domschulen. Vielfach bildeten sich überregionale Lehr- und Lerntraditionen zum Erfahrungsaustausch. Man denke etwa an den Lehrer Kaiser Ottos III., Bischof Bernward von Hildesheim [82] (um 960–1022), der sich in mehreren Kunsthandwerken versuchte, ein Skriptorium betrieb, Malerei, Bildhauerei, Schmiede- und Schlosserkunst förderte; er befaßte sich mit Stein-Mosaikarbeiten, fügte nach eigener Erfindung (propria industria) Ziegelsteine zu einem Dach zusammen, schmiedete Goldkelche und betätigte sich als Bauherr. Die erhaltenen Schätze des Hildesheimer Domes, die Bronzetüren, die Bernwardsäule sowie die Abteikirche St. Michael bleiben beredte Zeugen der Bernwardschen Werkstätten. Sie sind Zeugen auch der Beziehungen zu anderen europäischen Kunstkreisen, deren Einflüsse der Bischof auf seinen Reisen assimiliert hatte. Laut seinem Biographen nahm er stets talentierte Schüler (ingeniosos pueros) mit, die Bemer-

Alle Handwerke verehrten heilige Patrone als ihre Begründer und Autoritäten. Der linke Außenflügel des Altars der Berner Annen-Bruderschaft der Maler, Goldschmiede, Münzer, Bildhauer, Glaser und Seidensticker (um 1415) zeigt den Hl. Eligius in einer Werkstatt als Meister mit zwei Gesellen. Fertige Arbeiten im Regal verweisen auf kommerzielle Herstellung. Der historische Eligius (um 590–660) war Bischof von Noyon und Münzmeister der Merowingerkönige. Kunsthandwerker hatten stets Prestige: Am Hof Alfreds d. Gr. in England (9. Jh.) war ihnen ein Drittel der Königseinkünfte zugewiesen.

kenswertes registrieren mußten. Über Hermann von der Reichenau (1013–1054) berichtet der Historiograph Berthold [83] in anrührender Weise von dem fast völlig Gelähmten, daß er astronomische Schriften verfaßte, Astrolabien, Musikinstrumente und andere Geräte konstruierte bzw. nach Anweisung fertigen ließ. War es Zufall, daß einer seiner Schüler sich als Architekt Ruhm erwarb? Für Benno II. von Osnabrück [84] (um 1020–1088), der selbst Lehrer in Speyer und Goslar sowie Vorsteher der durch Bernward berühmten Domschule von Hildesheim war, sind erstaunliche Kenntnisse in Landwirtschaft und Viehzucht, vor allem aber in der Steinbaukunst bezeugt; Kaiser Heinrich IV übertrug ihm die Leitung des sächsischen Burgenbaues. Benno vollendete „maximo ingenio" den Dombau von Speyer durch ein kompliziertes Verfahren zur Absicherung gegen den Rhein, damit er nicht unterspült würde. Diese leicht vermehrbaren Beispiele zeigen, daß sich in der Bautätigkeit, dem Inbegriff ingeniösen Schöpfertums, Handwerk und Wissenschaft stets begegneten. Bis hinein in die Epoche aufblühender Wirtschaft und Gewerbekultur der Städte seit dem 12./13. Jahrhundert vereinigten sich im Fortschritt abendländischer Technik sozusagen von der Wiege her gottesdienstlicher Fleiß, der Wille zur rationalen Nutzung der Naturkräfte und expressive Kunst, fromme Demut und naive wetteifernde Repräsentationsfreude. Diese Technik trug den Geist individueller Erfahrungsvermittlung in der Erziehungsgemeinschaft der vita communis, den Stempel der Werkstatteinheit von geistlicher Meditation, geistigem Studium und manuellem Schaffen.

Urbanisierung und Spezialisierung von Handwerk und technischer Bildung seit dem späteren Mittelalter

Hatten nach dem Ausgang der Antike kirchliche Institutionen die intellektuellen und handwerklichen Fähigkeiten planmäßig weiter entfaltet, deren sich die weltlichen Machthaber für Verkehrs-, Bauwesen und andere technische Sektoren bedienten, so blieb andererseits an der Landarbeit, die auf den Grundherrschaften zunächst von unfreien Knechten oder Hintersassen geleistet wurde, lange der Charakter sozialer Niedrigkeit haften. Seit dem 9. Jahrhundert vereinzelt, zunehmend seit dem 12. Jahrhundert treten uns in den Quellen aber auch freie Lohnarbeiter als vertraglich verpflichtete Arbeitnehmer aus verschiedenen Berufsgruppen entgegen. Die arbeitsrechtlichen Verhältnisse sind hier nicht zu behandeln. Man muß sich vor Augen halten, daß die scholastischen theoretischen Schemata der artes mechanicae die Wirklichkeit der sich differenzierenden Manufakturen, deren konjunkturabhängige Einkommensstaffelung und das reale Sozialgefälle kaum wiedergeben. Von jeher gab es natürlich erhebliche soziale Unterschiede auch innerhalb der Handwerksgroßbereiche. Schon die germanischen Volksrechte sahen für spezialisierte Handwerker – heute würde man sagen: gelernte Facharbeiter – ein höheres Wergeld vor als für gewöhnliche Feldarbeiter. Und stets genossen bestimmte Berufszweige wie Architektur oder Edel-Metallverarbeitung besonderes Ansehen. Der Müllerberuf zählte indes immer zu den verachteten Tätigkeiten, ja sogar zu den „unehrlichen" Gewerben [85]. Die Hochwertung der Schmiede-, insbesondere der Goldschmiedekunst, hing einerseits zusammen mit dem weitgestreuten und teils kostspieligen Bedarf – Hufeisen, Rüstungen, Glockenguß, Schmuck, liturgisches Gerät, – andererseits mit der seit dem 10. Jahrhundert fortschreitenden Aufdeckung von Silber-, Kupfer- und anderen Erzvorkommen. Das alte deutsche Reich errang eine Vormachtstellung in Bergbau und Metallindustrie; die deutschen Bergwerke wurden von Luther geradezu als „benedictio Dei" gepriesen, und die Berg-Fachsprache ist bis hinein in die heutige türkische Terminologie wesentlich deutschen Ursprungs [86]. [X]

Zwar ist technischer Fortschritt nicht generell durch den sozialen Status eines Handwerks bedingt, indes ist es historische Tatsache, daß Erfindungen eines gewissen Maßes an Freiheit und Muße für Phantasie, Entfaltung von individueller Begabung und Neugierde bedürfen; sie bedürfen einer Ausbildung, aber auch der „Bildung" in einem weiteren Sinne, wie sie in stabilen Gemeinschaften mit langzeitigen Erfahrungstraditionen gedeiht. Spitzenleistungen handwerklicher Technik und Expertentum erwuchsen zu keiner Zeit im Lebensraum von Lohnarbeitern oder Tagelöhnern. Daher wurde es für die technische Kultur Europas von einschneidender Bedeutung, daß sich mit Entstehung stadtrechtlicher Freiräume, mit dem Aufblühen von Wirtschaftszentren für Handel und Gewerbe seit dem 12. Jahrhundert im Gesamtbereich der Handarbeit tiefgreifende Wandlungen vollzogen. Für die Bevölkerungsexplosion – in der Zeit von 700 bis 1300 stieg die Einwohnerzahl von 27 auf mehr als 70 Millionen in Europa – fiel die auffallendste Wachstumsrate in die Zeit um 1200 [87]. Aus der Wechselwirkung zwischen Urbanisierung, Wirtschaftsankurbelung und Handwerk entstanden neuartige berufsständische Bedingungen für die Arbeitswelt [88]; das soziale und rechtliche Ordnungsgefüge geriet in Bewegung. Während in den Städten die einfachen Handwerke sich absonderten gegenüber der Oberschicht der Kaufleute, die zunächst das Stadtpatriziat repräsentierten, verstärkte sich das Prestige-Gefälle auch innerhalb der handwerklichen Welt. So sanken die Textilarbeiter in den flandrischen und italienischen Tuchmetropolen beim Übergang zu quasi großindustriellen Arbeits- und Unternehmerformen (Verlagswesen) in eine Art Proletariat ab, während zum Beispiel Baugewerbe und Bergbau mehr rechtliche Freiheit und sozial besseres Ansehen gewannen, allein schon wegen der Möglichkeit des Arbeitsplatzwechsels. Der Aufstieg zur Freiheit läßt sich exemplarisch am Bergbau demonstrieren: im frühen Mittelalter noch von hofrechtlich gebundenen Dorfbewohnern betrieben, trat er bald in Beziehung zur städtischen Lebens- und Verfassungsform. Es entstanden bei Silber- oder sonstigen Minenfunden Siedlungen, aus denen als erste „Bergstadt" [89] um 1200 Freiberg am „freien Berg" in Sachsen entstand: mit symbolträchtigem Namen ein berufsbezogener Rechts- und Gerichtskreis, gekennzeichnet durch die Einheit von Stadt- und Bergverfassung, von Bürger- und Bergfreiheit; die Bürger ließen sich die politische Bedeutung der Erzgewinnung vom Landes- bzw. Regalherrn mit dem Ausbau ihrer Autonomie bezahlen. Dieser von den Fernhandelsstädten abweichende Stadttyp expandierte in den schlesischen Bergstädten wie Goldberg, Löwenberg, im mährischen Iglau und anderen. Neben der ähnlich strukturierten Salinenstadt nahm sie gewisse Züge der modernen Industriestadt vorweg.

Abgesehen von solchen Sonderformen erfolgte allgemein ein enormer Aufschwung der städtischen Handwerke, die sich in Zünften zusammenschlossen [90] und mit der Qualitätskontrolle ihrer Erzeugnisse sowie mit der Abgrenzung gegen die „unehrlichen" Gewerbe ihren gesellschaftlichen Rang hoben. Gleichgültig, ob durch stadtherrliche Initiative oder aus spontanen Vereinigungen entstanden, führten die Zünfte für die städtische Handwerkskultur – für die artes mechanicae, wie sie noch hießen – eine ungeahnte Blütezeit herauf. Die Verfeinerung der Techniken machte in vielen Berufszweigen erstaunliche Fortschritte. Vor allem erfuhr die Ausbildung erstmals eine für die folgenden Jahrhunderte überterritorial gültigbleibende Regelung. Ähnlich wie in den Universitäten Lehrpläne, Prüfungsrecht, Lizenzserteilung und andere Korporationsrechte statuarisch fixiert wurden, regelten die Handwerker, die sich wie religiöse Bruderschaften formierten, in ihren vom Stadtrat gebilligten oder auch oktroyierten Zunftordnungen anfangs gewohnheitsrechtlich, seit dem 14. Jahrhundert durch schriftliche Kodifizierung ihre Belange. Hierzu gehörten Aufnahmebedingungen, Eignungskriterien für Lehrlinge und Vollmitglieder, Zunftämter und Brauchtum. Interessen bezüglich der Regulierung des Arbeitsmarktes verbanden Stadtobrigkeit und Zünfte; zeitweise führten indes politische Ziele der Zünfte in bezug auf die Teilnahme am Stadtregiment auch zu Verfassungskämpfen. Jenseits solcher Ambitionen verstanden sich die Handwerker-Verbände dem Wesen nach als Lebensgemeinschaften, begründet auf der ständischen Schutzidee von Ehrbarkeit, Disziplin und religiöser Sitte. Die Ehrencodices prägten das alte deutsche Handwerk bis weit über die Todesschwelle des 18. Jahrhunderts hinaus. Die Zünfte manifestierten also eine Bildungswelt eigener Art, die sich in den Prinzipien traditionsorientiert, in den Handlungsweisen zugleich konjunkturgerichtet entfaltete. [III-3.2; V-3.6.3]

Zu den Konstanten gehörte die seit dem 13. Jahrhundert in Stadtzünften ebenso wie in anderen Bruderschaften oder in Bauhütten bezeugte Dreistufigkeit der Ausbildung: Lehrzeit, nach dem Freispruch des Lehrlings eine Probezeit als Geselle, bei glückhafter Karriere Aufnahme als Meister in die Privilegszunft, wofür seit dem 14. Jahrhundert eine mehrjährige Wanderzeit sowie die Meisterprüfung übliche Vorbedingungen wurden. Jede Stufe war mit Auflagen und mit spezifischem Zeremoniell verbunden. Im Zuge der Tendenz zur „Schließung der Zünfte“ [91], die sich mit Phasenverschiebungen in fast allen Städten und in den meisten Zünften durchsetzte, wurden die Zahlen der Meister und die Betriebsgrößen begrenzt sowie die Zulassungsbedingungen verschärft, unter anderem durch Erfordernis des Bürgerrechts, der ehelichen Geburt, einer längeren Wanderzeit oder Extragebühren. Es ging um Abgrenzung gegen Pfuscher oder ehrlose Gewerbe – wie Müller, Schäfer, Bader, Leinweber oder Türmer –, aber auch um geburtsständische Hierarchisierung, analog zu den adeligen und patrizischen Verhaltensmustern. So führte der Weg zu Meisterschaften oft über Gesellenehen mit Meisters-Töchtern oder -Witwen.

Aus der Reaktion auf Zunftabschließungen, aber auch aus anderen Ursachen wie Schwankungen in Lohnverhältnissen, Inflation von Arbeitskräften oder durch Pest bedingte Wirtschaftskrisen mit Preissteigerungen ist es erklärlich, daß sich seit Mitte des 14. Jahrhunderts Gesellen in Gilden zusammenschlossen und teils Aufstände und Streiks organisierten, ausgehend von den „Massen-Handwerken“ der Weber und Tucher. Die Gesellenfrage [92] wuchs sich zu einem Politikum aus, von Stadträten, Landesherren und Reichsgewalt bekämpft. Sie wurde übrigens auch von der standeskritischen Literatur reflektiert. Exemplarisch sei der elsäßische Volksprediger Johann Geiler von Kaysersberg (1445–1510) erwähnt; ähnlich wie Sebastian Brant brandmarkte er in seinem „Narrenschiff“ [93] „jene handtwerks Narren“, welche Flausen im Kopf haben, „es seint vil die meister werden yn einer kunst, und seint noch nie recht leerknecht geseint“, er fordert: „was sie verderben von ihr unwissenheit, seindt sie schuldig zu bezalen. (...) Die also schnel meister werden, eh sie die Hand umkeren, so werden sie wiederumb zu knechten werden", so wie einer, der fliegen will, bevor ihm die Federn gewachsen sind, aus dem Nest fällt und sich lächerlich macht.

Um 1500 war es das übliche – obgleich von Stadt zu Stadt wechselnde – Strukturbild, daß die artes mechanicae einen beachtlichen Raum innerhalb des Bürgertums, wenngleich nur einen kleinen innerhalb der Gesamtbevölkerung ausfüllten. Für Nürnberg, dessen technische Schwerpunkte Metallverarbeitung und Textil-Leder-Gewerbe waren, nennt die Meisterliste von 1363 in 50 geschworenen Handwerken 1215 Meister, von denen 387 in 23 Metall-Gewerben tätig waren, gegenüber 528 Meistern aus 15 Textil-Berufen; das zeigt die hohe Spezialisierung im vorgenannten Zweig. Nimmt man eine Betriebsgröße von 4 Köpfen an, kommt man auf eine Zahl von 3645 Lehrlingen und Gesellen. In der Nürnberger Bürgerschaft waren fast ein Drittel Meister, in der Gesamtbevölkerungszahl machte das etwa 7% aus. Die Handwerker und im besonderen deren Meister stellten einen Gutteil des gehobenen Bürgertums unterhalb der kaufmännischen Patriziergruppe und einer schmalen Schicht von Gelehrten und Beamten. „In den nächsten Jahrhunderten aber wächst das ‚gebildete Bürgertum' heran. Dem strebsamen Handwerker erschließt sich die Möglichkeit, aufzusteigen durch Schulbesuch und Studium (an Lateinschulen und Universitäten, Verf.). Viele Funktionen, ... die er früher als Angehöriger der Zunft selbst übernommen hatte, überläßt er jetzt seinem jüngeren Bruder, der das Handwerk nicht erben kann und zum Subalternbeamten wird. Und in dieser Schicht der kleinen Beamten finden wir jene Bildungsstufe und jenen Bildungsdrang wieder, den im 16. Jahrhundert die Meistersinger repräsentierten. Hans Sachs im 18. Jahrhundert wäre sicherlich Pfarrer, nicht aber Schuster geworden. (...) Soziologisch gesehen beruht die Blütezeit des Handwerks im 15. und 16. Jahrhundert nicht unwesentlich auf dem Fehlen eines gebildeten Bürgerstandes"[94]. Technisches Können und Bürgerrecht waren damals noch eine Auszeichnung, die dann im Zeitalter der Aufklärung vornehmlich dem Akademiker zukommen wird, während das einfache Handwerkertum im spätabsolutistischen Staat und vollends im Zeichen der neuhumanistischen Bildungsbewegung wiederum der Alltäglichkeit verfällt.

Fragt man nach Art und Niveau der Bildung des Handwerkers, so ist davon auszugehen, daß die gebundene Freiheit der städtischen Welt in den Generationen der Albrecht Dürer, Veit Stoß oder Peter Henlein dem individuellen Gestaltungstrieb durchaus Raum gewährte. Für das Erlernen eines Handwerks hatten sich manche Elemente aus der klösterlichen Arbeitstradition fortgeerbt, so in der bruderschaftlichen Tugendkontrolle und insonderheit in der Hausgemeinschaft zwischen Meister und Schülern. Die Erziehung war eingebettet in die Geschlossenheit der Lebensweise von Wohnen und Arbeiten unter einem Dach. Eine Ausnahme machten solche Berufe, die das nicht dauerhaft erlaubten, wie das Baugewerbe. Man darf sich allerdings kein einseitiges Bild von einer Familienidylle unter dem Patriarchat des Meisters nach Vorstellung der Biedermeier-Zeit machen – von den Spannungen zwischen Meistern und Gesellen war schon die Rede. Grundsätzlich brachte erst die maschinentechnische Industrialisierung des 19. Jahrhunderts die Trennung von Produktionsstätte und Wohnstätte; erst jetzt wandelte sich die ältere Form häuslichen Lebens zu einer Zweiteilung in Berufs- und Familienleben, von der nur wenige „freie Berufe" sowie die Bauern ausgenommen blieben. Ein Merkmal des 19./20. Jahrhunderts ist ja der allmähliche Schwund der Großfamilie des „Oikos"; die Bedeutung des „ganzen Hauses" für ein Verständnis der alteuropäischen Lebensformen ist unbestreitbar. In der Regel war das technische Lernen außerdem durch die Ganzheit des Handwerks „von der Pike auf" geprägt, solange der Aufstieg von Handwerken und Zünften noch stärker von Differenzierung ihrer Zweige als von Aufgliederung der Arbeitsgänge getragen war. [V-3.6.3]

Als Gegenpol und Ergänzung zur hausgebundenen Lehrzeit entwikkelte sich das Gesellenwandern[95]; vom späten 14. bis zum 16. Jahrhundert erreichte es einen Höhepunkt, bevor die generelle Einführung der Wanderpflicht sowie Veränderungen im politischen und sozialen Gefüge der Städte wie der Gesellenbünde, vielleicht auch die konfessionellen Verhältnisse einen vorübergehenden Rückgang der Mobilität bewirkten. Die Bildungsreise des Handwerkers war anfangs offenbar eine spontane Erscheinung, verflochten mit dem Ruhm hochspezialisierter Meister in gewerblichen Metropolen – offensichtlich analog zur adligen Kavalierstour –, angetrieben vom Drang nach Erfahrungserweiterung und von einem Schuß Abenteuerlust. Diese steckte im Zeitalter der Entdeckungen viele Menschen und Stände an, wie es Niederschlag fand in den „Apodemiken"[96]. Je nach handwerksspezifischen Bedingungen unterschied sich der Wander-Radius. Nicht alle reisten so weit wie die Straßburger Kürschnergesellen, deren Wege bis nach Rußland führten. Auch andere Handwerker wanderten ins Ausland, z. B. gerne im Gefolge von Kaufleuten in den nördlichen Hanse-Raum oder nach Italien, wo der Fondaco dei Tedeschi in Venedig und das Vorhandensein anderer Gruppen wie von deutschen Studenten, Söldnern oder Pilgern die Information über Arbeitsplätze und Wissenwertes erleichterte.

Man denke nur an die deutschen Gilden der Ballenbinder in Venedig, der Bäcker in Rom, der Buchdrucker in verschiedenen Städten Italiens, der Goldschmiede in London, der Schuhmacher in den skandinavischen Ländern, so in der Hansestadt Bergen. Der Dynamik und Weiträumigkeit deutscher Gesellenwanderungen in der frühen Neuzeit entspricht keine ähnliche Erscheinung der Zuwanderung ausländischer Handwerker, wenn man absieht von hugenottischen Refugiés im konfessionellen Zeitalter, die unter anderem an den Universitäten und Ritterakademien die „Kavaliersfächer" für den Adel lehrten[97]. Mag das Wandern auch manche Auswüchse der Verwilderung oder Arbeitsscheu gezeitigt haben – der ewige Geselle ist ebenso wie der ewige Student eine vertraute Figur –, so verdankte so manches deutsche Handwerk dem Technologie-Transfer Spitzenleistungen, wie sie nicht allein den künstlerischen Bereich des 16. Jahrhunderts auszeichnen. [V-3.12; V-3.6.3]

Autobiographische Aufzeichnungen und Briefe aus der Handwerkswelt fließen vor der Memoirenliteratur der Goethe-Zeit nur spärlich. Sieht man ab von den Künstlergenerationen der italienischen Renaissance und ihren persönlichen Notizen zu Entwürfen oder in kunsttheoretischen Traktaten, sieht man vor allem ab von dem reichen Nachlaß Leonardos da Vinci, ragt die Autobiographie des Benvenuto Cellini (1500–1571) heraus[98]. Der Florentiner Goldschmied, Bildhauer und Stempelschneider in Diensten der Päpste und des französischen Königs, der mit naivem, unreflektiertem Selbstgefühl und subjektivem Urteil besonders seine Begegnungen mit großen Zeitgenossen schilderte, erlangte Popularität durch Goethes Übersetzung (1803). Nicht minder aufschlußreich ist die Chronik des sonst unbekannten Goldschmieds Wolfgang Vincentz[99] von Breslau aus den Jahren 1543 bis 1583. Der Überlieferung nach zwar undurchsichtig, gewährt sie singuläre Einblicke in Denkweise und Sozialstatus eines Meistersohnes auf dem langen Weg vom Lehrling zum Meister: Vom Vater, „der wohl ein rechter Stadtschreiber geworden wäre, wenn er nicht ein guter Goldschmied gewesen wäre", dessen Stolz es war, daß der jüngste Sohn zu Greifswald den lateinischen Magistertitel erwarb, haben die beiden Ältesten viel gelernt. In Bologna, Augsburg, Nürnberg, Frankfurt, Prag sucht Wolfgang seine Lehrer. Von jedem weiß er Eigenheiten zu berichten wie von jenem Meister „in goldenen und silbernen Gürteln", der ein scharfes Auge auf den Güldisch, den Goldstaub, hatte; „kam ein Geselle und frug um Arbeit, griff er seine Hand. Aber Gesellen mit einer feuchten Hand, die nahm er nicht, sagte vielmehr: Alles sauber halten hülfe da doch nichts, was ein Gesell mit feuchten Händen am

Goldstaube aus der Werkstatt trüge." Ein anderer wußte, wie Bruchgold nicht zu sehr angestrengt werde und kein Riß entstehe, aber er hütete sein Geheimnis der Schmelzarbeit. Vincentz beschreibt die Kunst, Prunkgeschirre zu fertigen wie jenes, „zween Schuh hoch bis zu dem Sträußel... auch anderes Laubwerk und Gehenk ist aus Gold gemacht. Es ist aber in dem Fuße dieses Pokals ein Ührlein künstlich gemacht, daß es die Stunden, auch halbe und viertel Stunden ganz vernehmlich erschallen läßt auf kleinen Glöcklein. Darüber ist ein Salzfaß, daß öffnet sich von den Seiten mit kleinen Türlein." Die Spieluhrenindustrie erlebte im 16. und 17. Jahrhundert eine Blüte. Oder er berichtet von Brabanter Adligen, die „bei Festen und Mahlzeiten oft ihre Dörfer, Schiffe und Mühlen am Hals und Händen (tragen)". Man erfährt, daß der Lehrling bei der Bewerbung ein Büchlein mit Zeichnungen vorweisen mußte; daß er bei einem belesenen Magister und bei Kunstliebhabern sich gerne über die Geschichte seines Handwerks Informationen holte und mit ihnen redete „über alte und neue Goldschmiedearbeit, über die griechischen und römischen Künste, Bilder und lustige Werke der Steinschneider und von den Geheimnissen des Lichts der Steine". Man darf annehmen, daß neben den technischen Methoden auch die tradierte Geschichte der eigenen Kunst zum nötigen Wissensschatz des gehobenen Handwerkers gehörte, wie sich ja auch in überlieferten Zunftsagen und Handwerkerliedern der Standesstolz auf das Alter der Kunst spiegelt. Das zeitgenössische Portrait des Nürnberger Goldschmieds und Ratsherrn Wenzel Jamnitzer (1508–1585) erweckt sicherlich nicht zufällig mit Attributen, wie zum Beispiel dem Büchlein, fast den Eindruck eines Wissenschaftlers. Daß die genannten Zeugnisse aus Goldschmiede-Kreisen kamen, erscheint bezeichnend; aus ihnen rekrutierten sich großenteils die Buchdrukker [100]. In der Regel aber standen sich Buchwelt und handwerkliche Technik dem Wesen nach polar gegenüber.

Das auf Grund der Reichshandwerksordnung erlassene königlich-preußische General-Privileg für das Tischler-Handwerk in Brandenburg von 1734 bestimmt [101], daß ein Knabe nicht eher als Lehrling angenommen werden darf, bis er lesen, schreiben und wenigstens die fünf Haupt-Stücke aus dem Catechismo kann, und bei der Lossprechung muß er einen Spruch aus der Bibel schreiben. Das waren Anforderungen, die höchstens die untere Stufe des Analphabetentums überwanden. Die Urspannung zwischen illiteratem technischem Können und literat-intellektueller Bildungshaltung hat wohl kaum ein anderer tiefgründiger zum Ausdruck gebracht, als Nikolaus von Kues (1401–1464) in seinen Dialog-Traktaten des „Idiota": „De sapientia",

Die aus Wien stammende, in Nürnberg angesiedelte Familie Jamnitzer respräsierte mit über 15 Namen führend die deutsche Goldschmiedekunst im 16./17. Jahrhundert. Wenzel J. (ca. 1508–1585), Eisengraber der städtischen Münze und Ratsherr, arbeitete u. a. für vier Habsburger Kaiser. Die großen europäischen Kunstsammlungen von Paris bis Moskau bewahren viele seiner Werke. Durch perspektivische Ornamentik sowie den neuen Naturabguß, Zeichnungsentwürfe, Erfindung von Präzisionsinstrumenten und Lehrschriften wirkte er stil- und schuleprägend. Das Portrait zeigt ihn mit Symbolen seiner Kunst und Bildung.

„De mente“ und „De staticis experimentis“ [102]. Er hat darin dem Handwerker – in einigen Ausgaben wird der Idiota auch mechanicus genannt – ein unübertroffenes Denkmal gesetzt. Der Idiota, Löffelschnitzer, tritt als analphabeter Laie, aber als durchaus selbstbewußter schöpferischer Handwerker dem Philosophen, Repräsentant scholastischer Theorie, und dem Orator, Vertreter des sprachversierten Humanismus, gegenüber; in den Gesprächen erweist er sich überlegen durch seine die Gelehrsamkeit übertreffende Weisheit, die er nicht aus den gelehrten Büchern bezog, sondern aus der Unmittelbarkeit von Erfahrungen jener Wirklichkeit, die „Gottes Bücher" sind.

Der Architekt als Mittler zwischen illiterater und wissenschaftlicher Kultur und die Entstehung einer technischen Fachprosa

Wie in der Antike, so entfalteten sich Architektur und Bauwesen auch in Mittelalter und Neuzeit in mehrfacher Hinsicht unter anderen Bedingungen als die sonstigen artes mechanicae. Zu allen Zeiten gab es Baubedürfnisse, die mit den Zivilisationsansprüchen, mit dem Wachstum von Handel und Verkehr und mit dem politischen Repräsentationswillen stiegen. Straßen, Brücken, Tempel oder Kirchen, Paläste, Festungswerke, Häuser mußten unentwegt gebaut oder repariert werden, wofür im mittelalterlichen Europa meist die lokalen bzw. territorialen Machthaber wie Grafen, Bischöfe, Äbte, Fürsten oder Städte die Obsorge hatten. Baupolitik war ein wesentliches Attribut von Hoheitsrechten, Bauwille ein Ausdruck von Autorität [103]. Die Herrschertopik schreibt seit der römischen Kaiserzeit den Mächtigen die Fähigkeit der Baukundigkeit zu, so daß diese oft mit dem Ehrentitel „magnus aedificator" oder „sapiens architectus" bedacht wurden, etwa im Sinne des Bibelwortes von Paulus, er habe wie ein weiser Baumeister die Fundamente gelegt. Die Metapher von Gott als Architekten verlieh dem Berufsfeld eine höhere Weihe. Es spiegelt andererseits noch im 18. Jahrhundert der Begriff der „Freimaurer" den legendären Ruf mittelalterlicher Maurer wieder, indem sich die aufgeklärten Geheimlogen die tradierten Vorstellungen von freien, weil nicht an den örtlichen Zunftzwang gebundenen Steinmetz-Bruderschaften und von ihren in den Bauhütten (Logen) gepflegten Symbolhandlungen zueigen machten. Das Bild vom mittelalterlichen Berufsarchitekten [104] ist umfassender als das des modernen, denn entsprechend der Zusammengehörigkeit von Bau und Skulptur in der Gotik war er meist gleichzeitig Handwerker und Künstler, Planer, Maurer und Bildhauer. Das seit dem gotischen Kathedralbau avancierte Bauhütten-Wesen entwickelte sich zur Organisationsmitte aller mit dem Bau befaßten Handwerkszweige, wie der Steinmetze, Ziegler, Zimmerleute, Schmiede, Tüncher, zeitweise auch der Transportleute. Die Hütte war Ausbildungszentrum für die Fachleute. Wenn bei größeren Bauvorhaben die Leitung geteilt war, lag beim Baumeister in der Regel die organisatorische Verantwor-

BauwOrdnung.

Von Burger

vnd Nachbarlichen Gebeuwen/in Stetten/Merckten/Flecken/Dörffern/vnd auff dem Land/ sampt derselbigen anhangenden Handtwercker kosten/ gebrauch vnd gerechtigkeit/in drey Theil verfaßt vnd zusammen gezogen/welches Innhalt nach der Vorred weiter auff das aller kürtzest zuvernemmen ist. Allen Oberkeiten vnd Vnderthanen nutz vnd dienstlich zu gebrauchen/ Vormals in Druck nie außgangen/ꝛc.

Durch

Leonhart Frönsperger.

Mit Röm. Key. Mayt. Freyheit/ in zehen jaren nicht nach zutrucken.

M. D. LXIIII.

Schon aus der Antike sind einzelne Bauvorschriften überliefert, aber erst im späteren Mittelalter vermehrten sich, angeregt durch die königliche Bauorganisation in den Normannenstaaten England und Süditalien, Versuche zu gesetzlichen Regelungen. Der Sachsenspiegel (13. Jh.) nennt Bestimmungen über Straßenbreite und Gebäudehöhe. In Oberitalien und Deutschland gingen Baurechts-Kodifizierungen zuerst von Städten aus, so auch die Bauordnung von Leonhard Fronsperger aus Stuttgart (verfaßt 1543); ihre Titelseite ähnelt den Bildtraditionen vom Turmbau zu Babel.

Diese Allegorie auf die Baukunst von Hans Freyberger (um 1620) zeigt in der Bildmitte Archimedes, den größten Lehrmeister der Statik. Er weist den Tyrannen von Syrakus auf einen einstürzenden Turm hin. Die Bildinschrift am linken Rand „Extra Linea" deutet an, daß es zu diesem Unglück durch einen Fehler „außerhalb des gezeichnten Plans", also durch eine falsche Berechnung gekommen ist. Als Sinnbild der richtigen Bauweise erscheint der gerade aufragende Turm in der Bildmitte. Die Rezeption der Arbeiten des Archimedes in der Renaissance trug entscheidend zur Entstehung neuzeitlicher Mathematik und Physik bei.

tung, beim Werkmeister als Fachexperten die praktische Durchführung; für beide begegnet uns der Begriff architectus als Inbegriff für planerisches und handwerkliches Können, was dem Beruf sein Ansehen verlieh. Bau- und Werkmeister, auch Brückenmeister [105], waren meist gut bezahlte Leute, erwarben vielfach Grundbesitz und Vermögen, begründeten Familientraditionen und gehörten seit dem Spätmittelalter, als die Städte sich fest besoldete Baumeister leisteten, oft zu den patrizischen Honoratioren. Ihr Ruhm wird darin greifbar, daß seit dem Bau-Boom des 11. Jahrhunderts eine Vielzahl von Meister-Namen wohl nicht nur zufällig überliefert sind und daß sich ihr Selbstverständnis teils in steinernen Signaturen oder Epitaphien verewigte, auch wenn ihre Biographien vor dem 15. Jahrhundert wenig bekannt waren; nicht jedem widerfuhr die Ehre späterer idealistischer Erhöhung, wie Erwin von Steinbach (1244–1318), dem ersten faßbaren Baumeister des

Straßburger Münsters, der durch Goethes Hymnus „Von deutscher Baukunst" (1773) bald zum Idol der Romantik aufstieg. Im Bauwesen entfaltete sich ein weiträumiges internationales Beziehungsgeflecht. Bauherren holten von jeher – auch um des Prestige willen – ihre Baumeister gern von weither; nicht immer waren solche Nachrichten über berühmte Bauherren oder Herrscher rhetorische Topoi [106]. Bekannt waren z. B. die lombardischen Bautrupps. Für das 14. Jahrhundert wissen wir, daß der Mailänder Dom unter Mitwirkung deutscher und französischer Architekten entstand; Bischof Johann von Prag gewann für den Bau einer Elbe-Brücke Meister Wilhelm vom päpstlichen Hof in Avignon; nach der Berufung des Peter Parler (1330–1399) aus Gmünd durch Karl IV. für das Projekt des Prager Veitsdoms schwärmte die berühmte Architektenfamilie über Mitteleuropa aus. Unzählige Beispiele belegen den Sachverhalt, daß die Mobilität im Bauwesen weiter zurückreichte und anderer Art war als bei den städtischen Zunfthandwerken.

Der Architekt hatte von jeher einen besonderen Bildungs-Habitus. Der Anspruch des Römers Vitruv mag zwar eher ein Ideal als die Realität beschrieben haben: „Die Architektur soll eine Wissenschaft sein, welche sich aus den unterschiedlichsten Disziplinen zusammensetzt." Jedoch kamen ihm manche Baumeister des Mittelalters und vollends der frühen Neuzeit durchaus nahe. Einhard [107] (um 770–840), der Biograph Karls des Großen und Hof-Baumeister, dessen Kunstfertigkeit ihm den Beinamen Beseleel des alttestamentlichen Werkmeisters der Stiftshütte einbrachte, ist nicht das einzige Beispiel. Seit dem Zeitalter der Renaissance erfuhr Vitruv, dessen Werk 1486 im Druck erschien, eine höchst wirksame Wiederbelebung [108] und auch Kritik – unter anderem von Michelangelo im Unterschied zum Vitruv-Verehrer Raffael – wegen der Körpermaß-Lehre. Albrecht Dürer empfahl es zur praktischen Anwendung. Die italienische Übersetzung von Lorenzo Cesarino (1483–1543) ebenso wie die popularisierend kommentierte Ausgabe des Straßburger Arztes Walter Ryff „Vitruvius Teutsch" (Nürnberg 1548) wurden nach der damaligen Vorstellungswelt illustriert, denn der Überlieferung fehlten Abbildungen. Wenn zwar nicht im Vitruv-Ryffschen Sinn zur Universalgelehrsamkeit, so erforderte die Baumeister-Karriere immerhin breite Ausbildung handwerklicher und auch theoretischer Art, wie man sie aus den erst seit dem 15./16. Jahrhundert überkommenen, aber traditionsorientierten Hüttenordnungen sowie aus den Bauwerken selbst rekonstruieren kann. Die Stufung der Ausbildung war ähnlich wie in anderen Handwerken dreigegliedert mit unterschiedlich langer Lehrzeit der Maurer (3 Jahre) und Steinmetzen

(5 Jahre). Die Entwicklung der Technik vom karolingisch-ottonischen Mauermassenbau über den salisch-staufischen Quaderbau bis zum gotischen Steinmetz-Gliederbau, die Erfindung des Kreuzrippengewölbes, des Strebewerks zum Abfangen des Gewölbedrucks, die Durchbrechung der festen Wand durch große Glasflächen – das alles verlangte kompliziertestе Berechnungen, mathematische und statische Kenntnisse, Vermessungen und geometrische Zeichnungen. Das überschritt weit rein empirische Erfahrungssammlung über Qualität und Belastbarkeit des Materials. Und die Erfahrungswerte bedurften schriftlicher Fixierung, sonst hätte man aus den chronikalisch vielfach bezeugten Einstürzen von Bauteilen oder Gerüsten kaum Konsequenzen ziehen können: 1284 stürzte zum Beispiel 12 Jahre nach der Fundamentierung der Chor der Kathedrale von Beauvais ein. Ohne Schrift- und Zahlenkenntnis kam das Bauwesen nie aus, angefangen schon beim Riß oder der Visierung; es sind Planzeichnungen auf zusammengenähten Pergamentlagen bis zu 5 m Länge bekannt. Der Riß hatte auch urkundliche Funktion beim Vertrag mit dem Bauherrn; und aufgrund des Risses nahm der Meister auf dem Bauplatz die Feldmessung vor. Vielleicht diente dabei ein so unförmig großer Zirkel, wie ihn die Konsolenfigur des „Pruder Dimar" an der Regensburger Dominikanerkirche zeigt. Unabhängig davon wie weit die Bauhüttenorganisation parallel zu Steinmetz-Bruderschaften[109] zeitlich hinter die älteste schriftliche Überlieferung zurückreicht – hierin ist die Forschung kontrovers – darf man annehmen, daß in den Baugemeinschaften „Musterbücher" entstanden sind, wohl in Form vorwiegend graphischer Zusammenfassungen von Erfahrungen mit Vorlagen für Skulpturen, Grundrissen, Berechnungen, auf welche die Bauleiter zurückgreifen konnten oder die auch zur Anleitung der Gesellen dienten. Sie wurden jedoch als Berufsgeheimnis streng gehütet. Musterbücher kennt man auch aus anderen Handwerken, beispielsweise aus der Buchmalerei; das älteste bekannte von ca. 1210 stammt aus dem Kloster Rein bei Graz. [III-4.2]

Dahingestellt sei, ob die Aufzeichnungen, die Villard de Honnecourt[110] (1230–1235) auf Reisen durch Frankreich, die Schweiz und Ungarn angefertigt hat, als Muster- oder gar „Hüttenbuch" einzuordnen sind. Bei diesem „Carnet de Notes" handelt es sich um ein Skizzenbuch mannigfachen Inhalts: „In diesem Buch kann man guten Rat finden über die große Kunst der Maurerei und die Konstruktionen des Zimmerhandwerks, ihr werdet die Kunst des Zeichnens darin finden, die Grundzüge, wie die Geometrie sie lehrt," so leitet Villard sein Album ein. Man findet darin Zeichnungen von Kirchen und von Entwürfen für allerlei mechanische Vorrichtungen, Kriegsgeräte und anderes mehr, wozu er Erläuterungen gibt. Auch er befaßt sich – wie könnte es anders sein – mit dem perpetuum mobile: „Lange Tage haben sich die Meister bemüht, ein Rad aus eigener Kraft sich drehen zu lassen. Hier ein Vorschlag, wie die Bewegung durch ungleiche Klöppel und Quecksilber zustandekommen kann." Erfindergeist und Humor spricht aus der Darstellung eines Handwärmers, der uns in die gottesdienstlichen Nöte zur Winterszeit versetzt: „... ihr müßt zuerst eine Art Kupferkugel in der Form eines Apfels herstellen. Diese besteht aus zwei verschiedenen Hälften (... genauere Beschreibung). Dieser Apparat ist für einen Bischof geeignet, denn er kann so bedenkenlos dem Hochamt beiwohnen. Solange er das Gerät in Händen hält, wird er nicht frieren, bis die Glut erlischt." In Villards Manuskript begegnen wir der Gedankenwelt eines Bauingenieurs, die in der Freude am zeichnerischen Gedankenspiel für diesen Beruf zeitlos signifikant ist. Vor allem läßt Villards Arbeitsbuch erkennen, daß das Zeichnen ein maßgebliches Gelenkstück zwischen den Kulturen der Schriftlichkeit und der Schriftlosigkeit war; erinnern wir uns daran: Aristoteles hob das Zeichnen aus den banausischen Künsten heraus. Als einer der wenigen Herrscher des Mittelalters konnte Kaiser Friedrich II. lesen und jedenfalls zeichnen [111], vielleicht gab er selbst die Anregungen für die naturkundlichen Illustrationen seines Buches über die Falkenjagd. Zeichnen gehörte zumindest seit dem 15. Jahrhundert zur höfischen Erziehung, wie es Baldassarre Castiglione (1478–1529) in seinem vielgelesenen pädagogischen Kompendium für den „Cortegiano" bestätigt. Schließlich wird bei den bildenden Künstlern der italienischen Renaissance, welche in schöpferisch neuer Weise dazu übergingen, die gegenständliche Wirklichkeit der Natur mit den Techniken von Perspektive, Proportionslehre, Farbe und Relief zu bannen, der Zusammenhang von Beobachtung, Mathematik, Zeichnen, Erfindung und literater Bildung sowie die Überbrückung der Kluft zwischen Praxis und Theorie eindrucksvoll greifbar. Der Begriff „disegno" für Zeichnen auf der Basis mathematischer Kenntnisse wird zur Zentralidee künstlerisch-technischer (Aus)Bildung und Leistung, wie man es aus Giorgio Vasaris (1511–1574) Künstler-Biographien entnehmen kann, wie es vor allem die von ihm mitbegründete Florentinische Accademia del Disegno demonstrierte: die eigentlich erste Kunstakademie für Maler und Architekten; Leonardo Olschki [112] nennt sie mit einigem Recht die älteste „technische Hochschule", denn nahezu alle Maler und Bildhauer des Quattro- und Cinquecento waren zugleich geniale Ingenieure. Der Florentiner Architekt Filippo Brunelleschi (1377–1446), der als Entdecker der mathematisch berechneten und optisch erprobten

Die illustrierten Handschriften des Mariano Taccola (1382–1453) gehören zu den frühesten Maschinenbüchern und stehen am Beginn der technischen Literatur der Renaissance. Der vielseitige Techniker und Leiter des Straßenbauwesens in Siena nannte sich selbst „Archimedes von Siena". Die Abbildung stammt aus den 10 Büchern „De machinis" von 1449, sie erklärt den Mechanismus zur Hebung einer Turmglocke. Der Krug mit der Aufschrift „aqua" soll andeuten, daß man Zugseile zunächst anfeuchtete und die Verkürzung nach dem Trocknen ausnutzte.

malerischen Perspektive sowie als Virtuose der Bildhauerei und Bautechnik gilt, ist schon in seinem Ausbildungsgang beredter Zeuge für die Wiederbegegnung von artes liberales und artes mechanicae. Nach humanistischer Schulausbildung hatte er eine Goldschmiedelehre absolviert. Seine technische Höchstleistung ist die Kuppeleinwölbung des Doms zu Florenz; er betätigte sich aber auch als Wasserbau- und Festungsingenieur. Für die Erfindung eines vermutlich mit Kränen ausgestatteten Transport-Schiffes und einer Hebemaschine erhielt er von der Stadtregierung Patente. Es ist hier nicht der Ort, die für die Geschichte technischer Bildung einschlägigen Schriften der italienischen und europäischen Renaissance zu beleuchten – Italien wurde damals zum Eldorado der Bildungsreisenden, besonders der Baumeister und Künstler. Begnügen wir uns mit einem Zitat des großen Kunstkritikers des Quattrocento, Cristoforo Landino [113], über Leon Battista Alberti (1404–1472): „Wo soll ich Alberti einordnen...? Zu den Naturwissenschaften, will ich meinen. Gewiß war er geboren, die Geheimnisse der Natur zu erforschen. Welchen Zweig der Mathematik kannte er nicht? Er war Geometriker, Arithmetiker, Astronom, Musiker und bewundernswerter in der Perspektive als irgendeiner in vielen Jahrhunderten. Seine Brillanz in all diesen Formen der Gelehrsamkeit zeigt sich in seinen neun meisterlich beschriebenen Büchern über die Architektur, die voll sind von Wissen jeder Art und in der höchsten Beredsamkeit glänzen. Er schrieb auch über Malerei... Bildhauerei. Aber er schrieb nicht nur über diese Künste, sondern praktizierte sie mit eigener Hand." Klar sind hier die Tendenzen der damals auf einen Höhepunkt tretenden, bewußt gepflegten Einheit von Kunst-Technik-gelehrter Bildung zum Ausdruck gebracht. [III-3.3; III-4.4]

Es wäre nun angebracht, aber vermessen, über die Bedeutung des Königs der Künstler und Ingenieure jener Ära, Leonardo da Vinci [114] (1452–1519), in Kürze handeln zu wollen. Zu seinen kühnsten technischen Projekten gehört der Entwurf einer Meeresbrücke über das Goldene Horn, den er dem Sultan unterbreitete. Im Blick auf das Verhältnis von Technik und Bildung ist erwähnenswert Leonardos betontes Selbstverständnis als Handwerker, das ihn zu leidenschaftlicher Abrechnung mit der literarischen Arroganz der Humanisten herausforderte; er verachtete sie, weil sie, nicht bekleidet mit eigenen Leistungen, fremde Werke vortrügen und deklamierten. [VII]

Das Verhältnis des Humanismus zur Kunst und Technik einerseits, zu den Naturwissenschaften andererseits war ein komplexes und zwiespältiges, umstritten auch in der modernen Humanismus-Forschung. Es wäre unrichtig, die Entstehung einer Fachliteratur [115] nicht nur zur

Architektur und Malerei, sondern zu fast allen traditionellen artes mechanicae allein auf humanistische Antriebe zurückzuführen. Abgesehen von wenigen Ausnahmen aus früheren Jahrhunderten setzte die Fachprosa in größerem Stil zwar frühestens im 14. Jahrhundert ein, in den Anfängen aber unabhängig vom Humanismus. Es war in jenem Zeitraum, als die Laien-Stände und Zünfte für ihre Geschäftswelt zur schriftlichen Buchführung, Statutenkodifizierung usw. übergingen, als breitere bürgerliche Kreise und langsam auch der Adel sich dem Lesen und Schreiben öffneten. Die Fachliteratur, in der kriegstechnische und Maschinen-Bücher [116] einen Schwerpunkt bildeten – auch Leonardo oder Dürer fügten sich hier ein –, war großenteils in der Volkssprache und nicht im Humanistenlatein geschrieben. Eine gewisse Ausnahme war Georg Bauer [117] (1494–1555), Färberssohn und promovierter Stadtarzt, Mitunternehmer einer Silbermine in St. Joachimsthal, dessen Namenswandlung zu Agricola den humanistischen Stolz symbolisiert. Sein Gesamtwerk, besonders „De re metallica", behandelt erstmals umfassend die Mineralogie und Montankunde seiner Zeit mit humanistisch-literarischer Gelehrsamkeit, theoretischem Wissen und zugleich praktischer Erfahrung. [III-3.3]

Wenngleich nicht auslösend und tragend für die technische Fachliteratur, hatte der Humanismus doch stimulierende Wirkung, allein schon durch die Wertsteigerung der Schriftlichkeit schlechthin, die im Buchdruck ihr technisches Instrument erhielt, im übrigen durch die Hinführung zur Befassung mit antiker Technik und ihren Relikten. Die Buchillustrationen unter Anwendung der neu erfundenen Holzschnitt- und bald auch Kupferstich-Technik förderten zusätzlich die Freude an der Darstellung von Instrumenten, Maschinen, Methoden, Erfolgen. Der Übergang der artes mechanicae zur theoretischen und bildlichen Lehrbuch-Literatur war dennoch eine kaum monokausal erklärbare Zäsur; immerhin war es ein Heraustreten aus der traditionellen bewußten „Hermetik" der Künste, eine im Grunde wesensfremde Ausrichtung auf Popularisierung, ja Preisgabe des zuvor in der Hütte oder Zunft streng als Geheimnis gehüteten Erfahrungswissens an eine breite Öffentlichkeit. Das muß einhergegangen sein mit einem tiefgreifenden Wandel des Selbstverständnisses der Handwerke, vielleicht verstehbar aus der Anpassung an den neuartigen Zugriff der Öffentlichkeit auf den Menschen und sein Werk, vielleicht auch gewachsen aus dem erwachten Fortschrittswillen und beiderseitigen Bewußtwerden der Notwendigkeit des Zusammenwirkens von Theorie und Praxis, von Handwerk und Wissenschaft: die hochentwickelte Ingenieurskunst suchte die theoretische Begründung, die Naturwissenschaft bedurfte immer nachdrücklicher der Praxis des Experiments. [II-3.3; II-4.1; V-4.1]

Sicher war es kein Zufall, daß in der ersten Phase des Traditionsbruchs mit der Hermetik und im Zuge des Erfinder-Enthusiasmus die Sitte der hoheitlichen Erteilung von Schutzprivilegien für Erfindungen[118] einsetzte, die Wurzel des modernen Patentrechts. Vereinzelt hatten schon mittelalterliche Herrscher „litterae patentes" für Sonderleistungen erteilt. Erst seit dem 15. Jahrhundert wurde es Usus, daß Fürsten – namentlich der Kaiser – und Städte Patente verliehen, um die besten Ingenieure und Techniken an den Hof oder die Kommune zu binden. Bis heute sind für den Raum des Alten Reichs insgesamt über 150 Schutzbriefe aus dem 16. Jahrhundert bekannt, die großenteils für Wasserkunst, Herstellung von Bergwerksmaschinen, holzsparende Öfen, Schmelzverfahren, aber auch für Tauchapparate zu Unterwasserarbeiten, für eine automatische Orgel nebst Kompositionen erteilt wurden. Die Anträge auf Patente mußten mit Beschreibung der Novität auch Proben, Modelle oder Zeichnungen enthalten, sodaß sie eine interessante Quelle zur Technikgeschichte sind. Bei kaiserlichen Verfahren war eine Kommission des Reichshofrates Prüfungsinstanz. [III-2.6]

Trotz der geschilderten Entwicklungen wurde die Urspannung zwischen den Welten gelehrter Literatur und handwerklicher Fabrikation keineswegs prinzipiell überwunden. Bei Erarbeitung des monumentalen „Dictionnaire raisonné des Sciences, des Arts et des Métiers" – der Titel ist im Zeichen der Aufklärung programmatisch – machten die französischen Enzyklopädisten die Erfahrung, daß hinsichtlich der arts mécaniques „wohl noch nie so viele Schwierigkeiten gleichzeitig bei so geringen literarischen Hilfsquellen (haben) überwunden werden müssen"; Jean Le Rond d'Alembert (1717–1783) stellt in der Einleitung fest: „Man hat zu viel über die Wissenschaften, nicht genügend Zutreffendes über die meisten freien Künste und fast überhaupt nichts über die mechanischen Kunstfertigkeiten geschrieben." Das habe sie dazu veranlaßt, die Werkstätten zu besuchen und die geschicktesten Arbeiter zu befragen; die Zahl der gebildeten Handwerker sei aber sehr beschränkt. „Schließlich", so resumiert er, „ist die Gelehrsamkeit doch eigentlich nur ein mechanisches Handwerk! Besteht denn wirklich ein Unterschied zwischen einem Kopf voller ungeordneter, nutzloser und zusammenhangloser Tatsachen und dem Instinkt eines Handwerkers, der sich auf rein mechanische Arbeit beschränkt?" Es sei dahingestellt, ob der hochgebildete d'Alembert damit eine tiefsinnige Bemerkung oder nur ein ironisches bon mot machen wollte – beides hätte seinen Sinn.

Literaturnachweise

1 *Schnabel,* Franz: Der Aufstieg der modernen Technik aus dem Geiste der abendländischen Völker. In: F. S., Abhandlungen und Vorträge 1914–1965, hrsg. u. eingeleitet von Heinrich Lutz. Freiburg 1970, S. 246, 249f.

2 *White,* Lynn jr.: Cultural Climates a. technol. Advance in the Middle Ages. In: Viator 2, 1971, S. 176; vgl. *White,* L. Medieval Religion: LA, S. 217ff.

3 *Kämpf,* Helmut: „Ars imitatio naturae". (Erwägungen zum Problem der Technik im Mittelalter). In: Geschichte in Wissenschaft und Unterricht 10, 1959, S. 87

4 *Mayr,* Otto: Uhrwerk und Waage. Autorität, Freiheit und technische Systeme in der frühen Neuzeit. München 1987, S. 11

5 *Weber,* Alfred: Einführung in die Soziologie. München 1955

6 *Zweckbronner,* Gerhard: Je besser der Techniker, desto einseitiger sein Blick? Probleme des technischen Fortschritts und Bildungsfragen in der Ingenieurserziehung im Deutschen Kaiserreich. In: Troitzsch, Ulrich/Wohlauf, Gabriele (Hrsg.): Technikgeschichte. Frankfurt a.M. 1980, S. 334f.

7 *Artz,* Frederick B.: The Development of Technical Education in France 1500–1850. Cambridge Mass. 1966; *Merton,* Robert K.: Technology and Society in Seventeenth Century England. New York [2]1970

8 *Timm,* Albrecht: Einführung in die Technikgeschichte. Berlin 1972, S. 93

9 *Müller,* Max: Erfahrung und Geschichte. Freiburg 1971, S. 119, 162, 378f.

10 *Waffenschmidt,* Walter G.: Technik und Menschheit. In: Studium Generale. Jg. 15, H. 7, 1962, S. 479

11 *Kerenyi,* Karl: Prometheus. Die menschliche Existenz in griechischer Deutung. Hamburg 1959

12 *Bienert,* Walter: Die Arbeit nach der Lehre der Bibel. In: Studium Generale. Jg. 14, H. 3, 1961, S. 151ff.

13 *Panofsky,* Erwin: Gothic Architecture and Scholasticism. Cleveland [13]1970; *Rüfner,* Vinzenz: Homo secundus Deus. In: Philosophisches Jahrbuch 63, 1955, S. 248–291

14 *Theodoret von Cyrus:* Rede über die Vorsehung, De providentia, Oratio IV, ed. Migne. Patrologia Graeca 83, Zitate col. 613ff., 620

15 *Wirth,* Gerhard u.a.: Arbeit. In: Lexikon des Mittelalters. München/Zürich, 1977–1988. Bd. 1. Sp. 869ff. Vgl. *Conze/Riedel:* Arbeit: LA

16 *Post,* Gaines/*Giocarinis,* Kimon/*Kay,* Richard: The Medieval Heritage of a Humanistic Ideal: Scientia donum Dei est, unde vendi non potest. In: Traditio 11, 1955, S. 195ff.

17 *Heyde,* Johannes Erich: Zur Geschichte des Wortes „Technik". In: Humanismus und Technik 9, 1963, S. 25–43; Vgl. 8, S. 89ff.

18 *Panofsky,* Erwin: Idea. Ein Beitrag zur Begriffsgeschichte der älteren Kunsttheorie. Berlin [5]1985; *Blumenberg,* Hans: „Nachahmung der Natur". In: Studium Generale Jg. 10, H. 3, 1957, bes. S. 270ff.

19 *Krafft,* Fritz: Artes mechanicae. In: 15, Bd. 1, Sp. 1063ff.; *Groß,* Walter Hatto: Mechanik. In: Der Kleine Pauly, Lexikon der Antike, Bd. 3, München (dtv) 1979, Sp. 1122f.; *Blumenberg,* Hans: Paradigmen zu einer Metaphorologie. In: Archiv für Begriffsgeschichte Bd. 6, 1960, S. 7–142

20 *Clagett,* Marshall: The Science of mechanics in the Middle Ages. London 1959, Neuaufl. (ital.) Mailand 1972

21 *Vitruv:* De Architectura Libri Decem, hrsg. von Fensterbusch, Curt (lat.-dt.). Darmstadt 1964; bes. I, 3, 1; *Knell,* Heinrich: Vitruvs Architekturtheorie, Versuch einer Interpretation. München 1985

22 *Johann,* Horst-Theodor (Hrsg.): Erziehung und Bildung in der heidnischen und christlichen Antike. Darmstadt 1976, S. 3–21, 31–41; *Dierse,* Ulrich: Enzyklopädie. Zur Geschichte eines philosophischen und wissenschaftstheoretischen Begriffs (Archiv für Begriffsgeschichte, Suppl. 2). Bonn 1977

23 *Martianus Capella:* De nuptiis philologiae et Mercurii libri IX, hrsg. von Dick, Adolf add. et corr. Jean Preaux, Stuttgart 1978

24 *Isidor von Sevilla:* De differentiis rerum. In: Migne, Patrologia Latina 83, col. 94; Vgl. *Sternagel:* Artes mechanicae: LA, S. 13ff;

25 Vgl. *Sternagel:* Artes mechanicae: LA, S. 30ff.; *Brunhölzl,* Franz: Geschichte der lateinischen Literatur des Mittelalters Bd. 1. München 1975

26 *Impey,* Oliver/*MacGregor,* Arthur (Hrsg.): The Origins of Museums. The Cabinett of Curiosities in sixteenth- and seventeenth-Century Europe. New York/Oxford 1985, repr. 1987

27 *Brandt,* Paul: Schaffende Arbeit und Bildende Kunst im Altertum und Mittelalter, 2 Bde. Leipzig 1927/28, hier II, S. 7

28 *Toesca,* I.: Andrea e Nino Pisani. Firenze 1950

29 Johannis Henrici *Alstedii* Encyclopaedia septem tomis distincta, Herbornae Nassoviorum anno M.DC.XXX (1630), Tabula vigesima nona (29) S. 20; zur „Mechanologie" Tabula 31 sowie Buch 30, S. 1913ff.

30 *Zedler,* Johann Heinrich: Grosses vollständiges Universal-Lexikon aller Wissenschaften und Künste (...) Bd. 43. Leipzig/Halle 1744, Sp. 508f.

31 *Beckmann,* Johann: Anleitung zur Technologie. Göttingen 1776, ^{5}1809; *Troitzsch,* Ulrich (Hrsg.): Technologischer Wandel im 18. Jahrhundert. Wolfenbüttel 1981

32 *Timm,* Albrecht: Kleine Geschichte der Technologie. Stuttgart 1964; *Alföldi,* Geza/*Seibt,* Ferdinand/*Timm,* Albrecht (Hrsg.): Probleme der Geschichtswissenschaft. Düsseldorf 1973, S. 123

33 *Whewell,* William: History of the Inductive Science, 3 Bde. London 1847, I, S. 353

34 Vgl. *Klemm,* Friedrich: Vom Perpetuum Mobile zum Energieprizip. In: Abhandlungen und Berichte des Deutschen Museums 33, 1965, S. 5–24

35 *Grant,* Edward: Das physikalische Weltbild des Mittelalters. Zürich/München 1980, S. 32ff.

36 *Petrus Peregrinus:* Epistola de magnete, hrsg. von Hellmann, G. Berlin 1898; *Schlund,* Erhard: Petrus Peregrinus von Maricourt. Sein Leben und seine Schriften. In: Archivum Franciscanum Historicum 4, 1911, S. 436–455, 633–643; 5, 1912, S. 22–40; *Grant,* Edward (Hrsg.): A Source Book in Medieval Science, Cambridge Mass. 1974, S. 68ff.; Die zitierten Texte aus *Roger Bacon:* „Epistola de secretis operibus", ed. John S. Brewer, London 1859, S. 532ff.; „Opus tertium" cap. XIII, ebd. S. 43. – Vgl. *Easton,* Steward C.: Roger Bacon and his search for universal science, Oxford 1952

37 Epistola cap. IV, ed. Brewer, S. 532f.; „allein die Erfahrung hat Bestätigungskraft, nicht das Argument": Opus tertium, ed. Brewer, S. 43

38 *Bloch,* Ernst: Das Prinzip Hoffnung, 2 Bde. Berlin 1953, hier II, S. 226; *Seibt,* Ferdinand: Utopica. Modelle totaler Sozialplanung. Düsseldorf 1972, S. 120ff., 132f; *Blumenberg:* Die Genesis: LA

39 *Blumenberg,* Hans: Kopernikus im Selbstverständnis der Neuzeit. In: Abhandlungen der Geistes- und Sozialwiss. Klasse der Akademie der Wiss. und Lit. Mainz, Jg. 1964, S. 16f.

40 „Auf den Spuren der Legende von Daidalos". In: Süddeutsche Zeitung Nr. 95 vom 25. 4. 1988, S. 9; *Warburg,* Aby: Ges. Schriften Bd I, Leipzig-Berlin 1932, S. 241ff. *White:* Medieval Religion: LA, S. 59ff.

41 *Feldhaus,* Franz M.: Leonardo der Techniker und Erfinder. Jena 1913, S. 140–151; *Clagett:* Studies: LA, S. 215ff.

42 *Ovitt,* George jr.: The status of the mechanical arts in medieval classifications of learning. In: Viator 14, 1983, S. 89ff; vgl. *Gründel,* Johannes: L'Oeuvre encyclopedique de Raoul Ardent: Le „Speculum universale". In: Gandillac, Maurice (Hrsg.) u.a.: La Pensée Encyclopedique au Moyen Age, Neuchâtel 1966, S. 87–104

43 *Hugo von St. Viktor,* bes. Didascalicon II, 21ff.; vgl. 42, 45, 68, S. 45 Anm. 2

44 De doctrina christiana, hrsg. Corpus Christianorum series latina Bd. 32, Turnhout 1962; Vier Bücher über die christliche Lehre. Bibliothek der Kirchenväter Bd. 8, übersetzt von Sigisberg Mitterer. München 1925; *Stockmeier,* Peter: Glaube und Paideia. Zur Begegnung von Christentum und Antike. In: Johann, H. Th. (Hrsg.): Erz. u. Bildung. Darmstadt 1976, S. 527–548

45 *Buttimer,* Charles Henry: Hugonis de Sancto Victore Didascalicon de studio legendi: A critical Text. Washington 1939; *Meier,* Gabriel: Hugos von Sankt Viktor Lehrbuch. In: Bibliothek der kath. Päadgogik Bd. 3, Freiburg 1890, S. 150–211; vgl. *Sheridan,* Patrick C. R.: Philosophy and Erudition in the Didascalicon of Hugh of Saint Victor, Fribourg 1962

46 *Vinzenz von Beauvais,* Bibliotheca mundi seu Speculi maioris Vincentii (...) tom. secundus: Speculum doctrinale, Douai 1624 ND Graz 1965, Buch XI

47 *Dombart,* Theodor: Die sieben Weltwunder des Altertums. München ^{2}1970

48 *Christes,* Johannes: Bildung und Gesellschaft. Die Einschätzung der Bildung und ihrer Vermittler in der griechisch-römischen Antike. Darmstadt 1975

49 *Behringer,* W.: Soziale Entwicklung und Wertschätzung der Arbeit im alten Rom (bis zur Zeit Ciceros). In: Studium Generale Jg. 14, H. 3, 1961, S. 135–151; *Finley,* Moses J.: Technical Innovation and Economic Progress in the Ancient World. In: Economic History Review, 2nd Ser. 18, 1965, S. 43ff.; *Rehm,* Albert: Zur Rolle der Technik in der griechisch-römischen Antike. In: Archiv für Kulturgeschichte 28, 1966, S. 135–162

50 *Collison,* Robert: Encyclopaedias: Their History throughout the Ages. A bibliographical Guide. New York 1966

51 *Galle,* Richard: (Hrsg.): Konrad Bitschin, Pädagogik. Das vierte Buch des Werkes „De vita coniugali", Gotha 1905; *Schreiner,* Klaus: Laienbildung als Herausforderung für Kirche und Gesellschaft. Religiöse Vorbehalte und soziale Widerstände gegen die Verbreitung von Wissen im späten Mittelalter und in der Reformation. In: Zeitschrift für Historische Forschung 11, 1984, S. 257ff.

52 *Oexle,* Otto Gerhard: Deutungsschema der sozialen Wirklichkeit im frühen und hohen Mittelalter. In: Vorträge und Forschungen Bd. 35, Sigmaringen 1987, S. 65–117

53 *Grundmann,* Herbert: Litteratus – illiteratus. Der Wandel einer Bildungsnorm vom Altertum zum Mittelalter. In: Archiv für Kulturgeschichte 40, 1958, S. 1–65; *Dolch,* Josef: Lehrplan des Abendlandes; Darmstadt ³1971

54 *Der Weiß Kunig.* Eine Erzehlung von den Thaten Kaiser Maximilian des Ersten. Von Marx Treitzsauerwein (...) nebst den von Hannsen Burgmair dazu verfertigten Holzschnitten. Wien 1775, Faksimile-Druck mit Nachwort und Kommentar von Christa-Maria Dreißiger, Leipzig-Weinheim 1985; *Müller,* Jan-Dirk: Gedechtnus. Literatur und Hofgesellschaft um Maximilian I. München 1982

55 *Maurice,* Klaus: Der drechselnde Souverän. Materialien zu einer fürstlichen Maschinenkunst. Zürich 1985

56 *Holzapfel,* Egidius: Werner Rolevinck's Bauernspiegel. Untersuchung und Neuherausgabe von „De regimine rusticorum". Freiburg 1959

57 Joh. Valentin *Andreae,* Reipublicae Christianopolitaneae Descriptio (1619) hrsg. von Richard van *Dülmen,* Stuttgart 1972, cap. 13 De mechanicis/Von den Handwerkern S. 57f.; vgl. Dülmen, Richard van: Die Utopie einer christlichen Gesellschaft. Johann Valentin Andreae (1586–1654) I, Stuttgart-Bad Cannstadt 1978, S. 177ff.; *Mumford,* Lewis: Utopia. The City and the Machine, In: Daedalus 94, 1965, S. 271ff.; *Hall,* A.: Rupert: Science, technology and utopia in the seventeenth century. In: Mathias, Peter (Hrsg.), Science and society. 1600–1900, Cambridge 1972, S. 33–53

58 Vgl. 2, S. 175; *White,* Lynn jr.: Machina ex Deo: Essays in the Dynamism of Western Culture. Cambridge Mass. 1968

59 *Chenu,* Marie-Dominique: Die Arbeit und der göttliche Kosmos. Versuch einer Theologie der Arbeit, übers. und eingel. von Karls Schmitt, Mainz 1956

60 *Stromer,* Wolfgang von: Eine „Industrielle Revolution" des Spätmittelalters? In: Troitzsch, Ulrich/Wohlauf, Gabriele: Technikgeschichte. Frankfurt a.M. 1980, S. 105ff. *Gimpel,* Jean: Industrielle Revolution: LA

61 *Pfeiffer,* Wolfgang: Brille. In: Lexikon des Mittelalters. München/Zürich 1977–1988. Bd. 2, Sp. 689–692

62 *Maurice,* Klaus: Die deutsche Räderuhr. Zur Kunst und Technik des mechanischen Zeitmessers im deutschen Sprachraum. 2 Bde. München 1976; *Landes,* David S.: Revolution in Time. Clocks and the Making of the Modern World. Cambridge Mass./London 1983

63 *White,* Lynn jr.: Die mittelalterliche Technik und der Wandel der Gesellschaft. München 1968, S. 186

64 *Dodwell,* Charles Reginald: Theophilus. The Various Arts. De diversis artibus. Translated from the Latin with Introduction and Notes. London 1961, S. 142ff.; *Hanke,* Wilhelm: Kunst u. Geist. Das philosophische u. theologische Gedankengut der Schrift „De diversis artibus" des Priesters und Mönches Theophilus Rugerus. Bonn 1962; *White:* Medieval Religion: LA, S. 93ff.

65 *Neubner,* Joseph: Die heiligen Handwerker in der Darstellung der Acta Sanctorum, Münster 1929; *Etzdorf,* Karin von: Der hl. Eligius und die Typen

seiner Darstellung als Patron der Goldschmiede und Schmiede (Diss. München) o.O. 1956

66 Zur Illustration des Psalms 63 (64) im Utrecht-Psalter, ed. Ernest Dewald. Princeton 1932; *White:* In: Crombie: Scientific Change: LA, S. 272ff.

67 *Alanus ab Insulis,* Anticlaudianus de Antirufino, hrsg. von Robert Bossuat. Paris 1955; *Rath,* Wilhelm: Der Anticlaudianus oder Die Bücher von der himmlischen Erschaffung des neuen Menschen. Übers. und eingel. Stuttgart 1966; *Mütherich,* Florentine: Illustrationszyklus zum Anticlaudianus des Alanus als Insulis. In: Münchner Jb. d. Bildenden Kunst, 3F. Bd. II. München 1951, S. 73–88

68 *Curtius,* Ernst Robert: Europäische Literatur und lateinisches Mittelalter. Bern 1948. München [9]1977, S. 529f.

69 *Stöcklein,* Ansgar: Leitbilder der Technik. München 1969, S. 141, Anm. 139

70 *Müller,* Rainer A.: Der Arzt im Schachspiel bei Jakob von Cessolis. München 1981

71 *Brandes,* H.: Herman Botes Boek van veleme rade. In: Jb. des Vereins für Niederdeutsche Sprachforschung 16, 1890, S. 1–40

72 *Gimpel,* Jean: Die industrielle Revolution des Mitttelalters: LA, S. 145

73 *Tertullian,* De cultu feminarum. Ins Dt. übers. von K. A. Heinrich Kellner: Bibliothek der Kirchenväter Bd. 1. Kempten/München 1912, S. 175ff., S. 184

74 Vgl. 2, S. 190; *Norden,* Eduard: Die antike Kunstprosa vom VI. Jahrhundert v.Chr. bis in die Zeit der Renaissance. Stuttgart [2]1909, ND Darmstadt 1958, S. 676ff.

75 *Aurelius Augustinus:* Die Handarbeit der Mönchen. Übertragen und erläutert von Rudolf Arbesmann. Würzburg 1972; *Ders.:* The attitude of St. Augustine toward labor. In: The heritage of th early church. (= Orientalia christiana analecta Bd. 195) Rom 1973

76 *Brechter,* Heinrich Suso (Hrsg.): Benedictus. Der Vater des Abendlandes 534–1947. München 1947, S. 23ff., 103ff.; *Jacobs,* Uwe Kai: Die Regula Benedicti als Rechtsbuch. Köln 1987; *Steidle,* Basilus OSB (Hrsg.): Die Benediktusregel (lat.-dt.). Beuron 1963, S. 196f.

77 *Mynors,* R.A.B. (Hrsg.): Cassiodori Senatoris Institutiones. Oxford [3]1963; *Weissengruber,* Franz: Cassiodors Stellung innerhalb der monastischen Profanbildung des Abendlandes. In: Wiener Studien 80, 1967, S. 202–250; *Bischoff,* Bernhard: Paläographie des römischen Altertums und des abendländischen Mittelalters. Berlin 1979; vgl. 25, S. 27ff.

78 *Hecht,* Konrad: Der St. Galler Klosterplan. Sigmaringen 1983

79 *Sprandel,* Rudolf: Das Eisengewerbe im Mittelalter. Stuttgart 1968, S. 43ff.

80 *Binding,* Günther: Cluny, Baukunst. In: Lexikon des Mittelalters. München/Zürich 1977–1988. Bd. 2. Sp. 2192–2194. *Conant,* Kenneth J.: Observations on the practical talents and technology of the medieval Benedictines. In: Hunt, Noreen (Hrsg.): Cluniac Monasticism in the central Middle Ages. Hamden/Conn. 1971, S. 77ff.

81 Liber de rebus in administratione sua gestis, Baubericht Kap. XXIV bis XXXIVA hrsg. von *Panofsky,* Erwin: Abbot Suger on the abbey-church of St. Denis and its art treasures. Princeton [2]1948; zum Zitat *Glaser,* Hubert,

Wilhelm von St. Denis. In: Historisches Jahrbuch 85, 1965, S. 274; zur Kontroverse zwischen Bernhard von Clairvaux und Petrus Venerabilis: *Bredero*, Adriaan H.: Cluny et Citeaux au douzieme Siecle. L'Histoire d'une controverse monastique. Amsterdam 1985

82 Vita Sancti Bernwardi Episcopi Hildesheimensis auctore *Thangmar* (?) (lat.-dt. Ausgabe). Übers. von Hatto Kallfelz (Freiherr vom Stein-Gedächtnisausgabe Bd. 22) Darmstadt 1973, S. 283, 287; *Algermissen*, Konrad: Persönlichkeit und Charakter des Bischofs Bernward von Hildesheim. In: Unsere Diözese in Vergangenheit und Gegenwart, Jg. 27, H. 2. Hildesheim 1958, S. 1–65

83 *Berthold von Reichenau*, Fortsetzung der Chronik Hermanns von Reichenau; übers. von G. Grandaur, Geschichtsschreiber der deutschen Vorzeit. Leipzig ^{2}1941, S. 3–7

84 Vita Bennonis II Episcopi Osnaburgensis auctore *Norberto* Abbate (Norbert von Iburg) (lat.-dt. Ausgabe). In: 82, S. 421 f.; vgl. *Hindenburg*, Ilse: Benno II., Bischof von Osnabrück, als Architekt. Straßburg 1921

85 *Danckert*, Werner: Unehrliche Leute. Die verfemten Berufe. Bern/München 1963; *Klemm*, F.: Zur Kulturgeschichte der Technik. München 1979, S. 92

86 *Gimpel*, Jean: Die industrielle Revolution: LA, S. 46, S. 96 ff.

87 *Houtte*, Jan van (Hrsg.) Europäische Wirtschafts- und Sozialgeschichte im Mittelalter. Stuttgart 1980, S. 14 ff.; *Schuller*, Wolfgang/*Russell*, Josiah C. Bevölkerung. In: Lexikon d. Mittelalters: LA, Bd. 2, Sp. 10 ff.

88 *Schröder*, Rainer: Zur Arbeitsverfassung des Spätmittelalters. Berlin 1984; *Schulz*, Knut: Handwerksgesellen und Lohnarbeiter. Sigmaringen 1985; *Ennen*, Edith: Die europäische Stadt des Mittelalters. Göttingen ^{3}1979

89 Vgl. 79, S. 71 ff.; *Willecke*, Raimund: Die deutsche Berggesetzgebung von den Anfängen bis zur Gegenwart, 1977; *Blaschke*, Karlheinz/*Heilfurth*, Gerhard: Bergbau, Bergstadt. In: Lexikon d. Mittelalters: LA, Bd 1, Sp. 1946–1952, 1959–1960;

90 *Wissell*, Rudolf: Des alten Handwerks Recht und Gewohnheit. Hrsg. von Ernst Schraepler. Berlin ^{2}1971; Klemm, F.: Kulturgeschichte: LA, S. 70, S. 81 ff.

91 Schröder, R.: Zur Arbeitsverfassung d. Spätmittelalters. Berlin 1984, S. 146

92 *Reininghaus*, Wilfried: Die Entstehung der Gesellengilden im Spätmitttelalter. Beiheft 71 zur Vierteljahrsschrift für Sozial- und Wirtschaftsgeschichte 1981

93 Das Narrenschiff. Straßburg 1520, bes.: Die 57. Narren Schar, von der ersten schellen, und: von der ander schellen, S. XCXIIII; ähnlich Sebastian *Brant* in seinem Narrenschiff, bes. in cap. 48: Ein Gesellenschiff; vgl. *Könneker*, Barbara: Wesen und Wandlung der Narrenidee im Zeitalter des Humanismus. München 1966

94 Vgl. 91, S. 126 ff.; *Stadelmann*, Rudolf/*Fischer*, Wolfram; Die Bildungswelt des deutschen Handwerkers um 1800. Berlin 1955, Zitat S. 42, S. 38 ff., 67 ff.; *Brunner*, Horst: Meistergesang und Reformation. Die Meistergesangbücher 1 und 2 des Hans Sachs. In: Grenzmann, Ludger/Stackmann, Karl (Hrsg.): Literatur und Laienbildung im Spätmittelalter und in der Reformationszeit. Stuttgart 1984, S. 732 ff.

95 *Schulz*, Knut: Die Handwerksgesellen. In: Moraw, Peter (Hrsg.): Unterwegssein im Spätmittelalter. Zeitschrift für Historische Forschung, Beiheft, 1985, S. 71 ff.; *Stöckle*, Frieder: Fahrende Gesellen. Des alten Handwerks Sitten und Bräuche. Würzburg 1980

96 *Stagl*, Justin: Apodemiken: Eine räsonnierte Bibliographie der reisetheoretischen Literatur des 16., 17. und 18. Jahrhunderts. Paderborn 1983

97 *Conrads*, Norbert: Ritterakademien der frühen Neuzeit. Bildung als Standesprivileg im 16. und 17. Jahrhundert. Göttingen 1982

98 Leben des Benvenuto Cellini, übers. von (Joh. Wolfgang von) Goethe. Tübingen 1803, ND mit einem Nachwort von Harald Keller. Frankfurt a.M. 1981

99 *Vincentz*, Wolfgang: Goldschmiede-Chronik 1534–1583. In: Fischer, Wolfram (Hrsg.): Quellen zur Geschichte des deutschen Handwerks. Selbstzeugnisse seit der Reformationszeit. Göttingen 1957, S. 30ff.

100 *Benzing*, Josef: Die Buchdrucker des 16. und 17. Jahrhunderts im deutschen Sprachgebiet. Wiesbaden, [2]1982; *Brenni*, Vito J.: The art and history of book printing: a topical bibliography. Westport/Conn. 1984

101 *Stürmer*, Michael (Hrsg.): Herbst des Alten Handwerks. Zur Sozialgeschichte des 18. Jahrhunderts. München 1979, S. 73ff.; *Proesler*, Hans: Das gesamtdeutsche Handwerk im Spiegel der Reichsgesetzgebung von 1530 bis 1806. Berlin 1954

102 *Blumenberg*, Hans: Die Lesbarkeit der Welt, Frankfurt a.M. 1983, S. 59ff., S. 96.

103 *Warnke*, Martin: Bau und Überbau. Soziologie der mittelalterlichen Architektur nach den Schriftquellen. Frankfurt/M. [2]1979

104 *Grote*, Andreas: Der vollkommen Architectus. Baumeister und Baubetrieb bis zum Anfang der Neuzeit. München [2]1966; *Binding*, Günther/*Nußbaum*, Norbert: Der mittelalterliche Baubetrieb nördlich der Alpen in zeitgenössischen Darstellungen. Darmstadt 1978

105 *Maschke*, Erich: Die Brücke im Mittelalter. In: Maschke, Erich/Sydow, Jürgen (Hrsg.): Die Stadt am Fluß. Sigmaringen 1978, S. 9ff., S. 25

106 Vgl. 103, S. 100ff; Anm. 139f; zur sozialen Stellung und Ausbildung von Baumeistern in der frühen Neuzeit vgl. exemplarisch *Roeck*, Bernd: Elias Holl. Architekt einer europäischen Stadt. Regensburg 1985

107 *Braunfels*, Wolfgang: Karls d. Großen Bronzewerkstatt. In: Braunfels, Wolfgang (Hrsg.): Karl der Große. Lebenswerk und Nachleben, Bd. 3; Düsseldorf 1965, S. 198f.; *Fleckenstein*, Josef: Einhard, seine Gründung und sein Vermächtnis in Seligenstadt. In: Fleckenstein, J.: Ordnungen und formende Kräfte des Mittelalters. Göttingen 1989, S. 84ff.

108 Vitruv: erste illustrierte Ausgabe 1511: ital Übers. Lorenzo *Cesarino*. Como 1521; erste kommentierte deutsche Übers. Walter *Ryff*: Vitruvius Teutsch. Nürnberg 1548; vgl. 21; vgl. 104; *Kruft*, Hanno-Walter: Vitruv, Festungsbau und Humanismus. In: Worstbrock, Franz Josef (Hrsg.): Krieg und Frieden im Horizont des Renaissancehumanismus. DFG Mitt. XIII der Kommission für Humanismusforschung. Weinheim 1986, S. 163–184

109 Vgl. 104; vgl. 103; *Segers*, Volker: Studien zur Geschichte der deutschen Steinmetzbruderschaft. Mit bes. Berücksichtigung der für das Straßburger

Gebiet geltenden Ordnungen und Bestätigungsurkunden (15–17. Jahrhundert). Berlin 1980

110 *Hahnloser,* Hans R. (Hrsg.): Villard de Honnecourt. Kritische Gesamtausgabe des Bauhüttenbuches. Graz ^{2}1972; vgl. 60, S. 117 ff.

111 *Haskins,* Charles Homer: Studies in the History of Mediaeval Science. Cambridge 1924, S. 299 ff.; *Willemsen,* Carl A: Das Falkenbuch Kaiser Friedrichs II. In: Atti del Convegno internazionale di Studi Federiciani. Palermo 1952, S. 449–459; *Hotz,* Walter; Pfalzen und Burgen der Stauferzeit. Darmstadt 1981, S. 329 ff.

112 *Olschki,* Leonardo: Bildung und Wissenschaft im Zeitalter der Renaissance in Italien. Leipzig 1922, ND Vaduz 1965, S. 187 f; *Klemm,* Friedrich: Zur Kulturgeschichte der Technik: LA, S. 96 ff.

113 *Alberti,* Leonbattista: De re aedificatoria. Faksimile München 1975; *Alberti,* Leonbatista: Zehn Bücher über die Baukunst, Darmstadt 1975; Zitat nach *Baxandrall,* Michael: Die Wirklichkeit der Bilder. Malerei und Erfahrung im Italien des 15. Jahrhunderts. Frankfurt a.M. 1977, S. 143 f.

114 Vgl. 41; *Olschki,* Leonardo: Die Literatur der Technik und der angewandten Wissenschaften vom Mittelalter bis zur Renaissance. Heidelberg 1919, ND Vaduz 1965, S. 252 ff.

115 *Eis,* Gerhard: Mittelalterliche Fachliteratur. Stuttgart ^{2}1967; *Eis,* Gerhard: Forschungen zur Fachprosa. Bern 1971; *Keil,* Gundolf (Hrsg.): Fachprosa-Studien. Beiträge zur mittelalterlichen Wissenschafts- und Geistesgeschichte, Berlin 1982; *Olschki,* L.: Galilei und seine Zeit, ND Vaduz 1965

116 *Schmidtchen,* Volker: Kriegswesen im späten Mittelalter. Weinheim 1988; *Conermann,* Klaus: Der Poet und die Maschine. Zum Verhältnis von Literatur und Technik in der Renaissance und im Barock. In: Allemann, Beda/Koppen, Erwin (Hrsg.): Teilnahme und Spiegelung, FS für Horst Rüdiger, Berlin 1975, S. 173–192; vgl. 69, Bibliographie

117 *Agricola,* Georg: De re metallica. Zwölf Bücher vom Berg- und Hüttenwesen, Basel 1546, München (dtv) 1977; *Suhling,* Lothar: Georgius Agricola und der Bergbau. Zur Rolle der Antike im montanistischen Werk des Humanismus. In: Buck, August/Heitmann, Klaus (Hrsg.): DFG Mitt. X der Kommission für Humanismusforschung. Weinheim 1983, S. 149–165; *Witthöft,* Harald: Georg Agricola über Maß und Gewicht der Antike und des 16. Jahrhunderts – als Arzt, Humanist und Ökonom. In: Kellenbenz, Hermann/Pohl, Hans (Hrsg.): Historia socialis et oeconomica. FS für Wolfgang Zorn. Stuttgart 1987, S. 338–369

118 *Pohlmann,* Hansjörg: Neue Materialien zur Frühentwicklung des deutschen Erfinderschutzes im 16. Jahrhundert. In: Gewerblicher Rechtsschutz und Urheberrecht 62, 1960, S. 272–281; *Wadle,* E.: Patent (gewerblich). In: Erler, Adalbert/Kaufmann, Ekkehard (Hrsg.): Handwörterbuch zur deutschen Rechtsgeschichte, Bd. 3. Berlin 1984, Sp. 1533–1540. *Schottenloher,* Karl: Die Druckprivilegien des 16. Jahrhunderts. In: Gutenberg-Jahrbuch 8, 1933, S. 89 ff.

119 *Köhler,* Erich (Hrsg.): D'Alembert, Discours preliminaire de l'Encyclopedie. Einleitung zur Enzyklopädie von 1751, Hamburg ^{2}1975, S. 220 ff.; Schlußzitat S. 76

Die Anfänge eines technischen Bildungssystems

Helmuth Albrecht

Seinem ganzen Selbstverständnis nach verstand sich das 18. Jahrhundert als das „philosophische" Jahrhundert, als das „Jahrhundert der Vernunft" und als das „Jahrhundert der Pädagogik"[1]. Staat, Recht und Wirtschaft, Kunst und Literatur, Natur und Technik, Glaube und Wissenschaft schienen nun vernunftsgemäßer Ordnung und Reglementierung zugänglich. Es ging fortan darum, die Vernunft in der Bewährung des wirklichen Lebens gegen eine unvernünftig erscheinende Tradition durchzusetzen.

Aufklärung und beruflich-technische Bildung

Ihren Ausdruck fanden die auf der Vernunft begründeten Bestrebungen in der gesamteuropäischen Bewegung der „Aufklärung", die im 18. Jahrhundert alle Lebensbereiche erfaßte und den Prozeß der Säkularisierung der modernen Welt beschleunigte. Der große deutsche Philosoph Immanuel Kant (1724–1804) definierte in einer kleinen Schrift aus dem Jahre 1784 Aufklärung als die Befreiung „des Menschen aus seiner selbstverschuldeten Unmündigkeit", aus dem „Unvermögen, sich seines Verstandes ohne Leitung eines anderen zu bedienen". „Habe Mut, dich deines eigenen Verstandes zu bedienen"[2], rief Kant seinen Zeitgenossen zu. Dieser Mut zum eigenen Verstand und zur Individualität sollte den Menschen zur „Glückseligkeit" führen. Die naturgegebene, vom gesellschaftlichen System unabhängige „Vernunft" sollte dabei der Maßstab allen Denkens und Handelns sein. Sie hatte die einzige und letzte Instanz zu sein, die über Methoden, Wahrheit und Irrtum jeder Erkenntnis ebenso entschied wie über die Normen des politischen, sozialen und ethischen Handelns. [V-1]

In diesem System der Vernunft sollte der Mensch ein arbeitsames, an „Nützlichkeit" und „Tugend" orientiertes Leben führen. Erreichen konnte er dieses Ziel durch eine alle Lebensbereiche und alle sozialen Schichten erfassende „Erziehung zur Arbeit". „Alles ist gut, wie es aus

Ueber die Bildung der Jugend zur Industrie.

Ein Fragment.

Göttingen, bey Johann Christian Dieterich 1785.

In seiner berühmten Schrift „Über die Bildung der Jugend zur Industrie" skizziert Heinrich Philipp Sextro (1746–1836) die Aufgaben und Ziele der Industrieschulen. Er fordert darin die Erziehung des Menschen zur „Industrioesität", das heißt zu Fleiß, geistiger Wendigkeit, Offenheit und Eigeninitiative.

den Händen des Schöpfers kommt", schrieb Jean-Jaques Rousseau (1712–1778), der vorrevolutionäre französische Gesellschaftskritiker, in seinem 1762 erschienenen und vielgelesenen Erziehungsroman „Emile"[3]. Dessen Erziehungstheorie beeinflußte nachhaltig Aufklärer wie Johann Bernhard Basedow (1724–1790) oder Johann Heinrich Pestalozzi (1746–1827). Weiter heißt es dort: „Alles entartet unter den Händen des Menschen... Wir wissen nichts und brauchen Vernunft. Was uns bei der Geburt fehlt und was wir als Erwachsene brauchen, das gibt uns die Erziehung". Sinnfällig wird hier der von der Aufklärung vertretene Glaube an Macht und Aufgabe der Pädagogik umschrieben. „Allen ist alles zu lehren", war schon die Erkenntnis der didaktischen Reformer des 17. Jahrhunderts. Eine Generation später war diese Erkenntnis bereits eine nicht mehr bezweifelte Gemeinüberzeugung. Es ging jedoch nun nicht mehr allein um eine neue, allgemein verwendbare Methode zur Vermittlung einer sittlich indifferenten Gelehrsamkeit. Man wollte vielmehr den Menschen dazu führen, daß er sich in der Wirklichkeit des Lebens bewähren konnte.

Alle Aufklärungspädagogen – wie Karl Friedrich Bahrdt (1741–1792), Joachim Heinrich Campe (1746–1818), Ernst Christian Trapp (1745–1818), Peter Villaume (1746–1825) und Heinrich Philipp Sextro (1746–1836) – besaßen für ihre Bestrebungen ein gemeinsames Ziel: Sie wollten das Wohlergehen des Einzelnen und durch dieses das Wohlergehen der Gesellschaft. Jedes Mitglied der Gesellschaft sollte im Rahmen seines Standes systematisch für nutzbringende Arbeit, für eine spezielle Tätigkeit, für einen Beruf vorbereitet werden. Die auf diese Weise angestrebte „Allgemeinbildung" war also vor allem eine allgemeine Berufs-Erziehung. Der aufgeklärte Bürger sah darin einen Weg zu Glück, Tugend und Wohlstand. Eine solche Erziehung lag aber ebenso im Interesse des absolutistischen Staates. Er brauchte die allgemeine Erziehung zur Arbeit, um seine ökonomische und politische Macht zu sichern und zu stärken.

Diese Parallelität der Interessen zweier grundsätzlich auseinanderstrebender gesellschaftlicher Kräfte, der des Bürgertums und der des feudalen Adels, schuf die Voraussetzungen für die Entstehung einer neuen Art von Bildung noch vor dem Einsetzen der Industrialisierung in Deutschland. Aus der Überzeugung heraus, daß die Pflicht des Menschen zum tätigen Leben bestimmend für seinen Bildungsgang zu sein hätte, entstand die Idee der „Berufsbildung" für alle Schichten des Volkes. Ihr grundlegendes Bildungsziel war die Erziehung zur „Industriösität". Im allgemeinen Sprachgebrauch des 18. Jahrhunderts bedeutete „Industrie" noch so viel wie Fleiß und Regsamkeit. Der

Begriff der „Industriösität" erstreckte sich daher nicht nur auf den Bereich der Industrie im heutigen Sinne, sondern umfaßte ebenso das Handwerk und die Landwirtschaft, die Wissenschaft und die Kunst. Nirgends wird das deutlicher als in dem leidenschaftlichen Appell Joachim Heinrich Campes: „In den Schulen, oder nirgends kann eine Nation zur Industrie, wie zu jeder anderen moralischen und politischen Tugend gebildet werden... In den Schulen, ihr Fürsten! In den Schulen, ihr Väter des Staats! In den Schulen oder nirgends muß man die Werkstatt anlegen, wenn man Menschen veredeln, Gewerbe, Künste und Wissenschaften befördern, und Nahrung und öffentlichen Wohlstand seines Landes erhöhen will!" [4]

Berufliche Bildung war also mehr als bloße technische Bildung. Nichtsdestoweniger führte sie jedoch im Laufe des 18. Jahrhunderts zu ersten Anfängen eines beruflich orientierten technischen Bildungssystems, das zur Ausgangsbasis für das technische Bildungswesen des 19. und 20. Jahrhunderts wurde.

Das deutsche Bildungswesen und die Berufsbildung zu Beginn des 18. Jahrhunderts

Die Bildungstheoretiker interessierten sich nicht erst seit dem 18. Jahrhundert für die Beziehung der Schule zu den konkreten Aufgaben von Stand und Beruf. Den bloßen Verbalismus der alten Lateinschule hatte bereits der Theologe und Pädagoge Johann Amos Comenius (1592–1670) heftig kritisiert. Er forderte, daß auch Inhalte der sichtbaren Welt sowie die lebenden Sprachen neben dem bislang allein üblichen lateinischen Unterricht vermittelt werden. Schon Comenius verwendete den Begriff der „Nützlichkeit" im Zusammenhang mit Erziehung, ohne ihn jedoch im wirtschaftlichen Sinne zu verstehen. Er diente auch als Begründung für die Forderung nach einer allgemeinen Schulpflicht, die im Deutschland des 17. und 18. Jahrhunderts nur ansatzweise verwirklicht war. Von Bedeutung ist, daß die neue Erziehung zur „Nützlichkeit" bereits auf die jeweils konkreten Aufgaben des diesseitigen Lebens bezogen war. Von hier aus bedurfte es nur noch eines kleinen Schrittes, um die „Nützlichkeit" als Differenzierungsgesichtspunkt für die Erziehung der zu verschiedenen Aufgaben im Leben bestimmten Menschen zu verstehen.

Diesen entscheidenden Schritt vermochten die alten traditionalistischen städtischen und fürstlichen Lateinschulen jedoch nicht zu vollziehen. Ihr Unterricht konzentrierte sich meist auf die Imitation der alten

Der große tschechische Theologe und Pädagoge Johann Amos Comenius (1592–1670) versuchte, die Anschauungen seiner Zeit über Erziehung und Unterricht systematisch darzustellen. Er forderte eine für alle Menschen offenstehende universelle Bildung im Sinne eines christlichen Humanismus. Mit seiner „großen Unterrichtslehre", einer Verbindung von „Sache und Sprache", von Sach- und Sprachunterricht, ist er indirekt auch Wegbereiter für die naturwissenschaftliche und technische Bildung späterer Jahrhunderte.

Schon frühzeitig gehörte in den Ritterakademien der Unterricht in Mathematik und ihre Anwendung in militärischer und ziviler Baukunst zum Lehrplan adliger Schüler. Die Ritterakademien werden zum Vorbild der technischen Lehranstalten für das Bürgertum.

Sprachen, obwohl deren soziale Bedeutung mit dem Aufkommen der französischen Kavaliersbildung im Hochadel längst zurückgegangen war. Methodik und Inhalt des Unterrichts waren durch Gedächtnisdrill und eine simple Prügelpädagogik gekennzeichnet. Fest angestellt und besoldet waren zumeist nur die Rektoren der Lateinschulen, während der Rest der Lehrer sich überwiegend aus den Reihen der Pfarramtskandidaten rekrutierte, die auf diese Weise die Wartezeit auf eine feste Anstellung zu überbrücken suchten. Ihre pädagogische und fachliche Eignung für ihre Aufgabe bezogen diese Lehrkräfte neben ihrem kurzen Theologiestudium lediglich aus der Erinnerung an ihre eigene, meist ebenso trostlose Schulzeit. Der Adel, bei dem im 17. Jahrhundert eine Standeserziehung erneut betont wurde, hatte aus dem desolaten Zustand der Lateinschulen bereits die Konsequenzen gezogen und seine Söhne auf die Ritter- und Militärakademien geschickt oder der privaten Erziehung durch Hofmeister überlassen. Als Folge dieser Entwicklung waren die Lateinschulen noch mehr im Niveau gesunken, so daß sie für die neue Aufgabe der Berufsbildung zu Beginn des 18. Jahrhunderts völlig ungeeignet erschienen.

Nicht viel besser stand es zur gleichen Zeit um das Unterrichtswesen für die unteren Bevölkerungsschichten. Auf die fehlende Schulpflicht wurde bereits hingewiesen. Zwar hatten einige Kleinstaaten wie Wei-

Hörsaal des 1592 in Tübingen eingeweihten Collegium illustre. Es war Vorbild für zahlreiche weitere Gründungen von Ritterakademien und diente vor allem der Ausbildung von adligen Zivilbeamten in Württemberg. Auf der Abbildung sieht man den Professor auf dem Katheder im Hintergrund, davor in den Bankreihen seine adligen Zuhörer, links die Fürstenbank.

mar (1619) oder Gotha (1640) den Schulbesuch schon frühzeitig gesetzlich verankert, aber Preußen folgte diesem Beispiel erst im Jahre 1717 und sorgte auch dann nur sehr zögernd für dessen Beachtung. Die Misere des Schulwesens für das einfache Volk resultierte aber vor allem aus zwei Faktoren: Zum einen war der Unterricht auf eine zu eng gefaßte religiöse Unterrichtslehre reduziert, und zum anderen sorgten die schlechten Lebensbedingungen der Menschen dafür, daß diese ihre Kinder frühzeitig zum Erwerb des Lebensunterhalts heranziehen mußten und sie damit vom Schulbesuch abhielten. Schlecht ausgebildete und unterbezahlte Lehrer, ein simpler und schematischer Unterricht sowie fehlende oder mangelhafte Schulbücher trugen darüber hinaus ihren Teil zur schlechten Lage des niederen Bildungswesens bei.

Ansätze zu einer berufsbezogenen Ausbildung bestanden daher am Ende des 17. Jahrhunderts lediglich in Gestalt der Handwerkslehre in den Zünften oder in den schon erwähnten Ritterakademien des Adels. Die handwerkliche und kaufmännische Meisterlehre bot aufgrund der wenigen für die „Meisterlaufbahn“ zur Verfügung stehenden Stellen nur einer begrenzten Zahl von Jugendlichen eine Ausbildungsmöglichkeit. Darüber hinaus stand das in sich erstarrte Zunftwesen technologischen und wirtschaftlichen Neuerungen so ablehnend gegenüber, daß seine überlieferte Form der Berufsausbildung den nun gestellten Anforderungen nicht mehr zu genügen vermochte. Gleiches galt für die Ausbildung auf den Ritterakademien, die seit dem 16. Jahrhundert dem Nachwuchs des Adels vor allem nützliche Kenntnisse für seine spätere Tätigkeit in Verwaltung, Militär und Diplomatie vermittelte. Neue naturwissenschaftliche Erkenntnisse und technische Entwicklungen des 17. und 18. Jahrhunderts erforderten gerade im Bereich der Leitung des merkantilistischen Staates neue Bildungsmöglichkeiten für das überwiegend adelige Beamtentum. Hier kam den Ritterakademien das Verdienst zu, als erste Lehranstalten ein umfassendes Programm der Berufserziehung unter konsequenter Einbeziehung der „Realien“ verwirklicht zu haben. Als Vorbild für eine umfassende Berufs-Erziehung waren sie jedoch wenig geeignet, da sie allein dem Stand des Adels vorbehalten waren und ausschließlich der künftigen gesellschaftlichen Funktion ihrer Schüler verpflichtet blieben. [V-3.1; V-3.6.3]

Das neu zu schaffende berufliche Ausbildungswesen, in dem der vom Merkantilismus geprägte absolutistische Staat „das Werkzeug für die Hebung seiner materiellen Wohlfahrt und die Stärkung seiner Macht“ sah [5], mußte sich demnach in zweierlei Hinsicht etablieren: in Überwindung der nicht mehr zeitgemäßen Berufserziehung der Zünfte und des Adels und zugleich in der Reform des einseitig auf Gelehrtenbildung ausgerichteten Schulwesens.

Die Anregungen für diese Neugestaltung des Bildungswesens nahm das 18. Jahrhundert auf breiter Front auf. Es schuf die theoretisch geforderte „industriöse“ Gesinnung des Bürgertums als real existierende Macht, als unermüdliche Betriebsamkeit, neue Produktions- und Arbeitsmethoden zu erforschen und das Denken der Kinder von früh an auf eben diese zu richten. Der Zeitgeist unterstützte den Erziehungswillen des merkantilen Staates durch wissenschaftliche „Akademien“ und „Moralische Wochenschriften“. Er bekämpfte Verwahrlosung, Armut, Bettelei und Faulheit durch die Errichtung von Waisen- und Arbeitshäusern, von Armen-, Bauern- und Industrieschulen. Er entwickelte die ersten Realschulen, schuf Handelsschulen und Lehranstalten für Forst- und Landwirtschaft, gründete Zeichenschulen und Fachschulen für Bauwesen und Bergbau, etablierte die „ökonomischen Fakultäten“, die den Universitäten angegliedert waren und gründete „ökonomische“ Gesellschaften. Die Einsicht von der Notwendigkeit einer umfassenden Verbesserung der Bildungsmöglichkeiten führte schließlich zu einer Reform, die von der Volksschule bis zur Universität reichte. [V-3.4; V-3.6.3]

Die Realisierungen der Reformprojekte des 18. Jahrhunderts lassen zwei große Richtungen erkennen: die Einrichtungen für das einfache Volk, das lediglich Objekt dieser Bemühungen blieb, und solche für die Oberschicht des Bürgertums und des Adels, wobei vor allem das Bürgertum eher als Subjekt der pädagogischen Bemühungen wie der Aufklärung überhaupt anzusehen ist. Dementsprechend unterschiedlich – je nachdem, für welche soziale Schicht sie gedacht waren – fielen die Modelle der neuen Bildungseinrichtungen aus. Mit der Industrieschule, der Realschule und den Fachschulen sollen die wichtigsten dieser beruflich-technischen Bildungseinrichtungen des 18. Jahrhunderts im folgenden näher vorgestellt werden.

Berufsbildung für das einfache Volk: Das Industrieschulkonzept

Als Ausweg aus der Misere des Unterrichtswesens für das einfache Volk wurde im 18. Jahrhundert das Konzept der Industrieschule als einer Schule für die Erziehung zur „Industriösität" entwickelt. Seine Wurzeln lassen sich bis zu den holländischen Armenkinderanstalten des 16. Jahrhunderts zurückverfolgen, an denen die ersten Versuche einer allgemeinen Arbeitserziehung von der Kinderfürsorge ausgingen. Nur wenig später entstanden ähnliche Einrichtungen in England und Frankreich. In Deutschland wurden Arbeitshäuser für Arme, Waise und Straffällige nach holländischem und englischem Vorbild seit Ende des 17. Jahrhunderts errichtet.

In diesen neuen Industrieschulen unternahm man den Versuch, die allgemeine Schul- und Unterrichtspflicht durchzusetzen, indem die Notwendigkeit der Kinderarbeit akzeptiert und zum Bestandteil der Schule selber gemacht wurde. Die ersten im größeren Umfang errichteten Industrieschulen waren daher eigentlich von Kindern betriebene Gewerbeunternehmen, die den Bedürfnissen der Elementarschule angepaßt waren. Ökonomische und pädagogische Gesichtspunkte gingen dabei Hand in Hand. Die Erziehung des gesamten Volkes zur „Industriösität" als einer gesellschaftlichen Tugend und das der Aufklärung verpflichtete Programm einer allgemeinen Schulpflicht bildeten hier eine Einheit.

Unter dem Einfluß der Aufklärungspädagogen August Hermann Francke (1663–1727), Joachim Heinrich Campe, Ferdinand Kindermann (1740–1801), Heinrich Philipp Sextro und Johann Heinrich Pestalozzi verbreitete sich der Industrieschulgedanke im 18. Jahrhundert im gesamten deutschen Sprachgebiet. Einen gewissen Höhepunkt erreichte diese Entwicklung im Jahre 1785 mit der Veröffentlichung des berühmten Fragments „Ueber die Bildung der Jugend zur Industrie", in dem Sextro Begriff und Zielsetzung der Industrieschulpädagogik definierte. Danach sollte die Industriebildung mehr sein als die alte Arbeitserziehung der Armenschulen, die lediglich auf die frühe Gewöhnung an Arbeit zielte. Zur Industrie bilden hieß für Sextro, den Menschen von Kindheit an in seiner inneren Struktur zu verändern, ihn mobil und flexibel zu machen. Neben die Erziehung zum Fleiß hatte die Erziehung zur geistigen Wendigkeit, zur Offenheit für neue Erfahrungen, zur Eigeninitiative, zur Kritik des eigenen Handelns und zum Mut zum Risiko zu treten. Dies konnte nach Auffassung der Industriepädagogen nur in einem neuen Elementarschultyp verwirklicht werden.

Aus den Bestrebungen, die Jugend auf das Erwerbsleben vorzubereiten und ihre Ausbildung bereits den Erfordernissen der späteren Berufstätigkeit anzupassen, entwickelten sich im Verlauf des 18. Jahrhunderts hauptsächlich zwei Typen von Industrieschulen. Die erste Gruppe bildeten die Armen-, Spinn- und Erwerbsschulen. In ihnen sollten in Not geratene Menschen mit praktischen Arbeiten vertraut gemacht werden, um künftig ihren Lebensunterhalt selbst zu verdienen. Darüber hinaus verfolgten diese Industrieschulen die Absicht, Jugendlichen aus armen Bevölkerungskreisen Arbeitsfertigkeiten und -kenntnisse zu vermitteln, damit diese frühzeitig in das Erwerbsleben integriert werden konnten. Die dadurch erreichte Entlastung der öffentlichen Armenpflege durch Verminderung der Zahl der Almosen-empfänger lag zweifellos im Interesse des Staates. Die Industrieschulen versprachen nicht nur eine mögliche Reduzierung der Unterstützungsaufwendungen, sondern zusätzlich und gleichzeitig eine Steigerung der Wirtschaftskraft durch die Verbesserung der wirtschaftlichen Leistung der Bürger.

Auf staatliche Anordnung entstanden daher auf dem Lande und in den Städten zahllose Industrieschulen in Verbindung mit Armen-, Waisen- und Arbeitshäusern, die vielfach aus bereits vorhandenen Elementarschulen hervorgingen. In Ergänzung zum bisherigen literarischen Unterricht vermittelten sie vor allem Kenntnisse über Arbeiten, die mit der Herstellung oder Weiterverarbeitung von Textilien zusammenhingen, wie zum Beispiel das Stricken und Nähen oder das Flachs-, Wolle- und Baumwollspinnen. Hinzu traten landwirtschaftliche Arbeiten in den „Industriegärten", durch die Kenntnisse über eine bessere Bodennutzung und den Anbau neuer Pflanzen verbreitet wurden. Eine enge Verbindung dieser Industrieschulen zur lokalen Textilindustrie gab es vor allem in Böhmen und Westfalen, wo dieser neue Schultyp besonders häufig anzutreffen war. Kinderarbeit eignete sich vorzüglich für das arbeitsteilige Manufaktur- und Verlagswesen, dessen einfachste Arbeitsgänge von den Jugendlichen übernommen wurden.

Einrichtung und Unterhalt dieser Industrieschulen finanzierten in erster Linie die traditionellen Schulträger der Zeit, vor allem die Kirchen, aber auch die Städte und die Landesherren. Durch zunehmenden Widerstand gegen diese Art der öffentlichen Finanzierung sahen sich die Industrieschulen allerdings bald gezwungen, Finanzmittel aus den Einnahmen vom Verkauf der in ihnen angefertigten Produkte sowie durch Erhebung von Schulgeld für den Besuch des Unterrichts zu gewinnen. Mäzenatentum, wie im Fall der landwirtschaftlichen Musterschulen des preußischen Aufklärungspädagogen Eberhard von Rochow (1734–1805), blieb eher die Ausnahme. Die Entwicklung führte dazu, daß die an den Industrieschulen geschaffenen Verdienstmöglichkeiten mehr und mehr zum Mittel wurden, diese Anstalten zu finanzieren und wirtschaftlich auf eigene Füße zu stellen. Dieser Typus von Industrieschule degenerierte damit bald zur bloßen Filiale der Tuchfabriken und Spinnereien. Zu seinem leitenden Organisationsprinzip wurde die Wohlfahrt des Ganzen auf Kosten der bedenkenlosen wirtschaftlichen Ausnutzung des Einzelnen. Auf die noch in der Entwicklung befindlichen geistigen und körperlichen Kräfte der Jugendlichen wurde keine Rücksicht genommen. In Wirklichkeit erhielten die Schüler keine Einführung in die Vielfalt des Arbeitslebens, sondern lediglich eine spezielle Einarbeitung in einen bestimmten Zweig des Erwerbslebens. Direkt umsetzbare Arbeitsfertigkeiten und eine möglichst reibungslose Eingliederung in den Arbeitsprozeß standen im Mittelpunkt der Ausbildung. Für die Aneignung vorbereitender Kenntnisse und Fertigkeiten für spätere berufliche Aufgaben blieb kein Platz.

Diesen entscheidenden Nachteil in der Berufsbildung wollte der zweite Typus von Industrieschule vermeiden. Er suchte die rein ökonomische Zielsetzung zu überwinden und verstand sich als Bildungsanstalt, an der die sich entwickelnden Kräfte der Jugendlichen durch die Vielfalt der Arbeits- und Unterrichtsbeschäftigungen ausgebildet werden konnten. Wesentliche Aufgabe der Industrieschule ist hier die Vermittlung einer praktisch-theoretischen berufsbezogenen Bildung, an die sich die Erlernung einer speziellen Berufstätigkeit erst anzuschließen hatte. Manuelle Arbeit sollte nicht bloß gewohnheitsmäßig eingeübt werden, sondern der Umgang mit ihr zu Reflexionen anregen und so ein theoretisches Verständnis für die spätere Arbeits- und Berufspraxis vermitteln. Um dieses Ziel zu erreichen, waren drei Hauptforderungen zu erfüllen: einmal die Berücksichtigung der Begabungen und Neigungen der Schüler, zum zweiten Einbeziehung der Gesamtheit der wichtigsten landwirtschaftlichen und gewerblich-handwerklichen Produktionsformen, und letztlich die Verbindung von praktischen Fertigkeiten und theoretischen Grundkenntnissen in einer Weise, die zum Mitdenken anzuregen hatte.

Zur Erfüllung dieser Ansprüche waren die Armen-, Spinn- und Erwerbsschulen weder von ihrer Organisation noch von ihrer pädagogischen Grundlage her konzipiert. Heinrich Philipp Sextro entwickelte daher in seiner bereits erwähnten Schrift „Ueber die Bildung der Jugend zur Industrie" ein Industrieschulprogramm, daß die genannten Forderungen erfüllte. Sextro selbst gründete zwar erst im Jahre 1791 in Helmstedt eine Industrieschule, beeinflußte aber mit seinen Überlegungen auch die bereits bestehenden Industrieschulen Böhmens sowie die bekannten Göttinger Industrieschulgründungen seiner Zeit.

In seinem pädagogischen Konzept ging Sextro von der Überlegung aus, daß die wirtschaftliche Not und der sittliche Verfall der unteren Volksschichten nur durch eine Rückbesinnung auf die Kräfte des Menschen selbst überwunden werden konnten. Diese „edelsten Kräfte der Seele und des Körpers", die in den Menschen „wie im tiefen Schlummer" ruhten, waren durch eine geeignete Erziehung freizulegen und zu fördern. Durch Erziehung sollte der Mensch zu seiner wahren Bestimmung geführt werden. Diese Bestimmung sah Sextro in einer alle Bereiche umfassenden Anregung, Bildung, Übung und Anwendung der Kräfte des Geistes und des Körpers. Auf dieses Ziel war die gesamte Bildungs- und Erziehungsarbeit auszurichten. Die dadurch erreichte Vervollkommnung des Menschen zu seiner Bestimmung bedurfte jedoch der Festigung im Berufskreis zur gemeinnützigen Brauchbarkeit. Durch Erziehung war der Mensch also sowohl zur inneren Vollkommenheit der Person als auch zur Brauchbarkeit für eine gemeinnützige Tätigkeit im Beruf zu führen. Die in dieser doppelten Forderung enthaltene Spannung zwischen den Rechten des Individuums und den Ansprüchen der Gesellschaft sah Sextro in der Einheit einer Erziehung zum Beruf gelöst, die die Menschwerdung begleitet und leitet. [V-1]

Ziel der Industrieschule ist es, den Jugendlichen ein ausreichendes Fundament an Grundwissen und Grundfertigkeiten für die Bewältigung ihrer künftigen Berufsaufgaben zu vermitteln. Ihr Lehrplan sollte daher „ausser dem zweckmässig nützlichen wissenschaftlichen und technologischen Unterricht, ausser der genauen Detailentwicklung der Gewerbe-, Kunst-, Fabrik- und Manufakturprodukte, der Werkzeuge,

Waaren u. d. gl." vor allem dafür Sorge tragen, „daß die Jünglinge nicht nur an einigen Handwerksvorrichtungen, wie etwa auf der Drechsel- und Hobelbank etc. so einmahl zur Probe Hand anlegten". Sie sollten vielmehr „alle an dem Orte mögliche Arten dieser aus der Technologie ihnen bekannt gewordenen gemeinnützigen Arbeiten, nach ihren verschiedenen Stuffen und Vorbereitungsverrichtungen, als Wolle und Seidenspinnen, Abwickeln, Weben, Wirken, Arbeiten am Feuer, auf dem Amboß, mit Hammer und Feile etc. bis zu einer gewissen Zeit und bis zu einigem relativen Grade der Fertigkeiten in jedem Geschäfte" versuchen [6].

Bei der praktischen Durchführung legte Sextro auf fünf Punkte besonderen Wert. Zunächst waren von Anfang an Unterricht und Arbeit sorgfältig und vorsichtig miteinander zu verknüpfen. Sowohl im Unterricht wie auch bei der Arbeit waren die Entwicklungsstufen der Schüler sorgfältig zu beachten. Zweitens war im Unterricht methodisch vom Leichten zum Schweren und vom Einfachen zum Komplexen vorzugehen. Die Lerngebiete sollten demnach in einer für das Lernen sinnvollen Abfolge strukturiert werden. Zum Dritten hatte das Lernen die natürlichen Kräfte der Jugendlichen „nach allen Seiten in allen Theilen der nützlichen Sprach-, Welt-, Menschen- und Naturkenntnisse" zu fördern. Ein breites und differenziertes Unterrichtsangebot sollte diesem Ziel dienen. Viertens war bei der Vorbereitung auf die künftige berufliche Tätigkeit weniger darauf zu achten, „was die Jugend hervorbringt, sondern wie sie's hervorbringt". Das Arbeitenkönnen sollte gelernt werden, wofür die Arbeit in der Praxis die geeignete Basis darstellte. Neben theoretische Kenntnis und eigene Anschauung sollte die eigene Übung in der Arbeit treten. Fünftens und letztens war durch die berufliche Grundbildung die „Gewöhnung zum Fleiß, an regelmäßige und ununterbrochene Arbeitsamkeit, an Geschicklichkeit und Fertigkeit" zu erreichen.

Die praktische Umsetzung dieser Programmpunkte in der bildungspolitischen Wirklichkeit erwies sich allerdings als schwierig. Schon Sextro selbst wußte um die Skepsis, die Interessenlosigkeit und die Widerstände gegen sein Konzept. Obwohl ursprünglich auf einen völligen organisatorischen Neubeginn zielend, regte er zunächst eine Umwandlung der vorhandenen Industrieschulen und eine sinnvolle Erweiterung der alten Lehrschulen an. Die Verbindung der Lehrschulen mit Arbeitsschulen sollte die neue Industrieschule nach Sextros Vorstellungen entstehen lassen. Beide Schulen waren in drei Klassen zu teilen, wobei der theoretische Unterricht in der Schulstube und die praktische Unterweisung in der Arbeitsstube zu erfolgen hatte. Wäh-

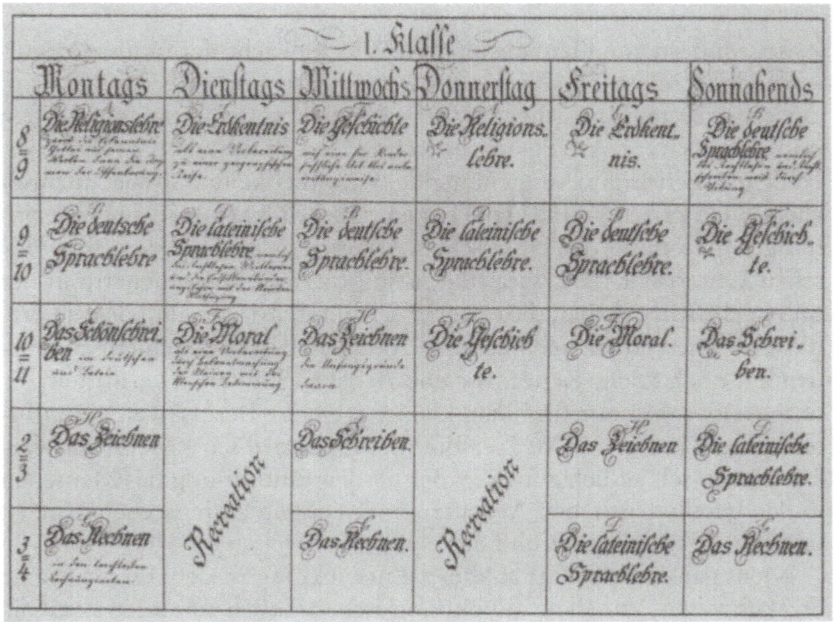

1. Klasse

	Montags	Dienstags	Mittwochs	Donnerstag	Freitags	Sonnabends
8 = 9	Die Religionslehre	Die Erdkentnis	Die Geschichte	Die Religions. lehre.	Die Erdkent. nis.	Die deutsche Sprachlehre
9 = 10	Die deutsche Sprachlehre	Die lateinische Sprachlehre	Die deutsche Sprachlehre.	Die lateinische Sprachlehre.	Die deutsche Sprachlehre.	Die Geschich. te.
10 = 11	Das Schönschrei. ben	Die Moral	Das Zeichnen	Die Geschich te.	Die Moral.	Das Schrei. ben.
2 = 3	Das Zeichnen	Recreation	Das Schreiben.	Recreation	Das Zeichnen	Die lateinische Sprachlehre.
3 = 4	Das Rechnen		Das Rechnen.		Die lateinische Sprachlehre.	Das Rechnen.

Plan einer großzügig ausgestatteten Dorfschule. Sie umfaßt neben der Wohnung des Lehrers (D–G) und der Lehrstube (B) eine Arbeitsstube (A), in der die Kinder unter anderem auch Stricken, Spinnen und Nähen lernten.

rend eine Klasse so in der Schulstube vom Schulmeister unterrichtet werden konnte, erhielten die beiden anderen Klassen praktische Unterweisungen in der Arbeitsstube. Der planmäßige Wechsel zwischen Lehr- und Arbeitsunterricht sollte die erfolgreiche Vorbereitung auf die berufliche Tätigkeit gewährleisten.

Der theoretische Unterricht konnte nach den Überlegungen Sextros von einem Lehrer abgehalten werden, während der Arbeitsunterricht durch geeignete Personen aus den verschiedensten Berufen, zum Beispiel auch der Frau des Lehrers, zu erteilen war. Der Besuch dieses Unterrichts sollte grundsätzlich beiden Geschlechtern aller Stände offen stehen. Hauptzielgruppe blieben aber die Jugendlichen der mittleren und unteren Bevölkerungsschichten, da diese den größten Teil derjenigen jungen Menschen darstellten, die unmittelbar nach dem Schulbesuch in das Berufsleben übertraten.

Obwohl sich Sextro in Deutschland, Kindermann in Böhmen oder Pestalozzi in der Schweiz bemühten, eine theoretische Grundlegung des Industrieschulkonzepts zu entwerfen und zahllose praktische Realisierungsversuche unternommen wurden, vermochte sich diese Schulform auf Dauer nicht durchzusetzen. Viele Gründe trugen zum Verblassen der Idee der beruflichen Grundbildung bei. Es waren nicht nur das Desinteresse der Schüler und ihrer Eltern an einer soliden Schulbildung, sondern vor allem die inneren Widersprüche der Industrieschulkonzeption selbst. Die Verbindung von Lehr- und Arbeitsunterricht, der zeitliche und inhaltliche Wechsel zwischen theoretischem Lernen und produktiver Arbeit erwies sich in der Praxis als unrealisierbar. Fehlende Lehrkräfte, ungenügende Räumlichkeiten sowie unzureichende Unterrichts- und Arbeitsmaterialien führten bald zu einer einseitigen Betonung der praktischen Arbeiten gegenüber dem theoretischen Unterricht. Die wirtschaftliche Nutzung überwucherte in der unterrichtlichen Arbeit die erzieherischen Intentionen und degradierte die Industrieschulen zu einfachen Produktionsstätten. Schießlich wurden nur noch solche Kenntnisse und Arbeitsfertigkeiten vermittelt, die unmittelbar und nur für einen kleinen Teil der Berufszweige von Interesse sein konnten. Das Idealbild des „industriösen" Menschen verkürzte sich schließlich zum Ziel der bloßen Einordnung des Menschen in den gesellschaftlichen Arbeitszusammenhang zum eigenen Nutzen und zur öffentlichen Wohlfahrt.

Nicht ganz unbeteiligt an dieser Entwicklung ist der absolutistische Staat gewesen. Vor allem aus ökonomischen Gesichtspunkten stand die Staatsgewalt der Industrieschulpädagogik durchaus mit Interesse gegenüber. Sie versprach Hilfe gegen Steuerausfall und Fürsorgezahlungen, gegen Unterernährung, Verwahrlosung und Arbeitsscheu der städtischen und bäuerlichen Unterschichten. Auch die Hebung des Bildungsstandes des einfachen Volkes erschien wünschenswert, solange durch sie die ökonomische Effizienz der Bevölkerung erhöht und gleichzeitig ihre politische Unterordnung erhalten blieb. Aber die „Aufklärung" des gemeinen Mannes über seine eigene Stellung im gesellschaftlichen System barg sozialpolitische Sprengkraft in sich. Zu sehr wurde dieser gemeine Mann durch das System übervorteilt, weshalb auch noch Friedrich der Große seinen Minister, den Freiherrn von Zedlitz, in einer Kabinettsorder beschied: „... darum müssen sich die Schulmeister Mühe geben, daß die Leute attachement zur Religion behalten und sie soweit bringen, daß sie nicht stehlen und morden ... sonsten ist es auf dem platten Lande genug, wenn sie ein bißchen lesen und schreiben lernen; wissen sie hingegen zuviel, so laufen sie in die Städte und wollen Sekretärs und sowas werden"[7]. Angesichts solcher Überzeugungen verwundert es kaum, daß es lediglich bei einigen geförderten Modellschulen blieb, ansonsten aber eine ausreichende staatliche Unterstützung für offenbar zu weit zielende Industrieschulkonzeptionen unterblieb.

Berufsbildung für das Bürgertum: Die Realschule und das Fachschulwesen

Hand in Hand mit der Aufklärung des einfachen Volkes ging im 18. Jahrhundert die Aufklärung für das Bürgertum. Ausgehend von den gleichen theoretischen Überlegungen kamen die Bildungsreformer, selbst Mitglieder dieses Bürgertums, hier jedoch zu qualitativ anderen Lösungen. Aufklärung für das Bürgertum hieß für sie: Realschulen, Fachschulen und technisch-ökonomische Wissenschaften an den Hochschulen. Wie bei den Industrieschulen gingen dabei aufklärerisch-pädagogische und merkantile Interessen Hand in Hand. Ein direkter Impuls seitens der technischen Entwicklung läßt sich nicht feststellen, eher umgekehrt. Wie später im 19. Jahrhundert ging auch hier die Entstehung „technischer" Bildungsanstalten der Entwicklung der Technik voraus.

Zum eigentlichen Begründer des „alten" Realschulwesens in Deutschland wurde der Pfarrer Christoph Semler (1669–1740). Im Nebenamt übte er die Funktion des Aufsichtsbeamten über die „gemeinen teutschen Schulen" der Stadt Halle aus. Die ihm dabei vermittelten Einblicke in die schulische Wirklichkeit seiner Zeit veranlaßten Semler zur Veröffentlichung eines Reformprogramms unter dem Titel „Nützliche Vorschläge von Aufrichtung einer Mathematischen Handwercks-Schule bey der Stadt Halle" (1705). Er leitete damit nicht nur eine rege Diskussion zur Reform des traditionellen Bildungswesens ein, sondern führte diese durch die Gründung der ersten eigenständigen deutschen Realschule im Jahre 1708, nur drei Jahre nach dem Erscheinen seiner Schrift, zu organisatorischen Konsequenzen. [V-3.4]

Semlers Schulgründung basierte auf der Einsicht in die Notwendigkeit einer qualifizierten Ausbildung und Erziehung zum Handwerksberuf. Die neue Schule sollte ihre Hauptaufgabe darin sehen, die notwendigen Kenntnisse und Fertigkeiten für die künftige Berufstätigkeit zu vermitteln. Aus der „Sorge für das Beste der Jugend" war Semler zu der Überzeugung gelangt, daß nicht nur diejenigen, „die einmahl studiren sollen, sondern billig alle Menschen, wes Standes sie auch sind", eine nutzbringende Ausbildung erhalten mußten. Er beklagte die herrschende Überbewertung der akademischen Berufe gegenüber den handwerklichen Tätigkeiten, der durch eine qualitative Verbesserung der berufsständischen Ausbildung entgegenzusteuern sei. Positive wirtschaftliche Folgen sollten die so zu erzielende Steigerung des sozialen Prestiges des Gewerbestandes ohnehin begleiten.

Mit der Bezeichnung „Realschule" suchte Semler die besondere Stellung seiner Schule hervorzuheben. Als eigenständige Neugründung ließ sie sich den vorhandenen niederen und höheren Schulebenen nicht zuordnen. Aufbauend auf dem bestehenden Schulsystem – aber auch neben ihm – sollte die als „Real-" oder „mathematische Handwerksschule" bezeichnete Einrichtung in Jahreskursen solchen Jugendlichen zur Fortbildung dienen, die anschließend eine handwerkliche Berufsausbildung aufzunehmen beabsichtigten. Für den Besuch des Unterrichts war ein Schulgeld zu entrichten, das im Falle armer Eltern durch ein Stipendium der „Allmosen-Cassa" aufgebracht werden konnte. Zur sonstigen Finanzierung, insbesondere der Anschaffung von Unterrichtsmaterialien, Instrumente und Unterrichtsmodelle, hatten die Innungen und Zünfte der Stadt Halle beizutragen, da diese die größten Nutznießer der Einrichtung waren.

Die Mathematik und die „mechanischen Künste" bildeten für Semler die wichtigsten Unterrichtsfächer zur Vorbereitung auf die handwerkliche Berufsarbeit. Hinzu traten Materialienkunde, Mechanik, Physik und Zeichnen als Grundlagenfächer, ferner die Biologie, Geschichte und Geographie. Darüber hinaus sollten die Schüler Kenntnisse über den menschlichen Körper, die wichtigsten Naturalien sowie die Nahrungsmittelerzeugung vermittelt bekommen. Der gesamte Unterricht hatte in enger Beziehung zur beruflichen Praxis zu stehen und erfuhr eine sinnvolle Verbindung mit dieser Praxis durch eine Vielzahl von Instrumenten und Modellen: vom Planetenmodell und Mikroskop über alle Arten von Werkzeugen bis hin zu Bergwerks- und Festungsmodellen. An ihnen sollten sich die Schüler nicht nur in bloßer Anschauung sondern auch im praktischen Umgang bilden. Vom Anschauen- und Beobachtenlassen ging hier der Weg zum Auffassen, vom Auffassen zum Denken, das durch Besprechungen und Handhabung zu stützen war. [V-3.1]

Semlers Reform zielte auf eine Schulform, die den Menschen mit der Wirklichkeit der Berufswelt vertraut machte und zugleich an den Erkenntnissen der Wissenschaften teilhaben ließ. Sein Lehrprogramm enthielt neben den nötigen Kulturtechniken zahlreiche praktisch-technische Anwendungsmöglichkeiten auf mathematisch-naturwissenschaftlicher Grundlage. Semler schuf so ein breites Fundament für die anschließende berufliche Fachausbildung und bereitete seine Schüler auf mehrere berufliche Fachrichtungen vor. Seine Schule half den Jugendlichen bei der Entscheidung für eine zukünftige berufliche Fachbildung.

Der Semlerschen Realschulgründung war keine Dauer beschieden. Dennoch blieb ihre Idee nicht ohne Nachwirkungen. Aufgegriffen und weiterentwickelt wurden Semlers Vorstellungen unter anderem von

Johann Julius Hecker (1707–1768), der im Jahre 1747 in Berlin eine „ökonomisch-mathematische Realschule" gründete. Sie sollte der Ausbildung eines Schülerkreises dienen, der „sich mit der Zeit der Handlung, den Künsten, den Manufacturen, der Haus- und Landwirtschaft, den verschiedenen Handwercken etc. etc. zu widmen gedenkket" und ging damit deutlich über Semlers ausschließliche Handwerkerbildung hinaus. Entsprechend breit angelegt war das von ihr abgedeckte Spektrum der Berufsbereiche, das neben Handwerk auch Gewerbe und Handel umfaßte. Die Ausbildung für diese Berufszweige erfolgte in mehreren Fachklassen, die Hecker nach und nach an der Realschule einrichtete. Zu ihnen zählten „nebst dem Zeichnen, die Mechanische, Geometrische und Architectur-Classe, ferner die Geographische, die Naturalien-, Manufactur- und Oeconomische-Classe, und endlich die Curiositäten- oder Extra-Classe". Hecker suchte auf diese Weise seine Schule den tatsächlichen Tätigkeitsbereichen der beruflichen Wirklichkeit anzupassen und zugleich die verschiedenen Berufe zu einer überschaubaren Zahl von Berufsgruppen zusammenzufassen. Die Realschule trug damit sowohl den Anforderungen der Berufswelt wie auch den Bedingungen einer übersichtlichen Organisationsform Rechnung. Nicht zuletzt dieser Umstand dürfte ihren großen Erfolg und ihre Dauerhaftigkeit erklären. [V-3.4]

Für den Besuch seiner Realschule verfaßte Hecker einen detailierten Zeitplan. Er sah in jeder Woche je vier Stunden Zeichnen und Mechanik, Physik und Ökonomie, je eine Stunde Mathematik und Geometrie, sechs Stunden Zivil- und Militärbaukunst sowie zwei Stunden Geographie vor. Ergänzt wurde dieser theoretische Unterricht durch vier Stunden „zum Besuch der Manufacturen und Profeßionen". Der gleichzeitig vorgesehene Besuch in der Elementarschule, wo die Anfangsgründe des Rechnens, Lesens und Schreibens vermittelt wurden, rundete den Unterrichtsplan ab. Da die Schüler nicht alle Fachklassen besuchten, blieb die Zahl der Wochenstunden für jeden Besucher in erträglichen Grenzen.

Da die mathematisch-naturwissenschaftlichen und die technischen Grundlagen der Berufsbildung in den bisherigen Schulen weitgehend vernachlässigt wurden, legte Hecker auf ihre Vermittlung besonderen Wert. Die Unterrichtsinhalte aus den Bereichen der Mathematik, der Physik und Naturlehre bezogen sich auf das gemeinsame mathematisch-naturwissenschaftliche Fundament der verschiedenen handwerklich-technischen Berufsbereiche. Sie sollten den Schülern lediglich die unverzichtbaren wissenschaftlichen Grundlagen für ihre spätere Berufstätigkeit vermitteln und sie zugleich zu analytisch-quantitativem

Denken befähigen. Darauf baute der Unterricht in der Technik auf. Hier waren die Lehrgegenstände so gewählt, daß die Besucher der Fachklassen „einen Unterricht von Werckstätten, Instrumenten und Handwercks-Geräthen" erhielten. Ferner sollten sie lernen, technische Aufgaben verschiedenster Art und Zweckbestimmung durch Beobachtung und Planung zu lösen. Der Unterricht veranschaulichte ihnen dazu die konstruktiven Eigenheiten „bey einer Festung, einem Schiff etc.", die Merkmale von „Mineralien, Metallen und Steinen" sowie „von Scheidung der Metalle, von Destillir-, Schmeltz- und Kalköfen, imgleichen von den Bergwercken und was dabey zu beobachten ist"[8]. Hinzu trat der Unterricht im Zeichnen, der über die Unterweisung im Gebrauch der Zeichengeräte hinausging und auch „eine gründliche Anweisung zum Zeichnen, sowol was die Academischen Zeichnungen und Decorationen, als auch die zur Architectur gehörige Bau-Abrisse etc. anbelanget", beinhaltete. Auf diese Weise sollten die Schüler zur möglichst exakten geistigen Durchdringung der Arbeitsvorgänge erzogen werden, ihr technisches Verständnis entwickeln und schließlich technische Zeichnungen selbständig anfertigen können.

Ein zweiter Lehrbereich der Realschule war der Land-, Stadt- und Hauswirtschaft vorbehalten. Durch sie sollten die Jugendlichen „einen gegründeten Begriff vom Feldbau, von der Viehzucht, von Gärten, von Weinbergen, von Sachen die zur Küche und Keller gehören" erhalten. Ergänzt wurde dieses Lehrangebot durch die Vermittlung von Kenntnissen über Naturalien, Waren, Manufakturen und Verkehrswege der Länder. Die gleiche Fachklasse diente der Unterweisung in theoretischen Grundkenntnissen und praktischen Fertigkeiten der kaufmännischen Korrespondenz, d. h. der Anfertigung von Briefen, Frachtscheinen, Quittungen usw. Hecker leitete seine Schüler zu experimentellen Untersuchungen und Naturbeobachtungen an. Die Modelle, Werkzeuge, Werkstücke, Instrumente und Proben einer Realiensammlung bzw. eines „Naturalien-Cabinetts" dienten ebenfalls der Veranschaulichung von Natur und Technik.

Insgesamt gesehen verfolgte Heckers Realschulmodell zwei bisher in dieser Weise nicht verwirklichte Prinzipien. Zum einen suchte er den Unterricht so zu strukturieren, daß er das Wesentliche und Grundlegende in den Mittelpunkt rückte. Die Vermittlung bloßen Faktenwissens trat damit deutlich zurück. Zum anderen suchte Hecker im Unterricht die Einheit von Theorie und Praxis zu verwirklichen. Unmittelbare Anschauung und experimentelles Arbeiten sollten so den Lernprozeß unterstützen und zugleich die Selbständigkeit der Schüler im Handeln und Denken fördern. Gegenüber Semlers Realschulkonzept unternahm Hecker damit einen deutlichen Schritt vorwärts in Richtung auf eine umfassende schulische Vorbereitung einer künftigen Berufstätigkeit. Er überwand nicht nur die einseitige Ausrichtung auf die handwerklichen Berufsarten, sondern korrigierte auch die Überbetonung der Brauchbarkeit alles Erlernten, die andere Realschulkonzepte seiner Zeit aufwiesen.

Erfolg war Heckers Realschulgründung aber vor allem deshalb beschieden, weil er sie aus den bestehenden Elementar- und Lateinschulen Berlins entwickelte, über die er selbst die Aufsicht führte. Sowohl Schüler dieser beiden Schultypen wie auch Jugendliche anderer Schulen oder mit privater Vorbildung durften in seine Realschule eintreten. Die dort vermittelten realistischen Lehrinhalte und die neuartige Methodik des Unterrichts hinterließ bei den Zeitgenossen einen tiefen Eindruck. „Das Schicksal hat gewollt", schrieb später der bekannte Berliner Buchhändler und Aufklärer Friedrich Nicolai (1733–1811), „daß ich in dem einen Jahre, welches ich in dieser Nicht-Gelehrtenschule zubrachte, weit mehr von den Anfangsgründen wahrer Gelehrsamkeit lernte als zuvor an zwei Gelehrtenschulen"[9]. Nicht zuletzt dieser Erfolg der Realschule war es, der zwischen 1747 und 1777 den vereinigten Heckerschen Schulanstalten eine Verdoppelung ihrer Schülerzahl auf 1400 Besucher bescherte.

Die Heckersche Realschule war Vorbild für viele ähnliche Schulgründungen an anderen Orten, unter anderem 1754 in Braunschweig, 1756 in Wittenberg, 1759 in Stargard, 1763 in Züllichau sowie noch später in Breslau und Erlangen. Der Realschule wurde 1748 ein Lehrerseminar angeschlossen, das erheblich zur Verbreitung der Ideen Heckers beitrug. Bis in die 80er und 90er Jahre des 18. Jahrhunderts nahm die Zahl der Realschulen in Deutschland allerdings nur langsam zu und erreichte niemals die Verbreitung der Industrieschulen. Die Ursachen dafür waren vielschichtig und regional durchaus unterschiedlich. Sie lagen nicht nur in den politischen, gesellschaftlichen und wirtschaftlichen Zeitverhältnissen, sondern auch in den Unzulänglichkeiten der Konzeption der meisten Realschulen selbst begründet. Vor allem die Vielzahl der vermittelten Einzelkenntnisse, die fehlende Beschränkung auf eine lehr- und lernbare Stoffauswahl sowie die in der Praxis nicht gelungene Verbindung wissenschaftlicher Theorie mit beruflicher Wirklichkeit führten dazu, daß das ursprünglich angestrebte Ziel einer umfassenden Vorbereitung auf den Eintritt in die Berufs- und Arbeitswelt nur unzulänglich erreicht wurde. Wie im Fall der Heckerschen Realschule verzichteten daher mit der Zeit alle diese Lehranstalten auf ihre Eigenständigkeit und ihre einseitige Ausrichtung auf die Berufswelt. Nach und nach wandelte sich die Berliner Realschule schließlich in ein Realgymnasium und eine Oberrealschule. Als solche war sie auch im 19. Jahrhundert von Bestand.

Hecker war es mit seiner Realschule gelungen, zumindest in Ansätzen eine Verbindung von theoretischer und praktischer Arbeit im Unterricht herzustellen. Der von ihm geschaffene Schultyp war jedoch seit den 1770er Jahren von den technischen und ökonomischen Fortschritten in Handel, Gewerbe und Landwirtschaft sowie den daraus resultierenden Anforderungen an das Bildungswesen überfordert. Die an den Realschulen vermittelten Kenntnisse und Fähigkeiten reichten zumindest für bestimmte Berufsgruppen nicht mehr aus. Technische Entwicklungen, wie zum Beispiel die Einführung der Dampfmaschine in den Bergbau oder das Textilgewerbe, stellten neue Anforderungen an die Ausbildung für höhere berufliche Aufgaben. Im Bergbau, im Handel und Gewerbe entstanden dafür neue Schultypen wie die „Philanthropine" und die Fachschulen unterschiedlichster Art. Sie alle besaßen jedoch in der Heckerschen Realschule eine gemeinsame Wurzel. [V-3.4]

Die pädagogische Reformbewegung des Philanthropismus nahm 1768 ihren Ausgang von Johannes Bernhard Basedows Werk „Vorstellung an Menschenfreunde" und endete etwa um das Jahr 1806 im Zusammenhang mit dem Aufkommen des neuhumanistisch-idealistisch geprägten Bildungsideals. Zu ihren bedeutendsten Vertretern zählten neben Basedow die bereits erwähnten Aufklärer Ernst Christian Trapp, Joachim Heinrich Campe, Peter Villaume sowie Christian Gotthilf Salzmann (1744–1811) und Johann Christoph Friedrich GutsMuths (1759–1839). Der Begriff des „Philanthropismus" bezeichnete die optimistische, auf die Machbarkeit des Glücks und auf allgemeine Menschenliebe – griechische „philanthropia" – bauende aufklärerische Fortschrittseinstellung. Sie wurde zur Grundlage des 1774 von Basedow in Dessau gegründeten ‚Philanthropin', einer berufsvorbereitenden Schule vor allem für Kinder des mittelständischen Bürgertums, die dort „zu einem gemeinnützigen, patriotischen und glückseligen Leben" ausgebildet werden sollten. Diesem Zweck diente ein Unterricht in den „Realien", den modernen Sprachen, Leibesübung, Sexualerziehung und Werken. Mensch- und Bürgerbildung sollten hier vereinigt werden. Zugleich hatte nach den Vorstellungen der Philanthropen eine staatliche Schulaufsicht die kirchliche zu ersetzen und eine pädagogisch fundierte staatliche Lehrerausbildung das Schulwesen auf eine neue Basis zu stellen.

Das Konzept der Philanthropine bildete den Versuch, dem als überlebt empfundenen altklassizistischen Unterrichtsbetrieb der Latein-

Philanthropischer Lehr- und Lektionsplan aus dem Jahr 1782. Im späten 18. Jahrhundert entstanden zahlreiche „philanthropische" (Philanthrop = Menschenfreund) Schulen nach dem Vorbild der von Johannes Bernhard Basedow (1724–1790) in Dessau 1794 gegründeten Erziehungsanstalt. Neben der freien Entfaltung der natürlichen Anlagen der Kinder sollte im Unterricht unter anderem durch Zeichnen, Rechnen und Erdkunde auch eine beruflich-praktische Ausbildung gegeben werden.

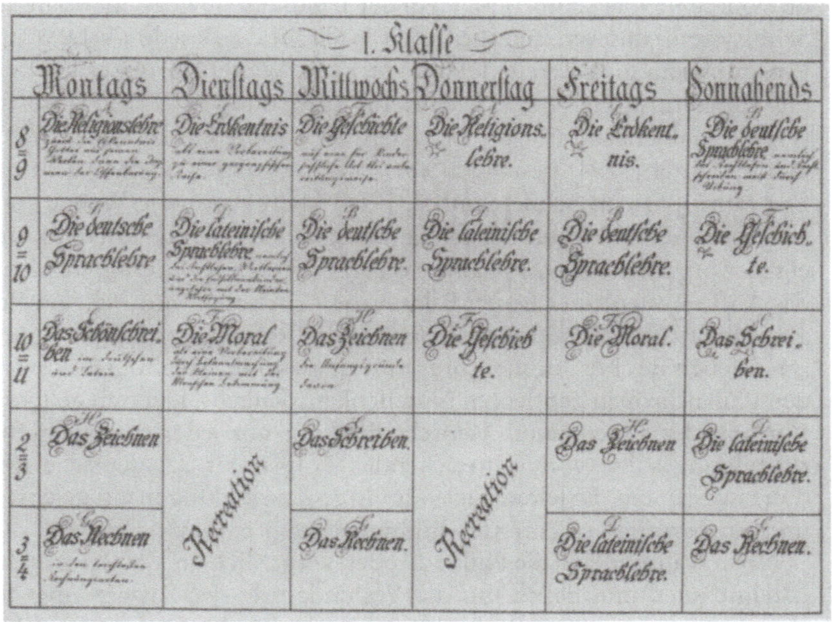

I. Klasse

	Montags	Dienstags	Mittwochs	Donnerstag	Freitags	Sonnabends
8–9	Die Religionslehre	Die Erdkentnis	Die Geschichte	Die Religions. lehre.	Die Erdkent. nis.	Die deutsche Sprachlehre
9–10	Die deutsche Sprachlehre	Die lateinische Sprachlehre	Die deutsche Sprachlehre.	Die lateinische Sprachlehre.	Die deutsche Sprachlehre.	Die Geschich. te.
10–11	Das Schönschrei. ben	Die Moral	Das Zeichnen	Die Geschich te.	Die Moral.	Das Schrei. ben.
2–3	Das Zeichnen	Recreation	Das Schreiben.	Recreation	Das Zeichnen	Die lateinische Sprachlehre.
3–4	Das Rechnen		Das Rechnen.		Die lateinische Sprachlehre.	Das Rechnen.

schulen eine modern-realistisch-bürgerliche Bildung entgegenzusetzen. Im Gegensatz zu den Industrie- oder Realschulen hatten die Philanthropine die Funktion, die Vorbereitung auf das Universitätsstudium im aufklärerischen Sinne zu reformieren. Daher sollte an ihnen auch künftig Latein gelehrt werden, wenngleich nun die weltoffene Bildung der modernen Sprachen, der Mathematik und der Naturwissenschaften in den Mittelpunkt des Unterrichts rückte. Den Lehrplan des Dessauer Philanthropins ergänzten Übungen in Musik, im Zeichnen, Hobeln, Tischlern, Drechseln sowie im Tanzen und Reiten. Die bislang vorherrschende Strenge und Eintönigkeit der Lateinschulen suchten die Philanthropine durch ein neues Selbstverständnis zu überwinden, das in der Schule auch eine Stätte der Freude, des Frohsinns und des Spiels sah. Nicht zu Unrecht beanspruchten die Philanthropen den Titel der „Menschenfreunde"!

Ziel der philanthropischen Schulreform war eine an den Grundsätzen der Aufklärung orientierte Berufs- und Standesbildung für das Bürgertum, vergleichbar der Adelsbildung an den Ritterakademien. Friedrich Paulsen (1846–1908), nannte daher das Philanthropin eine „ins Bürgerliche übersetzte Ritterakademie". Wie diese vermochte sich das Philanthropin im Bildungswesen auf Dauer nicht durchzusetzen, obwohl seine Idee, zum Beispiel in der Landschulbewegung, bis in das Schulsystem unserer heutigen Zeit nachwirkt. Basedows Dessauer Philanthropin ging bereits 1793 wieder ein. Weitere Gründungen wie die Philanthropine von Heidesheim (gegründet 1777), Hamburg (1778), Halberstadt (1778), Frankenthal (1783), Gotha (1793) oder Wolfenbüttel (1794) bestanden ebenfalls nur kürzere Zeit. Allein das Philanthropin von Schnepfenthal (1784) überdauerte die Wende zum 19. Jahrhundert. Neben der fehlenden staatlichen Unterstützung und eigener organisatorischer Mängel war für diese Entwicklung vor allem das Aufkommen einer neuen Bildungsreform verantwortlich. Zu Beginn des 19. Jahrhunderts vollzog sich die Reform der Lateinschulen im Zeichen des Neuhumanismus unter bewußter Ablehnung des von den Philanthropen gepflegten Nützlichkeitsdenkens. Der nun geltende Vorrang der allgemeinen Menschenbildung vor jeder speziellen Berufsbildung sollte von weitreichenden Folgen für das deutsche Bildungswesen sein. Er leitete die endgültige Zweiteilung in ein gelehrtes und ein beruflich orientiertes Bildungssystem ein. [V-1; V-3.3]

Noch während sich die Philanthropen vergeblich um die Reform der Lateinschulen und damit um die Verhinderung der Zweiteilung des Bildungssystems bemühten, entstand im letzten Drittel des 18. Jahrhunderts mit den Fachschulen ein weiterer neuer Schultypus im Bereich der Berufsbildung, der sich jeweils nur einer Berufsrichtung widmete. Die Idee der Fachschule wurzelte dabei nicht nur in der Heckerschen Realschule, deren zu breites und damit wenig effektives Lehrangebot die Fachschule zu vermeiden suchte. Sie bezog ihr Vorbild ebenso aus den bereits seit Jahren bestehenden, auf ein Berufsziel ausgerichteten Militärschulen und Kunstakademien. [V-3.4]

Die Anfänge des Militärschulwesens reichen bis weit in das 17. Jahrhundert zurück. Im Jahre 1604 entstand in Frankreich das erste Ingenieurkorps für den Straßen- und Festungsbau aufgrund der ständig steigenden fachlichen Anforderungen an die Ingenieuroffiziere. Ihm folgten die Errichtung des „Corps des Ingénieurs militaires" und 1716 die Gründung des „Corps des ponts et chaussées". Für die in diesen Korps tätigen Offiziere errichtete man Spezialschulen wie die Artillerieschule „La Fére", die „École des ponts et chaussées" (1747) oder die „École militaire" (1752). In Österreich wurde die erste Schule für Ingenieuroffiziere 1670 in Wien geschaffen. Später gegründete Militär- und Kriegsbauschulen in Wien, Prag und Brünn vereinigte Maria Theresia 1747 zu einer Ingenieurakademie in Wien. In der Wiener Neustadt entstand 1752 schließlich die Theresianische Militärakademie. Ähnliche Lehranstalten errichteten 1742 Sachsen sowie 1765,

1775, 1791 Preußen. Weitere deutsche Staaten folgten diesem Vorbild, ohne daß die dabei entstandenen Militärschulen aber das hohe fachliche Niveau der französischen Anstalten zu erreichen vermochten.

Waren die Militärschulen mit ihrer einseitigen Ausrichtung auf militärische Bedürfnisse für die Berufsbildung des Bürgertums völlig ungeeignet, so kamen diesem Anspruch die Kunstakademien schon näher. Die älteste Kunstschule in England, das „Museum Minerva", wurde bereits 1636 eingerichtet. 1711 bzw. 1724 entstanden in London die „Academy of Painting" bzw. die „Academy of Drawing". Frankreich gründete 1648 die „Académie de peinture et sculpture" in Paris, aus der später die „École des Beaux Arts" hervorging. Als gewerbliche Zeichenschule wurde hier 1766 die „École nationale et spéciale de dessin" eingerichtet. Eine „Akademie für bildende Künste" entstand 1692 in Wien, gefolgt von der Kunstakademie in Berlin im Jahre 1696. In Augsburg gab es die kaiserliche Akademie der Kupferstecher. Weitere Kunstakademien auf deutschem Boden wurden 1761 in Stuttgart, 1764 in Leipzig und Dresden, 1767 in Düsseldorf, 1772 in Hanau und 1776 in Schwäbisch Gmünd gegründet. Im Zusammenhang der beruflich-technischen Bildung waren diese Kunstakademien von Bedeutung, da sie neben Malern und Bildhauern auch Architekten ausbilden sollten. Darüber hinaus wurden an der Berliner Akademie ab 1790 Lehrlinge und Gesellen zum Zeichenunterricht zugelassen, ihre Bedeutung also auch in den Bereich des niederen beruflichen Schulwesens ausgedehnt. Gefördert wurde diese Tendenz noch durch die von der Kunstakademie ausgehende Gründung von „Provinzialkunstschulen" in ganz Preußen. Die wichtigsten dieser freiwilligen Schulen entstanden in Königsberg (1790), Halle und Breslau (1791), Magdeburg (1793) sowie Danzig und Erfurt (1804). An ihnen wurden Lehrlinge und Gesellen aus allen Bereichen des Handwerks im Zeichnen ausgebildet.

Neben den Provinzialkunstschulen entstanden in Deutschland im 18. Jahrhundert eine große Zahl wenig anspruchsvoller Fachschulen wie Zeichenschulen, Handwerkerschulen oder gewerbliche Sonntagsschulen. Mehr oder weniger anspruchsvoll waren auch andere Fachschulen für besondere Berufsrichtungen wie die tierärztlichen Fachschulen, die Navigationsschulen, die Handelsschulen oder die Bauschulen:

Die wichtigsten Fachschulgründungen in Deutschland erfolgten vorwiegend in der Zeit von 1750 bis 1800. Bergakademien entstanden 1765 in Freiberg in Sachsen, 1770 in Berlin und 1775 in Clausthal im Harz. Kunstakademien wurden 1696 in Berlin, 1761 in Stuttgart, 1764 in Leipzig und Dresden, 1767 in Düsseldorf, 1772 in Hanau und 1776 in Schwäbisch Gmünd gegründet. 1778 errichtete man in Hannover eine tierärztliche Fachschule und 1749 bzw. 1798 Navigationsschulen in Hamburg und Bremen. Selbständige Handelsschulen bestanden seit 1768 in Hamburg, 1778 in Magdeburg, 1791 in Berlin und 1795 in Nürnberg. An der Hohen Karlsschule in Stuttgart existierte seit 1773 eine „kameralistische und kaufmännische Abteilung". Im Jahre 1776 entstand in Berlin die „École de génie et d'architecture", die 1799 zur Bauakademie erweitert wurde und seitdem vor allem der Ausbildung von Staatsbaubeamten diente. Weitere Bauschulen wurden 1767 in Hamburg, 1768 in Burbach, 1780 in Karlsruhe, 1784 in Eisenach, 1786 in Erfurt und 1791 in Hannover gegründet. Es handelte sich dabei vor allem zunächst um architektonische Zeichenschulen, die der Fortbildung von Handwerksgesellen dienten. Die weitaus meisten dieser Fachschulen des 18. Jahrhunderts besaßen ein recht bescheidenes Niveau und waren zudem nur von kurzer zeitlicher Dauer. Eine Ausnahme bildeten hier allerdings die im gleichen Zeitraum entstandenen Bergakademien, von denen wesentliche Impulse zur Entwicklung der technischen Wissenschaften und ihrer Hochschulen ausgingen.

Von der Fachhochschule zur Hochschule der Technik

Von ihrer Gründungsgeschichte her gehören die Bergschulen des 18. Jahrhunderts noch in den eben skizzierten Zusammenhang des Fachschulwesens. Ihrer inneren Entwicklung nach wuchsen die Bergschulen jedoch schon bald über das allgemeine Niveau der übrigen Fachschulen hinaus und wurden Bergakademien, denen bereits der Charakter von Fachhochschulen gebührte. Der an ihnen erstmals konsequent unternommene Versuch einer mathematisch-naturwissenschaftlichen Grundlegung der Fachbildung sowie die vorhandenen Ansätze zu einer Verbindung von Lehre und Forschung, von Theorie und Praxis wiesen bereits den Weg zum technischen Hochschulwesen des 19. Jahrhunderts. [V-3.5]

Ähnlich wie Real- und Handwerkerschulen entstanden die Bergschulen aus dem Bedürfnis und der Notwendigkeit heraus, die unzureichende Ausbildungsform der Lehre durch eine den steigenden Anforderungen entsprechende neue Art der Berufsausbildung zu ersetzen. Neue Erkenntnisse in Chemie und Mineralogie, Fortschritte in der Vermessungskunde sowie der Einsatz neuer Techniken im Betrieb der Bergwerke – zum Beispiel der Dampfmaschine zur Entwässerung –

setzten neue Kenntnisse und damit eine erweiterte Bildung voraus. Bis in die 60er Jahre des 18. Jahrhunderts bestand die Ausbildung der Bergbeamten in einer „Lehre" bei einem oder mehreren in der Praxis erfahrenen Bergbeamten, die sich damit einen Teil ihres Lebensunterhaltes verdienten. Erst im Jahre 1702 errichtete Sachsen in Freiberg eine Stipendiatenkasse, die bis 1766 etwa 128 Stipendiaten die kostspielige bergmännische Ausbildung finanzierte. Mit rund 60 Reichstalern besaßen diese Ausbildungskosten ungefähr den Umfang eines Jahresgehalts für einen ‚Doppelhauer', d. h. einen hochqualifizierten Bergarbeiter. In Österreich-Ungarn wurden zur gleichen Zeit die Bergamtsanwärter als ‚Exspektanten' mit geringer Besoldung erfahrenen Bergbeamten zur Hilfe und zum Anlernen zugeteilt. Ein den sächsischen Verhältnissen entsprechendes Stipendiatenwesen entstand hier erst im Jahre 1725.

Der Erwerb theoretischer und praktischer Kenntnisse über den Bergbau hing in diesem System der Ausbildung weitgehend von der Bildung der Lehrmeister oder zusätzlicher Studien der Anwärter ab. In Freiberg konnten diese zusätzlichen Kenntnisse freiwillig mittels Privatunterricht seit 1733 erworben werden. In diesem Jahr errichtete der Mineraloge und Chemiker Johann Friedrich Henckel (1679–1744) ein Laboratorium für Lehr- und Forschungszwecke, in dem er zahlreiche Schüler unterrichtete. Sein Nachfolger, der Metallurge Christlieb Ehregott Gellert (1713–1795), führte diesen Unterricht seit 1747 als Privatgelehrter in Freiberg, das schon bald zur bedeutendsten Bergschule aufsteigen sollte, weiter. Sowohl Henckel wie auch Gellert übten zugleich hohe Funktionen in der staatlichen sächsischen Bergbauverwaltung aus. Seit 1720 führte der Aufschwung des niederungarischen Bergbaus im Schemnitzer Revier zu ähnlichen Entwicklungen wie in Freiberg. 1735 wurde hier erstmals ein Wissenschaftler für die Ausbildung der Stipendiaten in der Mathematik fest angestellt. Weitere Lehrer für Schmelzwesen, Probierkunde, Pochwerkssachen, Siebsatz- und Haldenarbeiten sowie Bergwerkssachen kamen hinzu, ohne daß aber eine regelrechte Bergschule entstand. Ein besonderer Ausbildungsplan für vier Stipendiaten existierte in Joachimsthal im Erzgebirge sogar schon im Jahre 1716. Neben einer zweijährigen praktischen Ausbildung sah er eine einjährige Rundreise durch andere Bergbaugebiete vor.

Die erste Hälfte des 18. Jahrhunderts bildete im Bergbau in gewissem Sinne eine Übergangsphase, in der sich die ersten Ansätze zu einer Systematisierung der Montanwissenschaften und ihrer Lehre vollzogen. Gekennzeichnet war diese Phase von einer zunehmenden Anwen-

Arbeitsraum einer englischen Industrieschule im 18. Jahrhundert. Die Kinder wurden hier vielfach als billige Arbeitskräfte ausgenutzt. Die pädagogische Arbeit trat fast völlig in den Hintergrund.

dung der Gesetze der Mathematik, Physik, Mechanik und Chemie im Bergbau. Er erwies sich für technische Neuerungen als besonders zugänglich, wie die frühe Nutzung der ersten Newcomen-Dampfmaschine im kontinentalen Bergbau im Schemnitzer Revier bezeugt. Die Ausbildung der Bergbeamten mußte dieser Entwicklung Rechnung tragen und wurde so genötigt, den bisherigen Weg der praktischen Unterrichtung mit nur sporadischer wissenschaftlicher Grundlegung zu verlassen. In diese Richtung zielte 1763 eine Resolution Maria Theresias, wonach erstens „eine practische Lehr-Schule in Schemnitz aufgerichtet", zweitens „denen philosophischen Facultäten der Befehl, dasz sie der Jugend eine mehrere Kenntnisz von denen Berg-wercks-Wissenschaften beybringen, ... ertheilet werde" und drittens Taddeus Peithner „als Professor deren sämtlichen Berg-Wissenschaften in Prag anzustellen" sei[10]. Obwohl Peithner seine Lehre in Prag begann und in Schemnitz die besagte „praktische Lehr-Schule" errichtete wurde, blieb Österreichs montanwissenschaftliches Lehrsystem weiterhin dem alten Exspektantenwesen verhaftet. Auch die 1765 in Schemnitz geschaffene Professur für Mathematik und Hydraulik änderte nichts daran, daß es weder eine Schule noch einen Lehrplan im eigentlichen Sinne gab. Die Ausbildung der Anwärter blieb auf verschiedene Bergstädte verteilt, und ihr theoretischer Teil besaß weiterhin freiwilligen Charakter. Eine grundlegende Änderung dieser Verhältnisse trat – ebenso wie in Sachsen – erst mit der Errichtung der Bergakademie ein.

Nach mehrfachen vergeblichen Vorschlägen zur Errichtung einer ordentlichen Schule oder Hochschule für Montanwissenschaften kam es in Sachsen im November 1765 zur Gründung der Freiberger „Bergakademie", die zu Pfingsten 1766 ihren Lehrbetrieb aufnahm. An ihr wurden künftig Stipendiaten sowie in- und ausländische Besucher auf eigene Kosten in den Fächern reine Mathematik (Arithmetik, Algebra, Geometrie, Trigonometrie), Mechanik, Aerometrie, Hydrostatik, Hydraulik, Rißzeichnen, geologisches Zeichnen, Maschinenzeichnen, Mineralogie, metallurgische Chemie und Hüttenkunde unterrichtet. Hinzu traten Fächer wie Markscheidekunde, Bergbaukunde (mit Lagerstättenkunde, Maschinenkunde, Aufbereitungskunde), Probierkunde sowie Anfertigung von Markscheideinstrumenten, Probiergeräten und Modellen. Den Unterricht erteilten zunächst fünf Dozenten, von denen drei nebenbei Funktionen als Bergbeamte ausübten. Besondere Lehrstühle für Physik (1769) und für Bergrecht (1785) rundeten wenig später das Lehrangebot der Bergakademie ab. Die Aufsicht über die Tätigkeit der Dozenten sowie die Direktion der neuen Lehranstalt lag beim sächsischen Oberbergamt, dessen Oberberghauptmann ‚Kurator' der Bergakademie wurde. Hervorragende Lehrkräfte, wie der bereits erwähnte Metallurge Gellert, der Mitbegründer der geologischen Wissenschaft Gottlob Abraham Werner (1749–1817), der Zeichenlehrer Joachim Friedrich Wilhelm von Carpentier (um 1800) oder der Chemiker Wilhelm August Lampadius (1772–1842), sicherten Freiberg schon im 18. Jahrhundert eine herausragende Stellung unter den Bergschulen. Unterstrichen wurde diese besondere Position noch durch zahlreiche bedeutende Schüler, unter denen die Namen Alexander von Humboldts (immatrikuliert 1791), des Dichters (Novalis) Friedrich von Hardenberg (1797), des Sohnes des Philosophen und Dichters Herder, August Wolfgang von Herder (1797) und des Geologen Leopold Buch (1790) zu finden sind.

Dem Beispiel Sachsens folgend, erweiterte Österreich-Ungarn im Jahre 1770 seine Schemnitzer Lehreinrichtungen ebenfalls zu einer Bergakademie. Entsprechend dem Freiberger Vorbild erhielt die neue Bergakademie zunächst drei Klassen für Mathematik, Chemie und Metallurgie sowie Bergbaukunde. Für sie wurden die zwei vorhandenen Professoren übernommen und eine weitere Lehrkraft neu angestellt. Im Gegensatz zu Freiberg schrieb Schemnitz von Anfang an eine dreijährige Studienzeit vor. Das erste Jahr war den mathematisch-naturwissenschaftlichen Grundlagenfächern vorbehalten. An sie schlossen sich im zweiten Jahr Unterweisungen in allgemeiner, mineralogischer und metallurgischer Chemie, Probier- und Hüttenkunde an. Den Abschluß bildeten im dritten Studienjahr die Fächer Bergbaukunde (mit Aufbereitungskunde), Bergrecht, Forstökonomie, Markscheidekunde und Zeichnen. Da alle Studenten der Bergakademie in den drei Jahren alle drei Klassen durchlaufen mußten, kam es in Schemnitz zu einer Zusammendrängung des umfangreichen Lehrstoffes und einer erheblichen Belastung der drei Dozenten. In Freiberg war dagegen bereits eine deutliche Trennung der Montanwissenschaften in Hüttenkunde und Bergbauwissenschaften vollzogen worden. Als zu Beginn des Jahres 1777 in Schemnitz nach nur etwas über sechs Jahren der Lehrstuhl für Bergbaukunde sogar aufgehoben wurde, verschlechterten sich dort die Studienbedingungen noch mehr. Bis 1812 blieb diese wichtige Professur unbesetzt. Ihre Vorlesungen wurden unter den beiden verbleibenden Professoren verteilt.

Neben Freiberg und Schemnitz entstanden im 18. Jahrhundert weitere Bergschulen in Berlin (1770) und Clausthal (1775), von denen jedoch nur Clausthal im Harz eine andauernde Entwicklung zur Bergakademie erlebte. Die Clausthaler Bergschule entstand unter weit bescheideneren Umständen als ihre Schwesteranstalten und blieb zunächst weit hinter den in Freiberg und Schemnitz gesetzten Maßstäben zurück. Freiberg entwickelte sich schnell zur ersten modernen technischen Lehr- und Forschungsanstalt in Deutschland, deren Besuch für jeden unumgänglich wurde, der sich mit technischen Fragen nicht nur des Bergbaus intensiv beschäftigte.

Die erstmalige Vereinigung von Theorie und Praxis, von Lehre und Forschung in dieser Institution, an der Wissenschaftler und qualifizierte Praktiker gemeinsam wirkten, schuf die Voraussetzungen für eine neue Periode in der Entwicklung der Montanwissenschaften. Die Bergakademien wurden nun zu den Hauptstützen einer raschen Weiterentwicklung dieser Wissenschaften, die seit 1765 zunehmend Einfluß auf die Produktion gewannen. Darüber hinaus gingen von den Bergakademien wesentliche Impulse zur Entstehung der technischen Wissenschaften überhaupt und deren Lehranstalten im besonderen aus. Nach Einrichtung, Unterrichtsmethode und Qualifikation ihrer Lehrkräfte und Absolventen blieben die Bergakademien, allen voran Freiberg, noch jahrelang unerreichte Vorbilder und die einzigen technischen

Hochschulen, die das 18. Jahrhundert auf deutschem Boden hervorgebracht hat.

Eine hochschulmäßige technische oder berufliche Ausbildung vermochten in Deutschland bis in die ersten Jahrzehnte des 19. Jahrhunderts also lediglich die Bergakademien zu vermitteln. Über diese Tatsache vermögen auch die Versuche nicht hinwegzutäuschen, im 18. Jahrhundert an den deutschen Universitäten kameralistische und technologische Lehrstühle zu etablieren. Zwar vertraten gegen Ende des Jahrhunderts mehr als 30 Professoren das Fach Technologie in Deutschland, aber sie vermochten es nicht aus der Einbindung in die Kameralwissenschaften zu befreien und über die zu enge Orientierung auf die Verfahrenskunde hinauszuführen. Zur wissenschaftlichen Bewältigung des beginnenden Industrialisierungsprozesses und der mit ihm verbundenen technischen Fortschritte war die Technologie an den Universitäten gänzlich ungeeignet, da die sie vertretenden Hochschullehrer in der Regel über keinerlei praktische Erfahrungen verfügten und so für die Ausbildung der in der Praxis benötigten Fachleute denkbar ungeeignet waren. Die Lösung dieses Problems mußte auf anderen Wegen gesucht werden. [III-4.3]

Einen Ansatz dazu unternahm, allerdings aus der Not geboren, das kleine Herzogtum Braunschweig in den beiden letzten Jahrzehnten des 18. Jahrhunderts. Die 1576 in Helmstedt gegründete und einstmals blühende Landesuniversität des Herzogtums hatte seit den Universitätsgründungen in Kiel (1665), Halle (1694) und Göttingen (1737) einen stetigen und zuletzt beängstigende Ausmaße annehmenden Niedergang erfahren. In ähnlichen Schwierigkeiten befand sich die zweite höhere Bildungsanstalt des Landes, das 1745 errichtete Collegium Carolinum in der Landeshauptstadt Braunschweig. Das als Mittelanstalt zwischen den Lateinschulen sowie der Universität und zugleich als Ausbildungsstätte für gehobene Funktionen in Verwaltung, Handel und Gewerbe konzipierte Carolinum vereinte in sich Elemente der Ritterakademien, Philantropine, Universitäten und englischen Colleges im Zeichen der Aufklärung. Zunächst erfolgreich vermittelte es damit den Söhnen des Adels und des gehobenen Bürgertums in Vorlesungen und Übungen die Grundlagen der aufklärerischen Geschmacksbildung, der Standesbildung, des Universitätsstudiums und einer höheren praktischen Berufstätigkeit. Diesen vielfachen Zwecken diente der Unterricht in den alten und neuen Sprachen, der Geschichte und Philosophie, der Religion, der Sittenlehre und Redekunst, aber auch der Mathematik und Naturwissenschaften, der Forst- und Landwirtschaft, der Bau- und Vermessungskunde, der militärischen Wissenschaften, der Polizei- und Kameralwissenschaften sowie der Medizin. Ergänzt wurde dieses Lehrangebot durch Übungen im Reiten, Fechten, Tanzen, Drechseln und Glasschleifen. Die anfänglich erfolgreiche Entwicklung der mit einem Internat, einer eigenen Gerichtsbarkeit und Anfängen einer Selbstverwaltung ausgestatteten Braunschweiger Lehranstalt stagnierte jedoch schon nach wenigen Jahrzehnten. Sie verfolgte nicht nur zu viele und zu verschiedene Ziele auf einmal, sondern geriet mit der einsetzenden Reform der Lateinschulen und der Ausbildung eines eigenständigen beruflichen Bildungswesens auch zunehmend zwischen die Fronten des sich entwickelnden dualen Bildungssystems. Die überaus hohen Studienkosten trugen zusätzlich zur Krise des Collegium Carolinum bei.

Erste Überlegungen zu einer Verlegung der Helmstedter Universität nach Braunschweig und ihrer Verbindung mit dem Carolinum gingen bereits auf die 50er Jahre des 18. Jahrhunderts zurück. Konkret wurden diese Planungen jedoch erst ab 1786 auf Anregung des damaligen Braunschweiger Ministers und späteren preußischen Reformers Karl August von Hardenberg (1750–1822), der zunächst eine Vereinigung der besonders hinfälligen Helmstedter medizinischen Fakultät mit dem Braunschweiger Anatomisch-chirurgischen Institut und dem Collegium Carolinum anstrebte. Wiederholt wurden diese Vorstellungen verworfen und wieder aufgegriffen. Erst 1795 traten sie in ihr entscheidendes Stadium und führten im Januar/Februar 1796 zu dem Plan einer gänzlich neuen Universität in Braunschweig unter Vereinigung der Helmstedter Landesuniversität mit dem Braunschweiger Collegium Carolinum, dem Anatomisch-chirurgischen Institut und der Wolfenbütteler Bibliothek. Im einzelnen sah der kühne Organisationsplan eine theologische Fakultät mit Predigerseminar, eine juristische Fakultät mit einer Pflanzschule für praktische Rechtsgelehrte, eine medizinische Fakultät mit anatomischem Theater, Hospital, klinischem Institut, Apotheke und einer Schule für praktische Ärzte, Wundärzte und Tierärzte vor. Hinzu kam eine philosophische Fakultät mit Instituten für die mathematischen, naturwissenschaftlichen und geisteswissenschaftlichen Disziplinen sowie die bürgerliche Baukunst, mit Sammlungen und Laboratorien und einem Schullehrerseminar. Darüber hinaus sollte eine Militärakademie, eine Akademie der ökonomischen Wissenschaften mit ökonomischen Kabinett und einem Versuchsgarten für Landwirte und schließlich eine Kameralschule mit ihren Unterabteilungen der Forstakademie, der Bergbauakademie, der Schule für Polizeiwissenschaften, der Akademie der technologischen Wissenschaften mit technologischem Kabinett, dem Institut für Handelskunde mit Lehrsammlung und der Akademie der schönen Wissenschaften und Künste errichtet werden. Die Gründung zweier gelehrter Gesellschaften empfahl der Plan als Krönung des gesamten Projekts.

Allein der Umfang des Organisationsplans verwies das gesamte Projekt der neuen Universität in den Bereich der Phantasterei. Dies hinderte die mit der Planung beauftragte Kommission aus Vertretern der betroffenen Lehranstalten, Städte und Regierungsstellen aber nicht daran, detaillierte Kostenvoranschläge und Terminplanungen zu unterbreiten. Zwar erhoben sich mahnende Stimmen, die die Kosten wie den gesamten Plan der Universität für das kleine Land als zu groß bezeichneten, aber noch im November 1796 stimmten der regierende Herzog und die Ständeversammlung dem Unternehmen zu. Erste vorbereitende Maßnahmen wurden eingeleitet. Der entscheidende Schritt zur Umsetzung der Planungen unterblieb jedoch plötzlich aus bis heute nicht ganz geklärter Ursache. Herzog Karl Wilhelm Ferdinand zögerte nun trotz seiner anfänglichen Zustimmung. Vielleicht war es sein Hang zur Sparsamkeit, der ihm im letzten Moment den Sinn für die Realitäten zurückgab. Die neue Braunschweiger Universität nahm zwar in ihrer Planung unsere heutige Technische Universität vorweg; in ihrem alles umfassenden Spektrum der Wissenschaften übertraf sie sogar diese Technische Universität in vieler Hinsicht. Bei genauer Prüfung ergibt sich jedoch, daß dieser Plan in seiner Gesamtheit unter den bildungspolitischen Bedingungen des ausgehenden 18. Jahrhunderts wie unter den wirtschaftlichen und finanziellen Voraussetzungen des Herzogtums Braunschweig niemals zu verwirklichen war. Angesichts der beginnenden neuhumanistisch-idealistischen Bildungsreform auf der einen Seite und der Entwicklung eigenständiger höherer technischer Bildungsanstalten auf der anderen Seite entbehrte er jeder Zukunftschance.

Die Grundlegung der Hochschule der Technik des 19. Jahrhunderts kam denn auch nicht aus einer Öffnung der Universitäten für die beruflich-technische Bildung. Ebensowenig ging sie aus einer fachlichen Erweiterung der Bergakademien hervor, die zumindest theoretisch möglich gewesen wäre. Ausgerechnet die höchste Entwicklungsstufe des traditionellen Fachschulwesens in Frankreich in Gestalt der 1794 gegründeten „École polytechnique“ in Paris brachte hier den entscheidenden Impuls zur Entstehung des technischen Hochschulwesens in Europa. [III-4.4; V-3.5]

Die Revolution von 1789 führte in Frankreich zu einer Reform des Bildungswesens, die auch die traditionsreichen Fachschulen des Landes erfaßte. Die an ihnen betriebene Ausbildung der Staatsbeamten und

Offiziere der technischen Berufsrichtungen wurde im Jahre 1794 an einer zentralen Lehranstalt in Paris unter dem Namen „École centrale des travaux publics“ zusammengefaßt. Die ein Jahr später in „École polytechnique“ umbenannte neue Lehranstalt diente ausschließlich der Grundlagenausbildung. Die daran anschließende Fachausbildung wurde sogenannten „Écoles d'application“ übertragen, die aus den alten Fachschulen hervorgingen und der Vorbereitung für einzelne Berufsrichtungen dienten. Diese umfaßten vor allem die einzelnen Sparten des Staatsdienstes im Militärwesen, Straßen- und Brückenbau bzw. im Bergwesen.

Die Reform des französischen Spezialschulwesens durch die Gründung der École polytechnique ging allerdings weit über eine bloße Fortentwicklung des alten Fachschulsystems hinaus. Dies lag vor allem daran, daß an der École polytechnique die Naturwissenschaften, insbesondere aber die Mathematik zur tragenden Säule der technischen Ausbildung erhoben wurden. Durch ihre Anwendung auf die Technik wurde deren Verwissenschaftlichung überhaupt erst möglich. Die so entstandenen technischen Wissenschaften schufen die Grundlage zur Rationalisierung der Arbeit, welche wiederum Voraussetzung für den Einsatz von Maschinen war. Die Indienstnahme der Natur durch den Menschen brachte eine bedeutende Erleichterung der körperlichen Arbeit und den Beginn der Berechenbarkeit der verlangten Leistungen. Die Quantifizierung der Technik durch die Mathematik wurde damit zur Grundlage des Fortschrittes der Industrie und zum Prinzip der industriellen Revolution. Mit ihrer Hilfe sollte die Wissenschaft eine Technologie bereitstellen, die zur Perfektion jeder Praxis taugte.

Die École polytechnique entstand aus dieser Überzeugung von der praktischen Anwendbarkeit der wissenschaftlichen Methoden und Erkenntnisse der Mathematik und der Naturwissenschaften sowie von der gesetzmäßigen Einheit aller technischen Betätigungen. Ihr Lehrplan verband daher die theoretischen Studien mit den praktischen Anwendungen, d. h. die Lehre mit der Forschung. Für das hohe Niveau der Ausbildung sorgten ein strenges Auswahlverfahren für die Schüler sowie die hervorragenden Lehrkräfte, die zu den bedeutendsten Gelehrten und Forschern ihrer Zeit zählten. Ihr Weltruf veranlaßte zahllose Gelehrte zum Besuch ihrer Einrichtungen, und ihre Lehre brachte selbst zahlreiche bedeutende Forscher und Praktiker hervor. [III-4.4]

Die eigentlichen technischen Wissenschaften nahmen im Lehrplan der École polytechnique nur einen relativ geringen Raum ein. Sie blieben den weiterführenden und auf sie aufbauenden Spezialschulen vorbehalten, deren militärischem Ursprung die École polytechnique mit ihrer kasernenähnlichen Organisation und Disziplin noch nahe verwandt war. So gesehen bildete die Lehranstalt gewissermaßen die letzte und am weitesten entwickelte Form der Fachschulen des 18. Jahrhunderts. Mit ihrer didaktischen Konzeption von der Grundlegung der technischen Wissenschaften in der Mathematik wies sie aber bereits in das kommende Jahrhundert, für dessen polytechnische Schulen bzw. technische Hochschulen die École polytechnique zum Urbild einer Hochschule der technischen Wissenschaften werden sollte. [V-3.5]

Schlußbetrachtung:
Das beruflich-technische Bildungssystem des 18. Jahrhunderts

Insgesamt gesehen führten Merkantilismus, Aufklärung und Revolution im Verlauf des 18. Jahrhunderts zur Entstehung eines breiten Spektrums beruflich-technischer Bildungseinrichtungen im ganzen kontinentalen Europa.

Neue technische Errungenschaften und bedeutende Fortschritte in Mathematik und Naturwissenschaften, die überkommene Berufsbilder wandelten und neue Berufsspektren hervorbrachten, erforderten neue Bildungseinrichtungen, deren Schaffung sich vor allem der Staat annahm. Aufbauend auf Ideen und Institutionen des 16. und 17. Jahrhunderts entstand eine Vielfalt von Lehranstalten, die erstmals systematisch die Unzulänglichkeiten der bisherigen Berufsbildung für alle Bevölkerungsschichten zu überwinden suchten. Die Bandbreite reichte dabei von den Industrieschulen für das einfache Volk über die Realschulen und Philanthropine für Handwerker und Bürgertum bis hin zu den Fachhochschulen, der Technologie an den Universitäten und der École polytechnique für die Bedürfnisse der höheren Berufsbildung von Bürgertum und Adel.

Obwohl damit alle drei Stufen der unteren, mittleren und höheren Berufsbildung entsprechend der Gliederung des gelehrten Bildungssystems in Elementar- und Lateinschulen sowie Universitäten vorhanden waren, handelte es sich zweifellos nicht um ein gleichwertiges berufliches Bildungssystem. Im Unterschied zum gelehrten Bildungssystem fehlte es dem „System" der beruflichen Bildung im 18. Jahrhundert sowohl am inneren Zusammenhang als auch an einer vergleichbaren öffentlichen Förderung. Das berufliche Bildungssystem wurde noch nicht als eine Einheit begriffen, welche einer inneren Zuordnung und eines systematischen Aufbaus ihrer Einzelteile bedurfte. Industrie-, Real- und Fachschulen bestanden neben- und untereinander, ohne die

Beruflich-technische Bildungsanstalten des 18. Jahrhunderts

Niveau-ebene	Zielgruppe	Schultyp	Beispiele
Untere Ebene	Einfaches Volk	Industrie-schulen	Dorfschulen v. Rochows in Reckahn; Industrieschulen in Böhmen, Westfalen, Lippe-Detmold, Göttingen u. Helmstedt (1971) (insgesamt mehr als 1000 Schulen)
Mittlere Ebene	Hand-werker, Bürgertum	Realschulen	Halle (1707); Berlin (1747); Braunschweig (1754)
		Gewerbliche Sonntags-schulen	Meiningen (1791); Lübeck (1795); Kiel (1795); Berlin (1799)
		Zeichen- und Bauschulen	Hamburg (1767); Durlach (1768); Berlin (1776); Karlsruhe (1780); Eisenach (1784); Erfurt (1786); Hannover (1791); München (1793)
		Provinzial-kunstschulen	Königsberg (1790); Halle (1791); Breslau (1791); Magdeburg (1793)
		Philanthro-pine	Dessau (1774); Marschelins (1775); Heidesheim (1777); Hamburg (1778); Halberstadt (1778); Frankenthal (1783); Schnepfenthal (1784); Gotha (1793); Wolfenbüttel (1794)
		Handels-schulen	Hamburg (1768); Magdeburg (1778); Berlin (1791); Nürnberg (1795)
		Sonstige Fachschulen	Tierärztliche Fachschule Hannover (1778); Navigationsschulen Hamburg (1749) und Bremen (1798)
Höhere Ebene	Bürgertum Adel	Ritter-akademien	Berlin (1705); Ettal (1711); Hildburg-hausen (1714); Kremsmünster (1744)
		Militär-akademien	Wien (1670); Sachsen (1742); Wien (1752); Preußen (1765); Württemberg (1770); Preußen (1775, 1791)
		Berg-akademien	Freiberg (1765); Berlin (1770); Clausthal (1775)
		Bau-akademien	Berlin (1799)
		Kunst-akademien	Berlin (1696); Stuttgart (1761); Leipzig (1764); Dresden (1764); Düsseldorf (1767); Hanau (1772); Schwäbisch Gmünd (1776)
		Universi-täten (Tech-nologie)	Seit ca. 1772 an zahlreichen Universi-täten, u.a. Göttingen (Beckmann); Berlin (Hermstädt); Tübingen (Poppe)
		Sonstige Hochschulen	Collegium Carolinum in Braunschweig (1745)

Möglichkeit für ein sinnvolles Durchlaufen dieser drei Stufen für den Auszubildenden zu gewähren. Eine gemeinsame Konzeption der beruflichen Bildung bestand allenfalls in dem aufklärerischen Ideal der Erziehung zur „Industrieösität", das für die Ansprüche einer am Beginn der Industrialisierung und Technisierung stehenden Welt aber keineswegs ausreichend sein konnte. Die so an den Bedürfnissen der Praxis vorbeigehenden und zumeist den staatlichen Intentionen nicht entsprechenden Lehranstalten waren daher vielfach nicht von dauerndem Bestand.

Eine Wandlung der Verhältnisse trat erst zum Ende des 18. Jahrhunderts ein. Vorbereitet wurde sie auf der Ebene der höheren beruflich-technischen Bildung durch die Bergakademien und eingeleitet durch die École polytechnique in Paris. Sie führten im 19. Jahrhundert zur Entstehung eines höheren technischen Schulwesens, das der Untermauerung durch ein niederes und mittleres technisches Schulwesen dringend bedurfte. Da sich das gelehrte Schulsystem diesem Bedürfnis im Zeichen des Neuhumanismus widersetzte, kam es zwangsläufig zur Wiederbelebung des Realschulgedankens aus dem 18. Jahrhundert. Noch vor dem eigentlichen Beginn der Industrialisierung entstand auf diese Weise in Deutschland, von oben nach unten wachsend, ein beruflich-technisches Bildungswesen in Konkurrenz zum überlieferten System der gelehrten Bildung. Die Anfänge dieses neuen technischen Bildungssystems sind im 18. Jahrhundert zu finden.

Literaturnachweise

1 *Blankertz*, Herwig: Berufsbildung und Utilitarismus. Problemgeschichtliche Untersuchungen (Aneignung und Begegnung. Pädagogische Untersuchungen. Bd. 3). Düsseldorf 1963, S. 28
2 *Kant*, Immanuel: Beantwortung der Frage: Was ist Aufklärung? (1784). In: Weischedel, Wilhelm (Hrsg.): Immanuel Kant: Werke. Bd. 9. Darmstadt 1975, S. 53
3 Zitiert nach *Georg*, Walter/*Kunzel*, Andreas: Sozialgeschichte der Berufserziehung. Eine Einführung (Studientexte Fernuniversität). München 1981, S. 21
4 Zitiert nach *Hermann*, Ulrich: Die Pädagogik der Philanthropen. In: *Scheuerl*, Hans (Hrsg): Klassiker der Pädagogik. Bd. 1: Von Grasmus von Rotterdam bis Herbert Spencer. München 1979, S. 140
5 Vgl. 1., S. 33 und 3., S. 22
6 Zitiert nach *Justin*, Joachim: Berufsgrundbildung in den Schulen des 18. Jahrhunderts. Pläne, Versuche, Wirklichkeiten. Publ. Diss. Aachen 1980, S. 93ff.

7 Kabinettsorder vom 5. 9. 1799. Zitiert nach *Vollmer*, F.: Die preussische Volksschulpädagogik unter Friedrich dem Großen (Monumenta Germaniae Paedagogica. Bd. 56). Berlin 1918, S. 217.
8 Zitiert nach 7., S. 62
9 Zitiert nach *Blankertz*, Herwig: Die Geschichte der Pädagogik von der Aufklärung bis zur Gegenwart. Wetzlar 1982, S. 64
10 Zitiert nach *Baumgärtel*, Hans: Vom Bergbaubüchlein zur Bergakademie. Zur Gutstehung der Bergbauwissenschaften zwischen 1500 und 1765/1770 (Freiberger Forschungshefte. D 50). Leipzig 1965, S. 129
Gerth, Hans: Die sozialgeschichtliche Lage der bürgerlichen Intelligenz um die Wende des 18. Jahrhunderts. Ein Beitrag zur Soziologie des deutschen Frühliberalismus. Phil. Diss. Frankfurt a. Main 1935, S. 24 ff.
11 *Georg*, Walter/*Kunze*, Andreas: Sozialgeschichte der Berufserziehung. Eine Einführung (Studientexte Fernuniversität). München 1981
12 *Hecker*, Johann Julius: Nachricht von einer ökonomisch-mathematischen Realschule, welche bei den Schulanstalten der Dreifaltigkeitskirche am Anfang des Maimonats dieses Jahres eröffnet werden soll. Berlin 1747
13 *Herrmann*, Ulrich (Hrsg.): „Das pädagogische Jahrhundert". Volksaufklärung und Erziehung zur Armut im 18. Jahrhundert in Deutschland (Geschichte des Erziehungs- und Bildungswesens in Deutschland. Bd. 1). Weinheim/Basel 1981
14 *Justin*, Jürgen Joachim: Berufsbildung in Schulen des 18. Jahrhunderts. Pläne, Versuche, Wirklichkeiten. Phil. Diss. Aachen 1980
15 *Kaster*, Herbert: Industrieschulen im rheinisch-pfälzischen Raum von der Aufklärung bis zur Mitte des 19. Jahrhunderts. Phil. Diss. Mainz 1975
16 *Lachmann*, Carl Ludolf Friedrich: Das Industrie-Schulwesen, ein wesentliches und erreichbares Bedürfnis aller Bürger- und Landschulen. Braunschweig/Helmstedt 1802
17 *Manegold*, Karl-Heinz: Universität, Technische Hochschule und Industrie. Ein Beitrag zur Emanzipation der Technik im 19. Jahrhundert unter besonderer Berücksichtigung der Bestrebungen Felix Kleins (Schriften zur Wirtschafts- und Sozialgeschichte. Bd. 16). Berlin 1970
18 *Marquardt*, Wolfgang: Geschichte und Strukturanalyse der Industrieschule. Arbeitserziehung, Industrieunterricht, Kinderarbeit in niederen Schulen (ca. 1770–1850/70). Phil. Diss. Hannover 1975
19 1765–1965. Bergakademie Freiberg, Festschrift zu ihrer Zweihundertjahresfeier am 13. November 1965. 2 Bde. Leipzig 1965
20 *Niethammer*, Friedrich Immanuel: Philanthropismus, Humanismus. *Hillebrecht*, W. (Hrsg.) Weinheim 1968
21 *Paulsen*, Friedrich: Geschichte des gelehrten Unterrichts. Bd. 1. Leipzig ^{3}1919. Bd. 2. Leipzig ^{3}1921
22 *Poten*, B.: Geschichte des Militärwesens in den Landen der deutschen Zunge. 5 Bde. Berlin 1889–1897
23 *Sextro*, Heinrich Philipp: Über die Bildung der Jugend zur Industrie (1785). Neudruck *Heydorn*, H.-J./*Koneffke*, G. (Hrsg.) Frankfurt a. Main 1968
24 *Stach*, Reinhard (Hrsg.): Theorie und Praxis der philanthropistischen Schule (Schriftenreihe „Erziehungswissenschaft". Beiträge – Studien – Texte. Bd. 6). Rheinstetten 1980

25 *Stach*, Reinhard: Schulreform der Aufklärung. Zur Geschichte des Philanthropismus. Heinsberg 1984
26 *Stach*, Reinhard: Schule und Unterricht im Zeitalter der Aufklärung. In: Twellmann, W. (Hrsg.): Handbuch Schule und Unterricht. Bd. 7.2: Gesellschaft/Umwelt. Düsseldorf 1985, S. 682–699
27 *Stratmann*, Karlwilhelm: Die Krise der Berufserziehung im 18. Jahrhundert als Ursprungsfeld pädagogischen Denkens. Ratingen 1967
28 *Stratmann*, Karlwilhelm: Geschichte der Berufsbildung in Deutschland. In: Twellmann, W. (Hrsg.): Handbuch Schule und Unterricht. Bd. 7.2: Gesellschaft/Umwelt. Düsseldorf 1985, S. 737–750
29 *Stratmann*, Karlwilhelm/*Schlüter*, Anne (Hrsg.): Quellen und Dokumente zur Berufsbildung 1794–1869 (Quellen und Dokumente zur Geschichte der Berufsbildung in Deutschland. Reihe B. Bd. 1) Köln/Wien 1982
30 *Schnabel*, Franz: Die Anfänge des technischen Hochschulwesens. In: Festschrift anläßlich des 100jährigen Bestehens der Technischen Hochschule Fridericiana zu Karlsruhe. Karlsruhe 1925
31 *Thyssen*, Simon: Die Berufsschule in Idee und Gestaltung. Essen 1954
32 *Treue*, Wilhelm: Wirtschafts- und Technikgeschichte Preußens. Berlin/New York 1984
33 *Vlachovics*, Josef: Die Bergakademie in Schemnitz im 18. Jahrhundert. In: *Auburger*, E. (Hrsg.): Wissenschaftspolitik in Mittel- und Osteuropa. Berlin/Camen 1976
34 *Waldeyer*, Hans: Zur Entstehung der Realschulen in Preußen im 18. Jahrhundert bis zu den dreißiger Jahren des 19. Jahrhunderts. In: Schule und Staat im 18. und 19. Jahrhundert. Zur Sozialgeschichte der Schule in Deutschland (edition suhrkamp. Bd. 694). Frankfurt/Main 1974, S. 146–170.

Technik und allgemeinbildende Schulen

Wolf Ekkehard Traebert

Es ist schon merkwürdig: Die Bedeutung der Technik als Daseinsgundlage für ein hochindustrialisiertes Land und die inzwischen überall geführte weltweite Diskussion über die Probleme der Technik und ihre offenkundige Ambivalenz haben nicht dazu geführt, dem Thema „Technik" einen angemessenen, d.h. durchgängigen Stellenwert im allgemeinen Bildungswesen der Bundesrepublik zu sichern. Das ist umso verwunderlicher, als gerade bei uns eine kritische, insbesondere weltanschaulich geführte Auseinandersetzung mit der Technik seit einer Reihe von Jahren erfolgt, die im zeitlichen Verlauf nicht schwächer geworden ist, sondern eher an Intensität und Polarisierung zuzunehmen scheint. Da zudem viele häufig spezifisch technische Probleme eine große Rolle bei politischen Entscheidungen spielen, hätte die Vermutung nahegelegen, daß man die dazu erforderliche Kompetenz im allgemeinbildenden Schulwesen vorbereitet. Das ist jedoch nicht durchgängig der Fall.

Die Notwendigkeit dazu wird auch von den wichtigen gesellschaftlichen Gruppen nicht nur nicht bestritten, sondern sogar betont[1]. In dieser Hinsicht wird allerdings nicht nur die Anbahnung politischer Entscheidungskompetenz reklamiert, sondern allgemein die stärkere Bezugnahme auch der allgemeinbildenden Schule auf die außer- und nachschulische Realität. Da Technik ein entscheidender Bestandteil der realen Umwelt jedes Schülers geworden ist und in Zukunft wohl noch stärker sein wird, führt es zu einer Abwendung der Schule von Realität schlechthin, zumindestens aber zur Entstehung schwerwiegender schulischer Defizite, wenn die Technik außeracht gelassen wird. Es kommt zu Motivationsverlust durch künstliche Trennung von Schule und Wirklichkeit. Mangelnde Orientierungsfähigkeit im privaten und beruflichen Leben, fehlendes Umgangswissen im Zusammenhang mit Technik und Anfälligkeit gegenüber naiver Technikgläubigkeit oder unreflektierter Technikfeindschaft sind plausible Konsequenzen.

Bis heute hat das deutsche allgemeine Bildungswesen seinen Frieden mit der Technik nicht gemacht, sondern die Beschäftigung damit seit jeher der beruflichen Ausbildung zugewiesen. Dies hat überaus klassisch-antike Tradition: „Warum hinkt Hephaistos", so begann vor etwa 30 Jahren der Sprachforscher Lutz Mackensen einen vielbeachteten Vortrag über Technik und Bildung. „Warum verschließt sich dem Schmied die Runde der Ewigen, erregt er homerisches Gelächter ob seiner Spottgestalt?" Es ist unwahrscheinlich, daß die Geringschätzung des technisch-praktischen Tuns hier zufällig angetroffen wird. Vielmehr galt die technische Tätigkeit – wie jede nützliche Tätigkeit – während der ganzen griechischen Antike und in der Folge allen, die dieser Tradition sich verpflichtet fühlten, als minderwertig und wahrer geistiger Größe unangemessen: wie Plutarch später über Archimedes schrieb, daß schon die bloße Tatsache, daß jemand etwas um des Nutzens willen tue, dieses stark entwerte. Minderschätzung der „praktischen Künste" im Gegensatz zu zweckfreier „Wissenschaft", ein Selbstverständnis überkommener antiker Bildungstradition, das in Relikten auch heute noch angetroffen werden kann. Nicht ohne Grund sind wir gewöhnt, zwischen Kultur und Zivilisation, zwischen Wissenschaft und Technik auch sprachlich deutlich zu unterscheiden. [II-2.2; III-3.2; V-1; V-3.1]

Die Geschichte technischer Bildung

Wer sich mit Technik und (allgemeiner) Bildung beschäftigt, stößt dabei unausweichlich auf den Namen Wilhelm von Humboldts (1767–1835), dessen Einfluß auf das allgemeinbildende – „höhere" – Schulwesen es wohl vor allem zu verdanken ist, daß die Bereiche Technik, Arbeit und Produktion bis heute dort weitgehend unberücksichtigt geblieben sind. Es wäre freilich vorschnell und nicht fair, nun Humboldt seinerseits in die Rolle des Erbfeindes „nützlicher" Bildung zu drängen [2], ohne den dafür damals konkret bedeutsamen Anlaß, den Zustand der sogenannten Industrieschulen, zu berücksichtigen. In der zweiten Hälfte des 18. Jahrhunderts gegründet, waren die Industrieschulen allerdings weniger eine bildungspolitische Neuerung im Hinblick auf die wachsenden Bereiche Industrie und Technik, sondern eher eine Antwort der Erziehung auf eine neu entstehende soziale Frage: die ärmeren Schichten der Bevölkerung konnten nicht länger in der Landwirtschaft gehalten und ernährt werden, sondern boten sich zunehmend als ungelernte Arbeiter in den Städten an [3]. Da die Industrieschule sich den Kindern insbesondere als Vermittlungsinstanz nützlicher Tätigkeiten, aber auch als Quelle eines daraus erzielbaren geringen Verdienstes anbot, stellte sie sich dieser sozialen Problematik durchaus verdienstvoll. Andererseits geriet sie oft in Gefahr, rein ökonomischen Nutzen im Auge zu haben, bis hin zum Verkauf der dort hergestellten Produkte. Viele Industrieschulen verkamen unter diesem ökonomischen Zwang zu niederen Produktionsstätten, in denen kein Zusammenhang zwischen Arbeit, Technik und Schule mehr bestand. So fiel es einem Zeitgenossen Humboldts leicht, einen grundsätzlichen Widerspruch zwischen schulischem Auftrag und ökonomischer Nützlichkeit zu formulieren: „Schulen sollen aber nicht Fabriken, sondern Bildungsanstalten sein . . . Die Hand werde geschickt, das Auge geübt, der Erfindungsgeist geweckt; die Freude am Arbeiten durch kleinen Gewinn vermehrt. Industrieschulen sollen dem Staat eher etwas kosten als einbringen“[4]. [V-3.2]

Die Formulierung zeigt deutlich, in welchem Begriffsverständnis die Industrieschulen dieser Zeit standen. Tatsächlich verfolgen sie den Zweck, für den Staat „viele tausend junge, gesunde, muntere, fleißige und geschickte Arbeiter“[5] zu erziehen. Das war eine Zielsetzung, die Teile der (ärmeren) Jungend zwar dem Herumstreunen entriß, zugleich jedoch die Schulen selbst zu Produktionsstätten werden ließ und sie damit ihrer eigentlichen bildenden Aufgabe vorenthielt. Hier muß jedoch vor einer vorschnellen Geringschätzung der Industrieschulen gewarnt werden: angesichts der damals verfügbaren Alternativen im Bildungsangebot für sozial benachteiligte Schichten und eines kaum vorhandenen theoretischen Grundgerüstes, das allein es ermöglicht hätte, etwas zu vermitteln, das auch über die konkrete punktuelle Situation hinaus qualifiziert, waren ihr Anspruch und ihr Bemühen beachtenswert. Das Scheitern vor den Postulaten kritischer Aufklärung, wie sie Humboldt vertrat, war allerdings zwangsläufig. Humboldts Betonung des Allgemeingültigen gegenüber dem Speziellen ist daher weniger in seiner Minderschätzung von Praxis gegenüber Theorie verwurzelt, vielmehr in der auch heute noch gelegentlich angetroffenen Isoliertheit, d.h. Beziehungslosigkeit spezieller Kenntnisse untereinander. Allgemeinbildung soll „grundsätzlich von den Erscheinungen und Fakten zu den Gründen, Gesetzen und Zusammenhängen (führen)...“ Demgegenüber müsse sich Spezialbildung „... sehr oft auf in ihren Gründen unverstandene Resultate beschränken, weil die Fertigkeit da sein muß und die Zeit oder Talent zur Einsicht fehlt“[6]. So gesehen, vertritt Humboldt eine auch heute noch durchaus akzeptable bildungstheoretische Position, die in der Ablehnung des zusammenhanglos, also „blind“ Gelernten zugunsten eines geforderten allgemeinen Zusammenhangwissens ihren Ausdruck findet. Daraus schon die Interpretation herzuleiten, Humboldt achte den Stellenwert der Schule für außerschulisch wirksame Qualifikation gering, wird dem offenen und liberalen Ansatz Humboldts in keiner Weise gerecht: „gebt ihm (dem Schüler, Verf.) Schulunterricht, was hierzu erforderlich ist, so erwirbt er die besondere Fähigkeit seines Berufes nachher sehr leicht und behält immer die Freiheit, wie dies im Leben so oft geschieht, von einem zum anderen überzugehen“ [6], eine gemessen an der damaligen Zeit ungewöhnlich weitsichtige Umschreibung dessen, was wir heute als Fähigkeit zu beruflicher Mobilität bezeichnen würden. Aggressiver und wirkungsvoller als Humboldt hat Friedrich Immanuel Niethammer [7] (1766–1848) die Hinwendung der Schule zu „Industrie und Gewerbefleiß“ verurteilt, wobei er seine Ablehnung auf alles „Äußere“ wegen dessen pädagogischer Minderwertigkeit richtete. „Äußeres“, das hieß jede Ausrichtung auf Nützlichkeit und Einträglichkeit.

Die Akzeptanz dieser Gedanken war außerordentlich groß: Theodor Litt (1880–1962) schreibt etwa 150 Jahre später dazu: „Man begreift, daß eine Welt beamteter Erzieher, die ihr pädagogisches Glaubensbekenntnis in Schriften solchen Inhalts ausgesprochen fand, die von Humboldt inaugurierte Bildungsform als Erfüllung ureigenster Sehnsucht begrüßen und mit unbegrenzter Hingabe in die Kleinarbeit der Schule verflößen mußte“ [8]. Es dürfte nicht schwierig sein, auch heute noch den Ausläufern solcher geistiger Positionen zu begegnen, in denen Nützlichkeitsferne geradezu Ausweis besonderer Dignität zu sein scheint, wie denn überhaupt Brauchbarkeit in bezug auf praktische Lebenssituationen im wissenschaftlichen Reputationskatalog auch heute noch eher negativ veranschlagt zu werden scheint. [V-1; V-2]

Neueren Arbeiten von Sachs [9] zufolge gibt es allerdings guten Grund anzunehmen, daß hier eine Fehlinterpretation Humboldtschen Gedankengutes denkbar ist: nicht die Nützlichkeit schulischen Lernstoffes, sondern die Art seiner – isolierten und damit bildungsunwirksamen – Vermittlung forderte Humboldts Kritik heraus. Für Technik kam hinzu, daß technisches Wissen dieser Zeit noch nicht zu einem auch nur annähernd geschlossenen System verdichtet war. Die damaligen technologischen Phänomene zeigten ein Bild unübersichtlicher Zersplitterung, Vielgestaltigkeit und Strukturlosigkeit, besaßen noch keine übergreifenden Theorien und konnten sich nur auf eine geringe geistige Legitimationsbasis kurzlebiger Nützlichkeit berufen. Der Rückzug von Schule und allgemeiner Bildung auf klassisch-gereifte, „abgelagerte“ und daher als zeitlich invariant gültig akzeptierte Inhalte war also nur zu verständlich. Die damit einhergehende Nicht-Nützlichkeit sowie daraus eventuell folgende (ökonomische) Konsequenzen waren einkalkuliert und psychologisch aufgefangen durch das Kriterium „hoher Gleichgültigkeit gegenüber dem Erfolg in der bloßen und öden Wirklichkeit“ [10].

Auch mit solch kultivierter Lebensfremdheit befand man sich ungewollt in bester antiker Tradition. Überliefert ist die Geschichte von dem Mathematiker und Philosophen Thales [11]: als dieser, den Blick sinnend zu den Sternen gerichtet, unversehens in einen Brunnen fiel und sich trotz aller Anstrengungen nicht daraus befreien konnte, lachte eine dabeistehende griechische Magd spöttisch, weil er – den Blick nach oben gerichtet – die Erfordernisse des Diesseits so wenig meistere. Auch die Schule selbst zeigte schon frühzeitig den Trend, sich von den Realitäten des Lebens abzukoppeln: „non vitae, sed scholae discimus“ konstatierte schon Seneca der Jüngere in seinen „epistulae morales“, und erst der Volksmund machte daraus das vielleicht zur Motivation der Schüler gedachte: „Non scholae, sed vitae...“.

Es mag dahingestellt bleiben, ob die realitätsabgewandte Haltung der höheren Schule Humboldt zu Recht angelastet wird. Faktisch hat die Interpretation seiner Gedanken so gewirkt. Die Folgen dieser weltanschaulichen Strömung zeigten sich bald und dauerhaft: das Hinausdrängen bzw. Heraushalten technischer Themen aus dem Unterricht mindestens der Oberschulen und Gymnasien gelang beinahe vollständig. Auch der um die Jahrhundertwende eingeführte naturwissenschaftliche Unterricht änderte wenig daran. Es besteht umgekehrt Anlaß zu der Vermutung, daß etwa der Physikunterricht seinen Emanzipationsprozess im gymnasialen Bereich nur durch Setzen auf „reine“ Erkenntnis sichern konnte. Entsprechende Hinweise dazu finden sich in den „Meraner Beschlüssen“ von 1905, in denen ausgeführt ist, daß „die technischen Anwendungen der Physik neben der Erkenntnis der uns umgebenden Natur erst in zweiter Reihe in Betracht kommen...“ [12].

Es gibt jedoch noch eine andere Wurzel technischer Bildung, ohne die die Geschiche des technischen Unterrichts schwer vorstellbar ist: die pädagogischen Reformbewegungen der zweiten Hälfte des vorigen Jahrhunderts. Sie hatten in zweifacher Hinsicht für die Entstehung des heutigen Technikunterrichts Auswirkungen:

1. als Handfertigkeitsunterricht, später Arbeitsunterricht bzw. Werkunterricht genannt, der seit 1964 im Zusammenhang mit der „Arbeitslehre“ wieder aufgegriffen wurde und

2. als Kunst- und Werkerziehung. Diese ging aus von Neuansätzen des Kunsthandwerks in der 2. Hälfte des letzten Jahrhunderts und

wirkte bis in unsere Zeit hinein als „Klassenzimmertechnik"; gemeint ist hier die handwerkliche Bearbeitung von Werkstoffen mit vorwiegend künstlerisch-bildnerischer Zielsetzung. Vor allem die in langer Schultradition bewährten, im Unterricht unmittelbar verwertbaren Lehrbeispiele, aber auch die Ausbildung der Lehrer selbst, haben diese Ausprägung sehr lange – in manchen Schulen bis in die heutige Zeit – im Schulalltag verankert. Bemerkenswerterweise haben die Lehrpläne der Gymnasien „Werken" immer als Bestandteil der Kunsterziehung ausgewiesen, ein selbständiges *handwerklich-technisches* „Werken" war immer den Volksschulen zugewiesen. Offenbar war die Praxiskomponente des technischen Unterrichts auch hier ein Merkmal, das ihn von „höherer" Bildung ausschloß.

Als Stadtschulrat reformiert Georg Kerschensteiner (1854–1932) die Münchner Fortbildungsschulen zu fachlich gegliederten Berufsschulen. Der Arbeitsschulgedanke Kerschensteiners war ein wichtiger Schritt, um die Vorbereitung auf die Berufswelt mit in die Ziele der Schulbildung aufzunehmen. Für ihn war es Aufgabe der öffentlichen Schulen, den Schüler so zu fördern, daß er einen Beruf innerhalb einer Gemeinschaft, als „brauchbarer Staatsbürger" möglichst gut ausüben kann.

Es ist nicht schwierig, hierzu eine direkte Parallele im akademischen Bereich zu finden: als um die Jahrhundertwende den Technischen Hochschulen das Promotionsrecht verliehen wurde, wandte zum Beispiel die Berliner Universität ein: „Unser Doktor-Grad hat mit Handwerklichkeiten und praktischen Geschicklichkeiten nichts zu tun, während diese für die Techniker allein im Vordergrund stehen" [13]. Zum gleichen Anlaß gab das Land Württemberg zu Protokoll, daß der promovierte Techniker sich auf keinen Fall „Doktor" nennen dürfe, sondern den Titel „Doktor-Ingenieur" zu tragen verpflichtet sei. Es mag dahingestellt bleiben, ob sich diese seinerzeit als Abwertung gemeinte Einstufung nicht in der Zwischenzeit in ihr Gegenteil verkehrt hat. [V-3.5]

Ein noch so kurzer Blick in die geschichtliche Entwicklung der technischen Bildung im allgemeinbildenden Schulwesen bliebe unvollständig ohne die Erwähnung des führenden Vertreters einer handwerklich-technischen Arbeitsschule, nämlich Georg Kerschensteiners (1854–1932). Insbesondere in seiner Position als Stadtschulrat von München (1895–1932) stellte sich Kerschensteiner die Aufgabe, die Bedeutung einer an Naturwissenschaften und Technik orientierten Bildung gegenüber einer einseitig literarisch-ästhetischen Bildung deutlich zu machen. Er griff dabei Bemühungen verschiedener Vorgänger auf, entwickelte sie allerdings entscheidend weiter. Vor allem in diesen Punkten ging Kerschensteiners Konzept weit über das älterer Vorschläge hinaus:

1. er sah in der Beschäftigung mit Technik eine Möglichkeit der Erziehung zur Sachlichkeit, wobei die Ergebnisse handwerklichen Tuns die Chance der Selbstprüfung eröffnen

2. er berücksichtigte dabei auch die Ansprüche staatsbürgerlicher Erziehung durch Unterordnen des Tuns unter die Kriterien verantwor-

tungsgebundenen Handelns im gesamtgesellschaftlichen Zusammenhang.

Seine Bestrebungen waren schon damals auf die Idee eines technischen Gymnasiums gerichtet, ein Gedanke, der von ihm recht früh (1907) formuliert worden ist[14].

Da die Ausrichtung des Unterrichts in den Abschlußklassen der Münchener Volksschulen stark im Hinblick auf praktische und gewerblich nutzbare Anwendung erfolgte, nahm der dementsprechend konzipierte Arbeitsunterricht eine dominierende Stellung – fünf Wochenstunden – ein. Er blieb jedoch auf die „klassischen", d.h. werkstofforientierten Verarbeitungstechniken wie Holz- und Metallverarbeitung beschränkt. Eben dies wird heute – neben anderen Argumenten – aus Sicht einer allgemeinen technischen Bildung dem Kerschensteinerschen Ansatz entgegengehalten.

Die Entwicklung nach dem Zweiten Weltkrieg

Die geistige Situation der Nachkriegszeit war nicht eben geeignet, Technik als Gegenstand der allgemeinen Bildung zu empfehlen: die Erfahrungen des II. Weltkrieges schienen auch in dieser Hinsicht eher den Weg zum Gegenteil zu weisen.

Das Erlebnis des Mißbrauchs von Technik, eine gigantische Kriegsmaschinerie und Rüstungsproduktion und schließlich die eindringlich demonstrierte Vernichtungskraft solcher Technik hatten zu tiefe Spuren im allgemeinen Bewußtsein hinterlassen, als daß man sich bildungspolitisch mit Technik und ihren Problemen hätte beschäftigen wollen.

Zudem schien die Zielsetzung von Technik in dieser Situation nicht strittig: der Wiederaufbau verlangte Produktion. Dafür waren die notwendigen Qualifikationen um beinahe jeden Preis bereitzustellen. Ressourcenknappheit im heutigen Sinne war nicht absehbar, Umweltprobleme traten durch die damals noch vorhandene Pufferkapazität unserer Umwelt weit zurück. Dies war angesichts der hohen Priorität von Produktion und noch gering entwickelten Umweltbewußtseins verständlich.

Auch bildungspolitisch sah man wenig Anlaß zur Problematisierung solcher Fragen. Die Schule griff – aus den gemachten Erfahrungen heraus und im Bewußtsein der Unsicherheit des künftigen Kurses – auf Unproblematisches, scheinbar „Bewährtes" zurück, was wohl auch den praktischen Möglichkeiten der – noch – vorhandenen Lehrerschaft in fachlicher Hinsicht am ehesten entsprach.

Für die handwerklich orientierte Volksschule bot sich zudem das Werken im Rahmen der Kunsterziehung an, das vor allem auch den Vorteil hatte, bereits über einen umfangreichen Fundus praktischer, unkritisch einsetzbarer unterrichtlicher Aufgaben zu verfügen. Dieser offenbar einvernehmlich „harmonische" Zustand dauerte überraschend lange: erst 1964 befand der „Deutsche Ausschuß für das Erziehungs- und Bildungswesen" [15] in für die damalige Zeit ungewohnt offener Sprache, daß die allgemeinbildende Schule ihre Schüler zu wenig auf die realen Lebensverhältnisse nach der Schulzeit vorbereite und forderte die Einführung eines neuen Lernbereiches, der dies leisten solle. Nach mancherlei Diskussionen schien sich hierfür der in der Folgezeit vielfach diskutierte Begriff „Arbeitslehre/Hinführung zur Wirtschafts- und Arbeitswelt" durchzusetzen. Er enthielt die selbständigen Fachgebiete Technik, Wirtschaftslehre, Hauswirtschaftslehre in gelegentlich leicht abgewandelter Bezeichnung. Dieser Lernbereich sollte eine ganzheitliche Bildung von „Kopf, Herz und Hand" sicherstellen, eine aus heutiger Sicht zwar beinahe nostalgische, aber sicher allgemeinbildend interpretierbare Zielsetzung. Der Durchsetzung des neuen Lernbereichs nutzte es allerdings wenig, daß er von Anfang an auf die Hauptschule beschränkt sein sollte. Bevor man ihn auf andere Schulformen ausdehnen könnte, sollten „noch sorgfältige Überlegungen" angestellt werden [15]. Der Entstehungsgeschichte des Faches folgend, ist dies wohl kaum Ausdruck der Überlegung, daß Schüler anderer Schulformen weniger stark von Chancen und Risiken der Technik betroffen wären. Viel wahrscheinlicher ist die Vermutung, daß es auch hier die ausgeprägte Praxis- und Nützlichkeitskomponente von Technik war, die eine Übertragung auf andere – höhere – Schulformen zunächst verhinderte. Hier zeigt sich sehr deutlich die Bindung des deutschen, insbesondere gymnasialen Bildungswesens an das humanistische Gedankengut.

Eine zweite Überlegung war aus der damaligen Ausrichtung der Hauptschule verständlich: da die Hauptschule eindeutig als Eingangsstufe beruflicher Ausbildung definiert wurde, war es plausibel, daß die „praktischen" Fächer: Technik, Wirtschaft, Hauswirtschaft usw. den ausgeprägten Auftrag hatten, auch die Berufswahl vorzubereiten. Die danach folgende Entwicklung hat allerdings gezeigt, daß diese Zielsetzung zu kurz griff. Berufswahlvorbereitende Inhalte werden inzwischen in allen Schulformen – also auch solchen ohne diese Fächer – behandelt. Zunehmend gehen auch Absolventen von Gymnasien in „praktische" Berufe, so daß Studierfähigkeit als spezifisch reklamiertes Bildungsziel der gymnasialen Oberstufe eher als Sonderfall allgemeiner

Berufsbildungsfähigkeit zu interpretieren ist. Um so überfälliger wäre eine durchgängige Verankerung technischer Inhalte daher auch hier.

Die heutige Situation – Primarstufe (Schuljahre 1 bis 4)

Generell läßt sich sagen, daß seit längerem eine deutliche Hinwendung des Grundschulunterrichts weg von „heimat"kundlichen Themen hin zu „sach"kundlichen zu bemerken ist. Technische Inhalte finden sich hier zusammen mit physikalisch-chemischen, biologischen, geographischen Fragestellungen in meist fachübergreifenden Lerneinheiten des sogenannten Sachunterrichts. Die Abkehr von der fachspezifischen, gar wissenschaftspropädeutischen Zielsetzung des Unterrichts wird einerseits in der besonderen Umweltbeziehung des Grundschulkindes, andererseits aber auch in der Aufgabenstellung des Unterrichts als lebensnah, problemorientiert und kreativitätsfördernd begründet. Zudem ist eine deutliche Tendenz zum experimentierenden, handlungsbetonten Unterricht erkennbar. Typische technisch orientierte Unterrichtsinhalte sind etwa in Nordrhein-Westfalen [16]:

- Arbeitsstätten und Berufe
- Werkstoff und Werkzeug
- Fahrrad und Straßenverkehr
- Materialien und Geräte
- Versorgung und Entsorgung.

Die heutige Situation – Sekundarstufe I (Schuljahre 5 bis 10)

In der Sekundarstufe I gibt es „Technik" als selbständiges Fach oder im Verbund mit anderen Schulfächern wie Arbeitslehre an den Haupt-, Real- und Gesamtschulen fast aller Bundesländer. Ein einfacher quantitativer Vergleich, zum Beispiel nach Schuljahren und Wochenstunden ist schwer möglich: es existieren ein unterschiedlicher Turnus (Halbjahreswechsel mit anderen Fächern), unterschiedlicher Verbindlichkeitsgrad (Pflicht-, Wahlpflicht-, Wahlfach) und manchmal auch verschiedene Fachbezeichnungen (Technik, Technisches Werken, Arbeit/Wirtschaft/Technik, Polytechnik, Arbeitslehre). So müßte man erst interpretativ eine Zuordnung zum engeren Technikbereich herstellen. In den meisten Fällen nimmt der Technikunterricht auch – zusammen mit anderen Fächern – Teile des Berufswahlunterrichts wahr, da dort auch fachlich-technische Fragen auftreten. Zudem hätte ein solcher detail-

In der Grundschule werden die 6- bis 10-jährigen Kinder zunächst spielerisch mit der Technik ihrer Umgebung vertraut gemacht. An selbst gebastelten Modellen erfahren sie wichtige physikalische und technische Eigenschaften.

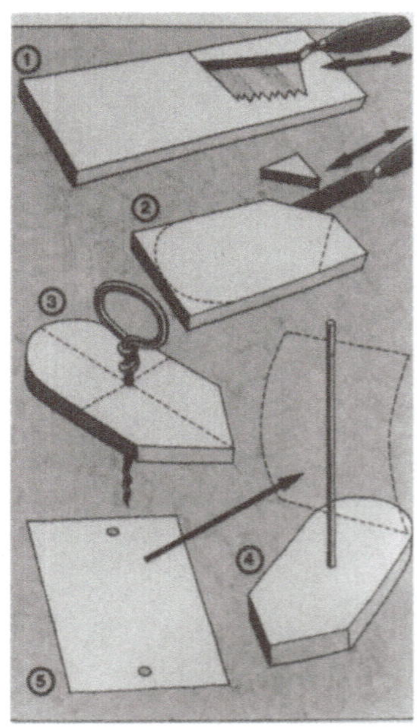

Im 9. und 10. Schuljahr gehören Experimente, Berechnungen und Überlegungen zur Energieerzeugung zu den grundlegenden Themenkreisen. Eigene Erfahrungen am selbst gebauten Modell und der Vergleich mit der technischen Ausführung sind dabei notwendig.

lierter Vergleich auch nur begrenzte zeitliche Aktualität, da in den Bundesländern unabhängig voneinander relativ häufig Änderungen vorgenommen werden. Die jeweils zugewiesenen Wochenstundendeputate schwanken zwischen 2 und 6.

Typische Themenstellungen sind etwa die folgenden[17]:

- Produktionstechnik: Herstellung von Gebrauchsgegenständen in Einzel- und Serienfertigung
- Energietechnik: Versorgung eines Wohngebäudes mit elektrischer Energie
- Informationstechnik: Regelung einer Heizungsanlage, Steuerung einer Ampelanlage über Schaltnocken oder Kleinrechner
- Automatisierung: Industrieroboter in der Produktion.

Die heutige Situation – Sekundarstufe II (Schuljahre 11 bis 13)

Andersartige Probleme ergeben sich bei einem Vergleich der Bundesländer im Sekundarbereich II. In einigen Ländern, zum Beispiel Nordrhein-Westfalen, ist Technik Wahlfach im Rahmen der differenzierten gymnasialen Oberstufe [18]. Bedingt durch bestimmte Entwicklungstendenzen in der Sekundarstufe II, die bestrebt sind, die Trennung zwischen allgemeiner und berufsbezogener Bildung abzubauen, findet sich Technik als Bildungsgegenstand oft in recht spezialisierter Form zunehmend auch in anderen Schulformen der Sekundarstufe II, die ebenfalls eine *allgemeine* Hochschulreife vergeben. Hier dürfte ein genügend genauer und spezifizierter Überblick über alle Bundesländer sehr unübersichtlich werden, da man auch die Sonderformen der sog. „Technischen Gymnasien" einbeziehen müßte.

Betrachtet man den formalen Stand des Technikunterrichts, der an allgemeinbildenden Schulen erteilt wird – zusammengestellt von Michael Kußmann [19] – unter dem Geichtspunkt eines fachlich und didaktisch verantwortbaren Unterrichts, dann zeigen sich doch Lücken zwischen Anspruch und Wirklichkeit der technischen Bildung in diesem Schulzweig:

1. Es fehlt insbesondere ein systematischer Technikunterricht in der Sekundarstufe I des Gymnasiums.
2. Die Schulausstattung in personeller und sachlicher Hinsicht ist – abgesehen von Schulneubauten der letzten Jahre – oft noch nicht zufriedenstellend.
3. Die relative Neuheit des Faches im Vergleich mit traditionellen Schulfächern bedingt einen erhöhten Lehrerbedarf, dem die derzeitige restriktive Einstellungspraxis der Kultusbehörden nicht gerecht wird.
4. Der Fortbildung der im Dienst befindlichen Lehrer müßte, aus dem gleichen Grunde, mehr Raum gegeben werden.
5. Defizite zeigen sich insbesondere im Vergleich mit anderen Ländern: abgesehen von den Ostblockländern, in denen allgemeinbildender Unterricht über Technik seit jeher weltanschauungsbedingt einen höheren Stellenwert hatte, sind uns auch westliche Länder – Frankreich und England – in der Akzeptanz von Technik als Unterrichtsfach deutlich voraus [20].

Didaktik der Technik

Die Geschichte des Faches Technik spiegelt nicht nur die jeweiligen geistigen Zeitströmungen wider, sie zeigt auch die unterschiedliche Auffassung von Technik, die ihrerseits die didaktischen Ansätze bestimmt hat. Am Anfang standen aus der Werkpädagogik hergeleitete, an bestimmten, recht willkürlich ausgewählten Sachbereichen orientierte Konzeptionen. So konzentrierte sich zum Beispiel der erste Lehrplan des Landes Nordrhein-Westfalen (1968) auf die Sachbereiche Bau, Gerät, Maschine; also eine vorwiegend phänomenologische Struktur. Er wurde 1973 abgelöst durch die Themenkreise Produktionstechnik, Maschinentechnik, Bautechnik und Informationstechnik, eine aus wichtigen technischen Sachbereichen abgeleitete Systematik. Hier haben offensichtlich die Ingenieurwissenschaften als Repräsentant der Technik aber auch als fachliche Absicherung die schulische Arbeit mitbestimmt.

Die Frage der Gewinnung von didaktischen Konzeptionen aus Fachstrukturen hat die Pädagogik lange beschäftigt. Für den Bereich der Technik stellte sich die zusätzliche Schwierigkeit, daß eine „Allgemeine Technologie" zunächst nur in Ansätzen existierte und sich zudem nur auf die Herstellung von technischen Gegensätzen bezog. Ebenso wie in anderen Fächern ist es auch im Schulfach Technik problematisch, einen eindeutigen Zusammenhang zwischen *wissenschaftlicher* Struktur und *didaktischer* Bedeutsamkeit anzunehmen: Fachwissenschaft bestimmt die Richtigkeit, nicht die Wichtigkeit von Lehrstoff. Eine noch so perfekte Systematik der Ingenieurwissenschaften – wenn es sie denn gäbe – könnte nicht einmal die Frage beantworten, ob Technik bildungsträchtig ist, geschweige denn welches ihrer Gebiete. Sicherlich ist eine klare Sachstruktur aus Gründen der systematischen Bearbeitbarkeit und Organisierbarkeit vom Lehrstoff unentbehrlich; sie liefert allerdings nicht ohne weiteres auch eine Grundlage für deren schulische bzw. lehrplanmäßige Umsetzung. [V-2]

Es ist seit einer Reihe von Jahren üblich, Phänomene der Technik systematisch darzustellen als Einflußnahme auf die Grundkategorien Stoff, Energie und Information [21–24]. Die Art der Einwirkung läßt sich differenzieren nach Wandlung (Form- und Eigenschaftsänderung), Transport und Speicherung. Schematisch zusammengefaßt in eine begriffliche Matrix, lassen sich dann die wichtigsten technischen Fachgebiete als Verschränkung der Zeilen und Spalten lokalisieren. Die aufgefächerten Teilbereiche der Technik stehen immer in komplexen Wechselwirkungen sowohl untereinander, als auch mit gesellschaftlichen Phänomenen. Es entstehen real-sozio-technische Sachsysteme, die schwerpunktmäßig den obengenannten Kategorien zugeordnet werden können. Beispiele dazu sind in der folgenden Übersicht (Seite 166) aufgelistet.

Man erhält auf diese Weise ein Schema mit hohem Verallgemeinerungswert, das es erlaubt, die Vielfalt und Inhomogenität real vorfindlicher Beziehungen übersichtlich zu gliedern und damit für didaktisch-strukturelle Zwecke verfügbar zu machen. Die daraus hergeleite-

Einwirkungsart / Arbeitsgegenstand	Wandlung: Umformung	Wandlung: Umwandlung	Transport	Speicherung
Stoff	Fertigungstechnik (Urformen, Umformen, ...) Physikalische Verfahrenstechnik (Zerkleinern, schmelzen, trocknen, ...)	Chemische Technologie Verfahrenstechnik (Umsetzen, aushärten, cracken, fermentieren, hydrieren, polymerisieren, recycling, ...)	Verkehrstechnik Tiefbautechnik Straßen, Brücken Kfz-Technik Schiffsbautechnik	Lagertechnik (Lagerung von Abfällen) Hochbautechnik Vorratstechnik
Energie	Antriebs-Technik (Getriebe, Kupplung, ...) Transformatorentechnik	Kraftwerkstechnik Motorentechnik Solartechnik	Energieübertragungstechnik Hochspannungstechnik Fernwärmetechnik	Energiespeicherungstechnik (Akkumulatoren, Druckspeicher, Wärmespeicher, ...)
Information	Meßtechnik Steuerungstechnik Regelungstechnik Datenverarbeitung		Informationsübertragungstechnik Fernsprechtechnik, Fernschreibtechnik, Funk/Videotechnik)	Informationsspeicherungstechnik (Magnetspeicher, Band, Platte, Trommel, Chip, Mikrofilmspeicher, Opto-elektronischer Speicher)

Gliederung technischer Sachsysteme (nach Ropohl)

ten Konzeptionen werden seit einigen Jahren in der Schule eingesetzt[19, 21–24].

Alternativ dazu wird eine andere Konzeption verfolgt, die schulischen Lernstoff – zumindest im Bereich der allgemeinbildenden Schule – nicht als Abbild von Fachwissenschaften begreift, sondern als Mittel zur Bewältigung zukünftiger Lebenssituationen[25], die wegen ihrer Komplexität nicht unter fachlich-aspekthaften Kriterien hinreichend erfaßt werden können. Technik als Unterrrichtsgegenstand würde in diesem Fall nicht als exemplarisch ausgewählte, didaktisch reduzierte Ingenieurwissenschaft erscheinen, sondern als ein Wissen, daß in – vom Schüler erkennbar bedeutsamen – technisch bestimmten Lebenssituationen eingesetzt wird.

Dieser Ansatz findet in der fachdidaktischen Diskussion breite Akzeptanz[26].

Dem möglichen Einwand, die Zielsetzung der allgemeinbildenden Schule und die Vielfalt denkbarer Lebenssituationen sowie ihre stete Veränderlichkeit lasse keine darauf bezogene systematische und in Grenzen gleichbleibende Orientierung von Unterricht zu, wird durch die Bildung zusammenfassender, d. h. allgemein zutreffender Situationsfelder und jeweils darauf bezogener, differenzierter Qualifikationen begegnet.

Lebenssituationen und Qualifikationen (z. T. nach Robinsohn)

Die Legitimierung von Schulstoff erfolgt hier also nicht von der Bedeutung bzw. vom Umfang des gesellschaftlichen Wissensvorrates her, sondern vom Verwendungswert des Wissens: Bildung ist Ausstattung für Problemlösungen in der realen komplexen Welt. Unter dem Postulat der Allgemeinbildung hat hier Verwendungseignung von Wissen für nicht-fachspezifisch orientierte Lebenssituationen Vorrang vor einer an fachwissenschaftlichen Strukturen orientierten Systematik.

Fachwissenschaften sind der historisch entstandene und gewiß vielfältig legitimierte Ausdruck zweckmässiger und notwendiger Arbeitsteilung an Hochschulen. Wird Schulstoff in gleicher Weise wie an Hochschulen systematisiert, dann qualifiziert er folgerichtig in erster Linie für Anforderungen der Fachwissenschaften. Ob dies der alleinige Auftrag der allgemeinbildenden Schule ist, erscheint zumindest zweifelhaft. Da Technik überdies von genereller, also auch überfachlicher Bedeutung ist – und dies wird gerade von Ingenieuren zunehmend betont –, erscheint eine Orientierung des Unterrichts an Kriterien allgemeiner Qualifizierung plausibel. [V-2]

Dies ist auch aus Gründen einsichtiger Betroffenheit des Schülers als einer wichtigen Voraussetzung von Lernmotivation angeraten: Inhalte, die außerhalb seiner Erfahrungswelt liegen, deren Verwendungsbedeutsamkeit nicht erkennbar ist, werden nur in Ausnahmefällen dauerhafte Motivation herstellen können.

Freilich kommt auch eine an komplexer Qualifikation orientierte technische Allgemeinbildung nicht ohne ein Mindestmaß an technikspezifischen Phänomenen, Verfahren und Methoden aus, will sie nicht in die Gefahr geraten, inhaltlicher Beliebigkeit oder unernstem Universaldilettantismus anheimzufallen. Allerdings ergeben sich diese Lerninhalte weniger aus ihrer Bedeutung im Gefüge der Ingenieurwissenschaften, sondern eher aus dem Grade ihrer Eignung, in technisch

Situationsfelder / Qualifikationen	Haushalt / Freizeit	Arbeit / Beruf	Gesellschaft / Öffentlichkeit
Sachkompetenz			
Handlungskompezenz			
Urteilskompetenz			

Lebenssituationen und Qualifikationen (z. T. nach Robinsohn)

geprägten Lebenssituationen zur Lösung von Problemen zu führen. Diese Fähigkeit kann als Sachkompetenz, Handlungskompetenz und Urteilskompetenz näher beschrieben werden.

Die Fachwissenschaften sichern dabei in erster Linie die sachliche *Richtigkeit* des so ausgewählten Stoffes hinsichtlich seiner Übereinstimmung mit dem jeweiligen Erkenntnisstand ab. Sie liefern nur indirekt Argumente für deren *Wichtigkeit* in der jeweiligen Lernsituation. Diese bestimmt sich nach didaktischen Kriterien. Eine Vermittlung zwischen diesen – scheinbar gegensätzlichen – Positionen scheint allerdings möglich, wenn man an die Lerninhalte Ansprüche stellt, die beide Ansätze berücksichtigen.

Die Lerninhalte müssen dann geeignet sein,

1. wichtige d. h. für Technik typische und strukturbildende Kenntnisse an fachwissenschaftlich begründbar exemplarischen Gegenständen zu erschließen. Diese Gegenstände sind in Lebens- und Erfahrungsbereiche einzubetten, die für die Schüler erkennbar bedeutsam und realitätsbezogen sind, über die subjektive Interessenlage hinaus allerdings auch objektive Relevanz haben.

2. Möglichkeiten zur eigenen – auch praktischen – Tätigkeit des Schülers zu bieten, wobei wie bei realer Technik Theorie und Praxis aufeinander zu beziehen sind.

3. die Mehrdimensionalität realer Technik widerzuspiegeln, d. h. ihre nicht nur naturgesetzliche, sondern auch ökonomische, gesellschaftliche und kulturelle Bedingtheit zu zeigen.

4. die Angemessenheit in persönlicher und sachlicher Hinsicht für Schüler und Schule sowie die subjektive Akzeptanz – Motivation – zu gewährleisten, wenn Technikunterricht nicht im wirkungslosen Raum theoretischer Postulate stehenbleiben soll.

Als Lebensbereiche lassen sich etwa benennen [17]: – Arbeit und Produktion – Information und Kommunikation – Automation und technischer Wandel – Versorgung und Entsorgung – Transport und Verkehr – Energie – Bauen und Wohnen.

Ein Vergleich der Tabellen zeigt zwar einige Übereinstimmungen, jedoch durchaus keine Deckungsgleichheit. Insbesondere fehlt bei dieser Begrifflichkeit die Einengung auf „-technik" des jeweiligen Sachbereiches. Das ist folgerichtig, da hier nicht technische Fachdisziplinen gemeint sind, sondern komplexe (soziotechnische) Lebensbereiche, in denen Technik zwar eine dominante Rolle spielt, die jedoch als „reine" Technik nicht hinlänglich für die Allgemeinbildung legitimiert wären. Naturgemäß fehlt bei dieser Systematik ein strenge Abgrenzbarkeit im ingenieurwissenschaftlichen Sinne, da für jeden Bereich mehrere technische Disziplinen als Hintergrundwissenschaft zutreffen. Das ist eine notwendige Folge der Abwendung von rein wissenschaftssystematischen Kriterien zugunsten realer Lebensbereiche: reale Probleme im Umgang mit Technik – vor allem solche außerberuflicher Art und gerade die sind für die allgemeinbildende Schule von Bedeutung – machen an Fachgrenzen nicht halt. Sie verlangen darüberhinausgehende Fähigkeiten. Es ist dies zugleich Reflex der Tatsache, daß Technik heute in alle Lebensbereiche hineinwirkt, auch in solche, die ihr in ihrem Selbstverständnis eher fernstehen. Technik ist konstitutiver Faktor unserer heutigen Kultur – ob wir dies begrüßen oder nicht. [V-2]

Auf der Basis des bisher Gesagten läßt sich daher ein Technikbegriff formulieren, der im Inhalt auch den philosophischen Technikbeschreibungen entspricht, die vorhergehenden Gedanken aufnimmt, zugleich aber auch Anforderungen postuliert, die für einen allgemeinbildenden Technikunterricht als konstitutiv angesehen werden können [I-1.1]:

1. Technik nutzt, verarbeitet, transportiert und speichert vorhandene Stoffe, Energie und Informationen. Sie ist sowohl in Gestalt technischer Gegenstände als auch technischer Prozesse existent [17]. Beide Erscheinungsformen können konstitutiv für Unterricht sein, d. h. Unterricht kann sich sowohl auf Technik (Objekt, Verfahren) richten, als auch selbst „technisch" organisiert sein, reale Technik etwa in Form einer Produktion oder Konstruktion unterrichtlich abbilden. Technik ist – so gesehen – nicht nur Gegenstand oder Prozeß, sondern allgemein Methode zur Lösung von Problemen, die das Erfinden/Entwerfen, Konstruieren, Herstellen, Verwenden und Bewerten/Optimieren von Technik mit umgreift.

2. Technik ist zielorientierte Veränderung der Umwelt durch den Menschen. Sie ist daher orientiert an menschlichen, individuellen und/ oder kollektiven Bedürfnissen: im Unterschied zur Naturwissenschaft, die vorwiegend kausal orientiert ist, ist für Technik Finalität kennzeichnend [22].

3. Technik, die oft gegenläufigen Einflüssen unterliegt, ist in der Regel Handeln im *Zielkonflikt*[27]: sie wird realisiert als *Kompromiß* zwischen dem naturgesetzlich Möglichen, dem wirtschaftlich Vernünftigen und dem gesellschaftlich und kulturell jeweils Gewünschten.

Dieser Begriff steckt zugleich den qualifikatorischen Rahmen ab, auf den ein so verstandener, mehrperspektivischer Unterricht ausgerichtet ist. Es ist

1. Sachwissen zu erwerben, das sich auf die Kenntnis wichtiger technischer Gegenstände und Verfahren bezieht (Sachkompetenz). Anstelle von Einzelwissen ist dabei mehr auf technische Zusammenhänge, Strukturen und verallgemeinerungsfähige Phänomene zu achten. Sachwissen schließt Kenntnis der Methoden ein, die in der Technik eingesetzt werden.

2. Handlungsfähigkeit zu erwerben, die sich auf den sach- und sicherheitsgerechten Umgang mit Technik bezieht (Handlungskompetenz). Damit ist auch – und nicht nur aus Motivationsgründen – der eigene motorisch-praktische Umgang mit Technik gemeint: Werkzeuggebrauch, Maschineneinsatz, Meßtechnik, technisches Zeichnen. Diese Kompetenz bietet – abgesehen von ihrem technikspezifischen und unterrichtlichen Wert – auch die Möglichkeit alternativer Maßstäbe schulischer Leistung[17].

3. schließlich für die Bewertung von Technik hinsichtlich ihrer Wünschbarkeit eine Werthaltung zu erwerben, die ein ausgewogenes, rationales Urteil über Technik angesichts der vielschichtigen Ansprüche und Bedingtheiten anbahnen hilft (Urteilskompetenz). Dies ist zugleich Vorbedingung ihrer kulturellen Integration. [I-3.4; V-2; V-6]

Es wird in der schulischen Praxis im Regelfall nicht möglich sein, diese Zielsetzungen getrennt und idealtypisch zu verfolgen, vielmehr wird meist ein Ineinanderwirken bzw. gegenseitige Voraussetzungsgebundenheit der Qualifikationen vorliegen. Dennoch dürften sie wichtige Orientierungen für die Bewertung von Technikunterricht abgeben, die zugleich sicherstellen sollen, daß er einerseits nicht in „monotechnischer" Beschreibung stecken bleibt, andererseits nicht in der Unverbindlichkeit beliebiger Interpretation von Technik versickert.

Das Problem der schulischen Verwirklichung

Es ist nicht zu bestreiten, daß zwischen dem erhobenen Anspruch von Technik in der Allgemeinbildung und der schulischen Realisation in

Form von Stundendeputatzuweisung vor allem im Bereich der Sekundarstufe I des Gymnasiums eine erhebliche Lücke besteht. Die hier offenkundig werdende Differenz ist weniger auf bildungspolitische Meinungsverschiedenheiten zurückzuführen: es wird auch politisch kaum ernsthaft in Frage gestellt, daß der Technik angesichts ihrer Auswirkungen und Bedeutung erhebliche Aufmerksamkeit auch im Bildungswesen zukommt. Die Schwierigkeiten scheinen eher in der Begrenzung der Stundentafel zu liegen: angesichts der Begrenztheit des dort gegebenen, schulisch zumutbaren und von Fach-Lehrern (!) vermittelbaren Fächerkanons gibt es erhebliche Widerstände gegen die Einführung neuer Fächer. Dabei wird von Seiten der etablierten Fächer eine Minderung des beanspruchten Anteils, von Seiten der Kultusverwaltung die Abdeckung des Unterrichts durch speziell auszubildende Lehrer als Problem gesehen. So wird der Bildungsanspruch von Technik meist mit dem Hinweis auf zwei Ersatzlösungen beantwortet[28]:

1. Formulierung der Aufgabe technischer Bildung als sogenanntes „Unterrichtsprinzip", d.h. als durchgängige Teilaufgabe innerhalb aller betroffenen und vertretenen Schulfächer, zum Beispiel der Naturwissenschaften, der Geschichte, Geographie usw. Die Erfahrung hat gezeigt, daß solche „Multizuständigkeit" in aller Regel dazu führt, daß überhaupt nichts geschieht: das ist angesichts der Vertrautheit des Lehrers mit seinen „eigentlichen" Unterrichtsfächern und der normalerweise anzutreffenden Identifikation damit erklärlich. Die Übernahme fachfremder Aufgaben wird – zumal im Gymnasialbereich – als problematisch angesehen.

2. Zuweisung der technischen Bildung an artverwandte Disziplinen, zum Beispiel an die Naturwissenschaften, insbesondere an die Physik. Als Konsequenz einer weitverbreiteten Ansicht, wonach Technik nichts anderes sei als angewandte Naturwissenschaft, ist diese Meinung vielerorts anzutreffen. Die nähere Überlegung zeigt jedoch, daß auch eine solche Zuordnung außerordentlich problematisch ist. Zunächst gibt es viele und wichtige Bereiche der Technik, die in den Naturwissenschaften gar keine Entsprechung haben, also schon deshalb nicht „angewandt" sein können. Als Beispiel seien die Produktionstechnik, die Arbeitswissenschaften und große Teile der Maschinentechnik genannt. Außerdem fehlt dem naturwissenschaftlichen Lehrer zwangsläufig eine praktisch-technische Ausbildung, die für Technik typisch ist. [III-4.1]

Überhaupt hat der Physikunterricht sein Verhältnis zur Technik bislang nicht überzeugend klären können: Braucht man Technik einerseits – früher wie heute – als Veranschaulichungs- und Motivationsvehikel, so ist man auf der anderen Seite doch nicht bereit – oder in der Lage –, die für Technik typische Bewertungskomponente als Basis finaler Gestaltung von Umwelt methodisch und erkenntnismäßig zu integrieren. Dies aber ist von entscheidender Bedeutung, da für Technik nicht das Kausalprinzip, die Ursächlichkeit eines Phänomens, sondern das Finalprinzip, die *Zweckmäßigkeit* gemachter bzw. veränderter Umwelt zentral ist. Technik ist nicht entstanden, weil es Naturgesetze gibt, sondern deshalb, weil es menschliche Bedürfnisse gibt, die Technik als „Antwort" erfordern. Daß dazu heute die Kenntnis der Naturgesetze erforderlich ist, ist unbestreitbar, aber nicht zwingend, wie die Technikgeschichte zeigt. Überdies ist die Kenntnis von Naturgesetzen keineswegs hinreichend, um tatsächlich und betriebssicher funktionierende Technik herzustellen. Naturwissenschaft beschreibt somit den Rahmen, innerhalb dessen Technik möglich ist, als Machbarkeitsuntergrenze, sie liefert aber keine hinreichende Erklärung für konkrete existierende Technik. Die Naturwissenschaften sind eben nicht *die* Grundlagen der Technik, aus denen alles weitere herleitbar wäre.

In neuester Zeit mehren sich allerdings die Anzeichen dafür, daß Technik stärker als bisher als Teil der Allgemeinbildung akzeptiert wird. In Gesprächen zwischen dem Verein Deutscher Ingenieure und den Spitzen der großen parlamentarischen Parteien wurde Einigkeit darüber erzielt, daß ein qualifizierter Technikunterricht an den allgemeinbildenden Schulen unabdingbar sei für die „Vorbereitung auf die außer- und nachschulische Realität" [29].

Ähnliche Tendenzen zeigen sich auch in den übrigen europäischen Ländern und werden von der EG im Rahmen von Forschungsprogrammen gefördert. Das sind vielleicht ermutigende Anzeichen für eine sich anbahnende Entwicklung im Bildungsverständnis.

Zusammenfassung

Es ist offensichtlich, daß technische Bildung in der allgemeinbildenden Schule noch nicht hinreichend erfolgt. Das ist angesichts der großen Bedeutung von Technik für die Bundesrepublik, der Betroffenheit jedes Einzelnen, aber auch des demokratisch legitimierten Anspruchs auf Mitgestaltung und Mitverantwortung von Technik gewiß ein unbefriedigender Zustand. Die Gründe für die geringe Repräsentanz von Technik insbesondere im Bereich des Gymnasiums sind historisch zumindest zum Teil als Auswirkung neuhumanistischer Bildungsgrundsätze erklärbar. Gleichwohl gibt es Gründe anzunehmen, daß diese Zurechnung auf Fehlinterpretation beruhen könnte. Erprobte didaktische Konzeptionen für den Technikunterricht gehen zum Teil von fachlichen, technisch-systematischen Strukturen aus, zum Teil von der Anwendbarkeit technischen Wissens in bestimmten Lebenssituationen. Für deren Bewältigung benötigt man Qualifikationen, die einen mehrdimensionalen Technikbegriff beschreiben: Technik ist didaktisch determiniert als Handeln zwischen naturgesetzlicher Machbarkeit, ökonomischer Vernunft und gesellschaftlicher Wünschbarkeit. Dieses Spannungsfeld begründet zugleich den allgemeinbildenden Charakter und die Zielsetzung von Technik, nämlich zweckmäßig und human *von* Menschen *für* Menschen gestaltete Realität zu sein. [I-1.1]

Literaturnachweise

1 Deutscher Gewerkschaftsbund, Handelskammer Düsseldorf, Landesvereinigung Arbeitgeberverbände in NRW, Verein Deutscher Ingenieure (VDI), Industrie und Handelskammer NRW (Hrsg.): Technikunterricht an alle Schulen (Memorandum). Düsseldorf 1984. Analoges Memorandum für Schleswig-Holstein, Flensburg 1986

2 *Sachs*, Burkhard: Allgemeinbildung und Arbeitswelt – zur Rehabilitierung des Neuhumanismus. In: Traebert, Wolf Ekkehard (Hrsg.): Technik als Schulfach. Bd. 3. Düsseldorf 1980, S. 19ff.

3 *Wessels*, Bodo: Die Werkerziehung. Bad Heilbrunn 1969, S. 16ff.

4 *Niemeyer*, August Hermann: Die Grundsätze der Erziehung und des Unterrichts. Teil 2. Halle [8]1825, S. 646

5 *Sextro*, Heinrich Philipp: Über die Bildung der Jugend zur Industrie. Göttingen 1785, S. 128 (Nachdruck Frankfurt 1968)

6 *Flitner*, Wilhelm/*Giel*, Klaus (Hrsg.): Humboldts Werke. Bd. 4. Darmstadt 1960, S. 188

7 *Niethammer*, Friedrich Immanuel: Der Staat des Philantropinismus und Humanismus. Jena 1808, S. 8

8 *Litt*, Theordor: Das Bildungsideal der deutschen Klassik und die moderne Arbeitswelt. Bochum [6]o. Jg., S. 65

9 Vgl. 20

10 Vgl. 8, S. 59, S. 60

11 *Platon*: Theaitetos (übers. von Apelt, Otto). Hamburg 1955, 174 Str.

12 *Füssel*, Martin: Naturwissenschaft und Technik: Überschneidungen und Abgrenzungen. In: Traebert, Wolf Ekkehard: Technik als Schulfach. Bd. 4. Düsseldorf 1981, S. 93

13 Zitiert nach: *Mai*, Manfred: Zur Geschichte des Ingenieurberufes und seiner Professionalisierung. In: Deutscher Ingenieurkalender. Düsseldorf 1987, S. 320f.

14 *Wilkening*, Fritz/ *Schmayl*, Winfried: Technikunterricht. Bad Heilbrunn 1984, S. 37 ff.
15 Empfehlungen und Gutachten des Deutschen Ausschusses für das Erziehungs- und Bildungswesen. Folge 7/8. Stuttgart 1964, S. 41–43
16 Nordrhein-Westfalen: Primärstufe/Sachunterricht (1987)
17 Nordrhein-Westfalen: Realschule/Klasse 9, 10 (1986)
18 Nordrhein-Westfalen: Gymnasiale Oberstufe (1975)
19 *Kußmann*, Michael: Technikunterricht in der Bundesrepublik Deutschland. In: tu-Technik im Unterricht 27. 1983, S. 11–14
20 *Tyrchan*, Gregor u.a.: Technikunterricht in Frankreich und in Großbritannien. Gutachten im Auftrage des Bundeswissenschaftsministeriums. Bonn 1985
21 *Ropohl*, Günter: Einleitung in die Systemmechanik. In: Ropohl, Günter (Hrsg.): Systemmechanikgrundlagen und Anwendung. München 1975
22 *Haupt*, Wolfgang/*Sanfleber*, Helmut: Ansatz zu einer Didaktik der Technik für den Technikunterricht in der Sekundarstufe II. In: Traebert, Wolf Ekkehard (Hrsg.): Technik als Schulfach. Bd. 1. Düsseldorf 1979, S. 185 ff.
23 *Bader*, R./*Wagner*, W.: Curriculum Technik. In: technica didacta 1. 1978 Nr. 1, 2
24 *Wolfgramm*, Horst: Allgemeine Technologie. Leipzig 1973, S. 38 ff.
25 *Robinsohn*, Saul: Bildungsreform als Reform des Curriculums. Darmstadt 1967, S. 45 ff.
26 *Sachs*, Burkhard: Legitimation und Strukturen von Technikunterricht. In: Traebert, Wolf Ekkehard (Hrsg.): Technik als Schulfach. Bd. 4. Düsseldorf 1981, S. 64
27 *Sachs*, Burkhard: Produktgestaltung und Warentest im Technikunterricht. In: Traebert, Wolf Ekkehard (Hrsg.): Technik als Schulfach. Bd. 5. Düsseldorf 1985, S. 107 ff.
28 Verein Deutscher Ingenieure: Technik und Schule, Argumentarium des Vereins Deutscher Ingenieure. Düsseldorf 1987
29 VDI-Nachrichten Nr. 17 (29. 4. 1988), Nr. 19 (13. 5. 1988)

Entwicklung der technischen Fachschulen

Gustav Grüner

Der Fachschulbegriff im Wandel der Zeit

Am Ende des 18. Jahrhunderts entstand im Frankreich der Napoleonischen Zeit die Idee, Spezialschulen für bestimmte technische Fachrichtungen zu schaffen. Zur gleichen Zeit wurde auch in Österreich im Rahmen der Bildungsreformen Maria Theresias ein Fachschulwesen ins Leben gerufen. Diese Entwicklung strahlte auf Deutschland aus und beeinflußte hier die Gründungen ähnlicher Schulformen im 19. Jahrhundert.

Die Grundbedeutung von „Fach" ist „Abgetrenntes" und „Abteilung", im weiteren Sinne ist das Fach das von einem Menschen betriebene Geschäft oder ein Teilgebiet der Wissenschaft [1]. Im 19. und 20. Jahrhundert ersetzte das Wort „Fach" immer mehr das Wort „Spezial", aus dem Spezialarzt wurde zum Beispiel der Facharzt. Noch im Königsberger und im Litauischen Schulplan von 1809 sprach Wilhelm von Humboldt (1767–1835) nur von Spezialschulen, die er den Schulen für allgemeine Menschenbildung gegenüberstellte; er erachtete Spezialschulen für wichtig, meinte aber, nicht der Staat sollte sie unterhalten, sondern die Berufsstände selbst. Die „Mischung" von allgemeiner und spezieller Bildung lehnte er ab, weil die Bildung dadurch „unrein" würde [2].

Ganz im Sinne Humboldts wurden die in Fachschulen umbenannten Spezialschulen bis ins beginnende 20. Jahrhundert den „Erziehungsschulen" (Volksschule, Gymnasium, Universität) gegenübergestellt. So heißt es 1913 im „Lexikon der Pädagogik" [3]: „Die Fachschulen sind das Gegenstück zur allgemeinbildenden Schule."

Über den Umfang des Fachschulbegriffes ist an derselben Stelle zu lesen [4]: „Die F. gliedern sich in ähnlicher Weise wie die übrigen Schulen in Hoch-, Mittel- und niedere Schulen. So haben wir Forst-, Berg-, Kriegs- und Marineakademien, landwirtschaftliche, technische und polytechnische Hochschulen. Zu den mittleren F. gehören Baugewerbe-, Berg-, Handels-, Forst-, Gewerbe- und Landwirtschaftsschulen, landwirtschaftliche Winterschulen, Obst- und Weinbauschulen, Post-F., Schiffer- und Textilschulen, Eisenbahn-F. Ausgeprägten Fachcharakter nehmen auch die gewerblichen Fortbildungsschulen mehr und mehr an, während die ländliche Fortbildungsschule die Mitte zwischen der Erziehungschule und F. hält." Das Zitat zeigt den ursprünglichen, umfassenden Fachschulbegriff; Fachschulen sind demnach alle Spezialschulen von der technischen Hochschule bis zur fachlich orientierten Lehrlingsschule. Dieser umfassende Fachschulbegriff wurde jedoch schon nach 1870 eingeengt: aus den in der ersten Hälfte des 19. Jahrhunderts gegründeten polytechnischen Schulen entstanden vielfach technische Hochschulen. Sie wurden immer mehr den Universitäten angeglichen und auch offiziell in Hochschulen umbenannt. Die Bezeichnung „Fachschule" wurde von ihnen als zu gering empfunden. In der zeitgenössischen Literatur wird darauf hingewiesen, daß vor allem die nach 1861 gegründeten österreichischen „Staatsfachschulen" – 2jährige Schulen für Volksschulentlassene zur Ausbildung von Handwerkern und Fabrikarbeitern – dazu beigetragen haben, unter Fachschule eine eher „niedere" Spezialschule zu verstehen. [V-3.5]

So wurde es im ersten Drittel unseres Jahrhunderts weithin üblich, unter Fachschulen nur noch Spezialschulen unterhalb der Qualifikationsebene der Hochschule zu verstehen, obwohl noch in den 20er Jahren an einigen Technischen Hochschulen die Falkultäten „Fachschulen" hießen. Auch die Absolventen der höheren Maschinenbauschulen empfanden schon vor 1914 Unbehagen bei der Bezeichnung ihrer Schule als „Fachschule". Die 1931 erfolgte Umbenennung dieser und ähnlicher (höheren) Fachschulen in „Höhere Technische Lehranstalt" (HTL) [5] kam diesen Bestrebungen entgegen, so daß nach 1931 die zum Beruf des „Ingenieurs" führenden Schulen keine Fachschulen mehr waren. Diese Anordnung wurde jedoch im NS-Staat zurückgenommen; auch die Höheren Technischen Lehranstalten wurden nach 1937 wieder in Fachschulen umbenannt [6].

1937 wurden die eine Meisterlehre ganz oder teilweise ersetzenden Fachschulen durch Erlaß zu „Berufsfachschulen" erklärt [7], wodurch der Fachschulbegriff nochmals eingeengt wurde. Fachschulen waren von da an auf eine Lehre oder ein längeres Praktikum aufbauende Schulen zur Vorbereitung auf Berufsrollen der mittleren Qualifikationsebene, die über der der Gesellen und Facharbeiter und unter der der Hochschulabsolventen angesiedelt war. Die bedeutendsten Fachschulen dieser Art waren die Ingenieur- und die Bauschulen.

So blieb es auch zunächst nach 1945. Die Bezeichnung „Ingenieurschule" galt als attraktiv, auch die Bau-, Textil- und Keramikschulen nahmen sie an. Obwohl die Ingenieurschulen bei den Länderkultusministerien ressortierten und dort zu den Fach- oder Höheren Fachschulen zählten, wurde die Bezeichnung Fachschule von den Studierenden und Lehrern zunehmend als unbefriedigend empfunden. 1968 wurden nach erheblichen Studentenunruhen die Ingenieurschulen zuerst in Akademien, dann in Fachhochschulen umbenannt[8]. Der Fachschulbegriff wurde also erneut erheblich eingeengt, die Qualifikationsebene der Ingenieurschulen, vielleicht am besten als mittlere-gehobene Qualifikationsebene bezeichnet, wurde in die Hochschule verschoben. Den Fachschulen verblieb also nur noch der darunterliegende Qualifikationsbereich. Die Kultusministerkonferenz definierte 1975 die „übriggebliebenen" Fachschulen folgendermaßen[9]: „Fachschulen sind Schulen, die grundsätzlich den Abschluß einer einschlägigen Berufsausbildung oder eine entsprechende praktische Berufstätigkeit voraussetzen; als weitere Voraussetzung wird in der Regel eine zusätzliche Berufsausübung gefordert. Sie führen zu vertiefter beruflicher Fachbildung und fördern die Allgemeinbildung. Bildungsgänge an Fachschulen in Vollzeitform dauern in der Regel mindestens ein Jahr, Bildungsgänge an Fachschulen in Teilzeitform dauern entsprechend länger."

Zum Schluß dieser terminologischen Vorbemerkung sei kurz auf die Bedeutung des Wortes „Fachschule" im deutschsprachigen Raum hingewiesen[10]:

In der Republik Österreich sind Fachschulen meist vierjährige, nach dem 14. Lebensjahr zu besuchende Vollzeitschulen zur anspruchsvollen schulmäßigen Ausbildung für einen gewerblich-technischen Lehrberuf.

In der DDR waren bislang Fachschulen insbesondere auf die Lehre aufbauende Vollzeitschulen zur Ausbildung „mittlerer Kader"; die bekanntesten DDR-Fachschulen waren die Ingenieurschulen. Demnächst sollen alle Fachschulen ohne Zwischenpraxis unmittelbar an die Klasse 10 anschließen, drei Jahre dauern und zum „Techniker" oder „Wirtschaftler" führen. Bis jetzt gab es nur medizinische und pädagogische Fachschulen, die so organisiert waren.

In der Schweiz wurden einerseits anspruchsvolle Berufsschulen mit Weiterbildungseinrichtungen als Fachschulen bezeichnet, zum Beispiel Drogistenfachschulen, aber andererseits auch Vollzeitschulen, wie die für die Dolmetscherausbildung.

Die kurze Übersicht zeigt, daß der Fachschulbegriff erheblichen Wandlungen unterworfen war. In den folgenden Ausführungen wird von einem Fachschulbegriff ausgegangen, der folgende Begriffsmerkmale aufweist:

- Spezialschule
- Qualifikationsniveau über dem der Gesellen und Facharbeiter
- Qualifikationsniveau unter dem der technischen Hochschulen und ihren Vorläufern, den polytechnischen Schulen.

Die hier behandelten Fachschulen sind also insbesondere schulische Ausbildungsstätten für „mittlere" technische Berufe, also keine Hochschulen und keine Berufsschulen. Die technischen Hochschulen, heute bis auf Aachen und Darmstadt als Universitäten bezeichnet, sind meist aus den oben erwähnten polytechnischen Schulen hervorgegangen, die im ersten Drittel des 19. Jahrhunderts unter verschiedenen Bezeichnungen gegründet wurden. Obwohl zunächst diese Lehranstalten typischen Fachschulcharakter hatten, bleiben sie als Vorformen der Hochschulen hier unberücksichtigt. [V-3.5]

Das Bedürfnis nach Fachschulbildung

Jahrhundertelang lebten Wissenschaft und Gewerbe getrennt nebeneinander; spätestens im 16./17. Jahrhundert bahnte sich ein Wandel an. An den Universitäten bauten Mechaniker Apparate für die naturforschenden Philosophen; Regeln der Mathematik, Physik, Chemie und Mineralogie wurden im Bergbau und im Baugewerbe zunehmend beachtet; handwerklich-fachliche Fragestellungen wurden Anlaß für wissenschaftliche Untersuchungen, zum Beispiel in der Baustatik. Um die gleiche Zeit entstanden „Fachprofessuren" an den Universitäten, und an den Schulen wurden allmählich die Klassenlehrer zu Fachlehrern. Es kam zu einer Verschränkung von Technik und Wissenschaft und damit auch von Gewerbe und Wissenschaft. [III-3.3]

Die Verschränkung von Gewerbe oder „Fach" mit den einschlägigen Wissenschaften führte zunächst dazu, daß die kognitiven Berufsleistungen – auch isoliert vom praktischen Tun – an Bedeutung gewannen, während sie früher aufs engste mit den sensumotorischen Fertigkeiten verknüpft waren. So kam es zu einer ersten „vertikalen" Berufsspaltung; der nur noch planende, denkende, rechnende und zeichnende Architekt – den allerdings schon die Antike kannte – steht über dem Bauhandwerker. Auch im Bergbau ergab sich eine ähnliche Funktionsteilung.

Wenn das Wissen dieser handwerklichen Führungskräfte einen gewissen Umfang angenommen hat, drängt es auf Systematisierung, zum Beispiel zur „architektonischen Wissenschaft". Und die in Büchern systematisierte Wissenschaft drängt auf eine systematische Lehre, letztlich auf Gründung einer Spezialschule.

Ein schönes Beispiel für diesen Vorgang ist die Gründung der „Fortifikationsschule“ des Kriegsbaumeisters Christian Josef Willenberg im Jahre 1718 in Prag, die in einem Traditionszusammenhang mit der heutigen Technischen Hochschule Prag steht [11]. Sie wurde fast ausschließlich von Adligen besucht. Damit ist angedeutet, daß diese ersten Spezialschulen, die oft als Akademien bezeichnet wurden – wie Berg- oder Bauakademie –, Spitzenkräfte im „Fach“ ausbilden wollten.

Fachschulen im hier gemeinten Sinn der Ausbildungsstätten für „mittlere“ Berufe waren diese „Akademien“ nicht, sie waren auch nicht den Universitäten gleichgestellt. Fachschulen für „mittlere Berufe“ entstehen vielmehr, wenn das Lernen in der Meisterlehre als nicht mehr ausreichend angesehen wird, die Meistprüfung zu bestehen und ein Geschäft führen zu können. Sie entstehen auch durch Teilung des Arbeitsfeldes der Absolventen der Berufsakademien oder -hochschulen; einfachere, routinemäßige Aufgaben werden auf einen Beruf verlagert, für den in rangniederen Fachschulen ausgebildet wird.

Fachschulen können auch dazu dienen, in bestimmten Regionen bestehende Gewerbe zu festigen oder ihre Gründung anzuregen. Die bereits erwähnten Fachschulen des österreichischen Handelsministeriums verfolgen solche Ziele – in Steinschönau für die Glasschleiferei oder in Schönbach für den Geigenbau. Gelegentlich soll durch Fachschulen auch ein bestehendes landschaftsgebundenes Gewerbe „gerettet“ werden. Man denke dabei an die Holzschnitzschule in Bischofsheim/Rhön.

Im Verlauf der letzten 200 Jahre sind zur Lösung der Fachschulproblematik verschiedene Wege eingeschlagen worden. Diesen unterschiedlichen Ansätzen soll in den folgenden Abschnitten nachgegangen werden, wobei oft der bautechnische Unterricht betrachtet werden wird. Nach Einführung der Gewerbefreiheit (Preußen 1810 [12]) war zur Eröffnung eines Geschäftes die bisher durch die Zunft reglementierte Meisterprüfung nicht mehr erforderlich. Für bestimmte konzessionierte Gewerbe, zu denen insbesondere das Baugewerbe gehörte, mußten jedoch Prüfungsatteste vorgelegt werden, um einen „Gewerbeschein“ zu erhalten [13]. Diese Prüfungen vor Kommissionen der Provinzialregierungen, deren Inhalte behördlich vorgeschrieben waren, bildeten einen wichtigen Grund für das Entstehen von Fachschulen, weil diese Inhalte eben nicht in der Berufspraxis erworben werden konnten, sondern nur in systematischem Unterricht, also in Schulen.

Die Teilzeit-Fachschulen

Der wohl erste Vorschlag zur Realisierung der Verschränkung von Wissenschaft und Gewerbe war der, daß interessierten Lehrlingen und jungen Gesellen einige Stunden in der Woche Unterricht im Zeichnen, in Mathematik, Mechanik und ähnlichen Disziplinen erteilt werden sollte. Die ältere religiöse Sonntagsschule mag anregendes Beispiel für diese Organisationsform gewesen sein; man nahm aber bei der Gründung dieser Teilzeit-Fachschulen meist die späten Nachmittage der Werktage in Anspruch. Da das Zeichnen als besonders wichtig erachtet wurde, hat man diese Schulen häufig als „Zeichenschulen" bezeichnet. Sie wurden oft von Privatleuten oder von Vereinigungen betrieben und pflegten neben dem konstruktiven auch das geschmacksbildende Zeichnen. Nur einige Beispiele sollen zeigen, auf welche Weise diese Idee verwirklicht wurde:

- 1768 wurden in Karlsruhe und Durlach architektonische Schulen errichtet, die in den frühen Abendstunden den Lehrlingen der einschlägigen Professionisten Unterricht in den Fächern Arithmetik, Geometrie, Mechanik und Architektur erteilten [14].
- 1787 wurde in Berlin in Verbindung mit der Kunstakademie eine Kunst-Zeichenschule eröffnet, die an vier Wochentagen am späten Nachmittag Unterricht anbot. Provinzial-Kunstschulen, zum Teil mit Unteranstalten, sollten außerhalb der Residenzstadt für eine fachlich gehobene Ausbildung einer Elite von Lehrlingen und Gesellen dienen [15].
- Nach der „Kurhessischen Zunft-Ordnung" vom 5. März 1816 sollten in den bedeutenden Städten des Kurstaates „Handwerks-Schulen" errichtet werden, in denen Lehrlinge im Schreiben und Rechnen, in Länder- und Naturkunde, in Geometrie, Zeichnen und Modellieren unterrichtet werden sollten [16].
- 1816 schuf in Frankfurt die „Gesellschaft zur Beförderung nützlicher Kenntnisse und deren Hilfs-Wissenschaften" eine gewerbliche Unterrichtsanstalt, bestehend aus einer Sonntags- und Abendschule mit einem relativ hohen mathematischen Niveau (kubische Gleichungen, Trigonometrie) [17].
- 1834 richtete das Großherzogtum Baden „in allen gewerbereicheren Städten" „Gewerbe-Schulen" als Teilzeitschulen ein, in denen geometrisches und Ornamentalzeichnen, Arithmetik, Geometrie, industrielle Wirtschaftslehre und Buchführung an Lehrlinge der technischen Gewerbe unterrichtet wurde. Für die übrigen Lehrlinge stand die rangniedere Fortbildungsschule zur Verfügung [18].

Die Grundproblematik dieser Teilzeit-Fachschulen wird in einem Kommentar von Oskar Simon aus dem Jahre 1902 deutlich[19]: „Wie bei der Berliner Kunstschule, so war auch bei den Provinzial-Kunstschulen in den ersten Jahren der Andrang verhältnismäßig groß; Gesellen wie Lehrlinge ergriffen mit Freuden die Gelegenheit, sich kostenlos für ihren Beruf auch in zeichnerischer Beziehung vorzubilden. Die Schule in Breslau hatte durchschnittlich 70 bis 80 Schüler, die Königsberger unter dem Rektorat Janson etwa 50, die Magdeburger 1799 sogar 203 Schüler. Freilich wurde ihnen der Besuch häufig recht schwer gemacht, denn die Meister standen den neuen Schulen in der Mehrzahl keineswegs wohlwollend gegenüber; sie weigerten sich sogar vielfach, ihren lernbegierigen Gesellen und Lehrlingen die zum regelmäßigen Schulbesuch erforderliche Zeit zu gewähren".

Die problematische Freistellung von der Arbeit im Umfang von mehreren Stunden pro Woche ist der Grund gewesen, weshalb dieser Fachschultyp keinen Bestand hatte. Fachschulen dieser Art entwickelten sich vielmehr zu Handwerker-Fortbildungsschulen mit wenigen Wochenstunden Unterricht im Rahmen der Lehrlingsausbildung und mündeten in die moderne Berufsschule als Teilzeitschule für Lehrlinge.

Die allgemeingewerblichen berufsvorbereitenden Tagesfachschulen

Während beim eben besprochenen Fachschultyp das Fachwissen parallel zur praktischen Ausbildung oder Tätigkeit im Betrieb vermittelt wurde, ging es beim nun zu erörternden Fachschultyp darum, die fachwissenschaftliche vor die praktische Ausbildung zu legen. Diese Schulen waren zwangsläufig allgemeingewerblich angelegt, weil man nicht wußte, welches Fach die Schüler wählen würden. Gelehrt wurde deshalb das, was für die meisten Gewerbe für wichtig erachtet wurde. Berufsvorschulen dieser Art wurden zunächst als Realschulen bezeichnet.

Christoph Semler (1669–1740), Prediger zu Halle a.S., legte 1705 eine Schrift vor, deren langer Titel seine Absichten verdeutlicht[20]: „Nützliche Vorschläge von Aufrichtung einer Mathematischen Handwercksschule bey der Stadt Halle, in welcher allen denjenigen Knaben, die Handwercker lernen sollen, ein Jahr vorher, ehe sie aufs Handwerck kommen, aus der Mathematic der Circul und Lineal, die Bewegungskunst und alle Arten derer Gewichte, Maasse und Müntzen; und aus den mechanischen Künsten alle Arten von Materialien, so die Handwercker verarbeiten, in nature vor Augen geleget und erkläret,

Neueröffnete
Mathematische
und
Mechanische
REAL-Schule/
In welcher præsenter gezeiget und nach allen Theilen erkläret wird
Das Uhrwerck / das Modell eines Hau'ß / das Kriegs-Schiff/ die Vestung / Saltz-Koth / Mühle / Bergwerck / Chymisch Laboratorium, Glaß-Hütte/ Tuchmacher-Stuhl / Drechselbanck / Pferd und Pferde-Schmuck / Brau-Hauß / Baum-Garten/ Blumen-Garten/ Honig-Bau/ Wagen/ Pflug/ Ege und Acker-Bau;
Ferner
Alle Arten derer Gewichte/ inländische Müntzen/ Maaße/ meine Steine/ Edelgesteine; alle Arten der Wolle und Seyde; die Gewürtze/ Saamen/ Wurtzeln/ Kräuter/ Mineralien/ Thiere/ Vögel/ Fische/ Sceleton;
Jngleichen
Die Geometrischen und Optischen Instrumenta, die Rüst-Zeuge der Bewegungs-Kunst; die Arten der Wetter-Gläser und Wasser-Künste/ der Magnet/ Compaß/ das Wapen / Grund-Riß eines Gebäudes / Topographie der Stadt Halle/ Fürstellung derer Sphæren des Himmels/ u.a.m.

Hall im Magdeb. Ao. 1709.
Zu finden in Rengerischer Buchhandlung.

Titelblatt einer Schrift über die neueröffnete mathematische und mechanische Realschule des Pfarrers Christoph Semler (1669–1740) aus dem Jahr 1709. Semler gründete diese Schule 1708 in Halle. Dadurch wurde erstmals eine eigenständige Bürgerschule, losgelöst von den traditionellen Latein- und Gelehrtenschulen, eingerichtet.

auch die bei der Stadt verfertigte Meisterstücke gezeigt werden;...". 1708 wurde diese Schule in Semlers Haus eröffnet, sie existierte aber nur kurze Zeit. [V-3.2]

Längeren Bestand hatte dagegen eine von dem Pfarrer Johann Julius Hecker (1707–1768) in Berlin geschaffene ähnliche Schule; Hecker war bis 1739 Lehrer beim Pädagogium des Halleschen Waisenhauses gewesen, kannte die Absichten Semlers gut und war den Leitideen des Philantropinismus Hallescher Prägung verpflichtet, demzufolge Schulen auch der „zeitlichen Wohlfahrt und Glückseligkeit" dienen sollten. [V-3.2]

1747 veröffentlichte Hecker eine „Nachricht von einer Oekonomisch-Mathematischen Realschule", deren Struktur der Schule von Semler entsprach[21]. Wenngleich Fächer wie Mechanik, Architektur usw. gelehrt wurden, was den Fachschulcharakter dieser Einrichtung betont, so wird in der Schrift doch deutlich, daß es eigentlich um eine „dritte Schulart" neben den lateinischen und den deutschen Schulen ging, letztlich um eine neue Form der Allgemeinbildung für jene, die nicht studieren wollten, sondern gehobene Positionen im Gewerbe und im Handel anstrebten. Diese Sichtweise setzte sich durch; die vielerorts entstandenen Realschulen verloren im ersten Drittel des vorigen Jahrhunderts ihren Fachschulcharakter und waren lange Zeit die umstrittene Parallele zum Gymnasium, bis sie zur Jahrhundertwende voll anerkannt wurden. Auch in Österreich kippte die als allgemeinberuflich konzipierte Realschule 1867 in eine rein allgemeinbildende Schule um.

Die ursprünglichen Ziele der Realschule, nämlich die allgemein-gewerblich-theoretische Vorbereitung auf gehobene gewerbliche Berufe, wurden zu Beginn des 19. Jahrhunderts von einem neuen Schultyp realisiert, von der „Gewerbeschule". Sie war – abgesehen von den badischen Teilzeitgewerbeschulen – eine Vollzeitschule mit gehobenen Ansprüchen, an die sich eine praktische Ausbildung anschloß. Die so konzipierten Gewerbeschulen in Preußen und Bayern sollen als Beispiele hier betrachtet werden.

In Preußen zerschlug sich der Plan, über die der Schulverwaltung unterstehenden Provinzialkunstschulen eine breite Ausbildung für mittlere Berufe zu organisieren. Deshalb ergriff die Abteilung für Handel und Gewerbe des Finanzministeriums die Initiative zur Gründung eines ausgedehnten Gewerbeschulwesens, wobei Peter Christian Wilhelm Beuth (1781–1853) wichtigster Planer war[22].

1821 wurde in Berlin eine Gewerbeschule eröffnet, in die 12- bis 16jährige eintreten konnten und die zwei Jahre dauerte. Geometrie, Rechnen, Physik, Chemie, Linear- und Freihandzeichnen, Trigonometrie, Statik, Mechanik und Maschinenlehre waren Lehrfächer dieser Schule, die sowohl auf baugewerbliche als auch auf Tätigkeiten in der Maschinen-, Textil- und chemischen Industrie vorbereiten sollte. Schon 1826 wurde die Schule dreijährig. Sie hieß von 1821–1827 „Technisches Institut", dann „Gewerbe-Institut", 1866 „Gewerbe-Akademie" und nach einigen Zwischenstufen 1879 „Technische Hochschule". Die Gründung von 1827 war zweifellos ein Reflex auf die Frühindustrialisierung Preußens, vor allem die Einführung der Dampfmaschinen in größerem Rahmen. Bei der Weiterentwicklung müssen aber nicht nur neue „Technologien" anregend gewesen sein, sondern auch Standesinteressen der Lehrer und der Absolventen.

Dem Berliner Zentralinstitut waren in der Provinz Gewerbeschulen zugeordnet. Diese Provinzialgewerbeschulen waren ursprünglich einklassig, die Absolventen sollten in die gewerbliche Praxis eintreten oder – bei ausgezeichnetem Erfolg – in die Oberklasse des Berliner Instituts, wobei Stipendien möglich waren. 1838 gab es in Preußen schon 20 Provinzialgewerbeschulen.

Dieses Fachschulsystem war oft Gegenstand heftiger Kritik, man darf aber davon ausgehen, daß es wesentlich zur Industrialisierung Preußens beigetragen hat. Reformen von 1850, 1870 und 1878 führten schließlich dazu, daß die meisten Provinzialgewerbeschulen allgemeinbildende Lehranstalten wurden. Wie schon angedeutet, entwickelte sich das Berliner Zentralinstitut zuerst zur „Akademie" und dann zur universitätsadäquaten Technischen Hochschule. Die Pronzialgewerbeschulen hatten deshalb zwei Aufgaben zu erfüllen: auf das Studium in Berlin und auf gewerbliche Tätigkeiten vorzubereiten. Diese – wie es heute heißt – Doppelqualifikation war die Ursache der preußischen Gewerbeschulkrise nach 1870. Die inzwischen dreijährigen Gewerbeschulen spalteten sich im dritten Schuljahr in eine Klasse zur Vorbereitung auf die Gewerbeakademie und in eine Bau-, eine mechanisch-technische und eine chemisch-technische Klasse. Die Doppelqualifikation war beseitigt; das Interesse der Schüler galt aber vor allem der Berechtigung zur Zulassung zum Studium in Berlin, zumal damit das Recht zum einjährig-freiwilligen Militärdienst erreicht wurde. Die meisten Städte sprachen sich deshalb für die Umwandlung dieser Schulen in „Gewerbeschulen mit neunjähriger Lehrdauer – Realschule ohne Latein" aus, die 1883 Oberrealschulen genannt wurden.

Lediglich in Gleiwitz, Breslau, Hagen, Barmen und Aachen blieben zweijährige (mittlere) Fachschulen bestehen, in die man nach sechsjährigem Besuch der Gewerbeschule, also etwa nach dem 16. Lebensjahr, eintreten konnte. Diese wenigen Fachschulen waren wichtige Entwicklungskeime der höheren Maschinenbau- und der späteren Ingenieurschulen.

In Bayern gewann die Verknüpfung von mathematischer Forschung mit mechanischem und optischem Erfindergeist besondere Bedeutung durch das Wirken Joseph von Utzschneiders (1763–1840) und die Arbeiten von Joseph von Fraunhofer (1787–1826) und Georg von Reichenbach (1771–1826). Die Wichtigkeit, die man der technischen Fertigkeit für die Wirtschaft und die Wissenschaft beimaß, trug auch zum Entstehen des bayerischen Gewerbeschulwesens bei. – Aber auch das bayerische Gewerbeschulsystem erlitt ein ähnliches Schicksal wie das preußische [23]. 1833 wurde neben dem gelehrten und dem deutschen Unterricht der „technische Unterricht" installiert. Er bestand aus:

- rund 30 Gewerbeschulen – zum Teil als Kreisgewerbe- und Landwirtschaftsschulen –, die als dreijährige Vollzeitschulen nach dem 12. Lebensjahr besucht werden konnten. Diese auch „technische Gymnasien" genannten Lehranstalten bereiteten gewerbeunspezifisch auf gehobene gewerbliche Tätigkeiten vor. Nach der Absolutorialprüfung waren auch gewisse Universitätsstudien (Zoll-, Postfach) möglich.
- drei polytechnischen Schulen (Augsburg, Nürnberg, München), in die Gewerbeschulabsolventen eintreten und sich in zwei Jahren zum gehobenen Techniker ausbilden lassen konnten. Sie hießen auch „technische Lyzeen".

Schlußstein des technischen Unterrichts sollte die Technische Hochschule München sein, die aber nicht als eigenständige Institution gedacht war, sondern als gedanklicher Zusammenschluß cameral-, forst- und landwirtschaftlicher Universitäts- und Akademiestudien.

Doch auch dieser gutbesuchte technische Unterricht erwies sich als instabil. In der Gewerbeschule verdrängten sprachlich-allgemeine die gewerbekundlichen Fächer, so daß der Fachschulcharakter langsam verloren ging. Die Polytechnische Schule München entwickelte sich zur polytechnischen Centralschule, zur Technischen Hochschule. [V-3.5]

1877 wurden die Gewerbeschulen in allgemeinbildende Realschulen umgewandelt, und 1868 waren als Ersatz für die nicht mehr benötigten polytechnischen Schulen (Augsburg, Nürnberg) die Industrieschulen gegründet worden (Augsburg, Kaiserslautern, Nürnberg, München), in die Gewerbe(Real)schulabsolventen eintreten konnten. Die zuerst zweijährigen Schulen hatten mechanische, bautechnische und chemische Klassen. Die Absolventen konnten auch an der Technischen Hochschule München studieren. 1898 wurden die Schulen dreijährig; nach dem zweiten Schuljahr war der Übertritt in die Technische Hochschule

Die Stellung der bayerischen Industrieschulen innerhalb des Bildungssystems und ihre Entwicklung seit der Mitte des 19. Jahrhunderts.

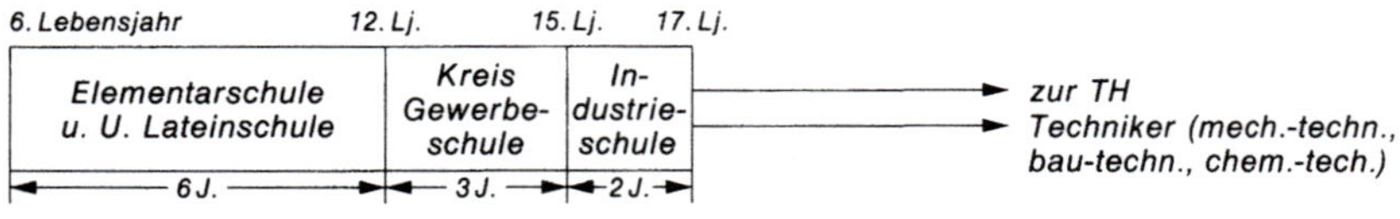

bayerische Industrieschulen von 1868–1877

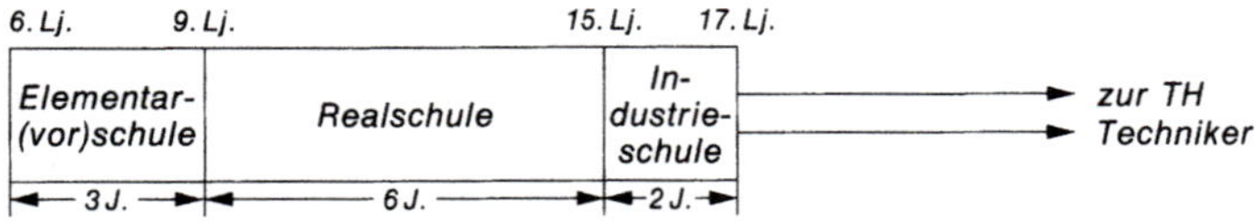

bayerische Industrieschulen von 1877–1898

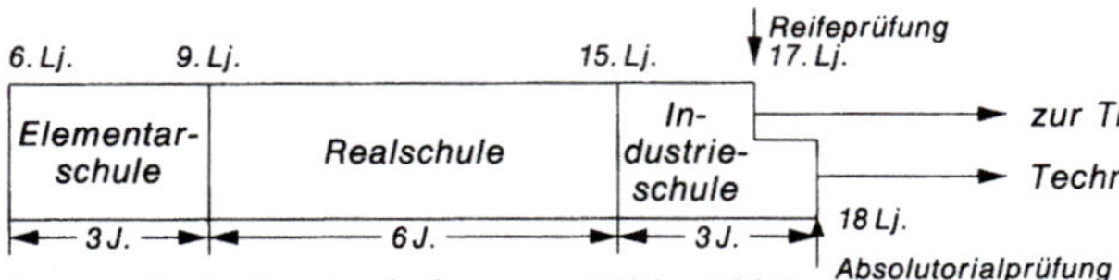

bayerische Industrieschulen von 1898–1907

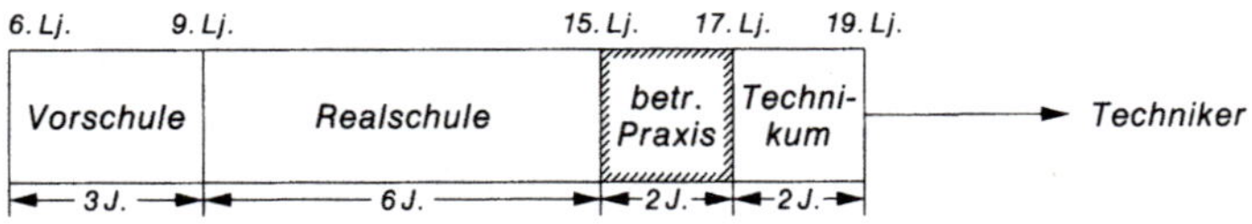

bayerisches Technikum Nürnberg nach 1907

möglich, die Fachausbildung erfogte im dritten Jahr. Die meisten Schüler strebten aber zur TH, so daß die Fachklassen an Schülermangel litten.

Deshalb wurden 1907 die vier Industrieschulen geschlossen und gleichzeitig neun Oberrealschulen gegründet. Als Ersatz für die Industrieschulen entstand 1907 in Nürnberg das königliche Technikum, das in gleicher Weise organisiert war wie die preußischen höheren Maschinenbauschulen, von denen noch die Rede sein wird.

So zeigt sich, daß sowohl in Preußen als auch in Bayern Fachschulen, die unmittelbar nach einem mittleren Schulabschluß besucht werden konnten und sowohl für gehobene gewerbliche Tätigkeit als auch für Hochschulstudium qualifizieren sollten, keinen Bestand hatten.

Die sächsische Höhere Gewerbeschule Chemnitz, die auf das Ziel der Doppelqualifikation verzichtete, war nach zeitgenössischem Urteil die einzige Schule des Typs der vorbereitenden Fachschule, die allseits

Die Baugewerkschule in Holzminden gehörte zu den sogenannten mittleren technischen Lehranstalten, in denen Handwerkern die für ihre Berufe notwendigen Kenntnisse vermittelt wurden. Sie bildete damit so etwas wie einen Vorläufer unserer heutigen Berufsschulen. Der Unterricht für die Bauhandwerker fand in der 1831 gegründeten Holzmindener Baugewerkschule in den Wintermonaten statt, wenn die Bautätigkeit ruhte.

anerkannt war. Sie diente als Vorbild für die noch zu behandelnden österreichischen Staatsgewerbeschulen.

Die Baugewerkschule als berufsergänzende Tagesfachschule

Während die bisher vorgestellten Varianten der Fachschule das Fachwissen parallel zur oder vor der praktischen Berufsausbildung vermitteln wollten, geht es bei dem jetzt zu erörternden Fachschultyp um eine Vermittlung des Fachwissens nach der praktischen Berufsausbildung. Prototyp dieser Fachschulvariante ist die Baugewerkschule.

Der französische Architekt Blondel gilt als Schöpfer der Baugewerkschulen, da er 1740 in Paris eine Schule für Baufachleute unter dem Rang der Architekten errichtete[24]. In Deutschland wird die nach 1820 in München durch Prof. Mitterer ins Leben gerufene Schule für Baubeflissene als erste Baugewerkschule angesehen; sie war aber zunächst nur ein Teil der Münchner Handwerker-Feierabend-Schule, also einer Teilzeitschule.

Die erste wirkliche Baugewerkschule wurde 1831 durch den Braunschweigischen Baukommissar Friedrich Ludwig Haarman (1798–1864) in Holzminden gegründet[25]. Bauhandwerker kamen in fünf Wintermonaten – also in der Zeit, in der sie wegen des damals nicht möglichen Winterbaues ohne Beschäftigung waren – zur Schule nach

Holzminden. Rechnen, Schön- und Rechtschreiben, Stilübungen, Geschichte, Geographie, freies Handzeichnen, Linear- und Bauzeichnen, Mathematik, Baukunde und Baukonstruktionslehre waren die Fächer dieser Baugewerkschule, die bis 1854 drei, dann vier Winter umfaßte.

Die Idee der nach einer baupraktischen Ausbildung von mindestens zwei Bausommern zu besuchenden Winter-Fachschule war ein voller Erfolg: In Holzminden kletterte die Schülerzahl bis auf 1200. Ziel war die Vorbereitung auf die Meister- oder die Kommissionsprüfung für Bauhandwerker, auf die Berufsrolle des „Baugewerksmeisters". Meist waren im braunschweigischen Holzminden doppelt soviel Schüler eingeschrieben wie Schüler in allen preußischen Provinzialgewerkschulen, die ins Baufach wollten.

Dieser gewaltige fachschulpädagogische und wirtschaftliche Erfolg regte zur Nachahmung an. Besonders in kleinen Städten wurden vielerorts Baugewerkschulen gegründet, die sich stets an der Organisation und den Lehrinhalten von Holzminden orientierten und die alle private, allenfalls städtische Träger aufwiesen. Der Baugewerkschulboom führte zu großen Qualitätsunterschieden der einzelnen Schulen, die Vereinheitlichung geschah aber nicht durch den Staat, sondern durch den „Innungsverband Deutscher Baugewerksmeister". Der Staat vermied Eingriffe in die Ausbildung der „Privattechniker", seine „Staatstechniker", zum Beispiel die Baukondukteure, bildete er in der Berliner Bauakademie nach strengem Reglement aus.

Auf dem Verbandstag des Innungsverbandes wurden 1879 in Kassel die „Casseler Thesen zur Baugewerkschule" verabschiedet, die bis zum 1. Weltkrieg die Baugewerkschulen charakterisierten:
- Eintrittsvoraussetzung: Volksschulabschluß, baupraktische Ausbildung von mindestens zwei Bausommern
- Aufnahmeprüfung
- Dauer: vier Semester
- Ausbildungsziel: Baugewerksmeister
- Baugewerkschulen sollten möglichst staatlich sein.

In süddeutschen Baugewerkschulen wurde zum Teil ein über den Volksschulabschluß hinausgehendes Eingangsniveau verlangt, oft wurden den Baugewerkschulen auch Abteilungen für Maschinen- und Mühlenbauer angeschlossen, so daß umfassende gewerblich-technische Fachschulen entstanden.

Der Zusammenbruch des preußischen Gewerbeschulwesens nach 1870 ließ die Baugewerkschulen als den einzig sinnvollen Fachschultyp erscheinen. Die preußische Regierung entschloß sich deshalb 1878 zunächst, die privaten Bauschulen finanziell zu unterstützen, wenn sie

Die Stellung der deutschen Baugewerkschulen innerhalb des Bildungssystems und ihre Entwicklung seit der Mitte des 19. Jahrhunderts.

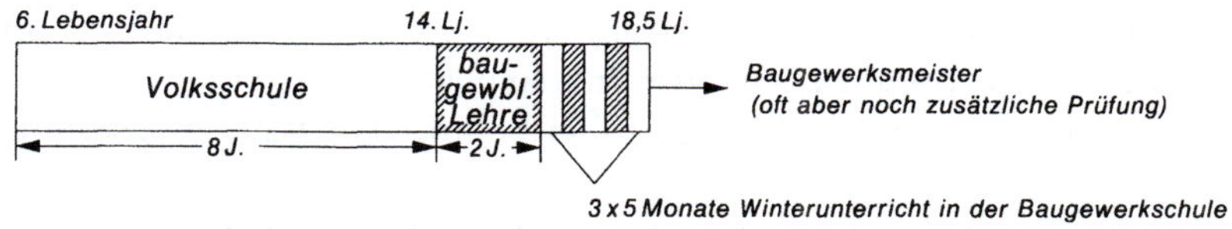

Die Organisation der ersten Baugewerkschulen (um 1850)

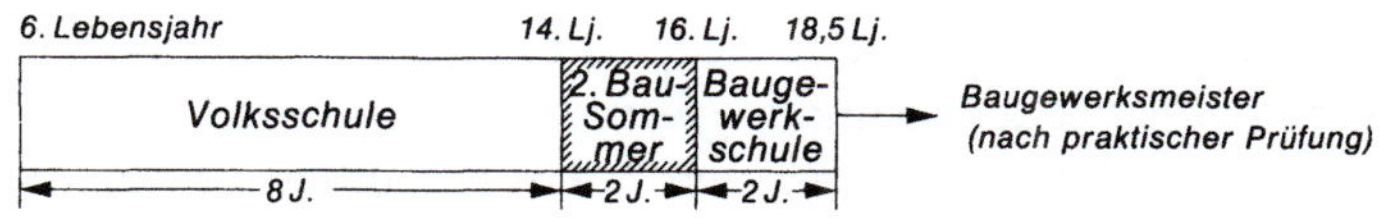

Die Baugewerkschule nach den Vorstellungen des Deutschen Verbandes der Baugewerksmeister (1879)

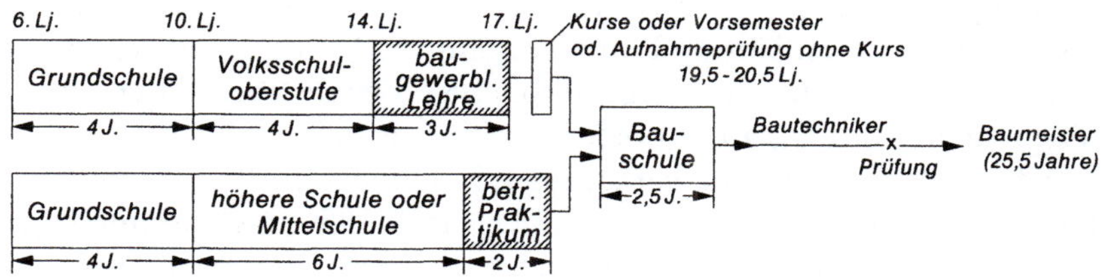

Die Bauschulen nach 1931

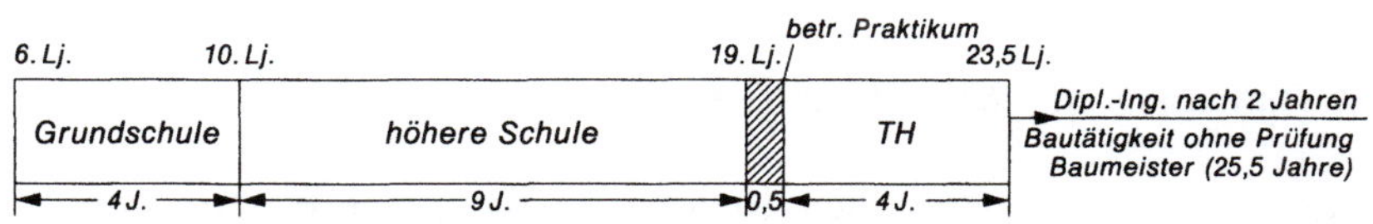

Zum Vergleich: Die Ausbildung der Diplomingenieure nach 1937

gewisse Auflagen erfüllten. Und schließlich gründete der Staat selbst „königliche Baugewerkschulen". Zur Jahrhundertwende gab es im Deutschen Reich 46 Baugewerkschulen.

Das ursprüngliche Ausbildungsziel des „Baugewerksmeisters" verblaßte schon vor der Jahrhundertwende, an seine Stelle trat der „Bautechniker". Wichtig war aber auch die mit der Reifeprüfung verbundene Berechtigung für die mittlere Beamtenlaufbahn wie Bauschreiber, Eisenbahnsekretär, Garnisonsbauwart, Bahnmeister oder Wasserbauwart. Zu Beginn des 20. Jahrhunderts war die Baugewerkschule eine Schule für Bautechniker, Baubeamte und Bauunternehmer; Absolventen der Baugewerkschulen waren von einem Teil der Meisterprüfung befreit. Absolventen außerpreußischer Baugewerkschulen konnten nur dann Beamte der preußisch-hessischen Eisenbahn werden, wenn die Schulen dem preußischen Normallehrplan entsprachen. Dadurch kam es zu einer weitgehenden Vereinheitlichung der Baugewerkschulen.

Die schon nach 1870 einsetzende Kritik an den Baugewerkschulen – zum Beispiel von Eduard Wilda (1838–1907) – zielte auf die schlechte Allgemeinbildung der Besucher und auf die Stoffülle. Diese führte dazu, daß vielfach Unverstandenes eingeprägt wurde. Besonders der „Innungsverband Deutscher Baugewerksmeister" forderte deshalb eine Erweiterung der Baugewerkschulen auf fünf Semester, der die preußische Regierung zunächst widersprach. 1908 gab sie aber nach, und die anderen deutschen Staaten folgten diesem Entschluß.

Die Baugewerkschulen besaßen meist eine Hoch- und eine Tiefbauabteilung, für Volksschüler vom Lande außerdem Vorbereitungsklassen und oft auch einjährige Polierlehrgänge. Mit diesen beiden Richtungen wollte man alle baugewerblichen Berufe theoretisch überhöhen; gelegentlich gab es noch Maschinenbauabteilungen.

1931 wurden die Baugewerkschulen in Höhere Technische Lehranstalten umbenannt, 1938 in Bauschulen, nach 1950 in sechssemestrige Ingenieurschulen für Bauwesen, und nach 1968 wurden sie in Fachhochschulen umgewandelt.

Integrationsmodell „École des Arts et Métiers"

Schon vor der französischen Revolution hatte der Herzog von La Rochefoucauld-Liancourt auf seiner Domäne Militärwaisen handwerklich ausgebildet. Diese mehrfach verlegte Ausbildungsstätte wurde im Jahre 1800 von Napoleon I. besucht, der die Heranbildung von „Unteroffizieren für die französische Industrie" als Ziel dieser Einrichtung ansah. Durch ein Dekret vom 25. 2. 1803 erhielt die inzwischen in Châlons-sur-Marne ansässige Lehranstalt die Bezeichnung „École des Arts et Métiers". In Angers und in Aix-en-Provence wurden weitere Schulen dieser Art geschaffen, die alle verstaatlicht waren. [V-3.2]

Die Écoles des Arts et Métiers waren dreijährige Vollzeitschulen [26], in die 12jährige Jugendliche nach Abschluß der Elementarschule und Bestehen einer strengen Aufnahmeprüfung eintreten konnten. Jede Schule nahm 100 Zöglinge auf, die in Internaten wohnten. Sie erhielten praktischen Unterricht in hervorragend ausgestatteten Schulwerkstätten, die eigentlich Schulfabriken waren, sprachlich-kulturkundlichen Unterricht und mathematisch-naturwissenschaftlich-fachtheoretischen Unterricht. Der Mathematikunterricht führte bis zur Analysis. Die Franzosen begriffen damals den Maschinenbau geradezu als angewandte Mathematik. Hohe Wochenstundenzahlen und strenge Schulzucht zeichneten diese Eliteschulen aus, deren Absolventen beim Militär bis zum Major befördert werden konnten. [III-4.4]

Während die bisher erörterten Fachschultypen die gehobene Berufstheorie vor oder nach der praktischen Ausbildung vermittelten, waren in der französischen École des Arts et Métiers die praktische und die (weiterführende) theoretische Ausbildung zu einem Ausbildungsgang verschmolzen. In den deutschen Ländern wurden diese Schulen sehr beachtet, was aus der Vielzahl von Berichten über sie deutlich wird. Man bezeichnete sie als Werkmeisterschulen oder als Staatsgewerbeschulen.

Die bereits 1834 entstandenen badischen Teilzeit-Fachschulen (Gewerbeschulen) waren eine Reaktion auf die französischen Vollzeitschulen. Ihr Schöpfer, Staatsrat Carl Friedrich Nebenius (1785–1857), lehnte nämlich die französischen Vollzeitschulen in seinem 1833 erschienen Buch „Über technische Lehranstalten" ab und sah in der heute „dual" genannten Ausbildungsform die sinnvollere Lösung.

Der Realisierung dieses Fachschultyps in Deutschland standen die sehr hohen Kosten entgegen; erst gegen Ende des 19. Jahrhunderts schuf Bayern mehrere solcher Schulen, nachdem die Gewerbe- und Industrieschulen in allgemeinbildende Schulen umgewandelt waren. Es waren dies die Fachschulen für Maschinenbau und Elektrotechnik in Ansbach, Landshut, Augsburg, Würzburg und Kaiserslautern. Sie nahmen Volksschulabgänger auf und bildeten sie in drei Jahren praktisch und theoretisch aus. Formal führten sie zur handwerklichen Gesellenprüfung; man ging aber davon aus, daß die Absolventen ohne weitere Ausbildung in Werkmeister- oder Technikerpositionen kommen könnten. Die Ausbildung im Maschinenbau und in der Elektrotechnik schien wegen der stürmischen Entwicklung in diesen Bereichen besonders wichtig zu sein; für die Textilindustrie sorgten die bloß dreijährigen Webeschulen in Münchberg, Lambrecht und Passau.

1911 befaßte sich der Deutsche Ausschuß für technisches Schulwesen mit diesen Fachschulen und kam zur Überzeugung, es sei besser, wenn die Industrie selbst ähnliche Einrichtungen schaffe. Die Kombination betrieblicher Lehrwerkstätten mit einer Werksberufsschule kommt der Konzeption der École des Arts et Métiers sehr nahe. Die bayerischen Fachschulen verloren in den 20er Jahren ihren elitären Charakter und wurden nach 1937 lehrzeitersetzende Berufsfachschulen, die zum Teil heute noch bestehen.

Nachzutragen ist, daß die französischen Écoles des Arts et Métiers im Laufe ihrer Entwicklung das Ausbildungsniveau ständig anhoben; heute sind sie Ingenieurshochschulen (École Nationale Supérieure d'Arts et Métiers)[27]. Hier wird der schon mehrfach erkennbare Trend nochmals deutlich: Fachschulen streben immer nach einem höheren Ausbildungsniveau, bis sie Hochschulen geworden sind.

Zweifellos hat Frankreich das Fachschulwesen mit dem eben erörterten Schultyp sehr beeinflußt.

England, wo die für die Industrialisierung typischen Maschinen erfunden wurden, bevorzugte zuerst auch in der Werkmeister- und Technikerausbildung die Meisterlehre. Erst nach Gründung der „Royal Commission of Technical Education" 1881 wurden einige niedere technische Schulen gegründet. Um 1900 gab es nur in Birmingham und Manchester höher organisierte Gewerbeschulen. Heute wird in Colleges, nach dem 16. Lebensjahr zu besuchen, auch auf typische Fachschulberufe vorbereitet.

Die österreichischen Staatsgewerbeschulen

1867 verloren die österreichischen Realschulen ihren Fachschulcharakter und vermittelten nur noch eine „allgemeine Bildung unter besonderer Berücksichtigung der mathematisch-naturwissenschaftlichen Disziplinen". Damit gab es kaum noch Ausbildungsstätten für „mittlere" Berufe[28]. Die „Staatsfachschulen" des Handelsministeriums waren zweijährige Ausbildungsstätten für (Textil-)Industriearbeiter. 1864 hatte ein Lehrer aus Holzminden in Wien eine private Baugewerkschule geschaffen, die rund 400 Schüler aufwies. 1870 war aus einer Zeichenschule in Wien die „k.k. Bau- und Maschinengewerbeschule" entstanden. Das waren die gesamten Ausbildungsstätten für mittlere technische Berufe in einem 50 Millionen-Staat.

Um die Situation zu verbessern, wurde 1872 eine „Ständige Ministerialkommission für Gewerbeschulangelegenheiten" eingerichtet, deren Sekretär der Verwaltungsjurist Armand Freiherr von Dumreicher wurde. Er war der einfallsreiche Schöpfer des modernen österreichischen Gewerbeschulwesens, der 1879 das Buch „Über den französischen Nationalwohlstand als Werk der Erziehung" veröffentlichte. Damit ist angedeutet, daß die staatliche französische „École des Arts et Métiers" sein Modell für die Gewerbeschule war. An den industriellen Brennpunkten der Monarchie sollten solche mustergültigen „Staats-Gewerbeschulen" errichtet werden.

Österreich gelang es 1874, den Direktor der städtischen Baugewerkschule Eckernförde, Eduard Wilda, für den Posten des Direktors der Staatsgewerbeschule Brünn zu gewinnen[29]. Wilda war nach 1870 durch mehrere vielbeachtete, sehr kritische Aufsätze über die deutschen Baugewerkschulen bekannt geworden. Zusammen mit dem politisch versierten Dumreicher konnte er als erfahrener Fachschulmann in Brünn seine Fachschulvorstellungen realisieren. Seine Staats-Gewerbeschule Brünn umfaßte zwei Fachschultypen:

1. Die zweijährige Werkmeisterschule mechanisch-technischer und bautechnischer Richtung nach Abschluß einer Lehre. Der Lehrplan war eine Verbesserung des Eckernförder Baugewerkschulplanes, Vorbild war aber insbesondere die Baugewerkschule Stuttgart.

2. Die vierjährige höhere Gewerbeschule, in der die Lehrstoffe der Werkmeisterschule vertieft und wissenschaftlich untermauert werden sollten. Werkstattunterricht war zunächst nicht vorgesehen. Im Gegensatz zu den preußischen Gewerbeschulen sollte aber nicht allgemeingewerblich, sondern in den Fachrichtungen mechanisch-technisch, bautechnisch, chemisch-technisch und ornamental ausgebildet werden. Zum Eintritt wurde der Abschluß des Untergymnasiums – später der Bürgerschule – verlangt. Modell für diese Schule war die höhere Gewerbeschule Chemnitz.

Die in Brünn entwickelten Normal-Lehrpläne wurden von allen österreichischen Staats-Gewerbeschulen übernommen, so daß sich die zwei Fachschultypen reichsweit durchsetzten. Nachdem Wilda in Frankreich die Schulwerkstätten der Écoles des Arts et Métiers während einer Studienreise kennengelernt hatte, setzte er sich für den Schulwerkstätten-Unterricht ein, der vor allem in der höheren Gewerbeschule, aber auch in der Werkmeisterschule eingeführt wurde.

Die höhere Gewerbeschule kann deshalb von diesem Zeitpunkt an auch als eine auf vier Jahre ausgedehnte École des Arts et Métiers angesehen werden. Trotz des allgemeinbildenden Unterrichts erhielten die Absolventen keine Studienerlaubnis an Hochschulen, jedoch das Recht zum einjährig-freiwilligen Militärdienst, das in Österreich an die Maturität geknüpft war. Deshalb erhielt die Abschlußprüfung der höheren Gewerbeschule den Charakter einer Maturitätsprüfung; die Absolventen nannten sich Gewerbeschul-Maturanten.

Obwohl Wilda die Werkmeisterschule, also seine Baugewerkschule, bevorzugte und die höhere Gewerbeschule eher auf Söhne von Fabrikanten beschränkt wissen wollte, entwickelte sich die höhere Gewerbeschule ungleich günstiger als Ausbildungsstätte für die technischen Angestellten.

Nach 1918 bauten die Nachfolgestaaten der k.k. Monarchie die höhere Gewerbeschulen kräftig aus. Der deutschnationale Dumreicher wollte die Staatsgewerbeschulen auch als Stärkung des Deutschtums in Österreich sehen. Die slavischen Völker benutzten sie jedoch geschickt als Motor der Industrialisierung. Die österreichische Regierung dagegen wollte dieses Ziel eher durch die zweijährigen Fachschulen erreichen.

Die fünfjährigen, zu den berufsbildenden höheren Schulen zählenden höheren technischen Lehranstalten der heutigen Republik Österreich, die Fachmittelschulen der Tschechoslowakei und Ungarns und die Technika Polens stehen in einem direkten Traditionszusammenhang mit den altösterreichischen höheren Gewerbeschulen. Auch in Triest und Trient hinterläßt Altösterreich 1918 zwei Staats-Gewerbeschulen.

Die preußische Höhere Maschinenbauschule

Die preußische Gewerbeschulkrise führte dazu, daß nur noch in fünf Städten die erwähnten zweijährigen „Fachklassen" bestanden. Ihre Absolventen konnten in verschiedene mittlere Beamtenlaufbahnen eintreten, was sie auch taten. In der Industrie machte sich deshalb das Fehlen von „Technikern 2. Ranges" bemerkbar, die früher von den Provinzialgewerbeschulen gekommen waren. Die TH-Absolventen hatten auch höhere Gehaltserwartungen als die Gewerbeschulabgänger. Die Industrie forderte deshalb „mittlere Techniker". Es kam in den 80er Jahren zu erregten Fachschul-Debatten, die stark standespolitisch ausgerichtet waren.

Professoren, Absolventen und Studenten der technischen Hochschulen hielten Ausbildungsstätten für Techniker unterhalb der TH-Ebene für überflüssig, ja für eine Verschleuderung von Steuergeldern. Die zahlreichen Hospitanten an der Technischen Hochschule könnten – so argumentierten sie – die weniger schwierigen Aufgaben übernehmen, Fachschulen sollte es nur als Werkmeisterschulen geben. Die Industrie forderte dagegen „technische Mittelschulen" mit kürzerer Ausbildungsdauer und größerer Praxisnähe als die technischen Hochschulen. Umstritten war, ob diese Schulen wie die bewährten Baugewerkschulen auf einer abgeschlossenen Schlosserlehre oder wie die „Fachklassen" auf dem „Einjährigen" aufbauen sollten.

Besonders im Verein Deutscher Ingenieure gab es zu dieser Frage kontroverse Meinungen. Schließlich verabschiedete der VDI 1889 in

Karlsruhe „Leitsätze für die Errichtung technischer Mittelschulen“ [30]:
- Sie sollten selbständige Staatsschulen sein.
- Sie sollten zwei Jahre dauern und ausschließlich maschinen-technischen Unterricht umfassen.
- Eintrittsvoraussetzung: „Einjähriges“ und ein zweijähriges Praktikum.
- Die Lehrkräfte sollten Hochschulingenieure sein. [V-3.6b]

In Köln und in Dortmund entstanden nach 1890 die ersten technischen Mittelschulen. Während in Köln die Zulassungsbedingung des „Einjährigen“ ignoriert wurde, indem vor der zweijährigen technischen Mittelschule eine Vorklasse für Volksschüler eingerichtet wurde, richtete sich die technische Mittelschule Dortmund genau nach den VDI-Leitsätzen; ihr war aber auch eine Werkmeisterschule angeschlossen.

In den 90er Jahren wurden dann in Preußen noch einige technische Mittel- und Werkmeisterschulen gegründet, so daß sich das Handelsministerium, dem diese Schulen unterstanden, 1898 zu einer Konferenz der Direktoren und schließlich zu einem die Organisation regelnden Erlaß entschloß. Danach gab es in Preußen:

1. Höhere Maschinenbauschulen (Einjähriges/Obersekundareife – 2 Jahre Praktikum – 2 Jahre Schule)
2. Maschinenbauschulen (Volksschule – 4 Jahre Lehre – 2 Jahre Schule).

Die „Vereinigten Maschinenbauschulen“ umfaßten beide Typen.

Diese preußische Fachschulkonzeption setzte sich auf breiter Front durch, auch die „Fachklassen“ wurden entsprechend reorganisiert. Trotz ständiger Angriffe von den technischen Hochschulen stieg die Zahl der Schulen und der Schüler. Auch in nichtpreußischen Ländern (Bremen, Hamburg, Bayern, Hessen) wurde das Modell nachgeahmt. Absolventenverbände vertraten massiv die Interessen der Maschinenbauschüler; sie wollten vor allem, daß die Abgangs- oder Reifezeugnisse expressis verbis Ingenieurzeugnisse sein sollten, bekämpften den Schuldrill, die langen Diktate und setzten sich für weitgehende Beamtenberechtigungen ein.

1910 umfaßte die Ausbildung in den höheren Maschinenbauschulen fünf Semester, 1931 erhielten sie – wie die Baugewerkschulen – die Bezeichnung „Höhere Technische Lehranstalten“, von 1938 bis 1968 hießen sie „Ingenieurschulen“ und wurden dann schließlich in Fachhochschulen umgewandelt. Auch die sehr alten Textilfachschulen (die früheren Webeschulen) übernahmen in den 30er Jahren die Organisation der preußischen Maschinenbauschulen.

Die privaten Fachschulen

Auf die lange Jahre fast ausschließlich privat geführten Baugewerkschulen wurde schon hingewiesen. Aber auch im maschinen-technischen Bereich gab es – besonders in den mitteldeutschen Staaten – zahlreiche Privatschulen, die hohes Schulgeld und hohe Praktikantengebühren verlangten und deshalb für die Betreiber finanziell sehr lukrativ waren. Die zu geringe Zahl öffentlicher Fachschulen, deren meist sehr straffe Schulzucht, die strengen Zulassungsregelungen und ihre zu starke Orientierung an den technischen Beamtenkarrieren (Eisenbahner und Bankbeamte) waren die Gründe für den starken Zulauf zu den Privatschulen [31].

Sie nannten sich Technikum, Ingenieurschule, Ingenieurakademie oder Polytechnikum, ihre Lehrer hießen Dozenten, der Lehrbetrieb war akademisch, Verbindungen prägten das Studentenleben.

Die älteste und größte private technische Schule war das 1867 gegründete Technikum Mittweida in Sachsen, das in den ersten 25 Jahren seines Bestehens rund 5000 Techniker/Ingenieure ausgebildet hatte. Schon 1893 wurde mit der Ausbildung von Elektroingenieuren begonnen; die höheren Maschinenbauschulen Preußens folgten erst 1929! Die Privatschulen reagierten oft rascher auf neue technische Entwicklungen als die Staats-Schulen, zum Beispiel gerade im Flugzeugbau.

Damit sei angedeutet, daß die negativen Seiten der Privat-Technika nicht überbewertet werden dürfen (Geldschneiderei, leere Versprechungen, geringes Niveau), sondern daß diese Schulen oft auch Vorreiter in der Entwicklung des technischen Fachschulwesens waren, zum Beispiel auch bei der Erstellung der Fachschulliteratur. Festzuhalten ist jedoch, daß nur Begüterte diese Schulen besuchen konnten; keinesfalls können diese Fachschulen als Instrument des Aufstieges von Kindern unterer Sozialschichten angesehen werden, eher waren sie „Fluchtschulen" für aus begüterten Kreisen kommende Gymnasiasten und Oberrealschüler mit Schulschwierigkeiten.

Vereinheitlichung der Fachschulen in der Weimarer Republik und im NS-Staat

Wenngleich besonders von Preußen stets Tendenzen zur Vereinheitlichung des Fachschulwesens ausgingen, so war das Fachschulwesen doch sehr vielfältig und uneinheitlich. Um eine Verbesserung der Lage bemühte sich der 1908 gegründete Deutsche Ausschuß für das technische Schulwesen (DATSCH), dem bedeutende technisch-wissenschaftliche Vereine angehörten. Ein beachtlicher Druck zur Vereinheitlichung der Fachschulen ging von der nach 1920 aus den Landeseisenbahnen geschaffenen „Deutschen Reichsbahn" aus, die in beträchtlichem Umfang mittlere technische Beamte – technische Inspektoren – benötigte. Ein 1921 erstmals zusammengerufener „Reichsgutachterausschuß für das technische Schulwesen" erarbeitete Richtlinien für jene Schulen, deren Absolventen in die Inspektorenlaufbahn eintreten konnten. Die Staatsschulen erreichten diese Berechtigung ohne Schwierigkeiten, den Privatschulen blieb sie fast ausnahmslos versagt. Erst 1930 wurde das Technikum Mittweida in die „Reichsliste" aufgenommen, 1931 wurden die privaten Technika Ilmenau und Bingen beschränkt anerkannt. Diese „Reichsliste" führte schließlich das Reichsinnenministerium.[V-3.6.2]

Durch Übereinkunft von Reichs- und Länderministerien wurden 1931 reichseinheitlich neue Bezeichnungen für die technischen Fachschulen eingeführt: Höhere Technische Lehranstalt für Hoch- und Tiefbau (Baugewerkschule), Höhere Technische Staatslehranstalt für Maschinenwesen (Höhere Maschinenbauschule), Höhere Technische Staatslehranstalt für Elektrotechnik, Höhere technische Staatslehranstalt für Hüttenwesen, Höhere techniche Staatslehranstalt für Schiffbau.

Die zweijährigen Maschinen- und Hüttenbauschulen hießen ab 1931 Technische Staatslehranstalten (Kurzzeichen TL); war an eine Höhere Technische Lehranstalt (HTL) eine Technische Lehranstalt angeschlossen, so nannte sich die Schule „Vereinigte technische Staatslehranstalten".

1933 erließ der preußische Minister für Wirtschaft und Arbeit „Bestimmungen" über die Organisation der HTL, in denen erstmals als Ausbildungziel nicht mehr der „Techniker", sondern der „Ingenieur" angeführt wird. Diese nichtgeschützte, aber dennoch begehrte Berufsbezeichnung war aber schon vorher von den meisten Absolventen geführt worden.

Im NS-Staat genossen die Fachschulen hohes Ansehen und wurden sehr gefördert. Ihre Praxisnähe und ihre Auslesefunktion für mittlere Führungskräfte entsprachen der NS-Pädagogik. Reichserziehungsminister Rust schrieb 1937 im Geleitwort zum ersten deutschen Fachschulführer: „Im deutschen Wirtschaftsleben stehen an wichtiger und vielfach an entscheidender Stelle die Männer aus den deutschen Fachschulen als Mittler zwischen Idee und Anfertigung, zwischen Forscher und Werkmann. Von der Güte ihrer Arbeit und der Sicherheit ihrer nationalsozialistischen Haltung hängt die Höhe der Leistungen unseres Volkes in weitem Umfang ab".

Die Vereinheitlichung der Fachschulen im Reich, der Zugang zu den Fachschulen „aus den werkenden Schichten unseres Volkes", der Übergang guter Fachschulabsolventen in die Hochschulen und die Durchdringung aller Fachschulen mit NS-„Gedankengut" waren die Ziele der NS-Fachschulpolitik.

1934 wurde das „Reichsministerium für Erziehung und Volksbildung" gegründet, dem auch die Berufs- und Fachschulen unterstanden, die bis dahin bei verschiedenen Länderministerien ressortiert hatten [32]. Damit war eine zentrale Verwaltungsstelle geschaffen worden, von der aus die Vereinheitlichung vorangetrieben werden konnte. Zur Vereinheitlichung trug auch die „Reichsfachschulschaft" bei, der – zwangsläufig – alle Studierenden angehörten; diese Vereinigung war Träger mannigfacher NS-Schulungsmaßnahmen. Während bisher die Besucher der staatlichen Fachschulen „Schüler" waren, empfanden sie sich jetzt als „Studierende". Es setzte sich für die Studenten die Wendung „Studierende an deutschen Hoch- und Fachschulen" durch, die schließlich im NS-Studentenbund organisiert wurden.

Dieser formalen Annäherung der Fachschulen an die Hochschulen stand die Nivellierung der Fachschulen auf dem niedrigst möglichen Niveau gegenüber. 1937 wurden drei Typen berufsbildender Schulen geschaffen: Berufsschulen, Berufsfachschulen und Fachschulen. Fachschulen wurden als berufsergänzende Vollzeitschulen begriffen, sie umfaßten halbjährige Kurse für Konditoren ebenso wie die fünfsemestrige HTL. Von höheren Fachschulen war nicht mehr die Rede.

Die „Reichgrundsätze" von 1936 und 1938 für die „Fachschulen für das Bau- und Maschinenwesen" legten folgendes fest:

- Bezeichnung: Ingenieurschule, Bauschule
- Eintrittsalter: 17 Jahre
- Vorpraxis: 24 Monate
- Ausleseprüfung in Deutsch, Geschichte, Erdkunde, Mathematik, Naturlehre und Zeichnen, wobei nur in Mathematik und in Naturlehre über dem Volksschulniveau liegende Kenntnisse gefordert wurden
- Dauer: 5 Semester, Unterricht nach „Reichslehrplänen"
- Lehrer: Staatliche Bauräte im technischen Schuldienst (= Dipl.-Ing. mit 5jähriger Industriepraxis) und Studienräte
- Abschlußzertifikat: Ingenieurzeugnis.

Die Absolventen der so organisierten Schulen konnten von 1939 an, wenn sie mit mindestens „gut" bestanden hatten, ein einschlägiges

Hochschulstudium beginnen, sonst mußten sie eine Sonderreifeprüfung ohne Fremdsprachen ablegen.

Damit war der „Bildungsdurchstoß" von der Volksschule über die Lehre mit Berufsschule und Fachschule zur Hochschule perfekt. Die Grundgedanken dieses „2. Bildungsweges" waren aber nicht im NS-Staat entwickelt worden, sondern viel früher. Das in den 20er Jahren von sozialdemokratischen Bildungspolitikern in Thüringen entwickelte Modell „Lehre/Berufsschule-Berufsmittelschule-Berufsoberschule (=Fachschule)-TH" entsprach zum Beispiel dem „Berufsbildungsgang" zur Hochschule von 1939.

Die letzte Zählung der Berufs- und Fachschulen vor dem Zusammenbruch fand 1938 statt; es gab damals
50 Bauschulen mit 6064 Schülern
46 Ingenieurschulen mit 9328 Schülern
6 Seefahrtschulen mit 431 Schülern
15 Bergschulen mit 1098 Schülern
44 Meisterschulen des deutschen Handwerks mit 3405 Schülern
139 sonstige Fachschulen mit 5730 Schülern.

Während des Krieges sank die Zahl der Fachschüler erheblich, einige Fachschulen wurden gegen Kriegsende vorübergehend geschlossen.

Das Fachschulwesen nach 1945

Nach dem Krieg wurden die Fachschulen Ende 1945 oder Anfang 1946 in den meist zerstörten Schulgebäuden wiedereröffnet und notdürftig weitergeführt. Die vielen zur Wehrmacht eingezogenen und nun aus dem Krieg zurückgekehrten ehemaligen Studenten mußten ihre Ausbildung abschließen, was zur Überfüllung der Schulen bei gleichzeitigem Lehrermangel führte.

Relativ rasch stabilisierten sich die Bau- und Ingenieurschulen. Es kam auch zu Neugründungen, besonders als mit dem Wirtschaftsaufschwung nach der Währungsreform der Bedarf an Ingenieuren kräftig anstieg. Es lassen sich in der Fachschulpolitik dieser Jahre folgende Ziele aufzeigen [33]:

- Das zum Eintritt erforderliche Allgemeinbildungsniveau wurde gegenüber 1938 angehoben. Die „mittlere Reife" wurde wieder bei der Aufnahme gefordert. Volksschüler sollten Vorsemester besuchen. Die Berufsschulen schufen zur Vorbereitung auf den Fachschulbesuch die Berufsaufbauschulen, die mit der „Fachschulreife" abschlossen.

- Die Ausbildungsdauer sollte auf sechs Semester ausgedehnt werden, was nach 1950 auch geschah.
- Die Bezeichnung „Ingenieurschule" setzte sich durch.
- Der gesetzliche Schutz der Berufsbezeichnung „Ingenieur" wurde gefordert, aber erst 1965 erreicht.
- Die Ingenieurschulen strebten einen Sonderstatus im Schulsystem an, die Zugehörigkeit zu den Fachschulen wurde als diffamierend empfunden.

Ende der 50er Jahre kam es geradezu zu einem Ingenieurschul-Boom; der „Deutsche Ingenieurschulführer 1969" weist für die Bundesrepublik Deutschland 134 Ingenieurschulen nach! Die Kultusministerkonferenz, die Deutsche Kommission für Ingenieurausbildung, der Arbeitskreis der Direktoren an Ingenieurschulen und andere Gremien bemühten sich um Vereinheitlichung und Verbesserung des Ingenieurschulwesens. Dennoch kam es in den Jahren 1967/68 zu erheblichen Unruhen unter den Studenten; Auslöser dieser „Ingenieurschulkrise" war die Tatsache, daß Ingenieurschulabsolventen in den EWG-Staaten nicht als Ingenieure, sondern allenfalls als höhere Techniker anerkannt wurden. In Frankreich müssen zum Beispiel Ingenieure den Abschluß einer zwölfjährigen allgemeinbildenden Schule nachweisen sowie ein erfolgreiches vierjähriges Ingenieurstudium in einer universitären Hochschule absolviert haben. Dies traf auf die deutschen Ingenieure nicht zu, weshalb ihre radikale Änderung der Ausbildungsdauer gefordert wurde.

Ein Länderabkommen entsprach 1968 diesen Wünschen weitgehend. Es wurde eine neue Schule geschaffen, die Fachoberschule, die in den Klassen 11 und 12 durch praktische Ausbildung und Unterricht zur „Fachhochschulreife" führt. Damit sollte der Bedingung entsprochen werden, daß vor Beginn der Ingenieurausbildung 12 Jahre lang eine allgemeine Schule besucht wird.

Der zweiten Bedingung, daß die Ingenieurausbildungsstätten Hochschulcharakter haben sollten, wurde dadurch entsprochen, daß die Ingenieurschulen und andere höhere Fachschulen in Fachhochschulen umbenannt wurden, die neben den Universitäten, Pädagogischen Hochschulen und Kunsthochschulen zu den Hochschulen zählen.

Nach 1968 erließen alle Bundesländer Fachhochschulgesetze, und die Ingenieurschulen nahmen nach und nach die Organisationsform der Fachhochschulen an. Durch Einbau von zwei „Industriesemestern" entstanden zum Teil vierjährige Ausbildungsgänge. Damit schieden aus dem technischen Fachschulwesen die wohl wichtigsten Teile aus, zurück blieb ein bescheidener Rest. Die inzwischen zweijährigen Fachschulen für Technik zur Ausbildung von Technikern mit rund 35 000 Besuchern sind neben wenigen Meisterschulen nun die wichtigsten technischen Fachschulen. Nur Bayern hat als Ersatz für die höheren Fachschulen für wenige Fachrichtungen Fachakademien eingerichtet. Der Techniker wird als Fachkraft zwischen Facharbeiter und Ingenieur definiert.

Die DDR blieb bis jetzt bei der alten Fachschulkonzeption: 10 Jahre allgemeinbildende Schule – 2 Jahre betriebliche Lehre – 3 Jahre Fachschule. Daneben gibt es aber auch dreijährige medizinische und pädagogische Fachschulen, die ohne Praxis unmittelbar an die 10. Klasse anschließen. Diese Form der Fachschulausbildung soll nun auch für den technischen Bereich eingeführt werden und zum Abschluß als „Techniker" führen. Ingenieure sollen nur noch an Hochschulen ausgebildet werden, wobei es ein praktisches und ein theoretisches „Profil" geben soll. Die DDR folgt somit unserer Verlagerung der Ingenieurschulen in den Hochschulbereich. Unter den deutschsprachigen Ländern hält vor allem die Schweiz an der alten Fachschulkonzeption fest, und in Österreich hat die rein schulmäßige Fachschulausbildung vor allem in den fünfjährigen höheren technischen Lehranstalten eine so lange Tradition, daß sie zur Zeit nicht gefährdet zu sein scheint.

Dem Betrachter drängt sich bei der derzeitigen Situation des Fachschulwesens die Frage auf, ob die Fachschulen in der Bundesrepublik Deutschland überhaupt noch eine Zukunft haben. In den USA gibt es gar keine Fachschulen mehr, zum Teil haben ihre Aufgaben die allgemeinbildenden high schools mit übernommen, vor allem sind sie aber als „niedere Hochschulen" – community colleges oder technical schools – Bestandteil des Hochschulwesens.

Literaturnachweise

1 *Grimm*, Jakob/*Grimm*, Wilhelm: Deutsches Wörterbuch. Nachdruck. Bd. 3. München 1984, S. 1221.

2 *Giese*, Gerhard: Quellen zur deutschen Schulgeschichte seit 1800. Göttingen 1961, S. 64ff.

3 *Willmann*, Otto/*Roloff*, Ernst M.: Lexikon der Pädogogik. Bd. 1. Freiburg i.Br. 1913, Sp. 1218.

4 Vgl. 3, Sp. 1219.

5 Erl. d. preuß. Min. f. Handel und Gewerbe v. 11.2.1931, Nr. IV, 1803/31 Ho, betr. Umbenennung der staatl. Baugewerk- und Metallfachschulen.

6 Erlaß d. Reichsmin. f. Erz. und Volksbildung v. 29. Okt. 1937 (E IV-7755 E V b) „Reichseinheitliche Benennungen im Berufs- und Fachschulwesen".
7 Vgl. 6.
8 *Grüner*, Gustav/*Diederich*, Werner: Die Fachoberschule – Eine Dokumentation. Hannover 1970.
9 Bezeichnungen zur Gliederung des beruflichen Schulwesens (Beschluß der Kultusministerkonferenz vom 8.12.1975). In: Sammlung der Beschlüsse der Ständigen Konferenz der Kultusminister der Länder in der Bundesrepublik Deutschland. Neuwied/Darmstadt (Loseblattsammlung – Leitzahl 319).
10 Vgl. den Artikel „Fachschule". In: Jugendbildung zwischen Schule und Beruf. Bd. 9 Teil 2. Stuttgart 1983, S. 247 ff.
11 *Lomič*, Václav: Vznik, vyvoj a současnost českého vysokého učení technického v Praze. Prag 1982.
12 Edikt über die Einführung einer allgemeinen Gewerbesteuer vom 2.11.1810.
13 *Simon*, Oskar: Die Fachbildung des Preußischen Gewerbe- und Handelsstandes im 18. und 19. Jh. Berlin 1902, S. 89 ff.
14 *Stratmann*, Karlwilhelm: Quellen zur Geschichte der Berufserziehung – Dokumente und Texte zur Reform der Lehrlingserziehung im Gewerbe des 18. Jahrhunderts. Wuppertal/Ratingen/Düsseldorf 1969, S. 95.
15 Vgl. 13., S. 663.
16 *Stratmann*, Karlwilhelm/*Schlüter*, Anne: Quellen und Dokumente zur Berufsbildung 1794–1869. Köln/Wien 1982, S. 79 ff.
17 Vgl. 16., S. 275.
18 Vgl. 16., S. 265 ff.
19 Vgl. 13., S. 675.
20 Vgl. 13., S. 615.
21 Vgl. 13., S. 623 ff.
22 *Grüner*, Gustav: Die Entwicklung der höheren technischen Lehranstalten im deutschen Sprachgebiet. Braunschweig 1967.
23 *Grüner*, Gustav: Meilensteine der bayerischen Berufsschul-Entwicklung. Dokumente und Quellentexte zur Geschichte der Bayerischen Berufsschule von den Anfängen bis 1945.
24 Vgl. 3., Sp. 345 ff.
25 *Grüner*, Gustav: Die Entwicklung der höheren Fachschulen im deutschen Sprachgebiet, ein Beitrag zur historischen und angewandten Berufspädagogik. Braunschweig 1967, S. 80 f.
26 *Dumreicher*, Armand, Frhr. von: Über den französischen Nationalwohlstand als Werk der Erziehung. Wien 1879.
27 *Schriewer*, Jürgen: Alternativen in Europa. Frankreich. In: Lenzen, Dieter/Schründer, Agi: Enzyklopädie Erziehungswissenschaft. Bd. 9.1: Handbuch, Stuttgart, 1982. S. 250 ff.
28 Centralblatt (ab 1905 Zentralblatt) für das gewerbliche Unterrichtswesen in Österreich. 1882–1918.
200 Jahre Weg in die Wirtschaft – Die österreichischen Lehr- und Versuchsanstalten in der Zeit von 1758–1958. Wien 1958.
29 *Grüner*, Gustav: Eduard Wilda – ein deutsch-österreichischer Fachschulpäda-

goge des 19. Jahrhunderts. In: Zeitschrift für Berufs- und Wirtschaftspädagogik, 10/1983, S. 723ff.

30 Zeitschrift des Vereins Deutscher Ingenieure. 1882–1892 Verwaltungsberichte des Königlich Preußischen Landesgewerbeamtes. – DATSCH: Abhandlungen und Berichte über technisches Schulwesen. Bd. 2. Arbeiten auf dem Gebiet des technischen Mittelschulwesens. Leipzig/Berlin 1911.

31 Kapitel „Die privaten Technika" In: 25., S. 102ff.

32 Deutsche Wissenschaft, Erziehung und Volksbildung (Amtsblatt des Reichs- und Preußischen Ministeriums für Wissenschaft, Erziehung und Volksbildung und der Unterrichtsverwaltungen der anderen Länder. 1934–1945

33 Deutscher Ingenieurschulführer. 1953ff.

Geschichte der Technischen Hochschulen

Karl-Heinz Manegold

Technische Bildung als Voraussetzung der Industrialisierung

Alle Institutionen von Wissenschaft und Bildung stehen im Schnittpunkt vielfältiger Zusammenhänge. Auch die Entwicklung und der historische Standort der Technischen Hochschulen sind von Beginn an von wirtschafts- und sozialgeschichtlichen, von geistes- und bildungsgeschichtlichen, von politischen Interdependenzen ebenso beeinflußt und bestimmt worden wie von der naturwissenschaftlichen und technischen Entwicklung.

Die Motive für die Gründung und Zielsetzung Technischer Hochschulen in Deutschland zu Beginn des 19. Jahrhunderts waren bezeichnend für die Situation des Landes: Deutschland versuchte den Vorsprung, den andere Länder in der Industrialisierung gewonnen hatten, so schnell wie möglich einzuholen. Das große Vorbild in diesem Bemühen – dem auch die Einrichtung Technischer Hochschulen dienen sollte – war England.

In den deutschen Ländern vollzog sich der Beginn dieses Prozesses weithin im Rahmen einer neuen staatlichen Industrialisierungspolitik. Bei der Gründung wurden „Wissenschaft und Bildung" als wesentliches Instrument der Gewerbepolitik betrachtet. Der Aufbau eines höheren technischen Ausbildungssystems wurde als eines der wichtigsten Mittel angesehen, um den Abstand zu den industriell fortgeschritteneren westeuropäischen Staaten – vor allem England – zu verringern und mangelnde Vorraussetzungen und eingeschränkte technisch-industrielle Erfahrung wettzumachen. Der preußische Staatsrat und Direktor für Handel und Gewerbe Kunth formulierte im Jahre 1818: „Gegenüber der Gefahr durch die fortgeschrittenen westeuropäischen Fabrikländer immer enger beschränkt zu werden ist die Hilfe, welche von staatswegen geleistet werden kann, in dem einzigen Wort begriffen: Bildung" [1]. Ebenso erklärte sein bedeutender Kollege Peter Christian Wilhelm Beuth (1781–1853), der Begründer des Berliner Gewerbeinstituts: „Wo die Wissenschaft nicht in die Gewerbe eingeführt und zur

Zeichensaal in der Berliner Beuth-Schule. Der Unterricht im technischen Zeichnen bildete seit den Anfängen des technischen Schulwesens die Grundlage der Ausbildung von Handwerkern und Ingenieuren.

notwendigen Grundlage der Produktion gemacht wird, da gibt es kein sicher begründetes Gewerbe, da gibt es kein Fortschreiten" [2]. In gleicher Weise argumentierte man auch andernorts. In Baden schrieb 1833 der frühliberale Staatsmann Carl Friedrich Nebenius (1785–1857) im Hinblick auf seine entscheidende Reorganisation der Karlsruher polytechnischen Schule: „Dem technisch-wissenschaftlichen Fortschritt fällt fast ganz die Rolle des Schrittmachers der wirtschaftlichen Entwicklung zu" [3]. Mobilisierung von Wissenschaft und Bildung – das hieße hier technisch-gewerbliche Bildung – war der Inhalt der immer erneut vorgebrachten Zielsetzung. Die Zusammenhänge von Bildung, wissenschaftlich-technischem Fortschritt und wirtschaftlichem Wachstum, die Deutung von Wissenschaft und Bildung in wirtschaftlicher Sicht war an sich keine neue Erkenntnis. Die pädagogische und wissenschaftspolitische Praxis des absolutistischen und merkantilistischen Staates im 17. und 18. Jahrhundert belegt bereits die lange Tradition dieser Denkweise. Aber das Bewußtsein, daß Bildung im Sinne von Qualifizierung ein ökonomischer Faktor ist, trat jetzt bei dem Wunsch nach Gewerbeförderung in größerer Konsequenz hervor. Die Erkenntnis, daß Bildung und Wissenschaft Voraussetzung für Industrialisierung sind, wurde jetzt zum Eckpfeiler der Industrie- und Gewerbeförderungsmaßnahmen in den deutschen Staaten. [V-3.4]

England besaß – auf Grund anderer Traditionen – bis in die 2. Hälfte des Jahrhunderts keine Institutionen formalisierter technischer Bildung. Vorbild und ideelles Modell des höheren technischen Bildungswesens auf dem Kontinent wurde die 1794/95 in Paris gegründete École Polytechnique. Diese Gründung der Französischen Revolution mochte im Zusammenhang der französischen Geschichte des 18. Jahrhunderts eher als die letzte und vollendetste jener Spezialschulen angesehen werden können, die durch das militärische und merkantilistische Bedürfnis des „ancient régime" entstanden waren. Überblickt man dagegen die Geschichte des höheren naturwissenschaftlich-technischen Bildungswesens vom Zeitalter der Industrialisierung aus, so erscheint sie als ein höchst folgenreicher Beginn. An der École Polytechnique sollte die allgemeine mathematisch-naturwissenschaftliche Grundbildung erteilt werden für die anschließenden verschiedenen technischen „écoles spéciales" für Brücken- und Wegebau, für Bergbau, für Schiffbau und für das militärische Ingenieurwesen. Die große Reihe der hier tätigen bedeutenden Physiker, Chemiker, Ingenieure und besonders Mathematiker begründete in wenigen Jahren den Weltruf dieser Anstalt. „Die erste Schule der Welt, eine Schule die man mit vollem Recht ein Prinzip nennt", so hatte François Arago (1786–1853), selbst einer ihrer Zöglinge und berühmten Lehrer, die École Polytechnique genannt [4]. Die Naturwissenschaften, die Mathematik und das mathematisierte technische Zeichnen auf der Grundlage der darstellenden Geometrie Gaspard Monges (1746–1818), des eigentlichen Begründers der Schule, wurden hier zum tragenden Pfeiler der gesamten Ausbildung gemacht. Antrieb und Basis der Schule sollte die Anwendung wissenschaftlicher Methoden und Erkenntnisse auf technische Probleme sein. Mathematisch-naturwissenschaftliche Elemente und technisches Wissen wurden in engstem Zusammenhang gesehen. Dies an sich nicht neue Prinzip wurde in der École Polytechnique in einer Schulform organisiert, die, gemäß den leitenden Ideen ihrer Gründer, auf der gesetzmäßigen, mathematisch-naturwissenschaftlich begründeten Einheit aller technischen Betätigungen beruhte. Technik wurde dabei im wesentlichen als angewandte Naturwissenschaft begriffen. Das Bestreben einer methodischen Verbindung von theoretischen Studien und praktischen, konstruktiven Anwendungen bildete den Inhalt des hier entwickelten Lehrsystems, in dem sich Forschung und Lehre verbanden. Damit ist sie das bedeutsame Vorbild für die – gleichermaßen als Voraussetzung und in Folge der technisch-industriellen Entwicklung begründeten – höheren technischen Lehranstalten in Deutschland, Österreich und in der Schweiz geworden. Als „Urbegriff" und ideelles

1887 erschien in Paris Pinet's Geschichte der École Polytechnique. Das Titelbild seines Buches zeigt deutlich den militärischen Charakter dieser 1794 in Paris gegründeten ersten höheren technischen Lehranstalt auf wissenschaftlicher Grundlage. Ihr Prinzip der Verbindung von theoretischen Studien mit praktischen Anwendungen in Lehre und Forschung wurde zum Vorbild aller späteren technischen Hochschulen.

Vorbild spielte sie in den ersten Jahrzehnten des 19. Jahrhunderts eine Rolle in allen Erörterungen und Plänen, die auf die Einrichtung von polytechnischen Schulen, polytechnischen Instituten, höheren Gewerbeschulen – wie immer diese Anstalten dabei genannt wurden – hinzielten. Die Auswirkungen der Pariser Gründung blieben auch unbeeinflußt davon, daß man häufig nur ungenaue Kenntnisse über die École Polytechnique hatte oder sogar falsche Vorstellungen mit ihrer wirklichen Aufgabe verband. Diese bestand nämlich ausschließlich in der Ausbildung für die Staatsdienste und den militärtechnischen Bereich. Erst mit der Begründung der „École Centrale des Arts et Manufactures" im Jahre 1829 kam es in Frankreich zu einer höheren technischen Lehranstalt für die Privatwirtschaft. Ob die hier angestrebten Lehrziele an den bestehenden Universitäten zu erreichen waren, wurde von keinem der Gründer der École Polytechnique in Erwägung gezogen. Das lag weniger am praktischen Zweck und der als notwendig erkannten strengen Bindung des Studienbetriebs. Im Frankreich der Aufklärung schienen die Universitäten noch mehr in den Gegensatz zur geistigen Bewegung der Zeit geraten zu sein als in Deutschland. Entschieden trat stattdessen der Gedanke der „écoles spéciales" hervor mit dem Anspruch, damit ein moderneres Hochschulwesen an die Stelle des „mittelalterlichen" zu setzen. In der Wissenschaftsorganisation der Französischen Revolution und in der napoleonischen „Université Imperiale" war das System der Spezialschulen am entschiedensten zur Geltung gekommen.

Auch in Deutschland war – zumal im letzten Drittel des 18. Jahrhunderts – längst die Kritik an den, wie man vielfach meinte, lebensfern in gelehrtem Zunftwesen erstarrten Universitäten laut geworden. In Göttingen blühte die 1736 eröffnete erste „moderne" Universität der Aufklärung auf. Hier setzte man den wachsenden Zweifeln am Nutzen der Universitäten das entschiedene Bestreben entgegen, die Lehre ganz auf die praktische Brauchbarkeit abzustimmen und die Universität nach der damaligen Formulierung als ein „akademisches Bergwerk" zu betreiben. An den anderen deutschen Universitäten hatte sich ein allgemeiner Bedeutungsrückgang fortgesetzt.

Tendenzen und Wertschätzung der Aufklärung für eine praxisbezogene Ausbildung und für „nützliche Spezialstudien" zeigten sich in unterschiedlicher Weise: in den Preisaufgaben über Probleme der Praxis, die in der ersten Hälfte des 19. Jahrhunderts von den Forschungsakademien gestellt wurden; in der Vielzahl der Bildungsreisen, die Landesherrn anregten, um über die neuesten technischen Erfindungen und Konstruktionen informiert zu sein; aber vor allem in der Gründung einer Reihe von Fachschulen. Hierher gehören das „Collegium medico-chirurgicum" (1724), die „Pepiniere" (1795), die Berliner Bauakademie (1799) oder das Ackerbauinstitut von Albrecht Thaer in Mögliz (1806). Hier stand die Berufsausbildung im Mittelpunkt. Man ging zwar von der wissenschaftlichen Spezialausbildung aus, bezog aber einen weiten Bereich allgemeiner Fächer mit ein, soweit zum Beruf nur irgendeine Beziehung bestand. Für die in den gleichen historischen Zusammenhang gehörenden Bergakademien galt dies in besonderem Maße. Wenngleich die „Bergfächer", etwa im Rahmen der „Kameralwissenschaften", zum Teil auch an Universitäten betrieben wurden, hatte sich für die höheren Bergbeamten besonders eindeutig die Notwendigkeit technisch-naturwissenschaftlicher Spezialstudien ergeben und das Bedürfnis, eigene Institute dafür zu gründen. Neben Berlin (1770) und Clausthal (1775) sind hier vor allem die 1765 gegründete Akademie Freiberg, aber auch die in den gleichen Jahren entstandene österreich-ungarische Bergakademie Schemnitz – das heutige slowakische Banska Stiavnica – zu nennen. Von ihren Unterrichtseinrichtungen und Ausbildungsmethoden haben dann wiederum die Gründer der École Polytechnique wichtige Anregungen erhalten. Die Bergakademien waren lange Zeit hindurch die einzigen – jedenfalls gegenüber den Universitäten die forgeschritteneren – Stätten technisch-naturwissenschaftlicher Lehre. Wichtige Anfänge technischer Wissenschaften gehen oft auf praktische Erfahrungen und wissenschaftliche Erkenntnisse zurück, die man zuerst im Bergbau gefunden hat. [III-4.3; V-3.2]

Mit der Errichtung der Universität Berlin im Jahre 1810 wurden in Deutschland solche Entwicklungen unterbrochen. Als geistige Neubegründung war sie einer neuen Wissenschafts- und Bildungsauffassung verpflichtet, die auf der Grundlage des Neuhumanismus und des philosophischen Idealismus aus einer umfassenden Konzeption heraus erfolgte. Die neue Universität grenzte sich einerseits ab gegenüber der Universität im überkommenen Sinne, die auch im Zentrum der Kritik der Aufklärer gestanden hatte, andererseits aber auch gegen die mehr technisch gerichtete Auffassung der Aufklärung von der Hochschule als Stätte der Wissenschaft im Hinblick auf Anwendung und Nützlichkeit im bürgerlichen, wirtschaftlichen und industriellen Leben. Vor allem aber versuchte sie sich abzusetzen gegen die auf Berufsausbildung ausgerichtete Fach- und Spezialschule. Sie stand also gegen jene Traditionslinien, an die ein höheres technisches Bildungswesen anknüpfte. Es muß hier nicht näher auf die humanistische Bildungs- und Wissenschaftsauffassung eingegangen werden. Die Bestimmung der Universität stand danach auf der ideellen Grundlage der „reinen", von jeder äußeren pragmatischen Zweckbestimmung freien Wissenschaft, die nur aus sich selbst geschöpften Fragestellungen folgt und mit der Praxis direkt nichts zu tun hat. Wenn diese Auffassung auch nirgends und zu keiner Zeit wirklich realisiert und bewahrt werden konnte, so wurde dies idealistische Leitbild für sehr lange Zeit zum bestimmenden Prinzip für die institutionelle Trennung von Wissenschaft und Technik. Dies gilt auch im Hinblick auf die Naturwissenschaften, die an den Universitäten im Laufe des Jahrhunderts zu einer international führenden Position aufstiegen. In ihrem Selbstverständnis aber blieben sie ganz überwiegend in einer Art naturwissenschaftlich gerichtetem Neuhumanismus der „reinen" Wissenschaft verpflichtet. Die neuhumanistische Universität setzte sich rasch und erfolgreich durch. [V-1]

Die Anfänge der Polytechnischen Schulen

Es liegt nahe, auf die zeitliche Parallelität zwischen der Entfaltung dieser Universitätskonzeption und den polytechnischen Gründungen hinzuweisen. In denselben Jahren, als es in Berlin um die Gründung der Universität ging, wurden in Prag und Wien Pläne erörtert, die auf die Errichtung der Polytechnischen Hochschule hinaus liefen. Und zur gleichen Zeit, als mit Wilhelm von Humboldts (1767–1835) berühmtem Fragment die wichtigste Grundschrift der Universität entstand [5], erarbeitete der Naturwissenschaftler und Technologe Johann Josef Prechtl (1778–1854) im Frühjahr 1810 in Wien seinen „Plan zu einem Polytechnischen Institut", der in ähnlicher Weise als klassisches Dokument des Technischen Hochschulwesens angesehen werden muß [6]. In Wien ging man organisatorisch insofern über Paris hinaus, als man hier die organische Zusammenfassung von mathematisch-naturwissenschaftlichen Grundstudien und dem eigentlichen höheren technischen Fachunterricht festlegte. Nach Prechtls Konzeption bildeten Grundstudien und Fachsektionen der „Natur der Sache nach" notwendig ein geschlossenes Ganzes. Hier war jetzt bereits der grundlegende Organisationsgedanke des „Fachsystems" angelegt, aus dem dann die späteren „Abteilungen" und schließlich die Fakultäten der Technischen Hochschule hervorgegangen sind. Erst aus der organischen Zusammenfassung der verschiedenen „Fachschulen" konnte sich nach Prechtls Überzeugung die „Polytechnische Hochschule" konstituieren. Nach seiner Definition bildeten „Wesen und Einheit" der Technik das innere Organisationsprinzip unter bewußter Trennung und Abgrenzung, aber auch unter deutlicher Forderung nach Gleichstellung mit den Universitäten. Kernpunkt seines Organisationsentwurfs bildeten seine ausführlichen Darlegungen über die – wie er formulierte – „eigentümliche rationelle technische Methode". Es war ein entschiedener Versuch, zu einer klaren Umgrenzung eines spezifisch technisch-wissenschaftlichen Bereichs zu gelangen, den er von der „reinen" Wissenschaft ebenso scharf absetzte wie von der „angewandten Wissenschaft" und von „bloßer Empirie". Es galt, so zu einem eigenständigen Raum wissenschaftlicher Technik zu gelangen, in dem es möglich werden sollte, wissenschaftliche Theorie mit gewerblicher Empirie und Praxis zu versöhnen. Im Gegensatz zu den Auffassungen der Pariser École Polytechnique war Prechtl überzeugt – und darin stimmten alle Ingenieure der Folgezeit mit ihm überein –, daß technische Wissenschaft nicht identisch sein konnte mit angewandter Naturwissenschaft. Damit war ein Akademisierungsprogramm und zugleich ein emanzipatorisches Ziel klar formuliert, dessen Realisierung konstitutiv für die Technischen Hochschulen des 19. Jahrhunderts geworden ist. Dieses Ziel ist freilich erst am Ende des Jahrhunderts erreicht worden. Als Mittelpunkt aller auf den technisch-gewerblichen Bereich gerichteten Bestrebungen konzipiert fand hier die Form einer Technischen Hochschule ihre eigene Rechtfertigung. Sie stellte den Anspruch, der neue Hochschultyp für die technischen Staatsdienste, insbesondere aber für die – wie es damals hieß – „staatswichtige" Klasse der höheren Fabrikanten, Unternehmer und Handelsleute, also des industriellen und kommerziellen Bürgertums zu sein. Man wollte gerade nicht eine im engeren Sinne Fach- oder Spezialschule, vielmehr die universitas scientiarum technicarum, die Hochschule für einen eigenständigen Lebensbereich. [III-4.1]

Während das 1806 gegründete Ständische Polytechnische Institut Prag demgegenüber von eingeschränkter Bedeutung war, blieb das 1815 eröffnete staatliche Wiener Institut Jahrzehnte hindurch das Vorbild einer organisch gegliederten Hochschule für das Gesamtgebiet der Technik. An ihm orientierten sich die Erörterungen und Pläne über höhere technische Anstalten neben dem mehr ideellen Modell der Pariser École Polytechnique. Wien wurde auch für das engere Deutschland zur Pflanzstätte einer ganzen Generation der neuen „Polytechniker". Hier war die erste technische Hochschule im Sinne des 19. Jahrhunderts nach Organisation, Ausdehnung und wissenschaftlichem Niveau. Mit der Gründung der Polytechnischen Schule Karlsruhe im Jahre 1825 – die dritte in der Reihenfolge der „Nachläufer" von Paris – wurde versucht, mathematisch-naturwissenschaftliche Grundstudien und ihre organisatorische Verbindung mit dem Fachschulsystem ähnlich konsequent wie in Prechtls Konzept zu verwirklichen. Hier wurde die auf Einheit und Wissenschaftlichkeit basierende Technische Hochschulidee erneut gründlich durchdacht. Mit ihrer Erweiterung und Reorganisation durch Carl Friedrich Nebenius, einem der bedeutendsten Vertreter des frühliberalen Beamtentums im Vormärz, wurde der Anstalt – ausgeprägter als in Wien – eine dem Fakultätsprinzip der Universitäten entsprechende Organisation gegeben. Als die Bedeutung des Wiener Instituts nach 1848 nachließ, wurde Karlsruhe durch den in der Folgezeit von hervorragenden Direktoren und Lehrern verbürgten wissenschaftlichen Betrieb zu einem für lange Zeit unerreichten Muster für die übrigen Polytechnischen Schulen in Deutschland. [V-3.4]

Während die Universitäten der „reinen" Wissenschaft verpflichtet blieben, waren mit den Gründungen von Prag, Wien und Karlsruhe auch von der Gegenseite die Weichen gestellt. Folgenreich für die weitere Hochschulgeschichte und die Geschichte der Wissenschaftsorganisation ist die Frage nach dem höheren technischen Studium in der Folgezeit zugunsten eigenständiger Polytechnischer Anstalten beantwortet worden. Häufig gelang es erst nach einigen erfolglosen Versuchen, die technischen Fächer doch in die Universität zu integrieren und Wissenschaft und Technik institutionell zu vereinen. Mit der zunehmenden Erkenntnis von der Technik als eines einheitlichen Gesamtgebietes setzte sich auch der Gedanke von der organischen Einheit der Technischen Hochschule durch. Damit ist zugleich die Problematik der das Jahrhundert durchziehenden Diskussion der Zweigleisigkeit und des Verhältnisses beider Anstalten zueinander angesprochen. Sie sollte in der Folgezeit und bis in die Gegenwart hinein nicht mehr abreißen. Die institutionelle Differenzierung zwischen Wissenschaft und Technik schien, als Ergebnis vieler äußerer Wirkungszusammenhänge, auch immanenten Gesetzmäßigkeiten zu entsprechen: Sie bewies Dauer und

Nach dem Vorbild der Pariser École Polytechnique entstand 1815 in Wien das Polytechnische Institut. Im Gegensatz zu der militärisch geprägten Pariser Schule wurde das Wiener Polytechnikum jedoch von Anfang an als eine Hochschule der Technik betrachtet, die den traditionellen Universitäten gleichwertig war.

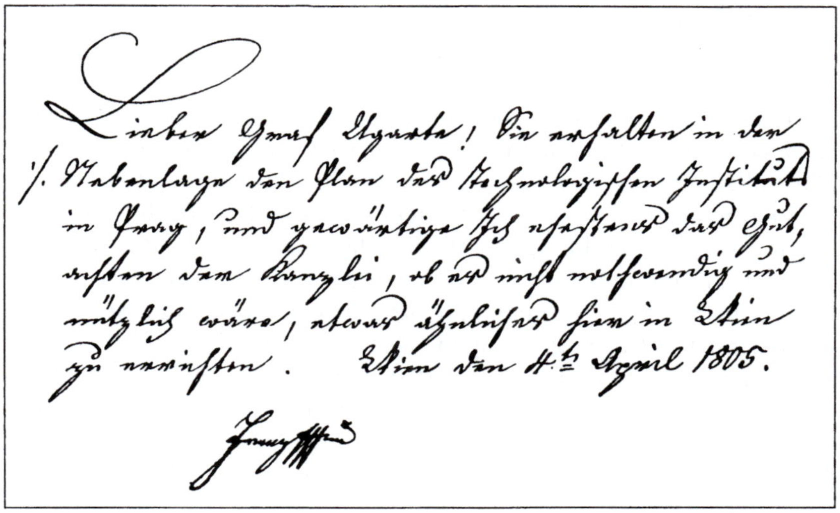

1805 ließ Kaiser Franz I. von Österreich ein Gutachten anfertigen über eine mögliche Gründung eines polytechnischen Instituts in Wien. 1810 entstand daraus Johann Joseph Prechtls (1778–1854) Plan für ein polytechnisches Institut; durch seinen programmatischen Charakter gilt dieser Plan auch heute noch als das „klassische Dokument des Technischen Hochschulwesens in Deutschland".

wurde zum Vorbild der Wissenschafts- bzw. Hochschulorganisation in fast allen industriellen Nachfolgeländern außerhalb Deutschlands, aber auch in den älteren Industriestaaten.

Noch vor Beginn der ersten Phase der Industrialisierung sind innerhalb des knappen Jahrzehnts zwischen 1827 und 1836 in der Nachfolge von Prag, Wien und Karlsruhe in den meisten deutschen Mittelstaaten höhere technische Lehranstalten auf zunächst recht unterschiedlichem Niveau für die Gewerbe und technischen Staatsdienste als staatliche Einrichtungen gegründet worden. Die Initiative dazu war fast stets von einer staatspädagogisch fortschrittlichen höheren Beamtenschaft ausgegangen. Das moderne höhere technische Bildungswesen war zunächst mehr ein Instrument des Staates als der neuen bürgerlichen Gesellschaft. Historisch gehört diese Gründungsphase in die Zusammenhänge des Überganges vom aufgeklärten Absolutismus zum frühliberalen Konstitutionalismus.

Fast gleichzeitig entstanden an verschiedenen Orten in Deutschland polytechnische Schulen:

1827 Polytechnische Zentralinstitut in München
1833 Polytechnische Schulen in Augsburg, Nürnberg und München
1828 Technische Bildungsanstalt in Dresden
1829 Höhere Gewerbeschule in Stuttgart
1830 Höhere Gewerbeschule in Kassel
1831 Höhere Gewerbeschule in Hannover

1836 Höhere Gewerbeschule in Darmstadt
1835 Technische Abteilung des Collegium Carolinum Braunschweig

In Berlin hatte Beuth schon 1821 ein „technisches Institut" gegründet, aber erst 1827 erhielt es als „Gewerbeinstitut" eine vergleichbare Grundlage. In Preußen bestand daneben noch die aus den Bedürfnissen des kameralistischen Bauwesens heraus entstandene Berliner Bauakademie zur Heranbildung staatlicher Baubeamter. Mit der fortbestehenden Trennung beider Anstalten hatte man hier bis zu ihrer Vereinigung im Jahre 1879 einen von den übrigen deutschen Staaten abweichenden Weg eingeschlagen. Aus allen diesen Anstalten (bis auf Kassel, Augsburg und Nürnberg) sind die Technischen Hochschulen hervorgegangen. Diese Bezeichnungen führen sie freilich erst statusgemäß seit den 70er Jahren. Bis zur Jahrhundertmitte erhielten sie allgemein zunächst den Status und die Bezeichnung von „Polytechnischen Schulen". [V-3.4]

Von hochschulmäßigem Betrieb und einem entsprechenden wissenschaftlichen Niveau konnte hier zunächst noch nicht die Rede sein. Wien und Karlsruhe blieben, wie erwähnt, noch lange unerreicht. Es handelte sich allenfalls um „höhere Schulen" oder, wie Mitte der 40er Jahre in einer vergleichenden Übersicht festgestellt wurde, um „technische Lyceen", angesiedelt zwischen Hochschule und Mittelschule.

Im süddeutschen und österreichischen Raum waren im Zusammenhang mit den Napoleonischen Reformen katholische Universitäten – wie Innsbruck und Salzburg – zu philosophisch-theologischen Lehranstalten degradiert und nach französischem Muster in Spezialschulen umgewandelt worden. Diese sogenannten „königlichen Lyceen" für den Priesternachwuchs wurden prägend für die Konzeption der „polytechnischen Lyceen".

Nur Wien und Karlsruhe wurde der Rang von „technischen Hochschulen" zugesprochen. Längst bevor die meisten Anstalten selbst den Anspruch auf Hochschulrang begründet erfüllten, diskutierte man in breiterem Rahmen über den wissenschaftlichen Rang und den gesellschaftlichen Standort der höheren technischen Bildung und ihr Verhältnis zu Universitätswissenschaft und Universität. Dabei wurde dieser Anspruch in aller Deutlichkeit gestellt und die „Durchführung des Parallelismus von technischer Hochschule und Universität" gefordert. Die deutschen Polytechnika wurden in den politischen Diskussionen des Vormärz von der liberalen Opposition als spezifisch bürgerliche Ausbildungsstätten, häufig als „Universitäten des Gewerbslebens" oder als „Bürgeruniversitäten" bezeichnet, die den Bürger auch politisch handlungsfähiger machen sollten. In der Reformbewegung des Jahres 1848 erreichten solche Forderungen einen besonderen Höhepunkt[7]. Der staatsbürgerlichen Gleichberechtigung sollte hier die Gleichstellung jener Anstalten und jener Fächer entsprechen, die entscheidend zum Aufstieg des Bürgertums beitrugen. Bereits vor der Jahrhundertmitte wurden alle wesentlichen Argumente ins Feld geführt, die dann in der 2. Hälfte des Jahrhunderts im Gleichberechtigungskampf der Polytechnika bzw. Technischen Hochschulen um die wissenschaftliche, organisatorische und soziale Ebenbürtigkeit mit den Universitäten eine Rolle gespielt haben. Zuvor war in den Gründungsplänen von den Polytechnischen Schulen häufig als Spitze innerhalb eines gegliederten Systems von unteren und mittleren technischen Bildungsanstalten bzw. Realschulen die Rede gewesen, doch sind sie tatsächlich alle als *Schlußstücke* gegründet worden, bevor ein entsprechender Unterbau geschaffen war. Die Gründer waren zumeist davon ausgegangen, daß vor allem höher qualifizierte technische Bildung notwendig sei. Die Absolventen sollten nach den Zielsetzungen der staatlichen Gewerbeförderung den entsprechenden Bedarf erst selbst mit schaffen helfen. Diese wirtschaftspolitische Konzeption, durch Ausbildungsförderung den Industrialisierungsprozeß voranzutreiben, mußte notwendig der tatsächlichen Entwicklung zunächst weit vorauseilen. Das polytechnische Ausbildungsniveau lag weit über dem tatsächlich vorhanden allgemeinen Stand der gewerblich-industriellen Produktion. Und so gab es noch längere Zeit kaum oder wenig entsprechende berufliche Positionen in der gerade entstehenden Industrie. So sind es zunächst vor allem die technischen Staatsdienste gewesen im Wasser-, Wege- und Eisenbahnbau, die hier mit genauer umschriebener Wissens- und Ausbildungsqualifikation durch Staatsprüfungen ausgewiesene Kräfte aufnahmen. Der damit gegebene Zusammenhang zwischen den Normen und Bewertungen in Beamtenlaufbahnbestimmungen und staatlichem Berechtigungswesen hat die akademische Entwicklung der Anstalten wesentlich mitbestimmt. Ein schneller Wandel trat hier seit dem eigentlichen Durchbruch der Industrialisierung nach 1850 ein, und seit Ende der 50er Jahre fanden die Absolventen der Polytechnika rasch Einsatzmöglichkeiten in der privaten Industrie, die ihren Qualifikationen entsprachen. [V-3.4; X]

Von der Polytechnischen Schule zur Technischen Hochschule

Seit den 50er Jahren schritt der Prozeß der Akademisierung in immer stärkerem Maße voran. Mit den entsprechend steigenden wissens- und altersmäßigen Voraussetzungen für den Eintritt und schließlich durch schärfere Abgrenzung von „mittleren" Technikern wurde erst eine wissenschaftliche Ausbildung im strengeren Sinne möglich. Ein großes Problem war für alle Anstalten geblieben: die Frage nach der notwendigen und ausreichenden Vorbildung. Das Problem war besonders schwierig, zumal ein entsprechend gegliedertes Sekundarschulsystem realistischer oder gewerblicher Prägung erst im Entstehen begriffen war. Für den wissenschaftlichen Rang und die akademischen Bestrebungen war es weniger wichtig, bis zu welcher Höhe die Anstalt führte; es war viel bedeutsamer, auf welcher Ebene ihr Unterricht begann und auf welchen Grundlagen man aufbauen konnte.

Fortentwicklung und Erweiterung in Organisation und Lehre waren zwar einerseits gebunden an die praktischen Bedürfnisse von Industrie und ausführender Technik, wurden aber in gleichem Maße beeinflußt von dem Ziel nach wissenschaftlichem Ausbau und immanenter Fortentwicklung der technischen Wissenschaft als solcher. Dieses Ziel war untrennbar eingebettet in ihre immer auf Statussicherung, soziale Integration und Gleichberechtigung gericheten wissenschaftlichen und gesellschaftlichen Aufstiegsbestrebungen. In diesem vielfältigen Wirkungszusammenhang erwies sich der Prozeß der Akademisierung als die bestimmende Motivation. Für die allgemeine wissenschaftliche Höherentwicklung war um die Jahrhundertmitte das Wirken Ferdinand Redtenbachers (1809–1863) in Karlsruhe wichtig. Wie Karl Karmarsch (1803–1879), der bedeutendste deutsche Technologe dieser Zeit, war auch Redtenbacher aus dem Wiener Institut hervorgegangen und hatte in Karlsruhe seit 1841 als Professor für Maschinenbau, als schulbildender Lehrer, Forscher und Direktor auf Organisation und Ansehen der Polytechnischen Schule einen hervorzuhebenden Einfluß ausgeübt. Auf ihn geht aber auch die Einbeziehung von geisteswissenschaftlichen Disziplinen zurück. Er war einer der ersten bedeutenden Repräsentanten der wissenschaftlichen Technik, die über ihr Fach hinausblickten, dem es, wie er formulierte, um die „Kulturaufgabe" der Polytechnischen Schulen ging. [III-4.4; V-3.4; X]

Durch die Tätigkeit Redtenbachers ist das Vorbild der Karlsruher Anstalt besonders deutlich hervorgetreten bei der im Jahre 1855 erfolgten Gründung des Eidgenössischen Polytechnischen Institutes in Zürich. Von vornherein als Hochschule eingerichtet, gelang es hier, her-

1855 wurde in Zürich das eidgenössische Polytechnikum – die heutige Eidgenössische Technische Hochschule – gegründet. In der Konzeption war es als eine Hochschule der Technik mit uneingeschränktem wissenschaftlichen Anspruch angelegt, in deren Fächerkanon auch die Geisteswissenschaften einbezogen waren. Das Züricher Polytechnikum war für Jahrzehnte das große Vorbild in der Entwicklung des Technischen Hochschulwesens.

vorragende Ingenieure und bedeutende Gelehrte als Lehrer zu berufen [8]. Auf vielfache Weise dem Vorbild Karlsruhe verpflichtet, übte es sowohl durch seinen wissenschaftlichen Rang als auch durch personelle Ausstrahlung auf das Ansehen der technischen Wissenschaften und auf die Einschätzung und innere Entfaltung des gesamten technischen Hochschulwesens in Deutschland einen bedeutenden Einfluß aus. Hier wurde nun auch für das Polytechnikum und die technischen Wissenschaften das Prinzip der Einheit von Forschung und Lehre auf überzeugende Weise vertreten.

Nach dem Vorgehen in Karlsruhe und Zürich wurde es seit Mitte der 50er Jahre üblich, wissenschaftlich herausragende Mathematiker, Physiker und Chemiker, zu berufen. Zugleich trat jetzt zunehmend eine rein theoretische Betrachtungsweise technischer Probleme im Lehrbetrieb in den Vordergrund unter Zurückdrängung technischer

Praxis und Empirie. In diesem Sinne ist besonders Franz Reuleaux (1829–1905) wirksam gewesen, der als begabter Schüler Redtenbachers auf einen Lehrstuhl für Mechanik und Maschinenkonstruktion nach Zürich berufen worden war und der in ähnlich starkem Maße wie sein Lehrer für das Ansehen und die wissenschaftliche Entwicklung der Polytechnika tätig gewesen ist. Nach erfolgreichem Wirken in Zürich, als Direktor der Berliner Gewerbeakademie und als Rektor der Berliner Technischen Hochschule nach 1878, insbesondere durch seine Lehre von der Maschinenkinematik, schließlich als Reichskommissar vieler Weltausstellungen gehörte er Jahrzehnte hindurch zu den bekanntesten und erfolgreichsten Ingenieuren im Raum der Hochschule. Mit seinen kinematischen Forschungen verfolgte er die Aufgabe, „Erfindungen lehrbar und dadurch hochschulfähig" zu machen. Er wollte nachweisen, daß in die technischen Wissenschaften die gleichen intellektuellen Operationen einführbar sind, mit denen man auch an der Universität die Forschung betreibt, und daß sie diesen – auch mit den Maßstäben gelehrter Bildung gemessen – gleichrangig sind. Er betonte die Verschiedenheit der Formen und Ziele von Hochschule und Praxis. Das Ziel hieß jetzt: wissenschaftliche Emanzipation durch theoretische Fundierung der Technik, wobei Verwissenschaftlichung zugleich die akademische Konsolidierung der Hochschule bedeutete. Neben Reuleaux ist in diesem Zusammenhange insbesondere auch Franz Grashof (1826–1893) zu nennen, der als Professor für Maschinenlehre und Direktor der Karlsruher Anstalt der Nachfolger Redtenbachers und Erbe seines Ruhmes geworden war. Als Mitbegründer und langjähriger, höchst aktiver Leiter des 1856 gegründeten Vereins Deutscher Ingenieure (VDI) muß ihm ein bedeutendes Verdienst für die Entwicklung des Technischen Hochschulwesens zugesprochen werden. [V-3.6.2]

Als rasch aufblühender Standesverein der Ingenieure erstrebte der VDI, wie es programmatisch hieß: „ein inniges Zusammenwirken der geistigen Kräfte deutscher Technik zur gegenseitigen Anregung und Fortbildung im Interesse der gesamten deutschen Industrie", zugleich mit dem Ziel, „die Technik neben Wissenschaft und Kunst als eine gleichberechtigte Errungenschaft des Geistes" ebenso zur Geltung zu bringen wie die davon nicht zu trennenden sozialen Aufstiegsbestrebungen ihrer Vertreter. Tatsächlich kommt den Polytechnischen Schulen für die Entstehung der Ingenieure als Berufs- und Sozialgruppe „technischer Intelligenz" eine wesentliche Rolle zu. Ihre Verhältnisse und ihr Rang bildeten damit von vornherein einen Brennpunkt des Vereinsinteresses. Auf der Hauptversammlung des Vereins im Jahre

1864 kam es auf Initiative von Grashof zu einem wichtigen Vorstoß in der Hochschulfrage, der das Problem in der Folgezeit nicht mehr zur Ruhe kommen ließ und einen neuen Abschnitt in der Geschichte des Technischen Hochschulwesens einleitete. Die von Grashof intendierten Forderungen enthielten im wesentlichen keine Gedanken, die nicht auch vorher schon diskutiert worden waren. Jetzt standen sie aber auf der realen Basis der bisherigen Entwicklung, entsprachen dem tatsächlich erreichten Leistungsstand der Polytechnischen Schulen. Grashof bezeichnete es als Lebensfrage der Polytechnischen Schulen, den Charakter von Hochschulen zu behaupten oder noch anzustreben. „Sie sei eine Technische Hochschule", so erklärte er in einem Katalog von „Prinzipien zur Organisation der Polytechnischen Schule". Für manche schon verwirklicht, gelte es jetzt, für alle Anstalten zur weitgehenden rangmäßigen und organisatorischen Angleichung zu kommen: gleiche oder ähnliche Voraussetzungen für den Besuch wie an den Universitäten, gleiche Examina, Ausbau der Mathematik und der Naturwissenschaften in einer den Universitäten nicht nachstehenden Ausdehnung, größere Heranziehung humanistischer Fächer „entsprechend der gesellschaftlichen Stellung, für welche die Technische Hochschule die letzte Ausbildung geben soll". Als wichtige Attribute einer Hochschule forderte er vor allem: Die Assistenz, Habilitation und die Privatdozentur, das Vorschlags- und Berufungsrecht, den akademischen Senat und eine Rektoratsverfassung. Entwicklungsstand und Bedeutung schienen jetzt solche Forderungen vollständig zu rechtfertigen, in denen sachliche Erfordernisse, technisch-wissenschaftliche Leistung und zunehmender sozialer Geltungsanspruch zusammentrafen. Der Standort der Polytechnika mußte außerhalb der wirtschaft- oder jedenfalls technik- und industriefeindlichen Universitäten bleiben, ihre Entwicklung mußte andererseits unter ständiger Angleichung und Übernahme der allein normsetzenden und allein sozial bedeutsamen universitären Formen erfolgen. Die „Prinzipien" wurden als Resolution allen deutschen Regierungen und Parlamenten eingereicht und allen Universitäten und industriellen Vereinigungen zur Kenntnis gebracht. Grashof und der VDI waren überzeugt, daß die Stellung der Polytechnischen Schulen in Staat und Gesellschaft als Hauptfrage des Vereins anzusehen war.

Die „Prinzipien" des VDI hatten nicht unerhebliche Auswirkungen auf die weitere Reorganisation der polytechnischen Schulen. Die Folge war eine allgemeine Neuordnung und Aufwertung. Sie begann im Jahre 1865, als Karlsruhe als erstes deutsches Polytechnikum mit einem neuen Organisationsstatut die volle Hochschulverfassung erhielt. Die amtliche Bezeichnung „Technische Hochschule" bekam sie freilich erst 1885. Dieser Prozeß erfaßte bis zum Ende der 70er Jahre praktisch alle deutschen Polytechnika. Die 1870 neu gegründete Polytechnische Schule Aachen wurde von vorneherein als „Technische Hochschule" eröffnet. Die amtliche Bezeichnung und Umbenennung der Polytechnika erfolgte allerdings mit einiger Verzögerung seit dem Ende der 70er Jahre, und erst 1890 wurden endgültig alle „Technischen Hochschulen" in Deutschland auch so genannt[9].

Die Reichsgründung förderte naturgemäß die Aktivitäten des VDI, erleichterte die Kontakte der einzelnen Anstalten untereinander und die Verständigung über eine zunehmende Angleichung und gemeinsames Handeln. Hinzu kam die schnelle Entwicklung der Industrie nach 1870. Bei dem überragenden Gewicht, das Preußen im Reiche zukam, mußten die dortigen Verhältnisse weitgehend entscheidend sein für die weitere Gesamtentwicklung der Hochschulen. Das ließ jetzt die Trennung der beiden Berliner Institute in Bauakademie und Gewerbeakademie als besonderes Hindernis erscheinen, nachdem Preußen mit Hannover und Aachen einheitliche Anstalten erhalten hatte. Der Unterschied zwischen beiden Berliner Anstalten bestand darin, daß die Bauakademie vor allem Baubeamte für den Staatsdienst ausbildete, die Gewerbeakademie aber Ingenieure für die private Industrie. Bis zum Jahre 1876 gab es nur für Absolventen der Bauakademie Staatsprüfungen und entsprechende Berechtigungen und Anstellungen als Staatsbeamte. Demgemäß entstand eine soziale Kluft zwischen „Staatstechnikern" und „Privattechnikern". Insgesamt galt schon deshalb die ältere Bauakademie als „vornehmer" und bevorrechtigt. Im Hinblick auf den erstrebten allgemeinen Aufstieg der Polytechnischen Schulen mußte daher die Vereinigung der Berliner Akademien zur umfassenden Hochschule für das gesamte Technische Hochschulwesen von größter Bedeutung sein. Dies war der Grund für einen zweiten wichtigen Vorstoß des VDI in der Hochschulfrage im Jahre 1876 mit der Resolution: „Über die wünschenswerte Entwicklung der deutschen technischen Hochschulen und über Staatseinrichtungen zur geeigneten Verwendung akademisch gebildeter Techniker im öffentlichen Dienst". Sie wurde zur entschiedenen Forderung nach einheitlicher Gestaltung der deutschen Anstalten überhaupt und nach einer gebührenden staatsbürgerlichen und gesellschaftlichen Stellung der Ingenieure. Hier wurde zugleich – im Kampf um das Prestige des Abiturs – verbindlich das Zeugnis der Reife eines humanistischen oder Realgymnasiums für den Zugang zur Hochschule gefordert. Mit dem darauf erfolgenden Votum des preußischen Abgeordnetenhauses und der Zustimmung der Regierung war die Gründung der einheitlichen Technischen Hochschule Berlin praktisch entschieden. Sie wurde in der Folgezeit die größte ihrer Art. Für die amtliche Einschätzung und die gesellschaftliche und wissenschaftliche Bewertung der Ingenieurbildung war in Preußen der im gleichen Zusammenhang diskutierte Übergang der Technischen Hochschulen in den Amtsbereich des Kultusministeriums 1879 ein höchst wichtiger Vorgang.

Die Ingenieure empfanden es als diskriminierend, als einen „unbegreiflichen und beschämenden Zustand", wie der VDI schon in den 60er Jahren erklärte und immer erneut vorbrachte, daß in Preußen das technische Hochschulwesen vom Handelsministerium ressortierte und „trotz des hier zugrundeliegenden allgemeinen Kulturinteresses" nicht, wie die Universitäten, vom Kultusministerium. Es ging dabei um die Frage, ob die Technischen Hochschulen als reine Fachausbildungsanstalten oder als allgemein-wissenschaftliche Institute anzusehen waren wie die Universitäten. Nach einem heftigen „Ressortkrieg" und grundsätzlichen Erwägungen wurden sie im gleichen Jahr dem Amtsbereich des Kultusministers zugeordnet. Die organisatorische Entwicklung zu wissenschaftlichen Hochschulen mit akademischen Statuten war bis zum Ende der 70er Jahre zu einem bestimmten Abschluß gekommen. Mit Recht sprach man von dem „Sturmlauf zur Gewinnung einer den Universitäten ebenbürtigen Stellung". Wenn dabei auch von der ersehnten Gleichstellung tatsächlich noch nicht gesprochen werden konnte, die darauf abzielenden Bestrebungen standen im Zusammenhange mit der sich immer vernehmlicher artikulierenden Standesbewegung der Ingenieure jetzt erst recht im Vordergrund. [X]

Die soziale Stellung der Ingenieure

In die sozialen Bereiche der wissenschaftlichen oder akademischen Berufszweige waren die Ingenieure als ein neues Element eingetreten. Sie schoben sich gewissermaßen zwischen die aus den Universitäten hervorgegangenen „Gebildeten Stände" im gelehrt-literarischen oder im mathematisch-naturwissenschaftlichen Sinn. Bis zur Jahrhundertmitte besaßen die Ingenieursberufe kaum Bedeutung. Inzwischen seien sie im Begriff – wie der Chemiker August Wilhelm von Hofmann (1818–1892) im Jahr 1880 feststellte –, zu einer wichtigen und einflußreichen Position aufzusteigen. Und er hob dabei mit Recht hervor: „Sie sind jetzt zum Bewußtsein ihrer Stellung gelangt".

Das wachsende, in beruflicher Qualifikation und Leistung verankerte Selbstbewußtsein der Ingenieure ließ andererseits eine jetzt immer stärker empfundene Diskrepanz deutlicher werden: Der Ingenieur erfuhr keine gesellschaftliche Einschätzung, die mit den alt etablierten akademischen Berufen verglichen werden konnte. Es war jedenfalls noch zu keiner „gesellschaftlichen Integration" gekommen, wie sie in den älteren Industrieländern England und Frankreich so gut wie abgeschlossen schien. Max Maria von Weber, Sohn des Komponisten, einer der führenden Eisenbahningenieure, der sich seit der Jahrhundertmitte mit einer sozialen Standortbestimmung der neu entstehenden Berufsgruppe der Ingenieure befaßte, formulierte Ende der 1870er Jahre: „Es gibt wie in der bürgerlichen Gesellschaft so auch im Völkerleben Emporkömmlinge. Dort sind es Individuen, hier Berufsklassen. Dort wie hier, sind jene wie diese nicht wohl angesehen, oft werden sie gefürchtet, überall erlangen sie schwer und langsam Geltung und Ebenbürtigkeit. Ein solcher Emporkömmling im Völkerleben ist die Berufsklasse der Techniker. Die uralten Stände, der Nähr-, Lehr- und Wehrstand, wissen sie nicht recht in ihre Reihen einzurangieren. Die Fakultätswissenschaften betrachten sie als Ein-dringling, den Regierungen ist sie ein unbequemes Neu-Element im Staatsmechanismus. Alle nennen sie, im Herzen wenigstens, ein notwendiges Übel" [10]. Das war zweifellos eine gültige Diagnose, und treffender konnte die unsichere gesellschaftliche Position der Ingenieure auch kaum umschrieben werden. Als nunmehr konsolidierter Berufsstand kam ihr Geltungsanspruch in der Form von „Standes-", von „Berufsschutz" und „Titelfrage" mit stetig wachsender Entschiedenheit zum Ausdruck. Ihre gesellschaftliche Position und ihr soziales Selbstverständnis mußten mit der gesellschaftlichen und wissenschaftlichen Einschätzung ihrer Bildungsstätte auf das engste verbunden sein. Ihr gesellschaftliches Bild erschien abhängig von Stellung und Anerkennung der Technischen Hochschule. Deren Aufstieg und die weitere Akademisierung von Technik und Ingenieurbildung entfachten in diesen Jahrzehnten vor der Jahrhundertwende auch die nicht mehr abreißenden Diskussionen über die „Kulturbedeutung" der Technik und ihre „geistige Gleichberechtigung" mit anderen „Kulturfaktoren", was für die Ingenieure wiederum untrennbar verbunden war mit den Fragen ihres gesellschaftlichen Standortes. Ihre Forderung nach Verbesserung und Reform der Ingenieurausbildung, Gleichstellung der Technischen Hochschulen mit den Universitäten, die Förderung der technischen Wissenschaften: dies alles sollte für die Ingenieure auch die soziale Ebenbürtigkeit in der traditionellen, die gesellschaftlichen Normen setzenden akademischen Welt mit sich bringen, ihre „vollständige Resorption" in das staatliche Leben und ihre Eingliederung in die „gebildete bürgerliche Gesellschaft" bewirken. Die Ingenieure mußten von einer antitechnischen Kulturkritik genährte Vorurteile und bestehende verfestigte staatliche Verwaltungspraktiken erst überwinden. Die „Technikerbewegung", ihre als „Kampf des Ingenieurs um Anerkennung in Staat und Gesellschaft" bezeichnete Aufstiegsbewegung, artikulierte sich seit den 1880er Jahren immer vernehmlicher. Sie sollte am Ende des Jahrhunderts einen bestimmten Höhepunkt erreichen. [X]

In den beiden Jahrzehnten zwischen 1880 und der Jahrhundertwende vollzog sich im engeren Sinne der Übergang Deutschlands vom Agrar- zum Industriestaat. Diese Jahre zählen wirtschaftsgeschichtlich zur Hochindustrialisierung, in welcher der industrielle Bereich der Wirtschaft endgültig das Übergewicht erlangte und in der auch die deutsche Politik in das Gefüge des europäischen Imperialismus eintrat. Diese Periode war gekennzeichnet durch die Entfaltung der auf naturwissenschaftlich-technischen Erkenntnissen beruhenden Industriezweigen neuen Typs, wie der chemischen, der elektrotechnischen, der Werkzeugmaschinen- und der optischen Industrie. Mit Beginn dieser Epoche geriet die Entwicklung der Technischen Hochschulen erneut in Bewegung. Ihre Forderungen nach voller Gleichstellung mit den Universitäten standen jetzt auf einer festeren Basis, weil Industrieproduktion und Exportfähigkeit, Förderziffern von Kohle und Erz, Gewinnung und Bearbeitung von Stahl, Maschinenbau und Schiffbau zur staatlichen Machtgrundlage wurden. Die Bedeutung der Technischen Hochschulen und das Selbstbewußtsein der Ingenieure mußten entsprechend steigen. Ihre Leistungen wurden stärker politisch bewertet, sie wurden „nationale" Leistungen. Und über allen diesbezüglichen Fragen und Argumentationen lag dabei immer deutlicher auch ein nationalwirtschaftliches und nationalpolitisches Macht- und Wettbewerbsdenken. Auch vor diesem Hintergrund müssen die auf Reform der Ingenieurausbildung und den weiteren Ausbau der Hochschulen gerichteten Entwicklungen insbesondere im letzten Jahrzehnt des Jahrhunderts gesehen werden. [III-3.7]

Auf dem Wege zur Gleichberechtigung mit den Universitäten

Die außerordentlichen Fortschritte und die rasche Expansion der Technik und Industrie hatten seit Beginn der 90er Jahre interne Diskussionen und Auseinandersetzungen im Bereich aller Technischen Hochschulen in Gang gebracht, die durchgreifende Änderungen in ihrem inneren Wissenschafts- und Lehrbetrieb wie in ihrer äußeren Stellung zur Folge hatten. Durch steigende Anforderungen und anwachsende Lehraufgaben erhoben sich vielfältige Probleme. Die Beziehung zur industriellen Praxis, die in ständig neuer Gestalt an Hochschule und Techniker herantrat, das Verhältnis und Ineinandergreifen der mathematisch-naturwissenschaftlichen Disziplinen und der technischen Fächer, ließen Lehrinhalte und Methoden nicht als abgeschlossen erscheinen und erforderten jetzt immer aufs Neue Erweiterung und Differenzierung, um mit dem von der Industrie ausgehenden Tempo der technischen Entwicklung Schritt zu halten. Das gab manchen Ingenieuren das Gefühl, daß die wissenschaftlich begründete Theorie stets hinter dem längst praktisch Ausgeführten hinterherhinkte. Probleme waren: die Stellung und Ausdehnung der Grund- und Hilfswissenschaften, größere Vertiefung der Ingenieurausbildung nach der theoretischen Seite oder mehr praxisnahe Anpassung an die unmittelbaren Bedürfnisse der Industrie, der alte Gegensatz stärkerer und differenzierterer „Nur-Fach-Bildung" zu größerer Hervorhebung allgemeiner theoretischer Grundlagen, Ausbildung eines eigenständigen Bereiches technischer Lehre und Forschung auf der Grundlage spezifisch-experimenteller Methoden.

Das alles waren Fragen, die sich jetzt brennender als je zuvor in ihrer Geschichte stellten. Die steigende Spezialisierung und Auffächerung der technischen Fächer machte sich vor allem bemerkbar. Waren um 1870 durchschnittlich etwa 70 technisch-naturwissenschaftliche Lehrgebiete an den Technischen Hochschulen vertreten, so waren es 1880 mehr als 100, 1890 etwa 200 und 1900 an der Technischen Hochschule Berlin mehr als 350. In solchen Zusammenhängen stellte sich das Wissenschaftsproblem der Technik in besonderer Schärfe. Und die Frage der Ingenieurausbildung in der Spannung zwischen theoretisch-wissenschaftlicher Lehre und ihrer Anwendung und Bewährung in der Praxis wurde zum Gegenstand schwerwiegender Diskussionen und Auseinandersetzungen. Nach dem Urteil vieler Kritiker aus Industrie und Hochschule war den rein theoretischen, abstrakten Fächern dabei ein zu großer und selbständiger Spielraum im Ingenieurstudium eingeräumt, waren Theorien gelehrt worden, die nicht auf Versuchen und Erfahrungen beruhten. Das hatte – wie vor allem Vertreter des Maschinenbaus formulierten – zu „Doktrinarismus" in der Ingenieurausbildung geführt, mit der Gefahr einer Entfremdung der Hochschule von der technischen Praxis und einer schädlichen Entfernung von der industriellen Wirklichkeit. Auf dem zentralen Gebiet des Maschinenbaus

Liebigs Laboratorium 1840.
Zu den ersten Forschungslaboratorien überhaupt gehörten die chemischen Laboratorien. Das berühmteste dieser chemischen Laboratorien war das Justus von Liebig's in Gießen (Ansicht um 1840). Noch vor der Mitte des 19. Jahrhunderts wurden hier bedeutende Erkenntnisse in der organischen und anorganischen Chemie gewonnen, die wesentlich zur Begründung der chemischen Industrie beitrugen.

sah man jetzt in der wissenschaftlichen Entwicklung eine praxisferne abstrakte Maschinentheorie von „Nur-Theoretikern". [III-4.4]

Ausgelöst von den kritischen Forderungen und neuen Bedürfnissen der Industrie, wo man inzwischen begonnen hatte, firmeneigene Versuchslabors einzurichten und eine industrieeigene, unmittelbar praxisorientierte Forschung zu betreiben, ergaben sich wichtige Veränderungen in den technisch-wissenschaftlichen Auffassungen. Die Weltausstellung von Chikago im Jahre 1892 hatte mit einem Schlag die Entwicklung der Technik in den USA in das öffentliche Bewußtsein und vor allem in den Blickpunkt der deutschen Ingenieure gerückt. Mit der Weltausstellung verbunden war zugleich eine internationale Unterrichtsausstellung. Zahlreiche deutsche Ingenieure und Industrielle nahmen nicht nur den mächtigen Aufschwung der amerikanischen Technik zur Kenntnis, sie studierten in diesem Zusammenhang auch zum ersten Mal die Einrichtungen des amerikanischen technischen Schulwesens und die dortige Ingenieurausbildung. Diese waren durch einen ausgedehnten und gründlichen praktischen Laborunterricht gekennzeichnet, durch selbständige Übungen der Studenten in reich ausgestat-

Halle im Forschungslabor der Siemens-Werke in Berlin–Siemensstadt um 1920.
Die Laboratorien der Hochschulen waren fast ausschließlich für Belange der reinen Lehre bestimmt. Für ihre speziellen praktischen Anliegen richtete die Industrie schon frühzeitig – oft sogar noch vor den Hochschulen – eigene Forschungslaboratorien ein.

teten eigenen Ingenieurlaboratorien, denen sich in Deutschland nichts Vergleichbares an die Seite stellen ließ [11]. In unmittelbarer Auswirkung der Weltausstellung kam es zur Forderung nach systematischer Einführung von technischen Laboratorien auch an den deutschen Technischen Hochschulen. Sie sollten für die Ingenieurfächer hier ebenfalls den Vorrang konstruktiver Praxis und experiementeller Lehre bringen. Tatsächlich bedeutete dies den Beginn eines entscheidenden Wandels für die Hochschulen, in denen jetzt klarer und energischer als zuvor die Bestrebungen bewußt auf einen eigenständigen Raum „Technische Wissenschaft" gerichtet waren. Im Rahmen des Lehrbetriebes an den deutschen Technischen Hochschulen hatten bis dahin nur die Studenten der technischen Chemie die Möglichkeit zur selbständigen Arbeit und zu Versuchen im chemischen Labor. Neben den physikalischen Instituten waren noch in sehr geringem Umfange elektrotechnische Labors entstanden. Nur an einigen Hochschulen gab es bescheidene Anfänge anderer technischer Versuchslaboratorien, die in der Regel aber nicht Ausbildungszwecken dienten. So trafen die amerikanischen Anregungen zwar auf einige Ansätze, aber insgesamt war eine eigenständige technisch-experimentelle Forschung außerhalb der Industrie hier noch wenig entwickelt; Experimentalunterricht und selbsttätige, wirklichkeitsnahe Übungen waren noch kaum üblich. In den Ingenieurfächern, insbesondere in den Maschinenbauabteilungen, hatte es bis dahin im

Wesentlichen auf der Grundlage von Mathematik, theoretischer Mechanik und „Kreidephysik" nur theoretische Vorlesungen, Konstruktionsübungen am Reißbrett und Demonstrationsvorträge mit Modellen gegeben. Jetzt erst setzten sich allgemeiner die Folgerungen aus der Erkenntnis durch, daß in den technischen Fächern experimentelle Lehre und Forschung nötig waren. Daß diese Forderungen auf breiter Front und konsequent zum Durchbruch kamen, war das Verdienst des VDI und der dort aktiven Professoren der Ingenieurfächer. Die allen deutschen Regierungen vorgetragenen „Aachener Beschlüsse" des VDI aus dem Jahre 1895 über „Die Ingenieurlaboratorien und die Gestaltung des Unterrichts an den Technischen Hochschulen" müssen zu den wichtigsten und folgenreichsten Forderungen des Vereins gerechnet werden.

Weniger der technisch-wissenschaftlichen Begründung, als vielmehr den sehr massiven wirtschafts- und machtpolitischen Argumentationen konnten sich die Regierungen nicht verschließen. In den folgenden Jahren ist es dann auf Grund wirtschaftspolitisch motivierter, wissenschaftspolitischer Entscheidungen mit verhältnismäßig großen Mitteln zur Errichtung und zum Ausbau technischer Laboratorien und zur Umgestaltung des technischen Studiums an den Hochschulen gekommen. Dadurch erst erhielt die Technische Hochschule in der Folgezeit ihr modernes Gepräge als eine Institution, die eine Vielzahl von Instituten, Laboratorien, Prüfungs- und Versuchseinrichtungen der technischen Fächer umfaßt. In diesem Zusammenhang ist es besonders wichtig geworden, daß an den Hochschulen das Bewußtsein der für sie spezifischen Forschungsaufgaben endgültig zum Durchbruch gekommen ist. Die „Aachener Beschlüsse" des VDI forderten, daß eine Technische Hochschule nicht nur die volle wissenschaftliche Ausbildung zu gewähren habe, „deren der tüchtige Ingenieur im Durchschnitt bedarf", sondern daß sie „entsprechend ihrer Aufgabe als Hochschule" zur höchsten Qualifizierung führen und auch Gelegenheit zur Forschung geben müsse: „zur Ermittlung fehlender und zur Aufklärung zweifelhafter Grundlagen auf den Lehrgebieten des Ingenieurwesens"[12].

Jetzt wurde an den Technischen Hochschulen von der „Doppelaufgabe" gesprochen: zu forschen und zu lehren. Von amtlicher Seite war bis dahin nur vom Ausbildungs- und Unterrichtszweck der Hochschulen die Rede gewesen, vor allem im Hinblick auf ihre Vorstöße nach voller Gleichstellung mit den Universitäten. Zwar waren längst wichtige Forschungsergebnisse aus ihnen hervorgegangen, aber die Verbindung von Forschung *und* Lehre, grundlegend für das Selbstverständnis der Universitäten, war an den Technischen Hochschulen bis dahin nicht in gleicher Weise als konstitutiv formuliert worden. Mit der klaren Erfassung ihrer eigenständigen und kontinuierlichen Forschungsaufgaben war jetzt die wesentliche Voraussetzung für die immer nachdrücklicher geforderte Gleichstellung mit den Universitäten gegeben und, wie sich bald erweisen sollte, zugleich die innere, wissenschaftliche Bedingung für das mit Macht erstrebte Promotionsrecht erfüllt. Tatsächlich bedeutete dies einen wichtigen Einschnitt in der Hochschulgeschichte und in der Wissenschaftsgeschichte der Technik. Hier rundete sich eine Fülle von Entwicklungen seit Prechtl, Redtenbacher und Karmarsch. Erst in diesem Zusammenhang wurde nun auf neuen Grundlagen Systematik und Methode der technischen Fächer immer weiter durchdacht und in orientierender Forschung entwickelt. Das Ergebnis war, daß die rationale, die wissenschaftliche Struktur eines immer größeren Teils des technisch-konstruktiven Denkens klarer zutage trat. Dem Mathematiker und Philosophen Alfred North Whitehead (1861–1947) wird das geflügelte Wort zugeschrieben, die größte Erfindung des 19. Jahrhunderts sei die Erfindung der Methode des Erfindens gewesen. Der Weg der technischen Wissenschaften im Raum der Hochschule des 19. Jahrhunderts stellt sich indessen weniger als „Erfindung", vielmehr als ein langer wechselvoller Prozeß dar. In ihm sind keineswegs allein eine von der Wissenschaftsgeschichte stets bemühte Eigendynamik und technisch- oder wissenschaftsimmanente Gesichtspunkte wirksam gewesen. Das Promotionsrecht erwies sich jetzt als wichtigstes und zentrales Problem, zugleich als Höhepunkt der „Technikerbewegung" [13]. Es muß aber deutlich betont werden, daß hierin die vielfältigen Probleme der Ingenieure und der Hochschulen in den Zusammenhängen von Wissenschaft, Beruf und Gesellschaft kulminierten. Untrennbar miteinander verwoben waren dabei die Fragen des Titel- und Berufsschutzes der Ingenieure, ihrer sozialen Standortbestimmung und Selbstwertproblematik, ebenso wie die der wissenschaftlichen Ebenbürtigkeit und Eigenständigkeit der Hochschulen, ihrer Stellung zur Forschungsaufgabe und ihres Verhältnisses zu den Universitäten. Bereits im Jahre 1880 war auf der ersten gemeinsamen Versammlung von Vertretern aller deutschsprachigen Technischen Hochschulen der Beschluß gefaßt worden, daraufhin zu wirken, daß „Recht auf Verleihung des Doktorgrades" zu erhalten, da nur der allgemein anerkannte Titel „Doktor" den Ingenieuren jene „exceptionelle gesellschaftliche Stellung" einräume, die ihrer Bedeutung gebühre und angesichts der vogelfreien Bezeichnung „Ingenieur" staatlichen Schutz gegen unberufene Elemente gewähre. Diesem Vorstoß konnte zu jener Zeit nur eine mehr programmatische Bedeutung zukommen. Die zuständigen Staatsbehörden hatten keinen Anlaß gesehen, dieser Frage ernsthaft näher zu treten, auch wenn die „Titelfrage" in der Folgezeit immer wieder aufgeworfen wurde.

Bis Mitte der 90er Jahre hatte sich einiges geändert. Nach Auffassung der Technischen Hochschulen war die Erlangung des Promotionsrechtes jetzt für sie und „für die gesamte deutsche Technik" zu einer „Lebensfrage" geworden. Tatsächlich konnte es nach den geltenden wissenschaftlichen und gesellschaftlichen Normen im Hinblick auf ihre gesellschaftliche und akademische Gleichstellung kein Äquivalent zum Promotionsrecht und Doktortitel geben. Bei der Durchsetzung des Promotionsrechts spielte die Technische Hochschule Berlin jetzt die führende Rolle. Die harten Auseinandersetzungen mit den Universitäten, in ihrer beiderseitigen polemischen Schärfe zweifellos eine deutsche Besonderheit, hatten die Fronten verhärtet. Während es auf der einen Seite um die unabdingbare Anerkennung der „Vollwertigkeit unserer Studien und wissenschaftlichen Arbeiten auch mit dem Maßstabe der überlieferten gelehrten Studien" ging, wie der damalige Berliner Rektor Alois Riedler erneut formuliert hatte, sah man an den Universitäten in dem Begehren der Technischen Hochschulen einen gefährlichen und folgenreichen Anschlag auf ihre bis dahin unangefochtene wissenschaftliche Stellung. Angesichts des erbitterten Widerstandes aller deutschen Universitäten und einem deswegen sehr zögernden Ministerium fiel die Entscheidung, wiederum nicht ohne massive wirtschaftspolitische Argumentation, durch die persönliche Intervention des Kaisers. Auf der glanzvollen 100-Jahr-Feier der Berliner Hochschule verlieh Wilhelm II. als König von Preußen im Oktober 1899 den preußischen Technischen Hochschulen und damit letztlich allen deutschen Anstalten das Promotionsrecht und verkündete ihre Gleichstellung und Gleichberechtigung mit den Universitäten [14]. Zugleich wurde ihnen das Recht eingeräumt, auf Grund der Diplomprüfung den Grad eines Diplomingenieurs zu verleihen. Von den Hochschulen wurde das zu Recht als wissenschaftlicher und gesellschaftlicher Ritterschlag bewertet. Die Bestimmung, daß die Titel in deutscher statt in lateinischer Sprache geschrieben werden sollten, war als Konzession an die Universitäten gedacht, um den Unterschied zum „klassischen" Doktor herauszustellen. In jedem Falle wurde der Erlaß gleichsam als Ratifizierungsurkunde der endlich errungenen Ebenbürtigkeit enthusiastisch begrüßt. Ohne Zweifel war die Erlangung des Promotionsrechtes unter wissenschafts- und technikgeschichtlichen wie unter hochschul- und sozialgeschichtlichen Gesichtspunkten für das deutsche

Auf den Bericht vom 6. d. Mts. will Ich den Technischen Hochschulen in Anerkennung der wissenschaftlichen Bedeutung, welche sie in den letzten Jahrzehnten neben der Erfüllung ihrer praktischen Aufgaben erlangt haben, das Recht einräumen:

1. auf Grund der Diplom-Prüfung den Grad eines Diplom-Ingenieurs (abgekürzte Schreibweise, und zwar in deutscher Schrift: Dipl.-Ing.) zu erteilen.
2. Diplom-Ingenieure auf Grund einer weiteren Prüfung zu Doktor-Ingenieuren (abgekürzte Schreibweise, und zwar in deutscher Schrift: Dr.-Ing.) zu promovieren und
3. die Würde eines Doktor-Ingenieurs auch ehrenhalber als seltene Auszeichnung an Männer, die sich um die Förderung der technischen Wissenschaften hervorragende Verdienste erworben haben, nach Maßgabe der in der Promotionsordnung festzusetzenden Bedingungen zu verleihen.

Wilhelm R.
Neues Palais, den 11. Oktober 1899. Studt.

Auf den Bericht vom 24. August d.J. will Ich dem Rektor der Technischen Hochschule zu Berlin für seine amtlichen Beziehungen den Titel „Magnifizenz" beilegen.

Wilhelm R.
Neues Palais, den 11. Oktober 1899. Studt.

Im Jahre 1899 wurde der Technischen Hochschule Berlin von Kaiser Wilhelm II. das Recht zur Verleihung des Titels des Diplom-Ingenieurs und des Doktor-Ingenieurs übertragen. Diesem Beispiel folgend, erhielten kurz darauf alle deutschen Technischen Hochschulen das Recht zur Verleihung des Dipl.-Ing. und Dr.-Ing. Nach erheblichen Auseinandersetzungen mit den traditionellen Universitäten erlangten damit die Technischen Hochschulen nach innen wie nach außen eine gleichberechtigte Stellung mit den Universitäten.

und europäische Hochschulwesen ein herausragendes historisches Datum. Um dem Vorwurf einer minderrangigen Promotion zu entgehen, wurden an die Promovenden zum Dr.-Ing., im Vergleich zu den damaligen Regelbedingungen an den Universitäten, sehr viel schärfere Anforderungen gestellt. Promotionsbedingungen waren: Nachweis des Reifezeugnisses und des Grades eines Diplomingenieurs; Zutritt für jeden Hochschullehrer einer deutschen Universität oder Technischen Hochschule beim Rigorosum sowie die Veröffentlichungspflicht der Prüfungsergebnisse, einschließlich persönlicher Angaben, im Reichsanzeiger. Die Geschichte der Angleichung an die Universitäten war damit indessen noch nicht abgeschlossen. Noch blieben eine Reihe von

Ungleichheiten, die erst in der Zeit der Weimarer Republik beseitigt werden sollten.

Die Studentenzahlen der deutschen Technischen Hochschulen waren seit der Reichsgründung und mit der Eröffnung der Aachener Anstalt – mit Unterbrechungen – steil angestiegen. Im Jahre 1901 gab es an den neun Technischen Hochschulen mit 16 600 bereits etwa halb so viele Studenten wie an allen deutschen Universitäten insgesamt. Als Ende 1897 der VDI die Überfüllung der Hochschulen zum Gegenstand einer Denkschrift machte, war das Ergebnis der breiten Erörterungen klar: Über die Notwendigkeit weiterer Technischen Hochschulen gab es keinen Zweifel mehr. Wenn jetzt dafür der Osten Deutschlands in Betracht gezogen wurde, so war dies nicht zuletzt die Folge einer kulturpolitischen und nationalpolitischen Argumentation. Der Kaiser selbst bestimmte, im Hinblick auf die Bedürfnisse im Bereich von Wasserbau, Schiffbau und Marine, Danzig als Standort; 1904 wurde dort die Technische Hochschule als vollausgebaute Hochschule eröffnet [15]. Im Jahre 1910 folgte die Neugründung der Technischen Hochschule in Breslau [16]. Hier hatten insbesondere die Bedürfnisse des oberschlesischen Industriegebietes für den Standort gesprochen. Deutschland besaß nunmehr 11 Technische Hochschulen, daneben die Bergakademien Freiberg und Clausthal. Dies umfassende Technische Hochschulsystem wurde in allen Industriestaaten weitbeachtet und gewann auch im Ausland eine beträchtliche wissenschaftspolitische und organisatorische Ausstrahlung. Nichtzuletzt in den USA und in England war man überzeugt, daß der bedeutende Aufschwung der deutschen Industrie bis zum Ersten Weltkrieg nur in engem Zusammenhange mit dieser Form der Wissenschaftsorganisation beurteilt werden konnte. Dies kam auch dadurch zum Ausdruck, daß man das deutsche System studierte, um die eigenen Anstalten zu fördern und ähnliche Einrichtungen zu schaffen. In der preußischen Staatsregierung hatte man dies auf die knappe Formel gebracht: „Die wirtschaftliche Macht bildet die Grundlage der politischen Macht und kein wirtschaftlicher Aufschwung ist möglich ohne technisches Wissen“ [17].

Entwicklung nach dem ersten Weltkrieg

Die politischen, wirtschaftlichen und sozialen Veränderungen nach dem Ersten Weltkrieg warfen die Frage nach der inhaltlichen und organisatorischen Entwicklung der Technischen Hochschulen wieder auf. Zumal die Anfangsphase der Weimarer Republik war von den

Hochschulreformbestrebungen geprägt, die von dem Staatssekretär und preußischen Kultusminister Carl Heinrich Becker und vom Danziger TH-Professor Heinrich Aumund vertreten wurden. Man ging dabei von den älteren Reformdiskussionen aus und griff auf „Leitsätze" zurück, die der „Deutsche Ausschuß für technisches Schulwesen" (DATSCH) 1913 aufgestellt hatte. Die konkreten Ergebnisse der zum Teil umfassend gedachten Reformbestrebungen waren insgesamt eher bescheiden, brachten aber doch den Prozeß der Angleichung an die Universitäten zum bestimmten Abschluß. Dazu gehörte die Umwandlung der bisherigen „etatsmäßigen" in die „ordentliche" Professur: die TH-Professoren erhielten danach die gleichen Vorrechte und die gleiche Besoldung wie Universitätsordinarien. Zu den wichtigsten Ergebnissen gehörte 1922 die Einführung der Fakultätsverfassung. Damit wurde die bisherige Gliederung in Fachabteilungen durch Fakultäten zusammengefaßt, denen das jetzt auch auf die Naturwissenschaften erweiterte Promotionsrecht übertragen wurde. Die Berechtigung zu mathematisch-naturwissenschaftlichen Studiengängen für die Gymnasiallehrerausbildung – einige süddeutsche Hochschulen hatten sie bereits vor dem Ersten Weltkrieg erlangt – wurde jetzt allgemein eingeführt. Ein zentraler Punkt der Studienreformbemühungen war die stärkere Einführung und Berücksichtigung der Wirtschaftswissenschaften und der Ausbau der Technischen Hochschulen in den geisteswissenschaftlichen Fächern. Vor allem das Letztere scheiterte nicht zuletzt an der schlechten Finanzlage des Staates. Weltwirtschaftskrise und zunehmende politische Radikalisierung verhinderten Ansätze einer weiteren Neu- und Ausgestaltung der Technischen Hochschulen. Die Zeit des Nationalsozialismus sollte schließlich jede Reform beenden. [V-3.4; V-3.6.2]

Nach dem Ende des Zweiten Weltkrieges standen die Technischen Hochschulen vor den Aufgaben des materiellen und institutionellen Wiederaufbaus, der politischen Überprüfung des Lehrkörpers und der inhaltlichen Probleme von Forschung und Ausbildung. Die Absicht der Siegermächte, das Industriepotential Deutschlands drastisch einzuschränken, schien die Fortexistenz der Technischen Hochschulen unmittelbar nach dem Krieg zunächst generell in Frage zu stellen. Wenn die Berliner Technische Hochschule 1946 als erste unter dem Namen „Technische Universität" wiedereröffnet wurde, so zeigte dies, daß hier eine inhaltliche Erweiterung und Neubestimmung des Bildungsauftrags über die fachtechnische Spezialausbildung hinaus auf eine „universitas humanitas" gerichtet war. Das angestrebte, für die Studenten der Ingenieurfächer verpflichtende „Studium Generale" führte

1950 zum Ausbau einer neuen „Humanistischen Fakultät", brachte damit bereits ältere Zielsetzungen der Reform des Technischen Hochschulwesens zum Abschluß und konnte zugleich als Konsequenz des Anspruchs betrachtet werden, der mit der neuen Bezeichnung verbunden war. Das alte Konzept im Sinne „humanistischer Bildung", geisteswissenschaftliche Fächer als Ergänzungsfächer für die Ingenieurausbildung einzurichten, scheiterte. Wenn es seit den 60er Jahren dann an allen Hochschulen zur Angliederung von philosophischen beziehungsweise geisteswissenschaftlichen Fakultäten kommen sollte, so lag dabei stets die Einrichtung von entsprechenden Hauptfachstudiengängen zugrunde. Weniger reformerische, wissenschaftssystematische oder allgemeine Bildungsaspekte regelten in der Folge die Angliederung weiterer Fächer, sondern die steigenden Anforderungen vor allem der Lehramtsstudiengänge. Seit Mitte der 60er Jahre entwickelten sich die Probleme der Lehrerausbildung und die unter der Parole „Öffnung der Hochschulen" außerordentlich ansteigenden Studentenzahlen zum Schlüsselproblem aller weiteren hochschulpolitischen Ausbaupläne. Demgemäß kam es einerseits zur Hereinnahme von immer mehr nichttechnischen Fächern und zur Einrichtung entsprechender Fakultäten, andererseits wurden technische Studiengänge und technische Fakultäten auch an bestehenden oder neugegründeten Universitäten angesiedelt. Die alten Grenzen zwischen Universität und Technischer Hochschule begannen sich aufzulösen.

Im Jahre 1965 kam es zur Empfehlung der Rektoren, die Technischen Hochschulen generell in „Technische Universitäten" beziehungsweise „Universitäten" umzubenennen, da inzwischen an keiner Technischen Hochschule Forschung und Lehre mehr auf die technischen Fächer beschränkt war. Durch die in den folgenden Jahren gesetzlich geregelten Umbenennungen – nur Darmstadt und Aachen blieben „Technische Hochschulen" – wurde die mehr als 100 Jahre andauernde Diskussion über das lange spannungsvolle Verhältnis von Universität und Technischer Hochschule eindeutig abgeschlossen.

Betrachtet man noch einmal rückblickend diese Epoche, dann wird deutlich, daß die explosive Entwicklung der Technik in der Industrialisierung neue Ausbildungsformen fordert und den Weg zur Gründung der Technischen Hochschulen vorzeichnet. Die Auseinandersetzungen mit den Universitäten bis zur Anerkennung der Technischen Hochschulen zeigt das Ringen technischer Berufe um soziales Ansehen und das Erkennen der Bildungswerte und Kulturwerte der Technik.

Literaturnachweise

1 Bericht Kunths vom 8.11.1818. In: *Goldschmidt*, F. und P.: Das Leben des Staatsrats Kunth. Berlin 1881, S. 269

2 *Beuth*, Peter Christian Wilhelm. In: Verhandlungen des Vereins zur Beförderung des Gewerbfleißes in Preußen. Bd. 3. 1824, S. 169

3 *Nebenius*, Carl Friedrich: Über technische Lehranstalten in ihrem Zusammenhange mit dem gesamten Unterrichtswesen. Karlsruhe 1833, S. 31

4 École Polytechnique. Livre du Centenaire. Tome II. S. 2

5 *Anrich*, Ernst (Hrsg.): Die Idee der deutschen Universität. Darmstadt 1964, S. 3ff.

6 *Neuwirth*, J. (Hrsg.): Die K. K. Technische Hochschule in Wien 1815–1915, Gedenkschrift zum 100-jährigen Bestehen. Wien 1915, S. 20ff.

7 Deutsche Universitätszeitung (1849) Nr. 30, S. 145ff.

8 *Öchsli*, W.: Geschichte der Gründung des eidgenössischen Polytechnikums. Zürich 1905

9 *Manegold*, Karl-Heinz: Universität, Hochschule und Industrie. Berlin 1970

10 *Weber*, Max Maria *von*: Die Stellung der deutschen Techniker im staatlichen und sozialen Leben. Wien 1877

11 *Riedler*, Alois: Amerikanische technische Lehranstalten. Ein Bericht an den Herrn Kultusminister. In: Verhandlungen des Vereins zur Beförderung des Gewerbfleißes in Preußen. 1893

12 *Mauel*, Kurt: Der Verein Deutscher Ingenieure und seine Einflußnahme auf die Entwicklung der Ingenieursausbildung an Technischen Hochschulen. In: Humanismus und Technik 18, 1974, S. 91ff.

13 *Manegold*, Karl-Heinz: Technische Forschung und Promotionsrecht. In: Technikgeschichte 36, 1969, S. 291ff.

14 Die Hundertjahrfeier der königlichen Technischen Hochschule zu Berlin 1899. Berlin 1900

15 Beiträge und Dokumente zur Geschichte der Technischen Hochschule Danzig 1904–1945. Hannover 1979

16 Festschrift zur Eröffnung der königlichen Technischen Hochschule Breslau. Breslau 1910

17 *Rürup*, Reinhard: Die Technische Universität Berlin 1879–1979. Grundzüge und Probleme ihrer Geschichte. In: Rürup, Reinhard: Wissenschaft und Gesellschaft. Beiträge zur Geschichte der Technischen Universität Berlin. Bd. 1. Berlin 1979, S. 20

Förderung technischer Bildung außerhalb der Schulen

Polytechnische Vereine und technische Bildung

Claus Priesner

Die Entstehung „polytechnischer" Vereine

Unter dem Einfluß der ökonomie- und industriefreundlichen Tendenzen der Aufklärung entstanden um die Mitte des 18. Jahrhunderts in Deutschland, wie in anderen Teilen Europas, Zusammenschlüsse von Bürgern, die sich dem „Gemeinwohl" verpflichtet fühlten. Dieser Begriff oder Ausdrücke wie „das gemeine Beste" tauchen im Zusammenhang mit diesen Bürgervereinigungen regelmäßig auf. Die etwas wolkigen Formulierungen sollten die Tatsache betonen, daß man sich nicht aus Eigennutz zusammenschloß, sondern vom Gedanken an das Gedeihen der ganzen Gesellschaft motiviert war.

Gegen Ende des Jahrhunderts sowie in den ersten Dezennien des folgenden erlebten diese Vereinsgründungen einen beachtlichen Höhepunkt, ehe sie zur Jahrhundertmitte hin seltener wurden und schließlich ganz aufhörten. Die Namen, die sich diese Gesellschaften gaben, zeigen deutliche Übereinstimmungen: „Society for the encouragement of arts, manufactures and commerce" (London 1754); „Société d'encouragement de l'industrie nationale (Société patriotique)" (Paris 1764); „Hamburgische Gesellschaft zur Beförderung der Künste und nützlichen Gewerbe" (Hamburg 1765); „Warschauer Gesellschaft zur Förderung der praktischen Kenntnisse in der Naturkunde, Ökonomie, Manufakturen und Fabriken" (Warschau 1767)[1]. Die Bestrebungen all dieser „Bürgerinitiativen" waren auf die Verbesserung der wirtschaftlichen Lage in ihrem jeweiligen Wirkungsbereich gerichtet, wobei frühzeitig eine Trennung in Vereine zur Förderung der Landwirtschaft und der „Künste und Gewerbe" erfolgte. Hier soll das Augenmerk den letzteren gelten, die mit dem Sammelbegriff „polytechnische" Vereine bezeichnet werden. Dieser Terminus kam um 1800 auf und steht für die Einbeziehung aller Handwerke und Gewerbe in die Vereinstätigkeit.

Einleitend werden Gründungsmotive, Zielsetzungen und Mitgliederstrukturen skizziert, ehe die beträchtliche Bedeutung dieser Institutionen für das technische Bildungswesen insbesondere des späten 18. und frühen 19. Jahrhunderts erläutert wird. Dabei ist eine erschöpfende Darstellung weder möglich noch beabsichtigt. Vielmehr sollen charakteristische Bildungsfunktionen deutscher polytechnischer Vereine an gut dokumentierten Beispielen behandelt werden. [V-1; V-3.2]

Die Vereinsgründungen waren eine typische Erscheinung der Aufklärung: Die in dieser Epoche formulierten Denkweisen – Rationalismus, Betonung des Nützlichkeitsdenkens – sowie das sich wandelnde Selbstverständnis des Bürgers gegenüber dem Staat schufen die Rahmenbedingungen, wirtschaftlichen und technologischen Herausforderungen in spezifischer Weise, eben durch die polytechnischen Vereine, zu begegnen. Der einzelne Bürger begann, seinem Staat nicht mehr allein als Handlungsobjekt, sondern als handelndes Subjekt gegenüberzutreten. Dieses neue Selbstbewußtsein manifestierte sich naturgemäß zunächst in der intellektuellen Elite, die teilweise mit der administrativen Elite personell identisch war. Es bildeten sich Verhaltensweisen heraus, die als „patriotisch" verstanden wurden – jedoch in Form eines Patriotismus „nach innen", der die persönliche Verantwortung des aufgeklärten Bürgers für das Wohlergehen des Gemeinwesens hervorhob[2].

Dieser Patriotismus war das Motiv für die Vereinsgründungen; veranlaßt wurden sie durch den wachsenden Technologievorsprung Englands aber auch Frankreichs gegenüber den deutschen Staaten sowie aus der dadurch bewirkten Absatzkrise. Einheimische Erzeugnisse konnten sowohl qualitativ als auch preislich mit ausländischen Produkten immer weniger konkurrieren. Diese schon im ausgehenden 18. Jahrhundert erkennbare Entwicklung verschärfte sich durch die Napoleonischen Kriege – insbesondere durch die „Kontinentalsperre" – noch weiter. Nach deren Aufhebung wurde der Kontinent mit industriell gefertigten britischen Waren überschwemmt. Das einheimische Gewerbe war dieser Herausforderung weder strukturell – es bestand immer noch das alte Zunftsystem, auch wenn es nicht mehr strikt beachtet wurde – noch technologisch gewachsen. In dieser Situation galt es zu handeln: als Bürger und als Patriot. 1792 bemerkte der Vorsitzende der „Hamburgischen Gesellschaft zur Beförderung der Künste und nützlichen Gewerbe", die sich auch als „Patriotische Gesellschaft" bezeichnete, in einem Anhang zu den Vereinsstatuten: „Eine freie Bürgervereinigung aufgeklärter, zum Theil selbst mit an der Staatsverwaltung theilnehmender Bürger, die aber hier bloß als Privatmänner erscheinen und ihre mannigfaltig verschiedenen Kenntnisse und Erfahrungen hier mitbürgerlich zusammenbringen (...), ist dem Staat unendlich viel wichtiger und nutzbarer, als man gewöhnlich zu glauben geneigt ist" [3]. Diese Sätze sind nicht allein Ausdruck eines gestiegenen Selbstbewußtseins, sondern auch Anerkennung einer Verpflichtung des Einzelnen dem Ganzen gegenüber. Dieser Patriotismusbegriff bewirkte eine Verbindung von „Staat" und „Vaterland"[4] und leitet hin zur Definition J. M. H. Gerickes aus dem Jahr 1782: „Patriotismus (ist) derjenige starke innere Trieb, der das Beste des Staates zum Augenmerk hat und seine Wohlfahrt auf alle mögliche Art zu befördern sucht" [5]. Dies war der geistige Nährboden für die Gründung sowohl polytechnischer wie landwirtschaftlicher Vereine. Sie unterschieden sich dadurch sehr deutlich von älteren Zusammenschlüssen wie den Zünften, aber auch von den auf gemeinsame Pflege eines persönlichen Interessengebietes hin orientierten Gesellschaften, zum Beispiel der Mathematischen Gesellschaft zu Hamburg von 1690 [6]. Ebenso heben sich die polytechnischen Vereine intentional von den später entstehenden Gewerbevereinen und den Architekten- und Ingenieurvereinen ab, die eine berufsständische Interessenvertretung bezweckten. [V-3.6.2]

Gerickes Patriotismusdefinition enthält zugleich auch eine Zielvorgabe, nämlich das „Beste des Staates". Man fühlte sich dem Allgemeinwohl verpflichtet, wollte mit Hilfe der Vereine öffentliche Interessen fördern, die vom Staat nicht – oder nicht ausreichend – wahrgenommen werden konnten.

Dem Staatswesen lag ein von unseren heutigen Anschauungen sehr verschiedenes Verständnis der Regierungsfunktion zugrunde. Auf die gezielte Förderung der Gewerbe war man weder vorbereitet noch wurde diese, zumindest zu Beginn des letzten Jahrhunderts, überhaupt angestrebt. Es gab keine „Strukturpolitik" und keine Subventionen. Ebensowenig bestand eine dafür geeignete Verwaltung. Deshalb war es den polytechnischen Vereinen teilweise möglich, faktisch zu Trägern amtlicher Funktionen zu werden. Das Patentwesen wurde ebenso wie die Genehmigung von Fabrikansiedlungen und die Zulassung und Überwachung von Produktionsanlagen, zum Beispiel die Dampfkesselüberwachung, von den polytechnischen Vereinen maßgeblich bestimmt.

Hier greifen wir aber der Entwicklung vor; zunächst ging es den Vereinen um „Gewerbförderung". Darunter ist die infrastrukturelle, finanzielle und technische, wie auch die ideelle Unterstützung der

Handwerker und Fabrikanten zu verstehen. Die polytechnischen Vereine nahmen sich insbesondere der ideellen Förderung des Gewerbewesens an. Vereinzelt wurden auch Versuche zur finanziellen Unterstützung unternommen, die aber meist nicht zum Tragen kamen und erst von den Gewerbevereinen zum Erfolg geführt wurden. Die Zielsetzung war deshalb auf die Verbreitung von Kenntnissen ausgerichtet, die die Gewerbetreibenden nicht allein in die Lage versetzen sollten, qualitativ hochstehende Produkte zu verfertigen, welche die ausländische Konkurrenz nicht zu scheuen brauchten. Man wollte auch das Selbstbewußtsein der Hersteller festigen und auf diese Weise zur Erprobung neuer Verfahren und zur Entwicklung eigener Ideen anspornen. Dieses Bildungsziel wurde mit unterschiedlichen Mitteln verfolgt, die im nächsten Abschnitt ausführlicher erläutert werden. Hier sei nur festgehalten, daß man anfänglich die Vermittlung von Wissen mit einer Persönlichkeitsbildung verbinden, d. h. nicht nur Kenntnisse sondern auch Denkmuster weitergeben wollte. Das Volk mußte nicht allein informiert und ausgebildet, es mußte erzogen werden. Die Vereinsmitglieder wollten sich selbst über neue Entwicklungen auf dem Laufenden halten und diese Kenntnisse weitergeben; man wollte die überlegene Position, die gesellschaftlicher Stand und persönliche Bildung den Mitgliedern verschafften, benützen, um die Gewerbetreibenden dazu zu bringen, besser, preiswerter und rascher zu produzieren. Die Ziele der Vereine werden – pars pro toto – sehr anschaulich im Entwurf einer Satzung für den „Polytechnischen Verein in Baiern" von 1815: „Der Zweck des polytechnischen Vereins in München ist Belebung des Kunst- und Gewerbfleißes in Baiern; Bekanntmachung der inländischen Erzeugnisse; Erleichterung des Absatzes; Benutzung auswärtiger Erfindungen und Verpflanzung derselben nach Baiern; endlich Berathung derjenigen inländischen Künstler und Producenten die sich mit Anfragen an den polytechnischen Verein wenden wollen; – alles dieses soweit es bei den uns zu Gebot stehenden Privatmitteln möglich ist.

Der oben angegebene Zweck der Gesellschaft, Belebung des Vaterländischen Gewerbfleißes, schließt in sich, daß jede Art der inländischen Kunst und Industrie, jede in Baiern gemachte Erfindung oder Verbesserung (...) von derselben als zum Kreis ihrer Aufmerksamkeit gehörig beachtet werden soll. (...) Aber auch keine im Ausland gemachte Erfindung, die für Baiern Interesse hat, und hierher verpflanzt werden könnte ist ihr gleichgültig und soll ihr entgehen. Sie sucht Nachrichten, Zeitungen und Modelle davon zu bekommen und stellt sie der öffentlichen Anschauung und Benutzung aus" [7].

Die Abbildung zeigt die berühmte Bleistiftfabrik Staedtler in den Jahren 1866/67. Zusammen mit vielen anderen Darstellungen von Fabrikanlagen findet man sie im Ausstellungskatalog für die Pariser Weltausstellung 1867.

Später trat der erzieherische Anspruch mehr und mehr hinter den Aspekt der beruflich-gewerblichen Qualifikationen zurück [8].

Entsprechend ihrem Ziel, Hilfe zur Selbsthilfe zu geben, bestanden die polytechnischen Vereine durchweg aus Intellektuellen, die die Probleme der Gewerbeförderung in der Regel nicht als selbst Betroffene behandelten. Neben Vertretern der Administration zählten Hochschulangehörige zu den Gründungsmitgliedern der einzelnen Gesellschaften. Der Adel war, mit Ausnahme des Verdienstadels, nicht vertreten. Als direkt Betroffene schlossen sich lediglich Fabrikanten an. Die Mitwirkung von Handwerkern und dem Kleinhandel – also der breiten Masse der Zielgruppe der Vereinsbemühungen – war sowohl durch die Zugehörigkeit zu einer anderen Schicht wie auch durch die hohen Mitgliedsbeiträge praktisch ausgeschlossen. Dieser Mitgliederstruktur entspricht das paternalistische Selbstverständnis der Vereine, die – ganz im Sinne der Aufklärung – als „Gebildete" das „Volk" belehren und erziehen wollten, zur Förderung des „Gemeinwohls".

Polytechnische Vereine und technische Bildung

Das Bildungsideal der Aufklärung war auf erzielbaren Nutzen durch sachgerechte Verwendung erworbener Erkenntnisse ausgerichtet. Lernen erfolgte nicht um der Erkenntnisse als solcher willen, sondern im Hinblick auf die möglichst effektive Anwendung des Gelernten. Ebenso wie in protestantischen Staaten Deutschlands der Rationalismus den Pietismus ablöste, erfolgte an der Wende des 18. zum 19. Jahrhundert der Umschwung von der Aufklärung zum Neuhumanismus. Nunmehr galt es als verfehlt und dem wahren Sinn des Lebens nicht entsprechend, sich Faktenwissen ohne „höhere" Zwecksetzung anzueignen. Das „Wahre, Gute, Schöne" wurde entdeckt und der griechischen Antike eine Schlüsselfunktion für das eigene kulturelle Leben zugewiesen. Das Schulkonzept wandelte sich. Der Unterricht sollte zwar nicht mehr dem stupiden Drill der alten Lateinschule entsprechen, aber die Konzentration auf die Altphilologie sollte erhalten bleiben. Dieses Konzept setzte sich durch und war von tiefgreifender Wirkung. Joseph von Wismayrs bayerischer Schulplan von 1804 hob die technisch naturwissenschaftlichen Fächer hervor und strebte nach der Einheitsschule. Bezeichnenderweise war Wismayr – obwohl selbst Altphilologe – auch Gründungsmitglied des „Polytechnischen Vereins in Baiern". In Wismayrs Planung kamen die Bildungs- und Erziehungsvorstellungen der polytechnischen Vereine zum Tragen. Bereits vier Jahre später wurde dieses zukunftweisende Modell durch den Plan des Schulreformers Friedrich Immanuel Niethammer (1766–1848) abgelöst. Gleichzeitig wurde Wismayr seiner Funktion als Oberschulrat enthoben [9]. Das Einheitsschulsystem wurde zugunsten einer Trennung von Realschule und Gymnasium aufgegeben. Bei Niethammer waren beide Schultypen immerhin noch formal gleichrangig, während Friedrich Thierschs (1784–1860) energisches Eintreten für den Neuhumanismus schließlich 1829 in seinem Schulplan die Vorrangstellung des Gymnasiums festschrieb und die Überlegenheit der „klassischen" gegenüber der technisch-naturwissenschaftlichen Bildung für mehr als ein Jahrhundert sicherte. [V-1]

An dieser Stelle ist es vielleicht interessant, die Meinung Georg Wilhelm Friedrich Hegels (1770–1831) zu erfahren. Der berühmte Vollender der deutschen idealistischen Philosophie war von Dezember 1808 bis Herbst 1816 Rektor des Ägidiengymnasiums in Nürnberg. 1810 legte er ein „Gutachten über die Stellung des Realinstituts zu den übrigen Studienanstalten" vor, das im Auftrag des königlichen Generalkommissariats angefertigt worden war [10]. Das Gutachten behandelt die Frage, ob neben den Gymnasien (vier Jahre Unterricht) gleichrangige Realschulen sinnvoll seien, oder ob eine zweijährige Ausbildung ohne Zugangsrecht zur Universität ausreiche. Hegel liefert ein Lehrstück neuhumanistischen Denkens. Zunächst stellt er mißbilligend fest, daß es „Eltern gibt, die bloß das Fortkommen ihrer Kinder in der Welt" vor Augen haben und die „leider erforderliche geistige und wissenschaftliche Ausbildung als bloßes Mittel und saure Bedingung" betrachten, die sie ihren Kindern möglichst ersparen wollen. Die genannte geistige und wissenschaftliche Ausbildung umfaßt nun keineswegs auch die Naturwissenschaften oder gar die Technik, sondern die alten Sprachen, die Geschichte und die Anfangsgründe der Philosophie. Mathematik, Physik, Chemie und Naturgeschichte hält Hegel für Wissenschaften, „die kein eigentliches Denken und, was noch wesentlicher ist, keine besondere Tiefe des Gemüts erfordern".

Selbstverständlich lehnt Hegel, dessen Urteil von keiner naturkundlichen Sachkenntnis getrübt ist, gleichrangige Realschulen ab. Um ein gebildeter Mensch zu werden, hatte man eben auf das Gymnasium zu gehen und Latein und Griechisch zu lernen. Wer lediglich an so profanen Dingen wie dem Fortkommen in der Welt interessiert war, für den schien Hegel der Besuch einer zweijährigen Realschule hinreichend.

Die Hinwendung zum Neuhumanismus wirkte sich für die Bestrebungen der polytechnischen Vereine nachteilig aus. Zwar berührten die Schulpläne für die Gymnasien nahezu ausschließlich die bürgerliche Oberschicht, aber hier war die Situation gravierend: es wurden kaum noch naturwissenschaftliche Kenntnisse vermittelt, und – was noch schwerwiegender war –: sie galten als überflüssig. Diese Abwertung der wissenschaftlich-technischen Fächer im Bewußtsein der Führungsschichten hemmte die Verbreitung entsprechender Bildungsinhalte auch in den niedrigeren sozialen Schichten. Die breite Mehrheit der Bevölkerung kam in den Überlegungen der Bildungsreformer nur am Rande vor, wogegen die Bemühungen der polytechnischen Vereine gerade diesen Kreisen galten. [V-3.3]

Neben den Schulen standen den Vereinen noch andere Bildungsmittel zu Gebote, nämlich Zeitschriften, Vereinsbibliotheken, Sammlungen, Vorträge, Preisaufgaben und Ausstellungen. Praktisch alle Vereine veröffentlichten Periodika, in denen über die Aktivitäten der jeweiligen Gesellschaft berichtet wurde; häufig beschrieben diese Journale jedoch auch neue Erfindungen oder gaben Hinweise für die Erleichterung und Verbesserung der Arbeit der Handwerker und Fabrikanten. Auch die Vereinsbibliotheken, teilweise gleichzeitig Schulbibliotheken, dienten ausdrücklich der Belehrung der Gewerbetreibenden. Die größeren Vereine unterhielten auch Sammlungen von Instrumenten, Maschinen bzw. Modellen von Maschinen und Gegenständen des Kunstgewerbes und der bildenden Kunst. Diese Sammlungen waren teilweise reine Lehrsammlungen, es gab aber auch

„Produkten-Kabinette", die gewissermaßen Verkaufsausstellungen entsprachen und die Leistungfähigkeit des einheimischen Gewerbes für potentielle Käufer demonstrieren sollten. Aus diesen Anfängen entstand in Deutschland der Brauch der Industriemessen. Schließlich versuchten die Vereine noch durch öffentliche Vorträge ihrer Mitglieder zu belehren und durch Preisaufgaben den Erfindergeist zu beflügeln [11]. [V-4.2]

Polytechnische Vereine und die Gründung von Gewerbe- und Realschulen

Die Tätigkeit der polytechnischen Vereine wurde bislang im Überblick abgehandelt. Nunmehr sollen einzelne Vereine und deren Arbeit vorgestellt werden. Die dabei getroffene Auswahl ist willkürlich, gibt aber die Situation auch der anderen deutschen polytechnischen Gesellschaften wieder.

Die 1765 gegründete „Hamburgische Gesellschaft zur Beförderung der Künste und nützlichen Gewerbe" [12] rief bereits 1767 eine Schule für Bauzeichnen ins Leben, der drei Jahre später eine solche für Freihandzeichnen folgte. Beide Einrichtungen entwickelten sich aus sehr bescheidenen Anfängen und hatten mit vielerlei organisatorischen und finanziellen Problemen fertigzuwerden. Dennoch bestanden die Schulen bis zu ihrer Übernahme durch den Staat (1864/65). Versuche zur Etablierung eines technischen Unterrichts wurden seit 1791 unternommen, jedoch trotz erheblicher anfänglicher Beteiligung 1813 wieder eingestellt.

Die Bemühungen der Hamburger Patriotischen Gesellschaft um das technische Schulwesen wirkten beispielgebend. Ausdrücklich auf dieses Vorbild bezog man sich bei der Gründung der „Gesellschaft zur Beförderung vaterländischer Industrie" in Nürnberg 1792 [13, 14]. Aus Mitteln des Vereins sowie mit Unterstützung der „Laurenzer Armenschule" wurde 1793 eine „Bürgerschule" für Mädchen eingerichtet, die noch 1817 bestand und bis dahin Kosten in Höhe von 4700 Gulden verursacht hatte. 1803 folgte eine „Industrieschule" für Knaben, die 1809 zur staatlichen Realschule wurde. Die Mädchenschule bildete Hauswirtschafterinnen aus, d. h. neben Lesen und Schreiben lernten die Schülerinnen hier auch Nähen, Stricken und Kochen. In der Knabenschule wurden Schreiben, Rechnen und Religion, aber auch Naturgeschichte, Physik, Chemie, Geometrie und Mechanik unterrichtet. Im Unterricht von den Schülern und Schülerinnen verfertigte Gegenstände wurden verkauft und die Einnahmen zum Unterhalt der Schulen herangezogen. Der Unterricht war hier, wie an den meisten anderen

Schulen auch, kostenlos. Eine vom Verein 1802 gegründete Sonntags-Zeichenschule bestand noch 1817. [V-3.2]

Am 30.12.1818 richtete das Mitglied der Vaterländischen Gesellschaft Johann Jakob Weidenkeller ein Schreiben an den Polytechnischen Verein in München, worin er den Plan zur Errichtung eines „Technisch-oekonomischen Erziehungsinstituts“ in Nürnberg erläuterte. Zur Unterstützung dieses Vorhabens bat Weidenkeller um Spenden bzw. um die Abonnierung eines von ihm verlegten Wochenblattes für Tiermedizin. In seiner Antwort lobte der Verein Weidenkellers Bestrebungen, lehnte aber eine finanzielle Unterstützung ab [15].

Der 1814 ins Leben gerufene „Verein zur Vervollkommnung der mechanischen Künste und Gewerbe“ in Würzburg (später: „Polytechnischer Zentralverein für Unterfranken und Aschaffenburg“) bemühte sich in außergewöhnlichem Maß um das gewerbliche Schulwesen. 1808 war in Würzburg eine „Technische Bildungsanstalt“ errichtet worden, eine Sonn- und Feiertagsschule. Die Schule erfreute sich regen Zulaufs: 1827 umfaßte beispielsweise die „Rechtschreib- und Rechenschule“ 644 Schüler in 4 Klassen; in der „Geometrieschule“ waren es 104, in der „Mechanik-Schule“ 64 Schüler; die „Architekten-Schule“ zählte 67 Schüler. In der Zeichenschule wurden 181, in der Modellierschule 14 Schüler unterrichtet. Dies ergibt 1074 Schüler, wobei allerdings nicht ersichtlich ist, ob nicht eine Reihe davon mehrere „Schulen“, also Kurse, gleichzeitig besuchte. Es wurden hauptsächlich Lehrlinge unterrichtet, davon erhielten 566 sämtliche Unterrichtsmaterialien einschließlich Schreibzeug vom Verein gestellt. Der Unterricht selbst war generell kostenlos [16].

Der Verein war mit dieser Feiertagsschule so erfolgreich, daß ihm bei der Einführung staatlicher Feiertagsschulen 1818 die Aufsicht über alle Schulen dieser Art im Unter-Main-Kreis übertragen wurde. Damit übte der Verein die Funktion einer Schulbehörde aus und dies zumindest bis 1866 [17]. Zu diesem Zeitpunkt bestanden neben der Feiertagsschule (3 Wochenstunden Unterricht) eine „Gewerbliche Fortbildungsschule“, eine „Höhere Zeichen- und Modellierschule“ sowie eine „Handelslehrlingsschule“. Der Unterricht fand auch hier an den Sonntagen bzw. in den Morgen- und/oder Abendstunden statt. Der Würzburger Zentralverein bildete 1866 eine Organisation von 40 Zweigvereinen im Gebiet Unterfrankens, die allerdings nicht alle aktiv tätig waren.

Von herausragender Bedeutung nicht allein für das technisch-gewerbliche Schulwesen, sondern für den Gesamtbereich der Gewerbeförderung in Bayern war der 1815 gegründete „Polytechnische Verein in Baiern“. Der Verein entstand aufgrund einer Initiative des Kaufmanns Johann Georg Zeller; er gründete keine eigenen Schulen, war aber von bestimmendem Einfluß sowohl auf die staatliche Schulpolitik, wie auch auf die Arbeit anderer polytechnischer Vereine in Bayern. 1821 hielt der damalige Vereinsvorsitzende, der königliche Geheime Rat, Bürgermeister von München und Unternehmer Joseph von Utzschneider (1763–1840), vor dem „Centralverwaltungs-Ausschuß" ein Referat zur Bildungspolitik [18]. Utzschneider unterschied drei Ausbildungsebenen, nämlich die Werkstätten, die Sonntagsschulen und die Bürgerschulen. Am wichtigsten erschien dem Vortragenden die Ausbildung in den Werkstätten: „Der Unterricht in den Werkstätten ist der wichtigste, weil der junge Mensch in denselben nicht allein zum Verfertigen der Waare unterrichtet, sondern vorzüglich auch zu anhaltender Arbeit, zu pünktlicher Ordnung, und zu einem sittlichen Betragen gewöhnt werden soll. Von den Meistern (...) hängt es vorzüglich ab, welche Vorschritte diese (die Lehrlinge) sowohl in der Kunstfertigkeit für das zu erlernende Gewerbe, als in der Angwöhnung moralischer guter Eigenschaften machen". Der Verein solle „eigene Listen über diejenigen Werkstätten halten, in welchen der zweckmäßigste Unterricht in den verschiedenen Gewerben gegeben wird". Die dort tätigen Meister sollten vom Verein öffentlich genannt und ausgezeichnet werden. Übrigens hielt Utzschneider die möglichst arbeitsteilige Produktionsweise für besonders günstig; sie ist „eine Hauptquelle der Erfindungen und liefert vorzüglich gute, schöne und wohlfeile Waare." Er beklagte den bei Lehrlingen weit verbreiteten Analphabetismus, der beweise, „wie wenig die bestehenden Verordnungen hinsichtlich des Elementarschulbesuchs vollzogen werden". Daher müsse an den Sonntagsschulen vielfach der Grundschulstoff nachgeholt werden, auf Kosten des gewerblichen Unterrichts. Der Verein müsse an den Feiertagsschulen „lebendigen Anteil" nehmen und diese mit Geld und Lehrmitteln unterstützen. Gute Lehrer sollten durch „ehrenvolle Meldung" in der Vereinszeitschrift belohnt werden. Die Aus- und Weiterbildung der Gewerbetreibenden erhielt den Rang eines nationalen Anliegens. Utzschneider führte dazu aus: „Wenn unsere Nachbarstaaten in Künsten und Gewerben auf der Bahn fortschreiten, welche sie wirklich betreten haben, so dürfen wir Bayern in Unterricht und Kenntnissen nicht zurückbleiben; außerdem (gemeint ist andernfalls) werden wir unterdrückt und kommen nicht leicht wieder empor. Vaterlandsliebe und Kenntnisse allein sichern uns einen ehrenvollen Platz unter den übrigen Völkerschaften" [18]. [V-3.4; V-4.2]

Zur weiteren Fortbildung bedurfte es nach Meinung Utzschneiders dringend „Höherer Bürgerschulen" (Realschulen) in den Kreishauptstädten. Der Münchener Magistrat habe bereits einen Plan für eine derartige Schule in München entworfen und der Regierung des Isarkreises zur Begutachtung vorgelegt.

Schließlich schlug Utzschneider eine enge Zusammenarbeit des Polytechnischen Vereins mit der Akademie der Wissenschaften vor. Gemeinsam sollten beide Einrichtungen Kontakte zu den Bürgerschulen pflegen und deren Lehrkräfte über neue technische Entwicklungen informieren. Diese Pläne lassen erkennen, daß der Verein als Koordinator und Impulsgeber eines gesamtbayerischen Bildungssystems wirken wollte, zumindest im Bereich der gewerblich-technischen Ausbildung. Utzschneiders Gedanken und Anregungen fanden offene Ohren. 1822 wurde die Höhere Bürgerschule in München gegründet, weitere Schulen in Bamberg, Passau und Nürnberg folgten. Bereits 1822 hatte Johann Gottfried Dingler (1778–1855), der Herausgeber des bekannten „Polytechnischen Journals" und Mitglied des Augsburger Polytechnischen Vereins, eine „Polytechnische Akademie" eingerichtet, die allerdings wegen finanzieller Schwierigkeiten im folgenden Jahr wieder schließen mußte. Der Augsburger Verein verstand sich als ein Zweigverein des Münchner Unternehmens. Der ursprünglichen Absicht Zellers und seiner Gründungshelfer Friedrich von Schlichtegroll (1765–1822) und Julius Konrad von Yelin (1771–1826) zufolge sollte der Polytechnische Verein nach dem Muster des Landwirtschaftlichen Vereins organisiert sein, d. h. eine Zentralfunktion für das ganze Königreich besitzen. Diese Absicht wurde indes seitens der Regierung mit Mißtrauen betrachtet und vereitelt. Offenbar befürchtete man eine zu große Machtkonzentration in privaten Händen. Wie wir sehen werden, verhielt man sich in Preußen in dieser Frage anders, sicher nicht zum Nachteil des dortigen Gewerbewesens. Dennoch hatte der Polytechnische Verein auch auswärtige, also nicht in München ansässige Mitglieder. Einem davon, dem Professor der Physik am Lyzeum in Regensburg, Ferdinand von Schmöger, verdankt man die Gründung der dortigen Polytechnischen Schule im Jahr 1816, also sehr bald nach Gründung des Vereins. In einem Brief an den Centralverwaltungsausschuß vom 8. 12. 1817 bemerkte er, nachdem ihm der Unterricht an der Bürgerschule ebenfalls übertragen worden sei, habe er bald erkannt, „daß dieselbe nicht ein bloßer Sammlungsplatz für die untauglichen Schüler anderer Klassen, sondern eine Lehranstalt für junge Bürger seyn sollte", in der man auf das praktische Leben vorbereitet werden solle[19]. Dies belegt, daß Hegel mit seiner abwertenden Beurteilung der Realschulen keineswegs alleine stand. Schmöger vermochte jedoch seiner Meinung zumindest in Regensburg Geltung zu verschaffen. Als ein „Rescript“ des Polytechnischen Vereins über die Einrichtung polytechnischer Schulen bekanntgemacht wurde, beantragte er bei der Regierung des Regen-Kreises die Einrichtung einer solchen Lehranstalt, die genehmigt und im November 1816 eröffnet wurde. Diese Lehranstalt war als Sonntagsschule konzipiert und diente der Fortbildung über das Niveau der Bürgerschule hinaus. „40 fähige Feiertagsschüler, 59 Schüler der höheren Bürgerschule, 10 Studierende (des Lyzeums) und etliche 20 bürgerl. Individuen“[19] besuchten die Schule. Die für den Unterricht benötigten Apparate und Instrumente wurden teils dem physikalischen Kabinett des Lyzeums entliehen, teils gekauft oder durch Schenkung erhalten. [V-4.2]

Die vielfältigen Aktivitäten des Polytechnischen Vereins in München und anderer Vereine führten 1827 zur Errichtung einer „Polytechnischen Centralschule“ in München. Als Direktor fungierte Utzschneider, der Lehrkörper bestand überwiegend aus Mitgliedern des Vereins[20]. Die Schule sah sich vielfacher und – soweit heute erkennbar – nicht immer gerechtfertigter Kritik ausgesetzt, wobei nicht zuletzt die Konkurrenz Augsburgs und Nürnbergs als Standorte einer solchen Schule eine Rolle spielten. Mit der Entschließung vom 16. Februar 1833 regelte König Ludwig I. das gewerbliche Schulwesen im ganzen Königreich einheitlich und ließ auch in Augsburg und Nürnberg entsprechende polytechnische Ganztagsschulen einrichten[21]. Hier erfolgte die Weiterbildung der Absolventen der Kreisgewerbeschulen. Es handelte sich bei den drei Centralschulen nicht um hochschulähnliche Einrichtungen wie etwa das Wiener Polytechnikum. Für die Heranbildung akademisch geschulter Ingenieure sah man keine Notwendigkeit. [V-3.4]

Der Einfluß der polytechnischen Gesellschaften auf das Gewerbeschulwesen in Bayern blieb auch in der Folgezeit beträchtlich, obwohl staatliche Stellen immer mehr die Verwaltung und Unterrichtsplanung bestimmten.

Von ähnlicher Bedeutung wie der Polytechnische Verein für Bayern war der 1821 gegründete „Verein zur Beförderung des Gewerbefleißes“ für Preußen. Auch er hatte nicht nur eine lokal begrenzte Wirkungssphäre, sondern übte eine zentrale Funktion für die Gewerbeförderung aus, die auch durch die Obrigkeit gefördert wurde. Zielsetzung, Mitgliederstruktur und Vereinstätigkeit weisen deutliche Parallelen auf.

Von herausragender Bedeutung für die Geschichte des Vereins sind zwei Namen aus der wichtigen preußischen Reformzeit: Heinrich Friedrich Karl von und zum Stein (1757–1831) und Peter Christian

Dieses Bild widmete Schinkel 1837 Peter Christian Wilhelm Beuth, der selbst dazu bemerkte: Ich schwebe über einer von mir gegründeten Maschinenstadt und mache Seifenblasen.

Wilhelm Beuth (1781–1853). Freiherr vom Stein, seit 1804 Minister des Zoll-, Akzise-, Fabrik- und Kommerzialwesens und aus eigener Erfahrung mit technischen Fragen wohlvertraut, sah in der Weckung der Eigeninitiative eine unerläßliche Voraussetzung für die Entwicklung von Technik und Handwerk. Gemäß seinem Ausspruch: „Man tötet, indem man die Bürger von aller Teilnahme an der Verwaltung entfernt, den Gemeingeist“[22] bemühte er sich, den Bürgern Mitwirkungsrechte zu übertragen – häufig ohne damit Freude zu wecken. Er plante die Einrichtung ständischer Selbstverwaltungsorgane, der sogenannten Deputationen, in denen ausgewiesene Fachleute Aufgaben der Staatsgestaltung übernehmen sollten, ohne selbst der Administration anzugehören. Eine davon war die 1810 beschlossene und 1811 eingesetzte „Technische Deputation“. Trotz hochqualifizierter Besetzung leistete die Deputation nichts Bemerkenswertes. Neben dem Fehlen organisatorischer Voraussetzungen war dafür nicht zuletzt der Umstand verantwortlich, daß diese Einrichtung nicht auf Initiative ihrer Mitglieder zustandekam, sondern dekretiert wurde. Mit der Ernennung Beuths zum Leiter der Deputation 1819 änderte sich die Situation. Er verlangte Laboratorien und Werkstätten, um Forschungs- und Entwicklungsarbeiten durchführen zu können, über deren Resultate in regelmäßig erscheinenden Veröffentlichungen berichtet werden sollte. Die staatliche Deputation ergänzte Beuth durch den privaten Verein zur Beförderung des Gewerbfleißes. Dieser entwickelte sich aus einer Gesprächsrunde, die sich im Hause Beuths traf. 1820 ging man daran, diesen Gesprächskreis als Verein zu etablieren, und am 15. Januar 1821 fand die öffentliche Gründungsversammlung statt. Der Gründungsvorsitzende Beuth erläuterte in einer kurzen programmatischen Ansprache Ziele und Aufgaben des Vereins[23]. Er führte aus, daß die Existenz freier Märkte, wiewohl oft angefeindet, für Preußen unerläßlich sei: „Ohne die Freiheit, fremde Märkte mit unseren Waaren zu besuchen, würden unsere Leinenwaaren, unsere Wollenwaaren, unsere Baumwollenwaaren, unsere Seidenwaaren, unsere Eisenwaaren keinen Absatz im Auslande finden; Schlesien, Westphalen, der Niederrhein, Sachsen, Brandenburg würden eines großen Theils der Bevölkerung, des Wohlstandes entbehren, deren sie genießen. Uns unseren Absatz, soviel es an uns liegt, nicht nur zu erhalten, sondern ihn auch zu erweitern, erfordert unsere Bürgerpflicht; nicht nur die Liebe für uns selbst, sondern auch die höhere für unsere näheren und ferneren Mitbürger, für das Vaterland." Um aber die einheimischen Erzeuger konkurrenzfähig zu machen, bedürfe es der „Vereinigung solcher Männer, welche sich denjenigen Wissenschaften ganz gewidmet haben, welche die Grundlage der Gewerbe sind, und solcher Männer, welche die Gewerbe theoretisch und praktisch betrieben haben." Beuth war vom Erfolg des Unternehmens überzeugt: „Ein Verein von Männern, belebt von dem Sinn für's öffentliche Beste, belebt von dem Stolz, gegen keine Nation zurückzustehen, ein Verein, der seine Ideen austauscht, sich über gegenseitiges Interesse aufklärt, wird durch die Thätigkeit seiner Mitglieder einen so weit verbreiteten Einfluß auf die vaterländischen Gewerbe üben, als auf keinem anderen Weg zu erreichen ist." [V-3.4]

Die enge organisatorische und personelle Verzahnung von Deputation und Verein war maßgebend für die beträchtliche Wirksamkeit, die beide Institutionen für die Förderung des Gewerbewesens entwickelten. Auch hier erkannte man, daß eine durchgreifende Verbesserung des Schulwesens die unabdingbare Voraussetzung für das Entstehen konkurrenzfähiger Betriebe war. Beuth wollte daher in der Hauptstadt jedes Regierungsbezirks eine eigene Gewerbeschule einrichten. In Berlin sollte eine zentrale Gewerbeschule entstehen, die durch ein weiterführendes Lehrangebot zum „technischen Institut" ausgebaut werden sollte. Dieser Schulplan, demjenigen von Utzschneider nicht unähnlich, war die erste wichtige Maßnahme des preußischen Vereins. Er wurde 1821 genehmigt und noch im selben Jahr teilweise verwirklicht: In Berlin wurde mit 13 Schülern der Unterricht aufgenommen. Das Eintrittsalter betrug 12–16 Jahre, der Unterricht erfolgte in zwei jeweils einjährigen Kursen, keine Klasse sollte mehr als 30 Schüler haben. Der Lehrkörper wurde aus Angehörigen des Vereins bzw. der Deputation gebildet. Fortgeschrittene Schüler hatten sich als Repetitoren am Unterricht zu beteiligen. Der Grundkurs umfaßte Geometrie, Rechnen, Naturkunde, Zeichnen und Modellierkunst; der Fortgeschrittenenkurs Mathematik, Zeichnen und Chemie. Die Schule war nicht als polytechnische Hochschule angelegt, sondern sollte sich auf die Vermittlung praxisbezogener Kenntnisse konzentrieren. Eine darüberhinausgehende theoretische Ausbildung betrachtete man nicht als vordringlich.

Am Ende des zweiten Schuljahres konnte sich jeder Schüler an Preisaufgaben des Vereins versuchen. Die besten Arbeiten wurden mit Denkmünzen und Büchern ausgezeichnet, die Preisträger öffentlich bekanntgemacht. Die Finanzierung der Schule erfolgte mit Mitteln der Technischen Deputation, der Unterricht war kostenlos. Das Schulgebäude in der Berliner Klosterstraße war gleichzeitig Sitz der Deputation; Schulrektor war Beuth.

Das Gewerbeschulwesen wurde in Preußen vom Verein zur Beförderung des Gewerbefleißes initiiert und gefördert; wegen der engen Verflechtung von Verein und Deputation ist allerdings die Rolle des Vereins nicht klar abgrenzbar. Wie in anderen Staaten auch, ging das gewerbliche Schulwesen in der Folgezeit immer mehr in rein staatliche Regie über und ressortierte beim Handelsministerium. 1849 übernahm P. Egen die Leitung des Gewerbeinstituts, das danach reformiert wurde und nur noch Absolventen der Bezirksgewerbe- und Realschulen sowie der Gymnasien aufnahm. Auf Egen folgte 1857 C. F. W. Nottebohm, der 1864 durch F. Reuleaux abgelöst wurde. Unter dessen Ägide wurde das Institut 1866 zur „Gewerbeakademie" und schließlich 1879 zur Technischen Hochschule Charlottenburg. An diesen späteren Entwicklungen war der Verein nicht mehr beteiligt. [V-3.5]

Vereinszeitschriften und Vereinsbibliotheken als Mittel der öffentlichen Bildung

Die Aktivitäten im Bereich des gewerblichen Schulwesens waren nicht die einzigen Versuche der polytechnischen Gesellschaften, zur Volksbildung beizutragen. Von längerer Dauer als in jenem Bereich war ihr Einfluß auf das Zeitschriftenwesen. Die Schaffung und Verwaltung von Gewerbeschulen ging während der ersten Hälfte des 19. Jahrhunderts mehr und mehr in den Bereich der staatlichen Verwaltung über. Das Feld der Erwachsenenbildung blieb hingegen noch lange Zeit ein wichtiges Arbeitsfeld vieler Vereine. Die sich hier stellenden Aufgaben sollten auch durch Vereinszeitschriften bewältigt werden. [V-4.2]

Viele polytechnische Vereine besaßen ein eigenes Mitteilungsblatt, in dem neben Nachrichten zum Vereinsleben hauptsächlich Artikel enthalten waren, die über Fertigungsverfahren, neue Erfindungen und besondere Leistungen einzelner Handwerker und Fabrikanten berichteten. Daneben fanden Verordnungen der Behörden bzw. Vorschläge der Vereine zu solchen Verordnungen Platz. Diese polytechnischen Zeitschriften stehen in der Tradition der Intelligenzblätter [24] und unterscheiden sich erheblich von den wissenschaftlichen Fachperiodika gelehrter Gesellschaften wie der Royal Society oder der Leopoldina. Die Intention der polytechnischen Zeitschriften bezog sich zunächst nicht auf die Diskussion der Gebildeten untereinander, sondern auf die Belehrung Unwissender durch eine Oberschicht, aus der sich die Vereine – zumindest in ihrer Anfangsphase – zusammensetzten.

Die Redaktionen veröffentlichten kurze, übersichtliche Artikel in allen technischen oder chemisch-technischen Fächern, die man irgendwie für nützlich im Sinne einer technologischen Verbesserung hielt. Dabei gab es keinerlei lokale Beschränkungen, sondern man studierte Zeitschriften des In- und Auslands und exzerpierte alles, was brauchbar erschien. Der Informationsfluß zwischen den Vereinen wurde durch einen mehr oder minder regen Schriftentausch, der bei größeren Vereinen sehr wohl über Deutschland hinausreichte, intensiviert. Die Zeitschriften wurden im Lauf der Zeit nicht selten zum wichtigsten Element der Vereinstätigkeit überhaupt. [V-4.2]

Der gedankliche Ansatz der Vereinsführungen, durch die Publikation „nützlicher Kenntnisse" das allgemeine Bildungsniveau derjenigen Schichten zu heben, die für einen Schulunterricht nicht in Betracht kamen, erscheint zunächst einleuchtend, wies in der Praxis jedoch eine Reihe gravierender Mängel auf. Da ist zunächst das Verbreitungsproblem. Die Journale wurden nur an die Vereinsmitglieder ausgeliefert, und das waren eben jene Leute, die die darin enthaltenen Informationen selber kaum benötigten. Zwar gab es vereinzelt auch immer Mitglieder, die der skizzierten Zielgruppe der Vereinsarbeit angehörten, aber dies waren Ausnahmen. Darüber hinaus war die Gesamtzahl der Mitglieder selten höher als 500 bis 600 Personen, so daß eine echte Breitenwirkung nicht erzielt werden konnte. An sich hätten die Vereine gerne mehr Mitglieder gehabt, doch konnte man sich nicht entschließen, die Mitgliedsbeiträge den Einkommensverhältnissen der Handwerker anzupassen. Die relativ hohen Beitragssätze hielt man für notwendig, um die Vereinsarbeit zu finanzieren. Teilweise spielte auch das Bestreben eine Rolle, gesellschaftlich unter sich zu bleiben und – im Sinne des genannten paternalistischen Selbstverständnisses – den ursprünglichen elitären Status zu wahren. Die Verbreitung der Vereinszeitschriften war also in den ersten Jahrzehnten des vergangenen Jahrhunderts allgemein gering, ihre faktische Wirkung bei den Gewerbetreibenden relativ klein.

Neben dem Verteilungsproblem bestand ein Darstellungsproblem. Hatte man bei der Erstellung von Lehrplänen die tatsächliche Bildungssituation der Bevölkerung realistisch eingeschätzt, war das bei den Zeitschriften nicht der Fall. Ein Großteil der Handwerksmeister hätte die Artikel weder lesen noch verstehen können. Nirgends besteht im Wirken der polytechnischen Vereine ein so großer Abstand zwischen Anspruch und Wirklichkeit wie bei deren Zeitschriften[25].

Zum Darstellungsproblem kam noch das Motivationsproblem. Da man die Lektüre der Zeitschriften nicht dekretieren konnte, wäre es sinnvoll gewesen, eine Strategie zu entwickeln, mit der man der Zielgruppe das Studium der Journale als vorteilhaft hätte darstellen können. Vom Standpunkt des Handwerkers aus betrachtet bestand nämlich kein einleuchtender Grund dazu, ungeachtet der Tatsache, daß die Zeitschriften objektiv sinnvolle Ziele verfolgten. Die Tätigkeit der Handwerker war eingebunden in eine Vielzahl von Traditionen sowohl in Bezug auf die angewandten Methoden, als auch hinsichtlich des sozialen Beziehungsgefüges der Ausübenden. Die Vereinszeitschriften berücksichtigten diese Gegebenheiten nicht ausreichend. Zwar bemühte man sich in den Beiträgen um Verständlichkeit, aber man bedachte nicht, daß einem Handwerker eine Änderung seiner Arbeitsweise nicht allein dadurch plausibel gemacht werden konnte, daß man auf praktische Vorteile hinwies. Ebenso wesentlich war die Vermittlung neuer Denk- und Sichtweisen, die von den überkommenen Strukturen abwichen. Sozioökonomische Überlegungen oder Hilfestellungen wurden von den Vereinen aber weder angestellt noch gewährt.

Zusammenfassend kann man feststellen, daß die Zeitschriften in der Zeit bis 1850 ihren vorgegebenen Zweck kaum, später nur teilweise erfüllten. Dagegen war das polytechnische Zeitschriftenwesen von außerordentlicher Bedeutung für die technische Intelligenz selbst. Es diente nämlich der Kommunikation der Vereine untereinander und förderte somit sehr wirkungsvoll die Verbreitung der erwähnten „nützlichen Kenntnisse" – innerhalb der Gesellschaften. Die polytechnischen Journale sind die Grundlage des technischen Zeitschriftenwesens. Die Vereine sahen die bereits erläuterten Mängel ihres ursprünglichen Konzepts bald ein und modifizierten die Inhalte ihrer Publikationen. Sie wurden nach und nach anspruchsvoller und spezifischer und büßten den Belehrungscharakter ein. Die in den 30er und 40er Jahren des 19. Jahrhunderts zunehmend wichtiger werdenden Gewerbevereine, die sich aus Handwerkern und Kleingewerbetreibenden, seltener großen Fabrikanten, zusammensetzten und die Eigeninteressen der Mitglieder viel effektiver vertraten, als dies durch die polytechnischen Vereine möglich gewesen war, entwickelten eigene Publikationsorgane, die in ihrem Zuschnitt den Bedürfnissen und Erwartungen der Mitglieder eher entsprachen als die polytechnischen Journale. Neben den Gewerbevereinen traten in der zweiten Jahrhunderthälfte berufsständische Verbände der technisch-naturwissenschaftlichen Intelligenz in Erscheinung (1856 VDI; 1868 Deutsche Chemische Gesellschaft; 1879 Elektrotechnischer Verein), deren Journale sowohl Fachaufsätze wie Vereinsnachrichten enthielten. Diese neuen Organe ersetzten zunehmend die polytechnischen Zeitschriften.

Die Vereinsbibliotheken waren zur Wissensvermittlung an breitere Schichten kaum besser geeignet als die Zeitschriften. Sie wurden entweder, wie in Berlin oder Würzburg, gleichzeitig als Schulbibliotheken verwendet, oder sie waren ausschließlich den Mitgliedern zugänglich. Der Polytechnische Verein in Bayern öffnete seine Bibliothek erst 1882 der Allgemeinheit. Die Bibliotheken erfüllten aber eine andere, entscheidende Funktion: Sie bildeten die Quellen, aus denen die Zeitschriften schöpften. Durch weitverzweigte Kontakte mit anderen Bibliotheken, durch Tausch, Schenkungen und Ankäufe erlangten einige dieser Bibliotheken einen beachtlichen Rang. Ein erheblicher Teil der technischen Literatur des 19. Jahrhunderts in der Bibliothek des Deutschen Museums stammt aus der ehemaligen Büchersammlung des Polytechnischen Vereins. Sie wurde dem Museum nach der Vereinsauflösung übergeben. Die polytechnischen Vereine selbst brachten ein Gutteil jener Literatur hervor, die sie in ihren Bibliotheken sammelten und nutzten.

Sammlungen, Ausstellungen, Vorträge und Preisaufgaben

Zum technischen Schulunterricht gehörte auch Anschauungsmaterial. Man benötigte Modelle bzw. Originalexponate, um das Funktionieren von Maschinen besser verständlich machen zu können, und man brauchte physikalische und chemische Instrumente für den Unterricht. Derartige Schulsammlungen waren unterschiedlich gut sortiert, fehlten mitunter auch ganz. Als vorbildlich kann die Modell- und Maschinensammlung des Berliner Gewerbeinstituts angesehen werden. Beuth orientierte sich bei deren Aufbau am Polytechnischen Verein: „Er wies daraufhin, wie erfolgreich man in Bayern, in München, schon in dieser Richtung hin vorgegangen sei. Für die Verhältnisse der Zeit vor hundert Jahren dachte sich also Beuth etwas Ähnliches zu schaffen, wie es nunmehr in so großem Maßstabe in München durch das Deutsche Museum für die gesamte Technik verwirklicht wurde." So äußerte sich Conrad Matschoß 1921. Der Polytechnische Verein verfügte über keine Unterrichtssammlung, sondern über eine Produktausstellung. Diese Modelle wurden detail-, material- und maßstabsgetreu ausgeführt und gestatteten einen Einblick in die Konstruktions- bzw. Funktionsweise der jeweiligen Maschine oder Vorrichtung. Die Modellsammlung wurde durch eine Maschinensammlung ergänzt. Die gezeigten Maschinen hatte man entweder „nach Zeichnungen, die man sich aus dem Auslande auf alle mögliche Weise zu verschaffen suchte, selbst hergestellt, oder man hatte sich trotz der schärfsten Ausfuhrverbote, mit denen vor allem England sich die Fortschritte der eigenen Technik auf ewige Zeiten sichern wollte, ganze Maschinen zu verschaffen gewußt"[26].

Ergänzt wurde diese bemerkenswerte Sammlung, deren Objekte öfter wechselten, durch eine Ausstellung in Preußen hergestellter Produkte. Der Bau der Modelle und Maschinen erfolgte in institutseigenen Werkstätten, die noch durch ein chemisches, ein physikalisches und ein chemisch-technisches Laboratorium ergänzt wurden. Somit war das Berliner Institut nicht allein eine Lehr-, sondern auch eine beachtliche Forschungsstätte.

Mit derlei vielfältigen Einrichtungen waren naturgemäß nur sehr wenige Vereine ausgestattet. Alle Vereine pflegten hingegen die Vortragstätigkeit als Mittel der Bildung. Einzelne Mitglieder übernahmen die Vorstellung bestimmter Themen, wobei es gewöhnlich um praktisch-technische Fragen ging. Die Vorträge waren meist öffentlich und wurden, wenn möglich, unter Zuhilfenahme von Sammlungsobjekten gehalten oder mit experimentellen Vorführungen verbunden.

Anzeiger

für

Kunst- und Gewerbfleiß

im Königreiche Baiern

Erster Jahrgang.

Nro. 1 — 30. Mai — Dezember.

1815.

Herausgegeben

in

der Zeller'schen Commissions-Niederlage

von

einem polytechnischen Privat-Verein.

Mit vier lithographirten Tafeln.

München 1815.

Gedruckt mit Zängl'schen Schriften.

357 — 358

Nachricht über die Schuhe ohne Nath.

Der Freyherr Schilling von Canstadt, kaiserlicher Russischer Hofrath hat auf seiner Nachhause-Reise von Paris nebst anderen merkwürdigen Kunstprodukten auch ein Paar Schuhe mitgebracht, deren Fabrikation selbst die besten hiesigen Meister in hohe Verwunderung versetzte. Diese Schuhe zeichnen sich nicht nur durch die Eleganz und Schönheit der Form, und die Vortreflichkeit der des Leders, sondern vorzüglich dadurch aus, daß am ganzen Schuhe nur eine zollange Naht ist. Alles übrige ist genagelt, aber so schön und fest genagelt, daß diese Verbindungs-Art der Sohle mit dem Oberleder die beste Arbeit übertrifft, welche irgend ein Meister mit Nadel und Faden machen kann.

In den Gegenden von Amerika, wo wenige einzelne Familien sich ansiedeln, findet man keine Handwerker; da muß jeder Pflanzer sein eigener Schuster, Schneider ꝛc. seyn. Die Noth ist erfinderisch. Ein solcher Einsiedler kam auf den Einfall die Theile des Schuhes mit Stiften zusammenzunageln, statt sie zusammenzunähen. Die Arbeit gelang so gut, war so nett, so dauerhaft, gieng so leicht und flink von der Hand, daß er bald Nachahmer fand.

Diese neue Kunst gieng nach England über, wo man gleich alles mit Maschinen fabrikmässig betrieb, und nach Frankreich.

Das Verfahren ist äusserst leicht und einfach. In England wird durch den Druck eines Hebels das Oberleder und die Sohle ausgeschnitten; Eine eigends eingerichtete Scheere schneidet aus eisen- oder kupferblechenen Bändern länglichte Keile ▽; das Oberleder wird auf einen eisenen Leisten aufgespannt, und die Sohle aufgepaßt, und befestiget.

Derselbe Hebel, mittels welcher die Sohle ausgeschnitten wird, drückt auf den Rand kleine Löcher ein, in welche die kleinen Keile eingesezt werden. Diese werden nun mit dem Hammer so fest eingeschlagen, daß sich die Spizen auf den eisenen Leisten umbiegen. Ist dieses geschehen, so ist der Schuh fertig.

Schließlich sollte der Erfindergeist der einheimischen Bevölkerung durch Preisaufgaben angeregt werden, die in den Vereinszeitschriften ausgeschrieben wurden. Dieses häufig angewandte, von den Akademien übernommene Verfahren wirkte indirekt bildungsstimulierend, da man entsprechend bewandert sein mußte, um sich mit einiger Aussicht auf Erfolg beteiligen zu können. In seiner oben auszugsweise zitierten Rede bei der Gründungsversammlung des Vereins zur Beförderung des Gewerbfleißes [23] hatte Beuth auf den Nutzen von Preisaufgaben für die Gewerbeförderung hingewiesen. Schon fünf Jahre früher, im Dezember 1815, wenige Monate nach der Vereinsgründung, wurde vom Polytechnischen Verein eine Summe von vier Dukaten demjenigen „inländischen Schuhmacher" zugesichert, der „bis Ende März" 1816 die besten genagelten Schuhe dem Verein vorlegen könne. Bezweckt wurde dabei die Verbreitung eines neuen, in Amerika erfundenen Verfahrens zur Verbindung von Oberleder und Sohle durch Eisenstifte. Die Methode wurde im „Kunst- und Gewerbeblatt" des Vereins erläutert [27]:

Erfindergeist und handwerkliches Können versuchte man durch Preisaufgaben zur Gewerbeförderung anzuregen und in Vereinsschriften wie dem „Anzeiger für Kunst und Gewerbefleiß" auszuschreiben. 1815 setzte man vier Dukaten für denjenigen „inländischen Schuhmacher" aus, der die besten genagelten Schuhe dem Verein vorweisen könne.

Der Erfolg der Ausschreibung war bemerkenswert. Es wurden 36 Paar Schuhe „und ein Paar Halbstiefel" eingesandt, die teilweise so gut gearbeitet waren, daß sich die Jury entschloß, anstatt einem fünf Preise zu vergeben, allerdings von je zwei anstatt der versprochenen vier Dukaten. Wegen Erschöpfung der Finanzreserven konnten erst 1819 wieder Preisaufgaben gestellt werden. Diesmal handelte es sich um drei Probleme der Chemo- bzw. Textiltechnik, deren Lösung mit insgesamt 250 Dukaten prämiert werden sollte[28]. 100 Dukaten sollte der Erfinder eines beim Zeugdruck brauchbaren „Tafeldruckblaus" erhalten, ebenfalls 100 Dukaten waren für ein entsprechendes Rot ausgesetzt, und 50 Dukaten wurdem demjenigen versprochen, der eine Verwendung für die bei der Herstellung von „oxydierter Salzsäure" (Chlor) anfallende Rückstände anzugeben vermochte. Alle drei Aufgaben behandelten sehr schwere, nicht gelöste Probleme, waren also von ganz anderem Charakter als die Aufgabe des Jahres 1815. Die erheblichen Summen, die als Preisgeld ausgesetzt wurden, spiegeln die Bedeutung der gesuchten Verfahren in der Textilindustrie wieder. Die dritte Aufgabe behandelt bereits eines der Kernprobleme auch der heutigen chemischen Industrie, nämlich die Verwertung von Chemie-Müll. In keinem Fall wurde ein brauchbarer Lösungsvorschlag eingereicht. Die Aufgaben waren dem Stand der Technik und dem der Erkenntnis zu weit voraus.

In engem Zusammenhang mit den Preisaufgaben standen die Ausstellungen. Hervorragende Produkte des Gewerbefleißes sollten der Allgemeinheit vorgestellt und dadurch die Leistungsfähigkeit des heimischen Gewerbes unter Beweis gestellt werden. Ebenso sollten die Ausstellungen zu erhöhter Leistung, zur Einführung verbesserter Verfahren in die Fertigung und zur Steigerung des Vertrauens der Käufer zu einheimischen Produkten beitragen. Mit Hilfe der Ausstellungen wurde ein Forum der Selbstdarstellung geschaffen. Bemerkenswerterweise erreichten die Ausstellungen innerhalb kurzer Zeit breite Bevölkerungskreise. Dem Polytechnischen Verein kommt hierbei eine Vorreiterrolle zu. Die Vereinsgründung wurde nämlich durch die beabsichtigte Einrichtung einer sogenannten „Commissions-Niederlage" ausgelöst. Der Schreibwarenhändler Johann Georg Zeller plante, qualitativ hochstehende Produkte des heimischen Gewerbes – wozu er auch Werke der Bildenden Kunst und sogar die Druckgraphik alter Meister zählte – in einem geeigneten Rahmen öffentlich auszustellen und auf Rechnung der Hersteller gegen eine kleine Gebühr zu verkaufen. Der erste Gegenstand in Zellers Verkaufsausstellung in seinem Schreibwarengeschäft in der Rosengasse war die „elektrische Pendeluhr des Professors Ramis, Mechanikers der königl. Akademie der Wissenschaften zu München".

Dieses sinnreich konstruierte Gerät nützte eine Voltasche Batterie der Bauart Zamboni als Energiequelle, zwischen deren Polen ein Metallpendel schwang. Die Uhr wurde in einer Sitzung der Akademie vorgeführt, „wo sie als das merkwürdigste neueste Kunstprodukt unsers Vaterlands Baiern im Fache der Mechanik die allgemeine Aufmerksamkeit erregte" [29]. Ferner enthielt die Ausstellung Instrumente, beispielsweise einen 6-zölligen Theodoliten von Liebherr (180 fl) und ein Reisebarometer aus derselben Werkstatt für 66fl. Die Liebherrschen Instrumente genossen damals bereits internationalen Ruf.

Neben diesen hochwertigen Erzeugnissen der Präzisionsmechanik fanden sich Kunstgegenstände, etwa eine „Büste Sr. Königl. Hoheit des Kronprinzen" (später König Ludwig I.) aus Gips in einer Höhe von 2½ Fuß für 10fl. Bei dem Angebot wurde bemerkt: „Auch diese Büste ist nach dem Leben gearbeitet und hat eine sprechende Ähnlichkeit". Die Büste würde trotzdem heute sicher weniger Interessenten finden als z. B. ein Konvolut von 36 Holzschnitten Albrecht Dürers zum Gesamtpreis von 8 fl. Das Angebot der Commissionsniederlage als Spiegel der damaligen Kunst und Technik würde eine eingehendere Betrachtung rechtfertigen als hier möglich ist.

Zur öffentlichen Bekanntgabe der ausgestellten Waren sollte ein Wochenblatt dienen, der „Anzeiger für Kunst- und Gewerbfleiß im Kgr. Baiern", das spätere Vereinsorgan des Polytechnischen Vereins. Zellers Initiative führte zur Gründung des Polytechnischen Vereins, in dem der Gründer allerdings schon bald nur mehr eine untergeordnete Rolle spielte. Zeitschrift und Ausstellung blieben zunächst im Besitz Zellers und gingen erst 1821 an den Verein über. Dieser steuerte jedoch mindestens seit 1817 über den Centralverwaltungsausschuß beide Einrichtungen. In diesem Jahr fand in München die erste Gewerbeausstellung statt. Im Gegensatz zur permanent vorhandenen Warenschau der „Commissions-Niederlage" handelte es sich hierbei um eine zeitlich begrenzte Messe im heutigen Stil. Damit beginnt die Tradition der regelmäßigen Ausstellungen gewerblicher Güter in Deutschland. In Preußen fand erstmals 1822 eine Gewerbeausstellung statt, in Sachsen 1824. Die erste für den gesamten Deutschen Bund gedachte Gewerbeschau wurde 1842 vom hessischen Gewerbeverein organisiert.

Der berühmte Glaspalast der Londoner Weltausstellung von 1851. Es handelt sich um das erste Bauwerk dieser Größe aus vorgefertigten Gußeisenträgern und Tafelglas. Kunst und Technik prägten so das Bild der ersten großen Industrieausstellung der Welt, die einen nicht unwesentlichen Beitrag zur allgemeinen Anerkennung der Leistung der Technik lieferte.

Zusammenfassung

Die polytechnischen Vereine entstanden im ausgehenden 18. und frühen 19. Jahrhundert in vielen Städten Deutschlands als Zusammenschlüsse bürgerlich-patriotischer Eliten mit dem Ziel, das heimische Gewerbewesen zu fördern. Die Vereine waren bestrebt, dieses Ziel durch Bildungsmaßnahmen unterschiedlicher Art zu erreichen, namentlich durch

- Gründung von Schulen
- Erstellung von Lehrplänen
- Zeitschriften
- Lehrsammlungen, Vorträge, Preisaufgaben und Ausstellungen.

Die Vereine waren sowohl lokal wie überregional wirksam. Sie arbeiteten stets uneigennützig und verstanden sich weder als wissenschaftliche Gesellschaften noch als berufsständische Organisationen. Ihre größte Bedeutung erlangten die Vereine in der Zeit von 1810 bis 1870. Die polytechnischen Gesellschaften waren von bestimmendem Einfluß auf die Herausbildung des gewerblichen Unterrichtswesens wie des technischen Zeitschriftenwesens. Sie übernahmen eine Pionierfunktion bei der Etablierung gewerblicher Ausstellungen. Selbstverständnis und Wertvorstellungen waren bürgerlich-aufgeklärt. Es bestanden enge Verbindungen zu den Entscheidungsträgern der Staatsverwaltungen sowie des Hochschul- und Akademiebereichs. Die Vereinsführungen waren häufig personell identisch mit den Administrations- und Bildungseliten. Mit dem fortschreitenden Ausbau staatlicher Verwaltungsstrukturen einerseits und der Bildung von Gewerbevereinen und Fachverbänden der technischen Intelligenz andererseits büßten die Vereine nach und nach ihre ursprüngliche Rolle als quasistaatliche Initiativgeber und Durchführungsinstanzen ebenso ein wie ihre Position als Kommunikationsforum für Ingenieure, Naturwissenschaftler und Fabrikanten. Die polytechnischen Vereine bilden eine charakteristische und wesentliche Äußerung bürgerlichen Selbstbewußtseins am Beginn des Industriezeitalters.

Literaturhinweise

1 *Eulen*, Focko: Vom Gewerbefleiß zur Industrie. In: Schriften zur Sozial- und Wirtschaftsgeschichte. Bd. 11. Berlin 1967, Anhang 9, S. 180–184
2 Vgl. 1., S. 128
3 *Hubrig*, Hans: Die patriotischen Gesellschaften des 18. Jahrhunderts. In: Nohl, Hermann: Göttinger Studien zur Pädagogik. Heft 36. Weinheim 1957, S. 51
4 Vgl. 1., S. 130
5 *Gericke*, J.M.H.: Versuch einer allgemeinen Abhandlung vom Patriotismus. Hamburg 1782, S. 12 (zitiert nach 1., S. 184)
6 *Nipperdey*, Thomas: Verein als soziale Struktur im späten 18. und frühen 19. Jahrhundert. In: Boockmann, Hartmut: Geschichtswissenschaft und Vereinswesen im 19. Jahrhundert. Göttingen 1972, S. 1–44
7 *Hillenkamp*, Annemarie: Der PTV in Bayeren. Ein Katalog seines Archives. München 1968, Fasz. 82 (1). S. 1, Nr. 2
8 *Fliegner*, Helmut Alfred: Gewerbevereine in den Preußischen Rheinlanden in der ersten Hälfte des 19. Jahrhunderts. Bonn 1972, S. 347
9 *Wismayr*, Joseph von: Meine Selbstbiographie. Freising 1897, S. 19–21
10 *Hegel*, Georg Friedrich Wilhelm: Werke in 20 Bdn. Frankfurt 1970. Hier Bd. 4, S. 379–397
11 *Steinach*, Hubert: Die technischen Vereine unserer Zeit. In: Bayerisches Industrie- und Gewerbeblatt, Vierteljahresschrift II., 1886, S. 33–47
12 *Kowalewski*, Gustav: Geschichte der Hamburgischen Gesellschaft zur Beförderung der Künste und nützlichen Gewerbe. Hamburg 1897 – Vgl. 3., S. 14–21
13 *Marecheaux*, Ludwig: Die Gesellschaft vaterländischer Industrie in Nürnberg. In: Wöchentlicher Anzeiger für Kunst- und Gewerbefleiß im Kgr. Bayern. Jg. 2, 1817, Nr. 47, Sp. 689–694

14 *Marecheaux*, Ludwig: Schilderung des Unterrichts an der polytechnischen Schule im Jahr 1827. In: Kunst- und Gewerbeblatt. Jg. 14, 1828, Nr. 6, Sp. 81–89 u. Sp. 98–102

15 Vgl. 7., Fasz. 154 (2). Katalog S. 20, Nr. 422

16 Über das Emporkommen technischer Lehranstalten in Bayern. Teil I. In: Kunst- und Gewerbeblatt. Jg. 14, 1827, Nr. 5, Sp. 65–68

17 Jahresbericht des polytechnischen Zentralvereins für Unterfranken und Aschaffenburg zu Würzburg 1886

18 *Utzschneider*, Josef von: Vortrag in der 6. Sitzung des Zentralverwaltungsausschusses des polytechnischen Vereins. In: Kunst- und Gewerbeblatt. Jg. 7, 1821, Nr. 15, S. 57–60

19 Vgl. 7., Fasz. 154 (1). Katalog S. 20, Nr. 429

20 Kgl. Verordnung vom 27. 9. 1827. In: Kunst- und Gewerbeblatt. Jg. 13, 1827, Sp. 623–629

21 Kgl. Verordnung vom 16. 2. 1833. In: Kunst- und Gewerbeblatt. Jg. 19, 1833, Sp. 75–83

22 *Mattschoß*, Conrad: Preußens Gewerbeförderung und ihre großen Männer. Dargestellt im Rahmen der Geschichte des Vereins zur Beförderung des Gewerbefleißes. 1821–1921. Berlin 1921

23 *Beuth*, Peter Christian Wilhelm: Rede zur Eröffnung der Versammlung vom dem jetzt Vorsitzenden im Saale der Stadtverordneten gehalten am 15. 1. 1821. In: Verhandlungen des Vereins zur Beförderung des Gewerbefleißes in Preußen. Jg. 1, 1822, S. 15–17

24 Vgl. 1., S. 140–144

25 Vgl. 8., S. 128–129

26 Vgl. 22., S. 42–45

27 Kunst- und Gewerbeblatt. Jg. 1, 1815, Sp. 357–359

28 Kunst- und Gewerbeblatt. Jg. 5, 1819, Sp. 145–150

29 Kunst- und Gewerbeblatt. Jg. 1, 1815, Sp. 9–14 u. Sp. 29–36

Technische Vereine als Bildungseinrichtungen

Wolfgang König

Nach einer Zusammenstellung aus dem Jahre 1930 gab es damals 180 „technisch-wissenschaftliche Vereine", wie sie sich selbst bezeichneten[1]. Von diesen waren etwa 100 bereits vor dem Ersten Weltkrieg gegründet worden. Während die Polytechnischen Vereine in Deutschland im Zusammenhang mit den staatlichen und privaten Bemühungen entstanden waren, den Industrialisierungsprozeß in Deutschland in der ersten Hälfte des 19. Jahrhunderts einzuleiten, und sich die staatlichen Baubeamten in den – ebenfalls älteren – Architekten- und Ingenieurvereinen zusammengeschlossen hatten, waren diese technisch-wissenschaftlichen Vereine eine Folge der sich seit der Mitte des 19. Jahrhunderts in Deutschland durchsetzenden Industrialisierung. Sie wurden vor allem vom Eisenbahnbau und den damit zusammenhängenden Industrien, Eisenhüttenwesen und Maschinenbau, getragen. Die – besonders seit dem Ende des 19. Jahrhunderts – zunehmende Zahl dieser Vereine ergab sich einerseits aus der Differenzierung der industriellen Branchen und der technischen Wissenschaften und andererseits aus der professionell-sozialen Untergliederung der Gesamtheit der Techniker. So bildeten die technischen Staatsbeamten eigene Organisationen, unabhängig von denen der Industrieangestellten. Einzelne Vereine nahmen nur Hochschulabsolventen auf, andere auch geringer qualifizierte Ingenieure. [V-3.6.2]

Technisch-wissenschaftliche Vereine – dies bedeutete nun nicht, daß in jedem dieser Vereine und in größerem Umfang technikwissenschaftliche Versuche durchgeführt wurden; dies ist bis heute eher eine Ausnahme geblieben. Es bedeutete vielmehr, daß die Förderung des Ingenieurstandes, die Förderung der technischen Wissenschaften und die Förderung der Industrie die Ziele der Vereinsarbeiten waren. Diese hier analytisch voneinander getrennten Ziele waren und sind miteinander verflochten, bedingen sich gegenseitig und wurden von den Vereinen besonders im 19. Jahrhundert als eine komplexe Einheit behandelt.

Diese Ziele sollten durch standes-, bildungs- und technikpolitische Aktivitäten erreicht werden. Dabei hätten die meisten Vereine die Bezeichnung Politik für zahlreiche ihrer Aktivitäten entrüstet abgelehnt. Ging es doch in ihrem Selbstverständnis in Technik, Wirtschaft und Bildungswesen darum, Sachprobleme sachgerecht unter Heranziehung von technischem Sachverstand zu lösen. Behandlung von Standesfragen oder Durchsetzung politischer Interessen waren für die meisten Ingenieure und ihre Organisationen Bereiche, die dem Reich der Technik fremd waren, wo es um das Kalkül, die Erhöhung des Wirkungsgrades und um richtige Problemlösungen ging.

Nach unserem heutigen Verständnis ging es jedenfalls auch um Politik, wobei die Bildungspolitik einen besonderen Stellenwert einnahm. Dahinter stand die Überzeugung, daß technische Bildung unmittelbar der Produktion zugutekomme. Schien doch die deutsche Industrialisierungsgeschichte im 19. Jahrhundert denen Recht zu geben, die vor allem auf das deutsche technische Bildungssystem hinwiesen, um den Aufstieg Deutschlands von einem Nachfolgeland im Industrialisierungsprozeß zu einer der führenden Industriemächte der Welt zu erklären. Eines der wichtigsten Ziele der technischen Vereine war es denn auch, in Deutschland ein System der Ingenieurausbildung zu errichten, das wissenschaftlich hochqualifizierte, aber auch auf die Anforderungen der Praxis möglichst gut vorbereitete Ingenieure in die Industrie entließ. Daß bei dieser Herausbildung des deutschen Systems der Ingenieurausbildung auch durchaus ausbildungsfremde Faktoren, wie die Anpassung an das normsetzende Vorbild der Universitäten und die Bildungsvorstellungen der etablierten politisch-kulturellen Eliten sowie die Statusbedürfnisse von Hochschullehrern und Studenten eine wichtige Rolle spielten, ist bereits vielfach an anderer Stelle herausgearbeitet worden. [V-3.5]

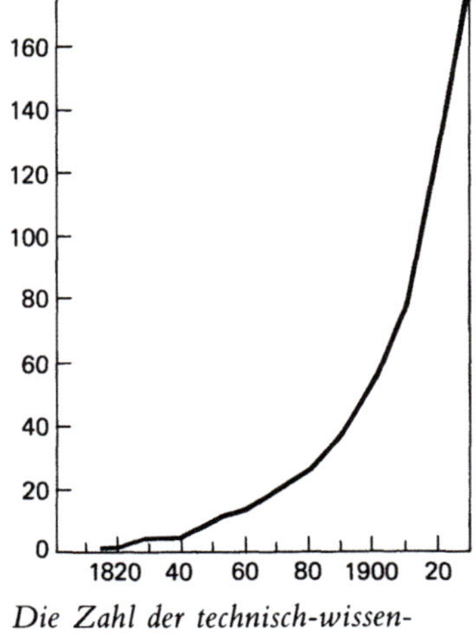

Die Zahl der technisch-wissenschaftlichen Vereine in Deutschland und Österreich von 1815 bis 1930.

Außerdem betrachteten sich die technischen Vereine selbst als große Bildungseinrichtungen. Wenn auch die Zielsysteme der einzelnen Vereine unterschiedlich strukturiert und ihre Möglichkeiten – je nach Größe und Finanzkraft – verschieden waren, so waren die Mittel dieser technischen Bildungsarbeit doch ähnlich: die Veranstaltung von Vorträgen, die Herausgabe einer Vereinszeitschrift und sonstiger Veröffentlichungen, der technische Erfahrungsaustausch in Gremien, die Abhaltung von Tagungen und Seminaren.

Die große Zahl der technischen Vereine verbietet es von selbst, einen Gesamtüberblick oder Hinweise auf die Arbeiten jedes einzelnen geben zu wollen. Stattdessen sollen im folgenden nur die drei größten und wichtigsten Vereine beschrieben werden:

1. Der 1856 gegründete Verein Deutscher Ingenieure (VDI) als der größte und traditionsreichste. Der VDI vertrat immer den Anspruch eines alle technischen Fachgebiete umfassenden Vereins,

wenn er auch – besonders ab 1880 – einen eindeutigen Schwerpunkt im Maschinenbau hatte.

2. Der – unter anderem Namen – 1860 gegründete Verein Deutscher Eisenhüttenleute (VDEh).
3. Der 1893 gegründete Verband Deutscher Elektrotechniker (VDE) und sein Zweigverein, der 1879 gegründete Berliner Elektrotechnische Verein (ETV).

	VDI	VDEh	VDE
1910	24 000	4 600	4 700
1930	30 800	6 600	10 600
1980	75 500	10 000	30 200

Mitgliederzahlen der behandelten technisch-wissenschaftlichen Vereine

Damit werden – wenn man von dem Verband Deutscher Architekten- und Ingenieurvereine, in dem die technischen Beamten organisiert waren, absieht – nicht nur die drei größten Vereine, sondern auch die wichtigsten Industriebranchen angesprochen. Außerdem unterscheiden sich diese Vereine bezüglich der Schwerpunkte ihrer Arbeiten, so daß ein einigermaßen repräsentatives Bild entstehen kann.

Verein Deutscher Ingenieure

Der VDI ging aus dem 1846 gegründeten akademischen Verein „Hütte" hervor, den Studenten des Berliner Gewerbeinstituts gegründet hatten. Neben der Pflege der Geselligkeit sahen sie den Zweck des Zusammenschlusses vor allem in der „gegenseitigen Belehrung" durch wissenschaftliche Vorträge und Diskussionen. Mit dem 1854 erstmals veröffentlichten gleichnamigen Ingenieurtaschenbuch gab die Hütte ein allgemeines technisches Handbuch heraus, das in den folgenden Jahrzehnten eine Vielzahl von Auflagen erlebte.

Junge Absolventen des Gewerbeinstituts, die früher Mitglieder der Hütte gewesen waren, gründeten 1856 den VDI und öffneten ihn für alle deutschen Ingenieure und sonstige mit Technik befaßte Interessenten. Man lehnte sich an die Traditionen der Hütte an, als man die „gegenseitige Anregung und Fortbildung" als Vereinsziel in der ersten Satzung verankerte. Der VDI wollte ein Forum sein für das Gespräch zwischen den einzelnen vertretenen technischen Disziplinen: Maschinenbau, Bautechnik, Hüttenwesen und Chemie, aber auch zwischen Wissenschaft und Praxis, d. h. den Lehrern an den Polytechnischen

Schulen sowie den Industrieingenieuren und schließlich zwischen Jung und Alt. Dieses Ziel sollte nach der ersten Satzung erreicht werden durch:

- Treffen des Gesamtvereins und der Bezirksvereine mit Besichtigungen und Vorträgen,
- die Herausgabe einer Zeitschrift, die es ermöglichen sollte, „den Fortschritten der Industrie zu folgen und technische Fragen zu erörtern",
- die Einrichtung von „Journalzirkeln" und Bibliotheken bei den Bezirksvereinen,
- Preisaufgaben und technische Versuche sowie die
- die Förderung der Publikation von technischen Werken.

An diesen in den Satzungen aufgezählten Mitteln änderte sich im Prinzip nichts bis in die Zeit nach dem Zweiten Weltkrieg.

1879 wurde allerdings die Formel „zur gegenseitigen Anregung und Fortbildung" wieder aus der Satzung gestrichen. Damit hob man diese Schwerpunktsetzung auf, die der Praxis der Vereinsarbeiten nicht entsprochen hatte. Mittlerweile waren die jungen Gründungsmitglieder in Leitungsfunktionen der Industrie aufgestiegen, und es waren dem Verein auch zahlreiche Unternehmer und Manager beigetreten. Man orientierte sich nun eher an dem Ziel der mittelbaren Förderung der Industrie über Technik, Wissenschaft und Bildung. Bis zur Jahrhundertwende standen die Hauptversammlungen und die Vereinszeitschrift, in der die dort gehaltenen Vorträge publiziert wurden, im Zentrum der Vereinsarbeiten. Besonders dem Direktor des Vereins, Franz Grashof (1826–1893), Lehrer an der Gewerbeakademie und später Maschinenbauprofessor am Karlsruher Polytechnikum, war es zu verdanken, daß die Zeitschrift des VDI das wichtigste allgemeine technische Fachorgan in Deutschland wurde. Abgesehen von der Berichterstattung über das Vereinsleben enthielt die Zeitschrift technisch-wissenschaftliche Beiträge aus allen Bereichen der Technik, die häufig hervorragend bebildert und mit Zeichnungen ausgestattet waren. Immer häufiger wurden auch Berichte über Forschungsarbeiten aufgenommen. Die Bedeutung der Zeitschrift für den Verein geht auch daraus hervor, daß ihre Kosten noch um 1920 mehr als die Hälfte des Gesamtetats umfaßten. Die Mitglieder erhielten die Zeitschrift unentgeltlich, die Auflage war aber zeitweise um 50% höher als die Mitgliederzahl, was die allgemeine Anerkennung in der technischen Fachwelt dokumentiert. [V-4.2]

In die Reihe der „literarischen Unternehmungen" des Vereins als „große Unterrichtsanstalt", wie es in einer späteren Verlautbarung

Zeitschrift

des

Vereins deutscher Ingenieure.

Redigirt

vom Director des Vereins

F. Grashof,

Director des Königl. Aichungs-Amts,

Lehrer der Mathematik und Mechanik am Königl. Gewerbe-Institut
in Berlin.

Erster Jahrgang.

1857.

Mit 27 lithographirten Tafeln.

Berlin.

Selbstverlag des Vereins.

Commissions-Verlag von Rudolph Gaertner.

(Amelang'sche Sortiments-Buchhandlung.)

Der Verein deutscher Ingenieure wurde 1856 als eine Vereinigung für ganz Deutschland gegründet. Er setzte damit ein deutliches Zeichen für die grenzüberschreitende Bedeutung von technischem Schaffen in den damals noch politisch zersplitterten deutschen Staaten. In der „Zeitschrift des Vereins deutscher Ingenieure" trat er immer wieder für die verschiedenen Belange der Technik und ihrer Ingenieure ein.

hieß[2], gehören seit 1901 die Forschungshefte, die etwa zwölfmal im Jahr erschienen. In diesen Forschungsheften wurden Ergebnisse von Untersuchungen publiziert, die an den seit den 1890er Jahren an den Technischen Hochschulen entstandenen Maschinenbaulaboratorien durchgeführt worden waren. Einer der Protagonisten dieser Maschinenbaulaboratorien, der Stuttgarter Maschinenbauprofessor Carl von Bach (1847–1931), war der Initiator der Forschungshefte. 1909 kam noch das Jahrbuch „Beiträge zur Geschichte der Technik und Industrie“ – später unter dem Namen „Technikgeschichte“ – dazu. Bei den in dieser Zeit relativ wenigen vom Verein geförderten Buchpublikationen erlebte man auch einen ausgesprochenen Reinfall. Seit 1899 bemühte man sich, ein dreisprachig angelegtes technisches Lexikon zu erarbeiten, was aber am fehlenden Know-how scheiterte. Als man 1910 das Vorhaben definitiv aufgab, mußte man fast eine halbe Million Reichsmark abschreiben.

In der Zeit zwischen Jahrhundertwende und Erstem Weltkrieg begannen Bestrebungen, die allgemeine technische Bildungsarbeit des Vereins durch spezifische Fortbildungsaktivitäten zu ergänzen. Nunmehr gab es erstmals einzelne Stimmen, die die Weiterbildung für wichtiger hielten als die eigentliche Hochschulausbildung[3]. Im Jahre 1908 gründete der VDI zusammen mit anderen Vereinen und Verbänden den „Deutschen Ausschuß für das technische Schulwesen“ (DATSCH), der sich die Aufgabe stellte, aufbauend auf eine Analyse der verschiedenen Arten von technischen Schulen, zu gemeinsamen bildungspolitischen Empfehlungen und Stellungnahmen zu gelangen. An den Verhandlungen nahmen Vertreter von Hochschulen, Industrie und Staatsverwaltung teil, wobei sich der Ausschuß, dem 1914 schon 25 Mitgliedsverbände und 1930 über 50 Mitgliedsverbände angehörten, in erster Linie als Vertreter der industriellen Praxis verstand. Zur Weiterbildung formulierte er 1912 folgenden Leitsatz: „Die Hochschule kann keine fertigen Ingenieure liefern; die Weiterbildung nach dem Studium muß sich der Ausbildung auf der Hochschule in zweckmäßig organisierter Form anschließen. Die Studierenden sind darauf aufmerksam zu machen, daß sie die ersten Jahre der praktischen Tätigkeit als Ausbildungsjahre zu betrachten haben“[4]. Damit war ein Thema angeschlagen, das bis zur Gegenwart in ähnlicher Weise immer wieder ertönt. Und wie man sich damals zu keinen konkreten organisatorischen Empfehlungen durchringen konnte, übertreffen auch heute die Worte die Taten bei weitem. [V-3.6.1]

Erste konkrete Weiterbildungsangebote im Bereich einzelner VDI-Bezirksvereine hatte es schon seit 1905 in Form von zahlreichen Einzelvorträgen und einigen Weiterbildungskursen für wirtschaftliche und soziale Fragen gegeben. Mit diesen Aktivitäten der Bezirksvereine wurde der VDI in eine jahrelange Auseinandersetzung gedrängt, ob diese Themen unter die Vereinsaufgaben zu subsumieren seien. Die „Progressiven", die sich für eine vorsichtige, sachliche Behandlung dieser Fragen aussprachen, setzten sich schließlich durch. Seit 1908 erschien ein Beiheft „Technik und Wirtschaft" zur Zeitschrift des VDI, das später eine selbständige Zeitschrift und ein inhaltlicher wie wirtschaftlicher Erfolg wurde.

Bezüglich dieser wirtschaftlichen und sozialen Fragen stellte man große Defizite bei den Ingenieuren fest, die man durch Weiterbildung, aber auch durch einen Einbau solcher Elemente in das Ingenieurstudium beheben wollte. Die eigentlichen Ziele dieser Bestrebungen waren, daß man einerseits die Ingenieure für Führungspositionen in der Industrie besser qualifizieren, andererseits ihnen einen mit den Juristen gleichberechtigten Zugang zur höheren Verwaltungslaufbahn eröffnen wollte, was trotz jahre- und jahrzehntelanger Bemühungen erfolglos blieb. Außerdem entstanden in diesem Zeitraum einschlägige private und öffentliche Weiterbildungsinstitutionen, die sich unmittelbar an Ingenieure wandten [5].

In Gemeinschaft mit einzelnen Technischen Hochschulen organisierte der VDI seit 1909 auch fachliche Fortbildungskurse oder gab Zuschüsse dafür. Diese Initiativen wurden von manchen Bezirksvereinen häufig gemeinsam mit der lokalen Industrie aufgegriffen. Pläne, diese Weiterbildungskurse zu Dauereinrichtungen zu machen, scheiterten aber, als der Erste Weltkrieg ausbrach. Als 1929 von VDI und der TH Darmstadt diese Vorkriegstradition wieder aufgegriffen wurde, blieb dies eine Ausnahme. Das grundsätzliche Plädoyer des Darmstädter Maschinenbauprofessors Enno Heidebroek (1876–1955) im Jahre 1926, in dem dieser die Vorzüge längerer Kurse gegenüber Abendveranstaltungen betonte [5], fand kein Echo.

Blieben so organisierte Weiterbildungsaktivitäten in den klassischen Ingenieurdisziplinen eher die Ausnahme, so waren entsprechende Ansätze in einer neuen, nach dem Ersten Weltkrieg schnell an Bedeutung gewinnenden technischen Disziplin erfolgreicher: in der Produktionstechnik. Noch im Ersten Weltkrieg waren in einzelnen Bezirksvereinen des VDI Ausschüsse für Betriebsorganisation gegründet worden. 1920 wurden diese Aktivitäten in loser Form in einer „Arbeitsgemeinschaft Deutscher Betriebsingenieure" zusammengefaßt. In kurzer Zeit entstand ein Geflecht von Organisationen, die sich mit Fragen der Betriebsorganisation und der Rationalisierung beschäftigten. Am wichtigsten waren das 1921 gegründete Reichskuratorium für Wirtschaftlichkeit sowie der 1924 entstandene Reichsausschuß für Arbeitszeitermittlung. Alle diese Organisationen veranstalteten planmäßig Fortbildungskurse, um Techniken der rationellen Betriebsführung weiterzugeben.

In der Zwischenkriegszeit nahmen die allgemeinen Aktivitäten des VDI sowohl qualitativ wie auch quantitativ zu. In den 1920er Jahren kamen zu den alljährlich stattfindenden Hauptversammlungen zwischen 800 und 2500 Teilnehmer. Dabei hatten diese Hauptversammlungen meist einen fachlichen Schwerpunkt. Außerdem begann der VDI auch, spezielle Fachtagungen – bis zu 20 im Jahr – mit hunderten und sogar mehreren tausend Teilnehmern zu veranstalten. Höhepunkte waren eine Eisenbahntagung 1924 in Berlin mit über 5000 und eine Werkstofftagung 1927 in Berlin mit über 8000 Hörern. Hunderttausende von Besuchern kamen zu den größten vom Verein veranstalteten Ausstellungen. Auch hier waren die gemeinsam von Reichsbahn und VDI 1924 in Berlin und Seddin veranstaltete eisenbahntechnische Ausstellung mit 370000 Besuchern und die vom VDI, VDEh, der Deutschen Gesellschaft für Metallkunde und dem Zentralverband der deutschen Elektrotechnischen Industrie getragene Werkstoffschau 1927 in Berlin mit 235000 Besuchern die Spitzenreiter.

Diese Ausstellungen richteten sich an die breite Öffentlichkeit. Für die Kommunikation unter den Ingenieuren blieben weiterhin die in den Bezirksvereinen veranstalteten Vorträge wesentlich. Um 1930 fanden in jedem Jahr etwa 1000 Vorträge statt. Eine Analyse der in den Bezirksvereinen zwischen 1918 und 1930 gehaltenen Vorträge [6] zeigt, daß davon 60% fachlicher Art waren. Wiederum ein Viertel von diesen betrafen wirtschaftliche Fragen. Weitere Renner waren der Maschinenbau und die Verkehrstechnik, was bei der Schwerpunktsetzung des VDI nicht verwundern kann. Die Zahl der Bezirksvereinsveranstaltungen, fachlichen Arbeitskreise und allgemeinen Vortragsveranstaltungen stieg nach dem Zweiten Weltkrieg noch einmal stark an. Um 1960 kann man von etwa 3000 Veranstaltungen im Jahr, 1980 von etwa 4500, die von nahezu 200000 Teilnehmern besucht wurden, ausgehen.

Nur aufgezählt werden können hier einzelne Bildungsmittel, die der VDI neu entwickelte: Der VDI vergab Reisestipendien an Studenten und Wissenschaftler; Bezirksvereine organisierten außerdem Studienreisen für ihre Mitglieder. Das Ziel dieser Reisen waren vorzugsweise die USA, die mittlerweile Großbritannien als führende technisch-industrielle Macht abgelöst hatten. 1906 richtete der VDI in seinem Berliner

Der Verein Deutscher Ingenieure förderte die technische Bildung nicht nur durch Tagungen und Veröffentlichungen, sondern schuf auch in der umfangreichen Bibliothek des Vereins ein Zentrum der Bildungsarbeit.

Ingenieurhaus eine technische Bibliothek ein. Dieses Angebot fand großen Zuspruch; so wurden im Jahre 1928 mehr als 10000 Benutzer gezählt. Im Zweiten Weltkrieg ging die gesamte Bibliothek verloren, wurde aber nach dem Krieg in noch größerem Umfang wieder aufgebaut. Allerdings ist die frühere Bedeutung als technisches Informationszentrum nicht wieder erreicht worden. In der Zwischenkriegszeit baute der VDI auch eine Auskunftsstelle auf, die Ende der 1920er Jahre bis zu 6000 unentgeltliche Auskünfte im Jahr gab. In Rundfunksendungen über technische Themen versuchte der VDI, breite Bevölkerungskreise zu erreichen. Mit der Lehrlingsausbildung beschäftigte sich vor allem der Deutsche Ausschuß für das technische Schulwesen. Seit 1920 entwickelte er Lehrgänge und Lehrmittel und richtete 1921/22 sogar eine Versuchsschule in Berlin ein. In diesem Bereich haben die technischen Vereine ihre damaligen Kompetenzen inzwischen völlig zugunsten der Sozialpartner und des Staates verloren. Der Deutsche Ausschuß für das technische Schulwesen übernahm 1932 auch die vom Deutschen Verband technisch-wissenschaftlicher Vereine 1922 gegründete technisch-wissenschaftliche Lehrmittelzentrale, die besonders Dia-Reihen zur Technik für das allgemeinbildende Schulwesen herstellte.

Erst nach dem Ersten Weltkrieg weitete der VDI seine publizistische Tätigkeit wesentlich aus. Das äußere Zeichen hierfür war die Gründung einer eigenen VDI-Verlagsabteilung im Jahr 1918, während man vorher vorzugsweise mit dem Verlag Julius Springer zusammengearbeitet hatte. Nach der Lösung der letzten vertraglichen Verpflichtungen mit Springer wurde diese Verlagsabteilung 1923 in die VDI-Verlag GmbH umgewandelt. Zwischen 1918 und 1936 wurden 6 neue Zeitschriften begonnen. Erst ab 1925 begann mit 12 Titeln im Jahr auch eine Buchproduktion in größerem Umfang; 1939 erschienen 60 Bücher, im Zeitraum zwischen 1924 und 1944 insgesamt 700. Heute gibt der VDI-Verlag 12 verschiedene Zeitschriften heraus und hat etwa 2400 lieferbare Buchtitel im Programm.

Die Bedeutung der Zeitschrift des VDI ging zurück, als 1921 die VDI-Nachrichten gegründet wurden und die Funktion des Vereinsorgans übernahmen, das allen Mitgliedern regelmäßig zugestellt wird. Im Jahre 1927/28 hatten die VDI-Nachrichten eine Auflage von 35 000, die Zeitschrift von 25 000 und alle anderen Periodika zusammen von 20 000. Die Zeitschrift konnte sich nun stärker auf fachlich-wissenschaftliche Artikel konzentrieren. Bis 1977 als Zeitschrift für die gesamte Technik fortgeführt, wurde sie danach Fachzeitschrift für Maschinenbau und Metallbearbeitung.

In der jüngsten Vergangenheit erlebte der VDI-Verlag eine kollosale Expansion. In den Jahren 1984 und 1985 verdoppelte sich sein Umsatz auf 60 Millionen Mark. Dies hing in erster Linie mit der Ausweitung des Anzeigenteils der VDI-Nachrichten und des angeschlossenen Magazins zusammen, welche am Gesamtumsatz einen Anteil von 50% hatten. 1985 betrug die Verkaufsauflage der VDI-Nachrichten etwa 120 000 Stück.

Die Weiterbildung der Ingenieure – jetzt auch explizit als Vereinsaufgabe in der Satzung verankert – wurde mit der Gründung des VDI-Bildungswerks 1957/58 erstmals fest institutionalisiert. Die Lehrgänge des VDI-Bildungswerks haben eine begrenzte Teilnehmerzahl; sie bestehen aus Vorträgen, Übungen und Vorführungen. 1985 fanden 214 Veranstaltungen mit etwa 7500 Teilnehmern statt. In den ersten 20 Jahren des Bestehens des Bildungswerks besuchten 110 000 Teilnehmer insgesamt 2600 Lehrveranstaltungen. Einige Lehrgänge wurden sogar über das Fernsehen ausgestrahlt.

Verein Deutscher Eisenhüttenleute

Die Gründung des „Technischen Vereins für Eisenhüttenwesen" 1860 durch Industrielle und leitende Manager vor allem aus dem Rheinisch-Westfälischen Montanrevier hing mit zeitgenössischen Strukturproblemen dieses Industriezweigs zusammen: In Deutschland war der

In eigenen Lehrlingswerkstätten und Schulen – wie hier in der Charlottenburger Arbeitsschule von 1922 – versuchten Betriebe, die Ausbildung selbst zu übernehmen.

Umstellungsprozeß von der kleingewerblichen Eisen- und Stahlerzeugung auf der Basis von Holzkohle hin zu großindustriellen Produktionseinheiten auf der Basis von Mineralkohle noch im Gang. Außerdem stand die deutsche Eisen- und Stahlindustrie unter starkem, besonders britischem, Konkurrenzdruck. Das Ziel des Technischen Vereins bestand darin, durch Erfahrungsaustausch auf mehrmals im Jahr stattfindenden Vortrags- und Ausspracheabenden wirtschaftliche und technische Fortschritte zu initiieren. 1862 trat man als technisch-industrieller Zweigverein dem VDI bei. Wegen seiner relativen Größe konnte dabei der Technische Verein eine gewisse Selbständigkeit bewahren. 1880 trennte man sich aber wieder vom VDI, weil dieser den in ihn gesetzten Erwartungen nicht entsprach und auch nicht entsprechen wollte. Einerseits hatte die Zeitschrift des VDI den Fragen des Eisenhüttenwesens nicht den erwarteten Stellenwert eingeräumt. Andererseits – und dies war der wichtigste Trennungsgrund – hatte sich die Mehrheit im VDI gegen die Behandlung handels- und zollpolitischer Fragen ausgesprochen. Eine Agitation zugunsten der in dieser Zeit gefährdeten Schutzzölle für die deutsche Eisenindustrie bildete aber einen der wichtigsten Interessenpunkte des Technischen Vereins. Schließlich ging es noch um einen Eintritt in den Centralverband Deutscher Industrieller, der vom VDI abgelehnt, vom Technischen

Verein, der personell stark mit dem Verein Deutscher Eisen- und Stahlindustrieller verflochten war, angestrebt und nach der Trennung vollzogen wurde.

Im Vergleich zum VDI nahmen im jetzt zum VDEh umbenannten Verein wirtschaftliche Fragen einen größeren, die Fortbildung der Mitglieder einen eher geringen Stellenwert ein. Inhaltlich umfassen diese Weiterbildungsaktivitäten naturwissenschaftliche, technische, wirtschaftswissenschaftliche und gesellschaftswissenschaftliche Themen. In der Satzung von 1880 war erstmals von einer Hebung des „geistigen Verkehrs unter den Mitgliedern" die Rede; 1934 zählte man unter den Vereinszwecken die „wissenschaftliche und technische Anregung und Förderung der Mitglieder" auf. Unabhängig von dieser – eher untergeordneten – Zielformulierung in den Satzungen mußten die technischen und wirtschaftlichen Verhandlungen quasi als Sekundäreffekt auch die Weiterbildung der Teilnehmer fördern. Die unregelmäßigen allgemeinen Zusammenkünfte wandelte man seit 1912 in eine jährliche Hauptversammlung um, die man später Eisenhüttentag nannte. Sie war eine Mischung von wirtschaftlich-politischem Forum und Fachtagung. Die eigentliche Facharbeit wurde vor allem in den von den Eisenhüttenwerken getragenen Kommissionen und Fachausschüssen geleistet.

Den Kristallisationskern des Vereins bildete aber die 1881 erstmals erscheinende Zeitschrift „Stahl und Eisen", die auch das offizielle Organ des Verbands Deutscher Eisen- und Stahlindustrieller war. In erster Linie brachte „Stahl und Eisen" Abhandlungen über betriebsnahe Probleme des Eisenhüttenwesens. Als führende deutschsprachige Fachzeitschrift hat „Stahl und Eisen" heute weite internationale Verbreitung gefunden; unter den Abonnenten haben die Mitglieder nur noch einen Anteil von etwa 50%. Durch die Gründung des Verlags Stahleisen 1908 wurde die Zeitschrift vom VDEh in eigene Regie übernommen. Neben der Zeitschrift gaben der VDEh sowie der Verlag Stahleisen auch einzelne Bücher heraus. Davon ist die 1889 erstmals und seitdem in mehreren Auflagen erschienene „Gemeinfaßliche Darstellung des Eisenhüttenwesens" besonders zu erwähnen. Eine Entlastung für die Zeitschrift „Stahl und Eisen" bildete 1927 die Herausgabe des Archivs für das Eisenhüttenwesen (seit 1985: Steel Research), in dem vor allem Abhandlungen aus der Grundlagenforschung enthalten sind. Heute erscheinen im Verlag Stahleisen vier Zeitschriften und etwa 15 Bücher im Jahr [V-4.2].

Durch die Einstellung eines Bibliothekars wurden 1905 die vorher ungeordneten Bücherbestände in eine öffentliche Fachbibliothek umgewandelt. 1914 zählte man bereits 5500 Besucher jährlich, 1934 wuchs die Zahl auf 10500 im Jahr. Heute enthält diese Bibliothek, die keine Kriegsverluste erlitt, etwa 40000 Monographien und 60000 Zeitschriftenbände sowie Patentschriften zum Eisenhüttenwesen. Die 1921 begonnene bibliographische Dokumentation hat bis heute zu einem Bestand von über 1 Million Titeln geführt.

1926 wurde im VDEh eine Praktikantenstelle eingerichtet, die zwei- bis dreijährige Praktika im Anschluß an das Hochschulstudium anbot. Diese Einrichtung konnte aber wegen der Weltwirtschaftskrise nur einige Jahre aufrecht erhalten werden. In der Zeit zwischen 1926 und 1930 vermittelte der VDEh darüber hinaus Arbeitsaufenthalte in den USA.

Der VDEh engagierte sich auch auf dem Gebiet der Bildungspolitik, wenn auch wegen der fachlichen Begrenzung seines Interessengebiets in weniger spektakulärer Weise als der VDI. Der Schwerpunkt seines Engagements war das Studium der Eisenhüttenkunde. Die eher geräuschlose, aber besonders effiziente enge Zusammenarbeit mit Professoren des Eisenhüttenwesens diente vor allem dem Ziel, das Studium möglichst praxisnah zu gestalten. Dazu kommen im Bereich der allgemeinbildenden Schulen Berufsinformationen für Schüler und die Erstellung von Materialien für den naturwissenschaftlichen Unterricht. [V-3.3]

Im Mittelpunkt der gegenwärtigen Arbeit des VDEh stehen vorbereitende Diskussionen für Normierungen und Maßnahmen der Forschungsförderung und der Forschungskoordination. Diese Arbeiten werden in erster Linie in den Fachausschüssen geleistet, denen teilweise mehr als 100 Mitglieder angehören. Dort werden Forschungsprobleme diskutiert und gegebenenfalls Forschungsanträge erstellt, die häufig mit Hilfe von Drittmitteln in verschiedenen Forschungsstätten durchgeführt werden. Heute verfügt der VDEh, der sich 1917 wesentlich an der Gründung des Kaiser-Wilhelm-Instituts für Eisenforschung beteiligte, im 1968 gegründeten Betriebsforschungsinstitut über eine eigene Forschungsstätte. Hier werden vor allem produktions- und verfahrensorientierte Forschungen geplant und geleitet. Darüber hinaus sind die Fachausschüsse als Zentren des technisch-wissenschaftlichen Erfahrungsaustauschs häufig Initiatoren von Tagungen, Seminaren, Kolloquien und Kongressen.

Ein eigener Fachbereich für die Weiterbildung von Fach- und Führungskräften der Eisen- und Stahlindustrie auf technischem und nichttechnischem Gebiet wurde in den 1970er Jahren ins Leben gerufen. Die Aktivitäten dieses Fachbereichs sind vielfältig und reichen von Seminaren über Berichtsreihen bis zu Regionalveranstaltungen, Kontaktstudien, Lehrgängen, Tagungen und Aufbaustudien. Zwischen 1980 und 1985 sind etwa 80 Seminare mit 2000 bis 2500 Teilnehmern pro Jahr durchgeführt worden.

Verband Deutscher Elektrotechniker

Der VDE wurde 1893 als Zusammenschluß bereits existierender elektrotechnischer Vereine gegründet und hat diese föderale Struktur bis heute bewahrt. Der älteste und bedeutendste dieser Regionalvereine war der von Werner Siemens (1816–1892) und dem Generalpostmeister des Reiches, Heinrich Stephan (1831–1897), 1879 gegründete Berliner Elektrotechnische Verein (ETV). Das große Verdienst dieses Vereins lag darin, daß er von Anfang an ausdrücklich auch die noch kaum entwickelte, aber zukunftsträchtige Starkstromtechnik in seine Aktivitäten einbezog. In der Satzung wurden besonders der wissenschaftliche Gedanken- und Erfahrungsaustausch hervorgehoben, aber auch gewerbliche Zielsetzungen erwähnt.

Die berufs-, technik- und wirtschaftspolitischen Aktivitäten gingen dann verstärkt auf den VDE über, der für bestimmte Fragen Kommissionen einsetzte. Auf nachrichtentechnischem Gebiet bildete der VDE hierbei eine Art Gegengewicht der industriellen Praxis zum Postmonopol. Eine besondere Bedeutung gewannen in der Vereinsarbeit die Erstellung von VDE-Vorschriften für die Regulierung der technischen Praxis. So machte die Gefährlichkeit des Starkstroms die Fixierung von Sicherheitsanforderungen notwendig. 1919 richtete der VDE eine Prüfstelle ein, um elektrische Geräte auf Funktionsfähigkeit und Sicherheit zu prüfen. Die anfänglich intendierte wirtschaftspolitische Tätigkeit übernahmen nach der Jahrhundertwende die inzwischen gegründeten Verbände der elektrotechnischen Industrie.

Als Vereinsorgan wählte der Elektrotechnische Verein die seit 1880 beim Verlag Julius Springer erscheinende „Elektrotechnische Zeitschrift". 1894 wurde sie auch Organ des VDE. Bereits im Erscheinungsjahr erreichte sie eine Verkaufsauflage von 2250 Exemplaren. Vereinsmitglieder konnten die Zeitschrift verbilligt beziehen, aber ihre Verkaufszahlen bewegten sich immer weit oberhalb der Mitgliederzahlen. 1909 kamen Buchpublikationen des VDE hinzu, wobei besonders die verdienstreiche Statistik der Deutschen Elektrizitätswerke erwähnt werden soll. Mit dem 1913 erschienenen Archiv für Elektrotechnik, das verstärkt wissenschaftliche Arbeiten abdruckte, wurde die Elektrotechnische Zeitschrift entlastet. Die Ausweitung der

Zur selben Zeit, als sich die Elektrotechnik als ein eigenständiges Fach innerhalb der Ingenieurwissenschaften zu etablieren begann, entstand in Deutschland der Elektrotechnische Verein, zu dessen Gründung sich im Dezember 1879, auf Einladung Werner von Siemens, Vertreter aus Wissenschaft, Technik und Wirtschaft zusammenfanden. Seinen ersten bedeutenden Beitrag für die Entwicklung der Elektrotechnik leistete dieser Verein bei der Schaffung eines internationalen elektrischen Maßsystems.

publizistischen Aktivitäten des Vereins mündete 1929 in die Gründung der ETZ-Verlag GmbH.

Neben den auch in anderen Vereinen üblichen publizistischen Aktivitäten sowie den Jahresversammlungen, Kommissions- und Ausschußarbeiten entfalteten der VDE und seine Zweigvereine ein besonders reichhaltiges Weiterbildungsangebot für Ingenieure, Techniker und Handwerker. Im Gegensatz zu anderen Ingenieurvereinen nahm der VDE alle mit der Elektrotechnik unmittelbar Befaßten auf, schränkte seine Mitgliedschaft also nicht wie der VDI auf Hochschul- und Mittelschulingenieure bzw. – in heutiger Terminologie – Absolventen der Universitäten und Fachhochschulen ein. So unterstützte der VDE die 1889 gegründete Elektrotechnische Lehr- und Unterrichtsanstalt des Physikalischen Vereins zu Frankfurt a. M., die der elektrotechnischen Fortbildung von Mechanikern und Schlossern diente. 1910 wurden Leitsätze für die Abhaltung von Fortbildungskursen für Starkstrommonteure verabschiedet. 1914 plante der Hauptverein erstmals einen Hochspannungsfortbildungskurs für Mitglieder, der aber wegen des Kriegsausbruchs nicht zustande kam.

Die eigentlichen Träger der fachlichen Weiterbildung waren die regionalen Vereine, was hier am Beispiel des Berliner Elektrotechnischen Vereins ausgeführt wird. Neben den bei den allgemeinen Treffen und in den Fachausschüssen gehaltenen Vorträgen organisierte der ETV seit 1906 technische Besichtigungen, zum Beispiel der städtischen Verkehrsbetriebe. In den 1890er Jahren unterstützte der ETV den elektrotechnischen Unterricht an den Berliner städtischen Handwerkerschulen und bemühte sich seit 1916, auf Schulbuchautoren einzuwirken, um die Elektrotechnik in deren Werken sachrichtig darzustellen.

Das eigentliche Weiterbildungsangebot des ETV wandte sich an alle einschlägigen Berufsgruppen vom Elektroinstallateur bis zum Diplom-Ingenieur und bestand in Vortragsreihen für Praktiker, die diese mit den Fortschritten auf den einzelnen Teilgebieten der Elektrotechnik vertraut machen sollten. Daneben veranstaltete man eine allgemeine Vortragsreihe für Hochschulabsolventen, die man seit 1920 mit der TH Berlin durchführte. Einer der frühen Vorträge beschäftigte sich beispielsweise mit dem Eindringen der Faraday-Maxwellschen Vorstellungen in die Elektrotechnik. Eine Reihe bestand im Durchschnitt aus 8 Vorträgen und wurde von etwa 200 bis 300 Hörern besucht. Einige dieser Vortragsreihen wurden auch in Buchform veröffentlicht. Seit 1920 veranstaltete man dann auch Vortragsreihen für Hörer mit Fachschulbildung und seit 1922 für Elektroinstallateure. Diesen Vortragsreihen waren seit 1912 schon Fortbildungskurse für Elektroinstallateure vorausgegangen. Jährlich wurden 3 bis 4 Kurse mit etwa 30 bis 35 Teilnehmern abgehalten. Insgesamt gesehen besaßen die Bildungsaktivitäten im ETV einen viel größeren Stellenwert als im VDE.

Zusammenfassung

Die seit der Mitte des 19. Jahrhunderts entstandenen technischen Vereine bemühten sich um die Förderung von Technik und Wissenschaft sowie der Ingenieure und Techniker. Die direkten und indirekten Bildungsaktivitäten spielten in allen Vereinen eine – wenn auch im Umfang unterschiedliche – Rolle. Für diese Bildungsaktivitäten kann man drei historische Phasen unterscheiden:

1. Bis zur Wende vom 19. zum 20. Jahrhundert standen die Herausgabe der Vereinszeitschrift sowie die Treffen der Vereinsmitglieder mit Vorträgen und Diskussionen im Zentrum der Vereinsaktivitäten.

2. In der Zeit zwischen Jahrhundertwende und dem Zweiten Weltkrieg kam es zu einer enormen Verbreiterung der Aktivitäten aller technischen Vereine. Publizistik und Information, Gremienarbeit und Vortragswesen wurden ausgebaut und differenziert. Hinzu kamen erstmals gezielte Weiterbildungsmaßnahmen in Form von Kursen, ohne daß diese Ansätze dauerhaft institutionalisiert wurden. Die Gründe für diesen Ausbau lagen zum einen in dem Wachstum der technischen Vereine selbst, zum anderen in der zunehmenden Beschleunigung des technischen Fortschritts sowie der Differenzierung und Spezialisierung in den Ingenieurwissenschaften. Der Aufstieg Deutschlands zu einer der führenden Industriemächte der Welt und der Ausbau eines differenzierten Ingenieurausbildungssystems hatten die Zahl der Ingenieure und damit auch die Mitgliederzahlen der technischen Vereine vergrößert, womit eine finanzielle Basis für eine Erweiterung der Vereinsaktivitäten geschaffen wurde. Die Erkenntnisfortschritte sowie die Differenzierung und Spezialisierung der Ingenieurwissenschaften führten dazu, daß der als Spezialist ausgebildete Absolvent im Beruf ständig dazulernen mußte.

3. Nach dem Zweiten Weltkrieg wurde das gesamte Spektrum der Vereinsaktivitäten weiter ausgebaut. Jetzt wurden auch Weiterbildungsaktivitäten der Vereine dauerhaft institutionalisiert. Dafür können die gleichen Gründe wie in der Zeit vor dem Zweiten Weltkrieg aufgeführt werden: Zunehmend schnellere Veraltung des technischen Wissens, weiter zunehmende Spezialisierung, wobei sich heutzutage auch Gegentendenzen entwickeln. Eine Institutionalisierung der Weiterbildung wurde um so dringender, als sich diese allmählich von der Freizeit in die Arbeitszeit verlagerte. Sie wurde weniger als individuelle Aufgabe des einzelnen Ingenieurs angesehen, sondern als eine Verpflichtung des Betriebs.

Der Umfang, in dem die technischen Vereine durch unmittelbare und mittelbare Bildungsmaßnahmen den innerbetrieblichen wie den staatlichen Bildungsbereich entlastet haben, ist weder für die Gegenwart noch für die Vergangenheit exakt anzugeben. Doch sollten die Aufzählung der in diesen Bereich zu rechnenden Aktivitäten und die Nennung einiger Zahlen einen Eindruck von den Größenordnungen gegeben haben, mit denen hier zu rechnen ist.

Literaturnachweise

1 *Lundgreen*, Peter: Technisch-wissenschaftliche Vereine zwischen Wissenschaft, Staat und Industrie, 1860–1914. Umrisse eines Forschungsfeldes. In: Technikgeschichte 46, 1979, S. 181
2 *Ludwig*, Karl-Heinz/*König*, Wolfgang (Hrsg.): Technik Ingenieure und Gesellschaft. Geschichte des Vereins Deutscher Ingenieure 1856–1981. Düsseldorf 1981, S. 320
3 Deutscher Ausschuß für das technische Schulwesen. (Hrsg.): Abhandlungen und Berichte über technisches Schulwesen. Bd. 4. Leipzig/Berlin 1912, S. 83 ff. (DATSCH-Leitsatz S. 87)
4 Vgl. 3.
5 Vgl. 3. Bd. 4., S. 93–98 (Liste von Veranstaltungen und Trägern)
6 Vgl. 2., S. 320 f.
7 Vgl. 2., S. 386

Technische Bildung und Ausbildung in Betrieben

Karlwilhelm Stratmann

Der Berufsbildungssektor ist selbst dort, wo Ausbildungs- und Erwachsenenberuf nicht direkt aufeinander bezogen sind, in seiner Struktur wie in seinen Inhalten weit weniger eigenständig als andere Bildungsbereiche. Was der Lehrling an Kenntnissen, Fertigkeiten und Verhaltensweisen erwerben soll, ist auf einen bestimmten Arbeitszusammenhang in Betrieben bezogen. Über lange Epochen der Ausbildungsgeschichte hinweg wurde nur in Anwendungssituationen gelernt. Erst im Laufe des 19. Jahrhunderts entwickelten sich Lernorte – Berufsschule und Lehrwerkstatt – neben solcher arbeitsplatzgebundenen Ausbildung. Aber auch das spiegelt die enge Beziehung von Berufsausbildung und ökonomisch-technischer Entwicklung. Je schneller letztere sich vollzieht, desto größer ist die Gefahr, daß Berufswissen veraltet, daß zu Berufen verfestigte Tätigkeitskomplexe, auf deren Basis sich Erwerbschancen sichern ließen, ihre Stabilität verlieren oder ganz neue Berufe geschaffen werden. So können technische Veränderungen neue Berufe entstehen lassen, weil Tätigkeitskomplexe von bisherigen Berufen abgetrennt und zu neuen verselbständigt werden, und sie können andere vernichten, weil der Markt die berufsspezifischen Leistungen nicht mehr verlangt. Das alles ist nicht erst mit der industriellen Produktion und nicht schicksalhaft heraufgezogen, auch wenn es den Betroffenen so erscheinen mag. Die Berufswelt hat immer einer mehr oder weniger großen Flexibilität unterlegen, selbst wenn der Wandel sich so unmerklich langsam vollzog, daß er hinter dem Generationenwechsel zurückblieb. Stets aber wurden neue Techniken ausprobiert und Produktionsvorteile wahrgenommen und als Wissensbestände an die nachwachsende Generation weitergegeben. Daß die Handwerker sich gegen solche individuelle Vorteilswahrnahme zu wehren versuchten – in der Thorner Zunfturkunde von 1523 heißt es: „Kein Handwerksmann soll etwas Neues erdenken oder erfinden oder gebrauchen" –, macht zwar das Bemühen um eine beruflich-soziale Stabilität deutlich, aber auch das Faktum der Innovation. [V-3.1]

Königreich Württemberg

Stadt Esslingen

Lehrlings-Prüfungs-Zeugniß.

Dem Eugen Wagner geb. den 12. Februar 1866 zu Esslingen Oberamts Esslingen welcher vom Jahr 1872 bis 1880 die Real-Schule in Esslingen und 3 Jahre lang die gewerbl. Fortbildungsschule in Esslingen besucht hat, sowie 3 Jahre lang bei Herrn Wagner gearbeitet hat, um sich für das

Kupferschmied Gewerbe

auszubilden, wird anmit bezeugt, daß er bei der heute vollendeten Lehrlingsprüfung die nachstehenden, den einzelnen Fächern hier unten beigesetzten Zeugnißstufen erhalten hat.

I. Schulbildung.

Deutsche Sprache: a. Lesen
" " b. gewerbl. Aufsatz gut
Rechnen sehr gut
Einfache gewerbl. Buchführung
Naturlehre
Freihand-Zeichnen gut

II. Gewerbelehre.

Werkzeugkunde, Materialkunde } gut
Waarenkunde
Praktische Arbeit sehr gut

Esslingen den 11. Mai 1883

Die Vorstände der Prüfungskommission:

Zur Beglaubigung der Unterschriften der Ortsvorsteher

Zeugnisstufen: genügend – befriedigend – gut – sehr gut.

Der Lehrbrief eines Esslinger Kupferschmiedes aus dem Jahr 1883 zeigt, wie wohlgeordnet damals das gewerbliche Ausbildungswesen war: Nach acht Jahren Realschule besuchte der Lehrling drei Jahre eine gewerbliche Fortbildungsschule und ging gleichzeitig in die Lehre. In der Abschlußprüfung mußte er seine Fähigkeiten in den Lehrfächern und im praktischen Arbeiten unter Beweis stellen.

An der Bewertung wird zugleich das historisch wechselnde Verständnis von Wirtschaft und Beruf deutlich. Gilt wirtschaftliches Tun als Dienst am Nächsten und ist Berufstreue Ausdruck der im Glauben akzeptierten göttlichen Vorsehung, dann erscheint das Arbeitsleben in einem anderen Licht, als wenn dafür die Maßstäbe einer bürgerlichen Gesellschaft mit der für sie maßgeblichen Maxime individuellen Erfolgs angelegt werden. Wo sie gelten, ist das alte Handwerk in Gefahr, und das bedeutet nicht nur eine Produktions-, sondern auch eine Lebensform. Sozial wie rechtlich in Zünften organisiert, waren im Handwerk Arbeiten und Leben räumlich (meist) identisch und aus der Einheit des „ganzen Hauses" heraus sinnhaft durch die Familie be-

„Ich bin weit in der Welt umhergekommen, mein guter Herr Soldat, und weiß, wie Ihr Werber Eure Gimpel fangt." Zur Ausbildung jedes Handwerkersburschen gehörte früher die Wanderschaft von einem Meister zum anderen. Neben mancherlei Gefahren mußten sie sich dabei nicht selten der Werbeversuche des unter ständiger Personalnot leidenden Militärs erwehren.

stimmt. Das macht es verständlich, daß über die technische Ausbildung des Lehrlings nicht isoliert vom Erziehungsauftrag des Meisters gesprochen werden kann. Er war auf diesen kollegialen Lebenszusammenhang bezogen und als Patriarchat zu akzeptieren bzw. zu praktizieren. Das stellt sich bei einem Großbetrieb mit zunehmend entfalteterer Arbeitsteilung und weiter gefächerter Statusdifferenzierung der Beschäftigten[1] völlig anders dar, weshalb sein Betriebsuniversalismus schon bald als „Fabrikfeudalismus" kritisiert wurde. Teilten Lehrling und Geselle als die Haus- und Standesgenossen des Meisters dessen Lebensform, so verstanden sich die Unternehmer als „durch Kapital, Bildung und Intelligenz" ihren Arbeitern überlegen und entwickelten Verhaltensmuster, von denen die Arbeiter ausgegrenzt waren. Der Lehrling im Zunfthandwerk war auch im juristischen Sinne Teil der familia des Meisters, also einer häuslichen Gemeinschaft, und es war sein Ziel, selbst einmal Meister zu werden. Der Lehrling des Industriebetriebes – und damit meint man primär den Großbetrieb, die „Fabrik" – war dagegen zunächst nur „jugendlicher Arbeiter", dem der Aufstieg zum Unternehmer nicht im Traum einfiel. Selbst sein Status war lange unklar [2]. Bis er von dem des Arbeiters auch arbeitsrechtlich abgegrenzt wurde, verging trotz längst etablierter Lehrlingsausbildung in der Industrie viel Zeit. Zwar kam für ihn das Ausbildungsziel „tüchtiger Handwerker" oder „tüchtiger Geselle", das noch die Gewerbeordnung von 1869 generell vorschrieb, nicht mehr in Betracht, aber eine neue Zieldefinition gab es zunächst nicht, auch kein eigenes Ausbildungsrecht neben dem für das Handwerk, weshalb sich die Reichsgewerbeordnung von 1878 mit dem Hinweis behalf, daß die Lehrlingsparagraphen auch dann anzuwenden seien, „wenn die Fabrikarbeiter als Lehrlinge anzusehen sind" [3]. Das Zitat belegt allerdings, daß zwischen „jugendlichem Arbeiter" und „Lehrling" in den Fabriken allmählich ein Unterschied entstand. Mit Hinweis darauf wehrten sich die industriellen Arbeitgeber nachdrücklich, als der preußische Handelsminister 1893 in einem Erlaß vorschlug, „bei Arbeitern unter 17 Jahren, welche mit technischen Hilfsleistungen nicht lediglich ausnahmsweise oder vorübergehend beschäftigt sind", der „Vermutung" zu folgen, „daß sie in einem Lehrverhältnis stehen" [4]. Bei aller Beteuerung, die jugendlichen Arbeiter nur uneigennützig und aus sozialer Verantwortung für sie zu beschäftigen, hätte die Anwendung dieses „Vorschlags" einen massiven Eingriff in die Beschäftigungsstruktur bedeutet. Dieser wäre kaum akzeptiert worden, denn nach einer Befragung von 14 Firmen mit mehr als 1000 Beschäftigten der Eisen- und Stahlindustrie machte die Gruppe der „minderjährigen Arbeiter" noch 1890 im Durchschnitt 25 % aus, bei einem der befragten Betriebe sogar 42 %. So groß aber konnte der Lehrlingsteil nicht sein und werden, weil der Bedarf an „Facharbeitern" – dies der Terminus, der sich seit den 1870er Jahren für den „gelernten" oder auch „Qualitätsarbeiter" durchsetzte – angesichts der Produktionsmittel und -formen jener Zeit weit geringer war. Die Qualifikationsstruktur variierte freilich je nach Branche, und man konnte zum Beispiel in der Maschinenbauindustrie schon früh die Stufung „ungelernt", „angelernt" und „gelernt" einführen bzw. den Lehrling als Vorstufe des Facharbeiters vom „Arbeiter" abgrenzen [5]. In solchen Fällen scheint aber auch ausgeschlossen gewesen zu sein, daß man ohne formal ausgewiesene Lehre vom (Hilfs-)Arbeiter zum Meister aufsteigen konnten. Die Industrie wies hierin, anders als das Handwerk, eine Vielfalt von Qualifikations- und Karrieremustern auf, die erst nach und nach vereinheitlicht wurde.

Zwar kannte auch das Handwerk unqualifizierte Hilfskräfte. Aber es behielt seine Dreistufung Lehrling – Geselle – Meister bei. Selbst die

Einführung der Gewerbefreiheit hat daran nichts geändert, obwohl von Anfang an der Verfall dieser Stufung prophezeit wurde. Hoffnung wie Sorge, daß sich nach Aufhebung des Zunftszwangs die handwerkliche Lebensform mit ihren Traditionen bald auflösen und industriellen Formen rasch Platz machen würde, trafen nicht zu. Die zuerst in Preußen 1810/11 eingeführte Gewerbefreiheit verlangte nach Betriebs- und Marktstrukturen, die sich nur langsam entwickelten. Bis weit ins 19. Jahrhundert hinein blieb das Leitbild des „ehrbaren Handwerks" gültig. Danach begann die Berufstätigkeit mit einer in ihrer äußeren Form eindeutig geregelten Lehre bei einem als Zunftmitglied ausgewiesenen Meister. Nur sie eröffnete den Zugang zum Gesellenstatus, zur Meisterprüfung und schließlich zur Niederlassung oder Übernahme eines Betriebes im Rahmen des Kollegialorgans einer städtischen Zunft. Ihren Regeln der Ehrbarkeit hatte man zu genügen, sowohl in Hinsicht auf die Lebensführung wie in Fragen der Berufsarbeit. Die Gewerbeordnungen mehrerer Staaten enthielten noch im 19. Jahrhundert darüber präzise Angaben und bestätigten die Zunftverfassung als anerkannten Rahmen kollegial bestimmten Lebens und Arbeitens. In ihm verfestigte sich die Ständewelt des Handwerks und gewann symbolische, oft sogar faktische Gewalt über ihn.

Was für sie konstitutiv war, erschien freilich dem auf Rationalität und Fortschritt setzenden Zeitalter der Aufklärung mehr und mehr als lästiger Mißbrauch. „Das symbolische Kapital der Ehre"[6], das die Zünfte hatte stark werden lassen, verbrauchte sich angesichts neuer ökonomischer und politischer Forderungen. Nicht die Ehrbarkeit des Handwerkers, sondern die Fähigkeit, perfekte Arbeit zu leisten, nicht Traditionsbewußtsein, sondern Modernisierung wurden gefordert. Die alteuropäische Ökonomik geriet unter den Druck der auf Wirtschaftlichkeit und Fortschritt setzenden bürgerlichen Gesellschaft. Berufspädagogisch konkretisierte sich das in der Formel, „den rohen Handwerker zum denkenden Künstler zu erheben". Letzterer sollte in der Lage sein, die Regeln der Erfahrungstechnik mit Hilfe wissenschaftlicher Technologie zu verbessern, ja auf Dauer hinter sich zu lassen und so den „Fortschritt zum Bessern" auch auf gewerblichem Gebiet zu fördern. All das aber sprengte die Ganzheitlichkeit der zünftigen Berufserziehung, die primär auf das Prinzip der imitatio majorum gegründet war. Nicht mehr um imitatives Lernen sollte es gehen, sondern um „industrieuses". [V-3.2]

„Die Industrie... ist eine Fähigkeit der Seele, in der das Ziel über die Erzeugnisse und die mechanischen Operationen bestimmt; sie sind die Frucht der Erfindung und nicht einfach der Imitation, der Geschick-

Aufnahmeurkunde des Schreinermeisters Schäffler als Mitglied in den Industrie- und Culturverein von Nürnberg im Jahre 1863.

lichkeit und der Routine wie in den gewöhnlichen Arbeiten der Handwerker. Die Fähigkeiten... der Industrie erfordern zur Perfektion der Tätigkeit (pour en perfectionnes l'exercice) überdies verschiedene Arten der Wissenschaften"[7] heißt es 1765 in der d'Alembert/Diderotschen „Encyclopédie". Gemessen daran verfiel das Handwerk zunehmend schärferer Kritik.

Wenn die staatliche Gewerbepolitik sich die „Hebung der nationalen Industrie" zum Ziel setzte, so schwang darin bei aller Undifferenziertheit des Industrie-Begriffs noch lange der kritische Unterton dem Handwerk gegenüber mit. „Industrie" wird gleichgesetzt mit technischem Fortschritt und einem über Traditionsgrenzen hinausführenden Fortschrittsbewußtsein, eben mit „industrieller Revolution". Dabei traf sie, nicht zuletzt wegen der überkommene soziale Formationen sprengenden Erfindungen und Verfahren (Eisenbahn, Dampfantrieb, Elektrotechnik, chemo-technische Produktion), auch wachsende Zustimmung wie Vorbehalte und Vorurteile. Zu den Besonderheiten der deutschen Pädagogik gehört es, daß sich gerade die negativen Voten im pädagogischen Denken festgesetzt und die bis in die 1950er Jahre fortgeführte Kontroverse „Berufserziehung statt Berufsausbildung" bestimmt haben. Von der „Berufserziehung des Industriearbeiters" zu reden, bedeutete fast ein Sakrileg, wo dieser doch „nur ausgebildet" werde und das lediglich zu Teilvollzügen eines als Ganzheit vorgestellten Berufes. Dies pädagogisch anzuerkennen, hätte sanktioniert, was nicht erst seit der Romantik den Kern des Einwands gegen die Industrialisierung ausmachte: die Bindung nur an ein einziges kleines Bruchstück des Ganzen – wie es Schiller ausdrückte – und damit die Entseelung des Tuns und damit des Menschen. Solche Klagen haben die Entfaltung der industriellen Gesellschaft und den Verfall des ständisch-handwerklichen Selbstverständnisses im Kleingewerbe nicht aufgehalten, aber sie haben doch dazu beigetragen, daß das Handwerk als Leitbild der deutschen Berufserziehung seine Mächtigkeit behielt.

Daraus abzuleiten, daß die Fabriken keine Lehrlinge ausgebildet hätten, wäre falsch [9]. Schon in den Manufakturen des 18. Jahrhunderts gab es Lehrlinge, und warum hätten diese Betriebe darauf verzichten sollen? Allerdings herrschte die handwerkliche Struktur selbst in größeren Unternehmen noch lange vor. Sie ermöglichte es, Handwerksgesellen einzustellen und die eigene Lehrlingsausbildung nicht zu forcieren. Das änderte sich nur langsam [10], wobei der Kontext zu den Jugendarbeitsschutzbestimmungen zu beachten ist, die die Grenzen zwischen „jugendlichem Arbeiter" und „Lehrling" schärfer zogen. Das geschah übrigens nicht immer zum Vorteil der Lehrlinge, die ja laut Gewerberecht „dem väterlichen Schutz des Lehrherrn" unterstanden. Bezeichnenderweise galten die Schutzvorschriften lange nur für Fabriken und Bergwerke, nicht für Handwerk, Landwirtschaft und Hausindustrie, als wenn die Arbeitszeiten und die Folgen der Kinderarbeit dort geringer gewesen wären. Solchen Schutz zu verlangen und zu kodifizieren, zeigt aber an, daß auch der Großbetrieb seinem Lehrling gegenüber nicht nur Ausbildungspflichten einging. Das war ein Thema, das sich als um so bedrängender erwies, als man in den 1880er Jahren besorgt feststellte, daß viele jugendliche Arbeiter nicht mehr bei ihren Eltern, sondern in irgendwelchen Schlafstellen wohnten und somit unbeaufsichtigt waren. Um Abhilfe zu schaffen, sollten in die betrieblichen Arbeitsordnungen auch Vorschriften über das Verhalten der minderjährigen Arbeiter außerhalb des Betriebes aufgenommen werden. Das mit der Lehrlingsfrage in Großbetrieben verknüpfte sozialpädagogische Problem war so bedrängend, daß es sich schließlich in Lehrverträgen widerspiegelt. So hatte der Vater oder Vormund des Lehrlings zu versichern, „den Lehrling zu einem ordentlichen und gesitteten Lebenswandel anzuhalten" und „den Lehrling während der

Elektrotechnischer Unterricht in der Werkberufsschule von Siemens & Halske in Berlin-Siemensstadt in den 20er Jahren unseres Jahrhunderts.
Die alte Art der Handwerkslehre in Fabriken war im Bereich der Siemens-Firmen schon vor der Jahrhundertwende durch besondere Lehrwerkstätten abgelöst worden. Zugleich errichtete man für die theoretische Ausbildung der Lehrlinge eigene Werkschulen in den einzelnen Fabrikationsbetrieben. In Berlin wurden diese Einzelschulen 1932 zu einer gemeinsamen Siemens-Werkschule zusammengefaßt.

ganzen Dauer der Lehrzeit angemessen zu unterhalten und ihm Unterkunft in seiner Familie zu gewähren oder ihm solche in einer geeigneten anderen Familie zu verschaffen". Der Lehrling hatte sich „außerhalb der ... Werkstatt ... eines gesitteten Lebenswandels zu befleißigen..., darf ohne Erlaubniß des Direktors keinem Verein und keiner Gesellschaft beitreten, noch deren Versammlungen oder Vergnügen besuchen. Der Besuch von politischen Versammlungen ist ganz untersagt". Der Betrieb verpflichtete sich dagegen, „den Lehrling in allen im ... Betriebe vorkommenden Arbeiten des von ihm gewählten Gewerbes gründlich unterweisen zu lassen. Die Ausbildung wird nach einem bestimmten Ausbildungsplane in den verschiedenen Werkstätten in der zur Erreichung des Zweckes gebotenen Reihenfolge und Ausdehnung vorgenommen. Zu außerhalb des Bereichs der Ausbildung liegenden Arbeiten und Dienstleistungen soll der Lehrling nicht herangezogen werden"[11]. Natürlich haben nicht alle – und wohl kaum die kleineren Industriebetriebe – so ausgearbeitete Lehrverträge gehabt, aber in den großen Werken scheinen sie sich durchgesetzt zu haben. Von der Firma Krupp in Essen sind schon früh richtungsweisende „Lehrlingsbestimmungen" aus den 1870er Jahren bekannt, ebenfalls von den staatlichen Eisenbahn-Reparaturwerkstätten und aus der Steingutindustrie.

Wie die jüngere historische Jugendforschung gezeigt hat, ist die Anerkennung eines Erziehungsbedarfs für die Lehrlinge Teil der Abgrenzung zwischen ihnen und den Arbeitern, und ihr fügt sich die Beachtung der Ausbildungserfordernisse ein. Dem entspricht es, daß die Ausbildung ihrer Naturwüchsigkeit entkleidet wird und „nach einem bestimmten Ausbildungsplane" erfolgt, der „außerhalb des Bereichs der Ausbildung liegende Arbeiten" nicht mehr zuläßt. Nicht Lernen durch Mitarbeit und in deren Zufälligkeit, sondern geplantes Lernen wird zum Kennzeichen industrietypischer Ausbildung. Dabei steht nicht mehr das Leitbild des „tüchtigen Gesellen" vor Augen, sondern das eines – auf den Spezifikationsbedarf des jeweiligen Betriebes hin – qualifizierten „Facharbeiters"[12]. Es grenzt sich die Facharbeiterausbildung immer deutlicher von der zum Gesellen ab[13], und um das zu unterstreichen, erklärten die Großbetriebe sogar, die Gesellen nicht ohne neuerliche Anlernung einsetzen zu können. Die Industrie war zudem immer weniger auf im Handwerk Ausgebildete angewiesen, wie eine 1907 vom preußischen Handelsminister durchgeführte Erhebung ergab[14]:

Ergebnis einer Befragung von 1500 Industriebetrieben in Preußen		
erfaßte gelernte Industriearbeiter der Ausbildungsjahre	davon ausgebildet	
	im Handwerk in %	in der Fabrik in %
vor 1871	59	41
1871–1881	56	44
1881–1891	50	50
1891–1901	42	58
1901–1907	17	83

Danach hatte sich die Fabriklehre endgültig durchgesetzt. 1908 wurde daher die Forderung des Handwerks nach einer Ausbildungskostenentschädigung zurückgewiesen. Das Argument, die Industrie profitiere von den Ausbildungsleistungen des Handwerks, galt zwar noch – von den in der zitierten Befragung erfaßten 311364 Arbeitern waren rund 37% als „gelernte" ausgewiesen, von denen etwa 59% ihre Lehre in der Industrie absolviert hatten –, aber die Großbetriebe deckten ihren Facharbeiterbedarf zunehmend aus eigenen Ausbildungsgängen. Zur Sicherung des erforderlichen Qualifikationsniveaus übernahmen sie sogar die im Handwerk seit 1897 wieder als Regel eingeführte Lehrabschlußprüfung[15], auch wenn diese zunächst noch nicht standardisiert war.

Dabei zeigte sich die Standardisierungsfrage schon vor dem ersten Weltkrieg als wichtig, da die zwischenbetriebliche Mobilität der Facharbeiter nicht mit neuen Einarbeitungsproblemen belastet werden sollte. So liefen die Bemühungen auf die Erarbeitung von betriebsübergreifend gültigen Lehrgängen hinaus, die die Facharbeiterlehre schon bald von der im Handwerk abhoben. Der Einsatz solcher Lehrgänge erforderte allerdings eine besondere Organisation der Lernprozesse: eine Gliederung in Stufen und einen von der betrieblichen Mitarbeit abgesonderten Lernort: die Lehrwerkstatt[16]. In ihr wurden, auch weil es kostengünstiger war, jene Ausbildungsteile vermittelt, die in sogenannten verwandten Berufen gleich und für eine sinnvolle Mitarbeit im weiteren Ausbildungsgang erforderlich waren. Vermittelt wurden sie in systematisch aufgebauten Lehrgängen. Letztere wurden so zum Kennzeichen industrietypischer Ausbildung. Ihre Entwicklung ist eng mit dem Deutschen Ausschuß für Technisches Schulwesen verknüpft, in dem sich vor allem die Arbeitgeber(verbände) der mechanischen Industrie zusammenfanden, um mit Billigung des Staates – aber betont eigenständig — die Ausbildungsbelange ihrer Branchen zu regeln. Die so erarbeiteten Lehrgänge systematisierten nicht allein die Ausbildung, sondern präformierten das, was später die Ordnungsmittel genannt wurde: Berufsbild, Ausbildungsrahmenplan, Prüfungs- und Berufseignungsanforderungen. Diese Ordnungsmittel setzten sich so durch, daß Jugendliche heute nur in „anerkannten", eben durch ratifizierte Ordnungsmittel ausgewiesenen Berufen ausgebildet werden dürfen. Die so geordnete Facharbeiterausbildung wurde zum Inbegriff einer modernen Jugendlichenausbildung. Industrielle und ausbildungsdidaktische Belange hatten sich eng verschränkt. Produktions- und Personalplanung gestalteten sich nach dem gleichen Prinzip. Insofern überrascht es nicht, daß die Facharbeiterausbildung nach 1936 als Teil der sogenannten Vierjahrespläne des NS-Staates ausgewiesen ist. Das Planmäßigkeitsprinzip wurde selbst von den sonst mit der Wirtschaft um die Ausbildungshoheit konkurrierenden NS-Organisationen der Hitlerjugend und Deutschen Arbeitsfront nicht angetastet, wie deren Lehrgänge „Eisen erzieht" und „Holz formt" beweisen[17]. Das Ganzheitspostulat der NS-Ideologie zerbrach an diesen Betriebserfordernissen. Damit ist nicht gesagt, daß dies sonst von der Wirtschaft geschlossen abgelehnt wurde, etwa weil sich das Führerprinzip und der Gefolgschaftsgedanke mit dem Selbstverständnis der Unternehmer nicht vertragen hätte oder weil beide mit den Gewerkschaften und den – während der Weimarer Zeit auch auf die Lehrlingsfrage ausgeweiteten – Tarifvereinbarungen aufräumten. Gegen letztere hatte man sich schon in der wilhelminischen Zeit mit dem Argument gewehrt, daß sie die „Souveränität" des Unternehmers aushöhlten. [V-3.4; V-3.6.2]

Zunächst stand die Facharbeiterausbildung im Zentrum der Bemühungen. Aber bald machte die zunehmende Mechanisierung der Produktion auf der einen und der durch die Militarisierung steigende Facharbeiterbedarf auf der anderen Seite auch die Ordnung der sogenannten Anlernzeit dringlich. In einem meist zweijährigen Kurs bildete man dabei für Aufgaben aus, die unterhalb der der industriellen Facharbeiter lagen, und es war nicht vorgesehen, daß diese Anlehre zu einer Facharbeiterqualifikation aufgestockt werden konnte. Anders als im Handwerk, wo Lehr- und Erwachsenenberuf strikt aufeinander bezogen sind, war im industriellen Ausbildungssektor eine Struktur entwickelt worden, die sich horizontal wie vertikal leicht an die Betriebserfordernisse anpassen ließ. Sowohl unter Ausleseaspekten als unter sich verändernden Bedarfskonstellationen begann man schon in den letzten Kriegsjahren damit, die Anlehre doch als Stufe der Facharbeiterausbildung zu erproben. In den 1960er Jahren setzte sich dafür die Bezeichnung „Stufenausbildung" durch. Die darauf bezogenen Modellversuche haben keine überzeugenden Resultate erbracht; deshalb hat man bis auf wenige Bereiche (Textil und Bau) die Stufenausbildung zurückgenommen. Durchgesetzt hat sich dagegen das Stufungsprinzip, und das so eindeutig, daß die nicht-handwerklichen Ausbildungsgänge mehr und mehr ihm folgend neu geordnet werden. Den jüngsten Beleg dafür liefert die Neuordnung der industriellen Metallberufe (gültig ab Ausbildungsjahr 1987/88) und der industriellen Elektroberufe[18]. War gerade in diesen Berufen die Stufenausbildung erprobt worden, so hat man jetzt auch das Problem, wie die jeweilige Anschlußstufe sicher zu erreichen sei, beseitigt. Es gibt keine ‚Stufen-Verträge' mehr. Der im Berufsbildungsgesetz von 1969[19] enthaltene Experimentierparagraph (§ 26) ist damit zu einer Strukturvorgabe geworden. In den entsprechenden Ordnungsmitteln ist auszuweisen, daß auf die Stufe der Berufsgrundbildung Stufen der Fachbildung folgen bzw. aufbauen.

Von Berufsgrundbildung zu sprechen, hat aber nur dort Sinn, wo für mehrere Berufe eine gemeinsame Grundbildung konzipiert werden kann. Als Rahmen dafür hat sich das „Berufsfeld" durchgesetzt. In der maßgeblichen Anrechnungsverordnung von 1978, welche die Anerkennung von in beruflichen Vollzeitschulen verbrachten Lernzei-

Lehrhalbj.	Mechaniker	Werkzeugmacher	Elektromechaniker
1.	*Grundlehrgang in der Lehrlings-Abt. (Zusätzlicher Unterricht im Skizzieren)*		
2.	Produktive Arbeiten in der Lehrlings-Abt., vorwiegend: geeignete Erzeugnisse (kl. Stückzahlen), Vorrichtungen siehe Werkzeuge und Einrichtungen		
3.	Produktive Arbeiten in der LEA, vorwiegend: geeignete Erzeugnisse (kleine Stückzahlen) Vorrichtungen	Werkzeuge	Installation Schwachstrom-anlagen
4.	Produktive Arbeiten außerhalb der LEA, in: Erstmusterbau	Werkzeugbau a) Vorrichtungen	
5.	Erstausführungs-werkstück Fertigungshilfe	b) allgem. Werkzeuge und Lehren c) Schnitt-, Biege- und Stanz-Werkzeuge	Motorinstandsetzung, elektr. Heizung, Schalttafelbau und elektr. Vorrichtungen
6.	allgem. Vorrichtungsbau 1 Woche Härterei	2 Wochen Härterei	
7.	Mittlere und schwere produktive Arbeiten in der LEA, vorwiegend: Vorrichtungen	Werkzeuge	elektr. Vorrichtungen
	Führungen durch Fertigungswerkstätten zum Kennenlernen unserer Erzeugnisse. Theor. und prakt. Einführung in das Gebiet der Feinstbearbeitung, Feinstmeßwesen, Wiederholung des Stoffes der Gew.-Schule über Fachkunde		

Lehrhalbj.	Elektromechaniker für Kraftfahrzeugelektrik	Maschinenschlosser	Betriebsschlosser
1.	*Grundlehrgang in der Lehrlings-Abt. (Zusätzlicher Unterricht im Skizzieren)*		
2.	Produktives Arbeiten in der Lehrlings-Abt., vorwiegend: Vorrichtungen, kleine Werkzeuge, geeignete Erzeugnisse und Einrichtungen		
3.	Elektr. Installation Schalttafel und Vorrichtungsbau	wie im 2. Halbjahr	Schlosserwerkstätten des Bautenwerks
4.	Instandsetzung von Bosch-Erzeugnissen	Maschineninstandsetzung im Maschinen- und Reparaturbetrieb und den einzelnen Werken	
5.			
6.	Arbeiten in der Einbauhalle des Verkaufshauses Stuttgart		Prod.-Arb. in der LEA, Vorbereitung auf Facharb.-Prüfung
7.	Prod.-Arb. in der LEA, Vorbereitung auf Facharb.-Prüfung	Wie im 7. Halbjahr der Mech. und Werkzeugmacher	

Ausbildungsplan für Lehrlinge der Firma Bosch aus den 50er Jahren unseres Jahrhunderts. Der gemeinsamen Grundausbildung im 1. Lehrjahr folgte ab dem 3. Lehrhalbjahr die spezielle Ausbildung für die einzelnen Berufszweige.

ten auf die Betriebslehre regelt, sind 13 solcher Berufsfelder ausgewiesen. Dabei hat die Auseinandersetzung um diese Anrechnungsverordnung eine Diskussion neu verschärft, die unter dem Stichwort „Verschulung" seit langem geführt wird. Der damit verbundene Vorwurf hat gleichzeitig dazu beigetragen, bewußt zu machen, daß man in den Lehrwerkstätten den Gefahren eines schulmäßigen Lernens ausgesetzt ist. Das Lehrgangsprinzip zergliedert den Lernprozeß in Sequenzen, deren Zusammengehörigkeit kaum noch erfahrbar ist. Und das inzwischen weithin eingeführte lernzielorientierte Beurteilungssystem verleitet dazu, sich nur auf die jeweilige Lerneinheit zu konzentrieren. Die Antwort darauf ist nicht die Preisgabe der Systematik der Ausbildungsabfolge, sondern die Einbeziehung von immer schwierigeren und komplexeren Projekten, an denen möglicherweise Auszubildende verschiedener Berufe und Ausbildungsjahre mitarbeiten. Zudem zeigt sich, daß schon in der Ausbildung die Kooperationsfähigkeit eingeübt werden muß, die in der Berufswirklichkeit immer mehr gefordert wird. Bedienung und Wartung moderner Aggregate ist monoberuflich nicht mehr zu leisten. Gleichzeitig muß man während der Ausbildung in die eigenständige Beschaffung von Informationen einführen, weshalb die alte Ausbildungsmethode des Vor- und Nachmachens versagt. In Großbetrieben wird darum seit längerem ein neues Ausbildungsmodell erprobt, das auf ein stärker eigengesteuertes und mitbestimmtes Lernen abzielt und weitgehend projektgebunden strukturiert ist. Aber auch darin spiegelt sich, daß neue betriebliche Anforderungen ausbildungsdidaktisch umgesetzt werden. Dazu gehört auch, daß die Zahl der Ausbildungsberufe seit den 1950er Jahren stark reduziert wurde, denn die eingangs erwähnten Profilierungen verlieren ihre arbeitsplatzspezifischen Konturen. Selbst dort, wo von einer Reprofessionalisierung der Produktionsarbeit gesprochen wird, ist dieser Prozeß wohl nicht aufzuhalten, weshalb die ausbildungsdidaktische Arbeit noch lange nicht abzuschließen sein wird.

Literaturnachweise

1 *Fischer*, Wolfram: Innerbetrieblicher und sozialer Status der frühen Fabrikarbeiterschaft. In: *Lütge*, Fr.: Die wirtschaftliche Situation in Deutschland und Österreich um die Wende vom 18. zum 19. Jahrhundert. Stuttgart 1964, S. 192ff.

2 *Harney*, Klaus/ *Tenorth*, Heinz-Elmar: Berufsbildung und industrielles Ausbildungsverhältnis. In: Zeitschrift für Pädagogik, Jg. 32, 1986, S. 91–113
3 *Schlüter*, Anne/ *Stratmann*, Karlwilhelm: Die betriebliche Berufsbildung 1869–1918. Köln 1985, S. 167ff.
4 Vgl. 3., S. 201
5 *Rupieper*, Hermann-Josef: Arbeiter und Angestellte im Zeitalter der Industrialisierung. Frankfurt 1982, S. 66ff.
6 *Griessinger*, Andreas: Das symbolische Kapital der Ehre. Frankfurt 1981
7 *d'Alembert*, Jean/ *Diderot*, Denis: „Industrie". In: Encyclopédie. Bd. 8. 1765, S. 694
8 Art. „Industrie", In: *Brunner*, Otto, u. a., Geschichtliche Grundbegriffe. Bd. 3, Stuttgart 1982, S. 237ff.
9 *Adelmann*, Gerhard: Die berufliche Aus- und Weiterbildung in der deutschen Wirtschaft 1871–1918. In: Zeitschrift für Unternehmensgeschichte, Beiheft 15. Wiesbaden 1979, S. 9ff.
10 *Rinneberg*, Karl-J.: Das betriebliche Ausbildungswesen in der Zeit der industriellen Umgestaltung Deutschlands. Frankfurt 1985, S. 177ff.
11 Lehrvertrag der Kaiserl. Torpedowerkstatt in Friedrichort (um 1900). Vgl. 3. S. 279ff.
12 *Ebert*, Roland: Zur Entstehung der Kategorie Facharbeiter als Problem der Erziehungswissenschaft. Bielefeld 1984
13 *Stratmann*, Karlwilhelm: Geschichte der beruflichen Bildung. In: Enzyklopädie Erziehungswissenschaft. Bd. 9.1. Stuttgart 1982, S. 173ff.
14 *Schäfer*, Hermann: Die Industriearbeiter. In: *Pohl*, Hans (Hrsg.): Sozialgeschichtliche Probleme in der Zeit der Hochindustrialisierung (1870–1914). Paderborn 1979, S. 143ff.
15 *Stratmann*, Karlwilhelm: Die Lehrabschlußprüfung als Indikator einer neuen berufspädagogischen Ratio. In: *Georg*, Walter (Hrsg.): Schule und Berufsausbildung. Bielefeld 1984, S. 15ff.
16 *Behr*, Marhild *von*: Die Entstehung der industriellen Lehrwerkstatt. Frankfurt 1981
17 *Wolsing*, Theo: Untersuchungen zur Berufsausbildung im Dritten Reich. Kastellaun 1977
18 *Geer*, Rudolf/ *Bartel*, Gerhard: Zur Neuordnung der industriellen Metallberufe. Beiträge zur Gesellschafts- und Bildungspolitik. Institut der deutschen Wirtschaft, Heft 101. Köln 1984
19 *Pätzold*, Günter: Quellen und Dokumente zur Geschichte des Berufsbildungsgesetzes 1875–1981. Köln 1982

TECHNISCHE MEDIEN UND BILDUNG

Buchdruck und technisches Schrifttum

Rolf Stümpel

Text und Bildüberlieferung vor Gutenberg

Bei der Überlieferung menschlicher Kultur spielt von Anbeginn die bildliche Darstellung eine wichtige Rolle. Noch bevor sich Schriften als indirektes Kommunikationsmittel zwischen einzelnen Menschen, zwischen Stämmen und Völkern sowie ihren folgenden Generationen entwickelten, gab es Abbildungen. Sie dienten den Eiszeitmenschen allerdings ausschließlich als gegenwartsbezogene, magische Aufzeichnungen. Auch bei den scheinbar technischen Darstellungen von Hüttengrundrissen und Fallen für Tiere, wie man sie beispielsweise in den Höhlen von Font-de-Gaume, in Altamira oder El Castillo [1] gut erhalten vorfindet, handelt es sich um Zeugnisse einer „Fangmagie". Die ersten Anzeichen für das Aufkommen einer Bilderschrift fallen zusammen mit den frühesten Belegen für eine Seßhaftigkeit einzelner Völker und der Entwicklung von Ackerbau und Viehzucht, die im nahen Orient im 6. vorchristlichen Jahrtausend zu finden sind. Diese Bildzeichen erklären sich durch ihre naturgetreue Abbildung des Dargestellten selbst, sie haben sicher noch keinen Symbolcharakter. Unter ihnen finden sich aber auch schon Darstellungen, die uns einen groben Einblick in damals ausgeübte handwerkliche Techniken geben; so erkennt man deutlich ein Netz, einen Pfeil, einen Winkel, ein Ruder, ein Boot und eine Axt unter anderen Gebrauchsgegenständen dieser Zeit. Viele dieser Zeichen werden in gleicher oder leicht abgewandelter Form in die frühen reinen Bilderschriften übernommen, verlieren dabei allmählich ihre reale Aussagekraft und erhalten oft eine übertragene, teils erweiterte, teils auch einengende Bedeutung; in Verbindung mit ersten Lautzeichen am Ende des 4. Jahrtausends erlauben sie schließlich die Sichtbarmachung der bis dahin nur hörbaren Sprachen und bilden die Grundlage für die Entstehung der „geschichtlichen Zeit", die mit dem Aufkommen der sumerischen und ägyptischen Hieroglyphenschriften um 3000 v. Chr. angesetzt wird. Auf dem Weg über die nordsemitisch-phönikische Erfindung des Konsonantenalphabets entstand dann etwa

Zum Titelblatt: Die erste Rotationspresse der Vereinigten Staaten von Amerika aus dem Jahre 1846.

um 800 v. Chr. das griechische Alphabet, aus dem das lateinische abgeleitet wurde, dessen wir uns bis zum heutigen Tage mit einer zunehmender Vielzahl von Varianten bedienen.

Mit der Schrift war die Basis für die Kenntnis von der Kultur unserer Vorfahren geschaffen; aber ebenso wichtig für dieses Wissen sind die Abbildungen, die die textlichen Informationen teils ergänzen, teils aber auch in ihrer Bedeutung bei weitem übertreffen. Das gilt besonders von den Bauplänen für Pyramiden, Tempel, einzelne Gebäude oder ganze Stadtviertel, aber auch von den Landkarten, die von den Landvermessern der Alten – zunehmend seit der Mitte des letzten vorchristlichen Jahrtausends – angelegt wurden. Unklar wird wohl bleiben, inwieweit diese Zeichnungen als Hilfsmittel beim Bau genutzt oder bereits als Information für die Nachwelt geschaffen wurden. Erst von einer Handschrift des Griechen Apollodoros (1. Hälfte des 2. Jahrhunderts), in der er sich über die Kriegstechnik der römischen Kaiser Trajan (53–117) und Hadrian (76–138) ausläßt, kann man mit großer Sicherheit behaupten, daß sie überwiegend für die Überlieferung des zeitgenössischen technischen Wissens gedacht war. Eine Kopie dieser „Poliorketika" betitelten Handschrift aus dem 11. Jahrhundert befindet sich in der vatikanischen Bibliothek; sie zeigt kolorierte Darstellungen von Rammböcken, Sturmgeräten und Belagerungsmaschinen. Das gleiche gilt wohl auch von den Aufzeichnungen der Äbtissin Herrad von Landsperg (1167–1195), die das gesamte Wissen ihrer Zeit für die Unterrichtung ihrer Zöglinge zusammengestellt und mit über sechshundert Abbildungen illustriert hat. Dieses Werk ist uns leider nur in späteren Kopien einzelner Blätter erhalten, die aber so aussagekräftig sind, daß man einen guten Eindruck von dem Stand der damaligen Technik und den Möglichkeiten ihrer Darstellung erhält. Bei den erhaltenen Skizzenbüchern mittelalterlicher Techniker sollte man annehmen, daß die auf langen Reisen gesammelten Aufzeichnungen allein für den eigenen Gebrauch genutzt worden wären. Doch bereits in seiner Einleitung deutet der bekannteste dieser Autoren an, daß ihm viel mehr an der Weitergabe seines Wissens gelegen ist: „Villard von Honnecourt begrüßt Euch und bittet alle diejenigen, die mit den Behelfen, welche man in diesem Buche findet, arbeiten werden, für seine Seele zu beten und sich seiner zu erinnern. Denn in diesem Buch kann man (gar) guten Rat finden über die große Kunst der Maurerei und die Konstruktionen des Zimmerhandwerks; und Ihr werdet die Kunst des Zeichnens darin finden, die Grundzüge, so, wie die Disziplin der Geometrie sie erheischt und lehrt"[2]. Wie weit diese Kunst des Zeichnens um 1230 in Frankreich gediehen war, davon vermittelt

Eine Getreidemühle mit unterschlächtigem Wasserradantrieb aus dem „Hortus deliciarum“ von Herrad von Landsperg um 1180.

Villards Abbildung eines mit einem Wasserrad angetriebenen Sägewerks einen guten Eindruck. Tatsächlich haben wir es hier bereits mit Aufriß- und Aufsichtzeichnungen zu tun, zwar in einer Mischung, die dem Laien, der die perspektivische Darstellung gewohnt ist, wohl einige Verständnisschwierigkeiten bereiten dürfte; der Fachmann wußte allerdings damals sehr genau, welche Teile dieser und welche jener Betrachtungsweise zuzuordnen waren[3]. [III-4.2; V-3.1]

Eine andere bedeutende Handschrift mit einigen tausend technischen Skizzen und Zeichnungen wurde 1967 in der National-Bibliothek in Madrid wiedergefunden: Leonardo da Vinci's (1452–1519) „Musterbuch der Maschinenelemente“, an dessen Zusammenstellung er wohl seit 1490 gearbeitet hatte. Als typischer Künstler der Renaissance beachtete er natürlich auch bei diesen Arbeiten peinlich genau die Gesetze der Perspektive. Er muß jedoch damals bereits die Unzulänglichkeiten dieser Darstellungsform erkannt haben; denn dort, wo es ihm zur Klärung technischer Details und Zusammenhänge nötig erschien, hat er Querschnitte und Aufrisse ergänzend hinzugefügt. Dieser Fortschritt konnte aber kaum von seinen Schülern und Zeitgenossen genutzt werden, weil Leonardo seine Sammlung offenbar nur für den eigenen Gebrauch bestimmt hatte. Für diese Absicht spricht die Tatsache, daß alle erklärenden Texte zu den Zeichnungen von ihm spiegelbildlich geschrieben wurden, um eine Verwertung seiner Ideen durch Fremde wenn nicht auszuschließen, so doch spürbar zu erschweren. Von anderen Autoren allerdings weiß man, daß sie auf die Veröffentlichung ihrer Arbeiten sogar besonderen Wert gelegt haben; viele derartige Handschriften wurden kommerziell kopiert und „an Regenten, Burgherren und Stadtverwaltungen verkauft, um diese mit technischen Neuerungen bekanntzumachen“ [4]. Trotzdem dürften einer größeren Verbreitung technischen Wissens durch mittelalterlicher Handschriften sehr enge Grenzen gesetzt gewesen sein, einerseits wegen der Schwierigkeiten für den Schreiber, die oft schwer verständlichen Zeichnungen in jeder Kopie genau zu wiederholen, und andererseits wegen der nur geringen Anzahl von Kopien. Erst die Erfindung des Buchdrucks konnte hier spürbare Veränderungen bringen. [III-3.3; III-4.1; V-3.1; VII]

Die Erfindung des Johannes Gensfleisch zum Gutenberg

Es ist von grundsätzlicher Bedeutung, daß sich Johannes Gensfleisch (Gutenberg) (1400–1468) [5] um eine Vereinfachung der Schreiberarbeit und somit um eine rationellere *Text*überlieferung bemühte. Der Kern seiner Erfindung, an der er sicher schon vor 1450 arbeitete, und die mit der Fertigstellung des Drucks der 42zeiligen lateinischen Bibel im Jahre 1455 ihren erfolgreichen Abschluß fand, war die Entwicklung des Handgießinstruments, mit dem eine beliebige Anzahl von Typen gleicher Schrift- und Kegelhöhe in einer Bleilegierung gegossen werden konnte. Diese einzelnen Typen mit ihren erhabenen, seitenverkehrten Buchstabenbildern wurden zu Silben, Wörtern und Zeilen, schließlich zu Kolumnen und Seiten zusammengefügt und mit einer recht einfachen hölzernen Presse gedruckt. Die Auflage war eigentlich nur durch die damals recht hohen Kosten für Papier und Pergament sowie eine gut überlegte Einschätzung der Absatzmöglichkeiten begrenzt. Nach dem Druck wurden die Typen in den Setzkasten „abgelegt“ und standen für die Herstellung neuer Texte wieder zur Verfügung. [II-3.3; II-4.1; V-3.1]

Oft wird übersehen, daß auch schon vor Gutenberg Texte und Abbildungen vervielfältigt worden sind. Dabei wurden beide Teile mit großem handwerklichen Geschick und Zeitaufwand spiegelbildlich in Holzplatten geschnitten und durch Abreiben des eingefärbten Druck-

Anfangsseite eines illuminierten Exemplars der Gutenberg-Bibel aus der Zeit um 1455.
Johannes Gutenberg erfand den Buchdruck mit beweglichen Metalllettern um 1440, seine Erfindung war nicht nur eine Revolution für die Herstellung von Büchern, sie wirkte sich schnell kulturell, soziologisch und politisch aus: eine rasche und billigere Verbreitung klassischen aber auch zeitgenössischen Gedankengutes wurde möglich, die zu einem intensiveren Austausch unter den Lesekundigen führte und die geistige Entwicklung und Bildung in ungeahnter Weise vorantrieb. Die umfassende Wirkung der Idee der Renaissance, des Humanismus und der Reformation wären ohne die neue Technik des Buchdrucks nicht denkbar.

stocks mit einer Bürste oder einem Ballen auf Papier oder Pergament übertragen. Der Bedruckstoff wurde dadurch so deformiert, daß die Rückseite unbedruckt bleiben mußte. Diese „Reiberdrucke" wurden meist als „Einblattdrucke", manchmal aber auch als „Blockbücher" vertrieben, wobei die einzelnen Blätter an ihren leeren Rückseiten zusammengeklebt wurden. Erst durch den Bau der Druckpresse, bei dem sich der Mainzer Gutenberg sicherlich an den Keltern der benachbarten Winzer wesentliche Teile abschaute, wurde der zweiseitige Druck möglich, der die Voraussetzung für die spätere Bearbeitung der einzelnen Bogen zu einem soliden Buchblock war.

Erste Holzschnitte im gedruckten Buch

Ein wichtiges Element fehlte dem frühen, gedruckten Buch, das viele Handschriften, aber auch die Einblattdrucke und die Blockbücher so attraktiv gemacht hatte: das Bild. Der reine Textband konnte auf Dauer nicht die Käufer befriedigen, die man nun nicht mehr allein in der Geistlichkeit, unter den Fürsten und Gelehrten suchte. Um die Auflagen der Frühdrucke (bis zum Jahr 1500), die durchschnittlich bei zweihundert Exemplaren lagen, absetzen zu können und die mit hohen Investitionskosten verbundene neue Technik rentabel zu machen, mußte man ein größeres Publikum ansprechen. Eine Möglichkeit in dieser Richtung war der Druck der Texte in der Sprache des Volkes und nicht mehr nur in der der Gelehrten, in Latein; eine andere Möglichkeit war die, den Inhalt eines Buches durch Abbildungen dem weniger geübten Leser oder auch dem Analphabeten wenigstens im groben verständlich zu machen. Beide Möglichkeiten gleichzeitig nutzte Albrecht Pfister († 1466), der ein paar Jahre nach dem Erscheinen der Gutenberg-Bibel in Bamberg eine Buchdruckerwerkstatt aufgemacht hatte. Die auf seiner Presse – wahrscheinlich 1460 – hergestellte mittelalterliche Lehrdichtung „Der Ackermann aus Böhmen" ist das älteste mit Holzschnitten ausgestattete Buch, das uns erhalten ist. Noch allerdings hatte der findige Meister nicht den entscheidenden Nutzen erkannt, der sich durch die Kombination von hölzernem Druckstock und Typen ergab; in direkter Anlehnung an die Gepflogenheiten der Blockbuchdrucker stellte er seinem Text insgesamt fünf ganzseitige Abbildungen gegenüber, die er in einem gesonderten Arbeitsgang druckte. Auch bei seinem nächsten illustrierten Buch „Edelstein", einer Fabelsammlung von Ulrich Boner (1324–1349 in Bern nachweisbar), die in ihrer Schlußschrift den frühesten deutschsprachigen Druckver-

Johannes Gensfleisch zur Laden, genannt Gutenberg (1400–1468), prüft auf dieser populären Darstellung aus dem 19. Jahrhundert kritisch die ersten Ergebnisse der neuen Buchdrucktechnik.

merk enthält, druckte er den Text vor; dabei ließ er den Raum für 101 Abbildungen frei, die wiederum nachträglich eingedruckt wurden. Nun war auch im Buchdruck die enge Verknüpfung von Text und Bild, die man von einer echten „Illustration" erwarten konnte, sichtbar geworden, auch wenn in der Druckform diese Einheit wahrscheinlich erst von Pfisters Nachfolgern erreicht wurde. [III-3.3]

Die Anfänge der gedruckten technischen Literatur [6]

Nachdem Pfister die technischen Möglichkeiten zur Herstellung illustrierter Bücher aufgezeigt hatte, wurden sie in zunehmendem Maße auch von anderen Druckern ausgewertet. Vor allem wurden volkstümliche Bücher hergestellt, bei denen das Verkaufsrisiko am kleinsten war. Aufgrund des wohlhabenden Bürgertums wurde Augsburg, die bedeutendste Handelsstadt in Süddeutschland, zum zentralen Druckort für das Holzschnittbuch; zwischen den dort ansässigen Druckern Günther Zainer († 1478), Johann Bämler (1453–1507 nachweisbar) und Anton Sorg (1475–1493 tätig) entstand am Anfang der siebziger Jahre ein Konkurrenzkampf, der erstmalig mit umfangreichen Bücherlisten der eigenen Produktion ausgefochten wurde. Danach zu urteilen,

Einrichtung einer Druckerei im 17. Jahrhundert. Im Hintergrund links sind zwei Schriftsetzer damit beschäftigt, die einzelnen Druckbuchstaben den Setzkästen zu entnehmen und zu einem Schriftsatz zusammenzustellen. Rechts im Vordergrund, neben der Handdruckpresse, schwärzt ein Drucker mit zwei Stempeln den Druckstock neu ein, während sein Kollege eine gerade fertigbedruckte Seite herausnimmt.
Holzschnitt von Abraham von Werdt aus comenius, Orbis sensualium pictus 1666.

„liefen" in dieser Stadt am besten deutschsprachige Volksbücher. Sorg führt in seinem Prospekt gleich 35 Titel einzeln auf, nennt kurz Autor und Inhalt und weist immer wieder auf die „figuren" hin, die in Holz geschnittenen Abbildungen. Auffallend ist, daß nur eines dieser Bücher im weitesten Sinne einen technischen Inhalt hat: „von allen außgeprannten wassern" wird es hier angeführt, stammt aus der Feder des Wiener Arztes Puff von Schrick und behandelt die Herstellung und Verwendung von destillierten Pflanzenwassern für die Heilkunde. Bis zum Jahre 1500 hat dieses Werk 21 Ausgaben erfahren, von denen ab 1498 die meisten mit einem Titelholzschnitt versehen sind, der eine Frau mit Blasebalg vor einem Destillierofen zeigt[7]. Im deutschen Sprachraum scheint dies die einzige Publikation dieser Art in der Frühdruckzeit zu sein. Zwar erschienen, hauptsächlich in Italien, einzelne Ausgaben antiker Autoren wie Vegetius und Vitruv – beide noch ohne

Abbildungen – aber „kein Buch über die zeitgenössische Technik im eigentlichen Sinn ... Eine Wirksamkeit dieser Schriften ... auf die Kreise der in technischen Gebieten Schaffenden ist kaum zu verzeichnen“ [8]. [III-3.2]

Erst das sechzehnte Jahrhundert mit seinen neuen geistigen Strömungen, die in zweierlei Weise an die Antike anknüpften, brachte für die Entwicklung, oder besser die Entstehung der gedruckten technischen Literatur die entscheidenden Fortschritte. Auf der einen Seite war es der Humanismus, der die zeitgenössische Bildung direkt von dem Geist der Antike ableiten wollte; das bedeutete für unser Gebiet, daß es bald eine schier unüberschaubare Menge gedruckter Neuauflagen und Neubearbeitungen antiker Techniker und Architekten auf dem Büchermarkt gab. Andererseits wirkten sich die neuen Vorstellungen der Renaissance sehr anregend auf die Handwerker fast aller Gewerbe aus, die ihr bisheriges Denken und Handeln in mittelalterlicher Gottergebenheit allein in den Dienst der Kirche gestellt hatten. Ihre zunehmend kritische Einstellung zu den Gegebenheiten der Vergangenheit ließ sie zu praxisbezogenen Forschern werden, die ihre Erfahrungen und Erkenntnisse nun nicht mehr in Latein, sondern in der Sprache ihres Volkes zu Papier brachten, drucken ließen und so an ihre ebenso wissensdurstigen Zeitgenossen in dem emporstrebenden Bürgertum weitergaben. [II-3.3; III-3.3; III-4.2]

Zwischen 33 v. Chr. und 14 v. Chr. wurden die „Zehn Bücher über die Architektur“ von Marcus Vitruvius Pollio geschrieben, und in dreißig gedruckten Auflagen wurden sie zwischen 1487 und 1600 schon fast zu Grundlagenwerken für die Renaissance-Baukunst in Italien und bald auch im übrigen Europa. Bei den Praktikern fand der antike Autor aus der Zeit des Augustus erst Beachtung, als sein Werk 1511 mit Holzschnitten illustriert und zehn Jahre später in italienischer Sprache erschien. Der „Vitruuius Teutsch“ wurde „Allen Künstlichen Handtwerckern / Werckmeistern / Steinmetzen / Bawmeistern / Zeug vn̄ Büxenmeistern / Brunnenleyteren / Berckwerckern / Malern / Bildhawern / Goltschmiden / Schreineren / und allen denen / welche sich des Zirckels vn Richtscheids künstlichen gebrauchen ... Erstmals verteutscht ...“ 1548 in Nürnberg von Walther Ryff (Rivius) mit 193 Holzschnitten herausgegeben. Die von Peter Flötner, Virgil Solis, Jörg Pencz und Hans Brosamer geschnittenen Gebäude wurden fast durchweg im Grundriß und im Aufriß wiedergegeben, die Maschinen aber in mehr oder weniger gut angewandter Perspektive, wie das bis zum Ende des 17. Jahrhunderts üblich war. Ryff hat sich mit seiner Vitruv-Ausgabe nicht nur als Übersetzer einen Namen gemacht, sondern auch als Kommentator ihm wichtig erscheinender Abschnitte des Originaltextes, nicht ohne diese Ergebnisse auf ihre Anwendungsmöglichkeit nördlich der Alpen zu überprüfen. Entsprechend diesem durchgängig spürbaren Anliegen um einen Gegenwartsbezug ist sein „Vitruuius Teutsch" „auch ein umfassendes Kompendium der Architektur im weitesten und aktuellsten Sinn einer mathematisch ausgerichteten Disziplin" [9], das grundlegenden Einfluß auf die deutsche Architekturtheorie des 16. Jahrhunderts hatte. Vitruvs Maschinenkunst allerdings war im Laufe von über tausend Jahren überholt und dürfte für die Praxis von Ryffs Zeitgenossen kaum noch von Bedeutung gewesen sein.

Die Entstehung des technischen Fachbuchs

Am Beispiel der Vitruv-Renaissance konnten die Einflüsse des Altertums auf die technische Literatur kurz nach 1500 angedeutet werden. Übersetzungen und Bearbeitungen antiker Autoren sind in diesen Jahren erschienen, waren allerdings noch lange nicht das, was der Handwerker zur Erleichterung seiner täglichen Arbeit suchte. Trotz mehrfacher Bemühungen, die teilweise ins 15. Jahrhundert zurückgingen, hatte man aber noch keine akzeptable Form dieser Literatur gefunden. Albrecht Dürer (1471–1528) gelang es wohl am ehesten, Lehrbücher für den Praktiker herauszugeben. Schon im Titel drückte er sein Anliegen aus: Seine „Underweysung der messung mit dem zirckel und richtscheydt" erschien 1525 in Nürnberg und zwei Jahre darauf „Etliche Underricht zu Befestigung der Stett". Beide Werke waren in deutscher Sprache abgefaßt, die allerdings noch nicht geeignet war für die verbale Erläuterung technischer Vorgänge; viele Fachausdrücke mußten von dem Künstler-Autor erst geschaffen werden, um sich bei den Handwerkern und Architekten verständlich zu machen, an die er sein Buch erstmals richtete. Darunter mußte der Fluß der Sprache unvermeidbar leiden; für diesen Mangel wurde der Benutzer seiner Lehrbücher allerdings mit ausgezeichnet klaren und künstlerisch wertvollen Holzschnitten mehr als entschädigt. Die zwei- und dreifachen Nachdrucke der Originalausgaben (bis 1603) und die noch öfter erschienenen Übersetzungen ins Lateinische beweisen hinreichend den Bedarf und die Wirkung von Dürers Arbeiten. [III-4.2]

Dürers Lehrbücher waren typische Produkte der Renaissance, einer Stilrichtung, die zu einem bisher ungewohnten Selbstverständnis der Künstler führte. Signaturen an Gemälden und Skulpturen machen das ebenso deutlich wie die neuen „Fachbücher", mit denen Künstler und

Handwerker erstmals mit ihrem vollen Namen an die Öffentlichkeit treten. So waren denn die beiden schnell und weit verbreiteten Werke des Nürnberger Künstlers auch nur der Anfang einer Literatur, die eine fachliche Weiterbildung der Praktiker auf der Grundlage des bekannten technischen Wissens in Verbindung mit eigenen Erfahrungen zum Ziel hatte. Sowohl unter diesem Aspekt waren Dürers Lehrbücher ein Vorbild für seine Nachfolger, als auch mit ihrer äußeren Aufmachung, die sich durch saubere Holzschnitte, durch eine vom Autor neu geschaffene, gut lesbare Schrift und eine wohl proportionierte Typographie von den üblichen Publikationen dieser Art abhebt. Wenn auch diese ausgeglichene Harmonie in der Folgezeit nicht mehr erreicht wird, so spürt man doch immer wieder ganz deutlich das Streben danach. So läßt auch Walther Ryff sein 1547 erschienenes Buch über die „vornehmsten, notwendigsten der ganzen Architektur angehörigen mathematischen und mechanischen Künste" wieder nur von den besten zeitgenössischen Holzschneidern illustrieren; nicht zuletzt dadurch wurden sicherlich die drei weiteren Auflagen nötig, die bis zum Jahre 1600 gedruckt wurden [10].

Zu den vielen, kaum minder wichtigen Autoren dieser Literatur gehört auch Georg Bauer, latinisiert Agricola (1494–1555), „eine der bedeutendsten Persönlichkeiten der Renaissance" [11]. In seinen Veröffentlichungen befaßt er sich überwiegend mit dem Berg- und Hüttenwesen, das seit dem Anfang des 16. Jahrhunderts in Mitteldeutschland zu einer ersten gesamtwirtschaftlichen Bedeutung gekommen war. Wohl gerade deswegen wird bereits vor dem Erscheinen seines Hauptwerks „De re metallica" vom Kurfürsten von Sachsen der Wunsch geäußert, das lateinisch abgefaßte Buch baldmöglichst ins Deutsche zu übersetzen, was dann auch 1557, ein Jahr nach der editio princeps geschah. Wie bei Dürer so spürt man auch hier die Schwierigkeiten, die der Autor mit der treffenden verbalen Erklärung technischer Vorgänge hatte. Agricola löst dieses Problem durch den Anhang eines Verzeichnisses der technischen Fachausdrücke, die er aus der deutschen Bergmannssprache ins Lateinische übersetzt hatte. Technisch klare Holzschnitte illustrieren die Texte in äußerst anschaulicher Weise. Als eine Neuerung bei der Darstellung von Maschinen gibt Agricola auch gesonderte Ansichten wichtiger Details und schneidet teilweise Hohlräume im Gelände, in Gebäuden und Maschinen auf, um einen besseren Einblick in die technischen Zusammenhänge zu bieten. [III-3.3]

Technische Literatur im Barock

Auch wenn auf den ersten Blick eine Kunstepoche ungeeignet erscheinen mag, um eine Literaturgattung zu charakterisieren, so zeigt doch schon ein grober Vergleich der im Barock erschienenen technischen Veröffentlichungen auffallend einheitliche Elemente bei der Buchgestaltung und -herstellung. Im Gegensatz zur Renaissance fällt als erstes eine deutliche Dominanz der bildlichen Darstellung ins Auge. Der Text, der bisher immer noch gleichbedeutender Träger der technischen Information war, tritt mehr und mehr in den Hintergrund, bis er schließlich bei der Mehrzahl der späten reinen Abbildungswerke zur schlagwortartigen Legende verkümmert. Eine weitere Veränderung zeigt sich bei der Art der Abbildungen. Obwohl der Holzschnitt mit den Arbeiten von Dürer, Cranach, Burgkmair, Altdorfer und anderen meist deutschen Künstlern gerade einen ersten Höhepunkt erreicht hatte, bevorzugten die folgenden Generationen deutlich tiefdruckgrafische Verfahren, die mit den sehr zarten Linien und Schraffuren von Kupferstich und Radierung eine sichtbar feinere Tonabstufung erreichten und dadurch das typisch barocke Gefühl für Volumen und Raumtiefe viel besser zum Ausdruck bringen konnten. Für die Herstellung dieser Bücher bedeutete das eine erhebliche Verteuerung, die sich einmal auf ihre Verbreitung und, rückwirkend, auf ihren Inhalt auswirken mußte.

Die besondere Ausdruckskraft von Kupferstichen hat man allerdings schon am Ende des 15. Jahrhunderts erkannt [12]; aber die Umständlichkeit des Bild-Eindrucks in einem zusätzlichen Arbeitsgang und einem fremden Druckverfahren sowie die Schwierigkeit, die Tiefdruckabbildungen in die freien Räume des Typensatzes einzupassen, mögen dazu geführt haben, daß die kombinierte Drucktechnik in der Folgezeit kaum angewandt wurde. Auch noch nach der Mitte des 16. Jahrhunderts war die Herstellung von Büchern, die neben dem gesetzten Text mit seitenfüllenden „Kupfern" ausgestattet waren, eine kostspielige Angelegenheit, die den Preis dieser Werke in ungewohnte Höhen trieb; für den einfachen Handwerker waren sie praktisch unerschwinglich, so daß als Abnehmer nur der Adel in Betracht kam. Das scheint bewirkt zu haben, daß diese zum großen Teil prächtig ausgestatteten Tafelwerke sich auch inhaltlich dieser neuen Käuferschicht anpaßten. Schon im Titel zahlreicher Ausgaben wird dieses Anliegen deutlich; beginnend mit Jacques Bessons „Theatrum instrumentorium" (Lyon 1578) werden bis 1734 fünfzehn technische Werke als „Theatrum" bezeichnet, und das nicht nur in lateinischen, sondern auch in italienischen, französischen, holländischen und deutschen Ausgaben. Und tatsächlich werden bei Besson, aber ebenso bei den Italienern Agostino Ramelli (1588), Vittorio Zonca (1607) und Jacopo Strada (1617/18), bei dem Dalmatiner Faustus Verantius (1615/16) sowie bei den Deutschen Georg Andreas Böckler (1611) und Heinrich Zeising (1607/14) wie in einem bunten Reigen in willkürlicher Reihenfolge einzelne brauchbare Maschinen neben fantastischen Entwürfen für kinematische Spielereien oder gewagte perpetua mobilia vorgestellt. Selten nur findet man einmal eine neue Idee, allenthalben spürt man, daß nicht die technische Information im Vordergrund steht, sondern die ansprechende, künstlerisch wertvolle bildliche Darstellung, für die der Drucker oder Verleger sehr oft die bekanntesten zeitgenössischen Stecher und Radierer einsetzt. Die technische Entwicklung wurde durch diese Bücher kaum vorangetrieben, auch wenn – trotz der hohen Preise – einzelne von ihnen mehrfach nachgedruckt und in andere Sprachen übersetzt wurden.

Erst nach den Wirren des Dreißigjährigen Kriegs, der besonders das deutsche Druck- und Verlagswesen fast zum Erliegen gebracht hatte, erscheinen einige wenige Bücher, die sich wieder mit der anwendbaren Technik befassen und damit die Bestrebungen für eine Förderung der nationalen Wirtschaft im Sinne des aufkommenden Merkantilismus unterstützen. Als Beispiel sei hier Joseph Furttenbachs des Jüngeren „Mannhafter Kunstspiegel" (1663) genannt, in dessen vom Autor eigenhändig gezeichneten Grundrissen, Aufrissen und Durchschnitten erstmals auch Maße vermerkt sind, was „einen wichtigen Fortschritt in der Entwicklung der technischen Abbildung innerhalb des technischen Buches" [13] bedeutet; dann aber auch die „Experimenta nova" des herausragenden Physikers und späteren Bürgermeisters von Magdeburg Otto von Guericke (1602–1686), die er 1672 in Amsterdam herausgab. Seine darin behandelten Versuche mit der Luftpumpe, die Apparate zur Messung des Vakuums und seine Maschine zur Erzeugung von Reibungselektrizität wurden wichtige Grundlagen für spätere Erfindungen, von denen die atmosphärische Dampfmaschine die bedeutendste und wirkungsvollste werden sollte. Erwähnen muß man in diesem Zusammenhang auch noch das Werk des Italieners Antonio Neri „Arte vetraria" (1612), das allerdings erst durch seine Nachdrucke und Übersetzungen in den sechziger und siebziger Jahren größeres Aufsehen erregte, weil es zum ersten Mal die Geheimnisse der venezianischen Glasmacherkunst der Öffentlichkeit preisgab. Johann Kunckel (um 1638–1703) hat 1679 das Werk ins Deutsche übertragen und dabei ausdrücklich Wert auf eine wirtschaftliche Herstellung dieses Materials gelegt, das der barocken Prunksucht an den Fürstenhöfen in besonderer Weise entgegenkam. Diese Publikationen fallen aber deutlich aus dem Rahmen dessen, was zuvor als typisch für die barocke Technik-Literatur bezeichnet wurde, und bleiben Ausnahmen.

Als Reaktion auf die mehr und mehr veräußerlichte Bedeutung des technischen Buchs entsteht in den ersten regelmäßig, meist monatlich erscheinenden Zeitschriften das Medium, das für die wissenschaftliche Aufbereitung und Behandlung technischer Probleme und Neuerungen von zunehmender Bedeutung wurde. Ohne an dieser Stelle auf Einzelheiten dieser Literatur einzugehen, sei hier wenigstens angedeutet, daß man diese meist von den führenden Akademien veröffentlichten Zeitschriften kaum überbewertet, wenn man sie als Grundlage der technischen Entwicklung im Spätbarock bezeichnet. Ihr großer Vorteil gegenüber den prunkvoll ausgestatteten Sammelbänden dieser Zeit war die kurzfristige Erscheinungsweise, die eine schnellere Reflexion und praktische Verwertung neuer Erkenntnisse auf breiter, länderübergreifender Basis ermöglichte. [V-4.2]

Die Zeit der großen Enzyklopädien

Eine weitere Neuerung bei der Verbreitung von allgemeinem, aber auch speziell technischem Wissen bringen die Verleger des 18. Jahrhunderts mit dem Erscheinen der umfangreichen enzyklopädischen Werke auf den Buchmarkt. „Enzyklopädie“ als Titel für Nachschlagewerke wurde im 16. Jahrhundert erstmals verwendet, auch wenn es als „Gesamtgebiet der Kenntnisse und Künste“ schon im klassischen Griechisch bekannt war. „Cyclopaedia“ und „Encyclopaedia“ wurden um die fünfziger Jahre zwei Baseler Bücher betitelt, die man eigentlich nur als mehr oder weniger geistlose Kompilationen planlos aneinandergereihter Einzeldarstellungen bezeichnen kann, wobei weder Vollständigkeit angestrebt wurde, noch eine übergeordnete Systematik zu spüren war. Im 17. Jahrhundert nimmt die Zahl derartiger Schlagwortsammlungen ständig zu. Für das Gebiet der Technik findet sie ihren Höhepunkt in dem elfbändigen „Theatrum machinarum“ des Jakob Leupold (1674–1727), das seit 1724 in Leipzig herausgegeben und erst 1788, über sechzig Jahre nach seinem Tod, abgeschlossen wurde. Mit seinen rund 1800 Textseiten und 500 ganzseitigen Kupfertafeln blieb Leupolds Werk immer noch ein Fragment, das allerdings trotz dieses Mangels (und seines hohen Preises) von großem Einfluß auf die Entwicklung des zeitgenössischen Maschinenwesens wurde. Der Autor, der selbst eine mechanische Werkstätte in Leipzig betrieb, hatte eben nicht nur das Wissen seiner Vorgänger aufbereitet, sondern es auch mit seinen eigenen praktischen Erfahrungen und Überlegungen zur Lösung von Detailfragen angereichert; das mag den Wert seines „Theatrum machinarum“ ausgemacht haben.

Der grundsätzliche Mangel dieser und ähnlicher Publikationen waren die Unübersichtlichkeit des Dargestellten und die mangelnde Zugriffsmöglichkeit zu Einzelthemen. Erst Ephraim Chambers (1680–1740), ein englischer Mechaniker, benutzte 1728 für seine zweibändige Ausgabe der „Cyclopaedia; or a universal dictionary of arts and sciences“ die alphabetische Ordnung für die Aneinanderreihung seiner Schlagwörter; er griff damit zurück auf die Form des „Lexikon“ des Suidas, das unter diesem damals neu geschaffenen Titel bereits um das Jahr 1000 erschienen war.

Die für unsere Zeit selbstverständliche alphabetische Übersichtlichkeit war der Anlaß für die Entstehung der großen französischen Enzyklopädie, die zwischen 1751 und 1772 in 28 Bänden erschien. Dieses Werk, das vom initiierenden Verleger LeBreton ursprünglich als eine reine Übersetzung der vierten Auflage von Chambers' Cyclopaedia gedacht war, entfaltete sich unter Denise Diderot (1713–1784) und seinem Mitherausgeber Jean Le Rond d'Alembert (1717–1783) als Grundlagenwerk der französischen Aufklärung: Ihre „Encyclopédie ou dictionnaire raisonné des sciences, des arts et des métiers“ sollte die hohe Wissenschaft ihres esoterischen Charakters entkleiden, um sie und damit auch das Wissen um die moderne Technik zum Allgemeingut aller zu machen.

Mit den über dreitausend Kupfertafeln und in dem Großfolioformat dürfte dieses Werk kaum billiger gewesen sein als das Zedlersche „Universal-Lexikon“, das von 1731 bis 1750 in 64 Bänden in Leipzig erschienen war, allerdings noch ohne jegliche Illustrationen. In Frankreich jedenfalls überstieg es die finanziellen Möglichkeiten eines einzelnen Verlegers; so schlossen sich hier schließlich vier unter der Federführung von LeBreton zusammen, um das große Risiko von Herstellung und Verkauf gemeinsam zu tragen. Es gab zwar keine neuen Drucktechniken oder Geräte, aber man wendet die bekannten Verfahren überlegt und konsequent an: den Buchdruck (Hochdruck) für den Druck der siebzehn Textbände und den Tiefdruck für die elf Tafelbände; bei der Auflage von zuletzt 4250 Exemplaren war diese getrennte Produktionsform die kostengünstigste. Nur so konnte der Endpreis auf einem Niveau gehalten werden, das den Absatz einigermaßen sicherstellte: fast 800 Francs kosteten die 28 Bände; das entsprach dem

Jahresverdienst eines einfachen Handwerkers. Etwa ab 1756 konnten die Verleger mit rund dreitausend festen Abnehmern rechnen, was wahrscheinlich macht, daß die Encyclopédie auch im gehobenen Bürgertum ihre Käufer gefunden hat. Ihre Wirkung ging aber sicher weit über die Grenzen Frankreich hinaus; in den Subskribentenlisten finden sich Engländer und Kontinentaleuropäer von Skandinavien bis Österreich[14]. Und daß der Markt trotz der hohen Originalauflage immer noch nicht gesättigt war, zeigen die zahlreichen gekürzten oder auch erweiterten Nachdrucke in Frankreich und den Nachbarländern, die – trotz des königlichen Privilegs – teils noch während des Erstdrucks erschienen sind. So besteht die große Bedeutung der Diderot'schen Encyclopédie in der direkten und indirekten Verbreitung eines technischen Wissens, das bisher fast durchweg innerhalb der Gewerbe von den Zünften und Gilden sorgfältig gehütet worden war. Man muß allerdings hinzufügen, daß die über dreitausend radierten Abbildungen grundsätzlich den Stand der Technik vor der Jahrhundertmitte wiedergeben und damit schon bei ihrer Veröffentlichung zwischen 1762 und 1772 veraltet waren. Für den Technologietransfer am Ende des achtzehnten Jahrhunderts spielte das Werk aber trotzdem eine entscheidende Rolle.

Aufbauend auf dem neuen Prinzip der allgemein bildenden Enzyklopädien entstanden auch bald Fachlexika. Im deutschen Sprachgebiet wurde die „Oeconomisch-technologische Encyklopädie" von Johann Georg Krünitz für die allgemeine Technik und speziell für die Landwirtschaft von Bedeutung. Die Absicht des Autors war es, den fürstlichen und kommunalen Verwaltungen ein Nachschlagewerk an die Hand zu geben, mit dem vor allem das merkantilistische Wirtschaftsprinzip in die Praxis umgesetzt werden konnte. Dementsprechend liegt das Gewicht der Arbeit mehr auf dem Text und weniger auf den wenigen Abbildungen. Das Werk wurde 1773 begonnen und 1858, über sechzig Jahre nach dem Tod des Begründers, mit dem 242. Band abgeschlossen. Die zweimalige Auflagenerhöhung und ein österreichischer Nachdruck beweisen hinreichend, daß es wohl von beachtlichem Nutzen gewesen ist.

Seit dem letzten Viertel des achtzehnten Jahrhunderts versuchten immer mehr Verleger, spezielle Nachschlagewerke für die Jugend auf den Markt zu bringen. Bei genauerer Untersuchung stellt man fest, daß dabei neben den rein wirtschaftlichen Interessen auch die Erfüllung eines ganz im Sinne der Aufklärung geprägten Bildungsauftrags von Bedeutung war. Schon zu Beginn der erwachenden Industrialisierung sollte der heranwachsenden Jugend die Grundlage für das technische

Verständnis von Geräten und Maschinen vermittelt werden; hier und da findet man sogar den Hinweis darauf, daß durch den Blick in die verschiedensten Werkstätten die Wahl des künftigen Berufs erleichtert werden soll. Ein Musterbeispiel dieser Art ist Johann Peter Voits „Fassliche Beschreibung der gemeinnützlichen Künste und Handwerke für junge Leute", die zwischen 1788 und 1790 in zwei Teilen erschien. Genau genommen ist es eine kurzgefaßte Gewerbekunde, in der in Text und 48 Kupfertafeln rund hundert verschiedene Berufe vorgestellt werden. Durch eine feinere Gliederung des gleichen Themas im Text- und Abbildungsteil wesentlich umfangreicher waren die „Handwerke in Tabellen", die zwischen 1767 und 1795 in Berlin in siebzehn Bänden herauskamen. Und hierhin gehören auch Johann Siegmund Stoys „Bilder-Academie für die Jugend" (1780–1784), Friedrich Justin Bertuchs „Bilderbuch für Kinder" (1790–1843) und Poppes „Technologische Bildergalerie . . . für Jung und Alt" (1830), um die wesentlichsten dieser speziell für die Jugend verfaßten Enzyklopädien anzuschließen. Bei den Autoren handelt es sich übrigens fast ausschließlich um Lehrer und Theologen, eine Tatsache, die den didaktischen Auftrag dieser Veröffentlichungen nochmals unterstreicht. [V-1; V-3.2]

Neben den Zeitschriften und Enzyklopädien behält natürlich das Fachbuch weiterhin seine führende Position bei der Vermittlung technischen Wissens. Ein wenig ändern sich allerdings Form und Inhalt. Waren es im siebzehnten und frühen achtzehnten Jahrhundert voluminöse Abhandlungen von sehr weit abgesteckten Fachgebieten, so zeigt sich gegen 1800 ein immer deutlicherer Trend zur prägnanteren Bearbeitung von Einzelthemen. In diesem Hinführen auf das Detail kann man eigentlich nur die Verwissenschaftlichung technischer Fragestellungen, also die Abwendung vom barocken Fantasieren und die Hinwendung zum rationalen Experimentieren erkennen. Das bedeutet einerseits eine spürbare Steigerung der Anzahl der selbständigen Titel der technischen Literatur und andererseits eine Verminderung ihres Umfangs.

Die Auswirkungen der Industrialisierung auf das Druckgewerbe und die technische Kommunikation

Unabhängig von der beginnenden Industrialisierung waren für das grafische Gewerbe zwei Erfindungen für eine einfachere Bildform-Herstellung von Bedeutung: der Holzstich, der seit 1775 durch Thomas Bewick (1753–1828) zu einer ersten Blüte kam, und die Lithogra-

Lithographischer Stein mit Original Gravierung von Alois Senefelder aus dem Jahre 1830. Senefelder (1771–1834) entwikkelte sein lithographisches Verfahren Ende des 18. Jahrhunderts. Dazu beschrieb er geschliffene Solnhofer Kalkplatten mit Fettkreide oder Fettinte, behandelte sie anschließend mit säurehaltiger Gummiarabicum-Lösung und fixierte so die Druckfarbe an der beschriebenen Stelle. Dieses von ihm entwickelte erste Flachdruckverfahren entstand aus Versuchen, Musiknoten möglichst preiswert herzustellen. Auf dieser Grundlage gründete Senefelder Druckereien in München, Offenbach und Wien.

phie, die, von Alois Senefelder (1771–1834) um 1798 erfunden, die Grundlage des Flachdrucks, dem dritten Druckverfahren neben dem schon erwähnten Hoch- und Tiefdruck, werden sollte.

Die Technik des Stechens in Hirnholz erlaubte eine bisher unbekannt feine Halbtonabstufung von Bildformen für den Hochdruck, dessen führende Rolle bisher nur auf der reinen Textwiedergabe im Typensatz beruhte. Der Vorteil des Holzstichs aber lag nicht nur in einer neuen Tonabstufung, die fast schon den Stichen und Radierungen des Tiefdrucks gleichkam, sondern in der Möglichkeit, die Holzstöcke in einer Form mit dem Text zu drucken und damit den Hochdruck auch bei der Herstellung illustrierter Bücher und Zeitschriften konkurrenzfähig zu machen. Nach einigen prunkvollen englischen Bänden mit Holzstichen aus der Werkstatt Bewicks, die um die Jahrhundertwende erschienen waren, wurden diese neuen Druckstöcke für technische Darstellungen erstmals 1843/44 bei der Herausgabe von Karmarschs „Technisches Wörterbuch“ verwendet; über zwölfhundert Stöcke wurden für dieses dreibändige Werk gestochen. Und sie müssen gerade für diesen

Zweck so gut gewesen sein, daß man danach immer häufiger beim Druck technischer Literatur den Holzstich für die Abbildungen einsetzte. Die rapide Zunahme derartiger Darstellungen wird auch der Anlaß dafür gewesen sein, daß ab den fünfziger Jahren immer feinere Linien im Holzstich zu erkennen sind, die schon zu dieser Zeit spezielle Gravierapparate für hölzerne Druckplatten vermuten lassen. Nachweisbar sind diese Geräte erst seit den siebziger Jahren, dann allerdings schon mit der Möglichkeit, auch Kreise und elliptische Formen in Hirnholz zu gravieren.

Die Lithographie, ursprünglich zur Text- und Notenvervielfältigung erfunden, wurde schon in den zwanziger Jahren für die Wiedergabe technischer Zeichnungen eingesetzt. Wegen des Drucks vom Stein ließen sich diese Abbildungen aber nicht mit dem Text drucken, der immer noch von Typen und im Hochdruck hergestellt wurde, sondern sie mußten im Buch als Einzelblätter eingeklebt oder – wie zuvor bei den zahlreichen Kupfern der enzyklopädischen Werke – in Tafelbänden zusammengefaßt werden. Im Vergleich zu den Tiefdruckformen war die Lithographie in ihrer Herstellung und im Druck zwar kostengünstiger, hat aus diesem Grunde auch die Kupferstiche und Radierungen immer häufiger ersetzt und aus dem technischen Buch verdrängt [15], die Wiedergabequalität wurde dadurch allerdings nicht verbessert. Das war erst der Fall, als nach der Jahrhundertmitte überwiegend naturhistorische und biologische Darstellungen mit Hilfe der Chromolithographie, also farbig, wiedergegeben werden konnten. Sie blieben Ausnahmen, da die mehr als acht Farben und Maschinendurchgänge die Druckkosten doch erheblich in die Höhe trieben.

Für den Hochdruck brachte die Einführung der eisernen Handpresse durch den englischen Lord Stanhope (1753–1816) erste spürbare Verbesserungen; dadurch konnte etwa seit 1800 die Arbeit der Drucker erleichtert und ihre Leistung beträchtlich gesteigert werden. Noch umwälzender aber wirkte sich die Erfindung von Friedrich Koenig (1774–1833) aus, dessen neues Druckprinzip in Verbindung mit der Dampfkraft die Produktion von Büchern, Zeitungen und Zeitschriften innerhalb der folgenden zwanzig Jahre mehr als verdoppelte [16]. Zu diesem Anstieg der Einzeltitel kam noch die allgemeine Erhöhung der Auflagen, die durch die seit dem Anfang des Jahrhunderts einsetzende maschinelle Papierherstellung unterstützt wurde. So kamen einige Faktoren zusammen, die gemeinsam ein Sinken der Bücherpreise bewirkten, was wiederum dem gesteigerten Informationsbedürfnis dieser Zeit sehr entgegenkam.

Friedrich König erfindet 1811 die erste Schnellpresse, bei der ein Druckzylinder das Papier gegen die Druckvorlage preßt und ein fortlaufendes Drucken möglich macht. Die Schnellpresse arbeitete erheblich schneller als die bisher üblichen Handdruckverfahren. Mit der hier abgebildeten Zylinderdruckmaschine konnten bereits 800 Drucke in der Stunde angefertigt werden.

Auch das technische Schrifttum nahm an dieser Entwicklung teil und zwar in einem so überdurchschnittlichen Maße, daß es unmöglich ist, in dem gegebenen Rahmen auf Einzelheiten einzugehen. Hingewiesen sei einmal mehr auf die an anderer Stelle ausführlich behandelten Zeitschriften, die nun eine immer bedeutendere Rolle spielen. In der Buchproduktion wächst der bereits erwähnte Trend zur Behandlung von enger begrenzten Einzelthemen, die nicht allein die Darstellung neuer Erfindungen umfassen, sondern sich durch die wissenschaftliche Bearbeitung der technischen Grundlagen und Zusammenhänge auszeichnen. Beispielhaft zeigt sich das bei der Behandlung der noch jungen elektrischen Energie; nicht allgemeine Bücher über das Wesen des Stroms erscheinen in dieser Zeit, sondern selbständige Veröffentlichungen über die Telegraphie oder etwa die Galvanoplastik [17, 18]. [V-4.2]

Gegenüber dem Fachbuch und der Fachzeitschrift verliert das technische Sammelwerk für die gegenwartsbezogene technische Entwicklung immer mehr an Bedeutung. Dieser Literaturgattung kommt spätestens seit dem Ende des achtzehnten Jahrhunderts überwiegend die Aufgabe der Dokumentation des technischen Wissens zu. Schon wegen des umfassenden Anspruchs derartiger Publikationen und des damit zu begründenden Umfangs können diese Werke nicht mehr so schnell auf die technische Entwicklung reagieren, daß der Praktiker daraus für seine Arbeiten noch einen Nutzen ziehen könnte. Die technischen Lexika, die großen technischen Enzyklopädien und Nachschlagewerke, aber auch die oft zwanzig- oder dreißigbändigen Zusammenfassungen, die anläßlich der seit 1851 (London) eingeführten Weltausstellungen vom Staat angeregt, bezuschußt oder ganz finanziert wurden, finden ihre Abnehmer fast ausnahmslos in den Bibliotheken der Universitäten, den polytechnischen Anstalten und den daraus hervorgegangenen Fachhochschulen. Für eine gewisse Zeit besteht ihr Wert lediglich in dem umfassend angelegten Überblick des jeweiligen Standes der Technik. Erst für die heutigen Technikhistoriker haben sie an Wert gewonnen und stellen eine schier unerschöpfliche Quelle für die Forschung dar.

Für die Darstellung technischer Geräte und Maschinen, Arbeitsprozesse und Endprodukte hat sich die Strichzeichnung in allen bekannten Druckverfahren durchgesetzt, natürlich auch deswegen, weil bisher noch keine „originalgetreue" Umsetzung von Halbtönen möglich war. Mit der Erfindung der Fotografie und ihrer Veröffentlichung im Jahre 1839 vor der Akademie der Wissenschaften in Paris änderte sich das auch nicht schlagartig, aber man bemühte sich seitdem, die neuen Erkenntnisse bei der Herstellung von Halbtonformen einzusetzen. Nach einigen Fehlschlägen fand man um 1855 für alle Druckverfahren fast gleichzeitig erste akzeptable Lösungen, die sich in den sechziger und siebziger Jahren immer häufiger auch in der Praxis durchsetzten. Für den Hochdruck entwickelte man die „Photoxylographie", die 1873 erstmals für die Illustration eines naturwissenschaftlichen Buchs angewendet wurde [19]. Die mechanische Herstellung der Holzplatte blieb auch weiterhin Aufgabe des Holzstechers, des Xylographen, aber die Übertragung der Halbtonvorlage auf die Form geschah mit Hilfe der Fotografie. Für den Tiefdruck stellte Karl Klic (1841–1926) die Heliogravure 1879 der Wiener Photographischen Gesellschaft praxisreif vor. Der „Bericht über die Leistungen und Fortschritte im Hochbauwesen", von Germano Wanderley 1882 in Leipzig herausgegeben, war die erste technische Veröffentlichung in diesem fotomechanischen Reproduktionsverfahren. Doch blieb dieser Druck eine der wenigen Ausnahmen; die Regel war der Einsatz der zwar hochwertigen, doch auch recht komplizierten Heliogravure für die Wiedergabe von Kunstwerken aller Art. Die Stein- oder Flachdrucker hatten mit dem Lichtdruck das zweifellos preisgünstigste Halbtonverfahren entwickelt: 1855 hatte der Franzose Alphonse Poitevin (1819–1882) die grundlegende Idee dafür, doch erst 1868 wurde sie in ihrer praktischen Anwendung von Joseph Albert (1825–1886) veröffentlicht. Das Verfahren wurde 1872 erstmals in der zweiten Auflage des „Atlas des peripheren Nervensystems des menschlichen Körpers" verwendete; dieses Werk war bei dem fortschrittlichen Cotta-Verlag in Stuttgart erschienen, von dem in den folgenden Jahren ähnliche medizinische Arbeiten mit Lichtdrukken versehen wurden. Im Vergleich mit der Gesamtzahl von Lichtdrucken, die bis zum Ende des Jahrhunderts in Deutschland erschienen, wurde aber auch dieses Verfahren für technische Abbildungen kaum angewendet. Durch die Kombinationsmöglichkeit von Text und Bild in einer Druckform blieben die hochdruckgrafischen Verfahren am meisten verbreitet; die Wirtschaftlichkeit beim Druck, die durch den Bleisatz praktisch bis nach dem zweiten Weltkrieg bei umfangreichen Texten ausschließlich beim Buchdruck gegeben war, ist für diese Situation wohl ausschlaggebend gewesen.

Die Wirtschaftlichkeit begründet wohl auch die rasante Verbreitung der „Autotypie", die 1883 dem Münchener Georg Meisenbach (1841–1912) als erste geätzte Hochdruckform patentiert wurde. Die Zerlegung des fotografischen Halbtons in verschiedengroße Punkte, die bei entsprechend feinem Raster dem menschlichen Auge stufenlos Grauwerte simulieren, war der Kern seiner Erfindung, die schon am Anfang der neunziger Jahre zu dem meist angewendeten fotomechanischen Illustrationsverfahren wurde. Erst nach der Mitte unseres Jahrhunderts wurden die geätzten Hochdruckformen zunehmend durch gravierte abgelöst. Sogenannte Scanner tasten die fotografische Halbtonvorlage elektronisch ab und setzen die Ergebnisse in druckbare Metall- oder Kunststoffplatten um. In dieser Form konnten sich die Autotypien bis in die sechziger und siebziger Jahre halten; dann allerdings mußten sie den entsprechenden Druckformen des Offsetdrucks weichen, der heute weltweit das rentabelste Druckverfahren für die Buch- und Zeitschriftenproduktion darstellt.

Einmal mehr zeigt sich, daß die Textherstellung ein ausschlaggebendes Kriterium für die Durchsetzung eines Druckverfahrens ist. Solange der Satz ausschließlich mit (bleiernen) Typen herzustellen war, blieb der Hochdruck das bevorzugte Mittel der Buchproduktion. Unterstützt durch die noch vor der Jahrhundertwende erfundenen Zeilen- und Einzeltypensetzmaschinen schien er in dem vorwiegend mit dem Offsetdruck ausgetragenen Konkurrenzkampf bis in die fünfziger Jahre unschlagbar. Erst als in den sechziger Jahren die Anfangsschwierigkeiten des Fotosatzes überwunden waren, als die Produktion der „materielos" arbeitenden Lichtsetzmaschinen bereits um ein Mehrfaches über der modernster Bleisetzmaschinen lag, und als sich andeutete, daß auch die hohe Qualität der Buchdruckschriften allmählich erreicht werden könnte, da zog es immer mehr Auftraggeber zu dem meist ohnehin schon kostengünstigeren Offsetdruck. Der Film, auf dem original das gerasterte Bild und der Text entstanden, stellte nun die einheitliche Basis dar, die nur in diesem Verfahren direkt und somit am wirtschaftlichsten in eine Druckform umzusetzen war.

Der Fotosatz, der an den leistungsfähigsten Maschinen bereits vom Licht- und Lasersatz abgelöst wurde, und der Offsetdruck haben in den letzten zwanzig Jahren umwälzende Veränderungen im grafischen Gewerbe ausgelöst und eine unvorstellbare Produktionssteigerung bewirkt. Davon ist die gesamte Buch- und Zeitschriftenherstellung betroffen. Sowohl die unerschöpflichen Möglichkeiten der Bildreproduktion durch die Ein- und Mehrfarbscanner mit elektronisch beeinlußbaren Retuschen und Montagen als auch die in allen Details computergesteuerten Setz- und Druckmaschinen sind so universell einsetzbar, daß keine Literaturgattung qualitativ oder kostenmäßig begünstigt ist. Auch technische Veröffentlichungen nehmen da keine Sonderstellung ein. Nicht mehr von den technischen Möglichkeiten der heutigen Druckmedien hängt die Verbreitung technischen Wissens ab, sondern alleine von dem, was von Ingenieuren und Wissenschaftlern zur Veröffentlichung bereitgestellt wird.

Es scheint, daß die technischen Veränderungen in der heutigen Druckindustrie die Ausgangssituation dieses Beitrags in drastischer Weise verkehrt haben: Nicht mehr der Buchhersteller ist gefordert, Probleme der Vervielfältigung technischer Texte zu lösen, sondern der Techniker, um dem Buchhersteller immer bessere und kostengünstigere Produktionssysteme und -methoden anzubieten und so das steigende Informationsbedürfnis der Menschen zu befriedigen.

Literaturnachweise

1 *Földes-Papp*, Karoly: Vom Felsbild zum Alphabet. Stuttgart 1966/Bayreuth 1975, S. 28 u. 29

2 Zitiert nach: *Hahnloser*, Hans R.: Villard de Honnecourt. Graz ^{2}1972, S. 11

3 *Ruppel*, Aloys: Johannes Gutenberg. Sein Leben und sein Werk. Niewkoop ^{3}1967, S. 133f.

4 *Feldhaus*, Franz Maria: Geschichte des technischen Zeichnens. Wilhelmshaven ^{2}1959, S. 28

5 *Widmann*, Hans (Hrsg.): Der gegenwärtige Stand der Gutenberg-Forschung. Stuttgart 1972
6 *Klemm*, Friedrich: Die Geschichte des technischen Schrifttums. (Maschinengeschriebene Dissertation zum gedruckten Schrifttum, ohne Abbildung). München 1948
7 Vgl. 6, S. 17
8 Vgl. 6, S. 19
9 Architektur & Ingenieur. Katalog zur Ausstellung in der Herzog-August-Bibliothek (Wolfenbüttel). 1984, S. 68
10 Nürnberg 1558, 1582 und 1589
11 Vgl. 6, S. 50
12 *Lilien*, Otto M.: Geschichte der Druckverfahren, Teil 3: Der Tiefdruck. Stuttgart 1978, S. 25ff.
13 Vgl. 6, S. 87
14 *Le Gras*, Joseph: Diderot et l'encyclopédie. Paris 1942, S. 237
15 *McAdams*, J. L.: Remarks on the present system of road making. London 1820 – *Bernoulli*, Ch.: Anfangsgründe der Dampfmaschinenlehre. Basel 1824
16 *Widmann*, Hans: Geschichte des Buchhandels vom Altertum zur Gegenwart. Wiesbaden ^{2}1975, S. 154
17 *Sömmering*, Th. V.: Über elektrische Telegraphie. München 1811
18 *Jacobi*, M. H.: Die Galvanoplastik. Petersburg 1840 (in russischer Sprache, im gleichen Jahr auch in Englisch)
19 *Heidtmann*, Frank: Wie das Photo ins Buch kam. In: Schriftenreihe der Deutschen Gesellschaft für Photographie. Bd. 2. Berlin 1984, S. 692–696

Zeitschriftenwesen und technische Bildung

Hans-Martin Kirchner

Internationale Gelehrtenkommunikation

Die neuen naturwissenschaftlichen Ideen oder revolutionierenden technischen Erfindungen teilten sich die Gelehrten bis ins 17. Jahrhundert in Briefen und Gesprächen mit. Als der briefliche Gedankenaustausch durch die schnelle Entwicklung der Naturwissenschaften immer zeitaufwendiger wurde, forderte das geradezu zu einer Rationalisierung heraus. Mit zwei Monaten Zeitversetzung erschienen 1665 die beiden ersten Zeitschriften am Markt: in Paris das „Journal des Sçavans" im Januar und in London im März die „Philosophical Transactions". Beide Zeitschriften brachten Abhandlungen vornehmlich aus den Gebieten Naturwissenschaften, Technik, Astronomie und Anatomie. Ihre Mitarbeiter waren Gelehrte, die bereits einen umfangreichen gelehrten Briefwechsel geführt hatten. Darüber hinaus informierte insbesondere das „Journal" über den internationalen Forschungsstand, indem es über die wichtigsten und bedeutendsten Bücher des In- und Auslandes berichtete.

Dieses war daher nicht nur ein wichtiger Schritt der Rationalisierung der wissenschaftlichen Arbeit, sondern mit der Drucklegung setzten die Gelehrten ihre Gedankengänge, Entdeckungen, Erfindungen und Experimente der Kritik der öffentlichen Meinung aus, belebten dadurch Forschung und Lehre und schränkten den Einfluß von Schule und Kirche auf das Weltbild wesentlich ein.

Diese ersten wissenschaftlichen Zeitschriften hatten ihren Ursprung in wissenschaftlichen Gesellschaften, deren Verhandlungen ein organisatorisch begabtes Mitglied eigenverantwortlich herausgab und das fertige Produkt einem Verleger anvertraute. Die Manuskripte dreier wissenschaftlicher Gesellschaften boten sich in Deutschland Otto Mencke (1644–1707) als Basis an, um 1681 bei in- und ausländischen Gelehrten zur Mitarbeit an der ersten deutschen wissenschaftlichen Zeitschrift zu werben. Zum guten Gelingen gewährte der sächsische Kurfürst den „Acta Eruditorum" (1682–1782) nicht nur sein Privileg, sondern auch noch einen Zuschuß von 200 Talern. Es sollte nicht die letzte subventionierte wissenschaftliche Zeitschrift sein. Von Gottfried Wilhelm von Leibniz (1646–1716), dem bedeutendsten Autor der Zeitschrift, erbat sich Mencke nicht nur Beiträge über mathematische und mechanische Probleme, sondern auch Namen von möglichen Mitarbeitern des naturwissenschaftlichen Bereichs, insbesondere solchen, die der englischen Sprache kundig seien, damit die englische Literatur sachkundig besprochen werden könne. Für viele Jahrzehnte war diese Zeitschrift eines der wichtigsten Publikationsorgane in Deutschland für aktuelle Themen der Naturwissenschaften und Philosophie. [III-2.1; III-3.4]

Rezensionszeitschriften und ihre Verbreitung

Um wirklich umfassend über die Neuerscheinungen berichten zu können – allein zwischen 1681 und 1689 erschienen 1332 Rezensionen in den „Acta Eruditorum" –, mußten die Bücher von den Rezensenten oder der Redaktion gekauft werden. Diese gab die teuren Bücher, sobald sie rezensiert waren, zur Versteigerung. Außer Sonderdrucken erhielten die Gelehrten keine Entschädigung für ihre Mitarbeit. Den regelmäßigen Bezug dieser Zeitschrift konnten sich meistens nur die Begüterten unter den Gelehrten leisten; unter den Bibliotheken verfügten beispielsweise die Universitätsbibliotheken über ad hoc Anschaffungsetats und mußten regelmäßig anfallende Etatposten erst in einem langwierigen Verfahren beantragen. Um diese auch für die Gelehrten erheblichen Aufwendungen zu bewältigen, schlossen sich gelegentlich mehrere zu einer Lesegesellschaft zusammen, die dann oftmals ihr Exemplar einer Universitätsbibliothek nach Gebrauch entweder als Geschenk oder gegen Kostenbeteiligung überließ. Derartige Lesegesellschaften und Lesezirkel wissenschaftlicher technischer Zeitschriften gab es bis weit ins 20. Jahrhundert hinein. Vom Beschaffungsetat wissenschaftlicher Bibliotheken werden heutzutage bis zu 70 % für Zeitschriften beansprucht.

Unter solchen Umständen nimmt es nicht Wunder, daß die „Acta Eruditorum", um eine Verkaufsauflage von mindestens 200 Exemplaren zu erreichen, einen möglichst breiten Leserkreis ansprach. Deshalb erschienen in der Zeitschrift auch Beiträge aus der Historie, Philologie und Theologie. Man bediente sich ganz bewußt der internationalen Gelehrtensprache: Latein. Damit stand man im Gegensatz zu den beiden englischen und französischen Vorbildern, die in ihrer Landes-

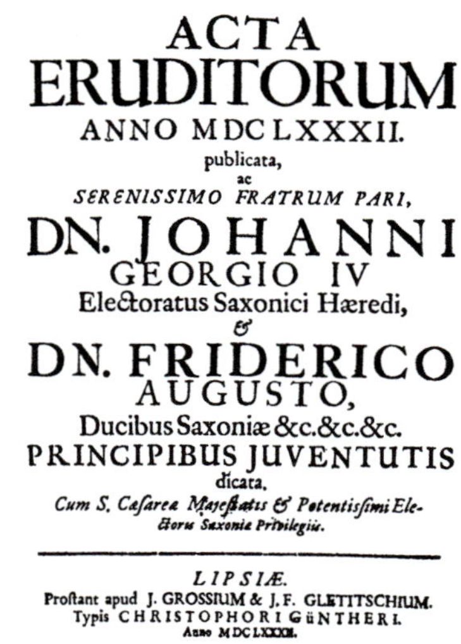
ACTA
ERUDITORUM
ANNO MDCLXXXII.
publicata,
ac
SERENISSIMO FRATRUM PARI,
DN. JOHANNI
GEORGIO IV
Electoratus Saxonici Hæredi,
&
DN. FRIDERICO
AUGUSTO,
Ducibus Saxoniæ &c.&c.&c.
PRINCIPIBUS JUVENTUTIS
dicata.
Cum S. Cæsareæ Majestatis & Potentissimi Electoris Saxoniæ Privilegiis.

LIPSIÆ.
Prostant apud J. GROSSIUM & J.F. GLETITSCHIUM.
Typis CHRISTOPHORI GüNTHERI.
Anno MDCLXXXII.

Die „Acta Eruditorum" war die erste wissenschaftliche Zeitschrift in Deutschland. Von ihrer Gründung 1682 an war sie ein Jahrhundert lang ein wichtiges Publikationsmittel für die Lehre und Forschung. In lateinischer Sprache erschienen hier zahlreiche Auszüge aus Neuerscheinungen, Aufsätzen und Rezensionen über naturwissenschaftliche und technische Themen der Zeit.

sprache abgefaßte Beiträge veröffentlichten. Vornehmlich die Sorge, daß die schmale Basis der Käufer einer Zeitschrift nicht ausreiche für eine Spezialisierung, war denn auch die Ursache, daß fast ein ganzes Jahrhundert dieser Typus der polyhistorischen Zeitschrift vorherrschend blieb. Die Berichtsform lehnte sich an den Brief an mit Anrede und Schlußfloskel. In den „Annalen der Physik" (1799 ff.) wurde diese Sitte erst durch Johann Christian Poggendorff (1796–1877) nach 1825 abgeschafft[1]. [V-4.1]

Formulierung des gelehrten Gedankenaustauschs

Schon in den Vorläufern der Zeitschriften, den Flugschriften, Sendschreiben, Sammelwerken und Kompendien, wurden Zitate – seien sie mündlich, brieflich oder gedruckt zur Kenntnis des Autors gelangt – in den Text eingearbeitet. Bereits in der seit 1732 erscheinenden „Nova Acta Eruditorum" wurden Marginalien und Fußnoten verwandt. Während die Naturphilosophen und Geisteswissenschaftler die diskursiven Ausschweifungen liebten, nahm Carl Friedrich Gauss (1777–1855) die Naturwissenschaftler an die Kandare und gab ihnen als Maß und Ziel einen knappen, sachlichen Stil zur Auflage, der nur noch die notwendigsten Begründungszusammenhänge darlegt und für wissenschaftliche Zeitschriften nur fertige Ergebnisse zum Abdruck vormerkt[2]. Ohne Abschweifungen, ohne persönliche Erlebnisse aus dem Forschungsablauf sollten technische und naturwissenschaftliche Abhandlungen den Leser nur in die Lage versetzen, jederzeit die Gedanken, Anordnungen und Versuche nachzuvollziehen.

Wesentliche Einzelheiten aktueller Forschungsprobleme in den Entwicklungsstadien mußten so weiterhin dem Brief und dem mündlichen Gedankenaustausch vorbehalten bleiben. Dort war auch Platz für die Emotionen der Forscher, für ihre Freuden und Leiden während der Arbeit an ihren Forschungsvorhaben. Derartige Menschlichkeiten gelangen heute nicht in die Pressedienste für die populären technischen Zeitschriften wie etwa „Science News", die sich nur der Information über die Fortschritte von Forschungsvorhaben verschrieben haben. Im 20. Jahrhundert wurde diese Versachlichung und unterkühlte Darstellungsform noch weiter ausgebildet und teilweise ein schematischer Berichtsaufbau eingeführt. Dieser trockene Lesestoff hat sicher nicht zur Popularisierung der Technik und Naturwissenschaften beigetragen.

Während die Geisteswissenschaftler in der zweiten Hälfte des 19. Jahrhunderts die diskursiven Fußnoten erfinden, um wenigstens ihre geschlifffenen Polemiken dort unterbringen zu können, genügt den Technikern häufig die Angabe der Seite und der Hinweis auf eine Ableitung eines mathematischen Modells, dessen einzelne Rechenschritte damit als bekannt vorausgesetzt werden. Zur Versachlichung des Stils gehört auch die bildliche Abstraktion wie zum Beispiel in Gestalt von Molekülstrukturen, die Archibald Scott Couper (1831–1892) und Friedrich August Kekulé (1829–1896) erstmals 1858/1859 verwendeten und mit denen Kekulé 1866 den Benzolring darstellte. Auch die Schaltzeichen sind solche Abstrakta, die, von französischen Physikern entwickelt, von den Herausgebern der „Zeitschrift des Deutsch-Österreichischen Telegraphen-Verein" (1854–1868) übernommen wurden. Erst 1924 wurden sie durch die DIN-Norm 40 700 ff. vereinheitlicht.

Entwicklung der Fachsprache durch öffentliche Kommunikation

Eine wichtige Kulturschöpfung der Techniker ist ihre eigene Fachsprache. Die Zeitschriften und Lehrbücher boten sich als Foren an, um die abstrakten Begriffe aus sehr umständlichen Umschreibungen zu Mehrkomponentenkomposita und schließlich zu – häufig aus einer Fremdsprache, bevorzugt Latein – abgeleiteten Kunstworten zu entwickeln.

So gebrauchte man in verschiedenen Zeitschriftenaufsätzen zum Beispiel für den deutschen „Riegelweg" (bis 1800) bzw. seine Übersetzung „railway" auch „Eiserne Kunststraße" (1814), „Eisenweg" (1815), „Schienenweg" (1816). Endlich übernahm man von den steinernen Postwagenspuren das „Gleis", ein Ausdruck, wie ihn 1825 Franz Anton von Gerstner (1793–1840) gleichwertig mit „Eisenbahn" verwandte. Aus Eisenbahn machte Friedrich List (1789–1846) den populären Oberbegriff. Es ist nicht von ungefähr, daß die schreibenden Praktiker – wie Gerstner – die Mehrkomponentenkomposita zuerst benutzten. Das Beispiel „Lokomotive" macht das noch deutlicher: Der von Josef von Baader (1763–1835) geprägte Name „Dampfwagen" (1816) wird zunächst verdrängt durch das englische „locomotion" und schließlich durch die französische Bezeichnung „locomotive". Was lag da näher, als das französische Wort relatinisiert mit stimmhaftem ‚e' auszusprechen und – wie seit 1838 im „Polytechnischen Journal" – zu schreiben. Die beiden in den 40er Jahren von Technikern herausgegebenen Eisenbahnzeitschriften haben die französischen und englischen Ableitungen zu einem Konsens gebracht.

Mit der industriellen Revolution entwickelte sich auch bald eine eigene Fachsprache der Techniker und Ingenieure. Die Veröffentlichungen in den technischen Zeitschriften sorgten dafür, daß sich von den unterschiedlichen Benennungen einer Erfindung in Europa schließlich ein Name einbürgerte. Die Bezeichnung „Locomobile" ist heute ebenso vergessen wie der „Riegelweg" und die „eiserne Kunststraße" für die Eisenbahn.

Förderung technischer Spezialgebiete

Berichte über das Eisenbahnwesen zeigen uns noch eine weitere Leistungsfähigkeit der Zeitschriften. Ohne Zweifel waren vom Eisenbahnbau besonders stark die Straßen- und Brückenbauer angesprochen. Es nimmt daher auch nicht Wunder, daß die ersten Detailberichte über den Eisenbahnbau in Bau-Zeitschriften erschienen. So wurde das Lehrbuch von F. M. Goyonneau de Pambour über den Eisenbahn- und Lokomotivbau zuerst in Fortsetzungen in August Leopold Crelles (1780–1855) „Journal für Baukunst" (1829–1851) übersetzt und publiziert. Dies lag sicher einerseits am Interesse Crelles für das Eisenbahnwesen, aber andererseits auch daran, daß es weder genügend Interessenten noch eine Zeitschrift gab, die sich ausschließlich dem Maschinenbau widmete.

Bereits in der zweiten Hälfte des 19. Jahrhunderts würde ein Redakteur für solche Randgebiete seines Spezialgebietes entweder eine Beilage zur Zeitschrift, Themenhefte oder Sondernummern einrichten. Die erste technisch-wirtschaftliche Beilage einer Tageszeitung war wohl das „Archiv für Eisenbahnen und die damit verbundenen Hülfswissenschaften" (1843–1848). Sie lag dem österreichischen Regierungsorgan, dem „Österreichischen Beobachter", bei und wurde auch als eigenständige Zeitschrift verkauft. Im Jahrgang 1845 dieses „Archiv für Eisenbahnen" findet man insgesamt 38 verschiedene Quellenangaben, darunter 16 englische und französische Zeitschriftentitel.

Wege zur aktuellen umfassenden technischen Information

Schon in der zweiten Hälfte des 18. Jahrhunderts wurden sich die Gelehrten darüber einig, daß der bisherige Zeitschriftentyp der polyhistorischen Zeitschrift mit seinen Buchbesprechungen, Berichten über technische Erprobungen und wenigen ergänzenden Wissenschaftsnachrichten nicht mehr in der Lage war, den jeweiligen internationalen Wissensstand aktuell, komprimiert und umfassend darzustellen. Zwei neue Wege wurden eingeschlagen: Der eine bestand darin, daß man den Nachrichtenteil vergrößerte und durch Auszüge aus anderen Zeitschriften und Übersichtsartikeln ergänzte. Abraham Gotthelf Kästner (1719–1800) hat das zuerst im „Hamburgischen Magazin, oder gesammelte Schriften, zum Unterricht und Vergnügen aus der Naturforschung und den angenehmen Wissenschaften überhaupt" (1747–1781) durchgeführt. In diesem Zeitschriftentyp ist bereits die polytechnische Zeitschrift angelegt, wie sie sich in Johann Gottfried Dinglers (1778–1855) „Polytechnisches Journal" (1820–1932) am markantesten ausprägte. Das Journal enthielt anfangs ausführliche Übersichtsberichte. Auszüge aus ausländischen Publikationen, zu 50 % englischer und zu 15 % französischer Autoren, sorgten dafür, daß die Leser den Überblick über den aktuellen Stand der technischen Entwicklung behielten [3]. Dinglers Journal war in seinen ersten 30 Jahren die meistzitierte deutsche technikwissenschaftliche Zeitschrift. [V-3.6.1; V-5]

Der andere Weg führte von der polyhistorischen und polytechnischen Zeitschrift zur wissenschaftlichen Spezialzeitschrift eines Fachgebietes. Hielt sich Friedrich Hermbstädt (1758–1833) noch an das alte Redaktionskonzept der Bücheranzeigen, wie es der Göttinger Kameralist und Technologe Johann Beckmann (1739–1811) in seiner „Physikalisch-ökonomischen Bibliothek" (1770–1806) in voller polytechnischer Breite handhabte, so schränkte Hermbstädt andererseits seine „Bibliothek der physisch-chemischen, metallurgisch-technologischen und pharmaceutischen Literatur" (1788–1795) auf diese Fachbereiche ein. Das Nachbargebiet der medizinischen Physiologie, die Chemie, stellte schon seit dem 17. Jahrhundert in den später – unter verschiede-

Ein wichtiges Mittel der Gewerbeförderung bildeten die polytechnischen Zeitschriften des 19. Jahrhunderts. Eine herausragende Stellung nahm hier in Deutschland Johann Gottfried Dinglers 1820 erstmalig herausgegebenes Polytechnisches Journal ein. Dinglers Zeitschrift diente der Verbreitung naturwissenschaftlich-technischer Kenntnisse zum Wohle von Industrie, Handel und Landwirtschaft.

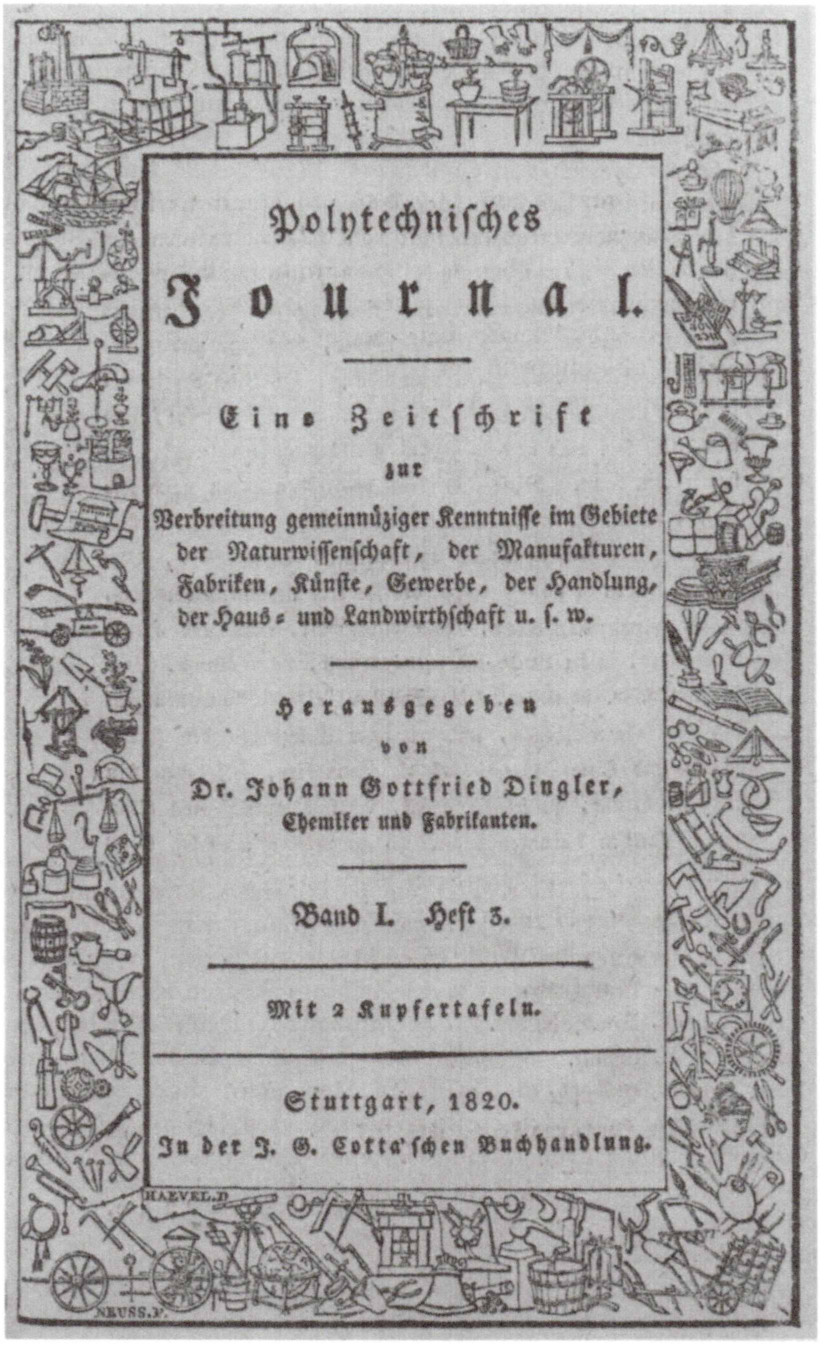

Polytechnisches

Journal.

Eine Zeitschrift

zur

Verbreitung gemeinnütziger Kenntnisse im Gebiete der Naturwissenschaft, der Manufakturen, Fabriken, Künste, Gewerbe, der Handlung, der Haus- und Landwirthschaft u. s. w.

Herausgegeben

von

Dr. Johann Gottfried Dingler,

Chemiker und Fabrikanten.

Band I. Heft 3.

Mit 2 Kupfertafeln.

Stuttgart, 1820.

In der J. G. Cotta'schen Buchhandlung.

nen Titeln – erscheinenden „Miscellanea medico physica" (1670 ff.) der Leopoldinischen Akademie ihren Fachbereich besonders heraus. Die Verbindung mit einer Akademie verlieh den Zeitschriften eines Fachgebietes den Anschein von Seriosität einer vom Staat privilegierten Vereinigung.

Lorenz Friedrich von Crell (1744–1816) gesellt den von 1778 bis 1804 von ihm zur Erhaltung unveröffentlichter Erfahrungen und unbekannter Forscher betreuten chemischen Zeitschriften ein „Chemisches Archiv" (1783–1791) bei, das eine Sammlung aller wichtigen Akademie-Publikationen werden sollte. Nach dieser Dokumentation des Forschungsstandes nennt man diesen Zeischriftentyp „Archivzeitschriften", obwohl er in der heutigen Zeit meist nur noch eine Loseblatt-Sammlung von aktuellen offiziellen Schriften ist, wie zum Beispiel „Deutsche Normen-DIN" oder „Technische Baubestimmungen". Crell finanzierte einen Teil seiner Redaktionskosten durch die Hereinnahme von literarischen, ab 1789 auch gewerblichen Anzeigen. Diese freien Spezialzeitschriften eines Fachgebietes öffneten den Zugang zur wissenschaftlichen Anerkennung auch für Nicht-Akademiemitglieder. Sie waren, auch wenn sich der Herausgeber – wie zum Beispiel Justus von Liebig (1803–1873) – als „Seriositäts-Schildwache" betätigte, für neue Forschungsansätze offen und beschleunigten oder erleichterten den Informationstransfer erheblich [4].

Referatezeitschriften, bibliographische Zeitschriften, Fortschrittsberichte

Adolph Ferdinand Gehlen (1775–1815) und Johann Andreas Buchner (1783–1852) veröffentlichten ein praxisnahes „Repertorium für die Pharmacie" (1815–1876). Im Jahr 1823 findet man in dem Registerband der ersten zehn Bände einen Fortschrittsbericht, der alle wesentlichen Forschungsergebnisse des Zeitraumes, nach Fachbereichen geordnet, in Sammelreferaten zusammenfaßt. Dadurch gelang es, die Fortschrittsberichte, die schon Gehlen in dem „Berlinischen Jahrbuch für Pharmacie" (1795–1840) den Medizinern abgeschaut hatte, als Textgattung in die Zeitschriften zu integrieren. Derartige Zeitschriften heißen heute Jahrbuch, Jahresberichte, Ergebnisse, Ergebnisberichte und haben nicht immer eindeutig Zeitschriftencharakter.

Erst dem Verleger Leopold Voss (1793–1868) gebührt das Verdienst, die Organisation der Wissenschaft in den Referatezeitschriften systematisiert zu haben. Er begann mit dem „Pharmaceutisches Centralblatt" (1830–1969), dessen redaktionelle Richtlinien Gustav Theodor

Fechner (1801–1887) erarbeitet hatte. Bereits im Jahre 1835 folgte das „Polytechnische Centralblatt". Eine regelmäßig ergänzte Titelliste informierte über alle erfaßten Zeitschriften. Beide Blätter sortierten die Referate zunächst nicht nach Sachbegriffen oder Fachgebieten. Später gingen sie dazu über, Themenhefte zusammenzustellen. Eine andere Methode, Forschungsübersichten zu vermitteln, ist die bibliographische Erfassung von Aufsatz-Titeln nach Stichworten. Karl Ehrenberg von Moll (1760–1838) hat 1797 in seinem „Jahrbuch für Berg- und Hüttenkunde" (1797–1801) erstmals für sein Spezialgebiet eine referierende Bibliographie für das Jahr 1795 geliefert. Seine Bemerkungen sind eher Wertungen als Inhaltsangaben. Ab 1818 wurde im preußischen Oberbaudepartement eine Inhalts-Bibliographie aus 140 internationalen Zeitschriften von Ernst Ludwig Schubart (1797–1868) zusammengestellt, die erstmals im Jahre 1856 veröffentlicht wurde. Die Bibliothekare des kaiserlichen Patentamtes in Berlin setzten diese Publikation zunächst für 101 Titel im Jahre 1871 fort und erfaßten zuletzt 405 Zeitschriften, bis im Jahre 1908 in „Technische Auskunft" eine monatliche Gesamtschau über den Inhalt von 1550 Zeitschriften dargeboten wurde. Bereits im Jahre 1896 hatte jedoch Felix Dietrich in seinem Verlag diesem Bereich der Wissenschaftsorganisation eine Heimstatt verschafft mit seiner „Internationalen Bibliographie der Zeitschriftenliteratur". Sie wird seit 1980 elektronisch redigiert und ist seit 1984 an einigen Zentralbibliotheken on line abfragbar. Ende des 19. Jahrhunderts ließen einzelne Zeitschriftenverlage, meistens gestützt auf offizielle oder von ihnen mitfinanzierte Verbands-Arbeiten, für ihre Spezialbereiche Bibliographien der Zeitschrifteninhalte erarbeiten.

Internationale Verbreitung der Zeitschriften

Wenn man bedenkt, daß der letzte Jahrgang 1969 des „Chemisches Centralblatt" auf 10138 Seiten 83525 Referate, 8731 Patentreferate und 7750 Patentrückzitate veröffentlichte, so kann man das Anschwellen des internationalen Informationsstromes im Vergleich zum Jahr 1830 mit 481 Referaten ermessen [5]. In dieser Zeitspanne wurde die internationale Gelehrtensprache Latein vom Englischen abgelöst.

Die deutsche Sprache erlangte im Verlaufe des 19. Jahrhunderts für die technischen Publikationen einen Spitzenplatz. 45 % aller internationalen technischen Veröffentlichungen waren dank des feingegliederten Zeitschriftenwesens deutsch geschrieben. Die internationale Verbreitung deutscher technischer Zeitschriften erreichte erst in der zweiten

Hälfte des 19. Jahrhunderts ihre heutige Bedeutung. Dennoch muß man zum Beispiel die 50 Exemplare der „Acta Eruditorum", die nach London exportiert wurden, schon als eine Vertriebsleistung des 17. Jahrhunderts bewundern[6].

Die Verleger kannten natürlich die Probleme der Sprachbarrieren. Im Verlag Stahleisen plante man zum Beispiel bereits 1900 eine französische Ausgabe und im Jahr 1927 einen viersprachigen Auszug; die Weltwirtschaftskrise beendete diese Träume zunächst. Seit 1961 gibt es eine russische Lizenzausgabe von „Stahl und Eisen", seit 1978 eine englischsprachige und seit 1986 eine chinesische Kennziffernzeitschrift, die sich redaktionell an die Originalzeitschrift anlehnen. Die 60er Jahre des 20. Jahrhunderts waren für die meisten deutschen Verlage der Zeitpunkt, zumindest englische Summaries anzubieten. Das hatten auch schon vor 1914 einige Zeitschriften eingeführt. Andere Zeitschriften boten wenigstens ein mehrsprachiges referierendes Inhaltsverzeichnis.

Seit den 60er Jahren des 20. Jahrhunderts nehmen zunehmend deutsche technikwissenschaftliche Zeitschriften auch englischsprachige Beiträge auf. Vor 1945 erschienen fremdsprachige Beiträge in deutschen technikwissenschaftlichen Zeitschriften nur in seltenen Ausnahmefällen und in Fachzeitschriften nur zu internationalen Kongressen. Oft sind es Zeitschriftenverlage, die derartige Kongresse organisieren oder gar den Verein erst gründen, um diese Kongresse veranstalten zu können.

Aber auch eine andere Form, die Internationalität der wissenschaftlichen Forschung zu betonen, wurde von den Zeitschriftenverlagen erprobt: Die Redaktionskooperation mit angesehenen fremdsprachigen Zeitschriften, wie zum Beispiel „Engineering", „Revue polytechnique", „Deutsche allgemeine polytechnische Zeitung", die unter Mitwirkung der Herausgeber des „Engineering" von 1873 bis 1878 erschien. [V-3.6.2]

Von der wissenschaftlichen Fachzeitschrift zur Wissenschaftszeitschrift

Bis in die 30er Jahre des 19. Jahrhunderts enthielten die naturwissenschaftlichen Fachzeitschriften im wesentlichen Berichte über Beobachtungen , die man bei naturwissenschaftlichen oder technischen Prozessen oder bei Unfällen gemacht hatte. Es gab auch Berichte über die Funktionen technischer Neuerungen. Berichte über Experimente, wie sie zum Beispiel Baader im Nymphenburger Park mit seiner Ständereisenbahn anstellte, blieben die Ausnahme.

Justus von Liebig führte in die deutsche Literatur den jederzeit nachvollziehbaren Experimentalbericht ein[7]. Die technischen Fächer benötigten noch 30 Jahre, bis aus den mechanischen Handlungsvorschriften wissenschaftliche Versuchsprotokolle geworden waren. Dabei leisteten die „Mitteilungen" der staatlichen Einrichtungen wie der „Aichungskommission" (1886 ff.) oder der „Technischen Untersuchungsanstalten" (1883 ff.) insofern gute Dienste, als sie die Technik und deren Anwendung der in der zweiten Jahrhunderthälfte entwickelten Meß- und Prüfgeräte bekanntmachten. Gleichzeitig war in der zweiten Jahrhunderthälfte die Ausbildung der Technischen Hochschulen unter Heranziehung von Forschern aus den Labors der Industrie und der staatlichen Institutionen so weit fortgeschritten, daß die naturwissenschaftlichen Methoden der exakten Messungen und Berechnungen nun für die neuen Werkstoffe zu neuen Modellbildungen benutzt wurden, um von der Technik adaptiert zu werden. Erst die Auswertung der Meß- und Prüfwerte von neuentwickelten Prüfgeräten führte dazu, daß mathematische Modelle berechnet werden konnten, die als Basis für Gedankenmodelle der technischen Konstruktion dienten. Die Trennung der praxisorientierten von der grundlagenorientierten Forschung findet freilich in der Zeitschriftenliteratur erst in den letzten Jahren vor dem Ersten Weltkrieg gelegentlich ihren Niederschlag. [V-3.5]

Ein Zeitschriftenhistoriograph, der die Maßstäbe moderner wissenschaftlicher Forschungsberichte mit ihren Bemessungstabellen, Verlaufswerten und komplizierten Rechengängen an die wissenschaftlichen Zeitschriften des 19. Jahrhunderts anlegt, kann leicht zu dem Trugschluß kommen, es handele sich um leichtverständliche Fachzeitschriften. Wohl die erste technische Zeitschrift, die vorwiegend mathematische Modelle veröffentlichte, war die Zeitschrift des sächsischen Architektur- und Ingenieur-Vereins „Der Ingenieur" (1846–1884).

Spezialisierung und Popularisierung technischer Themen

Ein Problem aller Zeitschriftenredaktionen ist ihre Verwissenschaftlichungstendenz. Um diesem Problem zu steuern, haben die Verleger und Redakteure immer wieder neue Konzepte entwickeln müssen. Zuerst waren es die staatlichen Behörden, die für ihren Nachwuchs

Ausbildungsstätten, und diese wiederum Diskussionsforen für Praxis und Forschung benötigten. Unmittelbar vor Gründung der Berliner Bauakademie riefen deren spätere Lehrer eine „Sammlung nützlicher Aufsätze und Nachrichten die Baukunst betreffend" (1797–1804) ins Leben. Bautechniker und vor allem Statiker konnten schon vorher einen Teil ihrer Technikprobleme, insbesondere der Rechenverfahren, in Andreas Böhms (1729–1790) Wissenschaftszeitschrift „Magazin für Ingenieure und Artilleristen" (1777–1795) abhandeln.

Die nächste Entwicklungsstufe zur Popularisierung der Technik mit Hilfe einer Zeitschrift kam aus der Mitte der Gewerbetreibenden. So schlossen sich einige technisch Interessierte 1815 zum „Polytechnischen Verein für das Kgr. Bayern" zusammen. Das führende Gründungsmitglied war Johann Georg Zeller († 1822), der 1815 den „Wöchentlichen Anzeiger für Kunst- und Gewerbefleiß im Kgr. Bayern" gegründet hatte, den der „Polytechnische Verein" unter wechselnden Titeln von 1816 bis 1932 herausgab. Eine der besten Leistungen dieser Zeitschrift wurde die Patent- und Privilegienschau aus bayerischer Sicht. Das redaktionelle Programm litt anfangs genauso wie das der „Verhandlungen des Vereins zur Beförderung des Gewerbefleißes in Preußen" (1822–1930) darunter, daß die zum Abdruck gelangenden Beiträge eher auf die Interessen höherer technischer Beamter zugeschnitten waren und eine kontinuierliche Gesamtschau über den technischen Fortschritt nicht immer gewährleisten konnten. Die Vereine wurden von den Regierungen als technische Gutachter herangezogen und druckten diese Gutachten auch ab. [V-3.6.1]

Schon seit Beginn des 18. Jahrhunderts hatten sich – auch pädagogische – Zeitschriften für die Verbesserung des naturwissenschaftlichen Unterrichts und für die Errichtung von polytechnischen Akademien und Schulen eingesetzt. Von den seit 1804 entstehenden polytechnischen Schulen wurden in Wien und Würzburg Zeitschriften herausgegeben. Es gelang ihnen aber nicht, polytechnische Bildung an breitere Kreise zu vermitteln. [V-3.3]

Die technisch-wirtschaftlichen Zeitschriften

Im Jahre 1824 wurde in Berlin der erste Architekten-Verein gegründet, der von 1833 bis 1850 seine Standesinteressen, Fortbildungs- und Nachwuchsförderungsmaßnahmen in einem in 1000 Exemplaren gedruckten „Notizblatt" (1833–1850) diskutierte. Das sicher nicht nur für die kaum 250 Mitglieder bestimmte Blatt bekam eine „Zeitschrift für

Bauwesen" (1851–1931) zum Nachfolgeorgan, das besonders durch Georg Gustav Erbenkam (1811–1876) genauso einflußreich wie die „Allgemeine Bauzeitung" (1836–1918) von Ludwig Förster (1797–1863) in Wien wurde. Beide widmeten neben der architektonischen Form ihr besonderes Interesse der Bautechnik und gelegentlich auch der Statik. Sie berichteten laufend in Kurzmeldungen über die neuesten technischen Erzeugnisse der Industrie.

Erst in der zweiten Hälfte des 19. Jahrhunderts sollten die beruflichen Standesorganisationen für das Zeitschriftenwesen ihre heutige Bedeutung erringen. Diese Verbände gründeten entweder technisch-wirtschaftliche Fachzeitschriften, oder sie bedienten sich bestehender als Vereinsorgane, oder sie wurden überhaupt erst durch einen rührigen Zeitschriftenredakteur gegründet. Dazu mußte allerdings erst in den Gewerbegesetzen die Koalitionsfreiheit eingeräumt werden. Die wenigen Vereinigungen, die vor 1863 gegründet wurden, mußten eine staatliche Erlaubnis beantragen, wie zum Beispiel 1828 der „Industrie-Verein im Kgr. Sachsen". Andere Vereine waren im Verlauf der 1848er Ereignisse entstanden und konnten ihre geistige Verbundenheit zumindest durch eine Fachzeitschrift, wenn auch nur auf dem Papier, aufrechterhalten, oder die Vereinigung war von Anfang an so lose, daß sie gerade noch ausreichte, um eine gemeinsame Zeitschrift zu abonnieren.

Das Redaktionsprogramm des „Gewerbeblatt für Sachsen" (1835–1900), das Robert Binder († 1870) für den Annaberger Handwerkerverein entworfen hatte, wurde seit 1843 von dem ehemaligen Textilmaschinenfabrikanten Friedrich Georg Wieck (1800–1860) zu einem Musterbeispiel für alle späteren Verbandsblätter ausgebaut. Es galt einer leicht verständlich und praxisnah geschriebenen technisch-wirtschaftlichen Fachzeitschrift. Durch Holzstiche, Lithotafeln und Textilmuster gestaltete er sie optisch ansprechend. Binder und Wieck prüften technische Neuheiten auf ihren Anwendungsnutzen. Sie schrieben auch Übersichtsberichte über technische Bereiche und Produkte, formulierten vom Standpunkt des Unternehmers und Schutzzöllners wirtschaftspolitische Analysen und kommentierten die Konjunkturlage. Sie gaben in einem lesenswerten Stil Reportagen von Verbandssitzungen und setzten das technische Wissen ihrer Zeit in journalistische Kabinettstücke um. Dabei bedienten sie sich auch der Briefe, Gutachten, historischen Rückblicke und Übersichten. Die 1860 von Binder gegründete „Sächsische Industrie-Zeitung" (1860–1889) setzte neben den umfangreichen technischen Teil, der auch schon Produktinformationen der Industrie enthielt, ihr Schwergewicht auf gewerbe-, sozial- und rechtspolitische Fragen und bot darüber hinaus Übersichten über Rohstoffmärkte, Produktenbörsen und die Produktionsstatistik an. Beide Zeitschriften zeigen, daß ihre Herausgeber von der Infomations- und Anzeigenvergabe-Politik der Industrie völlig abhingen. Dennoch verstanden sie es, ihren Zeitschriften einen eigenen Stempel aufzuprägen. Nicht immer gelang das den Verbandsorganen, die sich bei der Abonnentenwerbung, der Anzeigenvergabe und der Informationsbeschaffung auf den Rückhalt der Verbandsmitglieder stützten. In der zweiten Hälfte des 19. Jahrhunderts wuchsen die Anzeigenumfänge auf über 25% des Gesamtumfanges und die Auflagen einiger Blätter auf 1000 bis 3000 Exemplare. Beides erlaubte den Redaktionen, Sonderleistungen – zum Beispiel Spezialreferateteile – aufzubauen. In einigen Fällen ließen die Verbände ihren Mitgliedern die Zeitschrift gratis einweisen oder warben für die Mitgliedschaft in ihrem Verband mit einer Zeitschrift.

In die Kreise der Beamtenschaft und Politiker wollten die ersten Industrievereine wirken, um vornehmlich wirtschaftspolitische Ziele zu realisieren. Dabei merkten sie, daß in diesen Kreisen keinerlei technische Kenntnisse und Interessen vorhanden waren. Deshalb bediente sich zum Beispiel der Bergbauverein einer Zeitungsbeilage, die seit 1866 der „Essener Zeitung" beigelegt wurde und seit 1876 als „Glückauf" selbständige Zeitschrift ist. Der „Verein Deutscher Eisenhüttenleute" hatte zunächst die zweimal wöchentlich erscheinende technische Wirtschaftszeitung „Berggeist" (1856–1885) zu seinem Organ gemacht. Sein schreibgewandtes Vorstandsmitglied Joseph Schlinck (1831–1893) hatte 1878 eine gemeinverständliche Darstellung des Eisenhüttenwesens in Fortsetzungen in der in Industrie- und Handelskreisen vielbeachteten „Kölner Zeitung" veröffentlicht. Metallurgische Beiträge kamen auch aus den Industrielabors, deren erstes im Jahre 1863 von der Firma Krupp mit eigens konstruierten Prüfmaschinen ausgerüstet wurde. Krupp hatte als erste Firma 1893 eine Pressestelle eingerichtet, die vornehmlich die Aufgabe hatte, über die positiven Leistungen der Firma Informationen zu verbreiten und bei Angriffen gegen die Firma sofort angemessen zu reagieren. Diese Dienststelle war auch den Redaktionen der Fachzeitschriften behilflich, wenn sie für bestimmte technische Probleme geeignete Autoren suchten. [V-3.6.2; V-3.6.3]

Eine der Aufgaben des Vereins der Eisenhüttenleute sollte es sein, über Neuerungen und Rationalisierungsmaßnahmen im Produktionsprozeß zu informieren. Die zahllosen Gutachten führten seit 1910 dazu, daß man Kommissionen für bestimmte Bereiche einrichtete. Einer dieser Ausschüsse war der Ausschuß für Betriebswirtschaft (1926), der die Ingenieure mit wissenschaftlich abgesicherten Methoden zur Verbesserung der Fertigungstechnik, des Fertigungsablaufs, der Arbeitsplatzrationalisierung und -modernisierung, der Organisationsplanung und anderen von der technischen Seite zu bewältigenden betriebswirtschaftlichen Fragen konfrontierte. Dieser Themenkomplex hatte bereits in den letzten Jahrzehnten des 19. Jahrhunderts seine Spuren in Fachzeitschriften hinterlassen und wurde besonders nach 1918 in eigenen Zeitschriften wie zum Beispiel „Mitteilungen des Ausschußes für Wirtschaftlichkeit“ (1918–1944) abgehandelt. Die REFA-Technik, die sich mit arbeitstechnischen Rationalisierungsaufgaben im Rahmen von Planung, Steuerung und Überwachung der Produktion befaßt, setzte freilich Standards voraus, die seit den 60er Jahren entwickelt worden waren und seit 1917 im „DIN-Deutsche Industrie Norm-Ausschuß“ beraten wurden [8]. Die andere Seite der Rationalisierung bestand aus den daraus entstehenden Problemen der eintönigen Arbeit an Fließbändern. Zur Betriebsführung mußte der Techniker schon immer die Kunst der Menschenführung erlernen. Die Zeitschriften machten ihn daher auch mit den maschinenbedingten psychologischen Erkenntnissen über die Menschenführung bekannt.

Schon in den 50er Jahren des 19. Jahrhunderts waren Anleitungen und Gutachten zum Schutz gegen Lärm, Luft- oder Wasserverschmutzung zu einem wichtigen Thema der Fachzeitschriften geworden, zumal jede Gewerbeordnungsnovelle strengere Maßnahmen vorschrieb. Die um die Jahrhunderthälfte grassierenden Seuchen sorgten dafür, daß Betriebshygiene zu einem Zeitschriftenthema wurde. Die Errichtung der Berufsgenossenschaften 1884 führte zu neuen Organisationen oder eigenen Zeitschriftengründungen, wie zum Beispiel „Tiefbau Berufsgenossenschaft“ (1888 ff.). Freilich wurden diese und ähnliche Themen nur unter dem Gesichtspunkt des technischen Fortschritts abgehandelt und kaum die Grenzen des technisch Machbaren aufgezeigt. Die Zeitschrift für Jugendliche „Technische Monatshefte – Technik für Alle“ (1910–1943), war wohl eine der ganz wenigen, die wenigstens von der Ethik des Technikers etwas ahnen ließ. Als 1932 der Basler Professor Karl Köhler in einem Vortrag „Technik und Religion“ von den Ingenieuren forderte: „Machet Euch die Erde untertan“, d. h. beherrscht Eure Maschinen auch in einem ethischen Sinne, da war er ein Rufer in der Wüste [9]. Erst nach 1945 kamen gelegentlich solche Themen in technischen Zeitschriften vor.

Marktinformation durch Offertenblätter, Kennziffernzeitschriften und Fachmagazine

Die vielen technischen Erfindungen waren für ein Fachgebiet schon am Ende des 19. Jahrhunderts kaum noch zu überblicken. Deshalb wurden für die Leser die Marktübersichten, die ihnen die Anzeigenteile anboten, fast genauso wichtig wie der redaktionelle Teil. Das galt zumindest solange, wie es noch keine regelmäßigen Messen gab. Bis 1871 unterlagen Zeitschriften mit einem Anzeigenteil einer Steuer, die nach ihrem Gesamtumfang berechnet wurde. Deshalb hatten findige Verleger die Anzeigenteile, die „Intelligenzblätter", verselbständigt und sie ihren Abonnenten gratis zugestellt. Nach 1871 existierten einige dieser Beilagen als Offertenblätter weiter. Die Umstellung auf bezahlten Bezug bereitete jedoch Schwierigkeiten, weshalb Carl Gustav Vogel (1868–1945) das Wechselversand-System ausprobierte, d. h. er versandte je nach Umsatz, Branche, Standort und ähnlichen Kriterien nur noch jedes zweite oder noch seltenere Heft. Sehr schnell verbreitete sich dieses System auch zur Abonnentengewinnung bei anderen Zeitschriften.

Die Offertenblätter brachten nur gelegentlich industrielle Produktinformationen neben den Anzeigen zum Abdruck. Das änderte sich, als die Postzeitungsordnung 1901 und die Pressegesetze nach 1933 mindestens 25% Redaktionsanteil forderten. Seitdem besorgen mehr oder minder kritische Redaktionen Übersichtsartikel und Themenbeiträge, die sie ihren Anzeigenkunden bekanntgeben, damit der Inhalt der redaktionellen Information mit dem der Anzeigen harmoniert. Carl Hartweck erfand für das „Scope Journal" (1964 ff.) die Produktinformation als Schmunzellektüre. Statt der trockenen Prospektlektüre sammelte er diese systematisch, prüfte die Angebote, so als wäre er selbst der Käufer, und beschrieb das Wesentliche kritisch aber sachlich. Eine beiliegende Leserdienstkarte ermöglichte es den Lesern, über den Verlag weitere Informationen vom Hersteller zu erhalten. Die begehrte Zeitschrift wird nur einem ausgewählten Leserkreis unentgeltlich zugestellt. Bereits 1979 begann „Scope" über diesen Leserdienst auch wissenschaftliche Manuskripte in Kopie anzubieten, die nur für einen kleinen Interessentenkreis bestimmt sind.

Entsprechend den visuellen Gewohnheiten der Leser gingen zahlreiche Verleger von Fachzeitschriften seit den 70er Jahren dazu über, den Fachzeitschriften – durch Modulumbruch statt des Blockumbruchs – eine Magazinaufmachung zu geben. So findet man plakatwandartigen Umbruch mit Schriftgrößenwechsel für die Überschriften, um dem Leser eine optische Leitlinie zu geben. Ullsteins naturwissenschaftliches Magazin „Koralle“ (1934–1942) hat in Anlehnung an Filmscripts durch Appetizer-Bildunterschriften, durch Zwischenüberschriften, Merkzeichen und Einzüge den Leser gelockt, in die Lektüre einzusteigen. Heute versucht man den sachlichen Ton durch Bemerkungen aus der privaten Sphäre aufzulockern, wie es zum Beispiel „Das Auto-Haus“ (1958 ff.) und die „Funkschau“ (1928 ff.) handhaben.

Spezialzeitschriften für Handwerker und Facharbeiter

Einen anderen Weg, technische Informationen immer größeren Kreisen zugänglich zu machen, beschritt der Direktor der Holzmindener Baugewerk-Schule, F. Ludwig Haarmann (1798–1864). Seine „Zeitschrift für Bauhandwerker“ (1857–1915) diente vielen Herausgebern von Handwerker-Zeitschriften zum Vorbild: Die Musterkonstruktionen sind genauso praxisnah ausgewählt wie die Interpretation der technischen Entwicklung und Forschung. Dabei wird allen Gewerken am Bau Beachtung geschenkt, ob es der Zimmermann oder der Haus- und Heizungstechniker ist. Wichtig zur Beurteilung von Industrieprodukten ist die Festigkeit, die Feuersicherheit, die leichte Handhabung und vieles mehr. Mit der Handwerkerschaft am Bau wurde ein breites Publikum angesprochen, das wegen seiner Bildungswilligkeit schon wenige Jahre später mit eigenen Spezialzeitschriften angesprochen werden mußte. In den 60er Jahren erschienen die ersten Organe der Arbeitervereine. Für die technische Fachpresse wurde besonders die „Zeitschrift für Lokomotivführer“ (1863–1919) ein Muster technischer Fortbildungszeitschriften für qualifizierte Facharbeiter. Hier finden wir eher eine Glosse statt eines Kommentars, und technische Verfahren werden so leicht verständlich und an der praktischen Handhabung erklärt, daß sie jedermann nachvollziehen kann. Der Lesestoff ist durch persönliche Erlebnisse und Reparaturberichte aufgelockert [V-3.4].

Von den Zeitschriften der Wissenschaften zu den speziellen Sachzeitschriften

Waren bisher alle genannten Zeitschriftentypen konzipiert für Leser, die mit Erzeugnissen der Technik täglichen Umgang haben, so versuchte Otto Nikolaus Witt (1855–1915) den technischen Fortschritts-

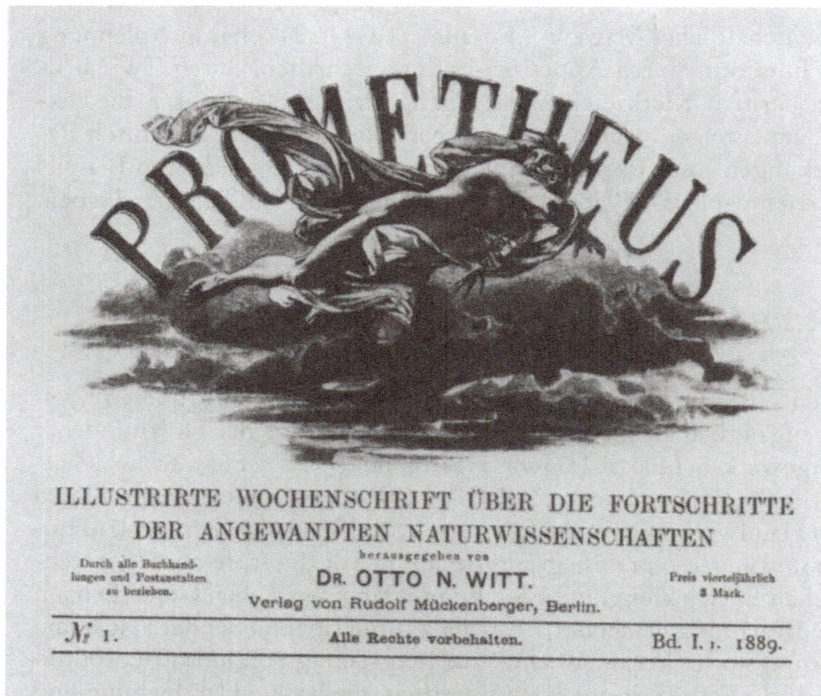

PROMETHEUS

ILLUSTRIRTE WOCHENSCHRIFT ÜBER DIE FORTSCHRITTE DER ANGEWANDTEN NATURWISSENSCHAFTEN

herausgegeben von

DR. OTTO N. WITT.

Verlag von Rudolf Mückenberger, Berlin.

Durch alle Buchhandlungen und Postanstalten zu beziehen.

Preis vierteljährlich 3 Mark.

№ 1. Alle Rechte vorbehalten. Bd. I. 1. 1889.

An unsere Leser.

Wie ein rother Faden schlingt sich durch die Culturgeschichte der Völker die Frage nach dem Urgrund aller Kräfte, aller Bewegung und jeden Lebens. Obgleich es unserm rastlos forschenden Jahrhundert vorbehalten war, diese grosse Frage durch Schaffung der mechanischen Wärmetheorie in wissenschaftlich genauer Form zu beantworten und durch die Erkenntniss der Unzerstörbarkeit der Kraft zu ergänzen, so haben doch frühere Jahrtausende schon geahnt, was wir ergründet haben. Die Culturgeschichte aller Völker beginnt mit dem Cultus des Feuers, mit der Verehrung der Wärme als Quelle aller Kräfte. Wenn dann auch später das Feuer idealeren Göttergestalten Platz machen musste, so blieb doch neben denselben die Herabkunft des segenspendenden Elementes der Gegenstand liebevoll ausgesponnener Sage. Nirgends aber fand dieselbe eine so herrliche Vertiefung als bei dem in Kunst und Wissenschaft grössten Volke des Alterthums, bei den Hellenen, deren gewaltiger Titan Prometheus den Menschen das Feuer schenkte, weil er sie liebte und emporheben wollte zu wahrer Menschlichkeit. So stellt sich der Prometheuscultus der Griechen dar als Vorahnung der mechanischen Wärmetheorie; die Erkenntniss der Wärme als Urgrund aller Thätigkeit ist nirgends schöner ausgedrückt als in den unsterblichen Versen des Aeschylos:

„Kurz, alles sei mit einem Wort gesagt:
Es schuf Prometheus jede Kunst den Sterblichen!"

Zwei Jahrtausende sind verflossen, ehe es der Menschheit gelang, die Wahrheit dieser Worte mit mathematischer Logik zu beweisen. Die Wissenschaften mussten erst geschaffen werden, welche mit vereinten Kräften das grosse Werk vollbringen sollten.

Mit der industriellen Revolution veränderte die Technik immer stärker das Berufsleben und den Alltag. Auch die breite Öffentlichkeit wollte an dem neuen technischen Wissen teilhaben: zahlreiche populärwissenschaftliche Zeitschriften wie der „Prometheus" (gegründet 1889) entstehen und informieren über neue naturwissenschaftliche Erkenntnisse und technische Erfindungen.

glauben seines Jahrhunderts auch jener geistigen Führungsschicht zu vermitteln, der in Schule und Kirche eine eher technik- und naturwissenschaftsfeindliche Haltung aufgeprägt worden war. Väter, die ihren Kindern Eisenbahnen und Dampfmaschinen als Luxusspielzeug schenkten, aber gleichzeitig die Technik nicht zu den Kultur-, sondern den Zivilisationsgütern – was immer sie darunter verstanden – rechneten, konnte man nicht direkt ansprechen. So fügte Witt die technische Entwicklung in das kulturelle Gesamtgeschehen in seiner illustrierten Wochenschrift „Prometheus" (1889–1921) ein. Noch weiter ging Heinrich Bechold (1866–1937), der in der „Umschau" (1897 ff.) nicht nur die Fortschritte in Gewerbe, Industrie und Wissenschaft, sondern auch die in Literatur und Kunst von namhaften Vertretern ihres Faches darstellen ließ. Das war die Geburtsstunde der ersten Sachzeitschrift der Wissenschaft, die Technik und Naturwissenschaft als Gegenstand der Allgemeinbildung in den Vordergrund ihrer redaktionellen Leistung stellte.

Einen anderen Weg, an technikfeindliche Kreise heranzukommen, wählte die Franckh'sche Verlagshandlung durch die Gründung des „Verein der Naturfreunde", der nicht nur einführende Sachbücher und an die Technik heranführende Experimentierkästen für Jugendliche entwickelte, sondern auch eine Zeitschrift „Kosmos" (1903 ff.) ins Leben rief, deren Rubrik „Aus Technik und Naturwissenschaft" mit den Bildnissen von James Watt (1736–1819) und Max Eyth (1836–1906) geschmückt war. Sie machte sich dabei eine Sehnsucht der Städter nach dem Landleben zunutze, um einer bestimmten Leserschicht Informationen über den Zusammenhang zwischen Natur und naturwissenschaftlichen Erkenntnissen zu vermitteln. [V-5]

Die Photographie und die neuen Reproduktionsverfahren zeigten im 20. Jahrhundert Technik sehr viel anschaulicher als früher. Vor allem „Koralle" und „Bild der Wissenschaft" (1964 ff.) haben diese Möglichkeiten mit großer Breitenwirkung genutzt. Man bedient sich dabei der seit den 20er Jahren zur Popularisierung der Technik eingeführten Bildreportagen. Interviews mit Forschern, Forschungsreportagen, Round-Table-Gespräche sind weitere moderne Darstellungsformen. Inzwischen ist aber auch die schulische Basis für technisches Interesse so breit geworden, daß Technik zur Freizeitgestaltung der Jugend gehört. Eigens dafür konzipierte Teile in Jugendzeitschriften wie „Der gute Kamerad" (1887–1944) und eigene Hobby-Zeitschriften wie „Wir experimentieren" (1961–1979) oder mit sehr viel höherem Anspruchsniveau „Funkschau" (1928 ff.) oder „chip" (1978 ff.) wollen dabei Anleitungen und Anregungen geben.

Technische Voraussetzungen für die massenhafte Verbreitung von Zeitschriften

Wissenschaftliche Publikationsorgane, Fach- und Sachzeitschriften sorgen nicht nur für die Verbreitung der naturwissenschaftlichen und technischen Grundkenntnisse und die Gewinnung des öffentlichen Vertrauens in die Werke der Technik, sie sind auch selbst Motor der technischen Entwicklung. Von ihnen wurde zum Beispiel eine beschleunigte Entwicklung von Papier- und Druckmaschinen, Vielfalt von Papiersorten, Verfeinerung der Illustrationstechniken und neue Vervielfältigungstechniken mit angeregt und vorangetrieben. Ohne Mechanisierung ist ein modernes Zeitschriftenwesen genauso wenig denkbar wie ohne moderne Nachrichtentechnik und hochentwickelte Verkehrssysteme. Um im Wettbewerb mit den elektronischen Medien zu bestehen, haben die wissenschaftlichen Zeitschriften besonders schwer zu kämpfen und beginnen teilweise elektronisch zu publizieren. [V-4.1]

Blickt man noch einmal auf die dreihundert Jahre zurück, seit es naturwissenschaftliche Zeitschriften gibt, so spiegelt sich in der Entfaltung eines weitgefächerten Zeitschriftenwesens die enge Wechselbeziehung zwischen der Entwicklung der Technik in dieser Zeit und der Ausweitung technischer Bildung wieder: Die Notwendigkeit, neue technische Erkenntnisse und Verfahren, Informationen über Maschinen und Apparate schnell und umfassend an Fachleute weiterzuleiten, die Differenzierung in allen Zweigen der Natur- und Technikwissenschaften, die Entstehung ganz neuer Berufszweige und das erwachende Interesse der Öffentlichkeit führen zur Gründung der mannigfaltigen Zeitschriften. Und die Zeitschriften wiederum sorgen für die Bildung einer internationalen Fachsprache der Techniker, für die Fortentwicklung eines lebendigen, aber auch brauchbaren Stils der theoretischen und praxisnahen Berichterstattung aus dem Bereich der Technik, und sie motivieren durch ihre Bedürfnisse nach besserer Ausstattung und schnellerer Verbreitung wieder die Ingenieure zu neuen Ideen.

Literaturnachweise

1 *Hermann*, Armin: Die Funktion von Briefen in der Entwicklung der Physik. In: Berichte zur Wissenschaftsgeschichte. Jg.3, 1980, S. 58
2 Vgl. 1, S. 59
3 *Troitzsch*, Ulrich: Zur Entwicklung der polytechnischen Zeitschriften in Deutschland. 1820–1850. In: Manegold, Karl-Heinz (Hrsg.): Wissenschaft und Technik. München 1969, S. 331
4 *Stichweh*, Rudolf: Zur Entstehung des modernen Systems wissenschaftlicher Disziplinen. Physik in Deutschland. 1740–1890. Frankfurt, 1984, S. 394ff.
5 *Ruske*, Walter: Verlag Chemie 1921–1971. Weinheim 1971, S. 128
6 *Kirchner*, Joachim: Zur Entstehungsgeschichte der „Acta Eruditorum". In: Ausgewählte Aufsätze. Stuttgart 1970, S. 159
7 *Paolini*, Carlo: Justus von Liebig. Eine Bibliographie sämtlicher Veröffentlichungen. Heidelberg 1968, S. 10
8 Vorläufer der Normung gab es bereits seit dem letzten Viertel des 19. Jahrhunderts
9 Schweizerische Bauzeitung. 100, S. 345, 1932

Hörfunk und Fernsehen – Ihr Verhältnis zur technischen Bildung

Walter Först

Aus der Geschichte des Rundfunks

Der Rundfunk wird medienwissenschaftlich in neuerer Zeit stärker als früher durchleuchtet: man fragt nach seinen Einflüssen auf den einzelnen und auf die Gesellschaft. Auch die Politik – Parlamente, Regierungen und Parteien – nehmen ihn neuerdings für vieles in Anspruch. Unabhängig davon ist der Rundfunk, unter dem man zugleich Hörfunk und Fernsehen versteht, jedoch eine Institution geblieben, deren technische Grundlage, also die physikalischen Vorgänge und apparativen Funktionen, dem Laien fremd und unverständlich sind. In seiner Erscheinungsweise allen vertraut, gehört der Umgang mit ihm zum Alltag.

Die Erzeugung von elektrischem Strom demonstrieren äußerlich noch immer Kraftwerke und Hochspannungsleitungen, der Explosionsmotor des Autos läßt einen Rest von Vorstellung seines Funktionierens zu, und auf den herkömmlichen Übermittlungsweg des Telephons verweisen in ländlichen Gebieten nach wie vor noch oberirdisch geführte Leitungen. Anders war es von Anfang an beim Hörfunk und auch beim Fernsehen. Bei beiden hat man keinen Einblick in die Arbeitsweise der Ausstrahlung oder die Programmproduktion; die Aktionen vor und hinter Mikrophon und Kamera sind dabei ausgenommen.

So groß die Breitenwirkung des Mediums heute auch ist, allgemeine technische Bildung wird damit nur in Grenzen gefördert, doch stimulieren Hörfunk und Fernsehen das Interesse an Ausbildung und Ausübung technischer Rundfunkberufe. Die Mittel, derer sich der Rundfunk bedient, machen unverändert seinen eigentlichen Anreiz aus: diese eröffnen einen übersehbaren Raum, in dem Objekt und Gegenstand eine neue, zweite sinnliche Realität annehmen.

Das ist eine akustische und visuelle Realität, die sich immer weiter davon entfernt, in ihrem Ursprung eine durch Technik erzeugte Fiktion zu sein, was sie von allen vergleichbaren anderen Medien deutlich abhebt. Mittelalterliche Handschriften waren zwar gegenständlich, aber noch zu exklusiv, um eine breitere Kommunikation entstehen zu lassen. Erst die Drucktechnik hat vom Flugblatt über Zeitschrift und Zeitung bis zum Buch größere Kreise von Lesern erschlossen. Sie wurde jedoch von der drahtlosen Zeichenübermittlung durch neue Formen und Wirkungen überboten, ohne daß Hörfunk und Fernsehen die „Printmedien" deshalb verdrängt oder gar hätten ersetzen können. Entdeckt oder erfunden haben den Rundfunk aber „nicht Politiker oder Publizisten oder Künstler... Es war vielmehr die Technik, die zunächst für den Rundfunk, dann für das Fernsehen ein völlig neues Kommunikationsmittel angeboten und damit zweifellos eine neue kommunikative Dimension geöffnet hat" [1]. Obwohl diese neue Dimension durch die Technik ermöglicht wurde, fehlt den Kommunikationswissenschaften aber noch immer der rechte Zugang zu ihr, so sehr sie den Rundfunk trägt und in jüngster Zeit durch ergänzende, fälschlich „neue Medien" genannte Innovationen variiert und ergänzt. Andererseits pflegen die Ingenieure und Techniker, die an der Rundfunktechnik und ihrer Weiterentwicklung arbeiten, nur wenig nachzudenken, was die Produzenten, die von der Technik abhängig sind, ihr aber gleichzeitig immer wieder neue Versionen und Varianten abfordern, in die Programme aufnehmen.

Diese Ambivalenz berührt auch das Verhältnis von Hörfunk und Fernsehen zur technischen Bildung. Es wurde vor allem zu Beginn von den geradezu magischen Wirkungen bestimmt, die der Rundfunk mehr als jede andere technische Neuerung ausübte. Diese sind – auch für das Fernsehen – zwar längst alltäglich geworden, haben aber nur wenig von ihrer Einzigartigkeit verloren. Trotzdem ist die Beziehung des Konsumenten zur Technik des Rundfunks lose und indifferent geblieben. Sie wird, obwohl durch die Fachleute immer weiter verbessert und ausgebaut, vom Publikum fragenlos hingenommen und benutzt, ohne darüber nachzudenken. Nur in seinen Anfängen breitete sich mit dem Rundfunk „wieder einmal eine jener Popularisierungswellen naturwissenschaftlicher Erkenntnis durch das technische Spiel aus, die seit der Jahrhundertwende zu mannigfachen mechanischen und optischen Basteleien, zum physikalischen und chemischen Experimentierbaukasten geführt hatten" [2]. Als er dann da war, wurde er binnen weniger Jahr zur Selbstverständlichkeit. Obwohl der Ursprung dieses und anderer durch die Technik entwickelten neuen Medien bereits im späten 19. Jahrhundert gelegen hatte, gab es noch keine gedanklichen Ansätze zu einem Tiefenverständnis. Ebenso wie Kraftverkehr und

Luftfahrt entstanden Telegraphie, Telephonie, Photographie, Film und Schallplatte um die Jahrhundertwende, wenn auch ihre Anwendung und Verbreitung nicht gleichzeitig vor sich gingen.

Das Vorhandensein elektromagnetischer Wellen, 1865 von dem Briten James Clerk Maxwell (1831–1879) zum ersten Mal theoretisch angenommen, wurde durch die berühmten Experimente von Heinrich Hertz (1857–1894) in den Jahren 1887 und 88 bestätigt. 1896 gelang dem Italiener Guglielmo Marchese Marconi (1874–1937) zum ersten Mal die Überbrückung von mehreren Kilometern Entfernung zwischen Sender und Empfänger durch elektromagnetische Wellen. Die räumlichen Abstände konnten schon bald vergrößert werden. Aber die damit verbundene „Fernwirkung" stellte zunächst etwas dar, gegen das sich „der menschliche Geist sträubt" [3]. Sie dem Erfahrungsbereich des Menschen einzufügen und dort heimisch zu machen, gelang rasch in einer Zeit, die an die Überwindung weiter Entfernungen durch die Eisenbahn gewöhnt war. Die kultur- und gesellschaftspolitischen Perspektiven des kommenden neuen Mediums lagen der technischen Gründergeneration allerdings fern; die Physiker haben sich, so stellte Max von Laue fest, „zu allen Zeiten ohne viel Bedenken über philosophische Forderungen hinweggesetzt"[4]. Das gleiche galt auch für die praktische Anwendung. Im Ersten Weltkrieg wurden den Nachrichtentruppen bei Heer, Marine und der noch in der Entstehung befindlichen Luftwaffe Funk- und Telegraphenabteilungen eingegliedert. Schon vor 1914 war man auch in der Wirtschaft und bei der Schiffahrt international auf den Nutzen der drahtlosen Zeichenübermittlung aufmerksam geworden; in Deutschland wurden die ersten, von der Reichspost errichteten Sendestationen Norddeich (1906) und Nauen (1920) für Wirtschaftsmeldungen benutzt. [X]

Daß man sich in den Anfangsjahren des Rundfunks der „Fernwirkung" – ob nun als physikalisch-technischem oder kommunikativem Begriff – noch kaum bewußt war, hatte seine Gründe. Maßgebend blieben die technische Entwicklung samt ihrer wirtschaftlichen Nutzung und die Haltung, die der Staat dem neuen Medium gegenüber einnahm. Die zuständigen Behörden vermochten ihn nur unter der Fernmeldehoheit zu subsummieren. Diese war in der Reichsverfassung von 1871 festgelegt, 1892 um das Gesetz über das Telegraphenwesen erweitert und 1908 durch eine Novelle auf „elektrische Telegraphenanlagen, welche ohne metallische Leitungen Nachrichten vermitteln", ausgedehnt worden. Die einseitige Ausrichtung auf das Monopol der Fernmeldehoheit, die publizistische Implikationen weitgehend ausschloß, störte Industrie und Wirtschaft wenig. Dagegen lag für das

Modell des ersten in Deutschland hergestellten Bildempfängers unter Verwendung einer Braun'schen Röhre, 1906. Zusammen mit der Entwicklung des Radios begann am Ende des 19. Jahrhunderts auch die des Fernsehens. Zu seinen technischen Grundlagen gehörte die Erfindung der sogenannten Braun'schen Röhre (1897), einer Röhre, in der ein Elektronenstrahl die Bildpunkte mit so großer Geschwindigkeit auf den Schirm zeichnet, daß für das menschliche Auge ein vollständiges Bild entsteht.

Publikum die eigentliche Attraktion in der neuen Methode der Vermittlung dessen, was bei seiner Einführung bewußt „Unterhaltungsrundfunk" genannt wurde. Das war eine Bezeichnung, die Information, Belehrung und Bildung auszuschließen schien. Sprache und Musik aus dem Kopfhöhrer empfangen zu können, weckte in diesem Sinne eher das Interesse an dem, was da übermittelt wurde, als daran, wie es dabei technisch zuging.

Öffentlicher Rundfunk, also ein Rundfunk „für alle", ließ sich jedoch aus technischen, organisatorischen und finanziellen Gründen nicht kurzfristig realisieren. Nach Großbritannien und den USA begann auch Deutschland mit der Ausstrahlung von Rundfunksendungen. Seit Oktober 1923 sendete die „Berliner Funkstunde" aus dem Vox-Haus an der Potsdamer Straße regelmäßig abends Musik. Ihr folgten im Frühjahr 1924 Sendegesellschaften in Leipzig, München, Frankfurt/Main, Hamburg, Stuttgart und Breslau, im Juni in Königsberg und im Oktober in Münster/Westfalen, von wo die Westdeutsche Rundfunk AG Anfang 1927 nach dem Abzug der Rheinland-Besatzung nach Köln verlegt wurde. Die Sendegesellschaften, deren Aktien größtenteils in Privathand waren, wurden gegründet, um Rundfunk nicht nur in Berlin, sondern in allen Teilen des Reiches machen zu können. Der Reichspost fehlte es am nötigen Kapital, und die Senderreichweiten ließen eine flächendeckende Zentralversorgung, wie sie von manchen Stellen angestrebt wurde, noch nicht zu. Mit der Teilnehmergebühr, die nach der Stabilisierung der Währung 1924 auf zwei Reichsmark monatlich festgesetzt wurde, konnte nun theoretisch jedermann Radio hören. Aber die Industrie vermochte den Gerätebedarf der an Zahl rasch zunehmenden Hörergemeinde nicht zu decken, zumal da ständige Verbesserungen der Geräte die Massenproduktion hinauszögerten. Daher gingen viele potentielle Radiohörer dazu über, sich als Bastler zu versuchen, denen Industrie und Handwerk billige Bausätze zur Verfügung stellten.

Radio zu hören oder gar sein Gerät selbst zu bauen, um ein Programm empfangen zu können, obwohl die Qualität des Empfangs, der anfangs allein mittels Kopfhöhrer erfolgte, noch nicht gut war, hatte gleichermaßen technische, wirtschaftliche und gesellschaftspolitische Aspekte. Die technische Handhabung des Sendebetriebs blieb den Fachabteilungen der Reichspost vorbehalten. Diese arbeiteten eng mit der einschlägigen Industrie zusammen, die sich durch Firmen-Neugründungen und Kooperation schon früh wissenschaftlich und kommerziell auf den neuen Markt eingestellt hatte. Ausgestrahlt wurden die Programme ausschließlich auf Mittelwellen-Frequenzen mit schwacher Leistung durch Sender in den Städten. In der nächsten Ausbaustufe übernahmen stärkere Sender in den Außenbezirken verstädterter Gebiete den Betrieb, der in der nachfolgenden Phase auf Großsender mit 60 kW und mehr Leistung überging. Die Großsender wie z. B. der 1926 erbaute, 138 m hohe Berliner Funkturm – gegenüber dem wenige Jahre später errichteten Funkhaus an der Masurenallee in Charlottenburg – wurden nach außen weithin sichtbare Wahrzeichen für die neue Errungenschaft.

Hörer und Radioamateure

Während die Finanzierung der Sendegesellschaften durch die steigenden Teilnehmerzahlen erleichtert wurde, fiel es manchem Radiohörer zunehmend schwer, den wachsenden technischen Aufwand zu bezahlen. Schon in den Anfangsjahren hatten sich Hörerorganisationen gebildet, die Gemeinschaftsempfang organisierten, technische Ratschläge vermittelten und als Interessenvertretungen versuchten, Programminhalte zu beeinflussen. Führend waren dabei – vor allem in ländlichen Räumen – zuerst Lehrer. In Gewerbe- und Industriegebieten entwikkelten gewerkschaftliche und parteipolitische Verbände volkserzieherische und ideologische Ambitionen, ohne daß sie aber zur Beteiligung an der Programmgestaltung zugelassen wurden. In der Weltwirtschaftskrise kamen den Bedürfnissen breiter Hörerschichten nach Information und Solidarisierung Sendereihen wie der 1930 eingeführte Kölner Arbeitslosenfunk entgegen. [IX]

Die verschiedenen Spielarten der Bildung durch Technik, motiviert von dem Wunsch, an dem neuen Medium partizipieren zu können, blieben aber nicht auf das Empfangsgerät im Eigenbau und technische Hilfen bei seiner Nutzung beschränkt, die von den Rundfunkzeitschriften wie von den Sendegesellschaften selbst brieflich oder im Programm geleistet wurden. Die Frühzeit des Rundfunks war auch die Zeit des Radioamateurs, der sich Möglichkeiten schuf, sogar Programme von weit entfernten, zum Teil in Übersee liegenden Sendern zu empfangen. Dem Deutschen Funktechnischen Verband in Berlin gehörten 1925 bereits 50 000 Radio-Amateure an [5]. Mancher von ihnen ging bald auch zum Eigenbetrieb des Funkamateurs über, er suchte den selbständigen verbalen Austausch, mochte dieser in der Regel auch auf Gespräche über das Wetter und andere Alltäglichkeiten beschränkt bleiben. Die schon bald in internationalen Organisationen zusammengeschlossenen Amateurfunker, deren äußere Anerkennung die Bestätigungskarten für Kontakte an der Wand ihrer „Bude" sind, verkörpern bis heute die einfachste und eindeutigste Erscheinungsform und Wirkung technischer Bildung durch das Mittel des Rundfunks, unter seinem Einfluß und in Abhängigkeit von ihm. Der Antrieb, beim Übersee-Funkverkehr wegen der Weltzeitunterschiede selbst zu nachtschlafender Zeit sende- und empfangsbereit zu sein, setzt viel technisches Können voraus. Aber meist verlieren die Apparate bald die Eigenschaft, nur um ihres Funktionierens willen betrieben zu werden, obwohl schon dies dem technisch begabten und meist im Selbststudium ausgebildeten Amateur Bestätigung und Befriedigung verschafft. Solche Kontakte in einem beinahe weltumspannenden Rahmen, die durch den Austausch zwischen Sender und Empfänger geknüpft werden, stellen den ersten Schritt zu einer Zwei-Wege-Kommunikation dar, die den Begriff der Kommunikation erst eigentlich ausfüllt, weil mit ihr Kontakt und Austausch zwischen mindestens zwei Partnern gemeint ist.

Möglichkeiten der Kommunikation, die nicht allein dem Betrieb des Funkamateurs, sondern dem Rundfunk allgemein innewohnen, sind in den späten Weimarer Jahren anhaltend diskutiert worden, ohne daß es dabei zu mehr als zu theoretischen Ergebnissen gekommen wäre. Das hatte vor allem institutionelle Gründe. Der Rundfunk wurde politisch und verwaltungsmäßig in der Abhängigkeit von den Reichsbehörden gehalten, und diese waren nicht bereit oder willens, den wirklichen publizistischen Aufgaben und Chancen des Mediums Rechnung zu tragen. Die 1925 gegründete und staatlich gelenkte Reichs-Rundfunk-Gesellschaft verstand es, die Kapitalmehrheit den einzelnen Sendegesellschaften, die auf die Sendelizenz der Post angewiesen waren, an sich zu ziehen, um die zentrale Kontrolle und Steuerung zu sichern. Da auch die technische Ausstattung des Rundfunks ein Monopol der Post war, hätte ein System, das dem Radiohörer erlaubte, sich aktiv zu beteiligen, nur durch diese möglich gemacht werden können. Aber darauf war man technisch nicht eingerichtet, ganz abgesehen davon, daß eine konsequente Zwei-Wege-Kommunikation nicht finanzierbar gewesen wäre.

Diese Art von Kommunikation meinte auch die Rundfunktheorie Bertolt Brechts (1898–1956)[6], auf welche die Grundsatzkritik auch heute noch gelegentlich zurückgreift. Brecht beanstandete, daß der Rundfunk, der damals kommunikationstheoretisch noch wenig erforscht war, ein „reiner Distributionsapparat" sei; „er teilt lediglich zu", weshalb es gelte, ihn „aus einem Distributionsapparat in einen Kommunikationsapparat zu verwandeln..., also den Zuhörer nicht nur hören, sondern auch sprechen zu machen und ihn nicht zu isolieren, sondern ihn in Beziehung zu setzen". Diese Isolation des Hörers und inzwischen längst auch des „Sehers" ist seit langem durch immer wieder neue, wenn auch nicht immer geglückte Versuche zur Beteiligung des Publikums so weit abgebaut worden, daß man nur noch begrenzt von ihr sprechen kann. Dabei kommt es nicht allein auf Art und Form der Programmpräsentation, sondern mehr noch auf das Konsumentenverhalten an. Für die große Mehrheit des Publikums hat sich die Isolation nicht als Nachteil erwiesen, seit das Medium seine Konsumenten an allem teilnehmen läßt, das ihr Interesse weckt, und sich dieses Interesse auf Programmdarbietungen erstreckt, die, weil sie ein Eigenleben entwickeln, nur passiv konsumiert werden können. [V-2; V-6]

Rundfunk als Selbstverständlichkeit

Die Formen dieses Konsums, die schon in der Frühzeit des Rundfunks angelegt waren, führten bald dazu, daß das Interesse an der technischen

Dieses Bild eines Volksempfängers stammt aus einer Zeit, als das Radiohören in Deutschland schon weit verbreitet war. Die Entwicklung der drahtlosen Übertragung elektromagnetischer Wellen hatte aber bereits 1880 mit den bahnbrechenden Versuchen von Heinrich Hertz begonnen. Und bereits 1906 empfingen erstmals Funker auf Schiffen vor der amerikanischen Küste Musik über den Kopfhörer. Die große Zeit des Rundfunks begann in Europa und Amerika in den zwanziger Jahren. Die neue Technik wurde schnell zur Alltäglichkeit, das Verständnis für die zugrundeliegenden Erscheinungen blieb allerdings – bis heute – in der breiten Öffentlichkeit gering.

Neuerung in Gewöhnung umschlug. Dadurch wurde schnell technische Bildung durch den Rundfunk auf die *Berufe* begrenzt, die in irgendeiner, also auch technischer Weise mit dem Rundfunk zu tun hatten. Allerdings stieg die Nachfrage nach fachlich ausgebildetem Personal stetig an. Die Geräte, die sich der Funkamateur beschaffte oder individuell zusammenbastelte, eigneten sich nicht für die Massenproduktion, an der der Konsument ebenso wie die Industrie interessiert sein mußte. Gerade diese brauchte ihre Kapazitäten, um den steigenden Bedarf an hochwertigen Empfängern zu decken. Der technische Perfektionismus der Rundfunkgeräte wurde ergänzt durch die kleinmöbelartige Ansehnlichkeit im Design und die Vielfalt der auf der Skala aufgeführten Stationsnamen wie Beromünster und Sottens in der Schweiz, Mährisch-Ostrau in der Tschechoslowakei oder Kalundborg und Stavanger in Skandinavien. Die Namen spielten einen Rundfunkempfang aus ganz Europa vor, mochten auch aus weiter Entfernung empfangene Programme schon wegen der Sprachbarrieren nur wenig genutzt werden. Abgelöst wurden die mit mehreren Röhren ausgestatteten Hochleistungsgeräte dann 1933 durch den Volksempfänger, der bis 1943 eine Stückzahl von 4,3 Millionen erreichte. Der Volksempfänger und der 1939 aufgelegte „Deutsche Kleinempfänger" (2,8 Millionen) [7] wurden die billigen Standardgeräte, die auf der Skala keine ausländischen Stationsnamen mehr trugen.

Daß der Rundfunk für die Masse der Hörer bereits wenige Jahre nach seiner Einführung ebenso selbstverständlich war wie Telephon, Auto und die Elektrizität, kam auch den zuständigen Weimarer Reichsbehörden entgegen, die die Besorgnis hegten, Einblicke in die technische Seite des Betriebs könnten seine staatlich-hoheitliche Verfassung in Frage stellen. Ebenso wie das Programm erwies sich auch die Technik des Rundfunks als eine Sparte, die sich leicht in den Erfahrungs- und Kenntnishorizont ihrer Benutzer einfügen ließ. Es war sehr viel einfacher, ein Radiogerät zu bedienen als ein Auto zu fahren, das seines Anschaffungspreises wegen mit dem Radioapparat ohnehin nicht zu vergleichen war. Für die Teilnehmergebühr handelte man sich eine Fülle akustischer Darbietungen ein, und das zu einem Bruchteil des Preises für ein Theaterbillet oder eine Konzertkarte. Auch das trug dazu bei, den Rundfunk rasch selbstverständlich werden zu lassen. Seine Funktion für die technische Bildung bestand darin, das Angebot, das die Technik bereithielt, in seiner Anwendung und Nutzung anderen Alltäglichkeiten anzufügen. Von einer Verbreiterung des geistigen Spektrums, die zur Vertrautheit mit der Rundfunktechnik und zur Technik überhaupt führt, konnte dabei kaum die Rede sein.

Wie gering offenbar das Bedürfnis war, sich mit der Rundfunktechnik zu beschäftigen, zeigt ein Sammelband mit ausgewählten Texten aus dem Vortragsprogramm der Berliner Funk-Stunde, der 1927 unter dem Titel „Das Wissen im Rundfunk" erschien [8]. Sein Herausgeber attestierte dem Rundfunk euphorisch, daß er „die geistigen, gesellschaftlichen, wirtschaftlichen und politischen Grenzen der Völker überwindet: die gesamte Menschheit einigt er zu einer Kulturgemeinschaft". Und der Rundfunkkommissar des Reichspostministeriums, Staatssekretär a.D. Hans Bredow (1879–1959), dem der Band gewidmet war, unterstellte kurzerhand, daß „eine Organisation, die sich Tag für Tag an Millionen von Menschen wendet, Wesen und Denken eines Volkes beeinflußen muß". Welchen Anteil daran die Technik hatte, blieb jedoch ausgespart. Die Sparte „Astronomie und Physik" ging nicht mit einem einzigen Beitrag auf die physikalischen Grundlagen des Rundfunks ein, und unter „Technik" gab es lediglich Vorträge über das „Meisterwerk" des Berliner Funkturms und über die „Entwicklung des deutschen Rundfunksendernetzes". Statt dessen handelten die Beiträge des als repräsentativ gemeinten Sammelbandes über Erziehung, Rechtsleben, Geschichte, Kunst und Literatur, über Natur- und Heilkunde, Volkswirtschaft, Sozialpolitik und Verkehr. Darin schlug sich das traditionelle Überlegenheitsgefühl der Geistes- gegenüber den Naturwissenschaften nieder. Für das „Wissen im Rundfunk" standen in den Programmen aller Sendegesellschaften nicht nur ausgedehnte Vortragsreihen, sondern auch der Schulfunk, der in Kooperation mit Kultusministerien und pädagogischen Verbänden betrieben wurde. Diesem „Wissen im Rundfunk" wurde aber nur unzureichend ein „Wissen über den Rundfunk" an die Seite gestellt, das sich auf die publizistischen Implikationen des Mediums, aber auch auf die Technik bezog. Vielmehr begnügte man sich mit Informationen über die Handhabung von Geräten und erkundete in Umfragen die Qualität des Empfangs.

Wichtig war die Unterrichtung über die immer komplizierter werdende Wellensituation, an der sich nicht nur die Industrie und der Gerätehandel orientierten, sondern auch der neue Dienstleistungszweig des Radiohandwerks. Schon lange vor dem Zweiten Weltkrieg hatte der Rundfunk weltweit Verbreitung gefunden. Das veranlaßte alle nationalen Rundfunkorganisationen zur äußersten Ausnutzung auch ihrer technischen Möglichkeiten. Die internationalen Wellenkonferenzen, um die sich der 1925 gegründete Weltrundfunkverein in Genf bemühte, hatten allein 1929 in Europa 160, fünf Jahre später aber schon 231 Frequenzen für Mittel- und Langwelle zu vergeben, und 1939 bestanden bereits 200 Kurzwellensender. Auslandsrundfunk über Kurzwelle gab es seit Ende der zwanziger Jahre, doch mischten sich in die Programme, die der nationalen Repräsentation im Ausland dienten, bald Staaten mit totalitären Regierungssystemen. So verbreitete die Sowjetunion von 1929, das faschistische Italien von 1930 an vielsprachige Propagandaprogramme über Sender, deren Leistung nach und nach bis auf 500 kW verstärkt wurde. Das „internationale Tauziehen um die Wellenlängen und die Sendeenergien“ [9], das in erster Linie politisch bedingt war, stellte an die Rundfunktechnik höchste Anforderungen. Diese mußten von der Industrie international – gleichzeitig mit den funktechnischen Anforderungen der Armeen, Kriegsflotten und Luftwaffen – erfüllt werden. Das verlangte eine verstärkte Ausbildung von technischem Personal, das sich auch militärisch einsetzen ließ. Die Technikwissenschaft des Rundfunks, die sich schon Ende der zwanziger Jahre experimentell erstmals auch auf das Fernsehen ausgedehnt hatte, wurde für die Aufrüstung in Anspruch genommen und stand dabei in Konkurrenz mit der Entwicklungsarbeit der anderen Nationen. Das machte die Rundfunktechnik einmal mehr zu einer Art Geheimwissenschaft, die öffentlichen Einblicken entzogen blieb.

Der Zweite Weltkrieg begann mit dem fingierten Überfall auf den zum „Reichssender Breslau“ gehörenden Sender Gleiwitz am 1. September 1939. Er wurde auch als ein Angriff auf die technische Leistungsfähigkeit des Rundfunks der Nationalsozialisten interpretiert. Während man in Berlin offiziell erklärte, Polen seien gewaltsam in den Senderaum eingedrungen und hätten in Deutsch und Polnisch Schmähreden gegen Deutschland gehalten [10], handelte es sich in Wirklichkeit um ein von der SS inszeniertes Manöver mit verkleideten KZ-Insassen. Der Mißbrauch des Rundfunks nahm im Verlauf des Krieges auf Seiten der Achsenmächte wie der Alliierten die verschiedensten Formen an. Sie reichten von Verwirrung stiftenden Informationen, die auf Flüchtlinge zielten, bis zu Sendern, die sich den Anschein gaben, im Hinterland des Gegners tätig zu sein. Aber Handlungen der psychologischen Kriegsführung bestärkten, soweit sie überhaupt bekannt wurden, eher das Zutrauen der großen Mehrheit der deutschen Hörer zu dem als Sprachrohr des Systems fungierenden Medium, und seine technischen Funktionen wurden um so bereitwilliger hingenommen, als seine Darbietungen intensiver als früher in „normalen“ Zeiten Gemütswerte aktivierten. Schon in den Vorkriegsjahren waren öffentliche Veranstaltungen des Rundfunks, die übertragen wurden, eine Publikumsattraktion, weil man dort Sprecher, Sänger und Orchester agieren sehen konnte. An ihre Stelle traten im Krieg Sendungen wie das „Wunschkonzert", verbunden mit Soldaten-Durchsagen von Kirkenes bis Tobruk. Zu gleicher Zeit fielen dem strengen Verbot, „Feindsender" zu hören, von denen der Deutsche Dienst der BBC am meisten verbreitet war, nicht wenige Menschen zum Opfer, die vom Volksgericht zum Tode verurteilt und hingerichtet wurden. Gestört wurde das Vertrauen in den seit 1938 „großdeutschen" Rundfunk dann mit dem zunehmenden Luftkrieg, zu dem die Warndurchsagen per Drahtfunk gehörten. Die Sender im Westen wurden vor Einflügen von Bomberflotten abgeschaltet, um den Navigatoren die Möglichkeit zu nehmen, sich nach Rundfunkwellen zu orientieren.

Die Entwicklung nach dem Zweiten Weltkrieg

Die frühen Nachkriegsjahre waren in Deutschland eine zweite Pionierzeit, weil 1950 der Ultrakurzwellenrundfunk eingeführt und Ende 1952 mit regelmäßigen Fernsehsendungen begonnen wurde. Rundfunktechnisches Wissen und Können, während des Krieges bis zum Letzten ausgenutzt, hatte sich bei dem Spezial- und Spitzenpersonal der Industrie und des Rundfunks erhalten. Ihm boten sich mit dem UKW-Rundfunk und dem Fernsehen – das es schon einmal von den Berliner Olympischen Spielen 1936 bis in den Krieg hinein gegeben hatte, ohne daß das breite Publikum teilnehmen konnte – zwei Gebiete an, auf denen es weniger um Neuentwicklungen als um ihre Nutzbarmachung für den Programmbetrieb ging. Die Geräteindustrie konnte schon bald wieder produzieren; sie war von den Forschungs- und Herstellungsverboten, die Luftfahrt, Kohlechemie und andere naturwissenschaftlich-technische Zweige betrafen, ausgenommen.

Der UKW-Funk wurde nach 1948 beschleunigt für die Anwendung im täglichen Programmbetrieb entwickelt. 1950 konnte je ein zweites Programm für den Nord- und den Westbereich des zonenweiten NWDR-Sendegebiets eingeführt werden. Später gingen alle Landesrundfunkanstalten dazu über, auch die Mittelwellenprogramme, die nun Erste Programme genannt wurden, über UKW auszustrahlen. Dort ließ sich eine Empfangsqualität garantieren, die auf dem internationalen überbesetzten Mittelwellenband nicht mehr zu erreichen war.

Die Ultrakurzwelle bildete für den Konsumenten ebenso eine Innovation wie das Fernsehen, weil beide verlangten, technisch etwas dazuzulernen und sich mit neuen Wirkungsweisen vertraut zu machen. Mehr noch als für den UKW-Rundfunk, der anfangs nur mit Zusatz-

Heimfernseher um 1937. Mit dem Start des ersten regulären Fernsehprogramms der Welt in Deutschland begann im Jahre 1935 die Entwicklung der Television zum Unterhaltungs- und Informationsmedium für jedermann.
Links ein Empfänger mit Mattscheibe (für die Projektion), rechts ein Gerät mit Spiegel im Deckel.

geräten zu hören war, galt das für das neue Bildschirmmedium. Es wurde zu Weihnachten 1952 zuerst beim finanziell starken NWDR eingeführt, verbreitete sich aber nur zögernd. Das lag an der neuen Spielart der elektronischen Umsetzung der Rundfunkwellen in bewegte Bilder auf kleiner Fläche, die mit der Leinwand im Kino schwerlich zu vergleichen war. Für Bastler – wie in der Frühzeit des Radios – waren die teuren Geräte ernsthaft kein Objekt. Geräteindustrie wie Konsumenten brauchten die große Serie, mit der sich die Anschaffungspreise spürbar senken ließen. Bis in die sechziger Jahre hinein haben dann wichtige technische Neuerungen, angefangen von der Stereophonie im Hörfunk bis hin zum Farbfernsehen, der Industrie wesentliche Anstöße gegeben; diese bereicherten ihrerseits den Empfängermarkt durch Kombinationen mit Phonogeräten sowie durch tragbare und Autoradios.

Das immer breitere Geräteangebot mit immer weiter zunehmender Perfektion brachte jedoch keine wesentlichen neuen Ansätze zur technischen Bildung durch den Rundfunk. Wie in den Radioprogrammen der Frühzeit bemühte sich auch das Fernsehen in seinem Programm um die nötigen Unterweisungen für den Konsumenten, dem das Funktionieren des Fernsehgeräts in der Regel noch weniger vertraut war als das des Radioapparats. Erst mit der Einführung des Schulfernsehens und der speziellen kursähnlichen Ausbildungssendungen in den dritten Programmen der ARD-Anstalten ist auch dem technischen Wissen über den Rundfunk mehr Aufmerksamkeit und mehr Sendezeit gewidmet worden. Allerdings erreichen solche Spezialprogramme nur interessierte Minderheiten und vermögen so nur wenig zur allgemeinen technischen Bildung beizutragen.

Die eigentliche Popularität des Fernsehens setzte erst mit der Farbe ein, mit der man in Amerika bereits 1953/54 begonnen hatte. Erst Mitte der sechziger Jahre kam es nach vergeblichen Einigungsversuchen zu der Entscheidung der Bundesrepublik Deutschland und der meisten westeuropäischen Länder für das von dem Telefunken-Ingenieur Walter Bruch entwickelte PAL-Farbsystem der Zeilennorm, während Frankreich, die Sowjetunion und die osteuropäischen Staaten das SECAM-System einführten. Eröffnet wurde das Farbfernsehen in der Bundesrepublik – zunächst allerdings nur für Teile des Programms – auf der 25. Großen Funkausstellung in Berlin im August 1967.

Die öffentlich-rechtlichen Rundfunkanstalten, die auf Länder- oder auf Bundesrecht beruhen, hatten sich schon früh zu der Arbeitsgemeinschaft ARD zusammengeschlossen, deren Namenskürzel am meisten von dem Fernseh-Gemeinschaftsprogramm her bekannt ist. Diesem neuerdings „Erstes deutsches Fernsehen" genannten Programm steuern die einzelnen Anstalten ihrer unterschiedlichen Größe entsprechend unterschiedliche Programmteile bei. Eine reine Fernsehanstalt ist nur das Zweite Deutsche Fernsehen (ZDF), das auf einem Staatsvertrag der Länder beruht und bald nach dem Rundfunkurteil des Bundesverfassungsgerichts vom Februar 1961 gegründet wurde. Dieses Urteil spricht die Gesetzgebungskompetenz und Aufsichtsverpflichtung eindeutig den Ländern zu, da es unter Rundfunk nicht mehr, wie die Reichsbehörden in der Weimarer Republik, eine Angelegenheit des Post- und Fernmeldewesens, sondern eine staatsferne kulturelle Aufgabe versteht, die nach dem Grundgesetz den Ländern zukommt.

Der Gründung der ARD, mit der der Nachkriegsrundfunk rechtlich und organisatorisch international kooperationsfähig wurde, kam auch für die Rundfunktechnik eine erhebliche Bedeutung zu. Forschung und Entwicklung waren bald nach Kriegsende in den drei westlichen Besatzungszonen wiederaufgenommen worden. Das Institut für Rundfunktechnik in München, in dem 1976 die Vorläufereinrichtungen – das Rundfunk-Technische Institut in Nürnberg, die Zentraltechnik des ehemaligen NWDR und eine vergleichbare Stelle beim Südwestfunk

(SWF) in Baden-Baden – zusammengefaßt wurden, ist als Mittler zwischen den Hochschulen, den Industrie-Laboratorien, der Bundespost und den Rundfunkanstalten tätig. Es hat an der Entwicklung der Stereotechnik und des Verkehrsfunksystems, der Einführung der Magnetbandaufzeichnung im Fernsehen und der Farbfernsehentwicklung maßgebend mitgewirkt [11]. Dabei liegt das Hauptgewicht seiner Tätigkeit nicht auf der Grundlagenforschung, sondern ist stark anwendungsorientiert.

Die Ausbildung von Ton- und Bildtechnikern besorgt die 1963 gegründete Schule für Rundfunktechnik (SRT) in Nürnberg, die aus einer Gemeinschaftseinrichtung der Rundfunkanstalten der US-Zone hervorgegangen ist [12]. Sie wird von einer Stiftung getragen, der sich auch das ZDF und der Berliner RIAS (Rundfunk im amerikanischen Sektor) angeschlossen haben. Spezielle Ausbildungsgänge für Tontechnikerinnen hatte es schon in den letzten Jahren vor 1933 gegeben. 1967 begann das Nürnberger Institut auch mit der Ausbildung von Bildtechnikern. Die Lehrgänge, für die Abitur, Realschule oder eine abgeschlossene Berufsausbildung Voraussetzung sind, dauern zwei oder drei Semester und können zur Anerkennung als staatlich geprüfter Bild- oder Tontechniker führen. Intensiviert wurde in Nürnberg, aber auch bei den einzelnen Rundfunkanstalten die Fortbildung, der „die gleiche Bedeutung wie Ersatzinvestitionen an technischem Gerät“ [13] zuerkannt wird. 1987 hatten die Fortbildungskurse der SRT, in die Schnittmontage und Videomeßtechnik neu aufgenommen wurden, fast 1000 Teilnehmer, 1986 verließen die Schule im Bereich Tontechnik 48 und im Bereich Bildtechnik 18 Absolventen [14].

Die jüngste Entwicklungsphase des Rundfunks, die politisch von den Auseinandersetzungen über die Ausbreitung privater und kommerzieller Träger von Hörfunk und Fernsehen gekennzeichnet ist, bringt technisch durch die zusätzliche Versorgung per Kabel und die extraterrestrische Übertragung bis zum Empfänger für den Konsumenten neue, weiter verbesserte Nutzungsmöglichkeiten, ohne daß das Medium damit mehr als früher der technischen Bildung zugute käme. Zu ihr hat der Rundfunk zwar von Anfang an soweit beigetragen, daß seine Handhabung rasch ins allgemeine Verständnis überging und daß durch ihn neue technische Berufe entstanden sind, deren Ausbildung praxisnah gehandhabt wurde und wird. Wie sehr aber Technik und Technikwissenschaft gewohnt sind, den geschlossenen Kreis ihres Elitewissens und ihrer Wirkungsmöglichkeiten zu erhalten, ließ erst vor wenigen Jahren eine Porträtsammlung „Männer der Funktechnik“ deutlich werden. Der Herausgeber der Sammlung von Kurzportraits,

„70 Lebenswerke deutscher Pioniere von Funk, Rundfunk und Fernsehen" genannt, beschränkt sich in der knappen Einleitung darauf, zu konstatieren, „daß technischer Fortschritt sich nur ergeben hat und auch fernerhin ergeben wird aus dem weltweiten Zusammenwirken aller Fachleute" [15].

Literaturnachweise

1 *Bausch*, Hans: Vorwort des Herausgebers. In: Lerg, Winfried B: Rundfunkpolitik in der Weimarer Republik. In: Rundfunk in Deutschland. Bd. 1. München 1980

2 *Lerg*, Winfried B: Die Entstehung des Rundfunks in Deutschland. Herkunft und Entwicklung seiner publizistischen Mittel. In: Beiträge zur Geschichte des deutschen Rundfunks. Bd. 1 Frankfurt/Main 1970, S. 266

3 *Laue*, Max von: Heinrich Hertz 1857–1894. In: Heimpel, Hermann/Heuss, Theodor/Reifenberg, Benno: Die großen Deutschen. Deutsche Biographien. Bd. 4. Berlin 1957, S. 109

4 Vgl. 3, S. 104

5 Vgl. 2, S. 271

6 *Prokop*, Dieter (Hrsg.): Massenkommunikationsforschung 1: Produktion. Frankfurt/Main 1972, S. 31–36

7 *Diller*, Ansgar: Der Volksempfänger. Propaganda- und Wirtschaftsfaktor. In: Studienkreis Rundfunk und Geschichte. Mitteilungen. Jg. 9, 1983, Heft 3, S. 140ff

8 Das Wissen im Rundfunk. Eine Auswahl von Radiovorträgen, hrsg. von der Funkstunde. Berlin 1927

9 *Boelke*, Willi, A.: Die Macht des Radios. Weltpolitik und Auslandsrundfunk 1924–1976. Berlin 1977

10 *Diller*, Ansgar: Rundfunkpolitik im Dritten Reich. In: Rundfunk in Deutschland. Bd. 2. München 1980, S. 300f.

11 *Fix*, Herbert/*Messerschmid*, Ulrich/*Burggraf*, Günter: Forschung und Entwicklung für den Rundfunk. In: ARD Jahrbuch 78. Hamburg 1978, S. 32 und S. 48

12 *Springer*, Hans: Zeitgemäße Aus- und Fortbildung. In: ARD Jahrbuch 76. Hamburg 1976, S. 33ff.

13 Vgl. 12., S. 35

14 ARD Jahrbuch 87. Hamburg 1987, S. 130

15 *Weiher*, Sigfried von (Hrsg.): Männer der Funktechnik. Eine Sammlung von 70 Lebenswerken deutscher Pioniere der Funktechnik (drahtlose Telegraphie, Radar, Rundfunk und Fernsehen). Berlin und Offenbach 1983, S. 9

Computer – Herausforderung der traditionellen Bildung

Klaus Haefner

Die zweite Kopernikanische Wende

Die amerikanische Soziologin Sherry Turkle hat vor einigen Jahren in ihrem Buch „Die Wunschmaschine" die Wirkungen der Informationstechnik als den Beginn einer zweiten Kopernikanischen Wende bezeichnet: Während der menschliche Geist in der ersten Kopernikanischen Wende erkannte, daß die Erde nicht im Zentrum des Weltalls steht, sondern ein Planet von vielen Planeten eines Sonnensystems von – wie wir heute wissen – Milliarden von Sonnensystemen ist, stellt der Mensch in der zweiten Kopernikanischen Wende neben die Leistungen des menschlichen Gehirns die „intelligente" Maschine. Erneut wird durch Geistesarbeit ein Grundkonzept relativiert: War der Mensch über die Jahrtausende das einzige hochleistungsfähige informationsverarbeitende System, so sehen wir uns mehr und mehr technischen Informationsverarbeitern gegenüber, die in einer wachsenden Zahl von Fällen die Leistungsfähigkeit des menschlichen Informationsverarbeitungs-Systems in den Schatten stellen. Der Mensch steht in der Welt der Verarbeitung von Information nicht mehr allein, er ist ein besonders leistungsfähiges System neben vielen anderen, die wir heute technisch produzieren.

Diese Wirkung moderner Informationstechnik hat gravierende Konsequenzen für alle Bereiche des menschlichen Lebens und insbesondere für die kulturelle Entwicklung. In das Kinderzimmer dringt der elektronische Spielpartner ein, der Taschenrechner ist dort schon lange vorhanden, der Heimcomputer wird zunehmend benutzt. Die Eltern besitzen einen Videorecorder, um Informationen aufzuzeichnen und spezielle Eindrücke zu konsumieren. In den Betrieben wird mehr und mehr „klassische" geistige Arbeit an Informationstechnik abgegeben; dies begann mit der Ablösung des Buchhalters in der Bank durch den Großrechner, erweiterte sich auf Versicherungs- und Materialwirtschaftssysteme und kulminiert heute in der computerunterstützten Konstruktion oder der „vollautomatischen" Fabrik. In der Entwicklung der Waffentechnik ist es durch die moderne Informationstechnik „gelungen", den „Krieg vom Schreibtisch" zu ermöglichen: Durch ein weltumspannendes computerisiertes, telekommunikatives Netzwerk einerseits und durch computergesteuert ins Ziel fliegende Waffen andererseits wurde das konkrete militärische Handeln aus der „Hand des Soldaten" in die Chips der Rechner überführt.

Wir leben heute in den Industrienationen in einer sich rasch wandelnden informationellen Umwelt: Während über die Jahrtausende die Speicherung von Information ausschließlich in Form sequentieller Aneinanderreihung von Buchstaben in Skripten und Büchern erfolgte, ist es seit zehn oder zwanzig Jahren möglich, Wissen derart zu organisieren, daß es unmittelbar abfragbar wird, zum Beispiel in Form von Datenbanken oder Expertensystemen. – Während wir über die Jahrtausende nur außerordentlich geringe Datenübertragungsraten kannten – beispielsweise durch Leuchtfeuerketten oder Reiterstafetten –, so sind diese in den letzten Jahrzehnten dramatisch gestiegen; Satellitenkommunikation und Glasfasertechnik erlauben es heute, über einen einzigen Strang einige Milliarden Zeichen pro Sekunde zu übertragen. – Während das Weltwissen in gedruckter Form über die Jahrtausende relativ stabil war – eine gut ausgestattete Kloster-Bibliothek hatte maximal 1000 Bände –, so ist das gespeicherte Wissen in den letzten Jahren ungeheuer gewachsen; die „Welt-Bibliothek" wird heute auf rund eine Milliarde Bände geschätzt. – Wenn es in den hinter uns liegenden Jahrtausenden darum ging, ein Problem zu lösen – insbesondere ökonomische Rechnungen durchzuführen –, so war die Menschheit ausschließlich auf das Gehirn angewiesen. Dessen Informationsverarbeitungsleistung hat sich jedoch aufgrund ziemlich stabiler biologischer Grundlagen in geschichtlicher Zeit kaum geändert, wenn auch breitere Schichten besser qualifiziert wurden. Mit der Erfindung der Informationstechnik sind wir heute aber in der Lage, in einem einzigen Rechner einige Milliarden sechsziffrige Zahlen pro Sekunde zu multiplizieren; wir können informationstechnisch Bilder erkennen, schwierige Fragen können von Expertensystemen beantwortet werden und vieles mehr.

Die informationelle Umwelt, in der wir leben, wird damit zunehmend durchsetzt mit Informationstechnik, sei dies nun in Gestalt der „alten" Medien – Fernsehen, Radio, Telefon –, der „neuen" – Video-Recorder, Computer-Spiele, – oder der „superneuen" Medien – Expertensysteme, Heimroboter, elektronische Bücher. Diese „Mediatisierung" stört das menschliche Selbstverständnis; der Mensch ist nicht mehr allein mit menschlichen Partnern konfrontiert, sondern ständig integriert in ein mit Information übersättigtes Netzwerk; er ist eingebunden in die Leistung technischer Informationsverarbeitung, sei dies nun in der Finanzwirtschaft, beim arithmetischen Rechnen mit dem Taschenrechner, in der Überwachung in Polizei-Informations-Systemen oder in der computerisierten Intensivstation.

Durch all dieses hat insbesondere das Bildungswesen sein klassisches Monopol verloren: Wurde über die Jahrtausende das kulturelle Erbe im wesentlichen von Mensch zu Mensch weitergegeben, so sehen wir heute, daß es möglich ist, „geronnene Qualifikationen" auch unmittelbar von der informationstechnischen Industrie zu kaufen. Man muß zum ersten Mal in der Geschichte nicht mehr den Menschen qualifizieren, wenn man qualifizierte Leistungen nutzen will! Dieses zeigt der Einsatz der Prozeßrechner in der vollautomatischen Fabrik, wo das Wissen des Facharbeiters in computergesteuerten Werkzeugmaschinen gespeichert wird, genauso deutlich wie die Nutzung der Bordcomputer in den Linienflugzeugen, die die Last der Pilotenarbeit übernommen haben. In beiden Fällen haben wir durch sorgfältige wissenschaftliche Analyse herausgefunden, wie Prozesse organisiert und kontrolliert werden und dieses Wissen an Informationstechnik derart übergeben, daß diese auch ohne den Menschen „arbeiten" kann.

Damit entsteht in der zweiten Kopernikanischen Wende eine tiefgreifende strukturelle Herausforderung an die Bildung und das Bildungswesen, den mittlerweile größten öffentlichen Dienstleistungssektor. Das Bildungswesen muß sich fragen, welche „typisch-menschlichen" Qualifikationen es heutzutage vermitteln soll, um sicherzustellen, daß der Mensch auch jenseits der Potenzen der Informationstechnik leistungsfähig bleibt, daß er sie beherrschen und kontrollieren kann, daß er schließlich zu einem neuen Selbstverständnis in Anwesenheit der „intelligenten" Maschine findet. [V-2]

Wir stecken mitten in einer neuen, tiefgreifenden strukturellen Bildungskrise. Diese ist kein vorübergehendes Phänomen, sondern wird durch die laufend zunehmende Leistungsfähigkeit der Informationstechnik ständig fortgeschrieben. – Das Bildungswesen hat zur Zeit jedoch weder die personellen noch die sachlichen Ressourcen, um sich mit diesem Problemkreis ernsthaft auseinanderzusetzen. Deswegen arbeitet es im wesentlichen im „Dienst nach Vorschrift". Nur vereinzelt gibt es Ansätze, sich in einer ernsthaften curricularen Revision mit einer „vernünftigen", zukunftsorientierten Balance menschlicher und technischer Informationsverarbeitung auseinanderzusetzen. Die Berufsschule ist dabei wohl die am stärksten betroffene und aktivste Einrichtung. Demgegenüber liegen die Entwicklungen in der allgemeinbildenden Schule und in den Hochschulen deutlich zurück. [V-3.4; V-6]

Um diese grundsätzlichen Probleme von Bildung und Ausbildung zu untersuchen, sollen im folgenden zunächst die Potenzen der modernen Informationstechnik dargestellt werden. Nur aus einem Verständnis der sich abzeichnenden technischen Entwicklung ist es möglich, über deren kulturelle und pädagogische Relevanz zu urteilen.

Wir werden uns dann mit der Frage befassen, inwieweit die Penetranz dieser Technik eine unabdingbare Entwicklung ist und weiter überlegen, wie sich eine human-computerisierte Gesellschaft gestalten läßt. Als zentraler Denkansatz für eine Reorganisation menschlicher Geistesarbeit wird das Konzept der „psychischen Mobilität mit Informationstechnik" vorgestellt; dabei werden wir untersuchen, inwieweit Informationstechnik als Lehrsystem geeignet ist. Abschließend wird es darum gehen, darzustellen, was eigentlich geschehen muß, um die zweite Kopernikanische Wende im Bildungswesen zu bewältigen.

Die Potenzen der modernen Informationstechnik

Bei der Fülle der Anwendungen von Informationstechnik in den verschiedensten Bereichen gesellschaftlichen Handelns geht beim Laien häufig die Grundlinie dieser Technik verloren. Selbst in der Informatik – der Wissenschaft, die sich als Grundlage für die reale Informationstechnik versteht – gibt es bisher kein konsistentes Gebäude für das Verständnis der Verarbeitung von Information; insbesondere auch deswegen, weil die Informatik sich bisher im wesentlichen auf automatische Prozesse konzentriert hat und die Art und Weise, wie der Mensch mit Informationen umgeht, nur am Rande berücksichtigt.

Um in dieser Situation dem Leser klarere Linien zu zeichnen und um die eigentliche Provokation der Informationstechnik für Bildung und Ausbildung deutlicher herauszuarbeiten, werden im folgenden fünf Hauptsätze der Informationstechnik dargestellt, die heute als zentrale Leitlinien für die Entwicklung des Computers und seiner Anwendungen gelten können. Es sind Hauptsätze im Sinne empirisch erkennbarer Aussagen nach ungefähr dreißig Jahren moderner Informationstechnik. Sie beziehen sich auf den Wandel in der Informationsverarbeitung – durch Nutzung der Halbleitertechnik in den Chips, durch intensive Ausnutzung moderner Konzepte zur Speicherung von Informationen und durch Weiterentwicklung der Nachrichtentechnik zu einer einheitlichen Digital-Technik.

Unberücksichtigt bleibt dabei die Option der modernen Biotechnik, die es erlaubt, unmittelbar in die genetische Information von Individuen einzugreifen mit dem Ziel, neue Eigenschaften und Leistungen zu kreiren. Diese Entwicklung wird erst Anfang des nächsten Jahrtausends deutliche Rückwirkungen auf die Verarbeitung von Informationen durch den Menschen haben.

Erster Hauptsatz der Informationstechnik:
Jeder wohlbeschreibbare, praktizierte Prozeß der Informationsverarbeitung kann technisch sicher realisiert werden.

Mit dieser Aussage wird die Vielzahl der abgelaufenen und noch vor uns liegenden Prozesse des Transfers menschlicher Geistesarbeit auf technische Systeme zusammengefaßt. Allerdings handelt es sich hier nur um die relativ einfachen – eben im Detail wohl beschreibbaren – Prozesse. Informatiker und informationstechnische Industrie analysieren diese Prozesse, sie sind in der Lage, sie in Daten und Prozeduren zu zerlegen, sie bilden diese mit Programmiersprachen auf informationstechnischen Systemen ab und erhalten dadurch eine informationstechnische Lösung der wohlbeschreibbaren, bisher nur vom Menschen praktizierten Problemlösungen.

Wenn Prozesse im Detail bekannt sind, so ist es auch stets möglich, zu einer sicheren technischen Lösung des Problems zu kommen. Dies beruht im wesentlichen darauf, daß wir durch Programmierung versuchen, Entscheidungsstrukturen abzubilden, die sonst in logischer Form beim Menschen ablaufen. Kennen wir diese, so können wir sie in Form eines Algorithmus auf dem Rechner zum Laufen bringen.

Weil der Prozeß des arithmetischen Rechnens so einfach ist, war dies die erste Anwendung, die in informationstechnischen Systemen bearbeitet wurde; daher kommt auch das Wort „Rechner" oder „Computer", welches natürlich der heutigen Realität nicht mehr entspricht! Wir haben mittlerweile gelernt, sehr viel kompliziertere, wohlbeschreibbare Prozesse auf dem Rechner abzubilden. Insbesondere das Konzept der „vollautomatischen" Fabrik beruht ausschließlich auf dem ersten Hauptsatz: Wenn wir präzise wissen, welche Güter wie gefertigt werden sollen, so können wir – ausgehend von der Spezifikation des entsprechenden Produktes – Regeln entwickeln, die den Konstruktionsplan in Einzelteile zerlegen. Diese werden von Automaten gefertigt und schließlich über flexible Fertigungssysteme und Roboter montiert. Allein die Nutzung des ersten Hauptsatzes hat mittlerweile zu einer Reihe von derartigen „vollautomatischen“ Fabriken geführt, in denen der Prozeß der menschlichen Steuerung von Maschinen völlig unnötig geworden ist.

Zweiter Hauptsatz der Informationstechnik:
Jeder im Prinzip beschreibbare, praktizierte Prozeß läßt sich informationstechnisch realisieren. Das Ergebnis ist dann allerdings in der Regel nicht 100%ig sicher richtig, in aller Regel aber brauchbar.

Während die Informationstechnik der 50er und 60er Jahre stark von der Nutzung des ersten Hauptsatzes geprägt war, begannen mit den 60er und 70er Jahren die Arbeiten an heuristischen Verfahren, die heute zum zweiten Hauptsatz geführt haben. Die Grundidee ist dabei relativ einfach: Das Gehirn des Menschen arbeitet keineswegs immer 100%ig sicher und zuverlässig; deshalb erscheint es sinnvoll, sich Gedanken zu machen, inwieweit auch bei nicht im Detail beschreibbaren Prozessen auf Rechnern Lösungen realisiert werden können, die brauchbarer sind als das, was der „Durchschnittsbürger“ erzeugt.

Es handelt sich hierbei um die Prozesse, die wir entweder – weil die Leistungen auch modernster Rechner dafür nicht ausreichen – nicht algorithmisch abarbeiten können oder aber um Fälle, in denen wir die Prozesse im Detail gar nicht kennen. Ein Beispiel ist das Schachspiel, bei dem es unmöglich ist, alle Züge in vernünftigen Zeiten algorithmisch zu errechnen. Ein anderes ist der Prozeß einer Personalauswahl. Wir kennen hier zwar gewisse Grundlinien, aber letztlich besteht ein Ermessensspielraum beim Menschen, den wir (bisher?) nicht algorithmisch beschreiben können und deshalb heute mit heuristischen „Entscheidungs-unterstützenden Systemen“ abbilden.

Das Verfahren, nach dem Produkte mit dem zweiten Hauptsatz hergestellt werden, entspricht im wesentlichen der Produktion von Software und Hardware nach dem ersten Hauptsatz: Man versucht den abzubildenden Prozeß soweit wie möglich zu beschreiben und insbesondere herauszufinden, welche Bewertungen des abzuwickelnden Prozesses von Wichtigkeit sind. Diese Mischung bildet das heuristische Verfahren. Es ist also eine „vage“ Strategie, die versucht, mit möglichst wenig Aufwand möglichst viel Erfolg zu erreichen, ohne den Anspruch zu erheben, stets erfolgreich zu sein!

Derartige Programme sind in der Regel relativ rechenaufwendig und daher erst in den letzten Jahren kommerziell sinnvoll einsetzbar geworden. Heute gibt es eine Reihe solcher heuristischer Ansätze. Der bisher erfolgreichste war wohl der Schachcomputer, der sich nach einer Heuristik „durchmogelt". Allerdings spielt ein Schachcomputer für DM 800,— heute gegen ca. 98% der deutschen Bevölkerung erfolgreich! Hier wird ein wichtiges Prinzip aller informationstechnischer Verfahren deutlich: Durch eine *einmalige* Abbildung erreicht man zwar nicht immer mit 100%iger Sicherheit eine richtige Lösung, aber man ist schnell deutlich jenseits der Leistungsfähigkeit vieler „Durchschnittsbürger"!

Die Idee des Schach-Experten ist in den 70er Jahren aufgegriffen und erweitert worden, sie führt heute zu einer Fülle interessanter Expertensysteme, die für die verschiedensten Wissensbereiche weltweit entwickelt werden. Die Grundidee hierbei besteht darin, das Wissen von Experten in Form von Daten und Regeln in einem Rechner derart zu organisieren, daß dieser in der Lage ist, Sachfragen direkt zu beantworten. Das Expertensystem benutzt dabei eine Reihe von (heuristischen) Interferenz-Mechanismen, um zu Lösungen zu kommen.

Von Expertensystemen sollte man allerdings dann und nur dann sprechen, wenn durch empirische Untersuchungen gesichert ist, daß diese Systeme zumindest die Qualifikation von menschlichen Experten haben. Derartige Untersuchungen sind mittlerweile für eine Reihe von Expertensystemen, zum Beispiel bei MYCIN, einem Infektionskrankheiten diagnostizierenden und therapierenden System, gemacht worden. Es zeigt sich – wie beim Schach –, daß gut organisierte heuristische Verfahren durchaus mit Experten mithalten können, in einigen Fällen sogar leistungsfähiger als Experten sind. Besonders deutlich wird das in mathematischen Expertensystemen, die es erlauben, auch sehr komplizierte mathematische Probleme sehr viel schneller und sehr viel zuverlässiger als vom „Durchschnittsmathematiker" zu lösen, eben weil die Systeme einmal das Wissen der Mathematik „gelernt" haben und damit dann schnell und richtig nach „sturen" Regeln damit umgehen können.

Neben den Expertensystemen werden zunehmend heuristische Verfahren auch im Bereich der Generierung von Kunst genutzt: Computergenerierte Grafik ist heute von menschlicher Grafik nicht mehr unterscheidbar; der computergenerierte Film setzt sich im Bereich der Werbefilme zunehmend durch; auch im Spielfilmbereich gibt es bereits synthetische Produkte, die aus Rationalisierungsgründen sinnvoll sind und die Darstellung „neuer Welten" ermöglichen, die mit realen Schauspielern nur schwer realisierbar sind. Computergenerierte Literatur ist kein grundsätzliches Problem mehr, Belletristik des „mittleren Genre" kann durch Informationstechnik geschaffen werden. Man kann heute keineswegs mehr sicher sein, ob ein „normales Unterhaltungsbuch" wirklich noch von einem Menschen geschrieben wurde. Insbesondere im Bereich der Kriminalromane gibt es interessante Computerprodukte, die – leider (?) – ununterscheidbar sind von mittleren Leistungen menschlicher Autoren. Die Nutzung von Informationstechnik als Ersatz für Musik-Instrumente nimmt laufend zu; es ist heute bereits außerordentlich schwer, ein synthetisches Instrument von einem realen zu unterscheiden; dies gilt auch bezüglich „moderner" versus computergenerierter Musikstücke. [VII]

Dritter Hauptsatz der Informationstechnik:
Es werden nur informationstechnische Systeme realisiert, die ökonomisch oder militärisch sinnvoll sind.

Aus der breiten Mannigfaltigkeit möglicher informationstechnischer Systeme werden zur Zeit nur diejenigen genutzt, die sich wirtschaftlich „rechnen". Die informationstechnische Industrie – mit einem Weltumsatz von rund 300 Milliarden Dollar bei Datenverarbeitungstechnik und moderner Nachrichtentechnik – realisiert keineswegs alles das, was technisch möglich ist. Sie achtet vielmehr außerordentlich hart auf eine vernünftige Marktakzeptanz. Der Erfolg ist, daß die Branche knapp 10% vom Umsatz Reingewinn macht, das sind etwa 25 Milliarden Dollar pro Jahr. Sie besitzt darüber hinaus noch die Kraft, rund 10% vom Umsatz, also erneut ca. 25 Milliarden Dollar, jährlich in Forschung und Entwicklung zu investieren. Mit einem scharfen Blick auf Rechenbarkeit hat es diese Industrie geschafft, in den letzten Jahren Umsatzzuwächse im Mittel von 10–15% pro anno zu machen. In der Bundesrepublik ist der Markt an Informationstechnik in den letzten Jahren sogar um 20–25% pro Jahr angewachsen.

Zu den jährlichen zivilen Aufwendungen für Forschung und Entwicklung kommen weltweit noch die Mittel aus den Verteidigungshaushalten. Man kann mit einem weiteren Volumen von fünf bis zehn Milliarden Dollar pro Jahr aus diesen Etats rechnen. Die Branche hat also (im Westen) insgesamt ein Volumen von 30–35 Milliarden Dollar für Forschung und Entwicklung verfügbar! Dies ist mehr als die Hälfte des gesamten Bildungshaushalts der Bundesrepublik Deutschland. Unter diesen Bedingungen kann man auch in Zukunft ein breites Spektrum neuer Produkte erwarten. Amerikanische Studien zeigen, daß etwa 20000 potentielle Produkte noch in den Schubladen der informationstechnischen Industrie liegen. Ein für Bildung und Ausbildung besonders relevantes Produkt ist dabei der „Sprechschreiber" (Talkwriter), der jetzt verfügbar ist und die gesamte Kommunikation zwischen Mensch und Computer revolutionieren wird. Talkwriter werden im Anfang im wesentlichen interaktiv und sprecherabhängig arbeiten, d.h. man spricht in „sein Mikrophon" und sieht unmittelbar auf dem Bildschirm den transcribierten Text. Über eine kleine Tastatur kann man dann eingreifen. – Weitere wichtige Produkte werden durch Nutzung der heuristisch arbeitenden, automatischen Bildverarbeitung entstehen: der sehende Roboter und das vollautomatische Auto-Mobil.

Vierter Hauptsatz der Informationstechnik:
Alle informationstechnischen Systeme können verkleinert werden
(Ausnahme: Mensch-Computer-Kommunikationsfläche).

Diese Option der modernen Informationstechnik führt dazu, daß Rechnerleistung „immer dichter" an den Menschen herangerückt werden kann. Waren die ersten Rechner noch so groß, daß sie nur in Gebäuden mit einer Fläche von hunderten von Quadratmetern untergebracht werden konnten, so schrumpften sie – bei konstanter Leistung – in den 60er Jahren auf Zimmer-, in den 70er Jahren auf Schrankgröße und schließlich heute auf die Größe eines Aktenkoffers zusammen. Dieser Verkleinerungsprozeß wird weiter fortschreiten, so daß wir Höchstleistungsrechner im Format einer Zigarettenschachtel im nächsten Jahrzehnt verfügbar haben werden.

Ein Megabit Chip der Firma IBM, auf dem sich 1 048 576 Informationseinheiten speichern lassen. Auf 40 dieser Chips kann die gesamte Bibel übertragen und innerhalb einer Sekunde „gelesen" werden. Der Chip selbst mißt lediglich 7,7 × 10,5 mm.

Die Verkleinerung ist dadurch möglich, daß zum einen die Dichte von Schaltkreisen auf Chips noch deutlich erhöht werden kann und zum anderen neue Speicher-Technologien verfügbar sind, die das Speichern großer Informationsmassen auf kleinstem Raum erlauben. Ein optischer Massenspeicher – à la Compact Disc – erlaubt es, auf einer 5¼ Zoll großen Scheibe einige Milliarden Zeichen – also etwa 1000 Bücher – zu speichern. Die Glasfasertechnik macht es außerdem möglich, auf kleinstem Raum Datenübertragungsraten im Bereich von Millionen Zeichen pro Sekunde zu realisieren.

Alles dies hat für Bildung und Ausbildung gravierende Konsequenzen: Es ist heute schon und wird in Zukunft noch verbreiteter sein, Hochleistungsrechner als persönliche Informations- und Telekommunikations-Systeme bei sich zu tragen. In diesen Systemen kann auf optischer Speicherbasis eine Bibliothek – auch von Expertensystemen – ständig genutzt werden. Über digitale Netzwerke ist es möglich,

Die Spracherkennung durch Computer ist ein Problem, das die Forschung schon seit Jahren beschäftigt. Mit modernen Computern lassen sich bereits Klangmuster einzelner Worte und Silben aufzeichnen – wie es die Abbildung zeigt. – Die Wiedergabe kompletter Sätze und langer – ohne Pause gesprochener Texte gelingt noch nicht.

ständig auf Datenbanken zurückgreifen und schnell miteinander zu kommunizieren. Die „Denkzeuge" sind unter uns.

Fünfter Hauptsatz der Informationstechnik:
Bezogen auf konstante Leistung fallen die Kosten für Informationstechnik um ca. 10% pro Jahr – gemittelt über alle wichtigen Komponenten.

Hier handelt es sich um ein in der Geschichte der Technik völlig einmaliges Phänomen. Während andere Systeme der Technik zwar durch Rationalisierung und Automatisierung billiger wurden, aber aufgrund von Rohstoff- und Energiekosten ein stabiles Plateau erreichten, ist in der Informationstechnik eine stete Degression zu beobachten.

Durch diesen Kostenverfall wird die Informationstechnik – insbesondere auch in der privaten Nutzung – immer breiter verfügbar. Dies wird dazu führen, daß sich schließlich *jedermann* leistungsfähige Informationstechnik aneignen kann. Dies hat ja bereits begonnen, wenn wir an den Ankauf von Taschenrechnern, Prozessor-gesteuerte Video-Recorder, Bildschirmtext-Anschlüsse oder Komfort-Telefongeräte denken.

Für die Nutzung der Informationstechnik in der Wirtschaft ist diese Kostendegression natürlich eine besondere Herausforderung. Immer mehr Prozesse – Algorithmen und Heuristiken – können damit leistungsfähiger und kostengünstiger technisch realisiert werden. Dies wird bei starkem internationalem und lokalem Wettbewerb zu größerer Rationalisierung und Automatisierung in vielen Bereichen der Wirtschaft führen.

Sturkturwandel

Die zunehmende Nutzung der sich nach den fünf Hauptsätzen formierenden Informationstechnik in allen Bereichen der Gesellschaft führt zu gravierenden strukturellen Veränderungen. Hier seien nur drei wichtige Beobachtungen näher erörtert:

Die geteilte Welt: In der „alten Welt" ohne Informationstechnik entstanden – z. B. durch Wissenschaft – mehr und mehr Modelle unserer Umwelt und unseres Lebens – sogar bis in die Intimsphäre hinein. Wenn es jedoch galt, diese Modelle zum Leben zu erwecken, wenn es galt, sie zu nutzen, wenn es galt, sie in operative Prozesse umzusetzen, so mußte stets das menschliche Gehirn genutzt werden. Die alte Welt wurde also ausschließlich durch den Menschen gestaltet!

Diese Situation hat sich zunehmend verändert! Es ist heute möglich, einmal gedachte Modelle durch Programmierung auf den Rechner zu übertragen. Dadurch entsteht die „neue Welt" der automatischen Systeme. Diese begegnet dem Menschen zum einen durch fertige Strukturen, auf die er als Einzelner unmittelbar keinen Einfluß mehr hat, zum Beispiel bei der Verkehrssteuerung, und zum anderen über die Mensch-Computer-Kommunikation, unter anderem am Text-Automaten. Damit entstehen tiefgreifende Fragen: Wie soll in Zukunft die Balance zwischen automatischen und menschlichen Prozessen aussehen? Wie soll die Mensch-Computer-Kommunikation organisiert werden? Wer soll die automatisierten Prozesse kontrollieren? – Heute ist die Welt bereits geteilt in diese beiden Teilbereiche, es gilt Konzepte zu entwikkeln, wie diese harmonisch zusammenzuhalten sind.

Zunehmende Computer-Computer-Kommunikation: In der „alten Welt" fand Kommunikation stets nur zwischen Menschen statt, wenn man einmal absieht von dem relativ geringen Transfer mittels schriftlich gespeicherter Information, die sich aber letztlich auch immer nur an den Menschen wandte. Diese Situation hat sich in den letzten Jahren deutlich verändert: Zum einen benutzen wir die Informationstechnik, um Anweisungen an den Menschen zu produzieren, (zum Beispiel Steuerbescheide, Telefonrechnungen, Strafbescheide für Verkehrsdelikte); zum anderen entstehen Systeme, in denen zunehmend Computer mit Computern kommunizieren und der Mensch völlig aus dem Prozeß herausgenommen wird. [III-2.6]

So existiert in Japan eine Supermarkt-Kette, in der bereits das gesamte Warenwirtschafts- und Handelssystem automatisiert ist: Nachdem der Kunde seine Ware über die automatische Point-of-Sale-Kasse gezogen hat, registriert das Warenwirtschaftssystem die ausgehenden Waren und beginnt bei einem gewissen Warenbestand durch Bestell-Computer die Waren automatisch bei den Zulieferer-Computern zu bestellen. Diese aktivieren die voll- oder halbautomatische Fabrik, die ihrerseits Produkte herstellt, die auf Paletten verladen werden. Ein Spezial-Lastwagen bringt sie an das Hintertor der Supermärkte. Dort wird die Ware, nachdem der Fahrer des Lastwagens einen informationsübertragenden Stecker aus dem Lastwagen in eine spezielle Steckdose des Supermarktes gesteckt hat, von Robotern ausgeladen und in einem Hochregallager zwischengelagert. Nach Ladenschluß entnehmen weitere Roboter aus diesem Lager die Ware und verteilen sie im

Supermarkt. – Durch die ständige Kontrolle aller Warenflüsse ist es mittels eines heuristischen Programms möglich, stets aktuelle Preise zu ermitteln und diese an den Regalen anzuzeigen. Preise sind also eine direkte Funktion von Warenumschlag, Jahreszeit und Tageszeit. Der ganze Prozeß läuft ab, ohne daß noch Menschen beteiligt sind!

Hier sieht man, daß wir dabei sind, mehr und mehr Kommunikationsprozesse, die früher nur zwischen Menschen liefen, auf die Computer-Computer-Kommunikation zu übertragen. Finanzsysteme, Materialwirtschaftssysteme in der Fabrik und Prozeßrechner-Verbundsysteme, wie sie in der Energieversorgung existieren, sind andere zivile Beispiele. In der Verteidigung stellen vor allem Frühwarnsysteme – bis hin zum Konzept der strategischen Verteidigungsinitiative (SDI) – solche neuen Strukturen dar. [VIII; IX]

Auf dem Wege in die „Selbstbedienungs-Gesellschaft“: Während die mechanische Maschine die primäre Produktion und die elektro-mechanischen Systeme die sekundäre Produktion revolutioniert hat, sind wir mit der Informationstechnik dabei, den Dienstleistungsbereich zu automatisieren. Dienstleistungen werden nicht mehr von Menschen erbracht, sondern von technisch-„intelligenten Schnittflächen“ zwischen dem eigentlichen Prozeß und dem Benutzer. Damit wird die Inanspruchnahme von Menschen als Vermittler zunehmend hinfällig. Man kann dies bereits heute im Bankenbereich beobachten, wo der Bankbeamte durch den Bankautomaten substituiert wird; wir sehen das bei den Fahrkartenautomaten, die den Schalterbeamten ersetzt haben; in den USA gibt es schon computergesteuerte Werkzeugmaschinen für den privaten Bereich, mit denen es möglich ist, gewünschte Produkte über einen Bildschirm einzugeben und dann aus dem passenden Rohling automatisch fertigen zu lassen; die handwerkliche Dienstleistungsfunktion ist also in der Maschine „geronnen“ und braucht nicht mehr vom Menschen eingebracht zu werden.

Im privaten Bereich gibt es bereits eine Vielzahl von Automatisierungen, man denke nur an die „vollautomatische“ Kamera. Dies wird sich fortsetzen bis hin zum „Heim-Roboter“, der die noch verbleibenden Funktionen in der Hausarbeit des Homo oeconomicus übernehmen wird. Auch in sozialen Diensten für pflegebedürftige Menschen benutzt man heute eine Vielzahl informationstechnischer Hilfen. Und dies alles geschieht, obwohl wir „eigentlich“ eine andere Art des Miteinanders wollen! Das Angebot an „dienstleistender“ Informationstechnik ist offensichtlich derart verführerisch, daß wir zum Beispiel doch den computergesteuerten Video-Recorder kaufen und nachts nicht aufstehen, um den Video-Recorder bei Beginn der Sportsendung einzuschalten und am Ende wieder abzuschalten. Es ist der „Homo oeconomicus", der die Informationstechnik insbesondere im Dienstleistungsbereich fordert!

Diese drei zentralen Strukturveränderungen führen zu gravierenden Konsequenzen für Bildung und Ausbildung: Zum einen werden höhere Leistungen vom Menschen verlangt, wenn er „jenseits" der Angebote der Informationstechnik arbeiten will – oder soll. Zum anderen ergeben sich größere Freiheiten und letztlich mehr Freizeit für den Menschen, da wichtige „Routinearbeiten" immer stärker an die Informationstechnik übergeben werden können. Gleichzeitig „verstößt" diese Technik aber auch den gebildeten Menschen immer stärker aus seiner traditionellen informationellen Umwelt; es hat den Anschein als ob er zunehmend die Rolle eines „Zuschauers" und „Bedieners" bekommt.

Human-alternative oder human computerisierte Gesellschaft? Im deutschsprachigen Raum ist die „Begegnung" von Bildung und Ausbildung mit den Konsequenzen der modernen Informationstechnik bisher nur langsam vorangekommen. Im Bildungswesen herrscht an vielen Stellen die Auffassung, es gäbe noch eine Chance, an dem grundsätzlichen Konflikt zwischen menschlicher Qualifikation und automatischen Prozessen vorbeizukommen. So arbeitet das Bildungswesen heute im wesentlichen mit den Konzepten einer Zeit, in der es keine technische Informationsverarbeitung gab und lebt häufig in der Hoffnung, man könne eine „human-alternative" Gesellschaft organisieren, in der die Informationstechnik begrenzt, beschränkt oder vielleicht sogar gesellschaftlich ganz „abgetrieben" wird. Dabei fehlt es allerdings häufig an einer realistischen Einschätzung der Kräfte, die letztlich darüber entscheiden, ob wir eine „human-alternative Gesellschaft" realisieren können oder in der Tat auf dem Weg in die „computerisierte Gesellschaft" sind. [V-2]

Es gilt heute, im wesentlichen drei zentrale Kräftefelder zu betrachten und bei der Auseinandersetzung über die Zukunft der Informationstechnik zu berücksichtigen:

Wettbewerbsvorteile. Jeder, der Informationstechnik nutzt, hat damit auf den Märkten Vorteile, zum einen durch billigere und qualitativ bessere Fertigung und zum anderen durch die Möglichkeit der Produkt-Innovation („intelligente Produkte"). Ein großer Teil moderner technischer Produkte kann heute ohne informationstechnische Komponente nicht

Karikatur in der FAZ aus dem Jahr 1958: „Ich werd verrückt, das Ding sagt: Cogito, ergo sum." Die Faszination des Computers war bereits vor dreißig Jahren so groß, daß man ihm die Fähigkeiten menschlichen Denkens zuschrieb.

mehr vertrieben werden. Wollte man also wirklich ernsthaft auf Informationstechnik verzichten oder sie begrenzen, so müßte man deutliche Einschnitte ins Brutto-Sozialprodukt akzeptieren.

Verteidigung ohne Informationstechnik erscheint in der NATO unmöglich. Das Militär ist ein steter und intensiver Nutzer der Informationstechnik in modernen Waffensystemen, die zum Beispiel automatisch ins Ziel finden oder sich durch elektronische Abwehrsysteme vor Vernichtung schützen. Derartige Waffen sind genauso wenig ohne Informationstechnik vorstellbar wie das weltumspannende computerisierte militärische Kommunikationsnetzwerk. Wollte die Bundesrepublik Deutschland ernsthaft aus der Informationstechnik „aussteigen", so müßte sie entweder nur in der Bundeswehr eine Elite-Truppe erhalten, die allein über Informationstechnik Bescheid weiß – während die restliche Gesellschaft uninformiert bliebe –, oder aber sie müßte aus der NATO aussteigen. Für diese Option gibt es in absehbarer Zeit keine Mehrheit – auch das Bildungswesen hat sich bisher zu diesem Problemkreis nicht in dieser Richtung geäußert. [IX]

Unfähigkeit der Demokratie zur selektiven Kontrolle. Wollte man in der Bundesrepublik die Informationstechnik wirklich ernsthaft begrenzen, so hieße dies auch, daß man im Bundestag „Informationstechnik-Kontrollgesetze" verabschieden und diese anschließend exekutieren müßte. Da die Technik im Kern aber außerdordentlich klein ist (Chips) und wesentliche Teile durch immaterielle Software repräsentiert werden, müßte das zu schaffende Überwachungssystem sehr perfekt sein. Die Undurchführbarkeit der Kontrolle entsprechender Gesetze würde sie also praktisch unmöglich machen.

Nimmt man diese drei Kräftefelder zusammen, so ist erkennbar, daß wir in der Tat auf dem Wege in eine *computerisierte Gesellschaft* sind. Es stellt sich nur noch die Frage: Gibt es eine Chance, *eine human* computerisierte Gesellschaft zu organisieren? Können traditionelle, kulturelle und politische Werte mit hinüber genommen werden in eine Gesellschaft, in der die Informationstechnik eine immer wichtigere Rolle spielen wird?

Wir müssen in dieser Situation versuchen, konstruktive Utopien zu entwickeln, wie die human computerisierte Gesellschaft aussehen kann. Wir sollten vor allem vermeiden, eine nach hinten gerichtete Triviallösung („Begrenzung der Informationstechnik") immer wieder vorzudeklinieren, sie hilft uns bei der Bewältigung der anstehenden Probleme wirklich nicht!

Konstruktive Vorstellungen über eine human computerisierte Gesellschaft sind natürlich auch unabdingbare Voraussetzungen zur Weiterentwicklung des Bildungswesens. Bildung und Ausbildung müssen sich an gesellschaftspolitischen Rahmenbedingungen orientieren. Gehen diese verloren, so gehen auch Bildung und Ausbildung in die Irre. Angesichts der neueren Konkurrenz der Informationstechnik besteht die Gefahr, daß das Bildungswesen Qualifikationen liefert, die in der Gesellschaft nicht mehr zu nutzen sind.

Hier ist natürlich kein Raum, die Vision einer human computerisierten Gesellschaft zu entwickeln! Im folgenden wird unterstellt, daß eine solche möglich ist und daß neue Konzepte [1] nicht völlig unrealistisch erscheinen. – Natürlich ist niemand in der Lage, eine Prognose für die Zukunft zu geben, aber wir können und sollten versuchen, die möglichen Alternativen sorgfältig und konstruktiv zu diskutieren, um damit die notwendigen Voraussetzungen für die Qualifikation der Jugend und die Ziele der Erwachsenen-Weiterbildung zu schaffen.

Psychische Mobilität mit Informationstechnik

In einer human computerisierten Gesellschaft wird es sehr darauf ankommen, ein Zerfallen der Gesellschaft in „Computer-Spezialisten" und „Vom-Computer-Verwaltete" zu vermeiden. Um dies sicherzustellen, ist es unabdingbar, daß breite Schichten der Gesellschaft die Informationstechnik für sich nutzen und beherrschen lernen. Es muß – mit allen Mitteln – versucht werden, eine emanzipierte Informationstechnik-Nutzung zu entfalten. Hierzu bedarf es insbesondere einer Vision der Komplementarität menschlicher und technischer Informationsverarbeitung. Diese wollen wir im folgenden die psychische Mobilität mit Informationstechnik nennen und näher charakterisieren.

Im Zentrum dieser Konzeption steht die Vorstellung, daß jedermann durch Nutzung eines Persönlichen Informations- und Telekommunikations-Systems mittelfristig in die Lage versetzt werden muß, seine kognitive Leistungsfähigkeit durch die Informationstechnik wesentlich zu verbessern. Dadurch soll es gleichzeitig möglich werden, die Leistungen im ganzheitlichen Begreifen, im Sozialen, im Musischen stärker zu entfalten. Das „Typisch-Menschliche" kann und muß eine stärkere Überhand gewinnen, nachdem die Last der kognitiven-rationalen Routinen von der Technik in angemessener Weise übernommen werden kann.

Diese Idee der Komplementarität unterstellt zum einen, daß es uns gelingt, in Bildung und Ausbildung „Überblicke" über Fachgebiete derart zu vermitteln, daß der Mensch in dieser Komplementarität kreativ, fruchtbar und emanzipiert arbeiten kann. Es fordert insbesondere eine hohe Kompetenz in der Fähigkeit, Fragen zu stellen, Probleme zu formulieren und die vom Rechner angebotene Problemlösungsunterstützung kritisch zu bewerten und für sich selbst zu nutzen.

Da wir bisher keinerlei Erfahrungen breiter Schichten mit einem derartigen Konzept haben, sollte man nicht von vornherein dessen Unmöglichkeit behaupten! Wir haben zum Beispiel im Bereich der Nutzung des Kraftfahrzeugs, also bei der *physischen* Mobilität, ähnliche Argumente der Nichtmachbarkeit am Anfang dieses Jahrhunderts gehört, als ein technisch schlecht beherrschbares Fahrzeug nur von wenigen benutzt wurde und man fürchtete, daß „einige Reiche alle anderen totfahren würden". Ähnlich läuft die Diskussion um die psychische Mobilität. Es wird häufig argumentiert, daß nur wenige wirklich in der Lage sind, den Rechner zu nutzen, während die anderen als informationstechnische Analphabeten notwenigerweise „außen vor" bleiben müßten. Für diese Behauptung gibt es keinerlei Beweise!

Für die Realisierung der psychischen Mobilität mit Informationstechnik bedarf es neben der Entwicklung und Bereitstellung geeigneter Persönlicher Informations- und Telekommunikationssysteme vor allem der Entfaltung einer angemessenen Infrastruktur der informationellen Umwelt (entsprechend dem Straßennetz im Bereich der physischen Mobilität). Die weltweiten Aktivitäten der nationalen Postverwaltungen weisen zwar in diese Richtung, aber eine Politik der psychischen Mobilität ist bisher kaum erkennbar. Die Bundespost investiert stark im kommerziellen Telekommunikationsbereich und bemüht sich zu wenig, breiten Schichten wirklich neue Dienste zu angemesenen Tarifen verfügbar zu machen. Andererseits muß man aber auch zur Kenntnis nehmen, daß das Bildungswesen bisher keinerlei ernsthafte Bemühungen unternommen hat, in modernen Telekommunikationssystemen – zum Beispiel im Bildschirmtext – reale Bildungs- und Ausbildungsangebote zu organisieren, zu festgefahren ist die Konzeption eines ausschließlich personal arbeitenden Bildungswesens.

Leider fehlt auch jegliche historische Erfahrung mit einer derartigen „neuen Mobilität". Bisher war der Mensch ausschließlich auf seine eigenen kognitiven Leistungen angewiesen. Erst in jüngster Zeit haben einige – wenige – versucht, die Informationstechnik als Denkzeug zu nutzen. Hieraus sind gewisse Komplementaritäts-Beziehungen entstanden, die aber – da sie bisher nur wenige Spezialisten betreffen – nur schwer auf die Allgemeinheit übertragen werden können. Eine sicher recht erfolgreiche Komplementarität gibt es im Bereich der computerunterstützten Konstruktion. Dort hat man den Menschen von der Routinearbeit der Reproduktion von Konstruktionselementen entlastet und erlaubt ihm, am Bildschirm aus einer Bank von Konstruktionselementen angemessene Konstrukte zu synthetisieren. Natürlich ist diese Arbeit anstrengender als die Routine des Zeichnens von bekannten Bauelementen. Auf der anderen Seite war es aber stets ein Ziel des Menschen, kreativ und nach vorn orientiert zu arbeiten; hier bietet sich nun eine reale Chance. Auch im Bereich des Software-Engineering gibt es zunehmend Komplementaritäten zwischen den Leistungen des Programmierers und den Programmier-Systemen. Während ersterer im wesentlichen die Aufgabe übernimmt, Systemanalyse und Spezifikation von Systemen vorzunehmen, hilft die technische Programmierumgebung mehr und mehr bei der Ergänzung eines vorgegebenen Entwurfs. [I-2]

Natürlich ist die Umstellung aus der alten Situation des stets „autonom" arbeitenden Menschen in eine neue Welt zunächst verwirrend.

Wir haben ähnliche Sorgen im Bereich der physischen Mobilität gehabt, als Anfang des Jahrhunderts eine breitere Motorisierung einsetzte. Nach langen Jahren der Bemühungen um eine vernünftige Integration des Verkehrs ist es uns aber mittlerweise gelungen – bei sehr hoher Verkehrsdichte –, mit einem relativ geringen Maß an Unfällen und Umweltbelastungen auszukommen. Allerdings sind beide Werte noch viel zu hoch. Ähnlich muß sich die psychische Mobilitität entwickeln: Wir sollten insbesondere durch eine angemessene Organisation der informationellen Umwelt sicherstellen, daß jedermann zu jeder Zeit Zugang zu allen für ihn relevanten Informationen hat und daß die Verarbeitung dieser Information dezentral durchführbar ist, so daß die Ergebnisse von jedermann verstanden werden.

Bei der psychischen Mobilität wird das Persönliche Informations- und Telekommunikations-System – das „Denkzeug" – eine dreifache Funktion übernehmen müssen:

- Zum einen wird es ein reines *Informationssystem* sein: Wissen, welches in Datenbanken und Expertensystemen verfügbar ist, muß dem Benutzer vom „Denkzeug" bereitgestellt werden. Diese informationsvermittelnde Funktion kann bereits heute mit jedem Persönlichen Computer (PC) realisiert werden. Dabei ist immer vorausgesetzt, daß entsprechende „Informationssammlungen" überhaupt verfügbar sind.
- Das „Denkzeug" sollte als Lehrsystem immer dann genutzt werden können, wenn der Mensch zur Entfaltung seiner eigenen Kompetenz Inhalte, Fähigkeiten und Fertigkeiten selbst lernen muß. – Natürlich sollten gerade im Bereich des „Typisch-Menschlichen" personale Lernphasen im Vordergrund stehen. Aber es gibt genügend Bereiche, in denen es darauf ankommt, schnell gewisse Fähigkeiten und Fertigkeiten zu besitzen. Diese können über computer-unterstützten Unterricht mit dem Denkzeug erlernt werden.
- Häufig wird der Psychisch-Mobile das „Denkzeug" unmittelbar zur Problemlösung nutzen. Er wird ein Problem soweit strukturieren, daß es an den Rechner kommunizierbar ist und dann Problemlösungen des Rechners nutzen, um daraus selber für sich Schlüsse zu ziehen. Wir sehen das heute an dem – extrem primitiven – Denkzeug Taschenrechner, wo dieser Prozeß die normale Situation ist, auch wenn alle die Bedeutung des Kopfrechnens als noch so wichtig postulieren! Das Denkzeug als Problemlöser muß dabei immer verstanden werden als ein den Menschen unterstützendes System. Alle Ergebnisse des Problemlösers richten sich ausschließlich wiederum an den Menschen, der in der Lage sein muß, sein persönliches Denk-

zeug zu hinterfragen. Es ist und bleibt der Mensch, der mit den Ergebnissen des automatischen Problemlösers fertig werden und sie kritisch werten muß; er muß schließlich auch jenseits der Lösungen, die das Denkzeug anbietet, zu eigenen Lösungen kommen können.

Das Konzept der psychischen Mobilität stellt also zweierlei Anforderungen an den Menschen: zum einen muß er lernen, sein Denkzeug angemessen zu nutzen, und zum anderen muß er sich selbst als Mensch stark entfalten. Dieser zweite Aspekt wird heute in der Diskussion um die Informationstechnik häufig heruntergespielt oder vergessen. Es wird sogar mitunter verneint, daß eine „typisch-menschliche" Qualifizierung überhaupt noch möglich ist. Beweise dafür gibt es allerdings in keiner Form, da ja bisher praktisch keine Kultur existiert, die sich im wesentlichen auf diesen „typisch-menschlichen" Bereich konzentrieren konnte, alle mußten vielmehr vorrangig eine breite Palette von kognitiven Routinen bearbeiten.

Das „Typisch-Menschliche" im Sinne der Komplementarität zwischen menschlicher und technischer Informationsverarbeitung muß insbesondere darin bestehen, daß der Mench Kreativität, Sozialisierung, Kommunikationsfähigkeit, das Miteinander-umgehen-Können, das Sich-selbst-Verstehen, das Andere-Menschen-Verstehen, das Eingebettet-sein-in-soziale-Strukturen, das Selber-Freude- und Trauer-erleben-Können lernt. Die Verfolgung von eigenen Zielen, Werten und Normen muß er stärker in den Vordergrund seiner Aktivitäten stellen. Wir alle sind allerdings in der Industriegesellschaft bisher zu stark als arbeitsteiliger Homo faber gedrillt worden, als daß wir es uns noch vorstellen können, welche Potenzen für den Menschen überhaupt existieren. Diese Optionen gilt es in den nächsten Jahren zu ergründen und zu entfalten.

Natürlich ist das Bildungswesen dafür zur Zeit nicht vorbereitet, hat es sich doch während der Industrialisierung auf den Pfad locken lassen, im wesentlichen „Computer auf Beinen" zu qualifieren – man denke nur an die alten Zulassungsmethoden zum Medizinstudium, die jetzt im Wettbewerb mit den realen Hochleistungsrechnern zunehmend Schwierigkeiten bekommen. In der Qualifizierung des „Typisch-Menschlichen" wird es sehr wesentlich darauf ankommen, eben gerade die nicht computerisierbaren Bereiche deutlicher zu entfalten.

Wir müssen dabei zur Kenntnis nehmen, daß an dieser Stelle der dritte Hauptsatz der Informationstechnik wesentliche Wirkungen zeigt: Für professionelle, aber auch für viele private Problemlösungen sind heute vordergründig zunächst nur Prozesse interessant, die im wesentlichen kognitiv-rational sind – diese „kaufen wir ein". Die Prozesse aber, die der Mensch für seine Selbstorganisation braucht, sind grundsätzlich nicht auf den Rechner übertragbar, da ja ein „Rechner im Menschen" zur Zeit undenkbar ist. Deswegen müssen diese „uncomputerisierbaren" Bereiche Ziel intensiver Bildungsbemühungen sein – eben um die angemessene Komplementarität menschlicher und technischer Informationsverarbeitung zu realisieren.

Neue Lernziele

Nimmt man die human computerisierte Gesellschaft ernst und folgt dem Konzept der psychischen Mobilität – als einzigem zur Zeit realisierbarem Ansatz gegenüber einer zunehmenden Polarisierung in „Computer-Spezialisten" und „Computer-Analphabeten" –, so ergeben sich tiefgreifende Konsequenzen für Bildung und Ausbildung: Während bisher im Zentrum all unserer Überlegungen der autonome Mensch stand, also derjenige, der alleine (möglichst noch ohne Bücher) alle Probleme lösen kann, müssen wir in Zukunft mehr und mehr auf den psychisch-mobilen Menschen, den Homo sapiens informaticus abzielen. Das Ziel sind also Menschen, die in der Lage sind, unter intensiver Nutzung modernster Informationstechnik so qualifiziert zu denken und zu handeln, daß sie für sich, für den Betrieb und die Gesellschaft zu besseren Problemlösungen kommen.

Dies bedeutet für alle Stufen des Bildungsystems – beginnend mit dem Kindergarten über die Schule, die Berufsschule, die betriebliche Ausbildung, das gesamte Hochschul-System und die Weiterbildung – *gravierende curriculare Revisionen.* In allen Fächern gilt es darüber nachzudenken, wie in Zukunft die an den Menschen zu vermittelnden Lehr-Inhalte aussehen müssen, wenn die Informationstechnik wirklich real von allen genutzt wird. Was sind denn langlebige Lernziele und Qualifikationen? Wo kann das Typisch-Menschliche herausgearbeitet werden? Wie kann der Mensch besser qualifiziert werden im Umgang mit der Informationstechnik? Wie kann sichergestellt werden, daß die Zahl der Informationstechnik-Analphabeten möglichst gering gehalten wird? Mit welchen Verfahren können wir die alten „geheimen Lernziele" stärker in den Vordergrund stellen? Sie sind es doch, die bisher sehr wesentlich die Bereiche beschreiben, die wir als das „Typisch-Menschliche" verstehen! Wie kann sichergestellt werden, daß der Mensch überhaupt lernt, mit der Gesamtheit der „informationstechnisch durchtränkten" informationellen Umwelt umzugehen?

Es kann natürlich nicht die Aufgabe dieser Überlegungen sein, konkrete curriculare Vorschläge für alle wichtigen Fächer zu machen. Dies ist auch deswegen schwierig, weil wir bisher zu dieser Frage praktisch keine fachdidaktische Forschung haben, die die Komplementarität menschlicher und technischer Informationsverarbeitung wirklich herausarbeitet und das Ziel des Psychisch-Mobilen mit Informationstechnik ernsthaft verfolgt.

Selbst die Untersuchungen zur Nutzung des Taschenrechners werden häufig nur unter dem Gesichtswinkel durchgeführt, inwieweit klassische Qualifikationen der Arithmetik weiterhin verfügbar sind – auch wenn der Taschenrechner genutzt wird; die Frage beispielsweise nach der Qualifikation im Umgang mit quantitativen Problemen bei intensiver Nutzung von Taschenrechnern bleibt dahinter leider zurück. [V-2; V-6]

Hier können also nur einige grundsätzliche Anmerkungen gemacht werden:

1. Curricula, die auf den mit Informationstechnik psychisch mobilen Menschen abzielen, sollten nicht vor dem zehnten Lebensjahr eingesetzt werden. Bis dahin sollte versucht werden, den Menschen im wesentlichen im Bereich des „Typisch-Menschlichen" zu qualifizieren. Man soll also bevorzugt die Begegnung mit der realen Welt fördern, kommunikative Beziehungen aufbauen, die Sprachkompetenz entwickeln, Sozialisierung entfalten und das Musisch-affektiv-soziale fördern. Diese Curricula-Konzeption erscheint allerdings dann und nur dann sinnvoll, wenn es gelingt, in den Familien für die Kinder ein entsprechendes Klima zu schaffen. Es muß dort durch intensive Erwachsenen-Weiterbildung, aber auch durch das Gespräch zwischen Schule und Eltern, sichergestellt werden, daß eine unreflektierte und falsche Nutzung der neuen und „super-neuen" Medien möglichst vermieden wird. Inwieweit dies eine realistische Forderung ist, bleibt abzuwarten. Zur Zeit sieht es eher schlimm aus im Mißbrauch von Fernsehen, Computerspielen und Video-Recordern in den Kinderzimmern! [V-2; V-6]

2. Erst beginnend mit der *Sekundarstufe I* sollte eine informationstechnische Grundbildung erfolgen, die alle jungen Menschen grundsätzlich qualifiziert, die Prinzipien der Informationstechnik zu verstehen und informationstechnische Systeme als Denkzeuge nutzen zu können. Die Inhalte dieses Bereichs sollten an der Realität der Schülerumgebung orientiert sein und dem Schüler wirklich aufzeigen, daß er in der Lage ist, mit dem Denkzeug zu neuen Leistungs-Horizonten vorzustoßen, die ihm sonst verwehrt wären.

Die Einbindung der informationstechnischen Grundbildung in viele Fächer erscheint notwendig, da der Umgang mit dem Denkzeug eben nicht auf ein einzelnes Fach bezogen bleiben darf. Das schließt nicht aus, daß es zunächst ein „Gast-Fach" gibt, in dem die Grundqualifikationen vermittelt werden. Die anderen Fächer müssen diese Möglichkeiten aber aufnehmen und die Leistung des Denkzeuges weiter nutzen. Das Volumen informationstechnischer Grundbildung sollte vierzig bis sechzig Schulstunden nicht überschreiten. Damit ist es also kein wesentlicher Lernbereich. Es wird allerdings immer vorausgesetzt, daß die Schule diese Grundkenntnisse dann in anderen Fächern nutzt und weiter entfaltet, sonst in der Tat wäre eine solche kurze Einführung sinnlos. – Diese Konzeption stimmt im wesentlichen mit dem Beschluß der Bund-Länder-Kommission zur Informationstechnischen Grundbildung und den jetzt in den verschiedenen Ländern laufenden Planungen überein.

3. Ungelöst, aber außerordentlich lösungsbedürftig, ist die Frage nach curricularer Revision in allen Fächern. Hier sollen nur einige Grundsätze einer solche Revision dargestellt werden: Die heutige Balance zwischen Fertigkeiten und Fähigkeiten sollte grundsätzlich zugunsten der Fähigkeiten verschoben werden. Das heißt, moderne Curricula sollten schwerpunktmäßig versuchen, Strukturen, Übersichten, Konzepte und begriffliche Systeme zu vermitteln, ohne daß ein Drill in der operativen Abwicklung von Routinen zu viel Zeit verschlingt.

In allen Curricula sollte die Balance zwischen menschlicher und technischer Informationsverarbeitung real erprobt werden. Alle Schüler sollten von vornherein mit Persönlichen Informations- und Telekommunikations-Systemen ausgestattet sein, die es ihnen ermöglichen, jeweils ganz konkret zu erproben, welche Software und welche Problemlösungs-Ansätze in der Technik verfügbar sind und was sie zu lernen haben, um diese angemessen zu nutzen, um jenseits der angebotenen Lösungs-Möglichkeiten selbst kompetent zu werden.

Die sozialen Bezüge müssen wesentlich gestärkt werden. Das heißt, wir sollten uns in der Bildung und Ausbildung sehr viel stärker um Gruppen-Arbeit und um projekt-orientierte Lernansätze bemühen. Es kommt eben nicht mehr allein darauf an, daß der einzelne, autonom operierende Mensch sich im Wettbewerb mit anderen autonomen Menschen qualifiziert, sondern viel stärker auf die Fähigkeiten, kooperativ Ziele anzugehen und gemeinsam Entscheidungen treffen zu können.

Versucht man aus diesen – sehr allgemeinen – Überlegungen einige Schlüsse für die verschiedenen Fächer zu ziehen, so ergibt sich zum Beispiel für die Mathematik folgender Rahmen einer curricularen Revision: Im Vordergrund des Unterrichts sollte die Vermittlung der Struktur quantitativer und formaler Zusammenhänge stehen, ohne daß dabei den Fertigkeiten im Umgang mit diesen Strukturen ein Übergewicht beigemessen wird. Der Schüler sollte früh lernen, welchen Sinn Mathematik hat, daß sie nämlich der Versuch ist, abstrakte, formale Repräsentationen darzustellen. Dieses ist exemplarisch vorzuführen. Die verschiedenen Formulierungen derartiger abstrakter Konstrukte sind in einen angemessenen Zusammenhang zu stellen, um dem Lernenden den Überblick über mathematische Lösungsansätze zu geben. Insbesondere sollte er lernen, welchen Sinn eine Mathematisierung und Formalisierung von Problemlösungsansätzen hat und wie man den Transfer von der Problemstellung zur formalen Lösung schafft. Das erfordert also viel mehr Text-Aufgaben als bisher!

Durch Nutzung mathematischer Expertensysteme sollte die Aneignung des eigentlich operativen Teils beschränkt werden können auf jeweils zentrale Grund-Operationen und deren Verständnis. Ein intensives Trainieren von Fertigkeiten im Umgang mit mathematischen Strukturen sollte eben eingeschränkt werden zugunsten der Nutzung des Denkzeuges in der Kombination mit den eigenen, eben „unberechenbaren" Leistungen.

Insgesamt kann man unter diesen Bedingungen erwarten, daß der Lehrende mehr Zeit hat, die eigentlichen Leistungen der Mathematik darzustellen. Hierbei kann er sich insbesondere denjenigen intensiver widmen, die Schwierigkeiten haben, formale Prozesse zu überschauen. In jeder Klasse ist es so grundsätzlich möglich, durch Nutzung des „mathematischen Denkzeuges" – insbesondere Symbol-manipulierender Expertensysteme – auch sehr schwierige mathematische Fragen zu behandeln, die sich dem heutigen Schulunterricht auf Grund der notwendigen operativen Leistungen völlig entziehen. Wir könnten also den Gesamtumfang des zu behandelnden Stoffes durchaus ausdehnen, wenn es auch dabei zu einer Begrenzung der „operativen Tiefe" kommt, die eben durch das Denkzeug abgedeckt wird.

Gerade in der – für Viele so schwierigen – Mathematik würde eine solche Konzeption vielen entgegenkommen. Macht doch insbesondere das Operative große Schwierigkeiten und führt in der Regel oft zu einer tiefen Demotivation gegenüber der Mathematik.

Natürlich braucht ein solcher Unterricht auch einen Lehrer, der mathematische Konzepte, mathematische Zusammenhänge und mathematische Übersichten versteht und darstellen kann. Dieser Lehrer unterscheidet sich deutlich von demjenigen, der heute im wesentlichen versucht – relativ zusammenhanglos – mathematische Fertigkeiten (sprich Drill) zu vermitteln.

Die Grundideen einer curricularen Revision sollen hier zweitens am Beispiel des Deutsch-Unterrichts dargestellt werden: Angesichts der baldigen Verfügbarkeit des Sprechschreibers, der natürlich immer orthographisch richtig schreibt, kann eine erhebliche zeitliche Entlastung im Bereich der Vermittlung von Schreibferigkeiten vorgenommen werden. Diese Zeit sollte genutzt werden, um die sprachliche Kompetenz und insbesondere die Lesefähigkeit zu entwickeln. Gerade im Umgang mit moderner Informationstechnik wird es außerordentlich wichtig sein, daß der Mensch in der Lage ist, sprachliche Konstrukte richtig zu analysieren und zu verarbeiten; die sprachliche Kommunikation wird von außerordentlich zentraler, immer zunehmender Bedeutung sein.

Es wird im Deutsch-Unterricht deshalb wesentlich darauf ankommen, den Umgang mit konkreter Literatur zu entfalten, wobei auch hier ein Schwerpunkt in der Vermittlung von Übersichten und literarischen Strukturen zu sehen ist. Insbesondere sollte die Fähigkeit entwikkelt werden, richtige Fragen zu formulieren und vorhandene Sachverhalte in einer Art und Weise sprachlich zu organisieren, daß sie anderen Menschen mitgeteilt oder an das Denkzeug übergeben werden können, wobei von einem „Sprache zum Teil verstehenden" Denkzeug auszugehen ist.

Der vergleichenden Erörterung von Texten sollte ein größerer Raum im Deutsch-Unterricht gegeben werden. Hierbei sind insbesondere auch computergenerierte Texte – seien sie nun literarisch oder technisch – zu berücksichtigen, da diese in der realen Welt des Menschen einer human computerisierten Gesellschaft eine zunehmende Bedeutung gewinnen werden.

Der Deutschunterricht sollte sich auch mit der Gesamtheit der informationellen Umwelt des Menschen beschäftigen, in der die Medien eine zentrale Rolle spielen. Die bisherige – praktisch vollständige – Ausklammerung der Auseinandersetzung mit den „klassischen" Medien ist ein starkes Defizit, welches nicht beibehalten werden darf.

Die hier geforderte Zurücknahme der Kulturtechnik des Schreiben-Könnens wird von vielen als ein deutlicher Rückschritt angesehen. Dies ist aber nur richtig, wenn man ein statisches Bild von der Entwicklung menschlicher Fertigkeiten hat. Das Schreiben-Können war jedoch bis vor 200 Jahren noch eine in der Bevölkerung selten anzutreffende

Fertigkeit. Dennoch haben die Kulturen der Welt auch ohne diese angemessen gelebt. Wichtig war immer die Fähigkeit, kommunizieren zu können. Dies erforderte aber nicht notwendigerweise die Fertigkeit des Schreiben-Könnens, vorausgesetzt, daß es entsprechende „Transkriptoren" gab; in vielen Kulturen waren und sind dies die „Schreiber". Diese können in der human computerisierten Gesellschaft durch den Sprechschreiber ersetzt werden.

Als drittes Beispiel sei aus dem Bereich der Hochschule die notwendige curriculare Erneuerung im Fach Biologie angesprochen. In diesem Fach findet zur Zeit eine breite Ausbildung in einer Vielzahl von Fakten und Fertigkeiten statt, die ebenfalls darauf abzielen, daß ein autonomer Biologe jeweils vor Ort voll arbeitsfähig ist. Bei einer Fortschreibung dieses Curriculums in einer human computerisierten Gesellschaft käme es zunächst darauf an, den Anteil von Überblicks-Veranstaltungen wesentlich zu erweitern. Der Student müßte verstehen, wie die verschiedenen Bereiche der Biologie ineinandergreifen; er müßte in der Lage sein, richtige Fragen zu formulieren; er sollte stärker als bisher lernen, welche Grundprozesse für biologische Systeme von zentraler Bedeutung sind.

Gleichzeitig sollte das Curriculum so organisiert sein, daß wissensbasierende Systeme und Datenbanken jederzeit vom Studenten genutzt werden können. Er sollte in den Praktika die Möglichkeit haben, auf entsprechende Datenbanken und Auswerte-Programme zurückgreifen zu können, so daß er sich stärker der Konzeption von neuen Experimenten zuwenden kann und nicht routinemäßig und kochbuchartig stets alte Experimente wiederholt. – Die Grenzgebiete der Biologie zur Anthropologie, zur Soziologie und zu den klassischen Naturwissenschaften sollten stärker ausgebaut werden mit dem Ziel, die relevanten Zusammenhänge transparenter zu machen.

Auch hier gibt es ähnliche Schwierigkeiten wie in der Schule. Insbesondere auch deswegen, weil die Forschung den Hochschullehrer immer mehr zwingt, sich zu „superspezialisieren". Kaum ein Biologe ist noch in der Lage, eine vierstündige Vorlesung über die gesamte Biologie zu halten. Weniger, weil er nicht in der Lage wäre, das Wissen aufzunehmen, sondern vielmehr, weil er selbst die Übersicht verloren hat und sich nicht mehr der Mühe unterzieht, eine strukturelle Durchdringung der gesamten Biologie – von der Systematik über die Evolution bis zur Biochemie – vorzunehmen.

Bei der Erörterung derartiger curricularer Vorstellungen wird von vielen das Versinken alter Lernziele bedauert. Dies beruht zum einen auf Eigeninteressen der Lehrenden, man lehrt natürlich den Stoff leichter, den man immer schon vermittelt hat! Zum anderen aber beruht es auch darauf, daß nicht reflektiert wird, inwieweit wir bereits heute sehr grundsätzliche alte Lernziele haben versinken lassen! Dieser Prozeß wird durch die Informationstechnik nur beschleunigt! Wer vermittelt heute noch die Fertigkeit, ein Feld zu bestellen, obwohl dies für die Lebenserhaltung letztlich unabdingbar ist? Wer vermittelt die Fähigkeit der Tierzucht, obwohl auch diese für die leibliche Existenz eine zentrale Voraussetzung darstellt? Wer vermittelt die eigentlichen handwerklichen Tätigkeiten in der Schule („polytechnische Bildung"), obwohl sie eine wichtige Voraussetzung für unseren Lebensraum bilden? Warum wird nicht weiterhin in größerem Umfang Latein, Griechisch und Hebräisch unterrichtet, sind doch diese Sprachen auf Grund unserer kulturellen Wurzeln von zentraler Bedeutung?

Die Antwort auf alle diese Fragen ist relativ simpel: Der Mensch als Lernender arbeitet als Homo oeconomicus auch im curricularen Bereich nach dem Prinzip, daß es nur lohnt, etwas zu lernen, was man auch in irgendeiner Weise vielleicht einmal konkret verwenden kann! Das hat zum Beispiel zur Verdrängung der alten Sprachen durch die Mathematik geführt, weil in der Tat in der Industriegesellschaft mathematische Kenntnisse wichtiger waren als alte Sprachen. Dieser Trend der permanenten Curricular-Revision wird auch in Zukunft anhalten. Das heißt, die Primär-Motivation, sich mit irrelevanten Dingen zu beschäftigen, läßt sich nicht beliebig erhalten – und wenn dies im Bildungswesen noch viele wollen!

Deshalb ist es so wichtig, daß wir rechtzeitig erkennen, wo wirklich interessante Bereiche sind und daß wir versuchen, diese in neue Curricula aufzunehmen. Dabei ist zu beachten, daß eben durch den permanenten Fortschritt der Informationstechnik immer neue Bereiche kognitiver Arbeit automatisiert und computerisiert werden und damit permanent neue Anforderungen an die curriculare Revision zu stellen sind. Es gibt nicht das „Curriculum der Zukunft", wenn die Informationstechnik sich weiterhin anschickt, unter Nutzung des ersten und zweiten Hauptsatzes einen kognitiven Prozeß nach dem anderen auf den Computer zu übertragen und mehr und mehr Information in Form von Expertensystemen und Datenbanken auf Massenspeichern und in Telekommunikatons-Netzen verfügbar zu machen!

Die Bewältigung der neuen Bildungskrise

Die obigen Ausführungen machen nur zu deutlich, daß wir uns grundsätzlich und laufend um neue Konzepte, neue Wege und neue Verfahren in Bildung und Ausbildung bemühen müssen, wenn es uns gelingen soll, Menschen zu qualifizieren, die zum einen die human computerisierte Gesellschaft gestalten sollen und zum anderen glücklich in ihr leben können. Dieses ergibt vielerlei Forderungen an alle Schichten von Bildung und Ausbildung für alle Lernenden und Lehrenden.

Im Zentrum der Überlegungen muß vor allem die qualifizierte Aus-, Fort- und Weiterbildung der Lehrer an Schulen und Hochschulen und der Ausbilder stehen. Wenn es dort nicht gelingt, ein Bewußtsein um die psychische Mobilität mit Informationstechnik zu entwickeln, wenn dort kein Interesse besteht, sich mit der Informationstechnik konstruktiv auseinanderzusetzen und wenn schließlich dort – auch aus Altersgründen – nur noch „Dienst nach Vorschrift" gemacht wird, so werden wir mit tiefen und sehr grundsätzlichen Verwerfungen im Bildungswesen und in der Gesellschaft rechnen müssen.

Wichtige Maßnahmen müssen die gesamte curriculare Forschung betreffen. Es gilt, in allen Fächern die Fachdidaktiker zu ermuntern, über die Komplementarität menschlicher und technischer Informationsverarbeitung kritisch, reflektiert und konstruktiv durch geeignete Programme nachzudenken. Dabei müssen sie eine angemessene Technologie-Prognose zur Basis ihrer Überlegungen machen. Derartige Prognosen existieren auf verschiedenen Ebenen und von verschiedenen Einrichtungen, sie sollten im Bildungswesen intensiv verbreitet und diskutiert werden. Es geht eben nicht weiter an, daß das Bildungswesen in dem zentralen Bereich, nämlich der Qualifikation des Typisch-Menschlichen in ähnlicher Weise hinterherhinkt, wie es im Bereich der Vermittlung von alten Fertigkeiten hinterherhinkte. Nur ein vollständiges Verstehen der ersten drei Hauptsätze der Informationstechnik und der daraus resultierenden Konsequenzen wird es möglich machen, curriculare Reformen mit einem angemessenen Vorlauf zu realisieren, so daß das Bildungswesen sich rechtzeitig auf neue Situationen einstellen kann. [V-6]

Ein weiteres wichtiges Problem, welches vom Bildungswesen bisher überhaupt nicht behandelt wird, ist die zukünftige Organisation des Wissens. In der Geschichte von Bildung und Ausbildung hat das Bildungswesen durch die Organisation von Lehrbüchern und deren Verbreitung wesentlich dazu beigetragen, daß eine bestimmte „Struktur des Wissens" in Köpfen und auf Papier entstand. Seitdem es aber

Datenbanken-Anbieter und Expertensystem-Hersteller gibt, beginnt ein neuer Entwicklungszweig, der außerhalb des Bildungswesens verläuft und sich zur Zeit nicht an die Ziele der Bildung hält! Es muß ein – neues – Ziel des Bildungswesens werden, an der Organisation von Wissen mitzuwirken und dabei seine eigenen Prinzipien und Leitziele einzubringen.

Allerdings ist bisher in diesem Bereich nichts Handfestes erkennbar. Gerade das deutsche Bildungswesen ist weit davon entfernt, sich auf breiter Basis mit der Produktion von Software (zum Beispiel Filme, Computerspiele, Datenbanken, Expertensysteme) zu befassen, wenn es auch in einigen Bundesländern erste Initiativen in dieser Richtung gibt. Zur Zeit findet in der Breite eher eine Verteufelung von informationstechnischen Systemen in der Schule statt, die als „wesensfremd" empfunden und zurückgewiesen werden, ohne daß das Bildungswesen dem Schüler und dem Studenten gegenüber deutlich macht, welche Art von Software es eigentlich als sinnvoll ansieht. Dies öffnet dann kommerziellen Produkten in der Schule und zuhause Tür und Tor.

Gewaltige Aufgaben kommen schließlich auf die Erwachsenen-Weiterbildung zu. Gerade in einer „Alten-Gesellschaft", in der der Anteil der Kinder und der jungen Menschen relativ gering ist, wird es wichtig, daß die alten Menschen sich mit der Informationstechnik auseinandersetzen und sie angemessen nutzen lernen. Hierfür sind die Medien genauso wie alle vorhandenen Weiterbildungs-Institutionen stärker als bisher einzusetzen, um sicherzustellen, daß es hier nicht zu Disproportionalitäten zwischen der Ausbildung von Jugendlichen und Studenten einerseits und dem Bildungsstand der alten Menschen andererseits kommt.

Literaturnachweise

1 *Haefner*, Klaus: Mensch und Computer im Jahre 2000 – Ökonomie und Politik zur human computerisierten Gesellschaft. Basel 1984

POPULARISIERUNG DER TECHNIK DURCH MASSENMEDIEN

Popularisierung der Technik durch Massenmedien

Jens Krüger
Stephan Ruß-Mohl

Verständnis für die Technik

Bereits im Alten Testament finden sich Episoden, die sich als Technik-Popularisierung werten lassen: die Geschichte von der Arche Noah beispielsweise oder der Turmbau zu Babel. Zwar ist aus der Bibel wenig über Schiffskonstruktion oder Hochbautechnik zu erfahren. Aber vielleicht ist gerade dies ein ganz wesentliches Charakteristikum der Technik-Popularisierung bis auf den heutigen Tag geblieben: Sie wendet sich ans breite Publikum und nicht an die Experten, die Techniker selbst. Deshalb muß sie bei dem, was sie dem Laien über Techniken oder Technologien mitteilt, selektiv vorgehen. [II-3.2]

Ohne die „black box", den berühmten schwarzen Kasten, kommt Technik-Popularisierung nicht aus. Der Laie kann und will nicht alles wissen, was der Techniker wissen muß. Im Mittelpunkt der Technik-Popularisierung hat seit jeher weniger die Frage gestanden: „Wie funktioniert die Technik X?". Vorrangig haben vielmehr meist Fragen wie „Was kann man mit X anfangen?" und „Welche Folgen zeitigt X?" die Gemüter bewegt und die Phantasie beflügelt.

Gewandelt hat sich indes mit immer rapiderem gesellschaftlichem Veränderungstempo nicht nur die Technik selbst, also der Gegenstand der Technik-Popularisierung. Auch die Medien und Methoden der Technik-Popularisierung sind im Gefolge gesellschaftlicher Evolution immer differenzierter und vielfältiger geworden: Messen und Museen, Schulbücher und Video-Clips, Werbebroschüren und Gebrauchsanweisungen, Diskussionsforen und Volkshochschulvorträge – mit ein wenig Phantasie läßt sich die Liste ins Uferlose verlängern bis hin zur Sightseeing Tour in Cape Kennedy oder zur Weltraum-Odyssee eines Science Fiction-Thrillers. All solche Mittel und Wege der Technik-Popularisierung erfassen zu wollen, wäre per se ein ehrgeiziges und – vielleicht auch – lohnendes Unterfangen. Angesichts der herausragenden Rolle, die im Prozeß öffentlicher Kommunikation in den modernen, von Technik geprägten Gesellschaften die *Massenmedien* spielen,

Zum Titelblatt:
Technische Wunschträume und Erwartungen – wie das „in der Luft segelnde Schiff" – waren zu allen Zeiten beliebte Themen populärer Darstellungen.

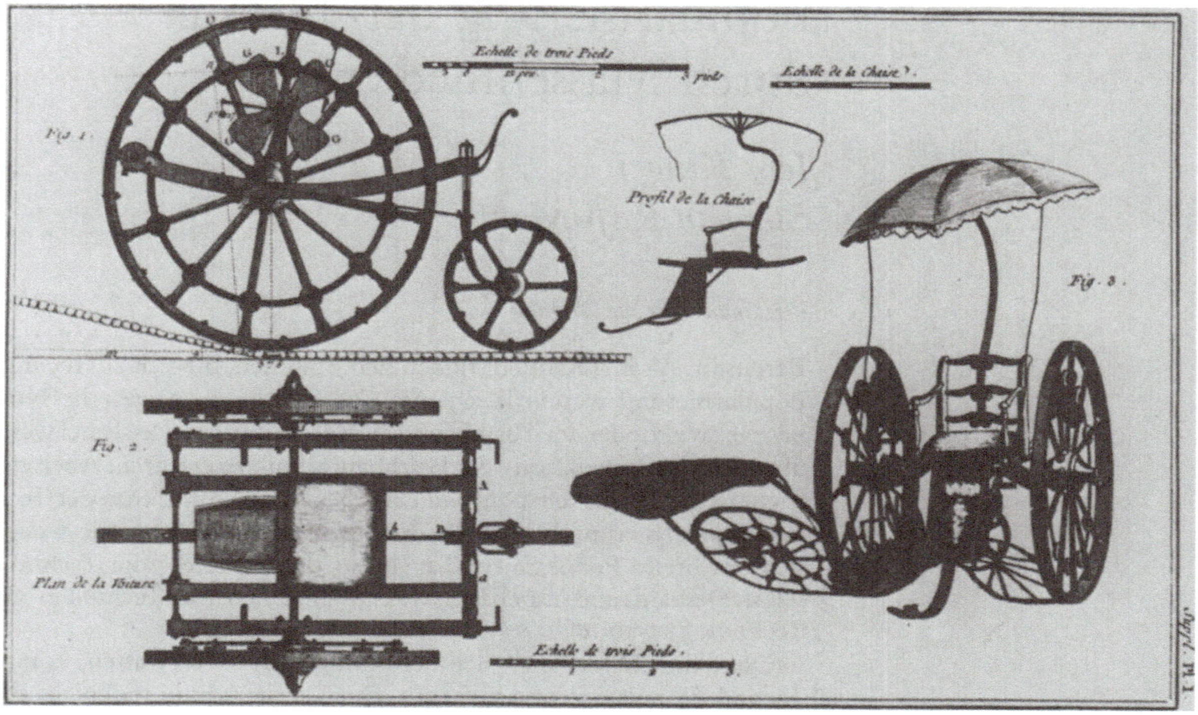

Das Buch ist bis heute der wichtigste Träger der geistigen Kommunikation, der Verbreitung wissenschaftlicher aber auch populärer Darstellungen geblieben. Daran hat sich auch nichts durch die neuen Medien geändert.
Ein berühmtes Beispiel für eine umfassende Darstellung technischen Wissens ist die Enzyklopädie von Diderot und d'Alembert. Kein Werk war wie dieses in der Lage, den Geist und Kenntnisse seiner Zeit so widerzuspiegeln wie die „Encyclopédie ou Dictionnaire raisonné des Sciences", die von 1751 an in 35 Bänden erschien. – Die Abb. zeigt ein mit Handkurbeln angetriebenes Fahrzeug.

scheint es jedoch vertretbar, im folgenden das Augenmerk allein auf sie zu richten. Unsere Frage lautet also: Welchen Beitrag leisten – in historischer Perspektive, aber auch unter den heutigen gesellschaftlichen Gegebenheiten – die aktuell berichterstattenden Massenmedien zur Popularisierung der Technik?

Der folgende Überblick bezieht sich auf Zeitungen und Publikumszeitschriften, Hörfunk und Fernsehen und gibt auch einen Ausblick auf die Neuen Medien. Ausgeklammert bleibt dagegen bei unserer Formulierung der Fragestellung ein Medium, das aus systematischen Gründen zumindest erwähnt werden muß: das Buch. Trotz immer kürzerer Vorlauf- und Produktionszeiten erfüllt es in der Regel nicht das Aktualitätskriterium, so wie es von der Zunft der Medienpraktiker, aber auch von vielen Publizistikwissenschaftlern verstanden wird. Andererseits spielen Bücher seit jeher bei der Popularisierung der Technik eine ganz wesentliche Rolle. Erinnert sei an Bestsellerautoren wie Hans Dominik („Atomgewicht 500") oder Robert Jungk („Heller als tausend Sonnen") oder auch an Jugendbuch-Serien wie „Das neue Universum".

Popularisieren wird im folgenden wertfrei im Sinne von „gemeinverständlich darstellen, in die Öffentlichkeit bringen" verstanden (Duden-Definition). Popularisierte Techniken sind also nicht notwendig populäre Techniken – und so sehr es in der technisch geprägten Zivilisation Aufgabe der Massenmedien ist, Technik zu popularisieren, kann es doch allemal nur das Anliegen einiger Medien sein, der Technik bzw. ganz bestimmten Techniken zu Popularität zu verhelfen, ebenso wie es eine durchaus legitime und notwendige Aufgabe anderer Medien ist, sich eher kritisch-distanziert mit Technik und Technikfolgen zu befassen. Auch letztere leisten in unserem Verständnis mitunter einen ganz wesentlichen Beitrag zur Technik-Popularisierung.

Technik als Thema der Massenmedien

Zu den zentralen Funktionen, die Massenmedien in modernen Gesellschaften für den einzelnen erfüllen, gehört die Bereitstellung von Informations- und Unterhaltungsangeboten. Sie gewähren aber auch Orientierungshilfe und Unterstützung bei der Meinungsbildung. Umstritten ist, inwieweit den an Aktualität orientierten Massenmedien darüber hinaus Bildungsfunktionen zukommen.

Auf das Gesellschaftssystem bezogen, üben Massenmedien wesentliche Kritik- und Kontrollfunktionen aus. Ferner haben sie beim „Agenda Setting", also in jenem gesellschaftlichen Prozeß, in dem über die Thematisierung und die Dethematisierung von Themen für die öffentliche Kommunikation entschieden und damit die politische Tagesordnung festgelegt wird, wesentlichen, wenn auch schwer eingrenzbaren Einfluß.

All diese Funktionen nehmen die Massenmedien auch in Bezug auf Technik wahr – oft jedoch eher rudimentär. Fraglos leben wir in einer verwissenschaftlichen Welt. Nie zuvor haben Wissenschaft und Technik das Leben jedes einzelnen so stark beeinflußt wie heute. Mit dieser Entwicklung hat die wissenschaftlich-technische Berichterstattung in den Massenmedien und damit die Information der Öffentlichkeit jedoch nicht Schritt gehalten.

Kaum irgendwo in Presse, Hörfunk und Fernsehen gibt es eigene Technik-Ressorts. Meist wird Technik redaktionsintern dem Wissenschaftsressort zugeordnet und damit als Teil der Wissenschaftsberichterstattung gesehen. Ausführlichere Technikberichterstattung findet jedenfalls fast ausnahmslos in diesem Zusammenhang statt. Die Wissenschaftsressorts führen ihrerseits innerhalb der Gesamtredaktion eher eine Existenz am Rande. Es ist deshalb häufig vom Ghetto- oder Nischen-Dasein der Wissenschafts- und Technikberichterstattung die Rede.

Zum schlagzeilenträchtigen Berichterstattungs-Thema wird Technik in breitstreuenden Massenmedien nur in Ausnahmefällen – bei spektakulären aktuellen Ereignissen, etwa technik-bedingten Katastrophen wie Seveso, Bhopal oder Tschernobyl, oder bei sensationellen wissenschaftlich-technischen „Fortschritten" wie dem ersten Mondflug oder der Kunstherz-Verpflanzung. Regelmäßig macht Technik dagegen nur in Zielgruppen-Programmen, zum Beispiel in der ARD-Sendung „Bilder aus der Wissenschaft" oder Special Interest-Zeitschriften Schlagzeilen, etwa in „Hobby – Magazin der Technik" oder „Auto, Motor und Sport". [V-4.3]

Von erheblicher Bedeutung für die Technik-Popularisierung in Massenmedien ist auch, *wie* die Kommunikatoren über Technik berichten. Eine überwiegend kritische Berichterstattung kann technikfeindliche Stimmungen verstärken, weitgehend euphorische Beschreibungen von Erfindungen können beim Publikum Erwartungen wecken, die die Problemlösungsfähigkeit von Technik und Wissenschaft überschätzen. Auch dies würde zwangsläufig zu Enttäuschungen führen.

Vermutungen, daß die bundesdeutschen Massenmedien die Risiken wissenschaftlich-technischer Entwicklungen stärker betonen als deren Nutzen, ließen sich allerdings nicht bestätigen. Im Gegenteil zeigt Werner Gruhns Inhaltsanalyse, daß die Technik-Berichterstattung vornehmlich „objektiv-sachlich" und wertneutral gehalten ist. Bei dem relativ geringen Anteil wertender Berichterstattung überwiegen sogar die positiven Aussagen die kritischen Stellungnahmen [1].

Technik-Popularisierung in Zeitungen und Zeitschriften

Wissenschaft und Technik sind immer Themen für die gedruckten Medien, die Zeitungen und Zeitschriften gewesen. So wurde schon 1609 in den ersten Zeitungen, dem Wolfenbütteler „Aviso" und der Straßburger „Relation", über die Erfindung des Fernrohres durch Galileo Galilei berichtet. Bezeichnend ist auch, daß die ersten Zeitschriften sogenannte Gelehrte-Zeitschriften waren. Sie hatten die Aufgabe, den schwerfälligen Gelehrtenbriefwechsel zu ersetzen. Das heute noch in Paris erscheinende „Journal des Sçavans" und die „Philosophical Transactions" in London sind mit ihrem Gründungsjahr 1665 die beiden ältesten Titel. Die früheste in Deutschland erschienene

Gelehrte-Zeitschrift, die „Acta Eruditorum", die 1682 erstmals herauskam, wurde wie ihre ausländischen Vorbilder durch die Mitarbeit einer Reihe bedeutender Wissenschaftler getragen und war vornehmlich naturwissenschaftlich orientiert. Im Gegensatz zu den französischen und englischen Gelehrte-Zeitschriften war sie jedoch nicht in der Landessprache, sondern in der Gelehrtensprache Latein verfaßt. [V-4.2]

Die Gelehrte-Zeitschriften sind die Vorläufer unserer heutigen wissenschaftlichen Fachzeitschriften. Der Unterschied besteht vor allem darin, daß sie universeller aus der wissenschaftlichen Welt berichteten und sich nicht nur auf ein bestimmtes Feld beschränkten. Die Art der Behandlung der Themen zeigt, daß diese eindeutig der wissenschaftsinternen Kommunikation dienten und damit nur indirekt der Popularisierung der Technik. [V-4.2]

Einen ersten Schritt zur populärwissenschaftlich-kritischen Zeitschrift stellen aber schon 1688 Christian Thomasius' (1655–1728) „Monats-Gespräche" dar. Thomasius versuchte, durch eine lebendige, journalistische Behandlung des Stoffes in deutscher Sprache einen breiteren Leserkreis zu gewinnen. Er machte sich damit aber schnell unbeliebt. Während seine Zeitschrift beim Publikum wegen der ansprechenden Form und wegen ihrer Bosheiten Anklang fand, fühlten sich die Professoren der Universitäten verhöhnt. Sie klagten gegen Thomasius und trugen so dazu bei, daß die „Monats-Gespräche" schon 1690 eingestellt werden mußten [2].

Die berühmten „Monats-Gespräche" wandten sich erstmals an gebildete Laien. Zwar hatte der Siegeszug der Naturwissenschaften bereits im 16. Jahrhundert begonnen, doch fand dieser zunächst unter Ausschluß der Öffentlichkeit statt. Erst mit Beginn der Industrialisierung im 18. Jahrhundert entstand ein einflußreiches und selbstbewußtes Bürgertum, das am kulturellen und politischen Leben teilnehmen und die Vorgänge in Technik und Wissenschaft verstehen wollte. In ihm fand sich das eigentliche Publikum für die Popularisierung der Technik. Als weiterer Anstoß wirkte die Technik selbst. Seit Beginn der industriellen Revolution folgte eine Erfindung der anderen, wobei die Dampfmaschine (1765) von James Watt (1736–1819), der mechanische Webstuhl (1785) und die dampfgetriebene Spinnmaschine (1790) nur der Anfang waren. Die Fülle der Erfindungen lieferte reichlich Stoff für technische Berichterstattung.

Die Zeitungen nahmen regen Anteil an der Entwicklung der Technik. So hatte bereits in den dreißiger Jahren des 19. Jahrhunderts die „Kölnische Zeitung" eine Reihe regelmäßiger Mitarbeiter, die sich mit naturwissenschaftlich-technischen Fragen befaßten [3]. Das wohl bekannteste Beispiel populärwissenschaftlicher Darstellung in einer Zeitung sind die „Chemischen Briefe“ von Justus von Liebig (1803–1873) in der Augsburger „Allgemeinen Zeitung“.

Josef Stummvoll hat ermittelt, daß der Anteil der Technikberichterstattung in der Augsburger „Allgemeinen Zeitung“ stark abhängig von der jeweiligen politischen Situation war: In unruhigen Zeiten verdrängt die Politik die Technik. Beträgt der Anteil am Gesamttext (Hauptblatt und Beilage) 1848 noch stolze 1,65 %, so sinkt er im Jahre 1850 auf ganze 0,11 %. Stummvoll stellt weiter fest, daß 1931, im Jahr seiner Untersuchung, die meisten Zeitungen unter dem 1848er Wert der „Allgemeinen Zeitung“ liegen [4]. Wie später noch ausgeführt wird, trifft diese Feststellung auch heute noch zu.

Den Beginn der technischen Fachpresse markieren die in den zwanziger und dreißiger Jahren des 19. Jahrhunderts herauskommenden polytechnischen Zeitschriften und Gewerbevereinsblätter. Sie waren anfangs, wie etwa Johann Gottfried Dinglers (1778–1855) „Polytechnisches Journal“, in einem „allen Ständen faßlichen und belehrenden Vortrag“ gehalten. Später aber wurde ihr Themenspektrum zwangsläufig enger und spezialisierter. Obwohl sie nur mittelbar zur Technikpopularisierung beitrugen, da sie sich nur an eine begrenzte Zielgruppe wandten, ist ihre Wirkung dennoch nicht geringzuschätzen. [V-4.2]

Der Technik-Faszination und -Begeisterung hatten von Anfang an auch Mißtrauen und Ängste gegenübergestanden, die sich in krasser Ablehnung äußerten. Dies schlug sich ebenfalls in der Berichterstattung der Zeitungen und Zeitschriften nieder. Jubelte das eine Blatt über eine neue Erfindung, tobte das andere. Doch Maschinenstürmerei und Kritik an der liberalen und demokratischen Bewegung konnten die industrielle Entwicklung nicht mehr aufhalten.

Nach 1850 wurde auch Deutschland – mit einiger Verspätung – vom Industriezeitalter erfaßt. Die Entfesselung unternehmerischen Pioniergeistes mündete in einen wirtschaftlichen Aufstieg, der durch Krisenzeiten nur wenig gedämpft wurde. Politisch wurde die deutsche Reichsgründung 1871 zu einem weiteren Inpuls für die Industrialisierung. Der junge Nationalstaat war in den Gründerjahren von regelrechtem Enthusiasmus geprägt. Die Technik gehörte nun für die Masse der Bevölkerung zum Alltag. Das steigerte den Bedarf an Technikberichterstattung. Außerdem war jetzt eine weitere Voraussetzung erfüllt: in der breiten Bevölkerung gab es nur noch relativ wenige Analphabeten. In der zweiten Hälfte des 19. Jahrhunderts entstand daher auch die Massenpresse, die Technik erst wirklich popularisieren konnte.

Die Massenpresse war erst durch eine Reihe von Innovationen möglich geworden. Die Erfindung des Holzschliffs 1844 ermöglichte es erstmals, Papier in großen Mengen zu einem vertretbaren Preis herzustellen. Gutenbergs Druckerpresse wäre viel zu langsam gewesen, um große Auflagen in kurzer Zeit zu drucken. Die Schnellpresse von Koenig (1811), das Prinzip der Stereotypie (1829), vor allem aber die Erfindung der Rotationsdruckmaschine (1860) schafften hier Abhilfe. Der Setzkasten mit den beweglichen Lettern wurde von der Setzmaschine (1863) und der noch schnelleren Linotype (1884) und Monotype (1897) abgelöst. [V-4.1]

Für die illustrierten Zeitschriften waren die Einführung des Zweifarbendrucks 1863 und des Vierfarbendrucks 1896 von großer Bedeutung. Auch die Nachrichtentechnik erlebte eine stürmische Entwicklung. Mit dem Telegrafen (1833/1837) und der drahtlosen Telegrafie (1896/1897) war die rasche Übermittlung von Nachrichten möglich geworden. Neben den technischen Voraussetzungen war 1850 in Preußen der Wegfall des staatlichen Anzeigenmonopols, Intelligenzzwang genannt, eine weitere Bedingung für die Entstehung der Massenpresse in Deutschland. Zeitungen und Zeitschriften durften jetzt Anzeigen entgegennehmen und somit ihre Finanzierung auf eine breitere Grundlage stellen. Zu den Vertriebserlösen kamen nun die Anzeigeneinnahmen, die zunehmend wichtiger wurden und es erlaubten, die Presseprodukte so billig zu machen, daß breite Bevölkerungskreise sie kaufen konnten. [V-4.2]

Die Technikberichterstattung etablierte sich als fester Bestandteil der Zeitungen. Diese legten ihren Hauptblättern oft eine regelmäßige Beilage bei, in der die Technik eine größere Beachtung fand, oder sie richteten eine ständige Rubrik ein. In der „Täglichen Rundschau" gab es beispielsweise eine Rubrik „Erfindungen und Entdeckungen". Bemerkenswert ist, daß die technisch-wissenschaftliche Berichterstattung ein Mittel im Konkurrenzkampf der Zeitungen war. Man versuchte, durch dieses Angebot der Nachfrage gerecht zu werden und neue Leser zu gewinnen. Die Technikberichterstattung war denn auch meist Bestandteil der ständig an Bedeutung gewinnenden feuilletonistischen Unterhaltung.

Als Beispiel für die Beilagen und technischen Rubriken sollen hier nur einige Zeitungen stellvertretend Erwähnung finden. 1852 gründete der „Schwäbische Merkur" seine Sonntagsbeilage „Länder- und Völkerkunde", in der regelmäßig über Technik berichtet wurde. Die „Vossische Zeitung" brachte erstmals im Jahre 1858 ihre bekannte wissenschaftliche Beilage heraus. 1884 folgte die „Leipziger Zeitung", die bereits ab 1880 eine ständige Patentliste veröffentlichte und auf der Seite „Vermischtes“ kurze Technik-Meldungen brachte.

Das „Berliner Tageblatt“ führte 1887 die Rubrik „Aus dem Reich der Erfindungen“ ein. Die gleiche Zeitung war es auch, die 1895 erstmals mit der „Technischen Rundschau“ eine in erster Linie technische Beilage und eine spezielle Technik-Redaktion einrichtete. Die „Technische Rundschau“ erschien zunächst im Hauptblatt und unterschied sich von ihm durch eine andere Schrift und die Verwendung von Zeichnungen. Sie fand solchen Beifall, daß sie schon im gleichen Jahr aus dem Hauptblatt herausgelöst und als eine Art Fachblatt selbständig wurde. Sie nannte sich jetzt im Untertitel „Organ für Industrie, Hygiene und angewandte Naturwissenschaften, Wochenbeilage zum Berliner Tageblatt“. Die Redaktion informierte ihre Leser über die neue Konzeption: „Wenn wir den Inhalt künftig auch etwas strenger fachlich halten werden als bisher, so gedenken wir dasjenige, was sich an der Technik popularisieren läßt, dennoch weiter mit besonderer Sorgfalt zu behandeln und namentlich auf die auch für den Laien interessanten Gebrauchsgegenstände des täglichen Lebens Rücksicht zu nehmen“ [5]. Die anderen Zeitungen verstärkten ebenfalls ihr Engagement in der Technikberichterstattung bis zum Ausbruch des Ersten Weltkrieges.

Auch die Illustrierten trugen erheblich zur Popularisierung der Technik bei. Durch ihre Gestaltung erreichten sie weite Bevölkerungskreise. Außerdem lassen sich Erfindungen durch Skizzen und Bilder dem Leser näher bringen, als dies beschreibende Texte vermögen. Schon ein Vorläufer der Illustrierten, das „Pfennig-Magazin“ der „Gesellschaft zur Verbreitung gemeinnütziger Kenntnisse“, das 1833 in Leipzig ins Leben gerufen wurde, war mit Holzschnitten illustriert, die zur Veranschaulichung des Inhaltes dienten. Das „Pfennig-Magazin“, nach englischen und französischen Vorbildern konzipiert, berichtete zu einem sehr niedrigen Bezugspreis auch über Entdeckungen und Erfindungen sowie über Naturerscheinungen. Schon im Gründungsjahr erreichte die Auflage 35.000 Exemplare. Später stieg sie sogar auf 100.000 [6]. Eine Weiterentwicklung der Idee des „Pfennig-Magazins“ war die reich bebilderte Leipziger „Illustrirte Zeitung“, die trotz des aus heutiger Sicht irreführenden Namens ihrem Charakter nach eine Zeitschrift war. Sie widmete sich schon seit ihrer Gründung im Jahre 1843 der Technik. Ganz eindeutig stand das Verkehrswesen im Vordergrund ihrer technischen Berichterstattung. Die auf die Moralischen Wochenschriften zurückgehenden Familienzeitschriften, deren berühmteste Vertreter „Die Gartenlaube“ (ab 1853) und „Daheim“ (ab

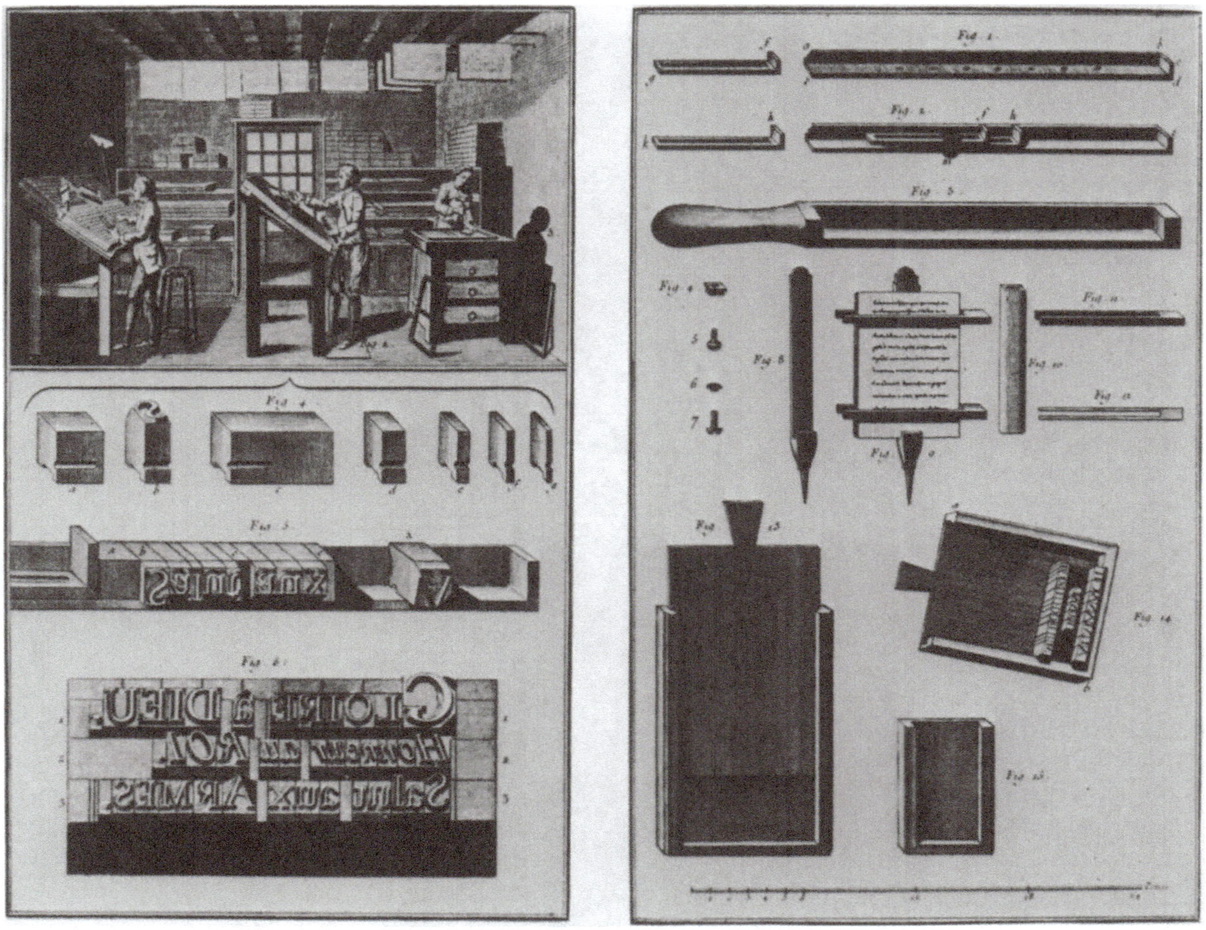

Handwerkszeug und Werkstatt eines Buchdruckers. Kupferstich aus der Enzyklopädie von Diderot und d'Alembert. Die Vielzahl praktischer Anwendungen der Naturwissenschaften und handwerklicher Möglichkeiten im 18. Jahrhundert wurde in den Tafeln und Beschreibungen des vielbändigen Werkes in unnachahmlicher Weise dargestellt.

1864) waren, brachten die Welt der Technik mit ihren außerordentlich hohen Auflagen in die deutschen Wohnzimmer und haben somit manchen wertvollen Beitrag zur Popularisierung des technischen und wissenschaftlichen Fortschritts geleistet.

Der Stuttgarter Verlag Franckh knüpfte mit seiner 1904 gegründeten Zeitschrift „Kosmos" an das Werk Alexander von Humboldts (1769–1859) an. Humboldt hatte schon mit seinen um die Mitte des 19. Jahrhunderts ebenfalls unter dem Titel „Kosmos – Entwurf einer physischen Weltbeschreibung" erschienenen Berliner Vorlesungen versucht, „die Natur lebendig und in ihrer erhabenen Größe zu schildern". Die Popularisierungsbestrebungen des Franckh-Verlages auf dem Gebiet

Beilage zur Illustrirten Zeitung.

No. 1410.] Leipzig, Sonnabend, den 9. Juli 1870. [LV. Band.

Polytechnische Mittheilungen.

Aus der Modenwelt.

Schon immer verstand der Mensch die Technik als ein wesentliches Mittel zur Erleichterung der Unannehmlichkeiten seines Lebens. Grenzen waren dabei seiner Phantasie und seinem technischen Vorstellungsvermögen, wie das Beispiel der schwebenden Kajüte gegen Seekrankheit aus der Leipziger Illustrierten Zeitung vom Jahre 1870 beweist, selten gesetzt.

der Naturwissenschaften hatten großen Erfolg. Über die zum Unternehmen gehörende Buchgemeinschaft konnten binnen eines Jahrzehnts 100.000 Abonnenten gewonnen werden[7].

Im Ersten Weltkrieg wurde die Technikberichterstattung durch die Kriegsnachrichten sehr stark zurückgedrängt, obwohl dieser Krieg ja ganz im Zeichen der Technik stand. Das Automobil, die Flugzeuge, die Tanks und die modernen Waffen hatten die Kriegsführung revolutioniert. Aber erst nach dem Krieg entstanden in den Zeitungen die ersten technischen Redaktionen, die organisch in die Gesamtredaktion eingegliedert wurden. Sie waren wie die klassischen Ressorts aufgebaut und führten nicht wie vordem ein Leben am Rande des übrigen Redaktionsgeschehens. So rückten denn auch die technischen Beilagen, wie die „Umschau in Technik und Wissenschaft" („Vossische Zeitung"), „Das technische Blatt" („Frankfurter Zeitung") oder „Kraft und Stoff" und „Weltverkehr" („Deutsche Allgemeine Zeitung") von den Fachblättern ab und sprachen die Allgemeinheit als Leserkreis an.

Schon vor der Etablierung der Technik-Redaktionen hatte sich um die Jahrhundertwende der Typus des Technik-Redakteurs herausgebildet. Im Jahre 1929 wurde schließlich die erste und älteste Standesorganisation für Technik- und Wissenschaftsjournalisten, die Technisch-Literarische Gesellschaft (TELI) gegründet. Damals wie heute hieß es in den Redaktionen oft spöttisch, „... der technische Mitarbeiter verstehe zwar viel von der Technik, könne aber nicht schreiben, während die Ingenieure von demselben Mann meinten, er sei ein ausgezeichneter Schreiber, verstehe aber nichts von der Technik"[8]. Dieses Urteil war und ist ungerecht. Es galt und gilt sicher nicht für die Könner des Metiers – wie etwa Hans Dominik (1872–1945). Er war einer der ersten Ingenieure überhaupt, die als Berufsjournalisten in Tageszeitungen tätig waren.

Großes Weltraumschiff 1924. Der Traum vom Fliegen gehört zu den ältesten Träumen des Menschen. Nachdem man erstmals mit Hilfe des Flugzeuges die Luft erobert hatte, schien die Reise ins All nur noch eine Frage der Zeit zu sein. Daß der Technik hier keine Grenzen gesetzt waren, gehörte zu den verbreitetsten Ansichten dieser Zeit.

Inhaltlich galt ein Großteil der Technikberichterstattung seit jeher dem Verkehrswesen. Eisenbahnen, Dampfschiffe, U-Boote, Automobile, Luftschiffe, Flugzeuge und Raumfahrzeuge regten die Phantasie der Menschen an. In den Medien und der Gesellschaft wurden sie begeistert gefeiert, aber auch gnadenlos verdammt. Schlaraffenland-Utopien standen neben irrationalen Befürchtungen: Zeitungen verbreiteten zum Beispiel die Meinung, der menschliche Körper könne die von den ersten Eisenbahnen erzielten 30 Kilometer pro Stunde nicht aushalten, und in England galt lange die Vorschrift, daß ein Mann mit einer Fahne zur Warnung vor einem Automobil herzugehen habe.

Eine Blütenlese „kritischer" Berichterstattung würde reichlich ausfallen. Da wäre etwa von der Eisenbahn als „teuflischem Ungetüm" oder vom Automobil als „infernalischem Vehikel" die Rede.

Andererseits zog die Erfindung eines Verkehrsmittels jeweils in kurzem Abstand die Gründung gleich mehrerer Zeitschriften nach sich, die sich ausschließlich mit ihm beschäftigten. Es sei hier die „Eisenbahn-Zeitung" (1843–1861) genannt, die, ihrem Charakter nach eine Zeitschrift, ingenieur- und auch betriebstechnische Probleme zur Diskussion stellte. 1894 erschien in Paris „La Locomotion Automobile" als erste Automobil-Zeitschrift. In Deutschland folgte 1898 „Der Motorwagen". Auch die Tagespresse und die Illustrierten nahmen sich der Berichterstattung über die Verkehrsmittel dankbar an. Obwohl die Medien mit Vorliebe auch über Unfälle berichten, hat das der insgesamt eher technikfreundlichen Berichterstattung keinen Abbruch getan. [V-4.2]

Der Anteil der Wissenschaftsberichterstattung am redaktionellen Gesamtangebot von Tageszeitungen und Publikumszeitschriften ist bis auf den heutigen Tag gering geblieben. Eine Reihe empirischer Untersuchungen hat gezeigt, daß die 5%-Hürde noch unüberwindlich zu sein scheint. Sie wird nicht einmal von den überregionalen Qualitätszeitungen (Frankfurter Allgemeine Zeitung, Süddeutsche Zeitung, Die Welt, Frankfurter Rundschau) erreicht [9]. Noch geringer ist der Anteil der Wissenschaftsberichterstattung in den regionalen Abonnementzeitungen. Das Schlußlicht bilden die Boulevardblätter (Bild, Express) mit einem Anteil um 1%. Auf die Rubrik Technik entfällt jeweils ungefähr ein Fünftel der gesamten Wissenschaftsberichtserstattung [10].

Ein weiterer Beleg für das Schattendasein der wissenschaftlich-technischen Berichterstattung ist die Anzahl der einschlägigen Beilagen und Sonderseiten. Von den 222 in Stamms Handbuch aufgeführten Zeitungstiteln haben nur 52 eine regelmäßig, mindestens einmal im Monat erscheinende Beilage oder Sonderseite für Technik und Wissenschaft [11].

Zu diesen Zahlen ist allerdings anzumerken, daß den verschiedenen inhaltsanalytischen Untersuchungen zumeist ein enggefaßter und eher elitärer Begriff der wissenschaftlich-technischen Berichterstattung zugrunde liegt. Weitgehend unberücksichtigt ist die bereits erwähnte Technikberichterstattung außerhalb der Wissenschafts-Seiten geblieben, insbesondere auch die den meisten Zeitungen beiliegenden Sonderseiten „Auto und Motor". Festzuhalten ist dennoch, daß der Anteil der Sportberichterstattung die wissenschaftlich-technische Berichterstattung selbst in Qualitätszeitungen bei weitem übertrifft, auch wenn die in den Inhaltsanalysen ermittelten Daten zu niedrig veranschlagt sein dürften.

1845.

1945.

Bevorzugte Themen für populäre Darstellungen der Technik waren entweder die möglichen Erleichterungen des täglichen Lebens durch die Technik oder Zukunftsvisionen und Phantasien über die Möglichkeiten des technischen Fortschritts. Diese „Schlaraffenland-Utopie" stammt aus dem Jahr 1845. Im Zeitalter der Dampfmaschine und der Eisenbahn war man bereit, von der Technik die Lösung aller Probleme zu erwarten: die Entlastung von jeglicher körperlicher Arbeit gehörte zu den beliebtesten Träumen dieser Zeit.

Auch ohne vollständigen Einbezug der Motorseiten spiegelt sich die historisch gewachsene Dominanz des Verkehrswesens an der Technik-Berichterstattung in den Inhaltsanalysen wider. In den von Gerd Depenbrock untersuchten Tageszeitungen beträgt der Flächenanteil der Berichte über „Verkehrswesen, Fahrzeuge und Verkehrsforschung" zwischen 18% (Frankfurter Rundschau) und 42% (Die Welt) an der gesamten Technikberichterstattung. In der Regel liegt er bei den Tageszeitungen über einem Drittel.

Spitzenreiter in der Technikberichterstattung war im Untersuchungszeitraum (I. Quartal 1974) die Energieforschung, was in Anbetracht der Ölkrise im Winter 1973 nicht verwundert. Die Umweltforschung rangierte an dritter Stelle. Es ist anzunehmen, daß sich die Gewichte heute zugunsten der Umwelttechnik verschoben haben. So ist etwa über den Abgas-Katalysator oder die Rauchgasentschwefelung in jüngster Zeit ebenso wie über Techniken umweltschonender Müllentsorgung von den Massenmedien häufig berichtet worden. Themen aus Bereichen wie Bauingenieurwesen, Bergbau, Maschinenbau, Elektrotechnik oder Nachrichtenwesen nahmen nach Depenbrocks Untersuchung nur eine untergeordnete Rolle ein [12].

Nicht zu unterschätzen ist auch die Rolle, die Werkszeitungen und -zeitschriften bei der Popularisierung von Technik spielen. Sie blicken in Deutschland inzwischen auf eine hundertjährige Geschichte zurück [13]. Ging es zunächst derlei Postillen vor allem darum, Arbeitgeber-Positionen an die Belegschaften heranzutragen (auf der Titelseite des „Schliebacher Fabriksboten" etwa hieß es 1888: „Bete und arbeite und streike nicht!"), so gewannen mit zunehmender Technisierung der Betriebe auch Informationen über technische Neuerungen – sei es am Arbeitsplatz oder in der Produktionspalette des jeweiligen Unternehmens – an Bedeutung. Als Medien der Technik-Popularisierung verdienen Werkszeitungen und -zeitschriften nicht zuletzt deshalb Erwähnung, weil durch sie Zielgruppen – bedingt durch örtliche Nähe und unmittelbare Betroffenheit – erreichbar werden, die sonst kaum oder gar nicht Angebote zur Technik-Popularisierung wahrnehmen würden.

Immer größere Bedeutung gewinnen auf dem Medienmarkt Special-Interest-Zeitschriften. Sie richten sich anders als die übrigen Massenmedien an ein bestimmtes, relativ homogenes Publikum. Für die Berichterstattung bringt dies große Vorteile, sachkompetente Journalisten und Autoren können kontinuierlich berichten. Interesse und Vorwissen beim Publikum kann vorausgesetzt werden. Die Artikel können zielgruppenorientiert „maßgeschneidert" werden.

In der deutschen Zeitschriftenlandschaft sind eine ganze Reihe solcher Special-Interest-Zeitschriften vertreten, die aus Technik und Wissenschaft berichten. In den letzten 15 Jahren konnten sich einige neue Titel erfolgreich am Markt etablieren und zum Teil beträchtliche Reichweiten erringen. Die dynamische Entwicklung auf diesem Sektor ist noch nicht abgeschlossen, wie jüngste Versuche zeigen, Sonderhefte zu speziellen Themen als zusätzliches Angebot am Markt zu plazieren. So hat beispielsweise das „P. M.-Magazin" ein Sonderheft zum Thema „Energie" herausgebracht. „Geo" startete mit einem Wissenschaftsmagazin über „Gehirn, Gefühl, Gedanken", und „Bild der Wissenschaft" folgte mit einem „extra: Forschen in Berlin".

Die folgende Leseranalyse berücksichtigt neun der regelmäßig erscheinenden Special-Interest-Zeitschriften, die über Wissenschaft und Technik berichten. Über die Aussagen zur Leserschaft dieser Magazine hinaus geben die Daten auch Aufschluß darüber, wer generell an Wissenschafts- und Technikberichterstattung in den Massenmedien interessiert ist. Die Feststellungen lassen sich in gewissem Umfange verallgemeinern und beschreiben zumindest das potentielle Kernpublikum der Technikpopularisierung.

„P. M.-Magazin" und „Hobby-Magazin der Technik" sind journalistisch gestaltete populärwissenschaftliche Zeitschriften für Leser mit speziellem Interesse an der Technik. Beide wenden sich auch an jugendliche Leser und setzen deshalb nicht allzu großes Vorwissen voraus. Das Themenspektrum von „P. M." ist jedoch erheblich breiter als das von „Hobby".

„Bild der Wissenschaft" und „Spektrum der Wissenschaft", die deutschsprachige Ausgabe des „Scientific American", konkurrieren dagegen um eine gebildetere Leserschaft, die sich vor allem für neue Entwicklungen in den Naturwissenschaften, der Medizin und der Technik interessiert. Dabei ist „Bild der Wissenschaft" eher als journalistisches Produkt zu werten, während „Spektrum der Wissenschaft" bereits eine gewisse Zwitterrolle zwischen den Fachzeitschriften und den Publikumszeitschriften einnimmt. Beide Publikationen dienen einerseits der wissenschaftlichen Kommunikation, sind aber andererseits bestrebt, einen Überblick über mehrere Disziplinen zu geben. Bei den Lesern werden erhebliche Vorkenntnisse vorausgesetzt.

„Geo" und „Natur" gehören ebenfalls in die Gruppe der Zeitschriften mit einem hohen Anteil an populärwissenschaftlicher Berichterstattung. Ihre Themenschwerpunkte sind allerdings unterschiedlich. „Geo" berichtet in seinen Wissenschaftsspalten vornehmlich über die Geo-, aber auch über die Bio-Wissenschaften, während „Natur" die

Ökologie in den Vordergrund stellt – was in beiden Fällen jedoch Themen aus dem Bereich der Technik nicht ausschließt.

Als Beispiele für Zeitschriften, die von der Berichterstattung über bestimmte technische Produkte leben, wurden „Chip" für die zahlreichen Computerzeitschriften und „Auto, Motor und Sport" aus der nicht minder langen Liste der Automobil- und Motorradzeitschriften ausgewählt. Zur Kontrastierung wurde in die Auswahl „Psychologie heute" aufgenommen, eine populärwissenschaftliche Zeitschrift, die über eine sogenannte „soft science" berichtet, also nichts mit Technikberichterstattung zu tun hat.

Tabelle 1: Auflagenhöhe und Reichweite ausgewählter Special-Interest-Zeitschriften

	Verkaufte Auflage	Leser pro Nummer
Spektrum der Wissenschaft	110 502	470 000
Bild der Wissenschaft	127 451	710 000
P. M. Magazin	403 156	1 490 000
Hobby-Magazin der Technik	153 664	550 000
Chip	116 475	750 000
Auto, Motor und Sport	500 388	2 200 000
Geo	515 151	3 130 000
Natur	185 152	1 200 000
Psychologie heute	50 666	540 000

(aus: IVW-Auflagenliste 3/86 und Allensbacher Werbeträger-Analyse 1986)

Die Tabelle 1 zeigt, daß Special-Interest-Zeitschriften, die aus Technik und Wissenschaft berichten, in der Tat ihre Käufer und ihre Leser finden. Die verkaufte Auflage der einzelnen Titel ist oft sechsstellig und reicht bis zu einer halben Million. Die Auflagenhöhen sind um so erstaunlicher, als sich die Preise der Hefte zwischen 4,50 DM („Auto, Motor und Sport") und 12 DM („Spektrum der Wissenschaft") bewegen. Dies spricht für ein starkes Interesse eines doch recht großen Publikums.

Die Reichweiten liegen noch weit über der verkauften Auflage, da die meisten Exemplare einer Ausgabe von mehreren Lesern genutzt werden. So werden, wie Tab. 1 zeigt, mitunter Millionen von Lesern erreicht.

Eine Analyse des Publikums von Special-Interest-Zeitschriften, die über Technik und Wissenschaft berichten, bestätigt die Klischeevorstellung von der Technik als männlicher Domäne (Tabelle 2). Überhaupt sind Frauen als Leser populärwissenschaftlicher Zeitschriften in der Regel unterrepräsentiert. Der Frauenanteil an der Leserschaft sinkt mit der Techniknähe der Berichterstattung und steigt mit der Technik-

Tabelle 2: Leserschaft ausgewählter Special-Interest-Zeitschriften nach Geschlecht (Anteile in Prozent)

	Männer	Frauen
Bevölkerung der BRD ab 14 J.	47	53
Spektrum der Wissenschaft	66	34
Bild der Wissenschaft	62	38
P. M. Magazin	71	29
Hobby-Magazin der Technik	81	19
Chip	91	9
Auto, Motor und Sport	84	16
Geo	54	46
Natur	54	46
Psychologie heute	40	60

(aus: Allensbacher Werbeträger-Analyse 1986)

ferne. So ist noch nicht einmal jeder zehnte Leser (9%) von „Chip" eine Frau. Dagegen wird „Psychologie heute" von Frauen deutlich präferiert. Der Frauenanteil liegt hier bei 60%.

Die Leser der untersuchten Special-Interest-Zeitschriften sind generell jünger als der Bevölkerungsdurchschnitt (Tabelle 3). Das Durchschnittsalter der Leser liegt deutlich unter 44 Jahren. Jüngere Personen (14–29 Jahre) sind stark, Leser mittleren Alters (30–49 Jahre) sind schwach überrepräsentiert. Ältere Personen (50 Jahre und älter) sind stark unterrepräsentiert. Die jüngste Leserschaft haben „Chip" und das „P. M. Magazin". Während bei „Chip" das Thema Computer, das vor allem junge Menschen anspricht, dafür verantwortlich sein dürfte, ist es beim „P. M. Magazin" die redaktionelle Gestaltung, die bewußt auf junge Menschen abgestellt ist.

Die Schulbildung hat naturgemäß einen sehr großen Einfluß auf die Rezeption der Special-Interest-Zeitschriften, die aus Technik und Wissenschaft berichten (Tabelle 4). Leser mit höherem Bildungsniveau sind überdurchschnittlich vertreten. Dies gilt vor allem für „Spektrum der Wissenschaft" und „Bild der Wissenschaft". Am geringsten ausgeprägt ist die Überrepräsentanz der gebildeteren Schichten bei „Hobby-Magazin der Technik" und „Auto, Motor und Sport". Wieder zeigt sich, daß „Psychologie heute" eine ganz spezielle Leserschaft hat. Obwohl die Leser nicht über besondere Vorkenntnisse verfügen müssen, um die Beiträge verfolgen und verstehen zu können, haben 55 Prozent das Abitur. Damit ist die Leserschaft von „Psychologie heute", am Schulabschluß gemessen, gebildeter als die von „Bild der Wissenschaft".

Tabelle 3: Leserschaft ausgewählter Special-Interest-Zeitschriften nach Alter (Anteile in Prozent)

	Durchschnittsalter in Jahren	Altersgruppen 14–29	30–49	50 u. älter
Bevölkerung der BRD ab 14 Jahre	44,1	30	31	39
Spektrum der Wissenschaft	38,8	37	34	29
Bild der Wissenschaft	39,0	33	36	31
P. M. Magazin	30,6	56	33	11
Hobby-Magazin der Technik	35,4	34	42	24
Chip	29,3	54	39	7
Auto, Motor und Sport	33,3	46	39	15
Geo	37,0	36	37	27
Natur	37,7	39	36	25
Psychologie heute	34,3	40	36	24

Tabelle 4: Leserschaft ausgewählter Special-Interest-Zeitschriften nach Schulbildung (Anteile in Prozent)

	Volksschule ohne abgeschl. Lehre	Volksschule mit abgeschl. Lehre	Höhere Schule ohne Abitur	Abitur Studium
Bevölkerung der BRD ab 14 Jahre	23	37	26	14
Spektrum der Wissenschaft	5	12	22	61
Bild der Wissenschaft	4	17	27	52
P. M. Magazin	15	26	38	21
Hobby-Magazin der Technik	8	46	28	18
Chip	11	19	35	35
Auto, Motor und Sport	10	39	34	17
Geo	7	21	37	35
Natur	9	24	31	36
Psychologie heute	6	12	27	55

Zusammenfassend kann festgestellt werden, daß die Leserschaft der Special-Interest-Zeitschriften, die über Technik und Wissenschaft berichten, überwiegend männlich und jünger als der Durchschnitt ist und über ein höheres Bildungsniveau verfügt. Umfragen, die die Einstellung zur und das Interesse der Bevölkerung an Wissenschaft und Technik untersuchten, kommen zum gleichen Ergebnis. Dabei ergibt sich auch, daß das Interesse an Wissenschaft und Technik nur gering mit der Einstellung zur Technik korreliert. Sowohl die Erwartung, daß die Technik das Leben immer einfacher macht, als auch die umgekehrte Erwartung, die Technik mache das Leben immer schwieriger, führt zu einem etwas höheren Interesse an Berichten über Technik und Wissenschaft im Vergleich zu Befragten, die den Einfluß der technischen Entwicklung auf das Leben weder positiv noch negativ bewerten [14].

Technik-Popularisierung in Hörfunk und Fernsehen

Mit der Geburtsstunde des Hörfunks in Deutschland – der regelmäßige Programmdienst begann von Berlin aus im Oktober 1923 – war nicht nur dank einer neuen Technik ein neues Medienzeitalter angebrochen. Auch für die Popularisierung der Technik ergaben sich gänzlich neue Perspektiven. Mit Hilfe des neuen Mediums ließen sich die Hörsäle der Universitäten und Technischen Hochschulen gleichsam für die Allgemeinheit öffnen. [V-4.3]

In den Programmstrukturen der zwanziger Jahre schlägt sich denn auch das „Vortragswesen“, also das belehrende Programmangebot, mit einem ganz anderen Stellenwert nieder, als wir dies vom heutigen Hörfunk erwarten dürfen [15]. Insbesondere der technische Staatssekretär im Reichspostministerium, Hans Bredow (1879–1959), engagierte sich nachhaltig dafür, über das Radio auch wissenschaftlich-technische Bildung zu vermitteln: Am 6. Juli 1924 wurde im Funksaal der Norag (Nordische Rundfunk AG) in Hamburg die erste „Hans-Bredow-Schule für Volkswissenschaften“ eingeweiht. Ähnliche Einrichtungen folgten noch im selben Jahr in Berlin und Frankfurt. [V-4.3]

In einem Tätigkeitsbericht „Vier Jahre deutscher Rundfunk“ hält Bredow 1927 fest, allein der Berliner Sender habe im Jahr 1926 1350 Vorträge ausgestrahlt, wovon 30 % technisch-wissenschaftlichen Inhalts gewesen seien. Weitere 11 % hätten sich mit Naturwissenschaft befaßt [16]. Dabei wurden jedoch die spezifischen Präsentationsmöglichkeiten des Mediums offenbar nur unzureichend genutzt. Michael Groth jedenfalls klagt, die Professoren hätten zunächst den Hörsaal nur mit dem Studio getauscht und bis zu 60 Minuten lang Manuskripte verlesen [17].

Bald entwickelten die Programmplaner jedoch neue Sendeformen – etwa Kurzbeiträge technischen Inhalts: So findet sich in einem Programmschema der Süwrag (Südwestdeutsche Rundfunkdienst AG) aus dem Jahr 1924 neben einem einstündigen abendlichen Vortragsblock auch eine Programmsparte „Fünf Minuten Technik", die allerdings – im Gegensatz zu den „Drei Minuten der Hausfrau" – nur dreimal wöchentlich vorgesehen war [18].

Anfang 1926 nahm die Deutsche Welle als zentraler und überregionaler Bildungs- und Wissenschaftssender über Langwelle ihren Programmdienst auf.

Über die Wissenschafts- und Technikberichterstattung im Staatsrundfunk des Dritten Reichs liegen noch keine Untersuchungen vor. Bei der Deutschen Welle jedenfalls, die nach der Machtergreifung in Deutschlandsender umgetauft worden war, gab es für wissenschaftliche Informationen und Vorträge fortan kaum noch Sendeplätze. Schon zu Weimarer Zeiten hatten die Nationalsozialisten den Sender als „Professoren-Welle" diffamiert [19].

Bei den regionalen Rundfunksendern wurden die Wissenschaftsprogramme ebenfalls stark eingeschränkt. So verkündete der kommissarische Intendant des Reichssenders München, Hellmuth Habersbrunner, 1934 die rundfunkpolitische Devise: „Voran steht die Entspannung des Hörers und die Vermittlung von Lebensfreude [20].

Solch verschleiernde Sprüche lenkten natürlich von den tatsächlichen Absichten der Nationalsozialisten ab. Die „Angebote zur Entspannung und Lebensfreude" waren eher als Konzessionen zu werten [12]. In Wirklichkeit ging es um eine Flut von Politik und Propaganda, die nunmehr über die Empfangsgeräte in die Wohnzimmer quoll. Inwieweit die verbliebenen Restbestände an Technikberichterstattung – ähnlich wie die Berichterstattung über manch andere von den Nationalsozialisten dienstbar gemachte Wissenschaftsdisziplin – ebenfalls solch propagandistischen Zwecken diente, ist eine wichtige Frage. Sie bedarf jedoch einer gründlicheren eigenständigen Untersuchung. Gewiß sollte, wie Peter von Zahn kürzlich bemerkt hat, „der Glaube an den Führer (...) die Hoffnung auf den Triumph deutscher Technik ergänzen". Dennoch scheint uns das Phänomen des NS-Journalismus mit der Formel „Augenschließen plus Kohleverflüssigung und VZ" nicht zutreffend erfaßt [22] – so einseitig technik-lastig war die Nazi-Propaganda wohl doch nicht. [V-4.3; IX]

Nach 1945 war der Nachholbedarf an anspruchsvoller Wissenschafts- und Technikberichterstattung groß. In allen Sendern wurden entsprechende Programme eingerichtet – wobei die Spannweite wiederum vom Schulfunk über aktuelle Informationssendungen bis hin zu Nachtstudio-Vorträgen reichte. Gerade in den 50er Jahren erlangte das Radio großen Einfluß. Viele Gelehrte, so bilanziert Hans Jürgen Schulz, seien vom Katheder herabgestiegen, „um sich vor einem uneingrenzbaren Publikum verständlich zu machen". Diese Begegnung von Wissenschaft und Öffentlichkeit habe sich leider nicht fortgesetzt, und die Universität fände heute längst wieder intra muros statt [23]. Auch hierzu mangelt es jedoch an wissenschaftlichen Untersuchungen, um einen differenzierten Überblick geben zu können.

Völlig neu zu definieren hatte sich das Medium Hörfunk mit dem Beginn des Fernsehens: Zumindest was die kulturellen Programme anbelangt, wurde die Konkurrenz bald auch als Chance für den Hörfunk begriffen – als Möglichkeit nämlich, nunmehr zielgruppen-orientiert arbeiten zu können, während man es dem Fernsehen überlassen konnte, Programme für alle zu machen.

Was die Wissenschafts- und Technikberichterstattung betrifft, wurde diese Chance unterschiedlich genutzt. Dies spiegelt sich sowohl in den Sendezeiten als auch in der personellen Besetzung der Hörfunk-Wissenschaftsressorts wieder. Beides variiert beträchtlich: Minimal werden von den öffentlich-rechtlichen Rundfunkanstalten monatlich circa 75 Minuten, maximal circa 13 bis 14 Stunden Wissenschafts-Programm im Hörfunk gesendet. Und während es etwa beim Hessischen Rundfunk und beim Südwestfunk nur je eine Halbtagsstelle für einen Wissenschaftsredakteur gibt, beschäftigt der Süddeutsche Rundfunk in seiner Wissenschaftsredaktion im Studio Heidelberg immerhin vier Wissenschaftsredakteure und fünf freie Mitarbeiter [24].

Einen Überblick über die Angebotspalette des Hörfunks zur Wissenschafts- und Technikberichterstattung im Jahr 1986 gibt die nachfolgende Tabelle 5. Die Angaben – insbesondere zu den Sendezeiten – vermitteln allerdings nur bedingt ein zutreffendes Bild: Nicht enthalten sind Sondersendungen und Zulieferungen zu aktuellen Informations- oder Unterhaltungssendungen. Bei den Magazinsendungen dürfte auch der Wort-/Musikanteil beträchtlich schwanken.

Auch im Fernsehen war Wissenschafts- und Technikberichterstattung von Anbeginn an präsent. Das neue Medium eröffnete ungeahnte Möglichkeiten der Visualisierung, die gerade für die Vermittlung naturwissenschaftlich-technischer Sachverhalte von großem Vorteil sind. Zwei Kanäle für den Informations-Transport stehen jetzt scheinbar gleichberechtigt nebeneinander, wobei allerdings die Bildinformation stärker wirkt als die Wortinformation. Im ersten Jahrzehnt seien die

Tabelle 5: Wissenschafts- und Technikberichterstattung im Hörfunk (1986)

Sender	Programme	festangestellte Redakteure in der Wiss. Red.	monatliche Sendezeit (Min.)
Bayerischer Rundfunk	Der wissenschaftliche Bericht, Medizin aktuell, Gesundheitsratgeber, Sondersendungen	2	
Deutsche Welle	Wissenschaft und Forschung, Blick ins Laboratorium	1	75
Deutschlandfunk	Lernwerkstatt, Der Kongreßbericht, Wissenschafts-Feature, Aus Naturwissenschaft und Technik	4 ½	530
Hessischer Rundfunk	Wissenschaftsmagazin „Prisma"	½	180
NDR	Aktuelle Wissenschaft, Gesundheit heute	4	280
– Landesprogramm Niedersachsen	Wissenschaft und Technik, Die Sprechstunde	–	440
Radio Bremen	Forum der Wissenschaft, Wissenschaft und Umwelt, Das neue Sachbuch, Sondersendungen	1	450
RIAS Berlin	Wissenschaftsjournal, Zeichen der Zeit	2	390
Saarländischer Rundfunk	Das Wissenschaftsmagazin, Saarbrücker Hochschulstunde, SR-Wissenschaftsstudio	1	240
SFB	Wissenschaft populär, Wissenschaftsmagazin, „Puls" (Medizin-Themen)	2	480

Stoffe „vielfach nach ihrer Telegenität, ihrer optischen Ergiebigkeit, ausgewählt" worden. „Solche Themen wurden durchweg in einzelnen Dokumentationen dargestellt, die den Laien staunen ließen über die Ergebnisse der wissenschaftlichen Forschung und die imponierenden Leistungen der Technik"[25].

Ähnlich wie beim Hörfunk dominierten auch beim Fernsehen in der Anfangsphase längere Beiträge, die die jeweiligen Sendezeiten von 30 oder 45 Minuten ausfüllten. Aber auch hier setzte bald die Entwicklung zum flexibleren Typ des Magazins ein. Wie sich, damit einhergehend, die thematischen Akzente verschoben haben, schildert impressionistisch Wolfgang Brobeil: „Anfangs stellten wir uns noch Themen wie zum Beispiel ‚Was wissen wir von unserer Sonne?'. Doch bald änderte sich die Thematik, indem wir nach der Bedeutung der Technik für den Menschen fragten. So wurden schon frühzeitig die Umweltprobleme behandelt, wie ‚Gift auf unseren Straßen', ‚Gesundes Wasser – saubere Luft'. Die Direktübertragungen von den Mondflügen der Amerikaner wurden buchstäblich zu Sternstunden des Fernsehens"[26].
Seit 1970 gibt es im ARD-Programm 13mal jährlich „Bilder aus der Wissenschaft". Die Sendereihe wird gemeinsam vom Bayerischen Rundfunk und von NDR und WDR bestritten. 1984 wurde die Reihe vom Abendprogramm ins Sonntagnachmittag-Programm verbannt und zugleich die Sendezeit um ein Drittel gekürzt. Weitere auf Wisschenschaft und Technik hin orientierte regelmäßige Programme sind die Umweltsendung „Globus" und die „ARD-Ratgeber Technik" bzw. „Gesundheit".

Das ZDF bietet neben dem aktuellen Magazin „Aus Forschung und Technik", das bereits seit 1964 existiert, seit 1971 die wissenschaftliche Sendereihe „Querschnitte" an. Seit 1983 gibt es für Jugendliche im Nachmittagsprogramm einen „Computer-Corner". Weitere wissenschaftsnahe Sendungen befassen sich auch hier mit Fragen der Medizin („Gesundheitsmagazin Praxis", seit 1963) und der Umwelt („Umwelt-Magazin", seit 1984). Hinzu kommen in unregelmäßigen Abständen in beiden Programmen Sondersendungen.

Deutlich stärker vertreten sind Themen aus Wissenschaft und Technik in den Dritten Programmen des Fernsehens (Tabelle 6).

Probleme und Perspektiven der Technikberichterstattung

Welche Mängel die Technikberichterstattung in Vergangenheit und Gegenwart kennzeichnen, und welche Möglichkeiten und Entwicklungspotentiale sich in der Zukunft bieten, läßt sich im vorgegebenen Rahmen dieser Bestandsaufnahme nur unvollständig darstellen.

Daß Technikberichterstattung in den Massenmedien noch immer weithin in „Reservaten" und „Nischen" stattfindet – also typischerweise auf Sonderseiten, in Dritten Programmen und Special-Interest-

Tabelle 6: Wissenschafts- und Technikberichterstattung im Fernsehen – Dritte Programme (1986)

Sender	Programme	Sendezeiten
Nord III (NDR, Bremen, SFB)	Naturwissenschaftliches Feature Prisma – aus Wissenschaft und Technik	Mo 19.15–20 Uhr, wöchentlich Mo 19.15–20 Uhr, monatlich (abwechselnd mit Feature, s. o.)
West III	Computer-Club Computer-Shop Natur und Technik für Kinder Einzelfeatures	 jeweils monatlich Sonntag 17.30 Uhr–18 Uhr
	Wissenschafts-Show	Mittwoch 21.45 Uhr–22.30 Uhr, monatlich
	Hobbythek	Mittwoch 21.45 Uhr–22.30 Uhr, monatlich
	Medizin Magazin	Montag 21.45–22.15 Uhr, 1× im Monat
	Kopf um Kopf Wissenschafts-Ratespiel	Montag 20.45–21.45 Uhr, 4× im Jahr
Hessen III	Strukturen	Freitag 20.45–21.30 Uhr 8× im Jahr
Südwest III	Themen aus Technik, Medizin, Naturwissenschaften	Montag 20.15–21 Uhr, wöchentlich
Bayern III	Themen aus Naturwissenschaft, Technik und Medizin	Montag 20.45–21.30 Uhr, wöchentlich

Quelle: Eigene Erhebungen (Tel. Umfragen bei den Redaktionen)

Magazinen – läßt Rückschlüsse auf deren begrenzte Reichweite zu: Meist nehmen nur die ohnehin Interessierten solche Angebote überhaupt war [27]. Die Kluft zwischen den Wissenden und den „Habenichtsen" der Informationsgesellschaft wird auf diese Weise womöglich größer.

Solche Trends werden die vielbeschworenen Neuen Medien voraussichtlich eher verstärken als einebnen. Vor allem in den konkurrierenden elektronischen Medien wächst dabei der Zwang, auf Einschaltquoten zu schielen und auf die Massenattraktivität der Programme zu achten. Nischen für Wissenschafts- und Technikberichterstattung drohen so bei der jeweils nächsten Flurbereinigung durch Programme mit höherem Unterhaltungswert ersetzt zu werden.

Solange sich dagegen Wissenschafts- und Technikberichterstattung in den genannten Nischen bewegt und sich dabei vornehmlich an ein überschaubares, ohnehin interessiertes Publikum wendet, halten sich die Anforderungen an die journalistischen Unterhaltungskünste der Kommunikatoren in Grenzen. Erwartet wird vor allem Experten- und Hintergrundwissen, nicht so sehr die Fähigkeit, technisch-wissenschaftliche Themen so spannend aufzubereiten, daß sie auch für neue, breitere Zielgruppen interessant werden.

So ist es kaum verwunderlich, daß das Spektrum der Darstellungsformen in der Wissenschafts- und Technikberichterstattung schmal geblieben ist: „Wissenschafts-Themen werden entweder als kurze Nachrichten oder als Berichte oder als Reportagen und Hintergrundartikel vermittelt – Kommentare, Glossen, Interviews etc. kommen kaum vor", resümiert Walter Hömberg [28].

Ein schweres Manko der Wissenschaftsberichterstattung und damit auch der Technikberichterstattung in den Massenmedien, von Special-Interest-Zeitschriften einmal abgesehen, ist vielfach die Unregelmäßigkeit und die mangelnde Systematik. Von einer kontinuierlichen und umfassenden Darstellung der Entwicklungen in Forschung und Technik kann kaum die Rede sein. Es fehlt nicht nur der Platz.

Zwar ist die vielfach – vor allem von Wissenschaftlern selbst – gehegte Erwartung, die Massenmedien sollten umfassend über Entwicklungen in Forschung und Technik berichterstatten, überzogen, weil sie kaum Rücksicht zu nehmen scheint auf die Bedingungen, unter denen im Mediensystem gearbeitet wird. Gleichwohl: ein Mehr an Kontinuität und Systematik der Berichterstattung wäre sicher möglich. Oftmals bestimmen der Zufall oder die Steckenpferde des jeweiligen Wissenschaftsredakteurs die Auswahlentscheidungen.

Es fehlen auch sachkompetente Journalisten, die über Technik adäquat berichten können. Der Kommunikationswissenschaftler Langenbucher spricht in diesem Zusammenhang von einer Vergeisteswissenschaftlichung des Journalismus. Die Medien laufen so Gefahr, über die Wissenschaft und Technik desorientierend zu berichten [29].

Dieser Trend wird durch eine Reihe von Faktoren noch verstärkt: Die fortschreitende Differenzierung des Wissenschaftssystems und die damit wachsende Informationsflut machen es den Wissenschafts- und Technik-Journalisten schwer, Nachrichten aus der Welt der Wissenschaften adäquat zu bewerten. Auch sind die hochspezialisierten Fachterminologien oft nur schwer in eine allgemeinverständliche Sprache zu übersetzen und wirken somit als weitere Barriere.

Die Wissenschaftler und Ingenieure als Informationsquellen der Technik- und Wissenschaftsjournalisten verstehen noch zu wenig von den Erfordernissen der Massenkommunikation. Sie legen fälschlicherweise die Kriterien der Scientific Community an die Berichterstattung an und erwarten von den Journalisten die Einhaltung ihrer Bedingungen. Dabei übersehen sie, daß journalistische Arbeit ganz anders organisiert ist als wissenschaftliche, und daß sie anderen Kriterien unterliegt. So sehen die Wissenschaftler die Journalisten vornehmlich als bloße „Transportarbeiter", als Vermittler von Technik und Wissenschaft und verkennen dabei jene Aufgaben und Funktionen des Journalismus, die über die Vermittlerrolle hinausgehen. Insbesondere bestreiten sie der Technik- und Wissenschaftsberichterstattung die Kritikfunktion. Die Erwartungshaltung der Wissenschaftler kollidiert hier mit dem Selbstverständnis der Journalisten, die sich gerade in der Bundesrepublik Deutschland gerne als „Kritiker von Mißständen" sehen. Solange Wissenschaftler und Journalisten in dieser für beide Seiten sensiblen Frage keine größere Übereinstimmung erzielen, werden sich hieraus zwangsläufig Probleme für die Zusammenarbeit ergeben [30].

Ein weiteres Manko: Forschungseinrichtungen, aber auch Firmen und Verbände räumen der Öffentlichkeitsarbeit noch nicht den Stellenwert ein, der ihr zukommt. Neuere Untersuchungen haben gezeigt, daß Pressemitteilungen oder Pressekonferenzen von den Massenmedien sehr häufig aufgenommen werden. Trotzdem wird die Chance, die Öffentlichkeit zu informieren, zu wenig genutzt. Die Abteilungen für Öffentlichkeitsarbeit und die Pressestellen reagieren oftmals erst, wenn das Kind schon in den Brunnen gefallen ist. Dann fungieren sie als publizistische Feuerwehr bei Katastrophen. Im Alltag scheint man dagegen – gerade in Unternehmensleitungen – den aufklärerischen Wert von Hochglanzbroschüren und großformatigen Anzeigenseiten höher zu bewerten als eine kontinuierliche Informationspolitik gegenüber der Öffentlichkeit, die auch Risiken und Probleme der Technik nicht verschweigt und somit zur Vertrauensbildung beitragen könnte.

Inzwischen wird das Technik- und Wissenschaftsverständnis breiter Bevölkerungsschichten womöglich längst mehr von den Unterhaltungsprogrammen des Fernsehens als von der „Dolmetschertätigkeit" der Wissenschaftsjournalisten bestimmt. George Gerbner hat jedenfalls festgestellt, daß in Unterhaltungsprogrammen „eine Unmenge Wissenschaft vorkommt". Das gilt sicher nicht nur für im Fernsehen gezeigte Spielfilme à la James Bond, die ihre Spannungsmomente und ihren Unterhaltungswert zum Großteil aus futuristischen Technologien beziehen, sondern auch für Unterhaltungsserien, in denen der Zuschauer eher en passant mit den Errungenschaften der Medizintechnik konfrontiert wird. Gerbner untersuchte, welche Bilder und Vorstellungen von Wissenschaft in Unterhaltungssendungen des amerikanischen Fernsehens vermittelt werden, und gelangte zu dem Ergebnis, daß der Wissenschaftsbetrieb hier vorwiegend von seiner negativen Seite gezeigt wird[31]. Einen Zusammenhang zwischen diesem Negativ-Image der Technik im Unterhaltungs-Fernsehen und den Einstellungen des Publikums gegenüber Wissenschaft und Technik hat Gerbner allerdings bislang nicht herzustellen versucht. Angesichts der Vielzahl intervenierender Variablen wäre er auch schwer nachweisbar.

Inwieweit sich trotz der inhaltlich und strukturell unterschiedlichen Programmangebote Gerbners Ergebnisse cum grano salis von den Vereinigten Staaten auf die Bundesrepublik Deutschland übertragen lassen, muß offen bleiben.

Sicher gilt indes auch bei uns, daß die Unterhaltungskünstler der Medien den Technik- und Wissenschaftsjournalisten mitunter selbst dann die Schau stehlen, wenn es um deren eigenes Metier, um Technik und Wissenschaft geht. Konkurrenz droht den Wissenschafts- und Technikjournalisten allerdings auch aus dem unmittelbar journalistischen Umfeld, wenn Themen aus Wissenschaft und Technik politisch virulent werden: Oftmals wandern sie dann nämlich in andere Ressorts ab und geraten in die Hände von Kollegen, die zwar ihrem innerredaktionellen Status nach höher angesiedelt, aber fachlich weniger kompetent sind als die Wissenschaftsredakteure. Der jeweils ressortspezifische Aspekt wird in diesem Stadium oft wichtiger als der eigentliche Gegenstand der Technikberichterstattung. Über der politischen oder ökonomischen Betrachtung einer neuen Technik wird die Erläuterung eben dieser Technik allzuleicht vergessen. Erinnert sei nur an die Mikroelektronik oder die Kernenergie, über deren Chancen und Risiken in den Medien endlose Debatten geführt wurden. Aber wieviele Leser, Hörer oder Zuschauer wissen – auch nur ansatzweise –, wie diese Techniken funktionieren? Der Schweizer Kommunikationswissenschaftler Ulrich Saxer beobachtet hier, wohl zutreffend, eine gleichzeitige Über- und Unterinformation des Medienpublikums[32].

Ein anderes Beispiel ist die alljährliche Nobelpreisverleihung. Im Mittelpunkt der Berichterstattung steht meist der Preisträger und nicht die Darstellung seiner Arbeiten.

Damit ist eine wesentliche Herausforderung für die Technikberichterstattung der Zukunft angesprochen: Sie darf sich die zentralen, konfliktträchtigen Themen nicht aus der Hand nehmen lassen. Vermutlich wird die Technikberichterstattung in den nächsten Jahrzehnten vor allem von Fragen der Energie- und Umwelttechnik, der Kommunikationstechnik, der Biotechnik und der Medizintechnik bestimmt sein, ohne daß deshalb die bisher in der Berichterstattung dominierende Verkehrstechnik – namentlich das Auto – von ihrer Faszinationskraft einzubüßen braucht. Vor allem wird es darauf ankommen, im journalistischen Umgang mit den technischen Risiken, wie sie die Hochtechnologie vielfach in sich birgt und der Gesellschaft aufbürdet, neue Mittel und Wege zu finden, um das Publikum sachlich und problemadäquat zu informieren.

Vermutlich wäre der Journalismus zwar überfordert, wollte man ihm allein die Last aufbürden, die Gesellschaft aus dem emotionalisierten „Für" und „Wider" herauszuführen, das so prägend für die derzeitige technologiepolitische Debatte und damit auch für die gegenwärtige gesellschaftliche Umbruchsituation geworden ist. Aber einen Beitrag in diese Richtung – hin zu einem besseren Verständnis technischer Entwicklungen und damit auch zu rationaleren, am Gemeinwohl orientierten und von informierten Stimmbürgern demokratisch mitgetragenen technologiepolitischen Entscheidungen könnte Technik-Popularisierung, sprich: mehr und besserer Wissenschafts- und Technikjournalismus wohl leisten.

Einerseits ist hier eine hohe fachliche Kompetenz des Technikberichterstatters unabdingbar, um nicht den Schachzügen der jeweiligen Experten, Gegenexperten und PR-Strategen hilflos ausgeliefert zu sein. Zum anderen bedarf es aber auch gefestigter moralischer Grundsätze: einen unabdingbaren Willen, sich erstens nicht vor den Karren anderer spannen zu lassen, zweitens den eigenen missionarischen Eifer zu bezähmen und drittens der Versuchung zu widerstehen, durch Angstproduktion Auflagensteigerungen zu erstreben oder auch durch gezielte Verharmlosung von Problemen sich des Wohlwollens potenter Werbekunden zu versichern.

Dieser Herausforderung ist mittelfristig nur zu begegnen, wenn es gelingt, für die Wissenschafts- und Technikberichterstattung ein Nachwuchspotential heranzubilden, das sich gleichermaßen durch hohe naturwissenschaftlich-technische Sachkompetenz wie durch journalistische Professionalität und moralische Integrität auszeichnet. Manches deutet darauf hin, daß ein solches Reservoir, das zumindest die beiden erstgenannten Kriterien erfüllt, im Entstehen begriffen ist[33].

Allerdings ist unter diesen Nachwuchs-Journalisten der Anteil mit einem ingenieurwissenschaftlichen Studienhintergrund noch alarmierend gering: Technikexperten mit einer journalistischen Ader bleiben somit wohl auch in Zukunft auf dem Arbeitsmarkt eine ebenso kostbare wie gesuchte Rarität.

Literaturnachweise

1 *Gruhn*, Werner: Wissenschaft und Technik in deutschen Massenmedien. Ein Vergleich zwischen der Bundesrepublik Deutschland und der DDR. Erlangen 1979, S. 212f.

2 *Lindemann*, Margot: Deutsche Presse bis 1815. Geschichte der deutschen Presse. Teil I. Berlin 1969, S. 189

3 *Du Mont-Schauberg*, M.: Geschichte der Kölnischen Zeitung. Bd. 2, S. 209

4 *Stummvoll*, Josef: Tagespresse und Technik. Die technische Berichterstattung der deutschen Tageszeitung mit besonderer Berücksichtigung der technischen Beilagen. Dresden 1935, S. 78

5 Vgl. 4, S. 38

6 *Kirchner*, Joachim: Das deutsche Zeitschriftenwesen. Seine Geschichte und seine Probleme. Teil II: Vom Wiener Kongress bis zum Ausgang des 19. Jahrhunderts. Wiesbaden 1962, S. 140

7 *Koszyk*, Kurt: Deutsche Presse im 19. Jahrhundert. Geschichte der deutschen Presse. Teil II. Berlin 1966, S. 301

8 *Kluth*, Heinrich: Journalisten über Technik und Wissenschaft. 50 Jahre Technisch-Literarische Gesellschaft. In: Khuon, Ernst von/Laupsien, Hermann (Hrsg.): Forschung – kritisch gesehen. Die TELI erschließt Wissenschaft und Technik von heute und morgen. Düsseldorf, Wien 1979, S. 17

9 *Hömberg*, Walter: Glashaus oder Elfenbeinturm? Zur Entwicklung und zur Lage der Wissenschaftskommunikation. In: Aus Politik und Zeitgeschichte. Beilage zur Wochenzeitung „Das Parlament" B 28 v. 12.7.1980

10 Vgl. 1, S. 203

11 *Stamm*, Willy (Hrsg.): Presse- und Medienhandbuch. Leitfaden durch Presse und Werbung, 39. Ausgabe. Essen 1986, Teil 1a. S. 30–34

12 *Depenbrock*, Gerd: Journalismus, Wissenschaft und Hochschule. Eine aussageanalytische Studie über die Berichterstattung in Tageszeitungen. Bochum 1976, S. 160

13 *Paris*, Hans Joachim: Hundert Jahre Werkzeitschriften in Deutschland. In: Arbeitskreis Bayerische Werkredakteure (Hrsg.): Hundert Jahre Werkzeitschriften. Neukeferloh/München 1985, S. 7ff.

14 Umfrage des Instituts für Demoskopie Allensbach Nr. 4001, Oktober 1981

15 *Großmann-Vendrev*, Susanna, und andere: Auf der Suche nach sich selbst. Anfänge des Hörfunks in Deutschland – Oktober 1923 bis März 1925. In: ARD-Jahrbuch 83, S. 45

16 *Bredow*, Hans, Vier Jahre deutscher Rundfunk, Berlin 1927. Zitiert nach *Boetzkes*, Claus Erich: Wissenschaftsberichterstattung im Hörfunk der Bundesrepublik Deutschland, Magisterarbeit (MS). München 1981

17 *Groth*, Michael: Aufbruch ins Medienzeitalter. Im Deutschen Rundfunkarchiv wird eine historische Programmdokumentation erarbeitet. In: FAZ v. 3.12.1986, S. 33

18 ARD-Jahrbuch 83, Illustration auf S. 39 (ohne weiteren Nachweis)

19 Vgl. 16, S. 17

20 Vgl. 16, S. 17

21 *von Zahn*, Peter: Zum Ethikbedarf des Journalisten in hochindustrieller Gesellschaft. In: Ebring, Lutz u.a.: Medien ohne Moral. Berlin 1988, S. 28

22 *Diller*, Ansgar: Rundfunkpolitik im Dritten Reich. In: Bausch, Hans: Rundfunk in Deutschland, Bd. 2. München 1980, S. 10

23 *Schulz*, Hans Jürgen: Kultur im Radio. In: Evangelische Kommentare, Juni 1986, S. 319

24 *Ruß-Mohl*, Stephan: Wissenschaftsberichterstattung – Medien und Märkte. In: Wissenschaftsjournalismus. Ein Handbuch für Praxis und Ausbildung. München ^{2}1987, S. 40

25 *Brobeil*, Wolfgang: Zur Geschichte der Wissenschaftsredaktionen im ZDF. In: ZDF Schriftenreihe Heft 18 – Materialien zum Programm Wissenschaft im Fernsehen – Referate auf der Klausurtagung des ZDF-Fernsehrates – Ausschuß für Kultur und Wissenschaft am 24./25. 2. 1977. Mainz 1977, S. 5.

26 Vgl. 25, S. 6

27 *Patterson*, Joye: Wissenschaftsjournalismus in Amerika. Medien, Märkte, Erfolgsgeheimnisse. In: Robert Bosch Stiftung (Hrsg.): Wissenschaftsjournalismus in den USA, Infrastrukturen, Ausbildungsangebote, Erfolgsgeheimnisse. Materialien und Berichte 15. Stuttgart 1985, S. 35ff.

28 Vgl. 9, S. 43

29 Vgl. 9, S. 44 – *Ruß-Mohl*, Stephan: Medienberichterstattung über Wissenschaft und Forschung. Das Beispiel Lokalredaktion. In: Media-Perspektiven 7/1984, S. 553.

30 *Krüger*, Jens: Wissenschaftsberichterstattung in aktuellen Massenmedien aus der Sicht der Wissenschaftler. Ergebnisse einer Befragung der Professoren der Johannes-Gutenberg Universität Mainz. Magisterarbeit (MS). Mainz 1985, S. 63 u. S. 118

31 *Gerbner*, George u.a.: Scientists on the TV Screen. In: Society Vol 18, May/June 1981, S. 41ff. zitiert nach *Dunwoody*, Sharon: Forschung zum Wissenschaftsjournalismus – ein Überblick. In: Robert Bosch Stiftung. Vgl. 27, S. 72

32 *Sayer*, Ulrich u.a.: Kernenergie und Massenmedien. Bern/Stuttgart 1986

33 *Ruß-Mohl*, Stephan: Gute Einstiegschancen für Wissenschaftsjournalismus-Stipendiaten. In: Publizistik Heft 1–2. 1986, S. 177f.

TECHNIK IM BLICKPUNKT DER ERZIEHUNGS-WISSENSCHAFT

Technik im Blickpunkt der Erziehungswissenschaft

Hermann Röhrs

Die Technik ist eine stete Begleiterin der menschlichen Entwicklung auf dieser Erde. Sie hat daher bis zur Entstehung der industriellen Gesellschaft die Struktur menschlichen Lebens im Rahmen des gesellschaftlichen und privaten Bereichs entscheidend mitbestimmt. Das gilt auch für die gegenwärtige postindustrielle Phase, deren Merkmal in der Computerisierung und Informatisierung breiter Bereiche des öffentlichen und privaten Lebens besteht. Die Übernahme vieler Funktionen in der Informationsgesellschaft durch Computer und zunehmend auch durch Roboter bringt nicht nur eine entscheidende Verlagerung der beruflichen Tätigkeit, sondern auch eine weltweite kommunikative Präsenz sowie die Möglichkeit der informationstheoretischen Speicherung der ins Unermeßliche gewachsenen Daten. [V-2; V-4.4; X]

Daraus ergeben sich für die Bildungspolitik und -arbeit vielfältige neue Aufgaben. Daß daraus eine Zunahme der nonformalen Bildung resultieren kann, sollte sehr kritisch im Rahmen einer Revision des Bildungsbegriffs gesehen werden, der in einer Informationsgesellschaft ohnehin in Gefahr ist, zu stark medial und zu wenig aus Primärerfahrungen gespeist zu werden. Kenntnis der Informationssysteme und Fähigkeit zur kritischen Verarbeitung der Informationen sind dazu eine wichtige Voraussetzung; sie wird mit dem Begriff der computer-literacy angedeutet, der – seit seiner Prägung auf der internationalen Konferenz „Computer and Education" 1981 in Lausanne – einen bestimmten Problembereich umschreibt. Computer-literacy meint, pädagogisch gesehen, kritische Kenntnis der Elementargrammatik der Computer – und Informationssysteme als konstitutiver Teil einer technologischen Allgemeinbildung. [V-1; V-4.4]

Die Microprozessoren, als die Zentren der Computerisierung, haben ähnlich eingreifende Wirkungen auf das Gesellschaftsleben, wie früher die Dampfmaschine, der Elektromotor oder die Automaten. Sie führen nicht nur zu einer neuen Einstellung zum Lernen und Lehren, sondern auch zu einem inneren Wandel der gesellschaftlichen Formen sowie zu einer Umgliederung des Arbeitslebens. Sowohl die Arbeitszeit als auch

Zum Titelblatt:
Illustration aus einer alten Fibel.

die Arbeitsmöglichkeit überhaupt finden eine Einschränkung, weil die elektronisch geleiteten Apparaturen rationeller und schneller produzieren. Die Schaffung neuer Arbeitsplätze in der elektronischen Industrie steht in keinem Verhältnis zu dem Verlust an Arbeitsmöglichkeiten, so daß die Formel von dem „collaps of work" nicht ohne tiefere Berechtigung ist. [X]

Darüber hinaus erwirkt die Zwischenschaltung von Automaten, Computern und Robotern eine Mediatisierung, welche die menschliche Tätigkeit auf Programmierung, korrigierende Steuerungs- und Überwachungsfunktionen begrenzt. Die der Arbeit eigenen Kriterien des verantwortungsbewußten Planens, Gestaltens und Kontrollierens sind daher weitgehend in den vorauslaufenden Prozeß des Programmierens eingegangen. Dadurch erhalten Arbeits-, Betriebs- und Industriepädagogik, die trotz turbulenter arbeitstechnischer Veränderungen unbestechlich dem Wohl des Menschen und seinem elementaren Recht auf Arbeit verpflichtet bleiben, eine erhöhte Bedeutung.

Dieser Wandel des Arbeitsprozesses muß seine Berücksichtigung in der Berufsbildung finden. Wie der Bildungsprozeß allgemein, so sollte die Berufsbildung speziell nicht lediglich als Anhang dieser Entwicklung betrachtet werden. Vielmehr gilt es, aufgrund eigener Forschungen im interdisziplinären Verbund mit den Arbeits- und Gesellschaftswissenschaften diese Vorgänge kritisch zu beleuchten und verantwortungsbewußt mitzugestalten. Da der Bildung in wissenschaftlicher Orientierung in diesem Prozeß eine wichtige Leitfunktion, nicht lediglich eine Transformationsaufgabe zukommt, ist das Wechselverhältnis von Bildung und Technik von zentraler Bedeutung für die zukünftige gesellschaftliche Entwicklung. Daher ist das Gespräch zwischen der Technikwissenschaft, Technikphilosophie und Erziehungswissenschaft notwendig, das hier bewußt eingeleitet wird.

Die drei Grundformen des Technikverständnisses

In der modernen Welt sind – begrenzt auf die wichtigsten Formen – drei Haltungen gegenüber der Technik festzustellen. Auf der einen Seite wird die Technik nachdrücklich bejaht, als das angemessene Mittel, um die Probleme der Massengesellschaft zu meistern. Diese Einstellung führt zu einer Innovationspolitik, die durch die Technikforschung nachdrücklich gefördert wird. Dagegen wird auf der anderen Seite die Technik als Ergebnis einer pragmatisch-behavioristischen Lebenshaltung verstanden, die die äußere Existenzgestaltung überbewertet. So haben beispielsweise die Klagen über die zweckhafte Verengung des Lebens unter dem Einfluß der Technik seit den Stellungnahmen von Johann Wolfgang von Goethe (1749–1832), Friedrich von Schiller (1759–1805), Wilhelm von Humboldt (1767–1835), Johann Heinrich Pestalozzi (1746–1827) Varianten, aber keine grundsätzliche Änderung des Aussagetenors erfahren. Euphorie und Pessimismus als Grundhaltungen gegenüber der Technik haben sich im Laufe der Geschichte stets gegenüber gestanden, ohne daß sich die Argumente grundsätzlich geändert hätten.

Zwischen beiden Positionen entfaltet sich die Alternativtechnik (alternative technology) als eine eigene Lösungsform. In bewußter Ausgrenzung von der technologischen Bewußtseinshaltung der Machbarkeit des Unwahrscheinlichen beschränkt sich die Alternativtechnik auf das Lebensnotwendige und versucht, seine technische Komplementärfunktion schadlos in die vorgegebenen natürlichen Lebensbedingungen einzupassen. Rückgriff auf regenerierbare Rohstoffe und Energiequellen, ökologische Verträglichkeit sind die leitenden Gesichtspunkte [1]. Die Technikbewertung (technology assessment) als ein Weg der kritischen geistigen Durchdringung [2] zeigt eine grundsätzlich anders geartete Einstellung, die sehr auf abwartende Distanz drängt. Technik wird instrumentell als ein Hilfsmittel der Existenzgestaltung verstanden, das es von Fall zu Fall zu prüfen gilt.

Die bejahende Einstellung kann als extreme Form zu einem technischen Determinismus führen, der davon überzeugt ist, daß die technologische Entwicklung – einmal eingeleitet – mit innerer Notwendigkeit und eigener Gesetzlichkeit unabhängig von den Bewertungskriterien ihren Weg findet. Dahinter steht die Überzeugung, daß die technische Intelligenz als eine kreative Potenz sich ebensowenig leiten und begrenzen läßt, wie das künstlerische Gestalten oder das Philosophieren. Die Technik wird wie Kunst, Wissenschaft und Philosophie als ein Lebensprinzip ausgelegt, das zwar in geistiger Wechselwirkung mit den anderen steht, aber über den Utilitätscharakter hinausgehend seine eigene Dignität besitzt. In dieser Hinsicht kann von einer „Paradoxie des technischen Handelns“[3] gesprochen werden, das trotz rationaler Planung und Gestaltung in seiner Wirkung eine eigene Gesetzlichkeit zeigt, die sich den Intentionen des Planers entziehen kann. So erhält das technische Gestalten Grundzüge des Zauberlehrlings, dem das magische Werk entgleitet, weil ihm angesichts der ungeahnten Dimensionen die alles bändigende Formel entfiel.

Ob dieser Prozeß, der viele Vorgänge in der Massengesellschaft kennzeichnet, als „Verdinglichung“ oder als relativ eigengesetzliche

Systemsynthese bezeichnet wird, hängt entscheidend mit der Gesamteinschätzung der Technik zusammen. „Verdinglichung" ist – in einer gewissen Analogie zum Marxschen Grundgedanken – als eine Verselbständigung der technischen Gebilde zu verstehen. Es wird damit ein Prozeß beschrieben, der sich in vielen Bereichen der sozialen Welt abspielt, und den Hans Freyer mit „Bündigkeit" als Ergebnis der Objektivationsschritte beschrieben hat[4]. Durch die Objektivationsschritte erfährt das vom Menschen geistig konzipierte Werk eine „Verdinglichung" und „Vergegenständlichung", in deren Verlauf es sich als Gegenstand, das heißt als etwas ihm in relativer Eigenständigkeit Entgegenstehendes präsentiert. [I-1.3]

Die Verdinglichung kulminiert in der computerisierten Maschinenindustrie, die von dem Gesetz der Mehrproduktion lebt; sie zieht mit innerer Notwendigkeit die weiteren Bedürfnisse durch die informationstheoretisch gesteuerte Reklame nach sich. In diesem deterministischen Kreislauf kann der Mensch einen Teil seiner spezifisch menschlichen Freiheit verlieren. Das technologisch programmierte Marktsystem findet seine ideologische Verdichtung durch die Kommunikationsmittel: diese präsentieren in den Medien Idealbilder der Konsumgesellschaft, deren Lebensgewohnheiten bis in die Produktankündigung im Supermarkt suggestiv übersetzt werden.

Die Verdinglichung im Rahmen der Sachwelt hat als Rückwirkung auf den Menschen die Selbst-Entfremdung zur Folge. Sie zeigt sich am konsequentesten in der industriellen Arbeitswelt, die nicht den menschlichen Gestaltungsformen entsprechend eingerichtet ist, sondern den Menschen der vorgegebenen industriellen Wirklichkeit einpaßt. Die Formen des Arbeitens haben in der Informationsgesellschaft eine Änderung erfahren, aber die Aufgabe, den humanen Bezugspunkt nicht aus den Augen zu verlieren, ist geblieben. An diesem Punkt hat die Erziehungswissenschaft in Gestalt der Industrie- und Betriebspädagogik seit Jahren angesetzt, um wieder den Menschen zum Maßstab des Arbeitens zu machen. Sie muß indessen sehr viel differenzierter die technische Welt insgesamt in ihre Forschung einbeziehen. Voraussetzung dafür ist einmal die Entfaltung eines dynamischen Bildungsbegriffs, der offen ist für die Problematik der Technik, sowie zum anderen die Konstituierung der Pädagogischen Technologie als einer speziellen erziehungswissenschaftlichen Disziplin, die sich differenziert mit den technologischen Problemen und ihrer pädagogischen Relevanz auseinanderzusetzen vermag. [V-1; V-2]

Die Pädagogische Technologie

Mit der Aussage, daß wir in der technologischen Epoche oder im Computer-Zeitalter leben, verbinden sich Zustimmung und Kritik. Die Gegenargumente schließen allgemein an die Technikkritik an, wie sie seit dem aufkommenden Maschinen-Zeitalter formuliert wurde. Einen unüberhörbaren neuen Akzent erhält sie indessen durch die aufrüttelnde Tatsache, daß der Mensch zum ersten Mal in der Geschichte über die technischen Potenzen verfügt, die Erde und alles Leben auf ihr zu zerstören oder aber durch die Mittel der Gentechnologie sich an das Werk der Weiterschöpfung zu machen, das als Möglichkeit der Technik stets eigen war und das ihr von Anbeginn eine demiurgenhafte Aura verlieh. Da beide Wege sich ausschließen, wird es zur Existenzfrage, die sich mit der Technik verbindende Hoffnung auf Lebensstärkung und -sicherung zu unterstützen und die Selbstkritik so zu stärken, daß die lebensdienende Funktion zum verbindlichen Richtmaß wird. [I-3.6; VI]

Menschliche Erwartungen und Hoffnungen, die im politischen Alltagsgeschäft allzu häufig enttäuscht werden, richten sich mit Vorliebe auf Schule und Bildung, die in ihrem pädagogischen Programm die Zukunft anzuvisieren haben. In dieser Erwartung wird insbesondere die Schule als Transformationsinstanz für die technische Entwicklung gesehen. Tatsächlich repräsentieren Schule und die von ihr einzuleitende Bildung eine wirkungsvolle Instanz, die durch die Entfaltung von Verständnis, Wissen und Können eine Tradition zu stiften vermögen. Dieser Prozeß bedarf grundsätzlich der Unterstützung durch Elternhaus und Öffentlichkeit, wenn er eine dauerhafte Wirkung zeigen soll. Was in einer wissenschaftlich bestimmten Gesellschaft indessen als unumgänglich erscheint, ist die wissenschaftliche Planung und Gestaltung dieses Prozesses.

Angesichts dieses Sachverhalts muß es um so nachdenklicher stimmen, daß die lebhaften Bemühungen um eine wissenschaftliche Durchdringung der Sozial- und Naturwissenschaften, die aufgrund des komplexen Charakters der Technik vorwiegend interdisziplinär angelegt sind, weitgehend ohne die Mitwirkung der Erziehungswissenschaft ablaufen. Von der Struktur des Problemkreises her betrachtet, ist die Aussparung des pädagogischen Parts nicht verständlich. Die realen Gründe sind vielmehr in der Entwicklungslage der Erziehungswissenschaft selber zu erblicken, die sich nur unzulänglich als wissenschaftliche Disziplin auf die technisch-industrielle Wirklichkeit eingestellt hat. Darüber kann auch die Tatsache nicht hinwegtäuschen, daß ein

Spektrum didaktischer Verfahrensweisen – von der Mediendidaktik bis zum computerunterstützten Unterricht – entwickelt wurde. Woran es indessen mangelt, ist eine originäre Forschungsinstanz, die den technisch-industriellen Lebensbereich unter pädagogischem Gesichtspunkt erhellt, um eigene begründete Prinzipien zur Gestaltung der Bildungsarbeit abzuleiten. Die Erziehungswissenschaft ist kein Anhang der Philosophie, Soziologie oder Sozialpsychologie; sie kann daher auch nicht die wissenschaftlichen Perspektiven für ihre Arbeit von dieser Seite empfangen. Die Erziehungswissenschaft wird ihr wissenschaftliches Fragen vielmehr angesichts der Schlüsselfunktion, die der Bildungsfrage gebührt, in eigener Verantwortung unter Wahrung ihrer spezifischen Sichtweise in der technologischen Lebenswirklichkeit anzusetzen haben. Erst dann vermag sie das wissenschaftliche Gespräch mit der Technikphilosophie, -soziologie und anderen Disziplinen aufzunehmen. Sonst bleibt jener Eindruck gültig, daß die Erziehungswissenschaft lediglich eine Applikationsinstanz für die Erkenntnisse jener Fachrichtungen darstellt.

Notwendig dazu ist die Konstituierung der Pädagogischen Technologie als einer speziellen Disziplin, die sich vollauf dem komplexen Feld der technischen Entwicklung und ihrer pädagogischen Relevanz zuwendet. Wie das Anwachsen spezialerzieherischer Aufgaben zur Gründung der Sozial- und Heilpädagogik, der Wirtschafts- und Berufspädagogik sowie der Sportpädagogik und Friedenspädagogik geführt hat, so erfordert das vielschichtige technologische Feld hinsichtlich der möglichen pädagogischen Interventionen sowie der didaktischen Transformationen in Unterricht und Erziehung eine spezielle Disziplin in Gestalt der Pädagogischen Technologie.

Keineswegs aufgehoben ist dadurch die Forderung, daß die technologische Fragestellung künftig – ebenso wie die sozial-, friedens- und sporterzieherische Aufgabe – im gesamterzieherischen Zusammenhang bedacht und wahrgenommen werden muß. Es zeugt von einer Fehleinschätzung, wenn Repräsentanten der Erziehungswissenschaft – sei es aus mangelnder Selbstkritik hinsichtlich der Begrenztheit des eigenen Beitrags, sei es aus Aversion gegenüber einer „Bindestrich-Pädagogik" oder sei es aus bildungspolitischer Opportunität – die Ansicht vertreten, daß die Konstituierung einer speziellen Disziplin nicht notwendig sei, weil diese Fragen im gesamtwissenschaftlichen Kontext zu wahren seien. Diese Auslegung offenbart erstens eine fragwürdige Unterschätzung dessen, was an spezialwissenschaftlicher Arbeit zu leisten ist, um den großen Fragen unserer Zeit, wie Technik und Frieden, wissenschaftlich gerecht zu werden. Sie verkennt zum anderen, daß jede Spezialisierung im pädagogischen Rahmen einem begründeten Wissenschaftsbegriff entsprechend prinzipiell nur unter Wahrung der gesamtwissenschaftlichen Frage denkbar ist, weil es sich um den ganzen Menschen und nicht um isolierbare Eigenschaften handelt.

Unter diesen Voraussetzungen ist die Pädagogische Technologie als eine spezialwissenschaftliche Richtung im Rahmen der Erziehungswissenschaft zu verstehen. Nach der relativ frühen Entwicklung eines Konzepts [5] bedarf sie nunmehr der Konstituierung, wenn die drängenden Aufgaben der technischen Welt unter erziehungswissenschaftlichem Aspekt eine angemessene Lösung finden sollen. Die Pädagogische Technologie muß in sich – der Struktur des zu erhellenden Feldes entsprechend – gegliedert werden. So wird neben einer Bildungsphilosophie der Technik, die in Analogie zu den Technikphilosophien aus pädagogischem Aspekt nach dem Sinn der Technik, ihrer Funktion und Bildungsrelevanz hinsichtlich der Entwicklungsstufen des menschlichen Lebens fragt, ein Konzept für eine technische Elementarerziehung zu entwickeln sein. Elementarisierung der Technik im pädagogischen Sinne heißt eine exemplarische Darstellung der leitenden Prinzipien für die verschiedenen Entwicklungsstufen. Die Medienpädagogik, die sich während der letzten Jahre ohne eine wissenschaftstheoretische Auslotung des gesamten Bereichs der Technik und ihrer pädagogischen Relevanz als spezielle Disziplin konstituiert hat, muß sich diesem übergreifenden Konzept als spezielle Forschungsrichtung eingliedern.

Die Frage, ob die Technik im Rahmen der Schule in einer besonderen Techniklehre oder aber in der Arbeitslehre sowie in allen weiteren Fächern, wie Physik, Chemie, Biologie, Deutsch oder Geschichte, darzustellen sei, wird angesichts der Dynamik und Bedeutsamkeit des Faches dahingehend zu beantworten sein, daß neben der konstituierten Arbeitslehre und der Gemeinschaftskunde bzw. politischen Bildung alle weiteren Fächer für die Erörterung offen bleiben müssen. Daß die Technik die Entwicklung des Menschen auf dieser Erde vom ersten Tag an begleitet hat und daß sein Denken, Planen und Erfinden in einem breiten Umfang technologisch motiviert wurde, ist ein Grund dafür, in der Geschichte, Politischen Bildung und den Naturwissenschaften einen historischen Exkurs über die Entwicklung der Technik vorzusehen. [V-3.3]

Ein wichtiges Ziel dieser Bemühungen ist die Entfaltung einer „technischen Allgemeinbildung", wie sie neuerdings aus technologisch-soziologischer Sicht [6] gefordert wird; aus pädagogischer Sicht müßte es sich wohl richtiger um die Begründung eines technischen Verständnisses als konstitutiver Teil der Allgemeinbildung handeln [7, 8]. Dazu ist es notwendig, daß in den Schulen auf allen Entwicklungsstufen die Technik in allen Fächern – insbesondere aber in der Arbeitslehre und der Politischen Bildung bzw. Gemeinschaftskunde – als auch in einer auf der Oberstufe wahlweise anzubietenden Techniklehre hinsichtlich ihrer Grundprinzipien, Funktionsweise und sozialen Rückwirkung erörtert wird. Wichtig ist es, sowohl die Technikeuphorie als auch den Technikpessimismus durch eine begründete und praktische Auseinandersetzung zu überwinden.

In diesem Rahmen ist es zu begrüßen, daß alle Kultusministerien der technischen Ausstattung der Schulen eine große Bedeutung zumessen [9, 10]. Der theoretisch geleitete praktische Umgang mit den Medien und dem Computer ist zwar ein richtiger und wichtiger Anfang, aber er muß von einer konstruktiven und differenzierten Kritik begleitet sein, wenn oberhalb der Hantierebene technologisch mündige Bürger und nicht bloß versierte Technologen gebildet werden sollen. Weder eine Apparatepädagogik noch eine Theorie des gekonnten Umgangs sind notwendig, sondern die wissentliche Beherrschung der Technologie als eines Mittels, das bei gezieltem Einsatz lebensdienlich und -nützlich zu wirken vermag. [V-3.3; V-4.4]

Ein weiterer wichtiger Forschungsbereich ist die pädagogische Erschließung der Massenmedien, wie Rundfunk, Film, Fernsehen unter dem dreifachen Aspekt: kritische Analyse der Massenmedien hinsichtlich ihres vorherrschenden Menschenbildes und der sie leitenden Bildungsideen; Entfaltung von begründeten didaktischen Maßstäben für die Gestaltung der Massenmedien; Anregung und Realisierung von Rundfunk, Film- und Fernsehreihen in eigener Verantwortung – sei es für Schule, Hochschule oder Öffentlichkeit. – Leitend dafür sollte der Versuch sein, dramaturgische Einfühlsamkeit, künstlerisches Verständnis und kongeniale Intuition mit Bildungsvorstellungen so zu vereinen, daß sie den Menschen in einer ursprünglichen Weise ansprechen. [V-4.3; V-5]

Sicherlich geht es nicht nur um die bloße Nutzung der Medien im Rahmen der Unterweisung. Grundsätzliche Wechselwirkungen sind kaum zu vermeiden. Wie der Bildungsbegriff unter Einbezug der technologischen Problematik sich strukturell ausweitet, so werden auch der Anschauungsbegriff und das erzieherische Verhältnis eine Veränderung erfahren. Veranschaulichung durch Medien – sei es Film oder Fernsehen – bedeutet den Einbezug eines (film-)dramaturgisch gestalteten Teiles der Lebenswirklichkeit, was einer neuen didaktischen Aufbereitung bedarf. Zusammen mit dem Inhalt gilt es auch die Gestaltungsprinzipien kritisch zu erörtern, da nur so begründete Maßstäbe reifen können. Gerade junge Menschen haben ein ausgeprägtes Verständnis für die dramaturgischen Aspekte. Erst in diesem Rahmen ergibt sich die richtige Voraussetzung für die Analyse des Inhalts und seiner Problematik, denn jeder Einsatz von Medien muß zugleich Erziehung zu ihrem sinnvollen Gebrauch sein. Das schließt nicht aus, daß auch einmal ein Medium sich selbst auslegt, soweit es seine „Botschaft" so eindeutig aufbereitet hat, daß es Fragen, aber keine falschen Vorstellungen weckt. Insofern bedarf das Postulat McLuhans: „The medium is the message" im pädagogischen Rahmen jeweils einer kritischen Prüfung hinsichtlich des didaktischen Ortes und der erzieherischen Wirkung. [V-1]

Allein das Fernsehen ist ein Sozialisationsfaktor von nicht geringerem Einfluß als die Schule. Daher ist es von allergrößter Bedeutung, seine pädagogische – und erwachsenenbildnerische – Relevanz kritisch zu beobachten und durch Einflußnahme so zu erhöhen, daß es zu einem Bildungsfaktor werden kann. Unter diesem Gesichtswinkel sind vor allem die ungebührlich vielen Sendungen, in denen Grausamkeit und Mord bestimmend sind, zu kritisieren, weil sie eine destruktive Lebenseinstellung nahelegen. Vor allem ist es unvertretbar, daß die Sendung der Kriminalstücke mit dem Soll an Aggressivität und Grausamkeit am frühen Abend ausgestrahlt wird, zu einer Zeit, die auch den Kindern freigestellt ist, während kulturell bedeutsame Sendungen, die zumindest für Jugendliche anregend sind, häufig erst zur Nachtzeit zu sehen sind.

Noch gar nicht abzuschätzen sind die Wirkungen, die von dem in jüngster Vergangenheit entstandenen breiten Feld der Videofilme – sei es als Home-Video oder in den Videotheken – ausgehen. Die dadurch geschaffene neue „Videograusamkeit" mit ihrem sich in einem fatalen Zirkel steigernden Gemisch von Horror, Kannibalismus, Zombie und schamloser Pornographie ist viel zu spät und nur bedingt unter Kontrolle gebracht worden. Wichtig wäre es, die Wirkung von Sendungen mit Grausamkeiten und solche mit einer fragwürdigen Moral auf junge Menschen weitergehend zu untersuchen. Es kann kein Zweifel darüber bestehen, daß diese Darstellungsmuster durch ihre Allgegenwärtigkeit einen relativierenden Einfluß nehmen können.

Dieses neue Genre des Medienverbrechertums mit einer hintergründig erklügelten Grausamkeit repräsentiert neben dem Lebensalltag eine äußerst fragwürdige Wirklichkeit, die von Millionen nicht nur genüßlich verfolgt wird, sondern durch das bewußte und geplante Erleben auch die Lebensanschauungen und -grundsätze verändert. Nur wenige Akte werden in vielen Familien so gründlich eingeplant wie die allabendliche Kriminalsendung mit ihrer stets infernalischen Botschaft. Es ist schon ein Zeichen innerer und äußerer Verrohung, wenn ein ganzes Volk sich nahezu täglich derartige Programme nicht nur bieten läßt, sondern sie auch akzeptiert und durch die hohen Einschaltquoten sanktioniert, so daß das Importieren dieser Filmkategorie aus weiteren Ländern als gerechtfertigt erscheint.

Alle in diesem Zusammenhang erörterten Theorien hinsichtlich der Wirkung können nur Teilantworten vermitteln. Das trifft sowohl für die Auslösungs- als auch für die Katharsistheorie zu. So wird die Teilhabe am medialen Grausamkeitsgeschehen keineswegs auf direktem Wege eigene Grausamkeiten und kriminelle Handlungen auslösen. Entscheidend sind die Personagenese und -disposition sowie das Umfeld mit seiner beispielhaft erfahrbaren moralischen Grundeinstellung. Verhängnisvoll genug ist bereits eine Verflachung der sittlichen Prinzipien sowie eine Abstumpfung des Mitempfindens für die Not anderer – selbst wenn sie ihren Ausdruck nicht in entsprechenden Handlungen finden. Der Wandel menschlicher Einstellungen und Haltungen pflegt langsam vor sich zu gehen, aber er ist in seinen Ergebnissen nur schwer revidierbar.

In durchaus verwandter Weise kann es zur Katharsiswirkung kommen, soweit die Gewalt- und Horrorszenen in distanziert reflektierender Haltung durchschaut werden[11]. Ob das Wirkungsgefüge zur überzeugten Abkehr oder zu einer süchtigen Abhängigkeit führt, ist letztlich von der personalen Substanz und den erfahrenen Motiven der Lebenswelt abhängig. Die große Gefahr besteht in dem regelmäßigen Medienkonsum und der Einseitigkeit seiner Maßstäbe. Dadurch kann ein durch die simulierte Welt verschattetes Bewußtsein und ein formalisiertes Gefühlsleben entstehen, dem nur eine abstrakte Sinnlichkeit entspricht, die Unempfänglichkeit für die Ursprünglichkeit der Eindrücke in Lebenswelt und Natur zur Folge hat.

Von großer Bedeutung ist eine Familienkultur, die in einem differenzierten Sinne offen ist für die Medien, so daß Maßstäbe für die Auswahl gebildet werden und die abschließende Diskussion eine kritische Wertung im Zusammenhang mit den Erwartungen ermöglicht. Daß diese Gespräche sich über die Familie hinaus aufgrund einer gemeinsamen Erlebensbasis auf Freunde, Schule und Betrieb ausdehnen können, muß dann kein Nachteil sein, wenn das Erfahrene Lebensprobleme erhellt und nicht auf eine mediale Welt eigener Gesetzlichkeit fixiert bleibt[12]. [V-2; V-4.4]

Diese Form interner Rückmeldung ist wichtig für die geistige Durchdringung und Verarbeitung der Medien. Von nicht minderer

Von den modernen Medien ist der Computer wohl die größte Herausforderung für die traditionellen Bildungsvorstellungen. Entscheidend für die Zukunft der Bildung in und außerhalb der Schule wird es sein, ob eine pädagogische Durchdringung und Vertiefung technischer Entwicklungen möglich sein wird. Die Abbildung zeigt den Unterricht mit Computern in einer achten Klasse. – Seit es Ende der siebziger Jahre möglich war, preiswerte Computer auf den Markt zu bringen, begann das Computerzeitalter auch in der Schule. Vom bloßen Spielgerät entwickelte sich der Computer zum spielerisch verwendbaren Lernmittel.

Bedeutung ist die Rückkoppelung zur Sendeanstalt selber – sei es um Fragen zu stellen, Anregungen zu vermitteln oder sei es, um Kritik auszusprechen. Die Medien als wichtiger Teil der Technik sollten im Bewußtsein ihrer Unvollkommenheit und Ergänzungsbedürftigkeit arbeiten, sie sind daher auf Rückmeldung angewiesen. Daß damit ein neuer Medienstil befürwortet wird, ist ebenso deutlich wie die Möglichkeit einer erhöhten Bildungswirkung.

Bildung ist keine Buch- und Schulangelegenheit, sondern eine Aufgabe der mitmenschlichen Entwicklung; sie ist daher ein erregend lebendiges Phänomen, in dessen Dienst die Medien treten können, soweit sie sich auf diese Aufgaben angemessen einzustellen bereit sind. Sie sollten und müßten es, wenn sie ihrem Auftrag gerecht werden wollen. Dazu gehört dann auch ein eingehendes Kinder- und Jugendprogramm, das mit der Sesamstraße oder der Raumschiffprogrammatik in seiner Problematik lediglich punktuell angedeutet sei. Worauf es sehr viel stärker ankommt, ist die Verzahnung dieser Programme mit den realen Wünschen, Träumen, Zielen und Aufgaben der jeweiligen Entwicklungsstufen – entwicklungspsychologisch und – was noch wichtiger ist – real- und sachpädagogisch.

Vermieden werden muß, daß die jungen Menschen in zwei beziehungslose (Kultur-)Welten hineinwachsen: auf der einen Seite die traditionelle Kultur, die von Elternhaus und Schule angenommen ist und gefördert wird; auf der anderen Seite die technische Welt, derer man sich zwar bedient, aber sie doch nur in ihrer Dienstfunktion toleriert. Dadurch könnte eine Zwei-Kulturen-Theorie und -Praxis entstehen, die überall in der einen Kultur Gegensätze durch zweierlei Maßstäbe errichtet. Umso wichtiger ist es, daß sich die Bildungsarbeit in Schule, Erwachsenenbildung und selbst in den Medien dieser Aufklärungsaufgabe annimmt. Ein übergreifendes Ziel besteht in der Begründung pädagogischer Maßstäbe, die aufgrund einer gediegenen Kenntnis der Problematik die Gewähr dafür bieten, daß der Einzelne die wissenschaftlich-technischen Artefakte wie auch die neuen Medien in ihrer sich kontinuierlich perfektionierenden Art vom Satelliten- und Kabelfernsehen bis zum Breitband-Kabelsystem kritisch benutzt.

Daher ist die Überlegung durchaus angebracht, ob die Schule sich darauf zu begrenzen hat, Maßstäbe und Ordnungsprinzipien für den Umgang mit den Medien zu vermitteln, oder ob sie die Medien selbst als ein unterrichtserzieherisches Mittel einbeziehen soll. Die Antwort resultiert aus der Tatsache, daß das eine nur mit dem anderen möglich ist. Daher sollte ein Primat in der gemeinsamen Entfaltung von Ordnungsprinzipien gesehen werden, die in einer von Massenkommunikationsmitteln bestimmten Lebenswelt vordringlich sind. Ein übergreifendes Bildungsziel dieser Bemühungen muß darin bestehen, eine grundsätzlich ablehnende Einschätzung wie auch einen unreflektierten Technizismus zu überwinden und durch ein kritisch abwägendes und daher begründetes Verhältnis zu ersetzen, das die technische Entwicklung kenntnisreich und urteilsfähig im Sinne der Technikbewertung mit zu gestalten vermag.

Gerade die Technikfolgenforschung und die Technikbewertung vermögen durch das Fragen nach den humanen und sozialen Rückwirkungen der Technik auf das menschliche Leben über die globale Ablehnung oder Zustimmung hinaus das Gespür für ein eingehenderes und produktives Verständnis zu schärfen. Sie vermögen im Bildungsrahmen über den sehr kleinen Kreis der technologischen Experten hinaus Mitverantwortung für die Technikentwicklung zu wecken, die in einem demokratischen Staat vom Verständnis eines jeden Einzelnen getragen sein will. [I-1.3; I-3]

Von den Medien hat das Radio inzwischen die längste Bewährungsprobe als Bildungsmittel bestanden. Das hängt damit zusammen, daß es früh entwickelt wurde und mit geringen Kosten benutzt werden kann. Von der Struktur her betrachtet ist festzuhalten, daß das gesprochene Wort pädagogisch am eindringlichsten wirkt – nicht zuletzt darum, weil keine komplizierte Apparatur ablenkt. Die Bildungsprogramme des Rundfunks haben sich insbesondere in der Dritten Welt bewährt, weil sie die größten Entfernungen bis ins kleinste Dorf im Landesinneren überbrücken. Auf diese Weise wird nicht nur der Unterricht vermittelt bzw. ergänzt, sondern es können auch wichtige Hilfen im Rahmen der Lehrerbildung und -fortbildung bereitgestellt werden. Durch die Versendung von Begleitheften erfährt diese Arbeit pädagogisch noch eine weitere Absicherung. Derartige Bildungsprojekte existieren in nahezu allen Ländern der Dritten Welt – häufig angeregt und begleitet durch die UNESCO[13]. [V-4.3]

In diesem Zusammenhang gehört auch die kritische Erörterung der Mitschau, die sowohl für die Lehrerbildung als auch für die Forschung die Möglichkeit zur Beobachtung der Unterrichtsversuche der Studierenden sowie die Analyse der methodisch-didaktischen und erzieherischen Wirkung verschiedener Unterichtsstile in einem variierbaren und kontrollierbaren Rahmen erlaubt. Der eingeleitete Prozeß einer Adaption des micro-teaching und des minicourse unter kritischer Aufarbeitung der Erfahrungen in den Forschungszentren in Stanford, Berkeley und Austin[14,15] ist fortzuführen. Das technische Medium erweist sich in allen diesen Fällen als modulationsfähig; es erlaubt daher nicht nur die Einübung von Fertigkeiten (teaching and technical skills), sondern auch die Weckung eines wissenschaftlichen Verständnisses für die wechselnden Formen des Lehrens und Lernens als Ergebnis eingehender pädagogischer Analysen.

Von allen technischen Unterrichtshilfen muß vor allem der didaktisch motivierte Umgang mit dem Computer und den Medien wissenschaftlich weiter erarbeitet werden. Wenn auch die großen Erwartungen, die in den 60er Jahren den ersten Einzug dieser Medien in die Schulen der USA und wenige Jahre später in bescheideneren Ansätzen in Europa begleitet haben, einer Ernüchterung gewichen sind, so erfordern sie hinsichtlich der weiteren Erprobung um so mehr eine empirische Überprüfung. Gereift ist die Einsicht, daß die Medien – sei es Radio, Film, Fernsehen oder Computer – eine zeitlich begrenzte Entlastung und potentiell auch Bereicherung vermitteln können, soweit sie didaktisch in Unterrichtsphasen eingepaßt werden, in denen selbständige Arbeit oder Veranschaulichung angebracht erscheint. Zusammenfassend urteilt Hartmut von Hentig: „Und alles, was geblieben ist, zeigt, daß mehr Apparatur mehr Ingenium, mehr Arbeit und mehr Selbstbewußtsein vom Lehrer verlangt! Oder das ganze führt zu Langeweile und Chaos"[16]. Aber man muß hinzufügen, daß die didaktisch angemessene Einpassung der Medien mit der Veranschaulichung einen lebendigen Unterricht gewährleisten kann und daß die pädagogisch dosierte Nutzung der Technik am wirksamsten ihren Dienstwert und damit ihren Sinn zu erschließen vermag.

Mit der weiteren Entwicklung der Informations-Technik sind gegenwärtig ähnlich überspannte Erwartungen geweckt worden. Eine realistische Perspektive der möglichen didaktischen Lösungen kann ein kritischer Rückblick auf die bereits in den 60er Jahren eingerichteten Forschungsinstitute und ihre Ergebnisse, etwa am Beispiel des 1964 gegründeten „Learning Research and Development Center" in Pittsburgh, gewähren. Unter der Leitung von Robert Glaser, der bis heute einer der führenden Forscher im Bereich einer Integration des Computers in das pädagogische Feld geblieben ist, vermögen die Ergebnisse aus seinem Laboratorium und der Oakleaf-Experimentierschule in Whitehall, einem Vorort von Pittsburgh, wegweisend für die weitere Entwicklung zu wirken[17].

Die generelle Antwort ist, daß eine computerisierte Schule in absehbarer Zeit nicht zu erwarten und auch nicht wünschbar ist; vielmehr werden die Informations- und Computertechnik in didaktisch gezieltem Einsatz entscheidend die Individualisierung eines Unterrichts unterstützen, der sich auf das Begabungsprofil in differenzierter Aufgabenstellung einzurichten vermag. Interessant ist es, daß das Konzept der individualized instruction entscheidend durch die computergeleitete Unterrichtsarbeit in Pittsburgh angeregt wurde. Wie weit dieser Unterricht ein forschendes Lernen unterstützen kann, ist weitgehend eine Frage der erfindungsreichen Entfaltung der Software. Das ist ein Prozeß, der gerade für die kritisch aufgearbeiteten Erfahrungen der Schüler offen sein sollte. Daher gehört er auch in die Verantwortung des Pädagogen, dem damit ein neuer Aufgabenbereich erschlossen wird; ihn bald erfindungsreich in Angriff zu nehmen, ist ein Gebot der Stunde, das über die Bildungswirksamkeit des Computers entscheiden könnte.

Dem Computer muß aus zwei Gründen eine besondere Aufmerksamkeit gewidmet werden: Einmal, weil er eine ungewöhnlich große Resonanz von seiten der Heranwachsenden und Jugendlichen findet, und zum anderen, weil er bei richtiger didaktischer Dimensionierung zu einem wichtigen Gehilfen bei der Lösung unterschiedlicher Lebensfragen werden kann. Da es bekannt ist, daß über die Hälfte der Jugendlichen seit dem 12. Lebensjahr den Computer als Lern- bzw. Spielgehilfen hoch einschätzen, wobei ein Teil dieser Gruppe bereits über praktische Erfahrungen im Umgang mit Computern verfügt, ergibt sich die Notwendigkeit einer planmäßigen Einführung von seiten der Schule.

Reklame aus dem Jahre 1954 für den Computer Univac der Firma Remington Rand. Univac war das erste kommerzielle Computersystem Amerikas. Seine Fertigstellung im Frühjahr 1951 erregte größtes Interesse und leitete auch im Bewußtsein der Öffentlichkeit das Computerzeitalter ein. 1952 gelang mit ihm erstmals die annähernde Voraussage des Ergebnisses einer Präsidentschaftswahl.

Daß die Vielzahl möglicher Hilfen wie die Speicherung stets abrufbaren Wissens, das Rechnen komplizierter Aufgaben, die Textgestaltung und -verarbeitung zu einer Schwächung der sozialen Aufgeschlossenheit führen kann, ist häufig als technologische Isolierung und

Vereinsamung in einer künstlichen Welt beklagt worden. Die pädagogische Folgerung daraus ist, daß neben und mit der Computerarbeit der soziale und kulturelle Aspekt einer ergänzenden Pflege bedarf. Die Forderung, daß mit jedem Computer ein weiteres Musikinstrument in die Schule kommen muß, besagt die um so bewußtere Gestaltung der musisch-sozialen Komponente als Ergänzung und Gegengewicht. [V-4.4]

Darüber darf indessen die Computer-Philosophie nicht übersehen werden, die die Kennzeichnung eines modernen Computersystems als Organismus als gerechtfertigt betrachtet, wie es bei Joseph Weizenbaum [18] geschieht. Da dem Computer hier die Fähigkeit begrenzter Kommunikation mit der Umwelt sowie die Möglichkeit entsprechender Sozialisierung in die Umwelt zugeschrieben wird, billigt man ihm potentiell eine Art Selbstbewußtsein zu, so daß das Bild vom Partner eine tiefere Bedeutung erhält. Entsteht damit in der Reihe zwischen Mensch und Tier ein neues „Wesen", das eine eigene Form technologischer Soziabilität entfaltet, wie es etwa die Deutung der Computerwelt durch Sherry Turkle – nicht ohne Analogie zum Märchen – nahelegt? Die technologische Welt erfordert sachtechnisches Verständnis und nüchterne Beurteilung, die trotz notwendigen Engagements kritisch abwägende Distanz einschließen; sie müssen auch eine Direktive der Bildungsarbeit bleiben.

Der Aufgabenbereich einer Pädagogischen Technologie ist von der übergreifenden Fragestellung her betrachtet in sich geschlossen. Gewahrt bleiben muß die gesamtpädagogische Fragerichtung, damit nicht eine technologische Enklavenbildung in pädagogischer Legitimation entsteht. Den bisherigen Erfahrungen entsprechend ist die Gefahr nicht gering zu veranschlagen, daß – als Rückwirkung der stark formalisierten computer-literacy – die konventionellen Kommunikationstechniken, wie sprechen, schreiben, lesen, zu verkümmern beginnen. Die Perspektive eines computer-konditionierten Kulturverlustes entbehrt keineswegs realer Erfahrungswerte. Der oft erörterten Humanisierung der Technik muß eine Integration des technologischen Prinzips in den soziokulturellen Rahmen entsprechen. Geleitet werden muß diese Entwicklung durch einen neuen Begriff der Allgemeinbildung, der technologisches Wissen und Können als Ergebnis einer kritischen Auseinandersetzung als sinnvolles Element einschließt. [V-1; V-2]

Humanisierung der Technik als übergreifendes Ziel

Der Versuch einer humanisierenden Einwirkung auf die technisch-industrielle Welt in pädagogischer Verantwortung muß sich von den Prinzipien einer „Zukunftsethik“[19] leiten lassen. Die bestimmenden Perspektiven dafür sind, neben der Einsicht in die „Verletzlichkeit der Natur“, die Forderung, die zukünftige Integrität des Menschen und der Natur in das technologische Grundverhalten einzubeziehen. Das setzt ein kritisch abwägendes Verhältnis zur Technik voraus, das im Rahmen der Technikbewertung die anthropologischen Rückwirkungen und die Konditionen der Zukunft stets einbezieht. Vor allem ist die der Technik eigene Dynamik durch eine wachsame Reflexion zu begleiten, die mögliche Korrekturen bereits einplant. [I-3.4]

In diesem Rahmen kommt möglichen Zukunftsmodellen eine wichtige Funktion zu: sie schärfen den Blick für das Mögliche, indem sie das Notwendige aufweisen. Unter diesem Aspekt werden in dem Buch von Klaus Haefner „Die neue Bildungskrise“ in Antizipation des technologisch Möglichen zwei alternative Gesellschaftsformen entfaltet. Nach Art utopischer Imagination werden die entwicklungsträchtigen Strukturen der Gegenwart in das Jahr 1997 projektiv verlängert, so daß am Beispiel von zwei „Denkmodellen“ eine abwägende Stellungnahme eröffnet wird: einerseits die „Homuter-Gesellschaft“ und andererseits die „human-alternative Gesellschaft“[20]. Das zentrale Kriterium zur Unterscheidung beider Gesellschaftsformen ist die verschiedene Bewertung der Informationstechnik, der für die zukünftige technologische Entwicklung eine grundlegende Bedeutung zugemessen wird. [V-4.4]

Die Homuter-Gesellschaft, deren Leitbegriff eine Abbreviatur von Homo und Computer darstellt, verkörpert den Versuch, einerseits die Informationstechnik folgerichtig weiterzuentwickeln und andererseits als integrierenden Teil des soziokulturellen Systems zu akzeptieren. Somit wird erwartet, daß durch die zunehmende rationale Durchsichtigkeit des gesellschaftlich-beruflichen Bereichs sowie durch die fortschreitende Informatisierung vieler Funktionen der einzelne Mensch eine starke Entlastung erfährt. Durch eine pädagogisch gezielte Vorbereitung, die stärker die ursprünglich kommunikative Einstellung und soziale Verantwortung unter Priorisierung des Gefühls- und Gemütlebens betont, soll der private und zwischengesellschaftliche Bereich intensiv erschlossen werden. Es wird eine weitgehende Distanzierung von der materiellen Grundeinstellung erwirkt, so daß die Homuter-Gesellschaft einen Integrationsrahmen für zwei sich ausgrenzende Einstellungen bietet: die bedingungslosen Befürworter der Technifizierung und die Alternativen. Durch eine wohl abgewogene Nutzung der Technologie und insbesondere der Informationstechnik soll es gelingen, einen humanen Lebensraum zu sichern. [V-4.4]

Neben diesem priorisierten Modell der Homuter-Gesellschaft nimmt sich die Darstellung der human-alternativen Gesellschaft blaß aus. Sie versteht sich als ein konsequentes Zuendeführen der Grundbestrebungen der technologischen Protestbewegung – sei es in Sachen Kernkraft, Umwelt oder Konsum. Diese Bestrebungen, die alle auf eine Begrenzung der Technik und ihres künstlichen Apparats zugunsten intensivierter mitmenschlicher Bestrebungen und einer bewußt gewahrten Verantwortung gegenüber Umwelt und Natur hinauslaufen, werden ernst genommen und als bejahenswert dargestellt. Die Bedenken richten sich gegen eine kunstvolle Begrenzung der technologischen Entwicklung und ein Einfrieren der Informationstechnik – etwa auf dem Stand 1985. Daran schließt sich die Vermutung an, daß dieser Verzicht die Rolle des Menschen als homo faber perpetuieren wird. Anstatt Entlastung durch kontinuierliche, aber kritisch abgewogene Informatisierung und durch Einschaltung von Computern und Datenbanken wird der Berufsmensch weiter unter Zeitdruck stehen. Bei knapper werdenden Ressourcen, die bei gedrosselter technologischer Entwicklung und der dazugehörigen Forschung keine entsprechende Entlastung finden, könnte das Modell der human-alternativen Gesellschaft die Gefahr heraufbeschwören, daß einige der einleitend als erhaltungswürdig präzisierten Prämissen in Frage gestellt werden.

Wenn auch die Darstellung der beiden Denkmodelle nicht ohne Einseitigkeit geschieht, so besteht das Verdienst zweifellos darin, daß überschaubare Perspektiven für die zukünftige Entwicklung entfaltet werden. Die Schlüsselfrage für die Meisterung dieser Entwicklung liegt in der Bildung der Jugend für die Technik, was das kritische Fragen und Infragestellen einschließt. Was indessen wichtig bleibt, ist die Ersetzung der Resignation und der bloßen Verweigerung durch eine produktive Auseinandersetzung, deren Grundabsichten stets die Weiterentwicklung des Menschlichen – der res humanae im Sinne des Amos Comenius (1592–1670) – im Rahmen der Technik sein sollte. Humanisierung der Technik im Dienste des Menschen ist die leitende Fragestellung, die es entscheidend in pädagogischer Verantwortung zu erörtern gilt.

Angesichts der großen Bedeutung, die der pädagogisch-ethischen Durchdringung der Technik für die postindustrielle Gesellschaft zukommt, ist zu überlegen, ob einige Modellschulen mit technologischer Schwerpunktbildung diese Entwicklung fördern könnten. Derartige

Modellschulen haben die anderen Schulen keineswegs von der einführenden Funktion in die Probleme der technischen Welt zu entlasten; sie haben vielmehr beispielhaft didaktische Verfahren zu entwickeln und die wissenschaftlich erhellten Erfahrungen den weiteren Schulen zur Verfügung zu stellen. Die Gründung einiger derartiger Modellschulen könnte die Erfahrungen, die in den USA, England und neuerdings auch in Frankreich mit einer audio-visuellen Schule als Collège d'Enseignement Secondaire in Marly-le-Roi bei Paris gemacht wurden [21, 22], bewußt nutzen. Soviel dürfte indessen von vornherein klar sein, daß der Einbezug der Neuen Medien in die Schule nicht additiv geschehen kann; das didaktische Ziel hat vielmehr eine Umstellung des Lernprozesses insgesamt zu sein. Somit wird es auch keine isolierte informationstheoretische Bildung oder Computerbildung geben, sondern beide sind als konstitutiver Bestandteil der Bildung überhaupt zu betrachten. Nur eine von ihren Grundlagen her geistig durchdrungene Technik, was eine Bewußtmachung der ihr eigenen ästhetischen und anthropologischen Dimension einschließt, kann humanisiert und somit integrierender Bestandteil der Bildung werden. [V-2]

Technik und Verantwortung: der ethische Aspekt

Die gefährdende Kehrseite der Technik, die darin besteht, daß sie weitgehend zu einem Raubbau an den Rohstoffen und zu einer Störung des ökologischen Gleichgewichts führt, ist gegenwärtig immer wieder signalisiert worden – am alarmierendsten in der Studie des Club of Rome „Die Grenzen des Wachstums". Der fragwürdig grandiose Siegeszug der industriellen Technik steht unter der Gefahr, daß er mit dem Preis des Ruins der Menschheit, dem „programmierten Selbstmord" [23] zu bezahlen sein wird.

Der reale Preis dieser technischen Entwicklung ist das tagtägliche Unfallgeschehen, die Umweltbelastung sowie das, was Martin Heidegger (1889–1956) als „Entbergung" bezeichnet hat. Er legt die Technik als eine Möglichkeit aus, das zu „entbergen", was in der Natur – ihr unbewußt – als Potenz angelegt ist. „Die Technik ist eine Weise des Entbergens" [24]. Das Entbergen ist ein Offenlegen oder Wahrmachen und als solches ein Weiterführen der Natur.

Aber seit Tschernobyl haben wir deutlich auch den antihumanen Sinn des „Entbergens" kennengelernt; er bedeutet ein Herausfallen aus der bergenden Kraft der Naturgesetze, die dem Menschen gliedhaft im Kosmos seinen Platz sichern. Die der Natur abgelauschten und unter der Kontrolle des Menschen arbeitenden Gesetze vermögen sich gegen ihn zu wenden. Somit leitet die Technik einen Prozeß ein, in dem der Mensch nicht nur die der Natur abgelauschten Gesetze gegen sie einsetzt, ihre natürlichen Vorkommen und Energiequellen nutzt, sondern selber unter der Gefahr steht, aus dem zerstörten Zusammenhang herauszufallen. Diese Nebenwirkungen der Technik sind in ihr selbst angelegt, wenn sie sich an das „Herstellen" verliert und maßstablos wird. Der homo technicus muß daher jenes Maß an Weisheit in sein Handeln und Gestalten aufnehmen, das ihm Heimatrecht in der Tradition des Humanen verleiht und ihn zum homo technicus sapiens macht. Notwendig wird daher die Rückwendung zur „inneren Erfahrung" und ihre pädagogische Erhellung. Mit Recht kann der Vertreter der Technikphilosophie, Hans Sachsse, der selber über eine vieljährige Praxis in der Industrie verfügt, dazu kritisch anmerken: „In unseren Erziehungsprogrammen kommt die Schulung zur inneren Beobachtung, zur Selbsterfahrung nicht vor"[25].

Die Herstellung des Gleichgewichts zwischen Wollen, Sollen und Können ist seit Rousseau ein anthropologisches Grundgesetz[26] geworden. Durch die Technik ist die Verfügungsmacht des Menschen über die Natur ins Unermeßliche gewachsen, und die technologisch ermöglichte Massenproduktion stellt dem Menschen Produkte zur Verfügung, über deren Herkunft und Herstellungsweise der Einzelne kaum konkrete Vorstellungen hat. Gerade in dieser Lage ist es notwendig, das Sollen wieder pädagogisch zu aktivieren gegenüber dem sonst maßlos werdenden Können und Wollen. Nur so gewinnt das Dürfen als ethischer Aspekt seine innere Berechtigung. Dazu ist die Selbsterfahrung notwendig, die durch die Vermittlung von Maßstäben das Können an dem Sollen mißt.

Damit wird angesichts der defizitären Lage ein pädagogisches Programm sichtbar: „Die Schulung der Selbsterfahrung fehlt in unserem Erziehungssystem vollständig. Es gibt keine Übungen zum Ertragen von Hunger, Durst und Schmerzen, zur geistigen Konzentration bei Ablenkungen, zur Beherrschung der Emotionalität und Affektivität, zu Triebverzichten ohne Beeinflussung des psychischen Gleichgewichts, obwohl die Erfahrung derartiger eigener Realitäten von so großem Wert ist, daß sie das Verhältnis von Wollen und Können ins Gleichgewicht bringt, und dem, der sie besiegt, größere Sicherheit verleiht"[27].

Das Ziel ist die Überwindung der mit der Technifizierung einhergehenden „anmaßenden Überheblichkeit des Subjekts" gegenüber der Natur und den Mitmenschen. Ohne fortlaufende Rückbesinnung auf die „wahren Bedürfnisse" des Menschen und sein gliedhaftes Verhältnis zur Natur wird permanent die Sorge wachsen, daß angesichts des durch die Technik Verfügbaren ein natürlich ausgewogenes Selbstverständnis verloren geht. Gerade die ins Unermeßliche gewachsene Verfügungsmacht über die Natur erfordert im Zusammenhang mit dem technischen Können die Weckung der Frage nach dem Dürfen. Daher gibt es nicht wenige Stimmen, die die Entfaltung einer neuen problemangemessenen Ethik für wichtiger erachten als eine weitere Ausschöpfung der technischen Möglichkeiten. Jede weitere technische Machtentfaltung kann erst zum technischen Fortschritt werden, wenn sie in ethischer Verantwortung vor dem Menschen und der Natur abwägend geplant und gestaltet wurde. [I-3.4]

Dazu gehört auch die Begründung eines rechten Verhältnisses zur Technik, was wiederum voraussetzt, daß es neben der Betonung der Gefahren die eigentlich schöpferische Potenz der Technik freilegt und würdigt. Wenn diese Einstellung gestärkt werden soll, dann bedarf dieser Akt der Mitwirkung und Mitverantwortung aller – zumindest durch ein wissendes Verstehen. Die Technik ist kein isoliertes Werk der Ingenieure – einer Kaste, die in vermeintlicher kalter Rationalität die Welt in ein kalkulierbares Maschinenhaus umzuwandeln trachtet. Die ethische Wachheit des Ingenieurs und seine Verantwortung für die Lebenswelt aller ist mit der zunehmenden technischen Machtballung ein zentrales Diskussionsthema geblieben. Alle vorliegenden empirischen Befunde, die angesichts der Bedeutung der Thematik breiter und aktueller sein könnten, besagen indessen, daß die Ingenieure weder Vertreter einer bloßen Machbarkeitsideologie noch eines reinen Spezialisierungskults sind [28, 29]. Die humane Rückbindung des technischen Entwerfens und Erfindens wird vielmehr von einer breiten Gruppe als ein dringendes Erfordernis angesehen, soweit Mensch und Natur die verbindlichen Bezugspunkte bleiben sollen.

Umso bedeutsamer ist es, daß die Verantwortung vor dem technisch Machbaren, seiner Vereinbarkeit mit den Menschenrechten und -pflichten im Kreise der für die technische Gestaltung Verantwortlichen – insbesondere der Ingenieure – immer wieder bewußt gemacht wird. Abgesehen davon, daß diese Gedanken im Rahmen des Bildungssystems zur Aufklärung über die leitende Technikproblematik ihre Erörterung finden müßten, gehören sie in die Studiengänge der Ingenieurwissenschaftler im weiteren Sinne. Ein studium generale in traditioneller Anlage kann diese Aufgaben nicht erfüllen, zumal es weitgehend auf eine Vertiefung der Allgemeinbildung abgestimmt ist. Ein bemerkenswerter Ansatz zur Lösung der skizzierten Frage liegt in einem seit 1979 an der Harvard Universität entwickelten Programm [30] vor. Diese Harvard Reform – konkretisiert in der general education – distanziert sich von dem relativ unverbindlichen Konzept der Allgemeinbildung in Richtung auf eine Ethik der Fachbereiche – findet Gestalt in der Fragestellung „Technology and Ethics". Orientierungspunkt ist die „educated person", die erzogene und urteilsfähige Person, die das Fachliche in den allgemeinmenschlichen Kontext zu integrieren vermag.

Ein weiterer Ansatz zur ethischen Durchdringung der Technologie ist das „Bekenntnis des Ingenieurs", das der „Verein Deutscher Ingenieure" bis in die 1970er Jahre jedem neuen Mitglied bei der Aufnahme überreicht hat. Die dort entwickelte Handlungsdirektive bleibt frei von Aspekten der Kosten-Nutzen-Rechnung, die häufig als maßgebend für technologische Planungen betrachtet werden; sie lautet: „Der Ingenieur übe seinen Beruf aus in Ehrfurcht vor den Werten jenseits von Wissen und Erkennen und in Demut vor der Allmacht, die über seinem Erdendasein waltet. – Der Ingenieur stelle seine Berufsarbeit in den Dienst der Menschheit und wahre im Beruf die gleichen Grundsätze der Ehrenhaftigkeit, Gerechtigkeit und Unparteilichkeit, die für alle Menschen gesetzt sind. – Der Ingenieur arbeite in der Achtung vor der Würde des menschlichen Lebens und in der Erfüllung des Dienstes an seinem Nächsten, ohne Unterschied von Herkunft, sozialer Stellung und Weltanschauung. – Der Ingenieur beuge sich nicht denen, die das Recht eines Menschen gering achten und das Wesen der Technik mißbrauchen; er sei ein treuer Mitarbeiter an der menschlichen Gesittung und Kultur. – Der Ingenieur sei immer bestrebt, an sinnvoller Entwicklung der Technik mit seinen Berufskollegen zusammenzuarbeiten; er achte deren Tätigkeit so, wie er für sein eigenes Schaffen gerechte Wertung erwartet. – Der Ingenieur setze die Ehre seines Berufsstandes über den wirtschaftlichen Vorteil; er trachte danach, daß sein Beruf in allen Kreisen des Volkes die Achtung und Anerkennung finde, die ihm zukommt" [31]. [I-3.4; V-3.5; V-3.6.2]

Der ethischen Einbindung der Technik in den Dienst am menschlichen Leben, seinen überzeitlichen Werten und Zielen, dient auch die Karmel-Deklaration über die moralische Verantwortung gegenüber der Technik; sie wurde zum Abschluß des internationalen Symposions „Ethik im Zeitalter der alles durchdringenden Technik", das im Dezember 1974 im Technion in Haifa und in der Residenz des Staatspräsidenten Ephraim Katzir in Jerusalem stattfand, formuliert. Darin heißt es in 10 Punkten, die hier gekürzt wiedergegeben werden [32]:

– „Wir erkennen den bedeutenden Beitrag der Technik zur Verbesserung der menschlichen Lebensbedingungen an....

- Die verantwortliche Kontrolle technischer Entwicklung durch soziale Systeme und Institutionen ist eine dringliche Aufgabe für die ganze Welt, die über alle Interessenkonflikte und alle religiösen, rassischen oder politischen Gegensätze hinausreicht.
- Kein Aspekt der Technik ist moralisch gesehen ‚neutral'. – Es sind Menschen – als Individuen oder als Agenten sozialer Institutionen, die die volle Verantwortung für den Mißbrauch der Technik tragen.
- Die Formulierung neuer Orientierungsmaßstäbe für ein Zeitalter der allbeherrschenden Technik ist eine dringliche Aufgabe. – Jede technische Unternehmung muß die menschlichen Grundrechte anerkennen und die Menschenwürde respektieren.
- Unbedingter Vorrang sollte der Erleichterung menschlichen Leides, der Ausrottung von Hunger und Krankheit, der Bekämpfung sozialer Ungerechtigkeit und dem Streben nach dauerhaftem Frieden gegeben werden.
- Mit der Untersuchung und Erörterung dieser Probleme und ihrer Auswirkungen müssen sich alle Bildungsinstitutionen und Informationsmedien befassen...
- Die Erfüllung dieser Aufgaben erfordert bessere soziale Institutionen durch aktive Mitarbeit von Staatsmännern und Fachberatern.
- Diese Forderungen bedingen ständige Arbeit an drei verschiedenen, aber miteinander verbundenen Aufgaben: Die Entwicklung der ‚Wächterdisziplinen' für die Überwachung, Modifizierung, Verbesserung und mögliche Begrenzung der Auswirkungen auf den Menschen...
- Das Zusammenwirken der verschiedenen Morallehren in gemeinsamer Arbeit.
- Die Schaffung besserer Erziehungs- und Gesellschaftsformen."

In diese Linie fügt sich der „New Code of Ethics" der amerikanischen Ingenieure gut ein. In den USA hat es im Rahmen der Versuche um eine Professionalisierung des jungen Standes der Ingenieure in Analogie zu den freiberuflich wirkenden Ärzten und Juristen eine lange und breite Diskussion um den Problemkreis einer „Engineering Ethics" gegeben. Die gedanklichen Eckpunkte dieser Erörterung, die vornehmlich im Rahmen der ASCE (American Society of Civil Engineers) als Standesvertretung geführt wurde, waren die Konstituierung eines Berufsbekenntnisses des Ingenieurs (Faith of the Ingineer) in Entsprechung zum Kodex des Hippokrates, der mit der Bewußtmachung der Ehre (Engineering Honor) die Gemeinnützigkeit seiner Arbeit im Dienste der Menschheit (Interest of Public Welfare and Benefit of Mankind) einschärft. Seither ist die soziale Komponente als

Dienst am Menschen zur Dominanten des Berufsverständnisses geworden.

Als Ergebnis dieser Diskussion des Problemkreises „Ethical Problems in Engineering", der gegenwärtig stark vom „Rensselaer Politechnical Institute" in New York gefördert wird, existieren mehrere Fassungen eines „Code of Ethics". Vorgestellt sei die Fassung vom 1. Oktober 1974. Nach einer einleitenden Darlegung der grundlegenden ethischen Prinzipien wie Wahrung und Förderung von Integrität, Ehre und Würde des Berufsstandes wird der folgende grundlegende Kanon entwickelt:

„1. Die Ingenieure sollen bei der Ausübung ihrer beruflichen Pflichten die Sicherheit, Gesundheit und das Wohlergehen der Öffentlichkeit hochhalten.
2. Die Ingenieure sollen ihre Dienstleistungen nur im Bereich ihrer Kompetenzen ausüben.
3. Die Ingenieure sollen öffentliche Stellungnahmen nur in einer objektiven und wahrheitsgemäßen Weise abgeben.
4. Die Ingenieure sollen in beruflichen Angelegenheiten für jeden Arbeitgeber und Auftraggeber als treue Agenten und Verwalter wirken und Interessenkonflikte vermeiden.
5. Die Ingenieure sollen ihr berufliches Ansehen durch Leistungen in ihrer Profession begründen und sollen nicht unfair mit anderen Wettbewerb betreiben.
6. Die Ingenieure sollen nur mit angesehenen Personen oder Organisationen verkehren.
7. Die Ingenieure sollen ihre berufliche Fortbildung während ihrer gesamten Laufbahn weiterbetreiben und sollen für die Ingenieure unter ihrer Aufsicht Möglichkeiten für berufliche Weiterentwicklung sicherstellen" [33].

Mit der Fixierung eines ethischen Kodex für den Berufsstand der Ingenieure ist eine Schärfung des Bewußtseins dafür beabsichtigt, daß die Technik dem Menschen zu dienen und jeglicher technische Fortschritt sich vor diesem Imperativ zu verantworten habe. Dennoch bleibt die Umsetzung der ethischen Prinzipien in der Alltäglichkeit ein Problem, das mit deren Formulierung zwar transparent wurde, aber noch keine Lösung fand.

Daher sind die Vorbehalte gegenüber bloßen Berufsbekenntnissen in ethischer Bekundung nicht unverständlich. Der „Verein Deutscher Ingenieure" verstärkt gegenwärtig die Bemühungen um eine Technikbewertung und Technikfolgenforschung in der Absicht, in deren Rahmen zu situations bestimmten ethischen Begründungen und im praktischen Zusammenhang zu übergreifenden Prinzipien zu kommen. [I-1.3; I-3.5]

Der praktische Fall der technischen Wirklichkeitsgestaltung ist erst die Probe aufs Exempel, die die ethischen Regularien glaubhaft macht. Aus diesem Grunde wurde vom Rensselaer Institute eine umfangreiche Kasuistik der Ingenieurpraxis erarbeitet, die am Beispiel einer Vielzahl typischer Fälle wieder zeigen soll, wie sehr sich zwischen Planung, Auftrag, Gestaltung und Nutzwert des Erstellten eine innere Dialektik sperrig geltend machen kann, die den Dienst am Menschen immer wieder in Frage stellt[34]. Die ethischen Prinzipien des Berufsbildes dürfen kein ideelles Ornament oder keine ideologische Alibifunktion bleiben, sondern sie müssen für die praktische Gestaltung der Alltäglichkeit bestimmend werden.

Damit ist eine Perspektive für technisches Planen und Gestalten gewonnen, die geeignet ist, eine humane Technik in den Dienst des Menschen zu stellen. Um sie indessen zu verwirklichen, bedarf es weiterer wissenschaftlicher Erfahrung im Umgang mit bewußt ethisch konzipierten Konstrukten. Ethisch kann nur eine Planung und Gestaltung heißen, die die Rückwirkung technischer Neuerungen auf Mensch, Natur und Lebenswelt behutsam abzuwägen versucht. Mögliche Nebenwirkungen gilt es vorausschauend mitzubedenken. In diesem Rahmen hat der pädagogische Ansatz eine fundamentale Bedeutung, weil er die Erörterung dieser Fragen im Rahmen der Schulen und in der Öffentlichkeit zur Meinungsbildung und -klärung gewährleistet. Gerade die jungen Menschen zeigen ein großes Verständnis für technische Fragen, die sie in begründeter Form hinsichtlich der erkannten Problematik zu diskutieren verstehen.

Durch eine derartige pädagogische Öffentlichkeitsarbeit könnten zwei Aufgaben zugleich angegangen werden: Erstens Aufklärung und Motivation der Öffentlichkeit, die dadurch verständnisvoll in den Prozeß technischer Planung und Gestaltung einbezogen wird, so daß zweitens mögliche Lösungsvorschläge mitbedacht werden können. Unabhängig von deren Verwertbarkeit vermögen sie zu erwirken, daß das Empfinden für einen gemeinsamen Aufgabenbereich in allgemeiner Verantwortung entsteht. Wichtige empirische Wege für humane Lösungen könnten von jenen technologischen Forschungsinstituten gewiesen werden, die bewußt das Wechselverhältnis zwischen Technik und Ethik aufzuhellen versuchen, wie etwa das weltbekannte „Rensselaer Polytechnical Institute" in New York. Angesichts des Perfektionsdranges, der der Technik eigen ist und der sich in erster Linie nach der ingenieurwissenschaftlichen Planung richtet, ist die Reflexion über die ethische Wirkung fundamental wichtig. Die Gefahren einer „Technokratie" oder gar einer „Ingenieurokratie" sind keiner Utopie abgelesen; sie sind vielmehr real in der technischen Entwicklungstendenz angelegt. Ernsthaft in Frage gestellt wird sie erst, wenn das Wohl des Menschen und seine wahren Bedürfnisse zum Richtmaß erhoben werden. [I-3.4; X]

Dazu bedarf es sicherlich keiner neuen Ethik – wohl aber einer grundsätzlichen Diskussion der traditionellen ethischen Prinzipien hinsichtlich der gewandelten Verhältnisse im Rahmen der industriellen Gesellschaft. Einen derartigen Versuch unternimmt Hans Jonas in seinem Buch „Das Prinzip Verantwortung" mit dem eingrenzenden Untertitel „Versuch einer Ethik für die technologische Zivilisation". Der von Jonas formulierte kategorische Imperativ schließt konkret an die Mißstände der technologischen Gesellschaft an: das permanente Übersehen der „Verletzlichkeit der Natur" durch die technischen Projektionen, die eine „neue Art von ‚Natur'" schaffen und dem Menschen damit seine natürlichen Lebensgrundlagen entziehen. Daher lautet der erste Imperativ: „Handle so, daß die Wirkungen deiner Handlungen verträglich sind mit der Permanenz echten menschlichen Lebens auf Erden" [35].

Diese Ethik ist „Zukunftsethik". Die ethische Konkretion besteht in einer prinzipiell geänderten Lebenshaltung, die die eigene Evolution bewußt so steuert, daß die Integrität der Menschheit und ihre Existenzsicherung in der Zukunft gewahrt bleiben. Das bedeutet Schärfung der Imaginationskraft angesichts des erfahrenen malums als mahnendes Exempel eines zukünftig denkbaren malum. Einer der wichtigen Grundzüge dieser „Ethik der Zukunftsverantwortung" ist: das Existenzrecht der Menschheit planend heute so zu bedenken, daß es morgen gesichert bleibt. Dazu heißt es: „Die Zukunft der Menschheit ist die erste Pflicht menschlichen Kollektivverhaltens im Zeitalter der modo negativo ‚allmächtig' gewordenen technischen Zivilisation" [36]. Diese „Pflicht zum Menschen" ist indessen nicht anthropozentrisch zu verstehen, sondern schließt die Natur bewußt ein. [I-3.4]

Da die Zukunft mit dem Kind beginnt, ist der Zukunftsethik eine besondere Sorge für die Entwicklung des Kindes eigen. Soweit das Grundpostulat, daß das Morgen im Heute anhebt, seine Umsetzung erfahren soll, ist eine pädagogische Artikulation der leitenden Gedanken unumgänglich. Nur so kann aus der „Wünschbarkeit der Utopie" ihre Einlösung Schritt für Schritt werden, denn jede Lebenserneuerung – soweit sie Kontinuität stiften soll – bleibt auf Erziehung angewiesen.

Literaturnachweise

1 *Röhrs*, Hermann: Schlüsselfragen der inneren Bildungsreform. Frankfurt a. M./ Bern/New York 1987, S. 188–208
2 *Rapp*, Friedrich: Möglichkeiten der Technikbewertung. In: Rapp, Friedrich/ Durbin, Paul T. (Hrsg.): Technikphilosophie in der Diskussion. Braunschweig 1982, S. 107–122
3 *Ropohl*, Günther: Zur Kritik des technologischen Determinismus. In: Vgl. 2., S. 30 – *Lenk*, Hans: Zur Sozialphilosophie der Technik. Frankfurt a. M. 1982
4 *Freyer*, Hans: Theorie des objektiven Geistes. Leipzig 1923
5 *Röhrs*, Hermann: Allgemeine Erziehungswissenschaften (Darin: Pädagogische Technologie). Weinheim/Basel ³1973, S. 279–304
6 *Ropohl*, Günther: Die unvollkommene Technik. Frankfurt a. Main 1985, S. 15
7 *Löwisch*, Dieter-Jürgen: Von den Kulturtechniken zur Technologie-Kultur. In: Pädagogische Rundschau 40. Jg. 1986, S. 687–704
8 *Geißler*, Erich E.: Technologische Entwicklung als Herausforderung für Bildung und Erziehung. In: Das 199. Jahrzehnt. Gesellschaft, Bildung, Politik – eine Bestandaufnahme und ihre Perspektive zwanzig Jahre nach Georg Picht. Schriftenreihe des Paderborner Realschullehrerverbandes. Paderborn 1985, S. 38–50
9 *Mayer-Vorfelder*, Gerhard: Neue Medien und Technologien in der Schule. Die baden-württembergische Konzeption zur Vermittlung von Grundkenntnissen über Computer und Informatik in den allgemeinbildenden Schulen. (Als Beispiel für alle Bundesländer) In: Pädagogische Rundschau 40. Jg, 1986, S. 649–660
10 *Oschatz*, Georg-Berndt: Neue Technologien als Bildungsinhalt der allgemeinbildenden Schulen. In: Pädagogische Rundschau 40. Jg, 1986, S. 661–668
11 *Scarbarth*, Horst: Grenzen der Liberalität. Pädagogische-politische Perspektiven gegen die Mediengewalt. In: Rucktäschel, Anna-Maria/Steffen, Rudolf (Hrsg.): Videoprovokationen ohne Antwort?. Hamburg 1984, S. 45–64
12 *Reumann*, Kurt/*Hentig*, Hartmut von (Diskussion): Kein „sozialer Bedarf" für Verkabelung. In: Frankfurter Allgemeine Zeitung vom 30. 1. 1987, S. 11
13 *Hawkridge*, David G.: Educational Technology. In: Prospects Vol XII 1982, S. 325–334
14 *Röhrs*, Hermann: Modelle der Schul- und Erziehungsforschung in den USA. Frankfurt a. Main 1972, S. 96–99
15 *Zifreund*, Walther: Training des Lehrerverhaltens: Konzepte, Entwicklungsstand und Perspektiven. In: Mutzeck, Wolfgang/Pallasch, Waldemar (Hrsg.): Handbuch zum Lehrertraining. Weinheim/Basel 1983, S. 25–36
16 *Hentig*, Hartmut von: Das allmähliche Verschwinden der Wirklichkeit. München/Wien 1984, S. 39
17 Vgl. 2., S. 50–54
18 *Weizenbaum*, Joseph: Die Macht der Computer und die Ohnmacht der Vernunft. Frankfurt a. Main 1978, S. 278
19 Vgl. *Jonas*, Hans: Das Prinzip Verantwortung. Frankfurt a. M. 1974
20 *Haefner*, Klaus: Die neue Bildungskrise. Basel/Boston/Stuttgart 1982, S. 235

21 *Eigler*, Gunther: Auf dem Wege zu einer audio-visuellen Schule. München 1971
22 *Terry*, C. (Hrsg.): Using Microcomputers in Schools. London 1984
23 Vgl. *Gruhl*, Herbert: Ein Planet wird geplündert. Frankfurt a.M. 1975, S. 293
24 Vgl. *Heidegger*, Martin: Die Technik und die Kehre, Pfullingen 1967, S. 12
25 Vgl. *Sachsse*, Hans: Anthropologie der Technik. Braunschweig 1978, S. 255
26 *Röhrs*, Hermann: Jean-Jacques Rousseau. Vision und Wirklichkeit. Heidelberg 1966, S. 210
27 Vgl. 25, S. 255f
28 *Kogon*, Eugen: Die Stunde der Ingenieure. Düsseldorf 1976, S. 360
29 *Schelsky*, Helmut: Der Mensch in der wissenschaftlichen Zivilisation. Köln/Opladen 1961, S. 439–480
30 Harvard University: Faculty of Arts and Science. Dean's Report 1979/80
31 Verein Deutscher Ingenieure. Düsseldorf 12.5.1950
32 Die Karmel-Deklaration über Technik und moralische Verantwortung. Technion – Die Israelische Universität (1974) – Die Deklaration wurde von dem Staatspräsidenten Ephraim Katzir, Hans Jonas, I.N. Eisenstadt und anderen unterschrieben.
33 Code of Ethics of Ingineers. In: Ethical Problems in Engineering. Vol. 1. Edited by Flores, Albert. Center for the Study of the human Dimensions of Science and Technology. Rensselaer Polytechnical Institute. New York 1980, S. 65
34 Ethical Problems in Engineering. Vol. 2: Cases. Edited by Baum, Robert J. Center for the Study of human Dimensions of Science and Technology. Rensselaer Polytechnical Institute. New York 1980
35 Vgl. 19, S. 36
36 Vgl. 19, S. 67
37 Vgl. 19, S. 245

Literaturanhang (LA)

1. Was ist Bildung? *Günther Dohmen*

Ballauf, Theodor: Die Grundstruktur der Bildung. Weinheim o.J.

Becker, Hellmut: Was ist Bildung? In: Deutschland, Portrait einer Nation. Bd. 5. Gütersloh 1985, S. 10–14

Buck, Günther: Hermeneutik und Bildung. Elemente einer verstehenden Bildungslehre. München 1981

Dohmen, Günther: Bildung und Schule. Die Entstehung des deutschen Bildungsbegriffs und die Entwicklung seines Verhältnisses zur Schule. Bd. 1. Weinheim 1964, Bd. 2. Weinheim 1965

Klafki, Wolfgang (Hrsg.): Zur Geschichte des Bildungsbegriffs (Kleine pädagogische Texte. Bd. 33). Weinheim 1965

Lichtenstein, Ernst: Zur Entwicklung des Bildungsbegriffs von Meister Eckhart bis Hegel (Pädagogische Forschungen – Veröffentlichungen des Comenius-Instituts. Heft 34). Heidelberg 1966

Lichtenstein, Ernst: Bildung. In: *Ritter*, J. (Hrsg.): Historisches Wörterbuch der Philosophie. Bd. 1. Basel/Stuttgart 1971

Menze, Clemens: Bildung. In: Speck, Josef/Wehle, Gerhard: Handbuch pädagogischer Grundbegriffe. Bd. 1. München 1970, S. 134–184

Müller, Max: Über Philosophie und Bildung

Pleines, Jürgen-Eckhardt (Hrsg.): Bildungstheorien. Probleme und Positionen. Freiburg 1978

Vierhaus, Rudolf: Bildung. In: Brunner, Otto/Conze, Werner/Koselleck, Reinhart: Geschichtliche Grundbegriffe. Bd. I. 1973, S. 508–551

2. Bildung und Technik *Günther Dohmen*

Blumenberg, Hans: Wirklichkeiten, in denen wir leben. Stuttgart 1981

Haefner, Klaus: Mensch und Computer im Jahre 2000. Ökonomie und Politik für eine human-computerisierte Gesellschaft. Basel 1984

Hentig, Hartmut von: Das allmähliche Verschwinden der Wirklichkeit. Ein Pädagoge ermutigt zum Nachdenken über die neuen Medien. München 1984

Huisinger, Richard: Technikfolgen-Bewertung, Bestandsaufnahme, Kritik, Perspektiven, Frankfurt a.M. 1985

Lisop, Ingrid (Hrsg.): Bildung und neue Technologien (Anstöße. Bd. 5). Gesellschaft zur Förderung arbeitsorientierter Forschung und Bildung. Frankfurt a.M. 1986

Pleines, Jürgen-Eckhardt (Hrsg.): Bildungstheorien. Probleme und Positionen. Freiburg 1978

Schütz, Alfred/*Luckmann*, Thomas: Strukturen der Lebenswelt. Frankfurt a.M. 1979

Weizenbaum, Joseph: Die Macht der Computer und die Ohnmacht der Vernunft (Suhrkamp Taschenbuch 274). Frankfurt a.M. 1978

3. Bildung für die technische Welt

3.1 Technische Bildung von den Anfängen bis zur frühen Neuzeit
Laetitia Boehm

Blumenberg, Hans: Das Verhältnis von Natur und Technik als philosophisches Problem. In: Studium Generale Jg. 4, H. 8, 1951, S. 461 ff.

Blumenberg, Hans: Die Genesis der kopernikanischen Welt. Frankfurt a. M. 1975

Clagett, Marshall: The Science of mechanics in the Middle Ages. London 1959, Neuauflage (italienisch) Mailand 1972

Clagett, Marshall: Studies in Medieval Physics and Mathematics (Variorum Reprints), London 1979

Conze, Werner/*Riedel*, Manfred: Arbeit. In: *Brunner*, Otto/*Conze*, Werner/*Koselleck*, Reinhart: Geschichtliche Grundbegriffe. Historisches Lexikon zur politisch-sozialen Sprache in Deutschland Bd. 1, Stuttgart 1972, ND 1979, S. 154 ff.

Crombie, Alistair C. (Hrsg.): Scientific Change. Historical Studies in the intellectual, social and technical conditions for scientific discovery and technical inventions, from antiquity to the present, Symposium Oxford 1961. London 1963

Crombie, Alistair C.: Robert Grosseteste and the Origins of Experimental Science, 1100–1700. Oxford 1953

Dijksterhuis, Eduard Jan: Die Mechanisierung des Weltbildes. Ins Dt. übertragen von Helga Habicht. Berlin-Göttingen 1956; Amsterdam ^{3}1977

Dolch, Josef: Lehrplan des Abendlandes. Zweieinhalb Jahrtausende seiner Geschichte, Darmstadt ^{3}1971

Eggebrecht, Arne/*Flemming*, Jens u. a.: Geschichte der Arbeit. Vom Alten Ägypten bis zur Gegenwart, Köln 1980

Feldhaus, Franz Maria: Die Maschine im Leben der Völker. Ein Überblick von der Urzeit bis zur Renaissance. Basel/Stuttgart 1954

Gimpel, Jean: Die industrielle Revolution des Mittelalters. Zürich/München ^{2}1981

Klemm, Friedrich: Technik. Eine Geschichte ihrer Probleme. Freiburg 1954

Klemm, Friedrich: Zur Kulturgeschichte der Technik. Aufsätze und Vorträge 1950–1978. Hrsg. vom Deutschen Museum. München 1979

Kulturgeschichte der Naturwissenschaften und der Technik. Hrsg. vom Deutschen Museum München, Günther Gottmann u. a. (rororo Taschenbücher 7701–7711). Reinbek 1981

Lexikon des Mittelalters, bisher Bde. I–III und IV erste Lieferungen. München/Zürich 1977–1988

Olschki, Leonardo: Die Literatur der Technik und der angewandten Wissenschaften vom Mittelalter bis zur Renaissance (Geschichte der neusprachlichen wissenschaftlichen Literatur Bd. 1.). Heidelberg 1919, ND Vaduz 1965

Olschki, Leonardo: Bildung und Wissenschaft im Zeitalter der Renaissance in Italien (Geschichte der neusprachlichen wissenschaftlichen Literatur Bd. 2), Leipzig 1922, ND Vaduz 1965

Stahleder, Helmuth: Arbeit in der mittelalterlichen Gesellschaft. München 1972

Sternagel, Peter: Die artes mechanicae im Mittelalter. Begriffs- und Bedeutungsgeschichte bis zum Ende des 13. Jahrhunderts. Kallmünz 1966

Stöcklein, Ansgar: Leitbilder der Technik. Biblische Tradition und technischer Fortschritt. München 1969

Timm, Albrecht: Einführung in die Technikgeschichte. Berlin 1972
Troitzsch, Ulrich/ *Wohlauf*, Gabriele (Hrsg.): Technik-Geschichte. Hist. Beiträge und neuere Ansätze. Frankfurt a. M. 1980
White, Lynn jr.: Die mittelalterliche Technik und der Wandel der Gesellschaft. München 1968
White, Lynn jr.: Medieval Religion and Technology. Berkeley 1978
White, Lynn jr.: Die Ausbreitung der Technik 500–1500. In: *Cipolla*, Carlo M. (Hrsg.): The Fontana Economic History of Europe Bd. 1., The Middle Ages, London 1972; deutsche Ausgabe: *Borchardt*, Knut (Hrsg.): Europäische Wirtschaftsgeschichte Bd. 1. Stuttgart 1978, S. 91–110
Ven, Frans van der: Sozialgeschichte der Arbeit, 3 Bde (dtv) München 1972

3.2 Die Anfänge eines technischen Bildungssystems
Helmuth Albrecht

Albrecht, Helmuth: Das Collegium Carolinum und seine Studierenden: Ein Beitrag zur Geschichte der Technischen Universität Braunschweig. In: Folgeband zur Festschrift Brunswiek 1031–Braunschweig 1981
Artz, Frederick B.: The Development of Technical Education in France 1500–1850. Cambridge (USA), London 1966
Aumüller-Roske, Ursula: Industrieschulpädagogik und „Preussischer Weg" von der feudalen zur kapitalistischen Produktionsweise. Phil. Diss. Osnabrück 1979
Baumgärtel, Hans: Vom Bergbüchlein zur Bergakademie. Zur Entstehung der Bergbauwissenschaften zwischen 1500 und 1765/1770 (Freiberger Forschungshefte. D 50: Geschichte des Bergbaus und Hüttenwesens). Leipzig 1965
Blankertz, Herwig: Bildung im Zeitalter der großen Industrie. Pädagogik, Schule und Berufsbildung im 19. Jahrhundert (Das Bildungsproblem in der Geschichte des europäischen Erziehungsdenkens. Bd. XV). Hannover 1969
Blankertz, Herwig: Die Geschichte der Pädagogik von der Aufklärung bis zur Gegenwart. Wetzlar 1982
Dörschel, Alfons: Geschichte der Erziehung im Wandel von Wirtschaft und Gesellschaft. In: (Ausbildung und Fortbildung. Bd. 1. Berlin ^{2}1976
Fischer, Veronika: Institutionalisierung von allgemeiner und beruflicher Bildung. Trennung oder Integration? (Europäische Hochschulschriften. Reihe XI, Bd. 143). Frankfurt a. M./Bern 1982
Freiesleben, Hubertus: Erwachsenenbildung in Deutschland während der Manufakturperiode (Pahl-Rugenstein-Hochschulschriften. Gesellschafts- und Naturwissenschaften; 16: Serie Studien zu Bildung und Erziehung). Köln 1980

3.3 Technik und allgemeinbildende Schulen *Wolf Ekkehard Traebert*

Anweiler, O. (Hrsg.): Polytechnische Bildung und technische Elementarerziehung. Bad Heilbrunn 1969
Füssel, Martin: Die Begriffe Technik, Technologie, Technische Wissenschaften und Polytechnik. Bad Salzdetfurth 1978

Gehlen, Arnold: Die Seele im technischen Zeitalter. Hamburg 1957
Habermas, Jürgen: Technik und Wissenschaft als „Ideologie“. Frankfurt 1968
Huning, Alois: Das Schaffen des Ingenieurs. Düsseldorf 1974
Lenk, Hans/*Moser*, Simon (Hrsg.): Techne – Technik – Technologie. Pullach 1973
Linke, Werner: Technik und Bildung. Heidelberg 1961
Litt, Theodor: Naturwissenschaft und Menschenbildung. Heidelberg 1954
Litt, Theodor: Technisches Denken und menschliche Bildung. Heidelberg 1957
Litt, Theodor: Das Bildungsideal der deutschen Klassik und die moderne Arbeitswelt. Bochum ^{6}o. Jg.
Rammert, W.: Technik, Technologie und technische Intelligenz in Geschichte und Gesellschaft. Bielefeld 1975
Rapp, Friedrich: Analytische Technikphilosophie. Freiburg/München 1978
Ropohl, Günther: Eine Systemtheorie der Technik. München/Wien 1976
Sachsse, Hans: Anthropologie der Technik. Braunschweig 1978
Traebert, Wolf Ekkehard (Hrsg.): Technik als Schulfach. 5 Bde. Düsseldorf ab 1976
Wilkening, Fritz/*Schmayl*, Winfried: Technikunterricht. Bad Heilbrunn 1984
Wolfgramm, Horst: Allgemeine Technologie. Leipzig 1973
Zimmerli, Walter Ch.: Technik oder: wissen wir, was wir tun? Basel/Stuttgart 1976

3.4 Entwicklung der technischen Fachschulen *Gustav Grüner*

Arbeitskreis der Direktoren an deutschen Ingenieurschulen: Deutscher Ingenieurschulführer. ^{1}1953; ^{16}1972; Die 17. Ausg. wurde als „Deutscher Fachhochschulführer“ bezeichnet. Mannheim/Berlin 1953ff.
Arbeitskreis der Direktoren an deutschen Ingenieurschulen: Deutsche Technikerschulen 1960. Berlin 1960
Artz, Frederick B.: The Development of Technical Education in France. 1500–1850. Cambridge/London 1966
Autorenkollektiv des Instituts f. Fachschulwesen der DDR: Die Fachschulbildung in der Deutschen Demokratischen Republik. Leipzig 1980
Bundesverband staatl. geprüfter Techniker e.V. (Hrsg.): Deutsche Technikerschulen 1976. Berlin 1976
Das technische Unterrichtswesen in Preußen – Sammlung amtlicher Aktenstücke des Handelsministeriums sowie der bezüglichen Berichte und Verhandlungen des Landtags aus 1878/79. Berlin 1879
Datsch: Abhandlungen und Berichte über technisches Schulwesen. Bd. 2. Arbeiten auf dem Gebiet des technischen Mittelschulwesens. Leipzig/Berlin 1911
Goldschmidt, Dietrich/*Hübner-Funk*, Sybille/*Dahms*, Theodor/*Vogel*, Alois: Gutachten und Materialien zur Fachhochschule. Deutscher Bildungsrat, Gutachten und Studien der Bildungskommission. Bd. 10. Stuttgart
Grüner, Gustav: Alternative zum Gymnasium: Die berufsbildenden höheren Schulen Österreichs. Studien zur Arbeits- und Berufspädagogik. Bd. 16. Weinheim/Basel 1980
Grüner, Gustav: Armand Freiherr v. Dumreicher – Eine Einführung in Leben und Werk des Schöpfers der österreichischen Staatsgewerbeschule. In: Die deutsche Berufs- und Fachschule 1967, S. 489ff.

Grüner, Gustav: Der bautechnische Unterricht im 19. Jahrhundert. In: Ekardt, Hanns-Peter (Hrsg.): Der Bauingenieur in Geschichte und Gegenwart des Bauwesens. Kasseler Hochschulwoche. Kassel 1982

Gutmann, E.: Gewerbeschule Badens. Bühl 1930

Harney, Klaus: Die preußische Fortbildungsschule. Studien und Dokumentationen zur deutschen Bildungsgeschichte. Bd. 14. Weinheim/Basel 1980

Hermann, Fr. Bened. Wilh.: Über polytechnische Institute im Allgemeinen und über die Erweiterung der technischen Schule zu Nürnberg insbesondere. Mit einem Anhange, die Einrichtung der polytechnischen Anstalten zu Prag, Wien und Berlin betreffend. Nürnberg 1826

Hermann, Fr. Bened. Wilh.: Über polytechnische Institute, Zweites Heft – Versuch einer Darstellung der Anstalten für technische Bildung in Frankreich, mit Hinsicht auf das Schulwesen in Bayern. Nürnberg 1828

Kielhauser, E. A.: Geschichte des gewerblichen Bildungswesens im alten und neuen Österreich. Klagenfurt 1931

Kühne, A. (Hrsg.): Handbuch für das Berufs- und Fachschulwesen – im Auftrag des Zentralinstituts für Erziehung und Unterricht in Berlin. Leipzig 1922

Lexis, W.: Der mittlere und niedere Fachunterricht im deutschen Reich. Berlin 1904

Lundgreen, Peter: Techniker in Preußen während der frühen Industrialisierung – Ausbildung und Berufsfeld einer entstehenden sozialen Gruppe. Einzelveröffentlichung der historischen Kommission zu Berlin. Bd. 16. Berlin 1975

Niens, Walter/*Friebe*, Heinz/*Monsheimer*, Otto (Hrsg.): Handbuch für das Ingenieurschulwesen. Heidelberg 1965

Reichsstelle für Schulwesen: Wegweiser durch das gewerbliche Berufs- und Fachschulwesen des Deutschen Reiches. Schuljahr 1938. Langensalza/Berlin/Leipzig 1941

Reichsstudentenwerk/Reichsstudentenführung: Der Deutsche Fachschulführer – Lebens- und Studienverhältnisse an den deutschen Fachschulen, Studienjahr 1937/38. Berlin/Leipzig 1937

Riedler, Alois: Zur Frage der Ingenieurerziehung. Berlin 1895

Schiersmann, Christiane: Zur Sozialgeschichte der preußischen Provinzial-Gewerbeschulen im 19. Jahrhundert. Studien und Dokumentationen zur deutschen Bildungsgeschichte. Bd. 8. Weinheim/Basel 1979

Schödler, Friedrich: Die höheren technischen Schulen – ihre Idee und Bedeutung. Braunschweig 1847

Sonnenfeld, Erhard (Red.): Die deutschen Technikerschulen 1983/84 – Fachschulen mit zweijähriger Ausbildungsdauer. Berlin/Offenbach 1983

Südhof, H.: Das Berufs- und Fachschulwesen in Deutschland. Frankfurt a. M. 1936

Uhlig, H.: Geschichte der Fachschulbildung von 1945–1949 auf dem Gebiet der Deutschen Demokratischen Republik und wesentliche Aspekte ihrer Vorgeschichte. Institut für Fachschulwesen der DDR (Reihe: Beiträge zur Geschichte des Fachschulwesens der DDR) Karl-Marx-Stadt, Heft 11/1 u. 2

Verein für Sozialpolitik: Das gewerbliche Forbildungswesen – sieben Gutachten und Berichte. Leipzig 1879

Vögele, Karl: Geschichte des österreichischen Schulwesens mit besonderer Berücksichtigung des berufsbildenden Schulwesens. Berufspädagogisches Institut des Bundes. Wien 1971/1982

Wiedenbauer, Georg: Geschichte des bayerischen Realschulwesens von 1816 bis heute. München/Berlin 1927

3.5 Geschichte der Technischen Hochschulen *Karl-Heinz Manegold*

Das Akademische Deutschland, Berlin 1930

Artz, Frederick B.: The Development of Technical Education in France. Cambridge, Mass. 1966

Argles, M: South Kensington to Robbins. An Account of English Technical and Scientific Education since 1851. London 1964

Damm, P. F.: Die Technischen Hochschulen Preußens. Ihre Entwicklung und gegenwärtige Verfassung. Berlin 1909

Die deutschen Technischen Hochschulen. Ihre Gründung und geschichtliche Entwicklung. München 1941

Düwell, Kurt: Die Neugestaltung der Technischen Hochschulen nach dem Ersten Weltkrieg. In: Technikergeschichte 36, 1969, S. 220–245

Hortleder, Gert: Das Gesellschaftsbild des Ingenieurs. Frankfurt a. M. 1970

König, Wolfgang: Stand und Aufgaben der Forschung zur Geschichte der deutschen Polytechnischen Schulen und Technischen Hochschulen im 19. Jahrhundert. In: Technikgeschichte 48, 1981, S. 47–67

Léon, A.: La Révolution Française et l'éducation technique. Paris 1968

Lexis, Wilhelm (Hrsg.): Die Technischen Hochschulen im Deutschen Reich. Berlin 1904

Ludwig, Karl-Heinz/*König*, Wolfgang (Hrsg.): Technik, Ingenieure und Gesellschaft. Geschichte des Vereins Deutscher Ingenieure 1856–1981. Düsseldorf 1981

Lundgreen, Peter: Bildung und Wirtschaftswachstum im Industrialisierungsprozeß des 19. Jahrhunderts. Berlin 1973

Manegold, Karl-Heinz: Universität, Technische Hochschule und Industrie. Ein Beitrag zur Emanzipation der Technik im 19. Jahrhundert. Berlin 1970

Redtenbacher, Rudolf: Ferdinand Redtenbacher. Erinnerungsschrift. München 1879

Ritter, U. P.: Die Rolle des Staates in den Frühstadien der Industrialisierung. Berlin 1961

Schnabel, Franz: Die Anfänge des Technischen Hochschulwesens. In: Festschrift zum 100-jährigen Bestehen der Technischen Hochschule Karlsruhe. Karlsruhe 1925, S. 1–44

Scholl, Lars: Die Entstehung der Technischen Hochschule in Deutschland. In: Handbuch Schule und Unterricht. Bd. 7, 2. Düsseldorf 1985, S. 700–715

Treue, Wilhelm: Die Geschichte des technischen Unterrichts. In: Festschrift zur 125-Jahrfeier der Technischen Hochschule Hannover 1831–1956. Hannover 1956, S. 9–64

3.6 Förderung technischer Bildung außerhalb der Schulen

3.6.1 Polytechnische Vereine und technische Bildung *Claus Priesner*

Archiv des Polytechnischen Vereins in Bayern

Eulen, Focko: Vom Gewerbefleiß zur Industrie. In: Schriften zur Sozial- und Wirtschaftsgeschichte. Bd. 11. Berlin 1967

Fisch, Stephan: „Lichtpunkt in unserer industriellen Dämmerung" – Entstehung und Bedeutung des (poly)technischen Vereinswesens in Bayern bis 1850. In: Müller, Rainer: Aufbruch ins Industriezeitalter. Quellen zur Wirtschafts- und Sozialgeschichte Bayerns. 3 Bde. München 1985. Hier Bd. 2, S. 492–98

Fliegner, Helmut Alfred: Gewerbevereine in den Preußischen Rheinlanden in der ersten Hälfte des 19. Jhs. Bonn 1972

Hillenkamp, Annemarie: Der PTV in Bayern. Ein Katalog seines Archivs. München 1968

Horn, P. J.: Über Gewerbeschulen in Bayern. In: Horn, P. J.: Ein Wort zu seiner Zeit, oder Darstellung des Wirkens des Vereins zur Vervollkommnung der mechanischen Künste und Gewerbe in Würzburg. In: Kunst- und Gewerbeblatt, Jg. 20, 1834, Nr. 10, Sp. 22–33

1815–1915. Hundert Jahre technische Erfindungen und Schöpfungen in Bayern. Jahrhundertschrift des Polytechnischen Vereins in Bayern. Herausgegeben vom Ausschuß des Vereins. München/Berlin 1922

Kunst- und Gewerbeblatt. Zeitschrift des Polytechnischen Vereins. 1815–1938

Leo, Franz: Über die Mittel der technischen Bildung in Bayern. In: Kunst- und Gewerbeblatt, Jg. 18, 1832, Sp. 351–57

Matthaei, Henning: Untersuchungen zur Frühgeschichte der deutschen Berufsschule dargestellt am Wirken der patriotischen Gesellschaft zu Hamburg im 18. Jahrhundert. Hamburg 1967

Matschoss, Conrad: Preußens Gewerbeförderung und ihre großen Männer. Dargestellt im Rahmen der Geschichte des Vereins zur Beförderung des Gewerbefleißes. 1821–1921. Berlin 1921

Nipperdey, Thomas: Verein als soziale Struktur im späten 18. und frühen 19. Jahrhundert. In: *Boockmann*, Hartmut: Geschichtswissenschaft und Vereinswesen im 19. Jahrhundert. Göttingen 1972, S. 1–44

Paulsen, Friedrich: Geschichte des gelehrten Unterrichts. 2 Bde. Berlin/Leipzig 1927

Pfisterer, Herbert: Der Polytechnische Verein und sein Wirken im vorindustriellen Bayern. In: Miscellanea Bavarica Monacensia, Heft 45, München 1973

Priesner, Claus: Der Polytechnische Verein – seine Geschichte und sein Wirken für die Industrialisierung Bayerns im 19. Jahrhundert. In: Journal of the Korean History of Science Society. Jg. 5, 1983, S. 59–80

Staatsarchiv München. Bestand RA Fasz. 4088, Nr. 61705

Verhandlungen des Vereins z. Beförderung des Gewerbfleißes in Preußen. Zeitschrift des Vereins z. Beförderung des Gewerbfleißes. 1822ff.

3.6.2 Technische Vereine als Bildungseinrichtungen *Wolfgang König*

Boeck, Carl: Deutsche technisch-wissenschaftliche Forschungsstätten. Teil 1: Die technisch-wissenschaftlichen Vereine. Berlin 1930. Teil 2: Die technisch-wissenschaftlichen Forschungsanstalten. Berlin 1931

Däbritz, Walter/*Dickmann* Herbert (Bearb.): 75 Jahre Verein Deutscher Eisenhüttenleute 1860–1935. Düsseldorf 1935

Deutscher Ausschuß für das technische Schulwesen (Hrsg.): Abhandlungen und Berichte über technisches Schulwesen. Bd. 4: Berichte aus dem Gebiete des technischen Hochschulwesens. Leipzig/Berlin 1912

Görges, Hans (Hrsg.): 50 Jahr Elektrotechnischer Verein. Festschrift zum fünfzigjährigen Bestehen des Elektrotechnischen Vereins 1879–1929. Berlin 1929

Kasserra, Manfred: Die Elektrotechnischen Fachverbände. Entstehung und Entwicklung bis zum Jahre 1933. Diss. Erlangen 1967

Kirchner, Hans-Martin: „Stahl und Eisen". Aus den Anfängen der Öffentlichkeitsarbeit deutscher Industrieverbände. Publizistik. In: Vierteljahreshefte für Kommunikationsforschung 29, 1984, S. 7–33

Ludwig, Karl-Heinz/*König*, Wolfgang (Hrsg.): Technik, Ingenieure und Gesellschaft. Geschichte des Vereins Deutscher Ingenieure 1856–1981. Düsseldorf 1981. (Bibliographie S. 611–29)

Lundgreen, Peter: Technisch-wissenschaftliche Vereine zwischen Wissenschaft, Staat und Industrie, 1860–1914. Umrisse eines Forschungsfeldes. In: Technikgeschichte 46, 1979, S. 181–91

Schwenninger, Oskar Eugen: Die Entwicklung der VDI-Zeitschrift im ersten Jahrhundert ihres Bestehens. In: VDI-Z 99, 1957, S. 1434–48

Verein Deutscher Ingenieure (Hrsg.): Verein Deutscher Ingenieure 1856–1926. Berlin 1926

3.6.3 Technische Bildung und Ausbildung in Betrieben *Karlwilhelm Stratmann*

Engelhardt, Ulrich: Handwerker in der Industrialisierung. Stuttgart 1984

Eulen, Focko: Vom Gewerbefleiß zur Industrie. In: Schriften zur Sozial- und Wirtschaftsgeschichte. Bd. 11. Berlin 1967

Friede, Christian K.: Berufliche Bildung in Stufen. Heidelberg 1982

Greinert, Wolf-D.: Das Berufsbildungsjahr. Frankfurt 1984

Lipsmeier, Antonius: Didaktik der Berufsausbildung. München 1978

Lipsmeier, Antonius: Organisation und Lernorte der Berufsausbildung. München 1978

Mummenhoff, Ernst: Der Handwerker in der deutschen Vergangenheit. Jena ^{2}1924

Pätzold, Günter: Die betriebliche Berufsbildung 1918–1945. Köln 1980

Rarisch, Ilsedore: Das Unternehmerbild in der deutschen Erzählliteratur der ersten Hälfte des 19. Jahrhunderts. Berlin 1977

Sieferle, Rolf Peter: Fortschrittsfeinde? Opposition gegen Technik und Industrie von der Romantik bis zur Gegenwart. München 1984

Stratmann, Karlwilhelm: Quellen zur Geschichte der Berufserziehung. Dokumente und Texte zur Reform der Lehrlingserziehung im Gewerbe des 18. Jahrhunderts. Wuppertal 1960

Stratmann, Karlwilhelm: Die Krise der Berufserziehung im 18. Jahrhundert als Ursprungsfeld pädagogischen Denkens. Ratingen 1967

Stürmer, Michael: Herbst des Alten Handwerks. Quellen zur Sozialgeschichte des 18. Jahrhunderts. München 1979

Stütz, Gisela: Das Handwerk als Leitbild der deutschen Berufserziehung. Göttingen 1969

Wissel, Rudolf: Des alten Handwerks Recht und Gewohnheit. Berlin 1929 (2. veränd. Auflage 1971–1985)

4 Technische Medien und Bildung

4.1 Buchdruck und technisches Schrifttum *Rolf Stümpel*

Földes-Papp, Károly: Vom Felsbild zum Alphabet. Stuttgart 1966; Bayreuth 1975

Gerhardt, Claus W. u. a.: Geschichte der Druckverfahren. Teil I: Prägedruck und Siebdruck, Teil II: Buchdruck, Teil III: Tiefdruck/Die kleineren Druckverfahren, Teil IV: Flachdruck (in Vorbereitung) Stuttgart 1974–1978

Heidtmann, Frank: Wie das Photo ins Buch kam. Berlin 1984

Kapr, Albert: Johannes Gutenberg. Persönlichkeit und Leistung. München 1987

Kiesel, Helmuth/*Münch*, Paul: Gesellschaft und Literatur im 18. Jahrhundert. München 1977

Klemm, Friedrich: Die Geschichte des technischen Schrifttums. (Maschinengeschriebene Dissertation zum *gedruckten* Schrifttum). München 1948

Musper, Hans Th.: Der Holzschnitt in fünf Jahrhunderten. Stuttgart 1964

Ruppel, Aloys: Johannes Gutenberg. Sein Leben und sein Werk. Nieuwkoop ^{3}1967

Singer, Hans Wolfgang: Geschichte des Kupferstichs. Magdeburg/Leipzig 1895

Weber, Wilhelm: Saxa loquuntur – Steine reden. Heidelberg/Berlin 1961

Widmann, Hans: Geschichte des Buchhandels vom Altertum bis zur Gegenwart. Wiesbaden ^{2}1975

4.2 Zeitschriftenwesen und technische Bildung *Hans-Martin Kirchner*

Burgemeister, Burghard: Analytische Erschließung von Zeitschriften und monographischen Sammelwerken. In: Zentralblatt für Bibliothekswesen. Beiheft 92, Leipzig 1980

Fuhlrott, Rolf: Deutschsprachige Architektur-Zeitschriften. Entstehung und Entwicklung der Fachzeitschriften für Architektur in der Zeit von 1789 bis 1918. München 1975

Hammersdorf, Ludwig: Geschichte der Bayerischen Akademie der Wissenschaften.

Harff, Horst: Die Entwicklung der deutschen chemischen Fachzeitschrift. Berlin 1941

Karmarsch, Karl: Kritische Übersicht der deutschen technologischen Journalistik. In: Polytechnisches Journal 1839, Bd. 73, S. 208, 299, 370; 1840, Bd. 76, S. 52, 128; 1841, Bd. 78, S. 297, 369; 1842, Bd. 83, S. 53, 148, 221, 286

Kirchner, Joachim: Das deutsche Zeitschriftenwesen, seine Geschichte und seine Probleme. Wiesbaden Bd. 1. [2]1958, Bd. 2: 1963

Kirchner, Joachim: Bibliographie der Zeitschriften des deutschen Sprachgebietes von den Anfängen bis 1900. Bd. 1–3. Stuttgart 1969 bis 1977

Kronick, David A.: A History of Scientific and Technical Periodicals. The Origins and Development of the Scientific and Technological Press 1665–1790. New York 1962

Krueger, Sabine: Zum Fachwortschatz des frühen deutschen Eisenbahnwesens. Düsseldorf 1979

Malberg, August: Die Literatur des Bau- und Ingenieurwesens der letzten 30 Jahre. Berlin 1852

Schulz, Kurt: Um die Zukunft der technischen Fachpresse. Berlin 1931

Treue, Wilhelm: 75 Jahre technischer Fortschritt – 75 Jahre Vogel Verlag. Würzburg 1966

4.3 Hörfunk und Fernsehen – Ihr Verhältnis zur technischen Bildung

Walter Först

Bausch, Hans: Der Rundfunk im politischen Kräftespiel der Weimarer Republik 1923–1933 (Tübinger Studien zur Geschichte und Politik, Nr. 6). Tübingen 1956

Bausch, Hans: Rundfunkpolitik nach 1945. Erster Teil: 1945–1962. Zweiter Teil: 1963–1980 (Rundfunk in Deutschland, Bde. 3 und 4). München 1980

Coll, Pieter: Der magische Spiegel. Wie das Fernsehen farbig wurde. Würzburg 1957

Fischer, E. Kurt: Der Werdegang des Rundfunks – Senden und Empfangen. In: Fischer, E. Kurt: Der Rundfunk. Wesen und Wirkung. Stuttgart 1949

Goebel, Gerhart: Der deutsche Rundfunk bis zum Inkrafttreten des Kopenhagener Wellenplans. In: Archiv für das Post- und Fernmeldewesen. Jg. 2, 1960, Nr. 6, S. 353–454

Kronjäger, Wilhelm/*Pressler*, Hans/*Vogt*, Karl: 50 Jahre Rundfunk. In: Archiv für das Post- und Fernmeldewesen. Jg. 25, 1973, Nr. 5/6, S. 411–831

Lerg, Winfried B.: Die Entstehung des Rundfunks in Deutschland. Herkunft und Entwicklung eines publizistischen Mittels. In: Beiträge zur Geschichte des deutschen Rundfunks. Bd. 1. Frankfurt a. M. 1970

Lerg, Winfried B.: Rundfunkpolitik in der Weimarer Republik. In: Rundfunk in Deutschland. Bd. 1. München 1980

Lucae, Gustav: 40 Jahre Rundfunkwirtschaft in Deutschland 1923–1963. Düsseldorf 1963

Rindfleisch, Hans: Technik im Rundfunk. Ein Stück deutscher Rundfunkgeschichte von den Anfängen bis zum Beginn der achtziger Jahre. Norderstedt 1985

4.4 Computer – Herausforderung der traditionellen Bildung
Klaus Haefner

Arlt, Wolfgang/*Haefner*, Klaus (Hrsg.): Informatik als Herausforderung an Schule und Ausbildung. Berlin 1984
Baddeley, Alan D.: So denkt der Mensch. München 1986
Barta/Raab, B. H.: The Impact of Informatics on Vocational and Continuing Education. Amsterdam 1985
Committee on Science and Technology, US Congress: Computers and the Learning Society. No. 47. Washington 1978
Haefner, Klaus: Die neue Bildungskrise – Lernen im Computerzeitalter. Reinbek [5]1985
Haefner, Klaus: Mensch und Computer im Jahre 2000 – Ökonomie und Politik für eine human computerisierte Gesellschaft. Basel [3]1986
Haefner, Klaus u. a.: Denkzeuge – Problemlösen und Lernen mit dem persönlichen Computer (im Druck)
Kaier, Ekkehard: Lehren, Lernen und Computer. Stuttgart 1977
Mandl, Heinz/*Fischer*, Peter Michael (Hrsg.): Lernen im Dialog mit dem Computer. München 1985
Ministere de l'éducation nationale: Informatique pour tous. Paris 1985
Moonen, Josef Carolus/Wuite-Harsma, H. (Ed.): Computers and Education. Amsterdam 1984
Papert, Seymour: Mindstorms – Kinder, Computer und neues Lernen. Basel 1982
Pogrow, *S.*: Education in the Computer Age. Beverley Hills 1983
Postman, Neil: Das Verschwinden der Kindheit. Frankfurt a. M. 1983
Sendov, B./*Stanchev*, J. (Ed.): Children in an Information Age. Oxford 1986
Tinslay, Jan/*Tagg*, E. (Ed.): Informatics in Elementary Education. Amsterdam 1984
Turkle, Sherry: Die Wunschmaschine – Vom Entstehen der Computerkultur. Reinbek 1984
Twiehaus, Hans-Jürgen/*Dostal*, W.: Computerberufe. München 1985

5 Popularisierung der Technik durch Massenmedien
Jens Krüger, Stephan Ruß-Mohl

Bausch, Hans (Hrsg.): Rundfunk in Deutschland. 5 Bände. München 1980
Depenbrock, Gerd: Journalismus, Wissenschaft und Hochschule. Eine aussagenanalystische Studie über die Berichterstattung in Tageszeitungen. Bochum 1976
Flöhl, Rainer/*Fricke*, Jürgen (Hrsg.): Moral und Verantwortung in der Wissenschaftsvermittlung. Die Aufgaben von Wissenschaftler und Journalist. Mainz 1987
Friedman, Sharon M./*Dunwoody*, Sharon/*Rogers*, Carol L. (Ed.): Scientists and Journalists. Reporting Science as News. New York/London 1986

Hömberg, Walter: Glashaus oder Elfenbeinturm? Zur Entwicklung und zur Lage der Wissenschaftskommunikation. In: Aus Politik und Zeitgeschichte. Beilage zur Wochenzeitung „Das Parlament", B 28 v. 12.7.1980

Koszyk, Kurt: Deutsche Presse im 19. Jahrhundert. Geschichte der deutschen Presse. Teil II. Berlin 1966

Krüger, Jens: Wissenschaftsberichterstattung in aktuellen Massenmedien aus der Sicht der Wissenschaftler. Ergebnisse einer Befragung der Professoren der Johannes Gutenberg-Universität Mainz. Magisterarbeit (MS). Mainz 1985

Lindemann, Margot: Deutsche Presse bis 1815, Geschichte der deutschen Presse. Teil I. Berlin 1969

Robert Bosch Stiftung (Hrsg.): Wissenschaftsjournalismus und Journalistenausbildung – Eine Bestandsaufnahme. Stuttgart 1983

Ruß-Mohl, Stephan (Hrsg.): Wissenschaftsjournalismus. Ein Handbuch für Ausbildung und Praxis. München 1986

Ruß-Mohl, Stephan: Journalistik-„Wissenschaft" und Wissenschafts-Journalistik. Anmerkungen zu Theorie und Praxis des Wissenschaftsjournalismus. In: Publizistik. Jg. 30, 1985, S. 265 ff.

Saxer, Ulrich u.a.: Massenmedien und Kernenergie. Bern/Stuttgart 1986

Stummvoll, Josef: Tagespresse und Technik. Die technische Berichterstattung der deutschen Tageszeitung mit besonderer Berücksichtigung der technischen Beilagen. Dresden 1935

Wissenschaft im Fernsehen: Referate auf der Klausurtagung des ZDF-Fernsehrates – Ausschuß für Kultur und Wissenschaft – am 24. und 25. Februar 1977. (ZDF-Schriftreihe, Materialien zum Programm, Heft 18) Mainz 1977

6 Technik im Blickpunkt der Erziehungswissenschaft
Hermann Röhrs

Baacke, Dieter/*Kluth*, Thea (Hrsg.): Praxisfeld Medienarbeit. München 1980

Dickson, Donald: The Politics of Alternative Technology. New York 1975

Ellul, Jacques: La Technique ou l'enjeu du siècle. Paris 1954

Geißler, Erich E.: Technologische Entwicklung als Herausforderung für Bildung und Erziehung. In: Das 199. Jahrzehnt. Gesellschaft, Bildung, Politik – eine Bestandsaufnahme und ihre Perspektive zwanzig Jahre nach Georg Picht. Schriftenreihe des Paderborner Realschullehrerverbandes. Paderborn 1985, S. 38–50

Gergely, Stefan M.: Wie der Computer den Menschen und das Lernen verändert. München/Zürich 1986

Günther, Henning: Jugend und Computer. Auswertung und Diskussion einer empirischen Erhebung. In: Pädagogische Rundschau 40. Jg. 1986, S. 669–686

Gruhl, Herbert: Ein Planet wird geplündert. Frankfurt a.M. 1975

Heidegger, Martin: Die Technik und die Kehre. Pfullingen 1962

Jonas, Hans: Das Prinzip Verantwortung. Frankfurt a.M. 1979

Kuckartz, Wilfried: Kritik der pädagogischen Technologie. Bad Heilbrunn 1974

Lenk, Hans: Zur Sozialphilosophie der Technik. Frankfurt a.M. 1982

Lenk, Hans: Verantwortung und technische Macht. In: Rapp, Friedrich/Durbin P.T. (Hrsg.): Technikphilosophie in der Diskussion. Braunschweig 1982, S. 187–201

Lenk, Hans: Das Verantwortungsproblem in Wissenschaft und Technik. In: Ströker, Elisabeth (Hrsg.): Ethik der Wissenschaft? Paderborn 1984, S. 82–113

Linke, Werner: Technik und Bildung. Heidelberg 1961

Lisop, Ingrid (Hrsg.): Bildung und neue Technologien. Frankfurt a.M. 1986

Litt, Theodor: Technisches Denken und menschliche Bildung. Heidelberg 1957

Meadows, Dennis L. u.a.: Die Grenzen des Wachstums. Stuttgart 1972

Moser, Simon/*Ropohl*, Günter/*Zimmerli*, Walther Ch.: Die „wahren Bedürfnisse" oder: wissen wir, was wir brauchen? Basel/Stuttgart 1978

Postman, Neil: Das Verschwinden der Kindheit. Frankfurt a.M. 1983

Röhrs, Hermann: Pädagogische Technologie. In: Röhrs, Hermann: Allgemeine Erziehungswissenschaft. Weinheim/Basel ³1973, S. 279–304

Röhrs Hermann: Modelle der Schul- und Erziehungsforschung in den USA. Frankkfurt a.M. 1972

Röhrs, Hermann: Schlüsselfragen der inneren Bildungsreform. Frankfurt a.M./Bern/New York 1987

Ropohl, Günther (Hrsg.): Maßstäbe der Technikbewertung. Düsseldorf 1979

Sachsse, Hans: Anthropologie der Technik. Braunschweig 1978

Scarbarth, Horst: Videokonsum und pädagogische Verantwortung. Köln 1986

Schöler, Walter (Hrsg.): Pädagogische Technologie. Frankfurt a.M. 1971

Snow, Charles Percy: The two Cultures and a Second Look. Cambridge 1967

Turkle, Sherry: Die Wunschmaschine. Der Computer als zweites Ich. Reinbek 1984

UNESCO: L'Éducation aux Médias. Paris 1984

Volpert, Walter: Zauberlehrlinge. Die gefährliche Idee zum Computer. Weinheim/Basel 1985

Personenregister

Bildquellennachweis

Seite 13: Holzschnitt (Einzelblatt) Zürich 1548. Kupferstichkabinett Berlin.
Seite 17: Ullstein Bilderdienst Nr. 53577 g^2.
Seite 20: Luther, Martin: An die Ratsherren. Wittenberg 1524. Titelblatt.
Seite 21: Briefmarke der Deutschen Post.
Seite 24: Kumsteller, B. / Haacke, U. / Schneider, B. / Schlunke, O. (Hrsg.): Bilderwerk zur Geschichte. Leipzig 1929.
Seite 26: Staatliche Museen Preußischer Kulturbesitz Berlin 328/6476.
Seite 35: Kupfer 1644: Reicke, Emil: Magister und Scholaren. Leipzig 1901.
Seite 40: Ullstein Bilderdienst 1/11/02.
Seite 57: Holzschnitt um 1600. Germanisches Nationalmuseum Nürnberg.
Seite 60: White, Lynn: Medieval Technology and Social Change. Oxford 1962.
Seite 69: La Tapisserie De Bayeux. Réproduction intégrale 1/7e.
Seite 70: Sinhart & Co, München.
Seite 81: Holzschnitt von Hanns Burgmair in: Der Weiß-Kunig. Erzählung von den Thaten Maximilian d. Ersten. (Zus. gest. v. Treitzsauerwein). ND. d. Ausgabe Wien, Kurzbröcken 1775.
Seite 91: Brookmann, Hartmut: Die Stadt im späten Mittelalter. München.
Seite 100: Germanisches Nationalmuseum Nürnberg.
Seite 102: Grote, Andreas: Der vollkommene Architectus. München ^{2}1966.
Seite 103: Augsburg, Städt. Kunstsammlung Nr. 9326 – Stadtbildstelle Augsburg.
Seite 107: Taccola, Mariano: De Machinis. Ed. by Scaglia Gustina, 1449.
Seite 119: Dietrich, Christian Johann: Über die Bildung der Jugend zur Industrie. Göttingen 1785. Titelblatt.
Seite 120: Herzog-August-Bibliothek Wolfenbüttel.
Seite 121: Stich bei Florinus, F. Ph.: Großer Herren Stands und Adliger Haus-Vatter. Nürnberg 1919.
Seite 122: Willburger, August: Das Collegium illustre zu Tübingen. Tübingen 1912.
Seite 129: Krünitz, J. G: Die Landschulen sowohl als Lehr- als auch Arbeits- und Industrieschulen betrachtet. Berlin 1794.
Seite 137: Branky, F.: Ein philanthropischer Lehr- und Lektionsplan aus dem Jahr 1782. Wien/Leipzig 1901.
Seite 142: Tropp, Asher: The School Teachers. Melbourne/London/Toronto 1957.
Seite 159: Bildstelle Deutsches Museum München.
Seite 162: Gümbel, Gerhard/Messer, Adolf: Den Sachen auf der Spur. Arbeitsblatt 48; Arbeitsheft 1. Ausgabe B für Baden-Württemberg o. J.
Seite 163: Biester, Wolfgang: Technik-Technikunterricht im 9./10. Schuljahr. Bochum 1972.
Seite 182: Semler, Christoph: Neueröffnete Mathematische und Mechanische Realschule 1709. Deutsches Museum München.
Seite 187: Die Gartenlaube. Leipzig 1861.
Seite 205: 50 Jahre Staatliche Ingenieurschule Beuth. Berlin 1959.
Seite 207: Bildstelle Deutsches Museum München.
Seite 212: Universitätsbibliothek Braunschweig.

Seite 213: Neuwirth, Josef: Die K. K. Technische Hochschule in Wien 1815–1915. Wien 1915.
Seite 217: Die Gartenlaube. Leipzig 1864.
Seite 225: Zeichnung von Wilhelm Trautschold 1842. Liebig-Museum Gießen.
Seite 226: Siemens Museum München.
Seite 230: Die Technische Hochschule zu Berlin 1799–1924. Berlin 1925.
Seite 239: Bildstelle Deutsches Museum München.
Seite 247: Matschoß, Conrad: Preußens Gewerbeförderung. Berlin 1921. Original ehemals im Beuth-Schinkel-Museum.
Seite 254: Anzeiger für Kunst- und Gewerbefleiß im Königreich Baiern. 1. Jg. Nr. 1–30; Mai–Dezember 1815. München 1815.
Seite 257: Official descriptive and illustrated Catalogue of the great exhibition 1851. London 1851.
Seite 264: Zeitschrift „Verein Deutscher Ingenieure“ 1. Jg. 1857.
Seite 268: VDI Verlag.
Seite 270: VDI Verlag.
Seite 274: 50 Jahre Elektrotechnischer Verein. Berlin 1929.
Seite 279: Landwirtschaftliche Hochschule Hohenheim WABW B 36, BÜ 13.
Seite 280: Fliegende Blätter, Band X.
Seite 283: Germanisches Nationalmuseum Nürnberg. HB 9816.
Seite 285: Siemens-Museum München.
Seite 297: Bildstelle Deutsches Museum München.
Seite 299: Staatsbibliothek Preußischer Kulturbesitz Berlin. Inc. 1511, Bd. II, Bl 1r.
Seite 301: Ullstein Bilderdienst 516912 g⁰.
Seite 302: Historia-Photo Nr. 7612.
Seite 312: Bildstelle Deutsches Museum München.
Seite 314: Bildstelle Deutsches Museum München.
Seite 320: Acta Eruditorum 1682 – Landesbibliothek Stuttgart.
Seite 323: Leipziger Illustrierte Zeitung 1870.
Seite 325: Bildstelle Deutsches Museum München.
Seite 336: Prometheus, Bd. I 1889, Nr. 1.
Seite 343: Bildstelle Deutsches Museum München.
Seite 347: Leipziger Illustrierte Zeitung, 1933.
Seite 351: Bildstelle Deutsches Museum München.
Seite 363: IBM Stuttgart.
Seite 364: Siemens-Museum München.
Seite 369: „Die Welt“ 1958.
Seite 388: Diderot/d'Alembert: Encyclopédie ou Dictionnaire Raisonné des Arts, des Sciences et des Métiers. Paris 1751–1780.
Seite 395: Diderot/d'Alembert: Encyclopédie ou Dictionnaire Raisonné des Arts, des Sciences et des Métiers. Paris 1751–1780.
Seite 396: Beilage zur Leipziger Illustrierten Zeitung 9. 7. 1870.
Seite 398: Fliegende Blätter 1845.
Seite 397: Leipziger Illustrierte Zeitung 1924.
Seite 429: Siemens-Museum München.
Seite 433: Fortune 1954.

Inhaltsübersicht des Gesamtwerkes

GPSR Compliance

The European Union's (EU) General Product Safety Regulation (GPSR) is a set of rules that requires consumer products to be safe and our obligations to ensure this.

If you have any concerns about our products, you can contact us on ProductSafety@springernature.com

In case Publisher is established outside the EU, the EU authorized representative is:

Springer Nature Customer Service Center GmbH
Europaplatz 3
69115 Heidelberg, Germany

Batch number: 10684806

Printed by Printforce, the Netherlands